有机化学反应和机理

孔祥文　编著

中国石化出版社

内 容 提 要

全书按有机化学反应类型共分 8 章，包括取代反应、加成反应、消除反应、氧化反应、还原反应、缩合反应、环合反应、重排反应等，涵盖有机化学中常见的、常用的、硕士(博士)研究生入学考试常考的 130 余个重要的有机化学反应，书中反应基本由问题引入、反应概述、反应通式、反应机理，精选的近年研究生入学考试真题及解答，公开发表的有关反应实例、参考文献等部分组成。

本书可供化学、化工、轻工、石油、药学、农学、医学、材料、环境、生物、食品、安全、制药、皮革、冶金、林产等相关行业的工程技术人员、科研人员和管理人员参考，可作为普通高等院校、高等职业技术院校相关专业的教材，尤其适合作为报考硕士、博士研究生的考生复习《有机化学》课程的考试用书，也适合作为中学生化学竞赛参考用书。

图书在版编目(CIP)数据

有机化学反应和机理/孔祥文编著．—北京：
中国石化出版社，2018.2
ISBN 978-7-5114-4471-4

Ⅰ.①有… Ⅱ.①孔… Ⅲ.①有机化学-化学反应-反应机理
Ⅳ.①O621.25

中国版本图书馆 CIP 数据核字(2018)第 020284 号

中国石化出版社出版发行
地址:北京市朝阳区吉市口路 9 号
邮编:100020　电话:(010)59964500
发行部电话:(010)59964526
http://www.sinopec-press.com
E-mail:press@sinopec.com
北京科信印刷有限公司印刷
全国各地新华书店经销
*
787×1092 毫米 16 开本 22.25 印张 560 千字
2018 年 3 月第 1 版　2018 年 3 月第 1 次印刷
定价:52.00 元

前　言

世界上每年合成的近百万个新化合物中约70%以上是有机化合物，其中某些因其具有特殊功能应用于化工、石油、材料、能源、医药、营养、生命科学、环境科学、农业、交通等与人类生活密切相关的行业中。同时，人们也面对着大量有机物对生态、环境、人体的影响问题。展望未来，21世纪有机化学面临着新的机遇和挑战。基于帮助读者解决学习和应用有机化学过程中所遇到的困难与疑问，帮助读者解决实际工作问题的愿望，作者结合多年来有机化学课程教学和科研、生产工作的经验编写了本书，具有很强的针对性。不仅让读者加强对有机化学的学习，考研学生了解到真题的题型与难度，拓展解题思路，还可以帮助读者解决科研工作中遇到的实际问题，提高分析问题和解决问题的能力。本书是辽宁省教育科学"十二五"规划立项课题(JG14DB334)的研究成果之一。

全书按有机化学反应类型共分8章。包括取代反应、加成反应、消除反应、氧化反应、还原反应、缩合反应、环合反应、重排反应等，涵盖有机化学中常见的、常用的、常考的130余个重要的有机化学反应。国内外涉及有机反应和机理的著作不少，但本书是颇有特色的一种。它并不追求齐全，但富有时代感，着眼于反应是否有创新、是否有应用价值。书中反应大多由"问题引入"、"反应概述"、"反应通式"、"反应机理"、"例题解析"、"参考文献"等部分组成。"问题引入"部分选择了教学与科研中常用的、研究生入学考试中常考的有机化学反应典型实例。"反应概述"包括反应由来、发展、过程、通式、应用等。"反应机理"部分首先用化学反应方程式描述反应机理，规范书写每一步反应电子转移机理过程，特别是用文字对反应机理进行了详尽表述，有助于读者提高剖析化学反应机理的能力。"例题解析"部分选择了一些有代表性的问题，特别是近3年高校考研真题。题型广泛，有选择和填空、简答、分离与鉴定、机理、合成、结构推测等，给出了详细的答案，阐述了推理和分析的过程，旨在帮助读者建立合理的解题思路，提高解题技巧。"参考文献"部分给出了反应最原始的文献及相关文献，有助于读者的科研工作。

本书可供化学、化工、轻工、石油、药学、医学、材料、环境、生物、食品、安全、制药、水产、皮革、冶金、农学等相关行业的工程技术人员、科研人员和管理人员参考，还可作为普通高等院校和高等职业技术院校相关专业的教材，尤其适合作为报考硕士、博士研究生的考生复习《有机化学》课程的考试用书，也适合作为中学生化学竞赛参考用书。

全书由沈阳化工大学的孔祥文教授编著。本课题组张宝、李媛、顾春玲、王欢、王涵等参加了文稿编辑方面的工作。衷心感谢张静教授花费了大量的精力和时间对全书书稿进行仔细的审阅，提出了很好的修改意见。

在本书编写过程中，作者参阅了国内外的专著和教材，中国石化出版社编审人员对本书的出版给予了大力支持和帮助，在此特致以衷心的谢意。

限于编者的水平，错误和不妥之处在所难免，衷心希望各位专家和使用本书的读者予以批评指正。

致读者

亲爱的读者朋友：

感谢您选购《有机化学反应和机理》这本书。

本书将为读者朋友们提供一个完整的、高效的有机化学反应和机理学习体系，使读者朋友在最短的时间内迅速突破有机化学反应和机理的学习瓶颈。

本书的特点：

(1)按反应类型介绍了有机化学中常见的、常用的、常考的130余个重点的有机化学反应。

(2)选择了具有代表性的问题，尤其是近3年高校考研真题以引入研究的反应。

(3)规范描述反应机理，规范书写每一步反应电子转移机理过程，特别是用文字对反应机理进行了详尽表述，有助于读者深入理解、提高剖析化学反应机理的能力。

(4)例题题型广泛，有选择、填空、简答、分离与鉴定、机理、合成、结构推测等，全面覆盖高校研究生招生入学考试试卷题型，均为近年考研真题，给出了详细的解答，阐述了推理和分析的过程，旨在帮助读者建立合理的解题思路，提高解题技巧。

(5)精心设计主题问题和例题，二者相互补充，将反应涉及的内容完整地、全面地展现给读者，减少了读者朋友寻找与反应相关信息的时间。

(6)将分类记忆法、联想记忆法、对比记忆法、同异记忆法、逻辑记忆法等方法用于不同类型的反应，能够充分激发人脑潜能，交替使用右脑的图形记忆和左脑的逻辑记忆，提高记忆效率，增加自信，从而轻松攻克反应和机理难关。

本书的使用方法：

(1)本书每章讲解一个类型的若干个反应。每个反应的开头先提出一个主题问题，供读者思考。请读者手持一张空白书签，让主题问题展现在自己的眼前，其余内容用书签盖住，此时读者可在书签上书写问题的解答或分析思路等。然后向下移动书签，将自己的解答与书中的叙述进行对比，如果认为自己已掌握了该反应，则可放弃阅读下面的反应内容，直接进入例题部分。若对问题不甚清楚，请向下移动书签、继续按顺序浏览其余部分内容，然后再进入例题阶段学习。

(2)进入例题阶段学习时，如方法(1)，若已完全掌握该例题的解答，则请继续按顺序学习其他例题。若对该例题不甚理解，说明您还未完全领会本反应，则请返回阅读前面的反应内容，然后再进入下一例题的学习。如此反复，直至完全理解和掌握。

(3)按方法(1)和(2) 学习各个反应，完成后，您将信心百倍，自如应对有关反应的各种问题，表明您已轻松攻克反应和机理难关，恭喜您可以进入有机化学学习新阶段——《有机合成路线设计基础》(孔祥文编著，中国石化出版社)。

(4)之后您就拥有了多张卡片，丰硕的学习成果——学习笔记。其中记录了你与《有机化学反应和机理》的对话，见证了你的学习经历，倍感亲切和自豪。

根据科研、教学、考研大纲的发展变化以及本书使用的实际情况，我们将适时对本书予以修改，欢迎读者朋友提出意见和建议，发邮件至mthghd2016@163.com。

明天会更好的！愿《有机化学反应和机理》能给您提供帮助，从中受益，实现有机化学的起航、远航。

编　者

目　　录

第 1 章　取代反应

1.1　Blanc 氯甲基化反应

问题引入

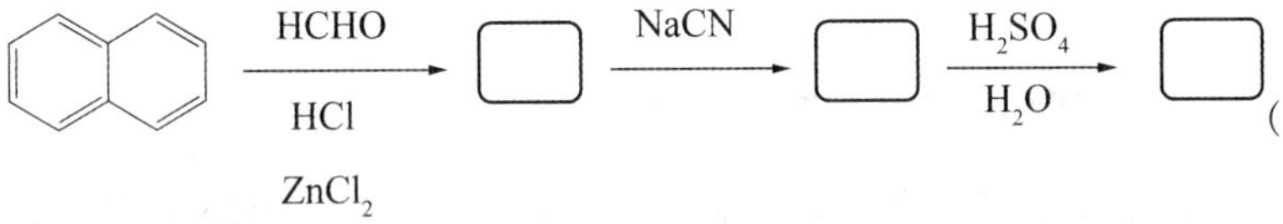

HCHO
HCl
$ZnCl_2$
NaCN
H_2SO_4
H_2O

（青岛科技大学，2012）

萘与甲醛和氯化氢在无水氯化锌存在下发生 Blanc 氯甲基化反应生成 α-氯甲基萘

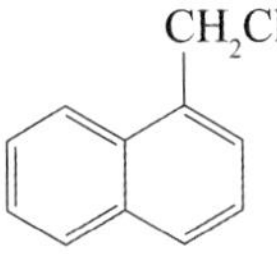

CH_2Cl

，然后氰解反应得 α-萘乙腈

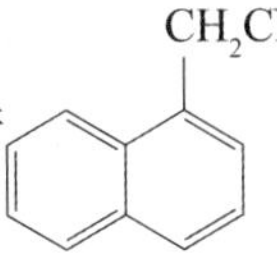

CH_2CN

，酸催化水解反应得到目标产物 α-萘乙酸

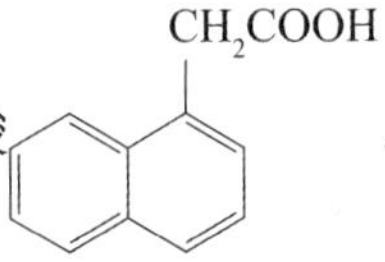

CH_2COOH

。

反应概述

芳烃及其衍生物在无水氯化锌催化下与甲醛和氯化氢作用，在芳环上引入氯甲基的反应称为 Blanc 氯甲基化（chloromethylation）反应[1]。在实际操作中，可用三聚甲醛代替甲醛。

反应通式

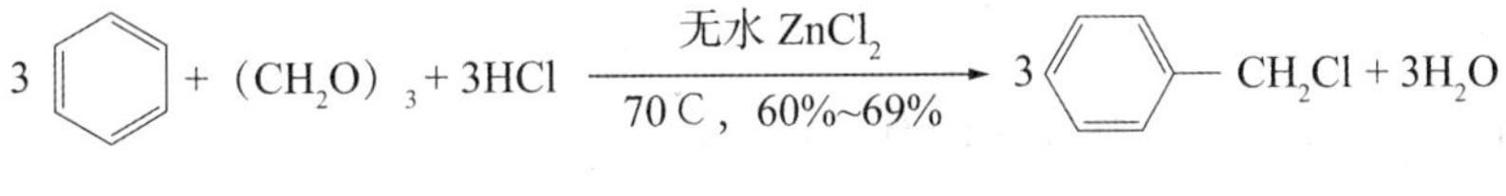

3
+ $(CH_2O)_3$ + 3HCl
无水 $ZnCl_2$
70℃，60%~69%
3
— CH_2Cl + $3H_2O$

反应机理[2]

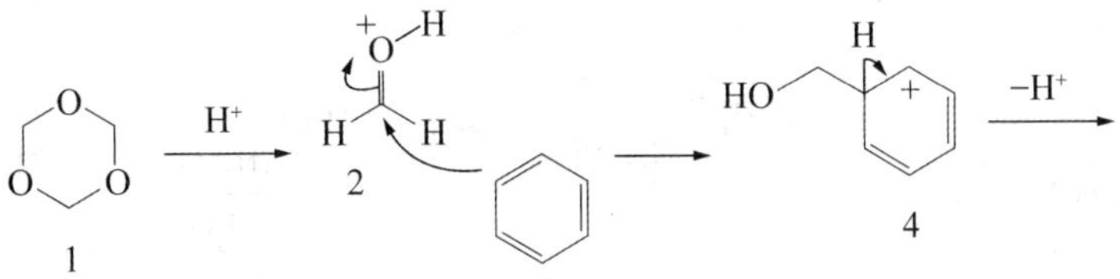

O
O
O
1
H^+
$\overset{+}{O}$
H
H
H
2
3
HO
H
+
4
$-H^+$

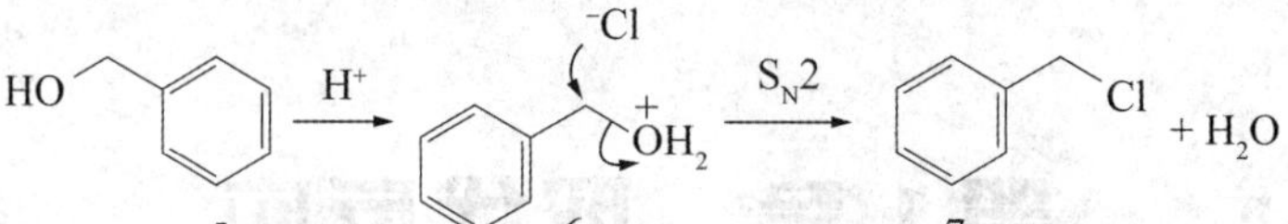
HO
H⁺
⁻Cl
OH₂
S$_N$2
Cl
+ H₂O

5　　6　　7

三聚甲醛(1)在酸催化下加热解聚生成甲醛，形成𬭩盐(2)，2 作为亲电试剂进攻苯环(3)，与苯环的一个碳原子形成新的 C-Cσ 键得到 σ-络合物(4)，4 从 sp^3 杂化碳原子上失去一个质子得苄醇(5)，5 在酸催化下形成 𬭩盐(6)，然后氯离子与 6 发生双分子亲核取代反应、脱水得到目标产物氯苄(7)。

如用其他脂肪醛代替甲醛，反应也可以进行，称为卤烷基化反应[3]，即芳烃及其衍生物在 Lewis 酸的催化下生成 α-烷基卤化苄或取代的 α-烷基卤化苄的反应。例如：

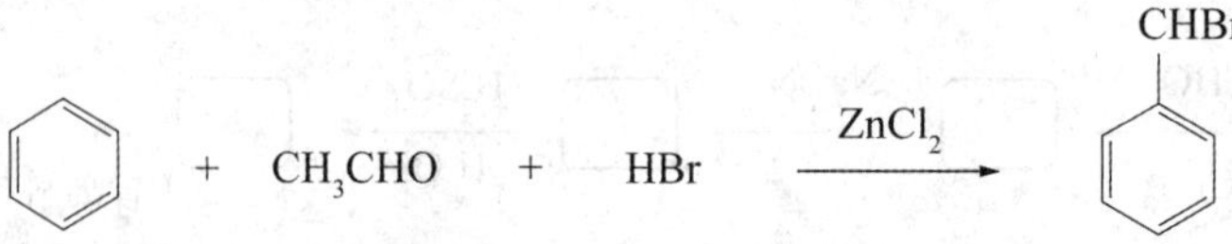
+ CH₃CHO + HBr
ZnCl₂
CHBrCH₃

氯甲基化反应对于苯、烷基苯、烷氧基苯(烷基苯基醚)和稠环芳烃等都是成功的，但当环上有强吸电子基时，产率很低甚至不反应。氯甲基化反应的用途广泛，因为$-CH_2Cl$ 可以经过还原、取代等反应转变成—CH_3，—CH_2OH，—CH_2CN，—CHO，—CH_2COOH，—$CH_2N(CH_3)_2$ 等。

例题解析

例 1　写出下列反应机理：

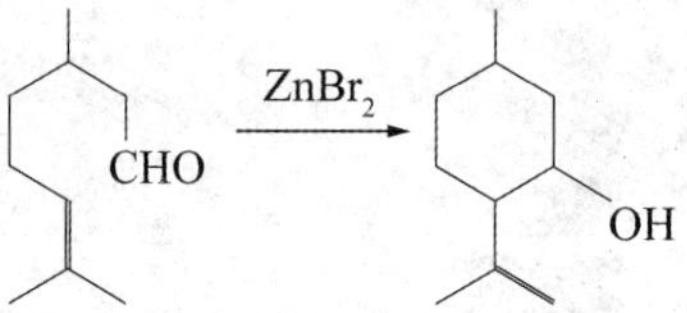
ZnBr₂
CHO
OH

(复旦大学，2008)

[解答]

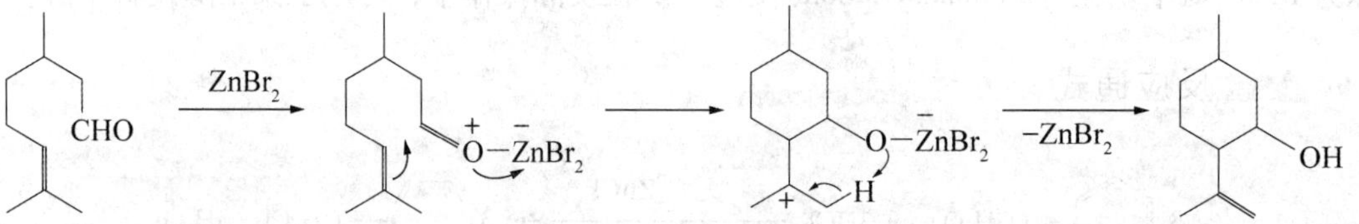
ZnBr₂
CHO
O−ZnBr₂
O−ZnBr₂
H
−ZnBr₂
OH

例 2　由苯和不超过四个碳原子的有机试剂合成

OH
O

(湘潭大学，2016)

[解答]

HCHO , HCl
ZnCl₂
CH₂Cl
NaCN
CH₂CN
H₂SO₄
H₂O
CH₂COOH

例 3　由苯和不超过 3 碳的有机原料，以及其他必要试剂合成

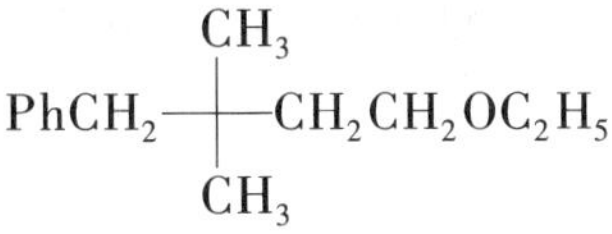

（南开大学，2009）

［解答］

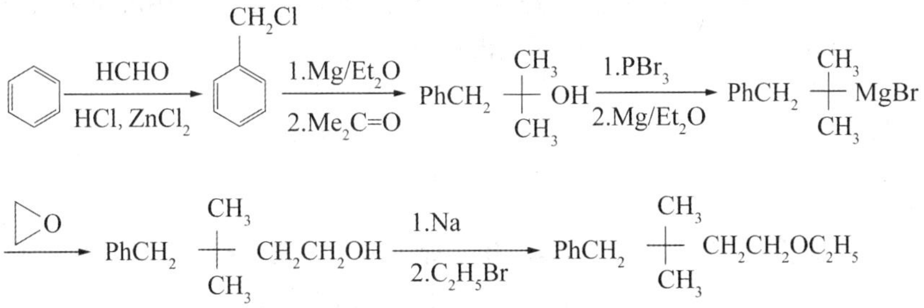

参考文献

[1] Blanc, G, Bull, Soc, Chim, Fr, 1923, 33, 313.

[2] [美]李杰(Jie Jack Li)著. 荣国斌译. 朱士正校. 有机人名反应及机理[M]. 上海：华东理工大学出版社，2003：41.

[3] 孔祥文. 有机化学[M]. 北京：化学工业出版社，2010.

1.2　Friedel-Crafts 反应

问题引入

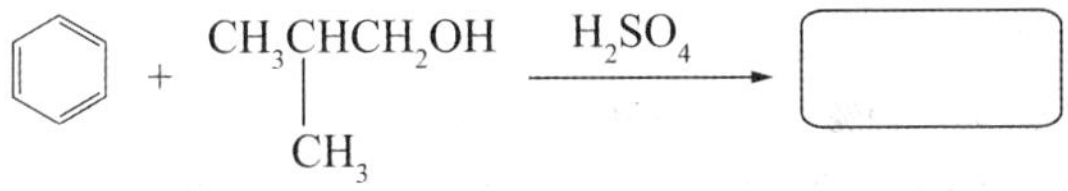

（四川大学，2013）

苯与异丁醇在硫酸存在下发生 Friedel - Crafts 烷基化反应生成叔丁基苯，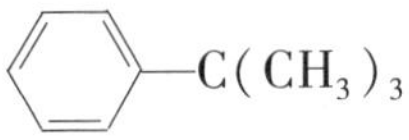 。

反应概述

1877 年，巴黎大学法-美化学家小组的 C. Friedel 和 J. Crafts 发现了在 $AlCl_3$ 催化下，苯与卤代烷或酰氯等反应，可以合成烷基苯（PhR）和芳酮（ArCOR），该反应以二人的名字命名为 Friedel-Crafts 反应。反应相当于苯环上的氢原子被烷基或酰基所取代，所以又分别称为 Friedel - Crafts 烷基化（alkylation）反应和 Friedel - Crafts 酰基化（acylation）反应[1~3]。

（1）Friedel-Crafts 烷基化反应

无水三氯化铝是烷基化反应常用的催化剂，它的催化活性也是最高的。此外，如 $FeCl_3$、BF_3、无水 HF 和其他 Lewis 酸都有催化作用。常用的烷基化试剂有卤代烷、烯烃和醇等，其

中以卤代烷最为常用。卤代烷的反应活性是：当烷基相同时，RF>RCl>RBr>RI；当卤原子相同时，则是3°RX >2°RX >1°RX。工业上常用的烷基化试剂是烯烃，如乙烯、丙烯和异丁烯等。

(2) Friedel-Crafts 酰基化反应

在 $AlCl_3$ 催化下，酰氯、酸酐或羧酸等与苯可以发生亲电取代反应，在苯环上引入酰基，称作 Friedel-Crafts 酰基化反应。这是合成芳酮的重要手段。常用的酰基化试剂有酰卤、酸酐和羧酸，它们的活性次序是：酰卤>酸酐>羧酸。

反应机理

(1) Friedel-Crafts 烷基化反应

芳烃烷基化反应需要在 $AlCl_3$、$FeCl_3$、BF_3 等 Lewis 酸或 HF、H_2SO_4 等质子酸催化，烷基化试剂在催化剂作用下产生碳正离子，它作为亲电试剂进攻苯环上的 π 电子云。其过程与硝化、磺化机理类似，形成 σ 络合物后，失去一个质子得到烷基苯。

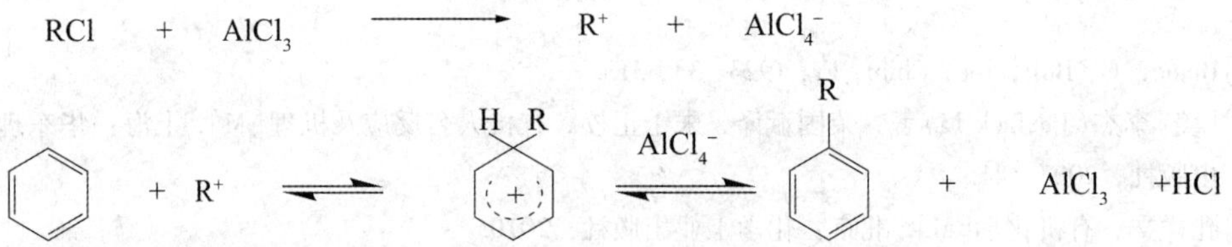

RCl + AlCl3 → R+ + AlCl4−
+ R+
H R
+
AlCl4−
R
+ AlCl3 +HCl

在烷基化反应中有以下几点需要注意：

①当使用含三个或三个以上碳原子的烷基化试剂时，会发生异构化现象。例如，苯与1-氯丙烷反应，得到的主要产物是异丙苯而不是正丙苯。

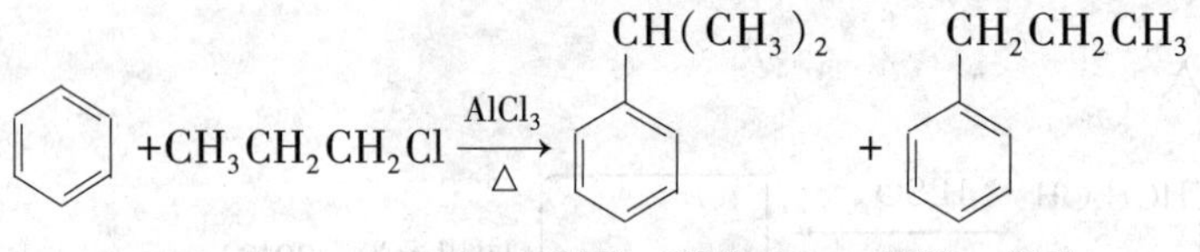

+CH3CH2CH2Cl
AlCl3
△
CH(CH3)2
+
CH2CH2CH3

65% ~69%　　35% ~31%

②烷基化反应不容易停留在一取代阶段，通常在反应中有多烷基苯生成。这是因为取代的烷基使苯环上的电子云密度增大，增强了苯环的反应活性。

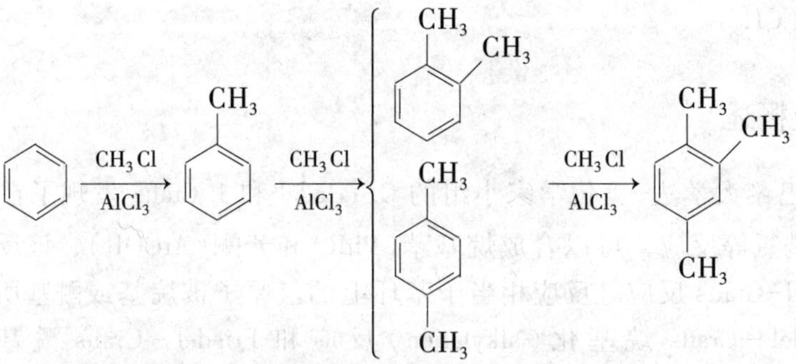

CH3Cl
AlCl3
CH3
CH3Cl
AlCl3
CH3
CH3
CH3
CH3
CH3Cl
AlCl3
CH3
CH3
CH3

如果在上述反应中使苯大大过量，可得到较多的一元取代物。

③由于烷基化反应是可逆的，故伴随有歧化反应，即一分子烷基苯脱烷基，另一分子则增加烷基。例如：

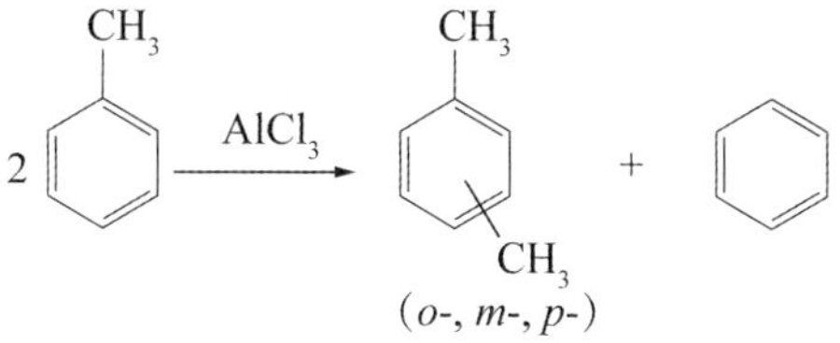

④如果苯环上连有—NO_2，—$\overset{+}{N}(CH_3)_3$，—COOH，—COR，—CF_3，—SO_3H 等强吸电子基时，会使苯环上的电子云密度降低，使 Friedel-Crafts 反应无法进行。因此可以用硝基苯做烷基化反应的溶剂。

(2) Friedel-Crafts 酰基化反应

由于酰基化试剂和酰化反应产物会与 $AlCl_3$ 络合，所以进行酰基化反应时，催化剂的用量要比烷基化反应大。与烷基化反应相似，当苯环上含有吸电子基时，酰基化反应也无法进行。由于酰基是吸电子基团(酰基引入苯环后使苯环亲电取代反应活性降低)，同时酰基化反应是不可逆的，所以该反应无歧化现象；另外，酰基化反应也无异构化现象。

产物芳酮用锌汞齐的浓盐酸溶液还原，羰基会被还原为亚甲基。因此酰基化反应是在芳环上引入直链烷基的一个重要方法。

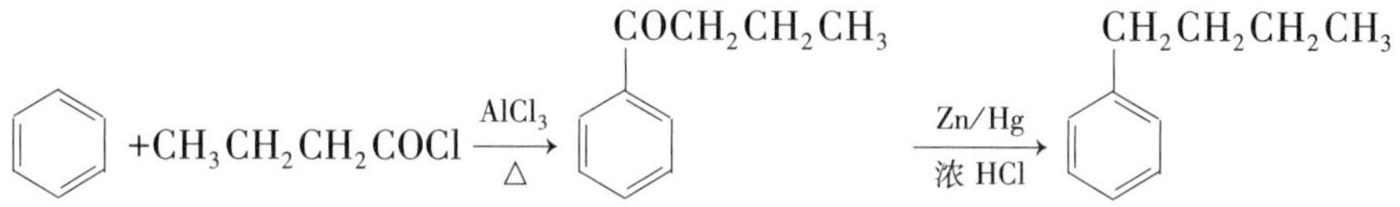

例题解析

例 1　判断题

1. 硝基苯可进行 Friedel-Crafts 烷基化反应，但不能进行 Friedel-Crafts 酰基化反应。(　　)　　（四川大学，2013）

2. 邻对位定位基使苯环电子云密度增大，亲电取代反应主要发生在定位基的邻、对位。(　　)　　（四川大学，2013）

[解答]　1. ×　2. √

例 2　选择题：下列化合物不能进行 Friedel-Crafts 酰基化反应的是(　　)。

（华南理工大学，2016）

A. 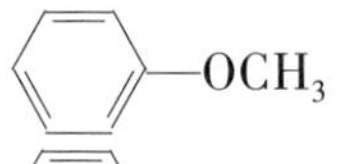　　B. 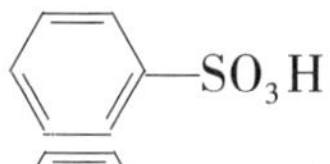

C. 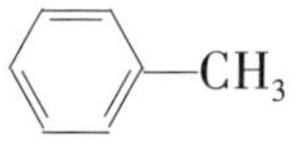　　D. 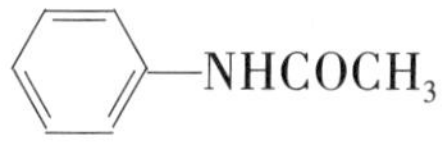

[解答]　B

例 3　完成下列反应：

1. 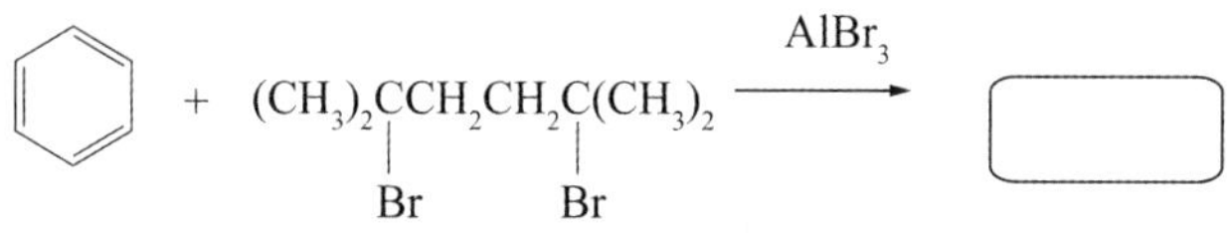　　（西北大学，2011）

2. 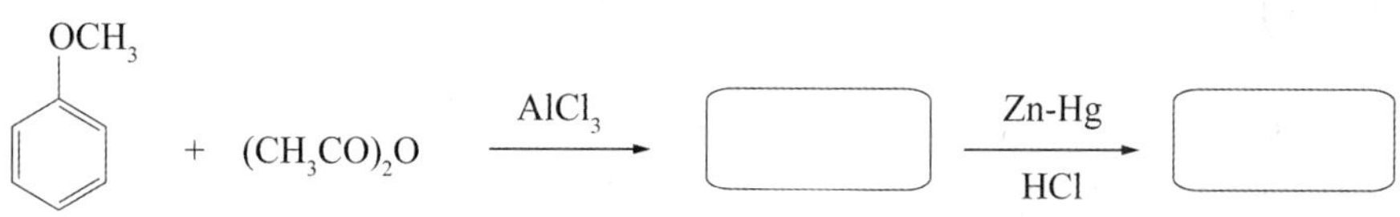

（暨南大学，2016）

3. 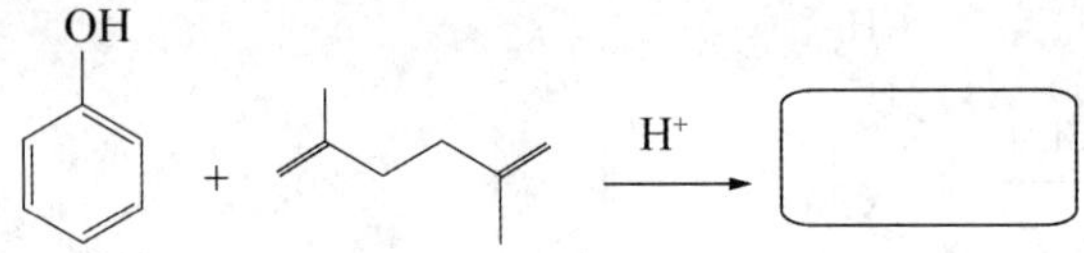（陕西师范大学，2004；南开大学，2015）

［解答］

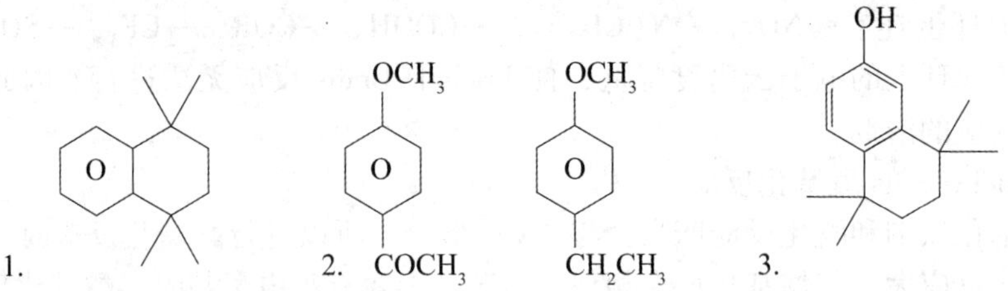

例 4 写出下列反应产物和反应机理：

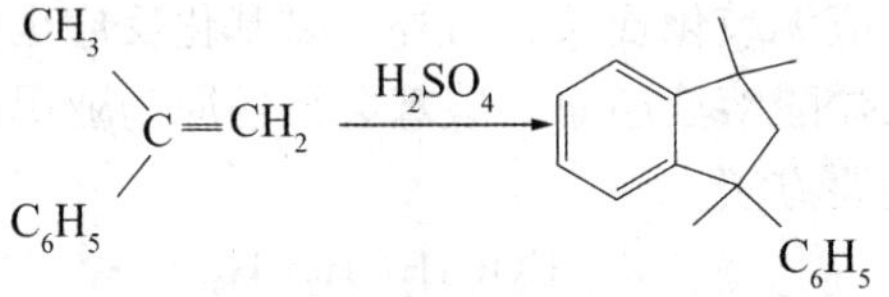

（青岛科技大学，2012；华东理工大学，2014；山东大学，2016）

［解答］

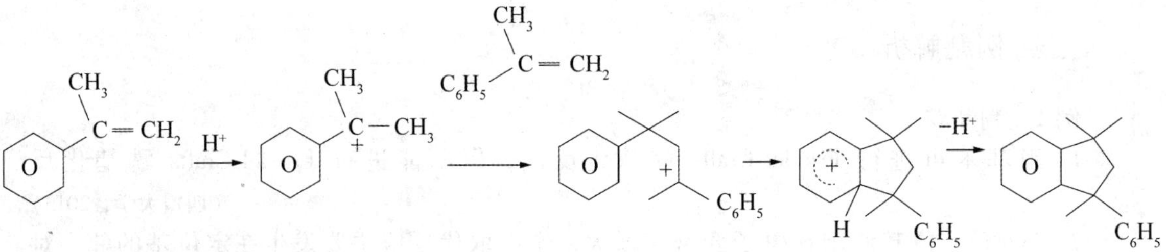

例 5 苯为唯一原料合成 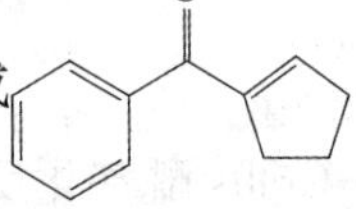（浙江工业大学，2014）

［解答］

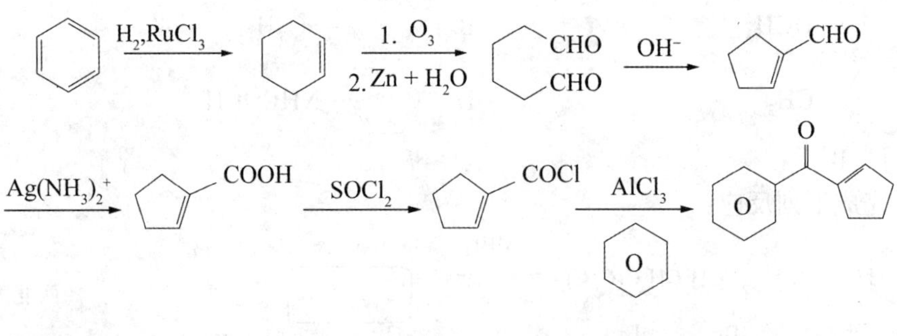

参考文献

［1］Friedel，C，Crafts J. M. Compt. Rend. 1877，84：1392-1395.

［2］Jie Jack Li. Name Reaction，4th ed.，［M］. Springer-Verlag Berlin Heidelberg，2009：234-237.

［3］孔祥文．有机化学［M］. 北京：化学工业出版社，2010：100-101.

1.3　Gabriel 合成法

问题引入

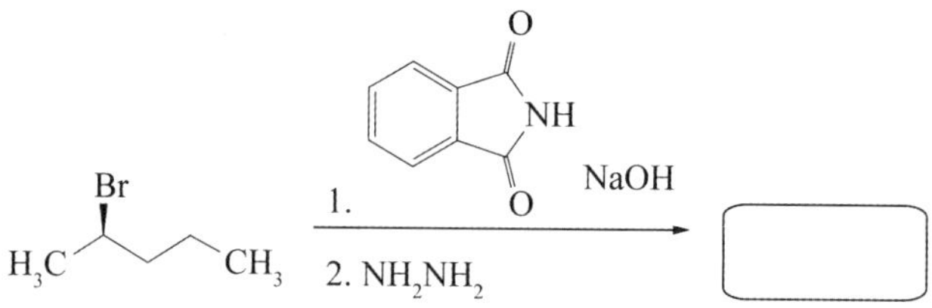
Br
H3C
CH3
O
NH
O
1.
NaOH
2. NH2NH2

（南开大学，2013）

(*R*)-2-溴戊烷与邻苯二甲酰亚胺的钠盐发生亲核取代反应，生成 *N*-取代亚胺，再在肼存在下肼解得(*S*)-2-戊胺，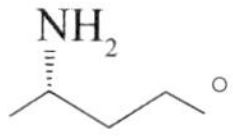。

反应概述

Gabriel 合成法是合成伯胺的方法[1,2]。邻苯二甲酰亚胺的钾、钠盐和卤代烃发生亲核取代反应，生成的 *N*-取代亚胺在酸或碱存在下水解可得伯胺。

反应通式

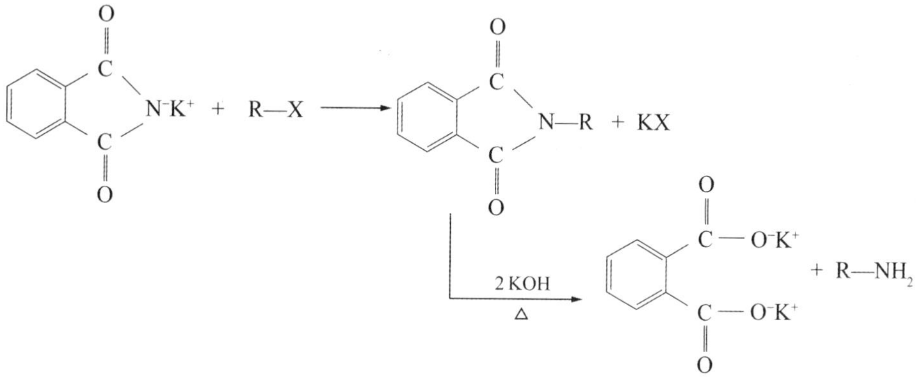
O
C
N⁻K⁺
C
O
+ R—X
O
C
N—R
C
O
+ KX
2 KOH
△
O
C — O⁻K⁺
C — O⁻K⁺
O
+ R—NH2

反应机理[3]

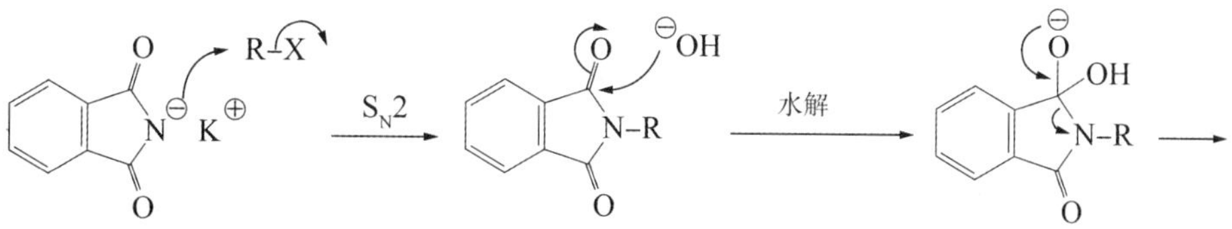
O
N
K
O
R
X
SN2
O
OH
N-R
O
水解
O
OH
N-R
O

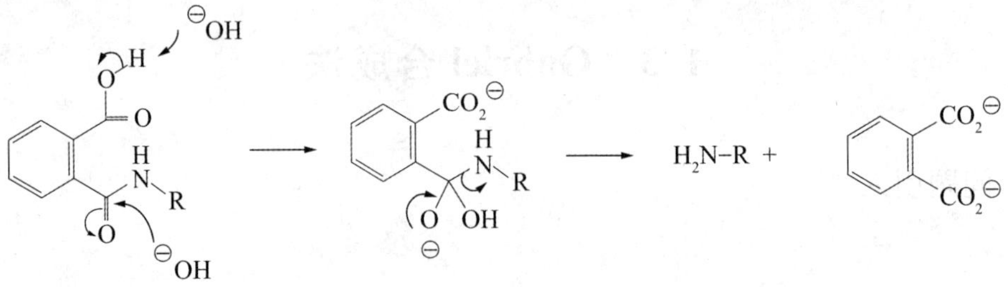

邻苯二甲酰亚胺的钾盐可以经以下方法得到：

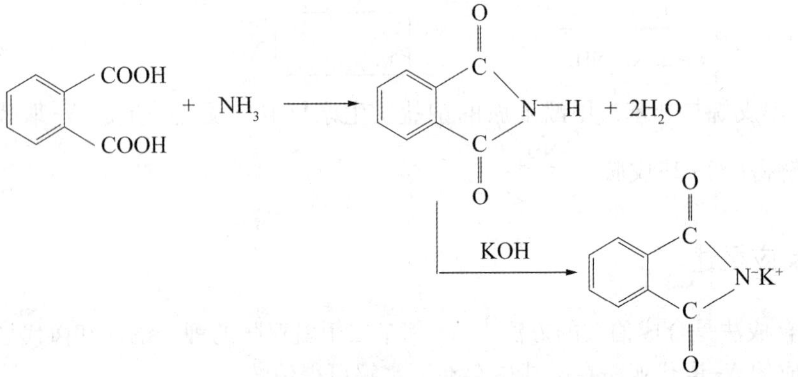

邻苯二甲酰亚胺氮上的氢原子受到羰基吸电子效应的影响而具有弱酸性($pK_a = 8.3$)，可以与强碱溶液作用成盐。该盐的负离子是一亲核试剂，与卤代烷发生 S_N2 反应。而邻苯二甲酰亚胺氮上只有一个氢原子，引入一个烷基后，就不再具有亲核性，不能生成季铵盐，因而最终产物为较纯的伯胺，不含有仲胺、叔胺等杂质。而且这样得到的伯胺产率一般较高，但由于叔卤代烷在该条件下容易发生消除反应，而不使用，可以使用叔烷基脲来代替。

烃化反应在 DMF 溶液中更容易进行，*N*-烃基邻苯二甲酰亚胺的水解有困难时，可用水合肼进行肼解，使酰胺键更有效地断裂。

例题解析

例 1 判断题

Gabriel 合成法可直接用于合成伯醇。(　　) （四川大学，2013）

[解答] ×

例 2 选择题

Gabriel 合成法是制备纯胺，但该法只能得到(　　) （华侨大学，2016）

A. 叔胺　　B. 仲胺　　C. 伯胺

[解答] C

例 3 由甲苯和其他必要原料及试剂合成

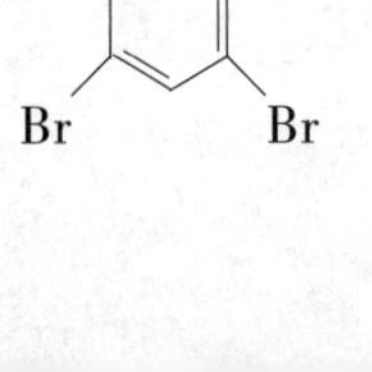

（华东理工大学，2014）

[解答]

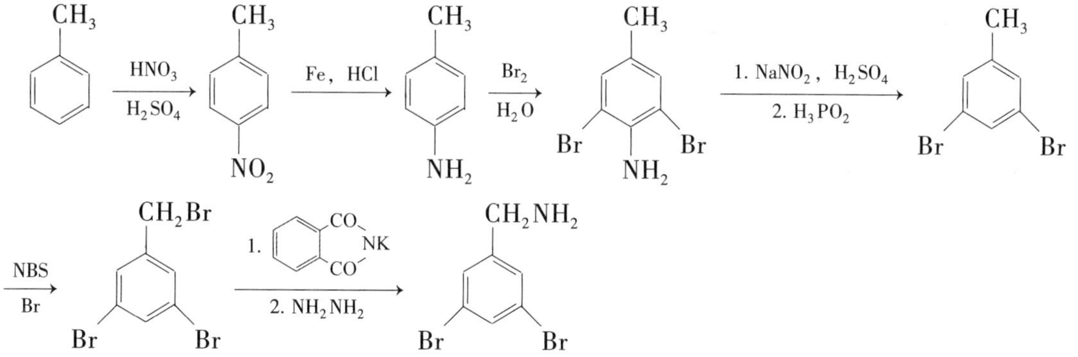

📚 参考文献

[1] Jie Jack Li. Name Reaction, 4th ed. [M]. Springer-Verlag Berlin Heidelberg, 2009: 247-248.
[2] 孔祥文. 有机化学[M]. 北京: 化学工业出版社, 2010.
[3] Gabriel S, Ber, 1887, 20: 2224-2226.

1.4 Gattermann-Koch 反应

🔍 问题引入

由适当原料合成: $CH_3-C_6H_4-CH=CH-C(=O)-C(CH_3)_3$ 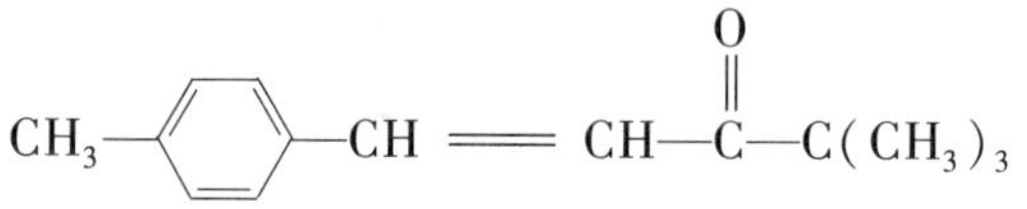(兰州大学, 2001)

以甲苯为原料合成目标化合物，经历如下三步反应：

$$2CH_3COCH_3 \xrightarrow[\Delta]{Mg-Hg} CH_3\underset{OH}{\underset{|}{C}}(CH_3)\underset{OH}{\underset{|}{C}}(CH_3)CH_3 \xrightarrow{H_3O^+} CH_3COC(CH_3)_3$$

$+ CH_3COC(CH_3)_3 \xrightarrow[OH^-]{\Delta} TM$

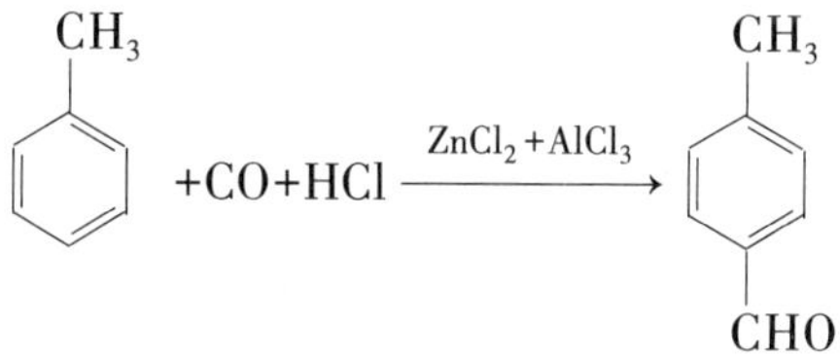

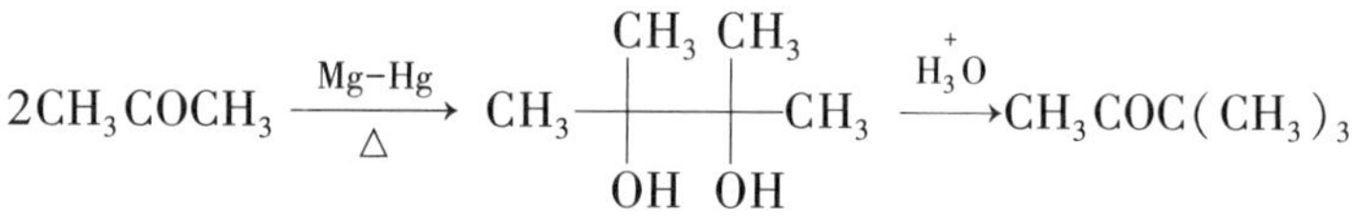

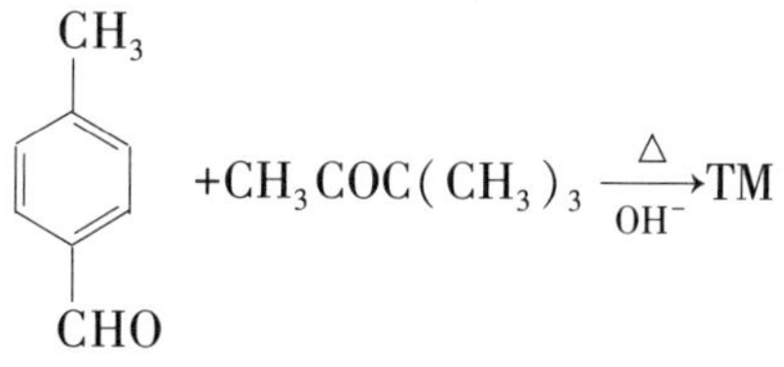

上述合成反应的第 1 步中，甲苯在三氯化铝、氯化锌催化下与一氧化碳和氯化氢经主题反应生成 4-甲基苯甲醛[1]。

📖 反应概述

甲酰氯很不稳定，极易分解，不能够直接与苯进行酰基化反应得到苯甲醛。制取苯甲醛可用 CO 和干燥的 HCl，在无水三氯化铝和氯化亚铜(与 CO 配位结合)催化作用下反应，生成苯甲醛。此反应称为 Gattermann-koch 反应[2]，主要用于苯或烷基苯的甲酰化[3]。

反应机理[4]

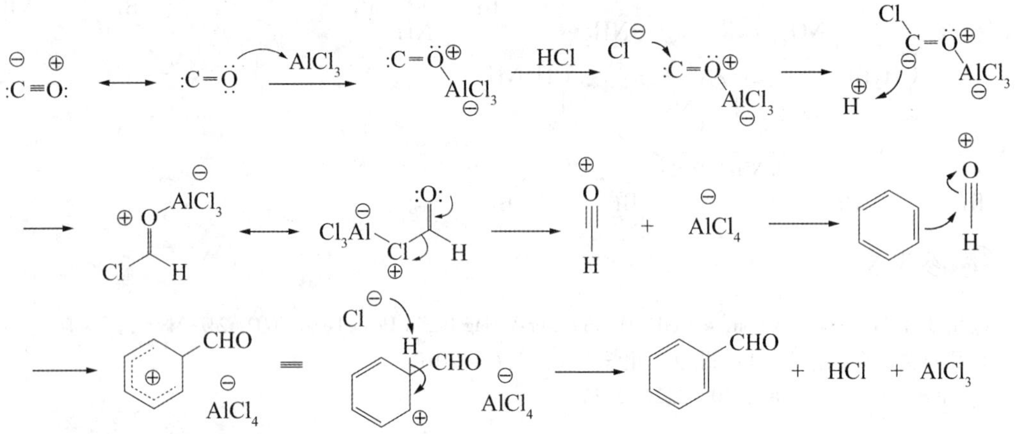

参考文献

[1]裴伟伟．基础有机化学习题解析[M]．北京：高等教育出版社，2006：254.
[2]Gattermann L，Koch J. A. Ber. [J]. 1897，30：1622-1624.
[3]孔祥文．有机化学[M]．北京：化学工业出版社，2010.
[4]Jie Jack Li，Name Reaction，4th ed. [M]. Springer-Verlag Berlin Heidelberg，2009：253.

1.5 Gomberg-Bachmann 偶联

问题引入

合成以下化合物并注意立体化学、反应条件和试剂比例。

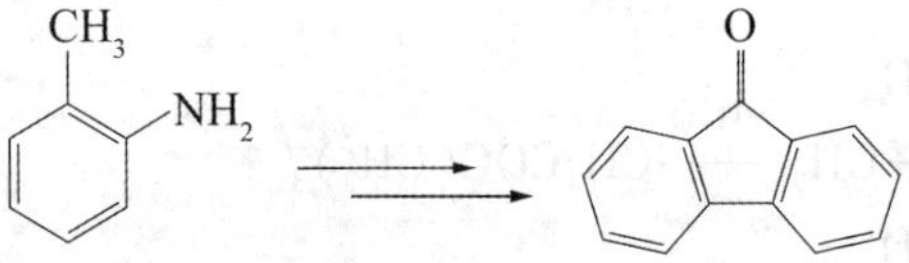

（中国科学院，2009）

邻甲苯胺重氮化得重氮盐，然后在碱性条件下与苯偶联生成 2-甲基联苯，再经高锰酸钾氧化得联苯-2-甲酸，最后用氯化亚砜氯化得酰氯后在三氯化铝催化下环化得到目标产物 9-芴酮(9-Fluorenone)。

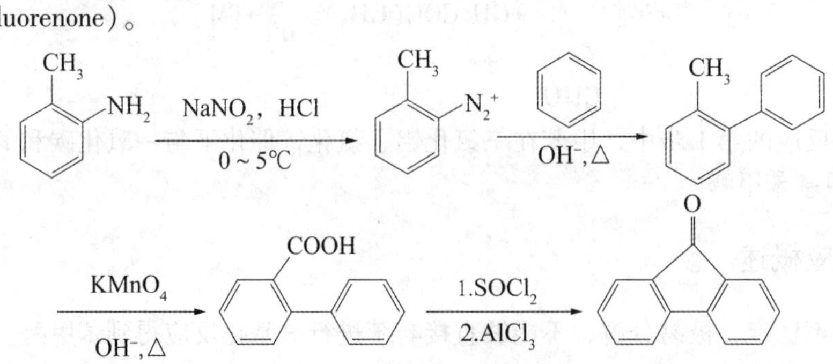

反应概述

上述合成反应的第 2 步为邻甲基苯基重氮盐与苯在碱性条件下反应生成邻甲基联苯。这种芳基重氮盐在碱性条件下与一个芳香族化合物之间经自由基偶联生成二芳基化合物（联苯或联苯衍生物）的反应称为 Gomberg-Bachmann 偶联反应[1]。

反应通式

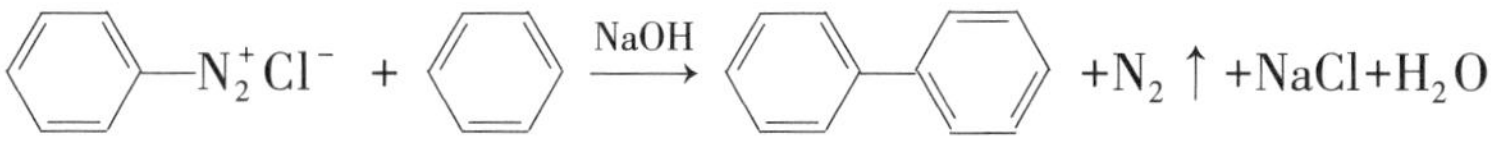

反应机理[2]

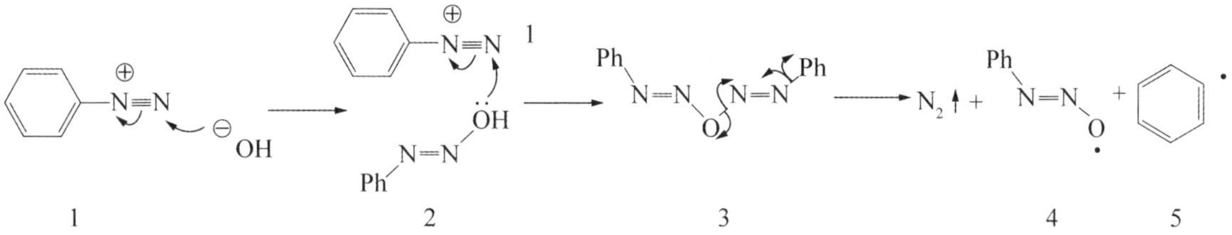

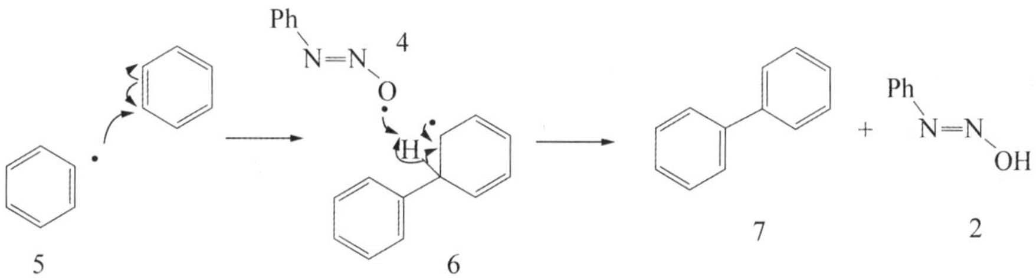

苯基重氮盐(1)与碱反应形成重氮酸(氢氧化重氮苯)(2)，2 再与 1 反应得 3，3 的 O—N＝和＝N—Ph 键均裂得苯基重氮酸根游离基(4)和苯基游离基(5)，同时放出氮气；5 进攻另一分子苯的环上碳原子形成 σ-络合物的 β-碳原子游离基(6)；在 4 的作用下，6 的 sp^3 杂化碳原子的 C-H 键均裂失去一个氢原子形成联苯(7)，4 获得氢原子而形成 2。

这是一个芳基自由基取代反应，反应过程是在氢氧化钠水溶液和苯的两相体系中进行的，氢氧化钠水溶液与重氮盐反应，生成完全是共价键的氢氧化重氮苯，它能溶于苯，并与苯反应，生成联苯。

注：溶液的碱性太强（pH>10），重氮盐将与碱作用生成不能进行偶合反应的重氮酸或重氮酸根负离子[3]。

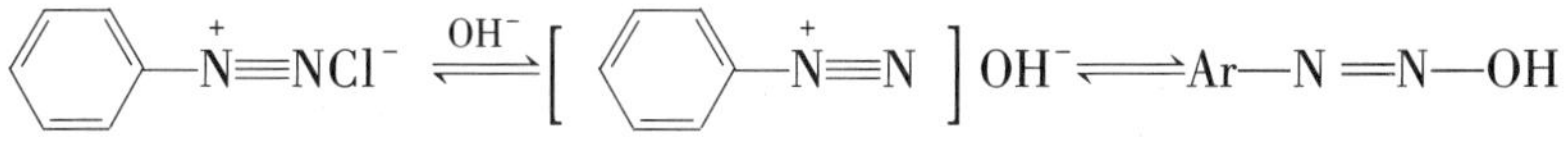

重氮盐　重氮碱　重氮酸

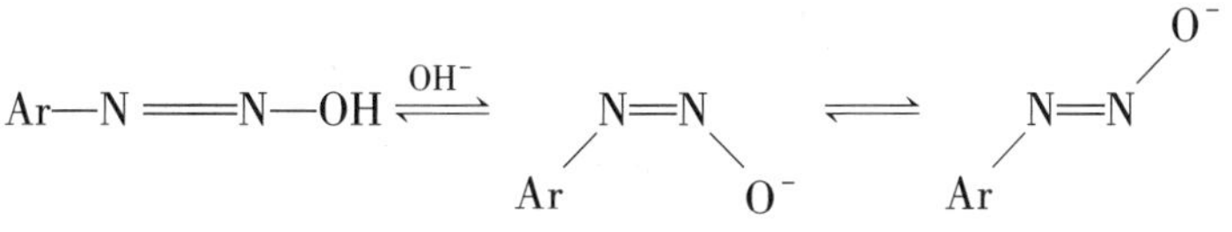

重氮酸　重氮酸根负离子　异重氮酸根负离子

参考文献

[1]Gomberg, M.; Bachmann, W. E. J. Am. Chem. Soc. 1924, 46, 2339-2343.

[2]JieJackLi, NameReaction, 4thed. [M]. Springer-VerlagBerlinHeidelberg. 2009. 262.

[3]孔祥文. 有机化学[M]. 北京：化学工业出版社，2010.

1.6 Heck 反应

问题引入

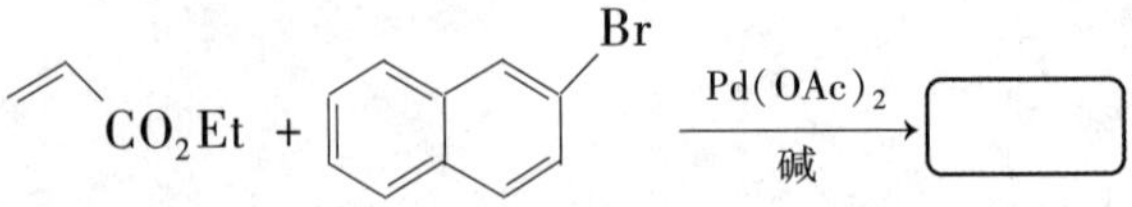

Br
CO_2Et +
Pd(OAc)$_2$
碱

(复旦大学，2012)

丙烯酸乙酯与2-溴萘在乙酸钯作用下发生 Heck 反应得到2-萘基丙烯酸乙酯，其结构式为

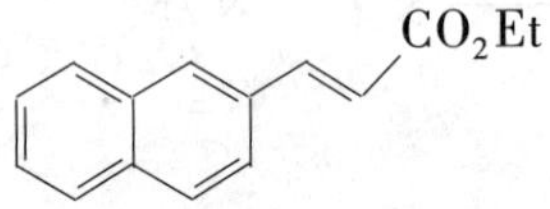

CO_2Et

。

反应概述

Heck 反应也称沟吕木-赫克反应(Mizoroki-Heck 反应)，是指不饱和卤代烃(或三氟甲磺酸酯与烯烃在强碱和钯催化下生成取代烯烃的偶联反应(Coupling reaction)，也即为烯烃芳基化或烯基化偶联反应。它得名于美国化学家理查德·赫克和日本人沟吕木勉·赫克，二人凭借此贡献得到了2010年诺贝尔化学奖。

反应通式

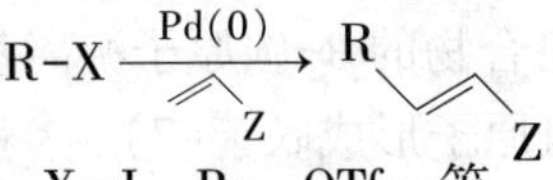

R-X
Pd(0)
Z
R
Z

X=I，Br，OTf，等.

Z=H，R，Ar，CN，CO_2R，OR，OAc，NHAc，等.

反应机理[1]

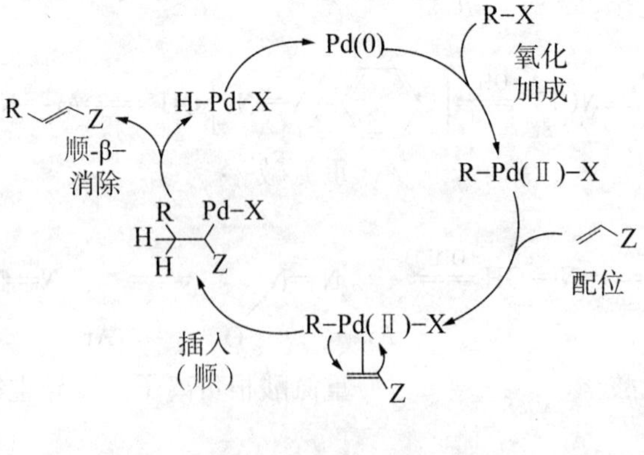

Pd(0)
R-X
氧化
加成
R-Pd(Ⅱ)-X
Z
配位
R-Pd(Ⅱ)-X
Z
插入
(顺)
R
Pd-X
H
H
Z
顺-β-
消除
R
Z
H-Pd-X

Heck 反应所用的催化剂主要是含钯类化合物，如氯化钯、乙酸钯、三苯基膦钯等。所用的卤化物和三氟甲磺酸盐是一类芳基化合物或乙烯基化合物等。载体主要有三苯基膦、BINAP 等。所用的碱主要有三乙胺、碳酸钾、乙酸钠等。

本反应对不发生烯烃位置异构的底物非常有效。如果反应底物里含丙烯醇，反应的过程中会出现烯烃的异构化生成羰基化合物。烯烃的一端有烷氧基羰基或芳基等吸电子基团时，反应会从另一端的碳($=CH_2$)进行。如果烯烃的一端是烷氧基醚等供电子基团，控制反应的位置选择性会非常难。

参考文献

[1] Heck R. F，Nolley J. P.，Jr. J. Am. Chem. Soc. 1968：90. 5518-5526.

[2] JieJackLi. NameReaction，4thed.，[M]. Springer-VerlagBerlinHeidelberg，2009：277.

1.7　Hell-Volhard-Zelinsky 反应

问题引入

用不超过四个碳的醇为原料合成

$$\begin{array}{c}\quad\quad\quad CONHCH_3\\ \quad\quad\quad |\\ CH_3CH_2CH_2CHCH_2CH_2CH_2CH_3\end{array}$$

（中国科学院研究生院，2007；青岛大学，2010）

目标化合物 *N*-甲基-2-丙基己酰胺，可以逆推为 2-丙基己酸乙酯，后者逆推为丙二酸二乙酯和正溴丙烷和正溴丁烷，丙二酸二乙酯则可由乙醇经氧化、Hell-Volhard-Zelinsky 反应溴化、氰化和酯化而来。合成方法如下：

$$CH_3CH_2CH_2OH \xrightarrow{PBr_3} CH_3CH_2CH_2Br(A)$$

$$CH_3CH_2CH_2CH_2OH \xrightarrow{PBr_3} CH_3CH_2CH_2CH_2Br(B)$$

$$CH_3CH_2OH \xrightarrow{K_2Cr_2O_7/H^+} CH_3COOH \xrightarrow{P/Br_2} BrCH_2COOH$$

$$\xrightarrow[2.\ NaCN]{1.\ OH^-} NCCH_2COO^- \xrightarrow[H^+,\ \triangle]{EtOH(e)} CH_2(CO_2Et)_2$$

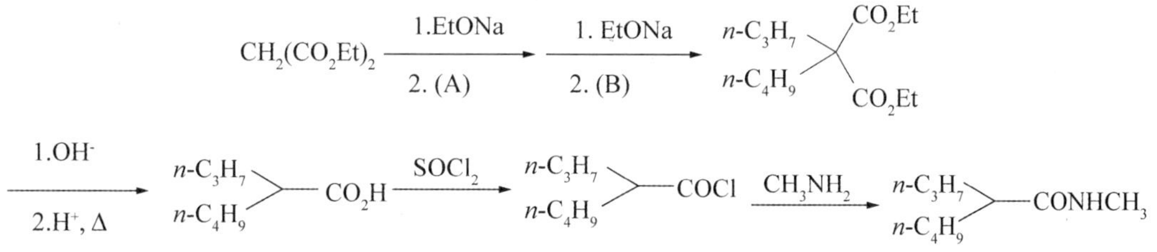

反应概述

由于羧基是较强的吸电子基团，它可通过诱导效应和 σ-π 超共轭效应使 α-氢活化。但羧基的致活能力比羰基小得多，所以羧酸的 α-氢被卤素取代的反应比醛、酮困难。但在碘、红磷、硫等的催化下，取代反应可顺利发生在羧酸的 α 位上，生成 α-卤代羧酸，该反应称为 Hell-Volhard-Zelinsky 反应[1~3]。例如：

$$CH_3CH_2CH_2CH_2COOH+Br_2 \xrightarrow[70\ ℃]{P} CH_3CH_2CH_2\underset{\displaystyle Br}{\underset{|}{C}}HCOOH+HBr$$

反应通式

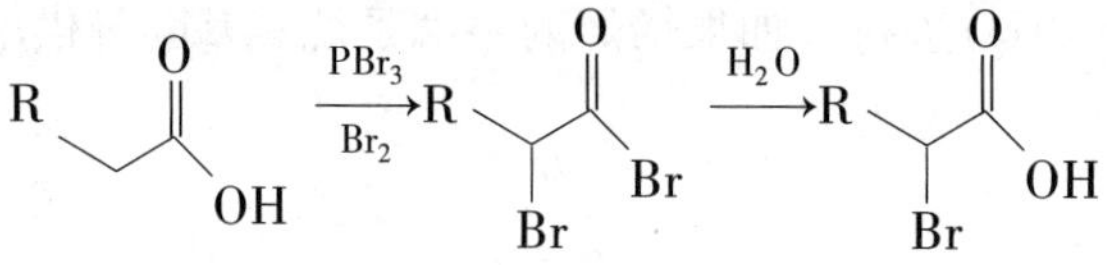

PBr_3
Br_2
H_2O

反应机理[4]

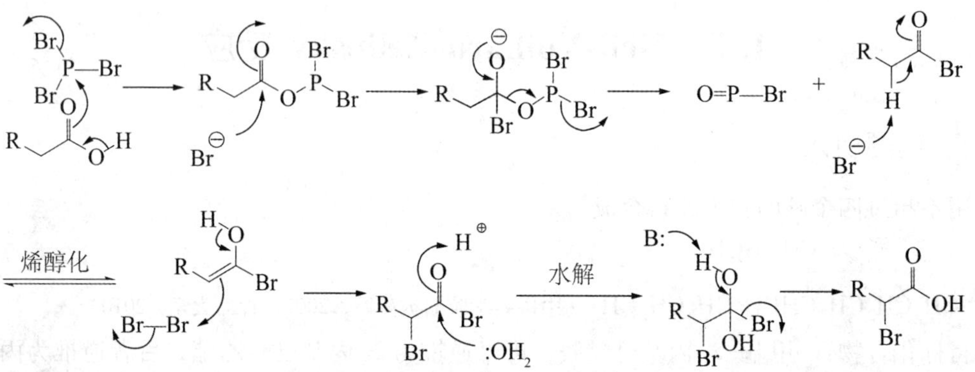

烯醇化
水解

由于一元取代产物的α-氢更加活泼，因此取代反应可继续发生下去生成二元、三元取代反物，但通过控制反应条件可以使某一种产物为主。

$$CH_3COOH \xrightarrow{Cl_2,\ P} ClCH_2COOH \xrightarrow{Cl_2,\ P} Cl_2CHCOOH \xrightarrow{Cl_2,\ P} Cl_3CCOOH$$

该反应的历程是，磷和卤素作用生成三卤化磷，三卤化磷将羧酸转化为酰卤，酰卤的α-氢具有较高的活性而易于转变为烯醇式，烯醇式的酰卤与卤素反应生成α-卤代酰卤，后者与羧酸进行交换反应得到α-卤代羧酸[5]。

α-卤代酸中的卤原子与卤代烃中的卤原子具有相似的化学性质，可以进行亲核取代和消除反应。卤代酸在合成农药、药物等方面有着重要的用途。

芳香酸的苯环上氢原子可被亲电试剂取代，由于羧基是一个间位定位基，取代反应发生在羧基的间位。例如：

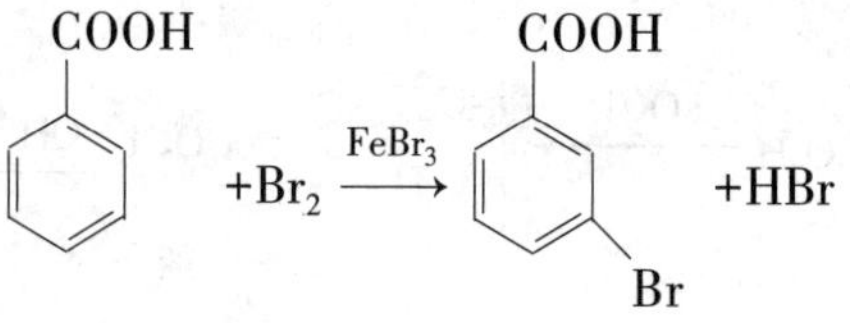

COOH
$+Br_2$
$FeBr_3$
COOH
Br
+HBr

例题解析

例 1 写出反应产物

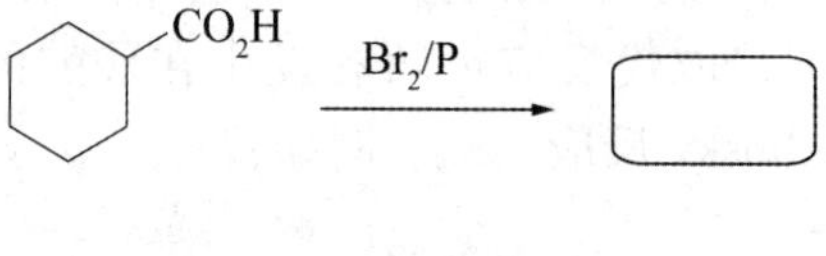

CO_2H
Br_2/P

（福建师范大学，2008）

[解答]

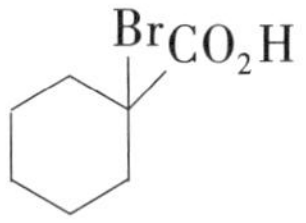
Br
CO2H

例 2　由不多于两个碳的有机化合物合成

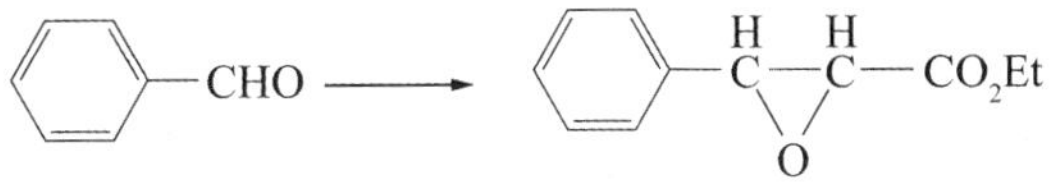
CHO
H
H
C
C
CO2Et
O

（浙江大学，2003）

[解答]

$$CH_3CH_2OH \xrightarrow{K_2Cr_2O_7/H^+} CH_3COOH \xrightarrow{P/Br_2} BrCH_2COOH \xrightarrow[H^+]{EtOH} BrCH_2CO_2Et$$

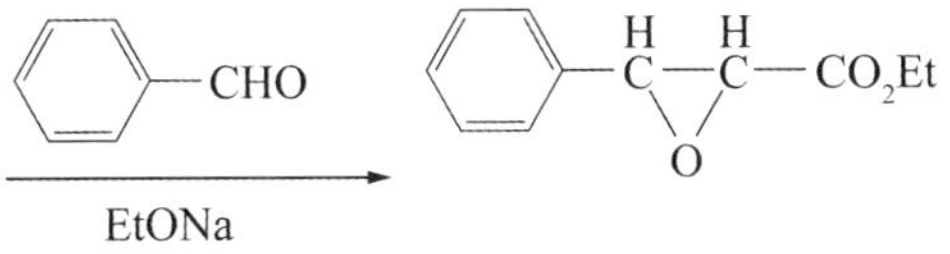
CHO
EtONa
H
H
C
C
CO2Et
O

参考文献

[1] Hell C, Ber, 1881, 14: 891-893.

[2] Volhard J. Ann. 1887. 242: 141-163.

[3] Zelinsky N. D. Ber. 1887, 20: 2026.

[4] JieJackLi. NameReaction, 4thed., [M]. Springer-VerlagBerlinHeidelberg, 2009: 247-248.

[5] 孔祥文. 有机化学[M]. 北京: 化学工业出版社, 2010.

1.8　Hinsberg 反应

问题引入

可以与对甲苯磺酰氯反应生成可溶于 NaOH-H_2O 的沉淀的是(　　)。

A.
CONH2
B.
NH2
C.
NHCH3
D.
N(CH3)2

（四川大学，2013）

N-甲基苯胺与对甲苯磺酰氯反应生成不溶于 NaOH-H_2O 的沉淀，选 B。

反应概述

胺可以进行类似酰基化反应的磺酰化反应。磺酰化反应又称 Hinsberg 反应。在氢氧化钠存在下，伯、仲胺能与苯磺酰氯或对甲苯磺酰氯反应生成磺酰胺。因为叔胺氮原子上无氢原子，所以不能发生磺酰化反应。

反应通式

$$RNH_2 + ArSO_2Cl \longrightarrow \underset{\text{(白色固体)}}{ArSO_2NHR} \xrightarrow{NaOH} [ArSO_2N^-R]Na^+_{\text{(水溶性盐)}}$$

$R_2NH+ArSO_2Cl \longrightarrow ArSO_2NR_2 \xrightarrow{NaOH}$ 不溶于碱，仍为固体(白色固体)

$R_3N+ArSO_2Cl \longrightarrow$ 不反应(可溶于酸)

反应机理

伯胺生成的磺酰胺中，氮原子上还有一个氢原子，由于受到磺酰基强吸电子效应的影响而具有一定的酸性，能与氢氧化钠溶液作用生成水溶性钠盐，酸化后又析出不溶于水的磺酰胺。仲胺生成的磺酰胺中，氮原子上没有氢原子，不能与碱作用成盐，因而不能溶于氢氧化钠溶液而呈固体析出。叔胺不发生磺酰化反应，也不溶于氢氧化钠溶液而出现分层现象。因此，这些性质上的差异，可用于鉴别或分离伯、仲、叔胺[1]。例如：将三种胺的混合物与对甲苯磺酰氯的碱性溶液反应后再进行蒸馏，因叔胺不反应，先被蒸出；将剩余液体过滤，固体为仲胺形成的磺酰胺，加酸水解后可得到仲胺；滤液酸化后，水解可得到伯胺。

例题解析

例 1　选择题

1. 下列化合物碱性最强的是(　　)。

A. 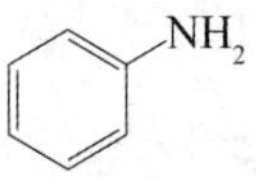　B. 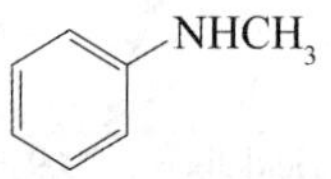　C. 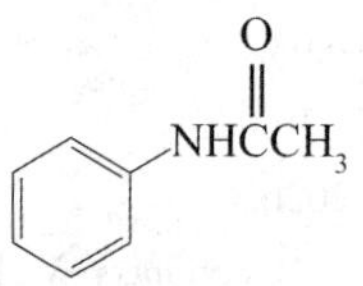　D. 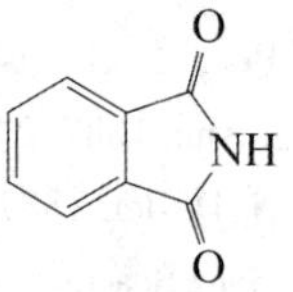

(中山大学，2016)

2. 下列化合物与 $PhSO_2Cl$ 反应后，能在 NaOH 溶液中形成清亮溶液的是(　　)。

A. n-Pr_2NH；　B. n-Pr_3N；　C. n-$Pr_3NH^+Cl^-$；　D. n-$PrNH_2$

(暨南大学，2016)

[解答]　1. B　2. D

与氨相似，胺分子中氮原子上也有未共用电子对，能接受一个质子，因此胺有碱性。胺可以和大多数酸反应生成盐。结构不同，胺类的碱性呈现不同的规律。

脂肪胺在非水溶液中的碱性通常为：叔胺>仲胺>伯胺>氨。脂肪胺的碱性一般大于氨，这是由于烷基的供电诱导效应，使氨基上的电子云密度升高，有利于与 H^+ 结合；另外，烷基也使生成的铵离子($R\overset{+}{N}H_3$)中的正电荷得到分散，从而得以稳定。氮原子上连接的烷基越多，供电诱导效应越大，氮原子上的电子云密度越大，越有利于与质子结合，即胺的碱性增强。

脂肪胺在水溶液中，碱性强弱用离解常数 K_b 或其负对数 pK_b 表示，K_b 越大或 pK_b 越小，碱性越强。例如：

	$(CH_3)_2NH$	CH_3NH_2	$(CH_3)_3N$	NH_3
pK_b	3.27	3.38	4.21	4.76

这是因为在水溶液中胺碱性的强弱除电子效应外还受到溶剂化作用的影响。氮上连接的氢越多，溶剂化程度越大，铵正离子就越稳定，胺的碱性也越强，因此伯胺的碱性强于叔胺。

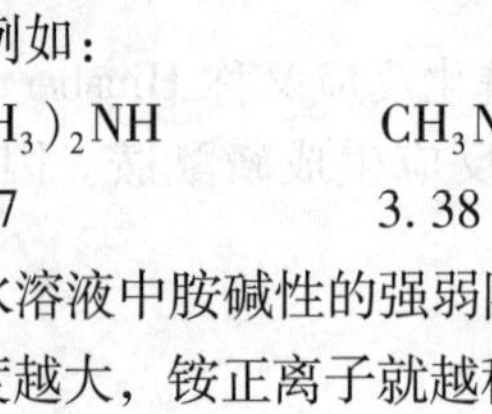　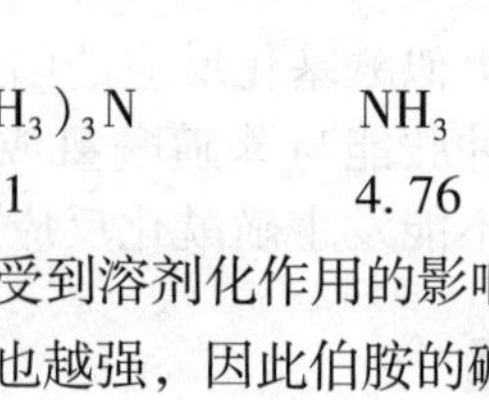

仲胺的溶剂化作用介于二者之间，综合烃基的供电子效应，仲胺的碱性最强。

例 2　将下列化合物碱性由强到弱排列，并解释。

A. 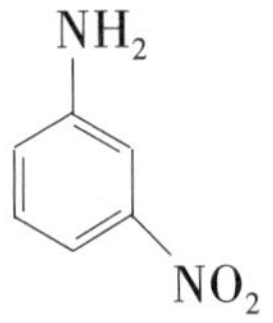　B. 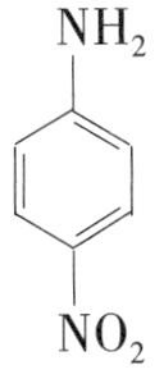　C. 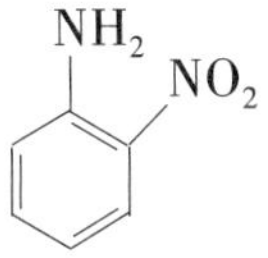　D. 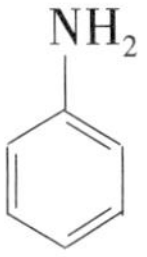

（西北大学，2011）

［解答］　D>A>B>C。苯胺共轭酸 p*K*a　4. 64>间硝基苯胺共轭酸 p*K*a 2. 47>对硝基苯胺共轭酸 p*K*a 1. 00>邻硝基苯胺共轭酸 p*K*a 0. 26。一般来说，共轭碱的碱性越强，共轭酸的酸性越弱，p*K*a 越大。所以用上面的数据来回答就是：碱性由大到小排列：苯胺>间硝基苯胺>对硝基苯胺>邻硝基苯胺。碱性：芳香胺的碱性（basicity）比氨弱，因为氮上的孤对电子与苯环上的 π 电子的相互作用，形成 p，π-共轭体系。“N”的孤对电子部分地转向苯环，因此，氮原子接受质子的能力降低，以致碱性比氨弱。苯环上取代基主要体现了电子效应的影响，如硝基等吸电子基能使苯胺的碱性减弱，甲基等给电子基则使碱性增强。综合考虑空间位置和电子效应可以得出解答。

练习 3　用化学方法区别下列化合物：

A. 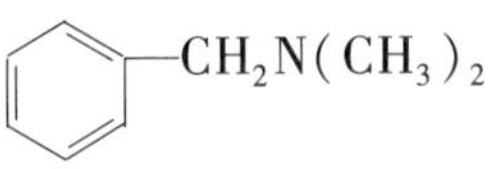　B. 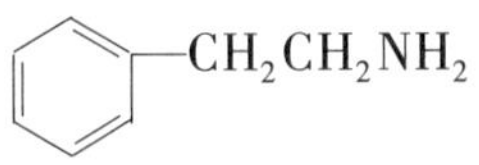　C. 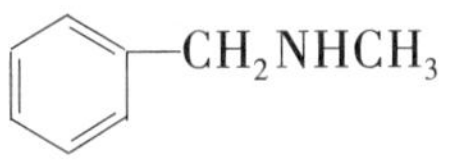

D. 对甲基苯胺　E，*N*，*N*-二甲基苯胺　（华侨大学，2016）

［解答］　不同的胺与亚硝酸（nitrous acid）反应，产物各不相同，取决于胺的结构。由于亚硝酸不稳定，在反应时实际使用的是亚硝酸钠与盐酸或硫酸的混合物。

脂肪族伯胺与亚硝酸反应，生成极不稳定的脂肪族重氮盐。脂肪族重氮盐即使在低温下也会自动分解生成碳正离子和氮气。芳香族伯胺与亚硝酸在低温下（一般在 5℃以下）及强酸水溶液中反应，生成重氮盐，此反应称为重氮化反应。芳香族重氮盐在低温和强酸水溶液中是稳定的，升高温度则分解成酚和氮气。

脂肪族和芳香族仲胺与亚硝酸反应，都生成 *N*-亚硝基胺。*N*-亚硝基胺为不溶于水的黄色油状液体或固体，有强烈的致癌作用，能引发多种器官或组织的肿瘤。*N*-亚硝基胺与稀酸共热，可分解为原来的胺，因此可用此反应来鉴别、分离或提纯仲胺。

脂肪族叔胺因氮原子上没有氢原子，因此一般不发生与上述相类似的反应，只能与亚硝酸形成不稳定的盐。生成的盐很容易水解，加碱后可重新得到游离的叔胺。

芳香族叔胺与亚硝酸作用，在芳环上发生亲电取代反应导入亚硝基，称为亚硝化反应。亚硝化的芳香族叔胺通常带有颜色，在不同介质中，其结构不同，颜色也不相同。

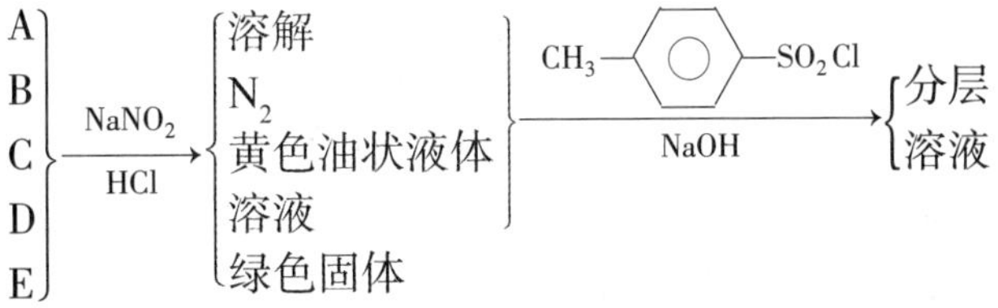
A
B
C
D
E
NaNO2
HCl
溶解
N2
黄色油状液体
溶液
绿色固体
CH3
SO2Cl
NaOH
分层
溶液

例 4　鉴别下列化合物：

A. 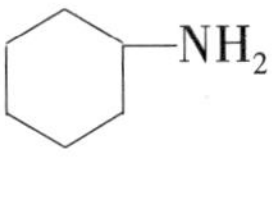　B. 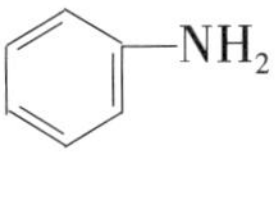

C. 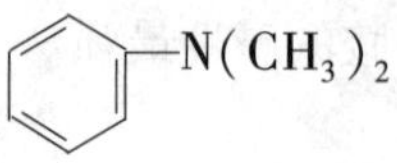　　D. 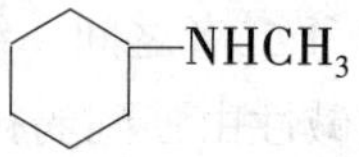

［解答］ 用 $NaNO_2$/HCl 分别反应，A. 在低温时反应可见有氮气放出；B. 低温时反应生成重氮盐，加入萘酚后得红色偶氮化合物；C. 生成黄色对亚硝基 *N*，*N*-二甲基苯胺盐酸盐，中和后成为绿色固体；D. 生成黄色油状物。

参考文献

[1]孔祥文．有机化学[M]．北京：化学工业出版社，2010.

[2]陈宏博．有机化学(第四版)[M]．大连：大连理工大学出版社，2015：300.

1.9　Hunsdriecker 反应

问题引入

$$CH_3(CH_2)_4COOH \xrightarrow[KOH]{AgNO_3} \xrightarrow{Br_2} \boxed{\quad\quad}$$（中国科学技术大学，2016）

己酸与硝酸银反应生成己酸银，然后与溴反应，脱去二氧化碳，生成 1-溴戊烷，$CH_3(CH_2)_3CH_2Br$。该反应即为 Hunsdriecker(汉斯狄克)反应。

反应概述

Hunsdriecker 反应是指饱和脂肪酸与硝酸银反应生成羧酸银盐，再与溴或碘反应，脱去二氧化碳，生成比原羧酸少一个碳原子卤代烃的反应[1]。

反应通式

$$R-COO^{\ominus}Ag^{\oplus} \xrightarrow{X_2} R-X + CO_2\uparrow + AgX$$

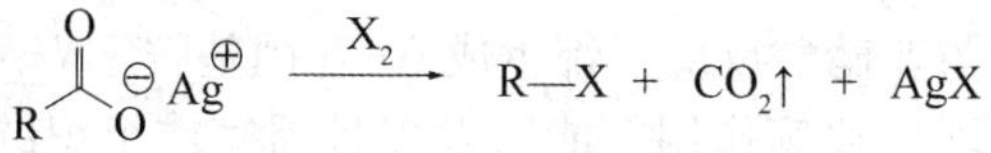

反应机理

$$R-COO^{\ominus}Ag^{\oplus} \xrightarrow{X-X} AgX + R-COO-X \xrightarrow{均裂}$$

$$X\cdot + R-COO\cdot \longrightarrow CO_2\uparrow + R\cdot \xrightarrow{R-COO-X} R-X + R-COO\cdot$$

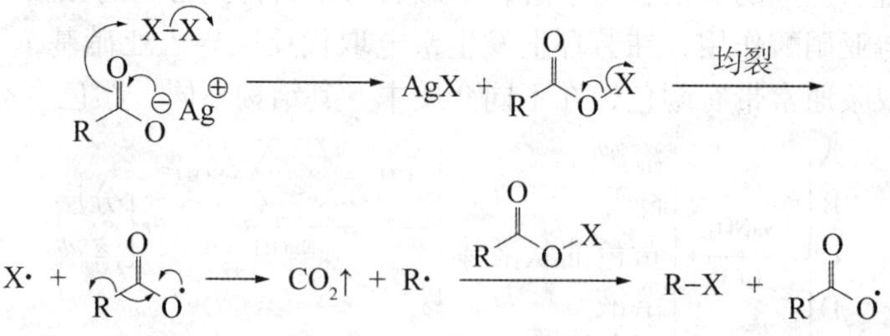

注意：反应必须严格在无水条件下进行。

例题解析

例　完成反应转变

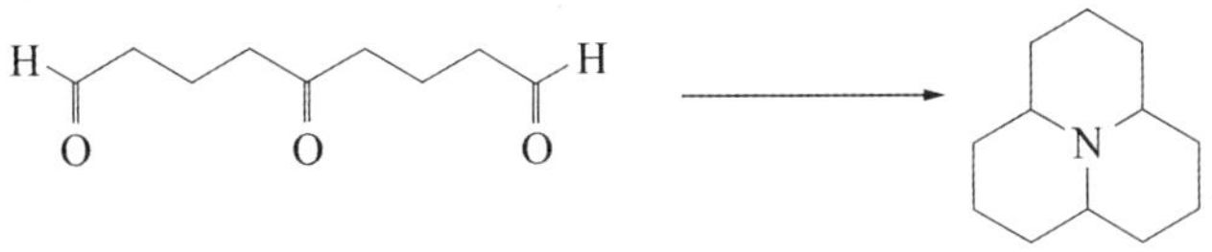

（南开大学，2012）

[解答]

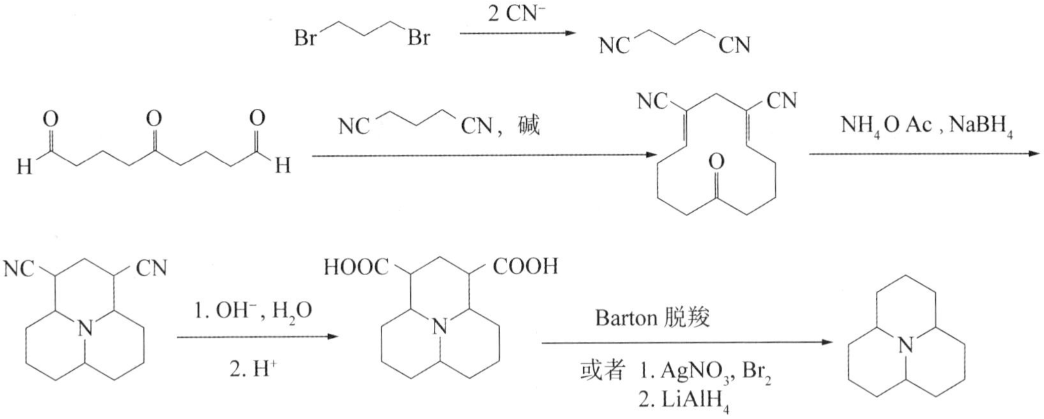
Br
Br
2 CN⁻
NC
CN
NC
CN，碱
NH₄OAc，NaBH₄
1. OH⁻, H₂O
2. H⁺
HOOC
COOH
Barton 脱羧
或者 1. AgNO₃, Br₂
2. LiAlH₄
N

参考文献

[1] Borodin，A. *Ann*，1861，119，121-123

[2] Hunsdiecker H，Hunsdiecker C，*Ber*，1942，75：291-297.

[3] Jie Jack Li. Name Reaction，4th ed.，[M]. Springer-Verlag Berlin Heidelberg，2009：298.

[4] Lampman，G，M，Aumiller，J，C，*Org*，*Synth*. 1998，*Coll*，*Vol*，6：179.

[5] Naskar D，Chowdhury S，Roy，S，*Tetrahedron Lett*. 1998，39：699-702.

1.10　Koch-Haaf 羰基化反应

问题引入

由不超过 C_4 有机物及无机试剂合成

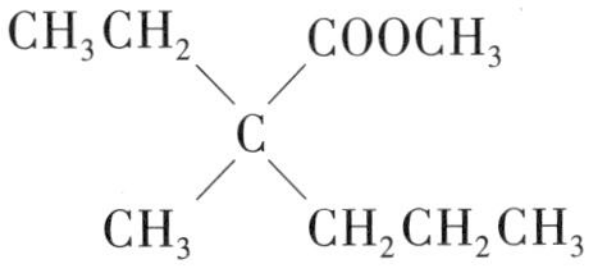

（中国科学院研究生院，1997）

目标化合物可通过如下反应合成：

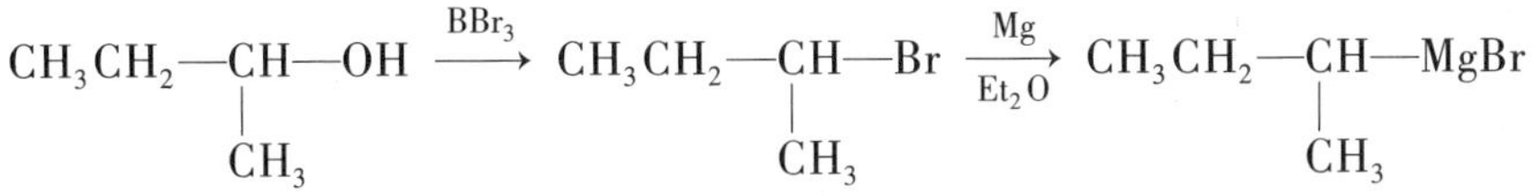

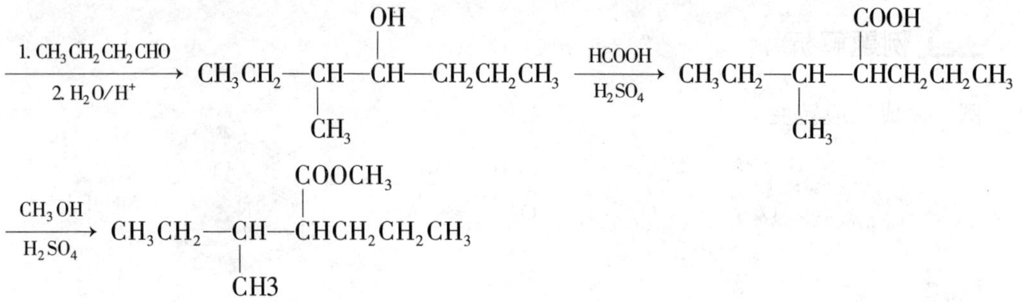

上述合成反应中，由醇转变为酸的一步为 Koch-Haaf 羰基化反应。

反应概述

这种强酸催化的从醇或烯烃和 CO 反应生成叔烷基羧酸的反应称为 Koch 羰基化反应（Koch-Haaf 羰基化反应）[1]。

反应通式

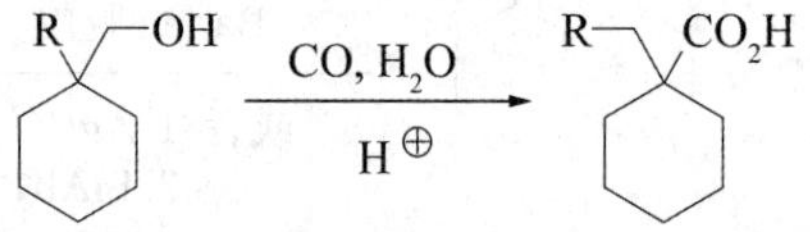

反应机理[2]

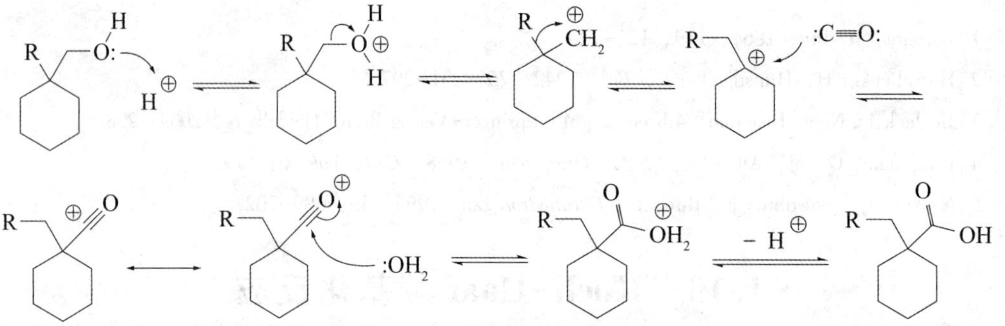

例题解析

例 1 写出反应产物

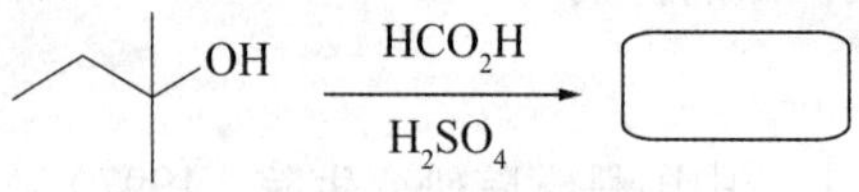

［**解答**］ 以2-甲基-2-丁醇为原料、甲酸为羰基源，经一步卡宾反应制得辛伐他汀中间体2，2-二甲基丁酸 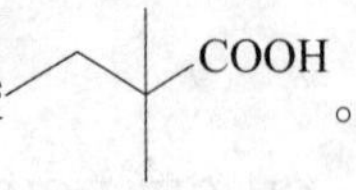 。当反应温度为0℃、n(2-甲基-2-丁醇)：n(甲酸)：n(硫酸)=1：1.5：8、反应时间为5h时的最佳反应条件下，反应收率为95.8%，产物GC纯度为97.5%。该方法利用醇与体系自身反应生成的羰基卡宾活性中间体进行Koch-

Haaf 羰基化反应，避免了传统方法中通过加压向体系直接通入易燃易爆的一氧化碳气体所进行的插羰反应。该方法原料易得、操作简单、收率较高，具有较好的工业应用前景[3]。

例 2　以二异丙酮为起始原料合成 2，3−二甲基−2−异丙基丁酸

［解答］

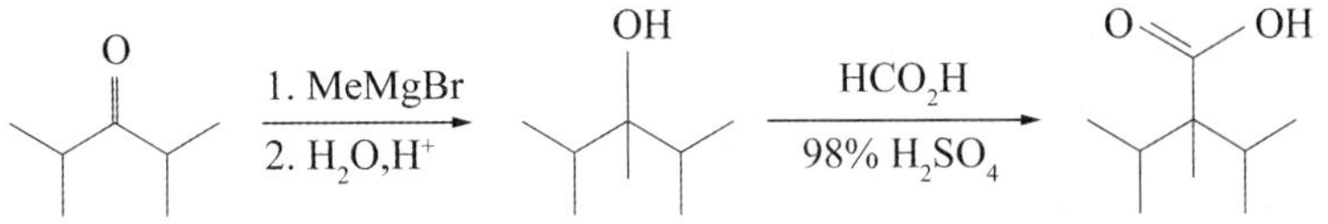
O
1. MeMgBr
2. H2O,H+
OH
HCO2H
98% H2SO4
O
OH

二异丙基酮与 MeMgBr 反应制备 2，3，4−三甲基−3−戊醇，收率 71.3%；再经 Koch−Haaf 羧化反应合成了 2，3−二甲基−2−异丙基−丁酸，收率 71.5%，总收率 51%[4]。

参考文献

［1］Koch H，Haaf W，*Ann.* 1958，618：251−266.

［2］Jie Jack Li. Name Reaction，4th ed.，［M］. Springer−Verlag Berlin Heidelberg，2009：319.

［3］丁成荣，崔云强，杨华东，等 .2，2−二甲基丁酸的合成新方法［J］. 中国药物化学杂志，2016，(2)：112−115.

［4］张弦，王建新，武建利，等 .2，3−二甲基−2−异丙基丁酸的合成［J］. 合成化学，2009，17(6)：747−749.

1.11　Kolbe−Schmitt 反应

问题引入

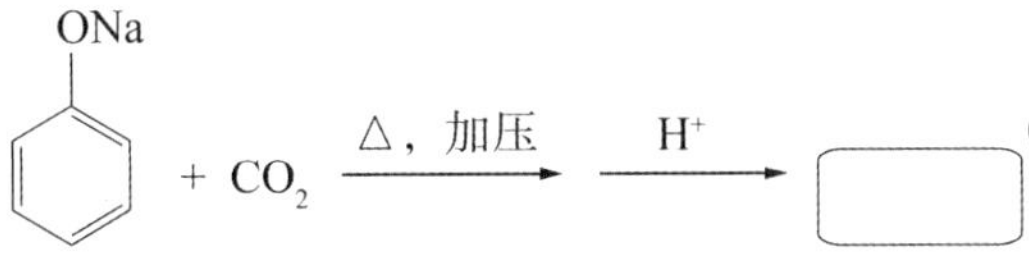
ONa
+ CO2
△，加压
H+

（北京大学，1990）

苯酚钠与 CO_2 在高温高压下反应，再经酸化生成邻羟基苯甲酸，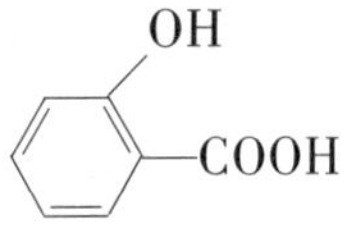
OH
COOH
。

反应概述

干燥的酚钠或酚钾与 CO_2 在高温高压下作用生成酚的羧酸盐，经酸化得酚酸，该反应称为 Kolbe-Schmitt 反应[1]。这是一个亲电取代反应，也是在酚类化合物的芳环上直接引入羧基的一种方法。不同的酚盐和反应温度对羧基进入芳环的位置有影响。

反应方程式

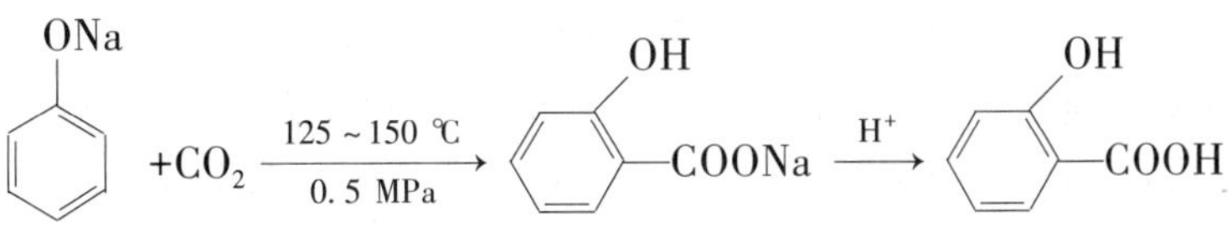
ONa
+CO2
125 ~ 150 ℃
0.5 MPa
OH
COONa
H+
OH
COOH

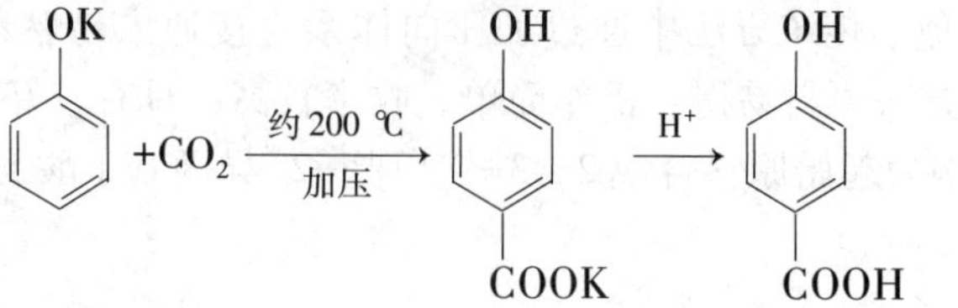

这是工业上生产水杨酸和对羟基苯甲酸的方法。显然，钠盐及较低温度有利于邻位异构体的生成，而钾盐和较高温度有利于生成对位产物。

取代酚的盐在进行 Kolbe-Schmitt 反应时，取代基的性质对反应速率和产率都有影响，苯环上连有供电子基时，反应较容易进行，所需温度和压力降低，且产率较高；连有吸电子基(硝基、氰基和羧基等)时，反应较难进行，需要升高反应温度且产率较低[2]。

反应机理[3]

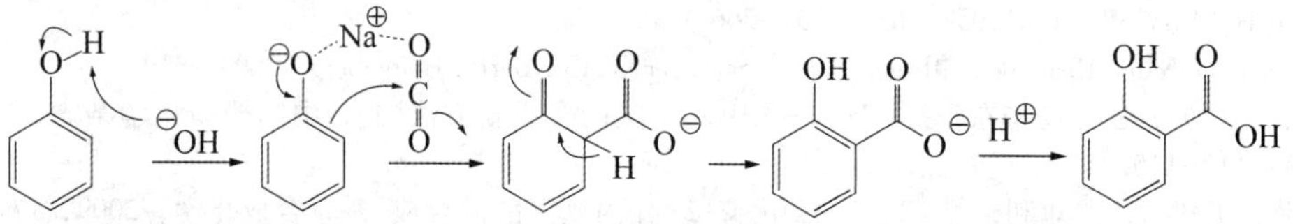

参考文献

[1] Kolbe H. Ann. 1860，113：125.

[2] 孔祥文．有机化学[M]．北京：化学工业出版社，2010.

[3] Mundy B P，Ellerd M G. Name reactions and reagents in organic synthesis[M]. John Wiley & Sons，1988. 374.

1.12 Lucas 试剂

问题引入

解释名词"Lucas 试剂"的含义。(山东大学，2016)

试剂概述

浓盐酸和无水氯化锌的混合物称为 Lucas 试剂。醇与氢卤酸(或干燥的卤化氢)可发生亲核取代反应，生成卤代烃和水，其中卤素负离子是亲核试剂，OH^- 为离去基团。由于 OH^- 的离去能力很弱，因此反应要在强酸性溶液中进行，先生成盐，使羟基质子化后以 H_2O 的形式易于离去。氢卤酸的反应活性为 HI>HBr>HCl>>HF。醇的反应活性为烯丙基醇、苄醇>叔醇>仲醇>伯醇。

$$R \vdots OH + HX \longrightarrow R—X + H_2O$$

对于卤化氢来说，由于 HI 的酸性最强，作为亲核试剂，I^- 的亲核性最强，所以伯醇很容易与 HI 反应；氢溴酸的酸性比氢碘酸弱，HBr 与醇反应需要 H_2SO_4 增强酸性，或者用 NaBr 和 H_2SO_4 代替氢溴酸，这是从伯醇制备溴代烷常用的方法；浓盐酸的酸性更弱，需要用无水氯化锌与其混合使用。$ZnCl_2$ 是强的 Lewis 酸，其作用与质子酸类似。

$$CH_3CH_2CH_2CH_2OH+HI \xrightarrow{\triangle} CH_3CH_2CH_2CH_2I+H_2O$$

$$CH_3CH_2CH_2CH_2OH+HBr \xrightarrow[\triangle]{H_2SO_4} CH_3CH_2CH_2CH_2Br+H_2O$$

$$CH_3CH_2CH_2CH_2OH+HCl \xrightarrow[\triangle]{ZnCl_2} CH_3CH_2CH_2CH_2Cl+H_2O$$

试剂应用

实验室常用 Lucas 试剂与伯、仲、叔醇的反应性能不同来鉴别六个碳原子以下的一元醇。低级醇可以溶解在这个试剂中，而生成氯代烃不溶于 Lucas 试剂，当体系出现浑浊、分层，说明反应已经发生。在室温下，烯丙型醇或叔醇立即出现浑浊，仲醇需放置几分钟才反应，伯醇需温热后才发生反应。根据反应速率和实验现象可判别反应物为何种类型的醇。六个碳以上的一元醇由于不溶于 Lucas 试剂，因此无法利用此法进行鉴别[1]。

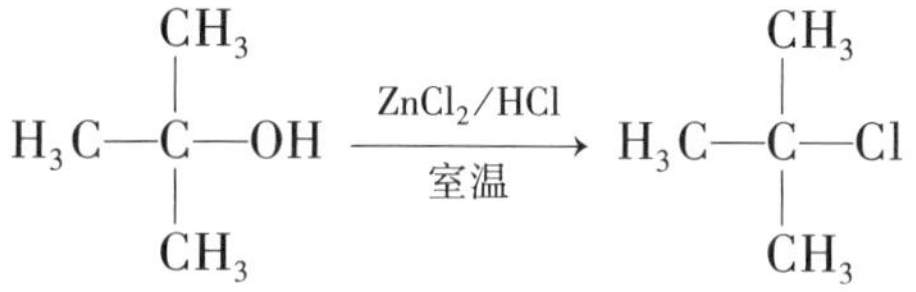
(立即浑浊)

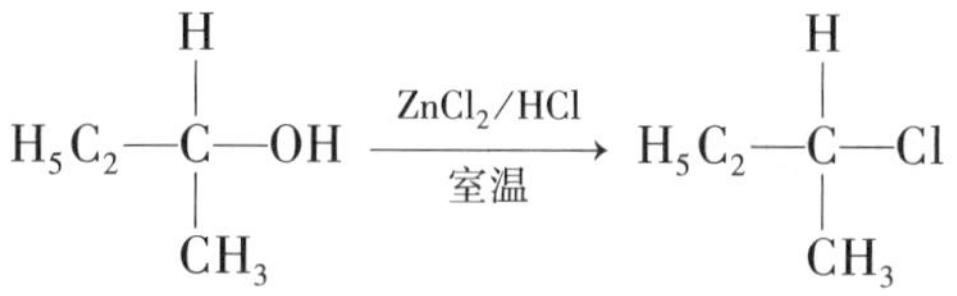
(放置片刻才变浑浊)

$$CH_3CH_2CH_2CH_2OH \xrightarrow[\triangle]{ZnCl_2/HCl} CH_3CH_2CH_2CH_2Cl$$ (室温下无变化，加热后反应)

例题解析

例 1　选择题

1. 与 Lucas 试剂反应最快的是(　　)。

A. $CH_3CH(OH)CH_3$　　B. 环己醇

C. $(CH_3)_3COH$　　D. $CH_3CH_2CH_2CH_2OH$　(华东理工大学，2014)

2. 下列化合物中与三氯化铁作用显色的是(　　)。

A. 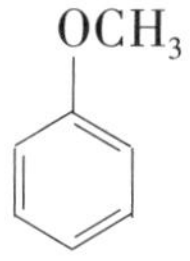　B. 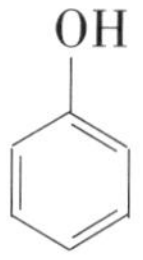　C. 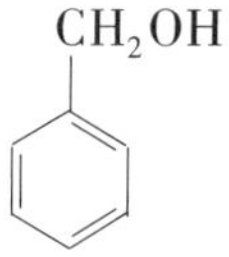　D. 

(华南理工大学，2016)

3. 下列碳正离子最稳定的是(　　)。

A. $CH_3\overset{+}{C}H_2$　B. $(CH_3)_2\overset{+}{C}H$　C. $CH_2{=}CH—\overset{+}{C}H_2$　D. $\overset{+}{C}H_3$

(华南理工大学，2016)

4. 鉴别 1-丙醇和 2-丙醇可采用的试剂是(　　)。

A. KI/I_2　B. $AgNO_3/C_2H_5OH$　C. $ZnCl_2/HCl$　D. Br_2/CCl_4

(华南理工大学，2016)

5. Lucas 试剂指的是(　　)。

A. 溴的氢氧化钠溶液　　　　　　　　　　B. 次氯酸钠溶液

C. 浓盐酸与无水氯化锌混合液　　　　　　D. 对甲苯磺酰氯　　（浙江工业大学，2014）

［解答］ 1. C　2. B　3. C　4. C　5. C

例 2　推测结构

A、B、C 分子式 C_7H_8O，在核磁共振氢谱中测定的 $\delta=7$ 处均有较强吸收峰。A 可溶于 NaOH 溶液，不溶于 $NaHCO_3$ 溶液，与 $FeCl_3$ 显色，与溴水反应生成白色沉淀 D($C_7H_5OBr_3$)，B 不溶于碱液中，与 Lucas 试剂反应迅速生成 E，C 对碱稳定，与 $FeCl_3$ 不显色，写出 A、B、C、D、E。

（华东理工大学，2014）

［解答］

A. 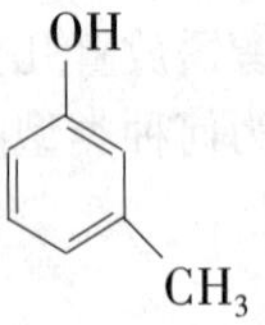　B. 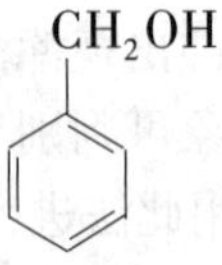　C. 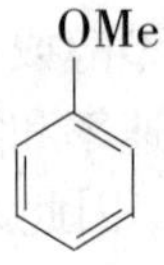　D. 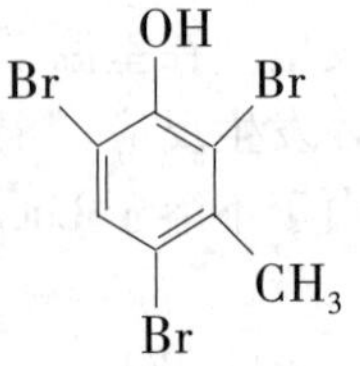　E. 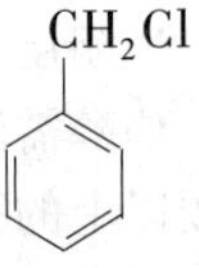

参考文献

[1]孔祥文．有机化学[M]．北京：化学工业出版社，2010.

1.13　Sandmeyer 反应

问题引入

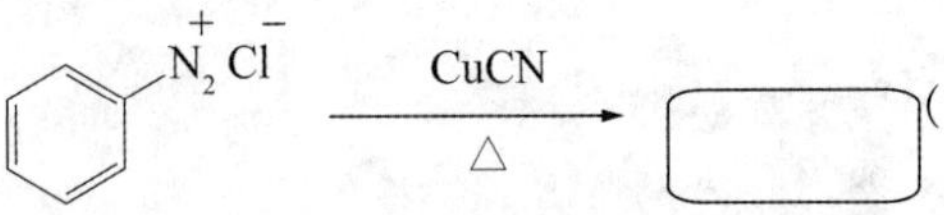
（中山大学，2014）

苯胺经重氮化反应生成苯基重氮盐，再与氰化亚铜进行 Sandmeyer 反应得到苯甲氰 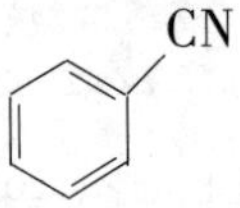 。

反应概述

亚铜盐对芳香族重氮盐的分解有催化作用，重氮盐溶液在氯化亚铜、溴化亚铜作用下，放出氮气，同时重氮基分别被氯、溴所取代。该反应称 Sandmeyer 反应。

反应通式

$$ArN_2^{\oplus}Y^{\ominus}\xrightarrow{CuX}Ar—X$$

$$X=Cl,\ Br,\ CN$$

反应机理

$$ArN_2^{\oplus}Cl^{\ominus}\xrightarrow{CuCl}N_2\uparrow+Ar\cdot+CuCl_2\longrightarrow Ar—Cl+CuCl$$

例如：

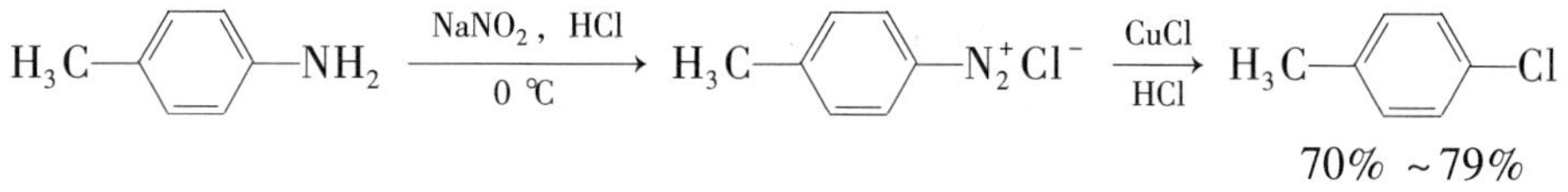
H3C NH2 NaNO2，HCl 0 ℃ H3C N2+Cl− CuCl HCl H3C Cl
70% ~79%

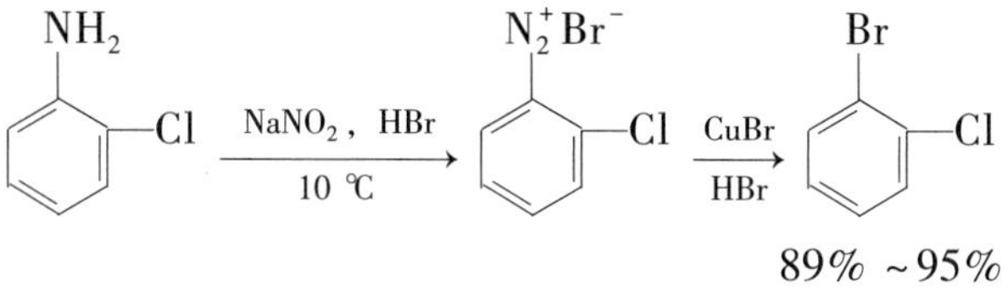
NH2 Cl NaNO2，HBr 10 ℃ N2+Br− Cl CuBr HBr Br Cl
89% ~95%

制溴化物时，也可用硫酸代替氢溴酸来进行重氮化反应，它对溴化物的产率只有轻微的影响，而且价格便宜。但是不宜使用盐酸代替，否则会得到氯化物和溴化物的混合物。如将碘和氟的亚铜盐用于 Sandmeyer 反应，则不能得到相应的碘化物和氟化物。

有时，可以用细铜粉作催化剂代替卤化亚铜来进行反应，所用铜粉量少，操作方便，但收率较低，称为 Gattermann 反应。如：

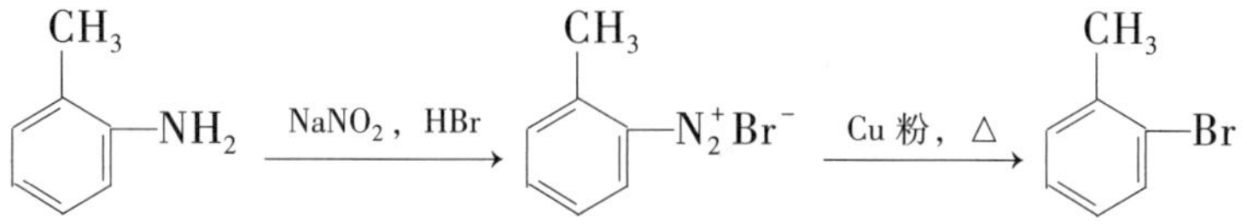
CH3 NH2 NaNO2，HBr CH3 N2+Br− Cu 粉，△ CH3 Br

芳环上直接进行碘代反应是很困难的，但是重氮盐与碘化钾反应能生成碘代芳烃，产率尚好。如：

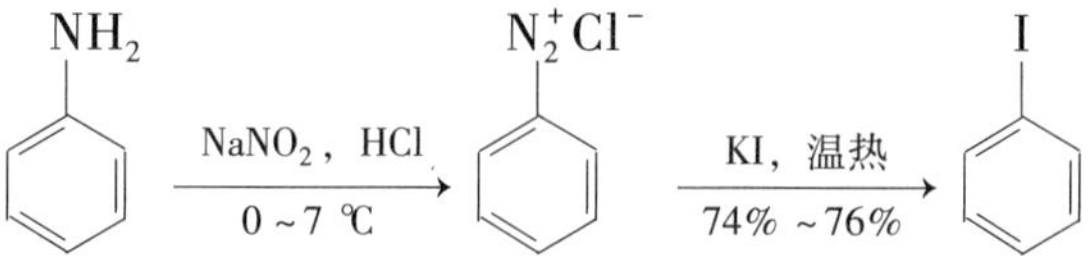
NH2 NaNO2，HCl 0 ~7 ℃ N2+Cl− KI，温热 74% ~76% I

例题解析

例 1　完成下列反应

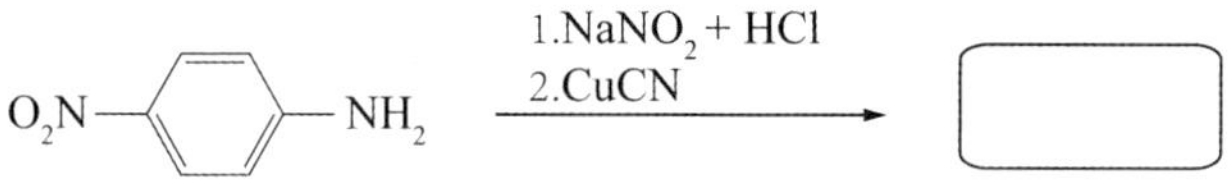
O2N NH2 1.NaNO2 + HCl 2.CuCN

（复旦大学，2009）

[解答]

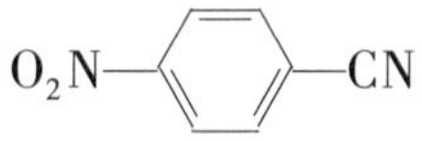
O2N CN

例 2　由指定原料合成，其他试剂任用

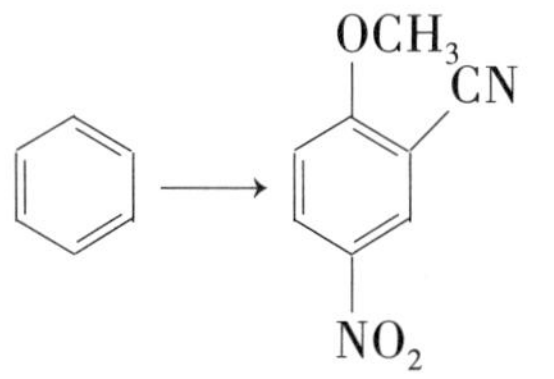
OCH3 CN NO2

（青岛科技大学，2012）

[解答]　直接用氰基取代苯是不可能的，但是上述 Sandmeyer 和 Gattermann 反应适用于重氮盐被氰基取代。重氮盐与氰化亚铜的氰化钾水溶液反应，重氮基被氰基取代，该反应属于 Sandmeyer 反应；重氮盐在铜粉存在下，与氰化钾溶液反应，重氮基同样被氰基取代，该反应属于 Gattermann 反应。

芳香族多硝基化合物用碱金属的硫化物(sulfide)或多硫化物(multi-sulfide)，硫氢化铵(ammoniumhydrosulfide)、硫化铵(ammoniumsulfide)或多硫化铵(ammoniummulti-sulfide)为还原剂还原，可选择性地将其中的一个硝基还原为氨基。如：

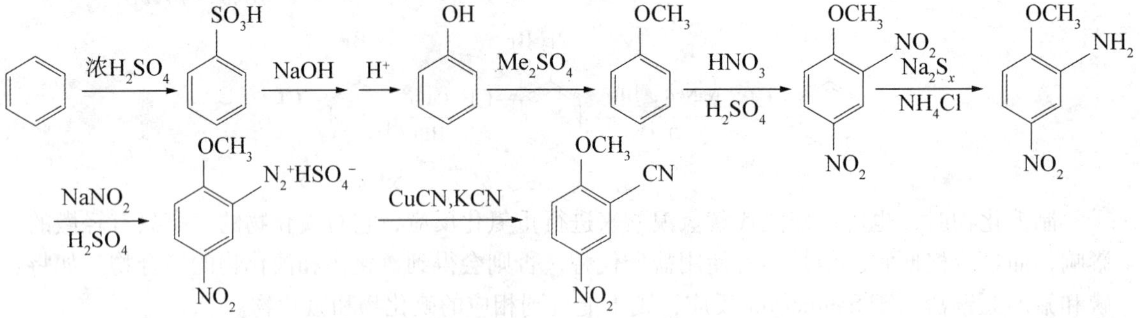

例 3 由甲苯合成氯苯(其他试剂任选)。 （四川大学，2013）

[解答]

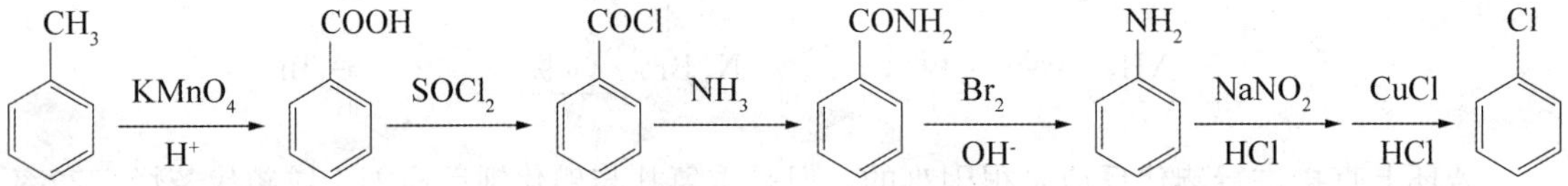

例 4 以甲苯为原料合成

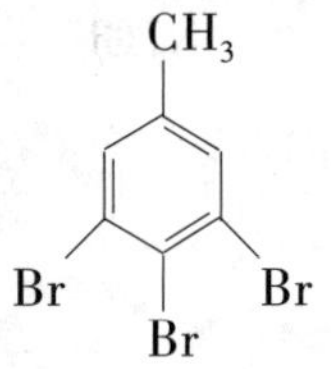

（浙江工业大学，2014）

[解答]

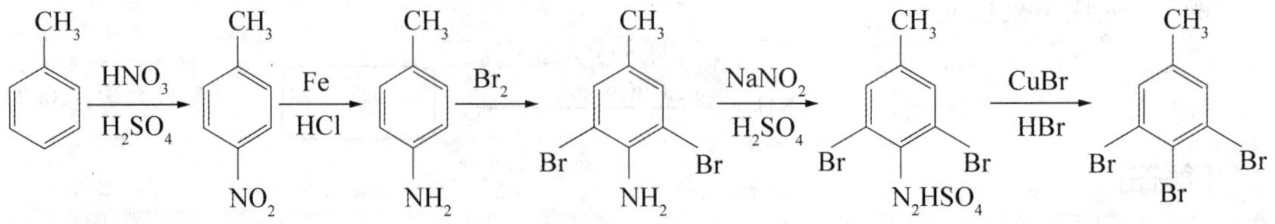

例 5

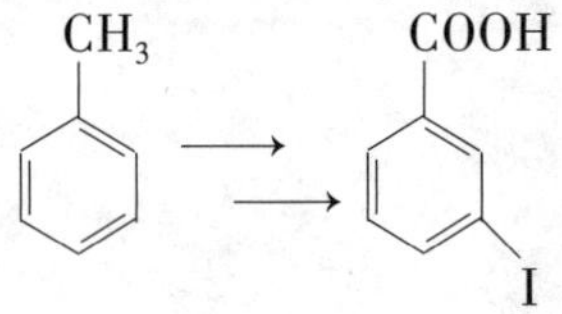

（复旦大学，2009）

[解答]

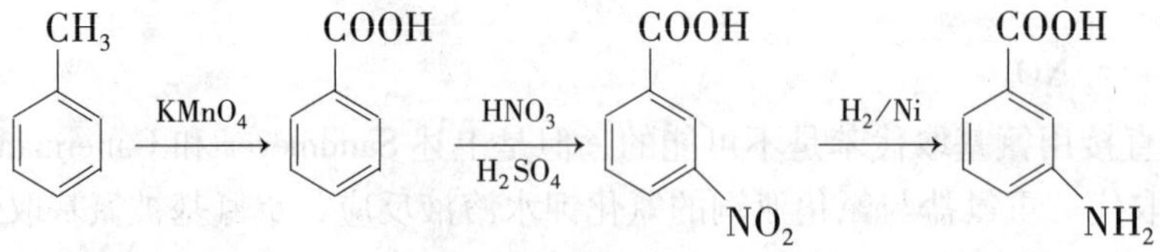

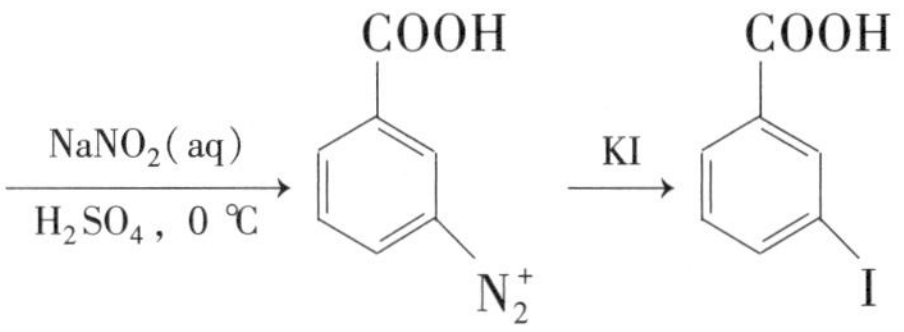

参考文献

[1] Sandmeyer T. Ber. 1884，17：1633.
[2] Jie Jack Li. Name Reaction，4thed. [M]. Springer-Verlag Berlin Heidelberg，2009：86-87.
[3] 孔祥文. 有机化学[M]. 北京：化学工业出版社，2010.

1.14　Schiemann 反应

问题引入

由指定原料合成

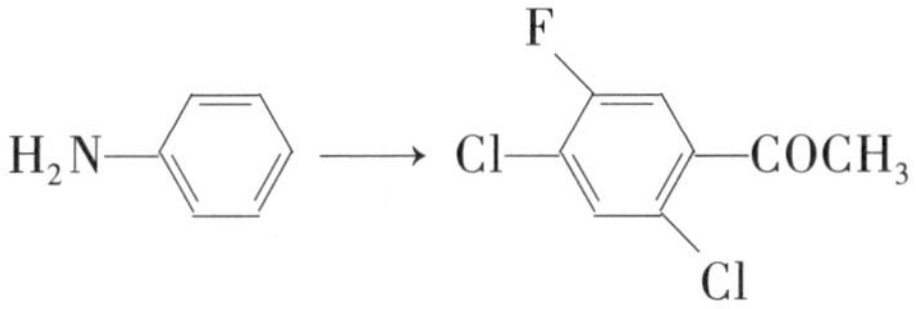

（复旦大学，2007）

以苯胺为原料经过如下步骤得到目标化合物：

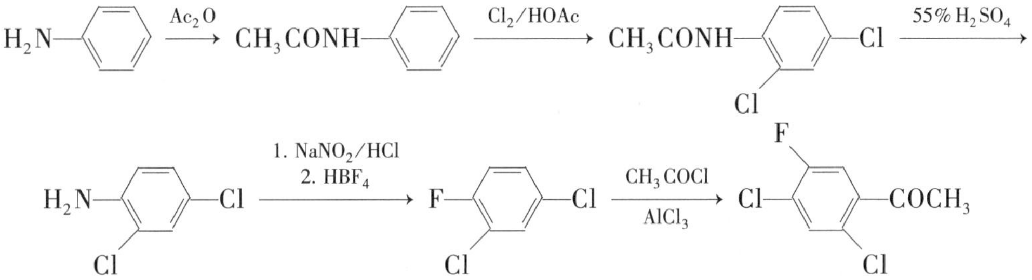

上述合成反应的第 4 步中，2，4-二氯苯胺经重氮化反应生成 2，4-二氯苯基重氮盐，再与氟硼酸进行 Schiemann 反应得到 2，4-二氯氟苯。

反应概述

芳香族重氮氟硼酸盐在加热时分解而生成芳基氟，该反应称为 Schiemann 反应[1]。

反应通式

$$Ar—NH_2+HNO_2+HBF_4 \longrightarrow ArN_2^{\oplus}BF_4^{\ominus} \xrightarrow{\triangle} Ar—F+N_2\uparrow+BF_3$$

反应机理[2]

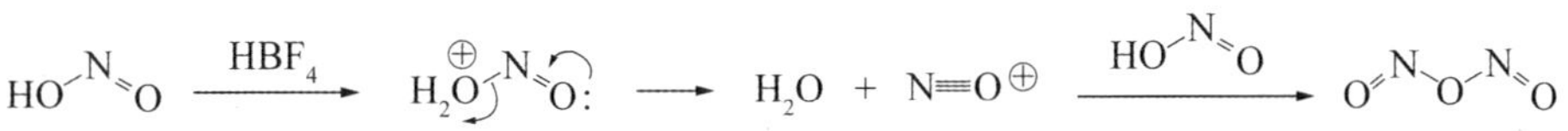

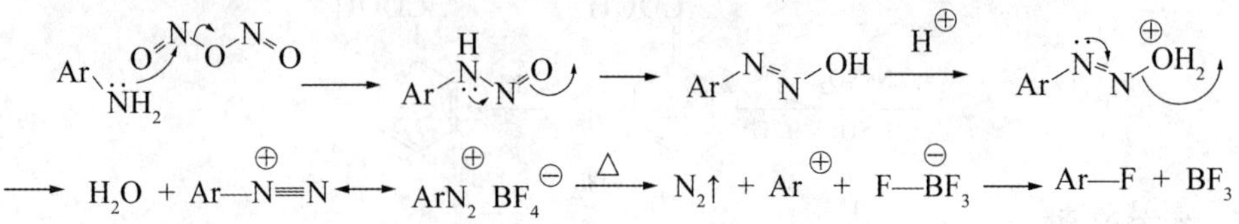

该反应是一个制备芳香族氟化物的好方法，一般先将氟硼酸(或氟硼酸钠)加入到重氮盐溶液中，反应完毕后重氮氟硼酸盐直接沉淀出来，过滤、干燥后，缓和加热，或在惰性溶剂中加热，即得到相应的氟化物[3]。

例题解析

例1 完成反应

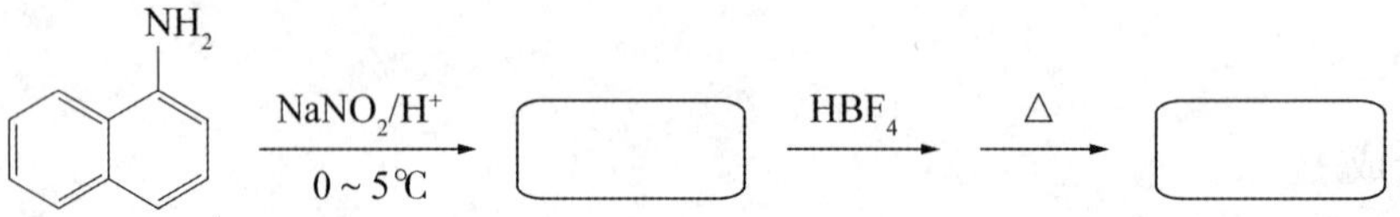

(暨南大学，2016)

[**解答**] 1-萘胺经重氮化反应生成1-萘胺重氮盐 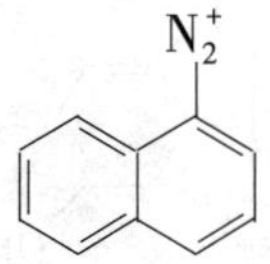，再与氟硼酸进行 Schiemann 反应得到1-氟化萘 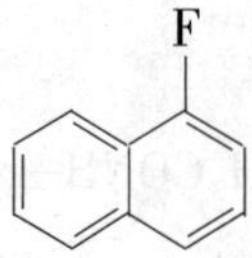。

例2 由指定原料合成，其他试剂任用：

1. 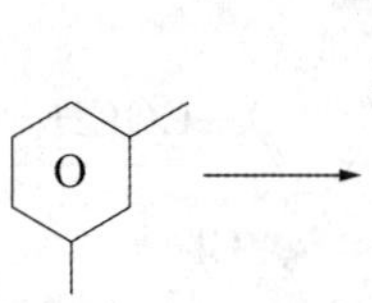

(复旦大学，2012)

[**解答**]

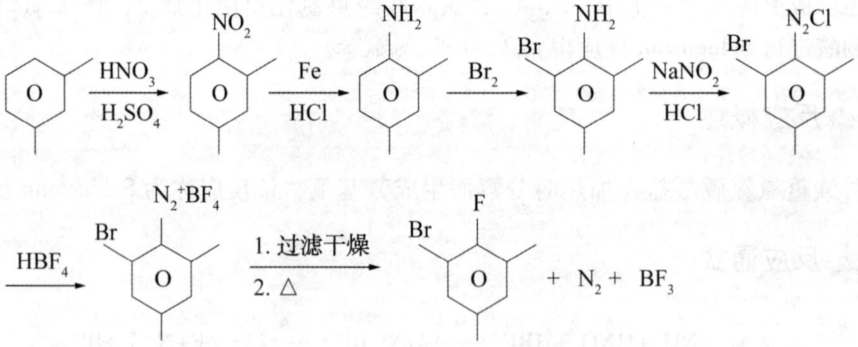

2. 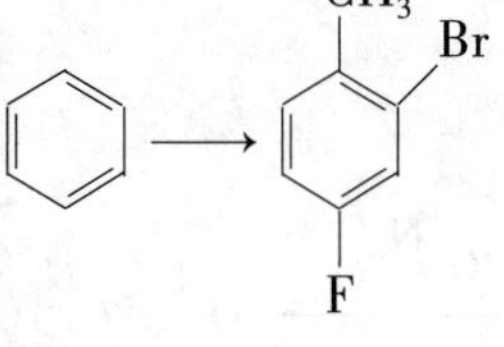

(浙江工业大学，2014)

[**解答**]

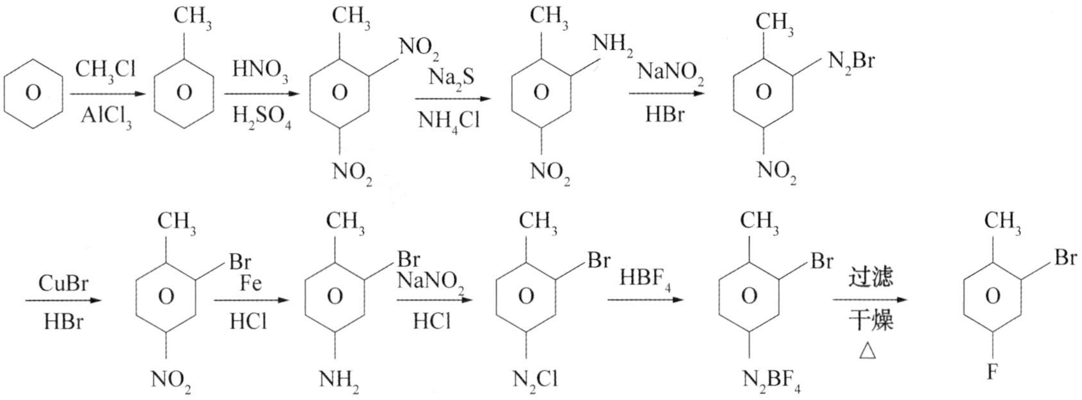

参考文献

[1]Balz G，Schiemann，G. Ber.[J]. 1972，60：1186-1190.
[2]Jie Jack Li. Name Reaction，4thed.[M]. Springer-Verlag Berlin Heidelberg，2009：488-489.
[3]孔祥文. 有机化学[M]. 北京：化学工业出版社，2010.

1.15　Suzuki 偶合反应

问题引入

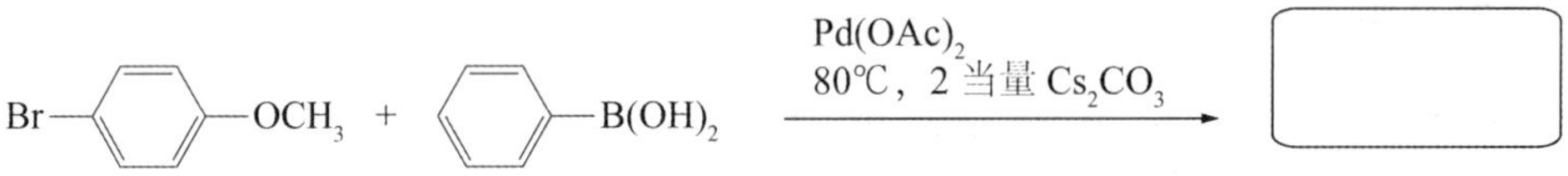

（复旦大学，2008）

对溴苯甲醚和苯基硼酸在醋酸钯催化下反应得到 4-甲氧基联苯，其结构式为  。

反应概述

钯催化下的有机硼烷和有机卤、三氟磺酸酯等在碱存在下发生的交叉偶联反应称为 Suzuki 偶合反应[1,2]，若无碱的活化作用，金属转移化将受到阻碍。

反应通式

$$R—X+R^1-B(R^2)_2 \xrightarrow[NaOR^3]{L_2Pd(0)} R—R^1$$

反应机理[3]

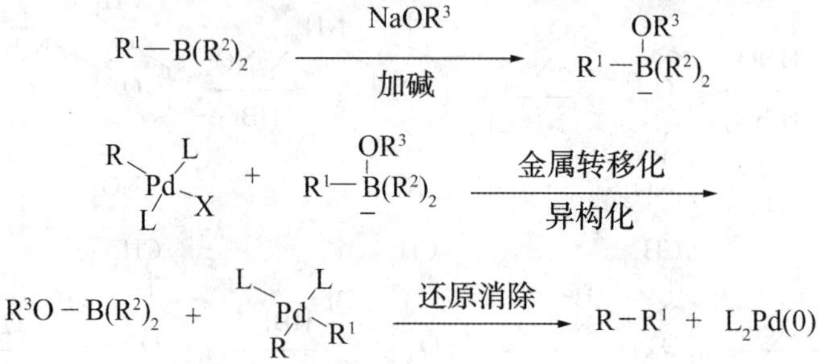

例题解析

例 写出反应的主要产物：

1. 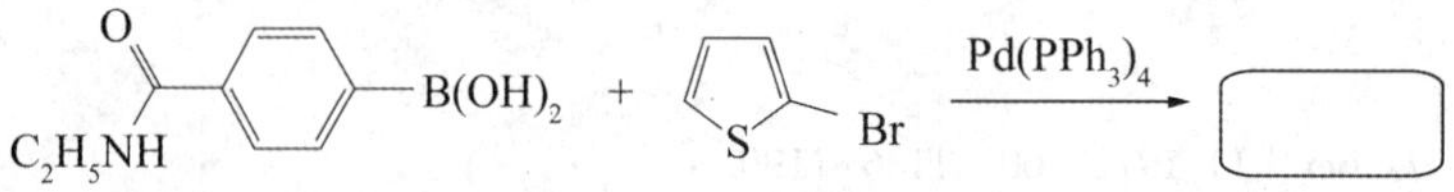 （复旦大学，2007）

2. 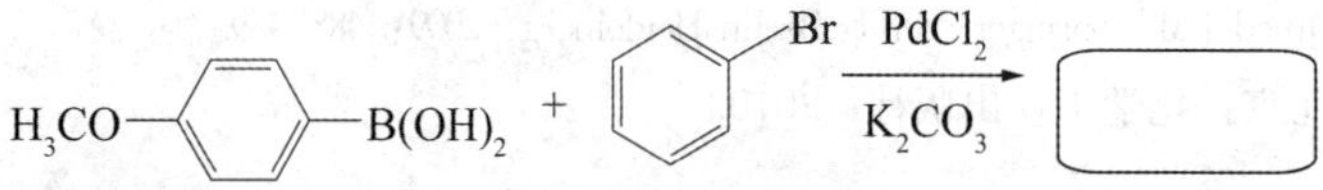 （复旦大学，2010）

［解答］

1. 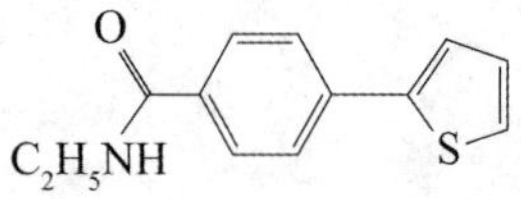　2. 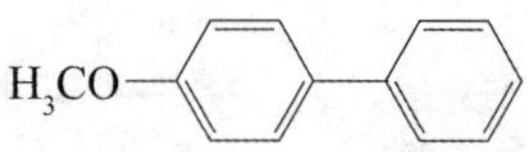

参考文献

［1］Miyaura N，Suzuki，A. Chem，Rev. 1995，95：2457.

［2］Suzuki A，In Metal－catalyzed Cross－coupling Reactions，Diederich，F.；Stang，P. J.，Eds.；Wiley－VCH：Weinbein，Germany，1998，49-97.

［3］［美］李杰(Jie Jack Li)著．荣国斌译，朱士正校．有机人名反应及机理［M］．上海：华东理工大学出版社，2003：401.

1.16 Vilsmeier 反应

问题引入

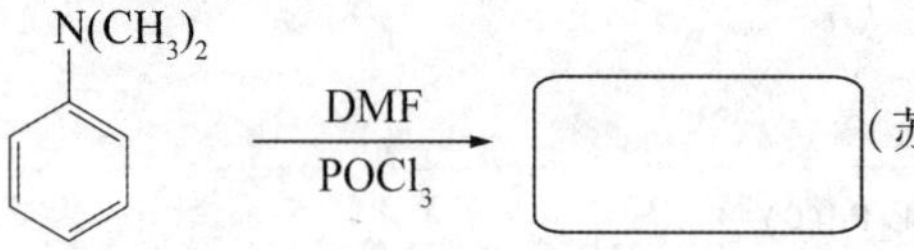（苏州大学，2015）

N，-*N*-二甲基苯胺与 *N*，-*N*-二甲基甲酰胺、三氯氧磷进行 Vilsmeier 反应，苯环中二甲氨基对位碳原子上的氢原子被甲酰基取代得到对二甲氨基苯甲醛，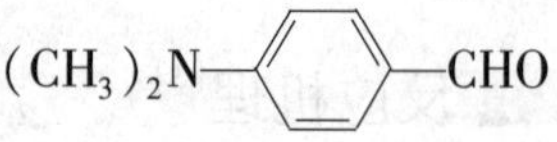。

反应概述

这种芳烃、活泼烯烃化合物用二取代甲酰胺及三氯氧磷处理得到醛类化合物的反应称为

Vilsmeier 反应[1]，现指有 Vilsmeier 试剂参与的化学反应。

Vilsmeier 试剂因 1927 年 Vilsmeier 等首先用 DMF 和 $POCl_3$ 将芳香胺甲酰化而得名，其中所用的 DMF 和 $POCl_3$ 合称为 Vilsmeier 试剂(以下简称为 VR)。现在，通常认为 VR 是由取代酰胺与卤化剂组成的复合试剂。取代酰胺可用通式 $RCONR^1R^2$ 来表示〔R 为 H、低烃基、取代苯基；R^1、R^2 为低烃基、取代苯基；R^1R^2N 为 $O(CH_2CH_2)_2N$，$(CH_2)_nN(n=4, 5)$等〕，常用的酰胺有 DMF(二甲基甲酰胺)和 MFA(*N*-甲基-*N*-苯基甲酰胺)。常用的卤化剂有 $POCl_3$、$SOCl_2$、$COCl_2$、$(COCl)_2$，有时也用 PCl_5、PCl_3、PCl_3/Cl_2、SO_2Cl_2、$P_2O_3Cl_4$ 或金属卤化物、酸酐[2]。

反应通式

$$ArH+RR'NCHO \xrightarrow{POCl_3} ArCHO+RR'NH$$

这是目前在芳环上引入甲酰基的常用方法。*N*，*N*-二甲基甲酰胺、*N*-甲基-*N*-苯基甲酰胺是常用的甲酰化试剂。

反应机理

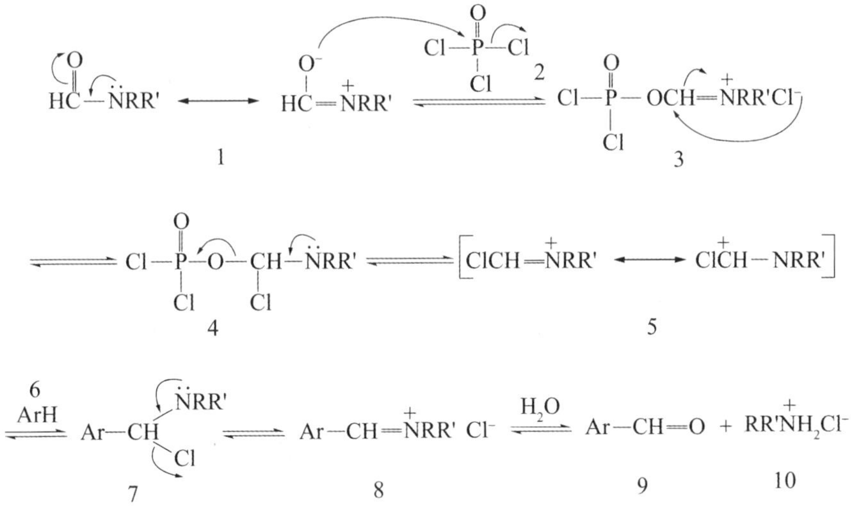

首先二取代甲酰胺(1)与三氯氧磷(2)1∶1 络合得到二氯磷酸酯的亚胺离子型结构(3)，3 异构为二氯磷酸-α-二取代胺基氯甲酯(4)，4 经消去二氯磷酸后得亚胺离子(5)，5 作为亲电试剂进攻芳香族化合物(6)的芳环发生亲电取代反应形成 α-二取代胺基芳基氯甲烷(7)，7 消去氯离子得亚胺离子(8)，8 经水解得芳甲醛(9)和铵盐(10)。

注：亚胺离子(Iminiumion)是一类具有$[R^1R^2C=NR^3R^4]^+$通式的正离子，可看作是亚胺的质子化或烷基化产物。亚胺离子很容易由胺与羰基化合物缩合生成，它实际上是一种掩蔽了的 α-氨基碳正离子，即氨基烷基化试剂。

例题解析

例 1　苯甲醚、*N*-甲基-*N*-苯基甲酰胺和三氯氧磷反应得到对甲氧基苯甲醛，写出其反应机理。

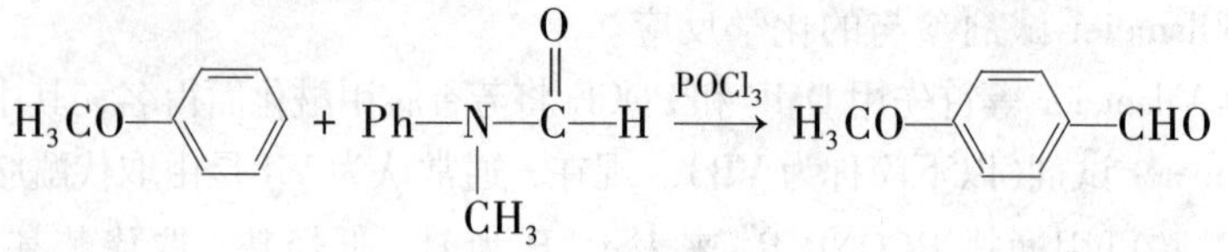

（南开大学，2012）

[解答]

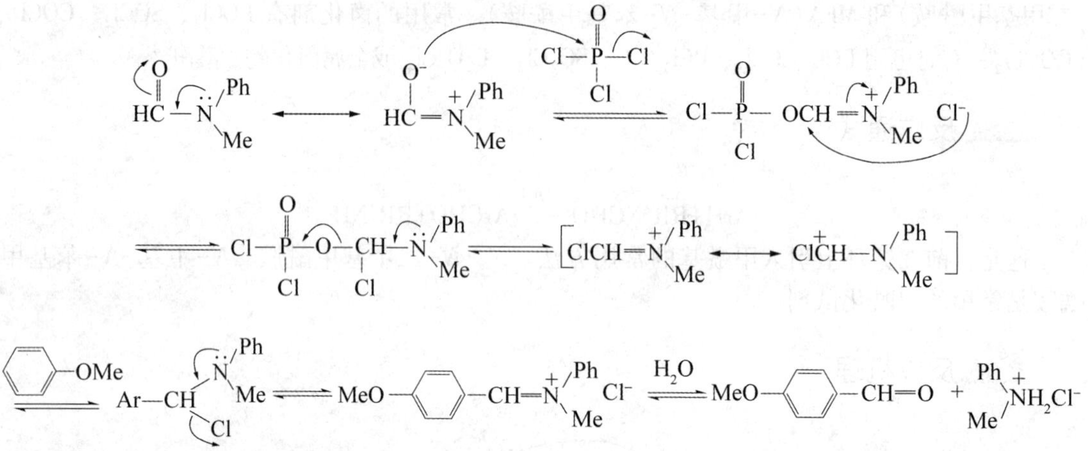

例 2 由苯及 C_4 以下有机原料(包括 C_4)和必要的无机试剂合成

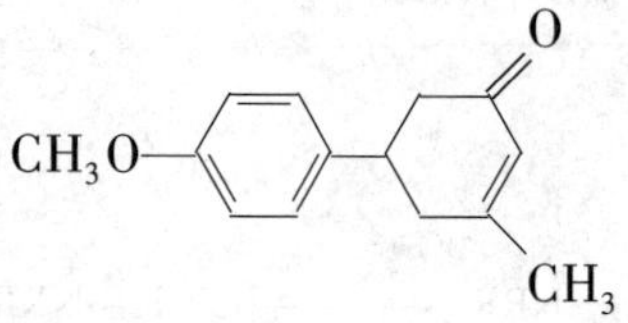

（兰州大学，2003）

[解答]

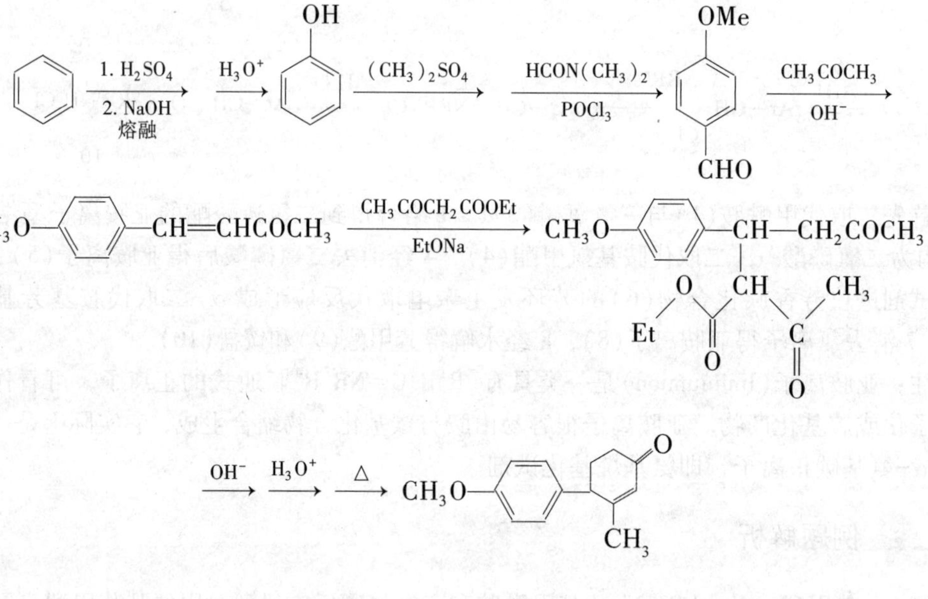

参考文献

[1] Vilsmeier A, Haack A. Ber. 1927, 60: 119 - 122.
[2] Tebby J C, Willetts S E, Phosphorus Sulfur, 1987, 30: 293.

1.17 Walden 转化

问题引入

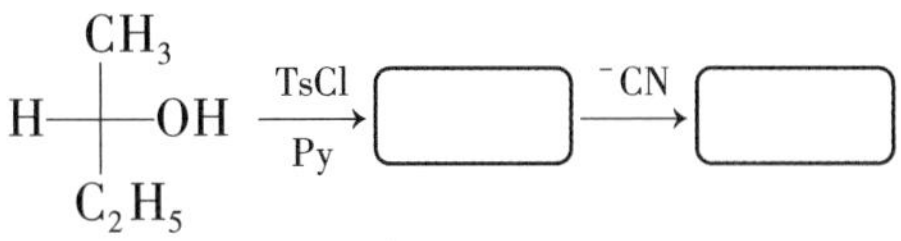

$$\underset{C_2H_5}{\overset{CH_3}{H-\overset{|}{C}-OH}} \xrightarrow[Py]{TsCl} \boxed{} \xrightarrow{^-CN} \boxed{} \text{(南京大学, 2014)}$$

醇与卤化钠、氰化钠等亲核试剂发生亲核取代反应时, 由于羟基(OH^-)碱性较强, 羟基作为离去基团很难离去。所以, 醇很难进行亲核取代反应。如将醇与对甲基苯磺酰氯反应, 使羟基转变为对甲苯磺酰氧基(—OTs), 因—OTs 是一个很好的离去基团, 有利于再发生其他亲核取代反应。例如在标题反应中, (S)-2-丁醇在吡啶存在下与对甲苯磺酰氯反应得(S)-2-丁基对甲苯磺酸酯, 后者与氰化钾进行亲核取代反应得到(R)-2-甲基丁腈, 化学反应方程式如下。

$$\underset{C_2H_5}{\overset{CH_3}{H-\overset{|}{C}-OH}} \xrightarrow[Py]{TsCl} \underset{C_2H_5}{\overset{CH_3}{H-\overset{|}{C}-OTs}} \xrightarrow{^-CN} \underset{C_2H_5}{\overset{CH_3}{NC-\overset{|}{C}-H}}$$

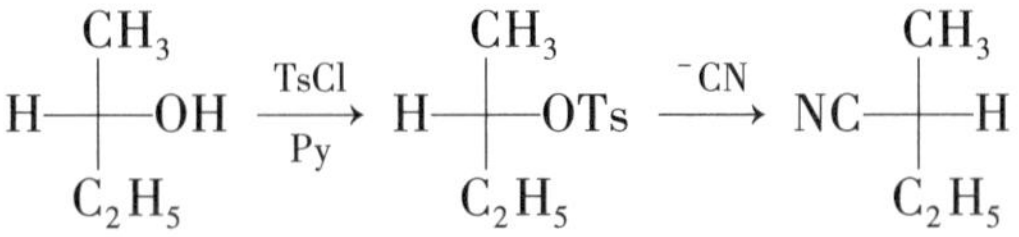

第一步磺酰化不涉及构型变化, 第二步氰化发生构型翻转[1]。

反应概述

构型翻转以下式为例说明如下:

$$HO^- + \underset{H}{\overset{H}{H-\overset{|}{C}-Cl}} \longrightarrow HO\cdots \overset{H}{\underset{H}{\overset{|}{C}}}\cdots Cl \longrightarrow HO-\underset{H}{\overset{H}{\overset{|}{C}-H}} + Cl^-$$

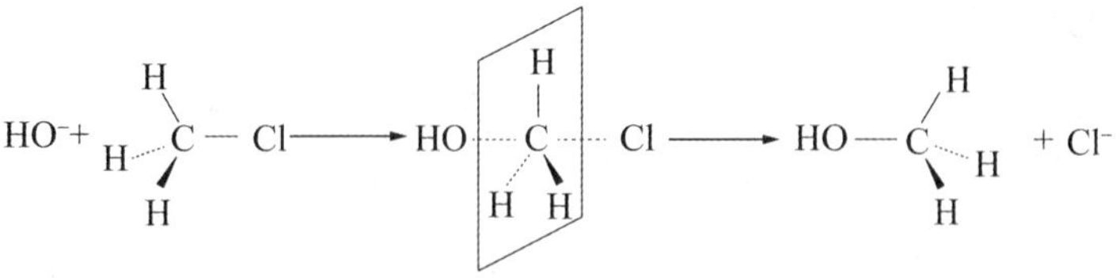

过渡态

反应时, 由于碳原子与氯原子之间电负性的差异, 亲核试剂(以 Nu^- 表示)OH^- 的进攻和离去基团(以 L^- 表示)Cl^- 的离去同时进行, 碳原子由原来的 sp^3 杂化变为 sp^2 杂化, 形成平面过渡态。通常认为, 亲核试剂 OH^- 从离去基团氯原子的背面进攻, 沿着碳原子与卤素原子中心连线进攻中心碳原子, 因为这样进攻, 亲核试剂 OH^- 受卤素原子的电子效应和空间效应的影响较小, 另外量子力学计算也指出, 从此方向进攻所需能量较低。立体化学的研究也证明了这一点, 因为从 CH_3Cl 的构型考虑, 亲核试剂(Nu^-)从离去基团氯原子背面进攻中心碳原子, 生成产物后, 亲核试剂(Nu^-)处于原来氯原子的对面, 所得产物甲醇的构型与氯甲烷的构型相比, 整个分子的构型发生转变, 具有与原来相反的构型, 这种转化称构型反转或构型转化，亦称 Walden 转化[2]。但这种转化，只有当中心碳原子是手性碳原子时，才能观察出来。

例题解析

例 1 选择题

1. Walden 转化是________的标志之一。

A. S_N2 反应　　　　B. S_N1 反应　　　　（华侨大学，2016）

2. S_N2 历程中的立体化学变化是(　　)。

A. 外消旋化　　　　B. 构型保持

C. 构型翻转　　　　D. 与反应底物有关　　　　（湘潭大学，2016）

［解答］ 1. A　2. C

例 2 填空题

1. 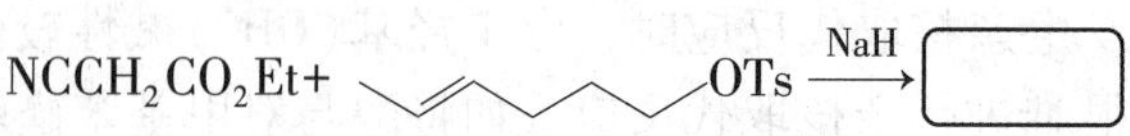
NCCH2CO2Et+
OTs
NaH
（厦门大学，2012）

2. 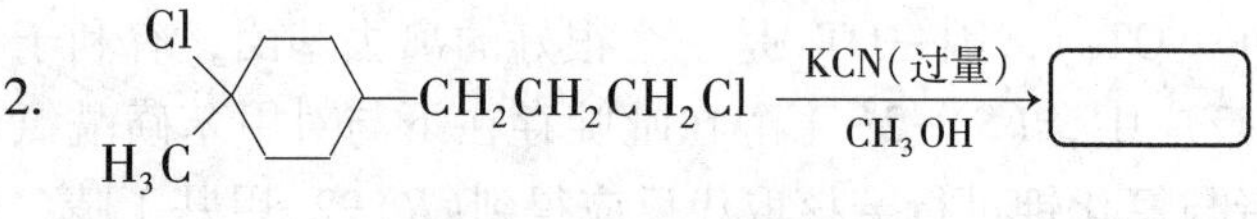
Cl
H3C
CH2CH2CH2Cl
KCN(过量)
CH3OH
（西北大学，2011）

3. 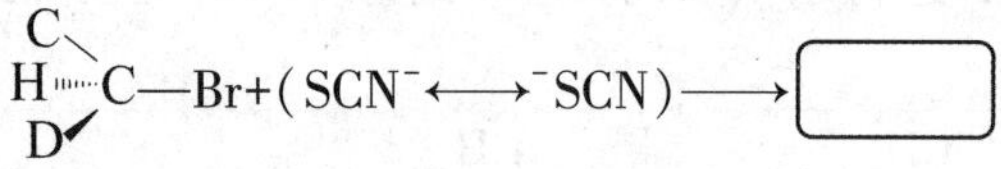
C
H
C—Br+(SCN⁻⟷⁻SCN)
D
（兰州大学，2005）

［解答］

1. 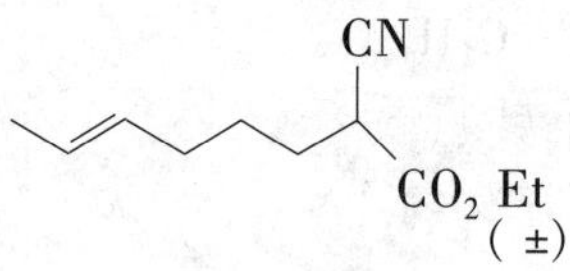
CN
CO2 Et
(±)

2. 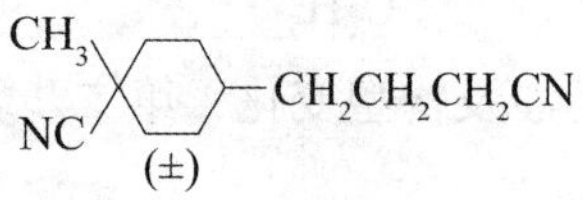
CH3
NC
CH2CH2CH2CN
(±)

3. 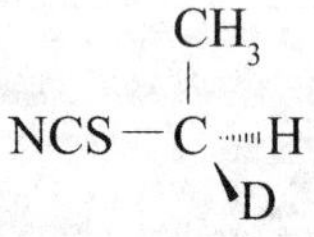
CH3
NCS
C
H
D
S_N2，构型翻转。

例 3 请解释为什么光活性的反式索布瑞醇在热的稀酸中会转化为消旋的反式索布瑞醇和顺式索布瑞醇的混合物，其中消旋的反式索布瑞醇还多于消旋的顺式索布瑞醇？

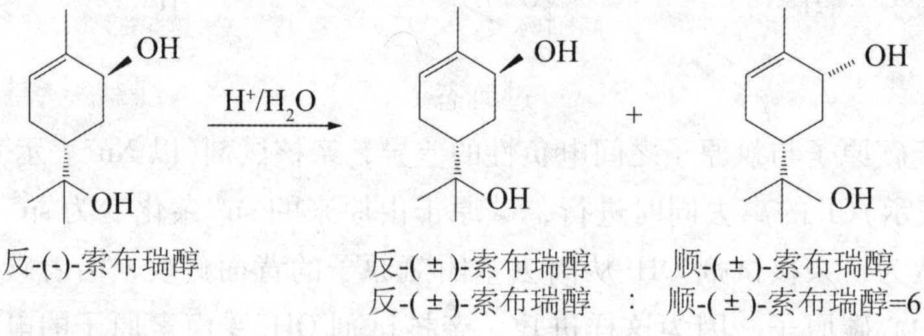
OH
OH
H⁺/H2O
OH
OH
+
OH
OH

反-(-)-索布瑞醇　　　　反-(±)-索布瑞醇　　　　顺-(±)-索布瑞醇

反-(±)-索布瑞醇 ： 顺-(±)-索布瑞醇=6：4

（南开大学，2013）

［解答］

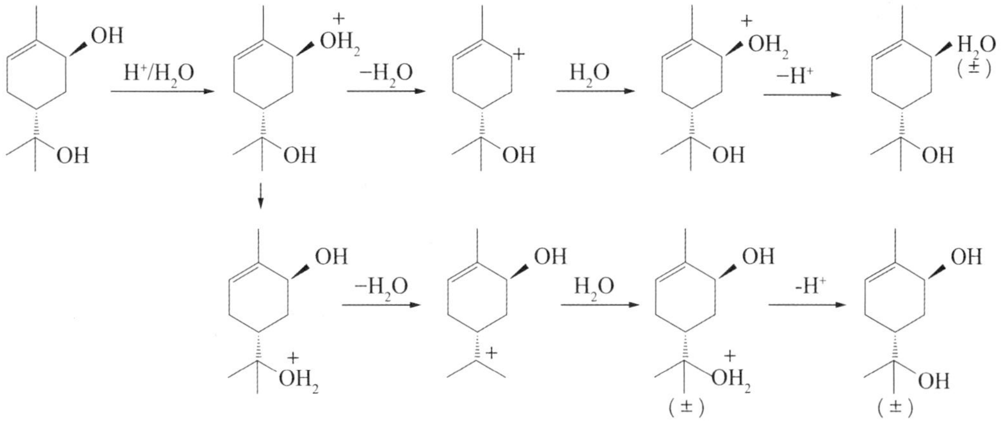
OH
H⁺/H₂O
−H₂O
H₂O
−H⁺
(±)
-H⁺

例 4　写出反应产物和机理

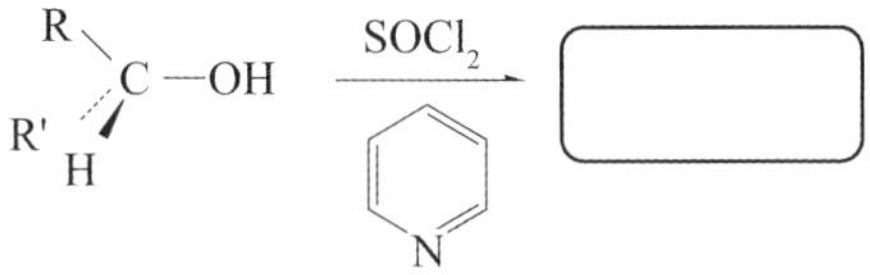
R
C —OH
R'
H
SOCl₂
N

［解答］

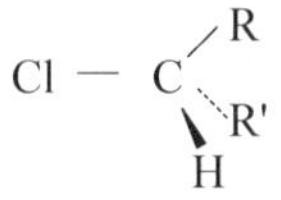
Cl — C
R
R'
H

醇与亚硫酰氯($SOCl_2$，也叫氯化亚砜，b. p. 79 ℃)反应生成氯代烷。例如：

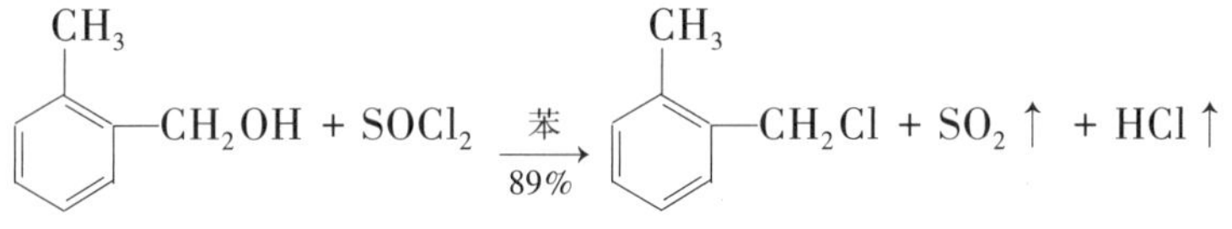
CH₃
—CH₂OH + SOCl₂
苯
89%
—CH₂Cl + SO₂↑ + HCl↑

该反应不仅速率快、反应条件温和、产率高，而且反应后剩余试剂可回收，反应产生的 SO_2 和 HCl 都以气体形式离开反应体系，使产物易提纯，通常不发生重排。但是生成的酸性气体应加以吸收或利用，以避免造成环境污染。由于该方法对金属设备有很强的腐蚀，一般多用于实验室中制取氯代烃。醇与亚硫酰氯的反应机理如下：

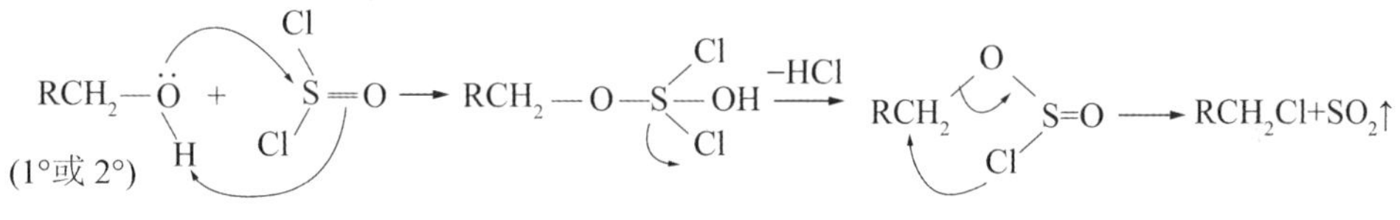
RCH₂—Ö +
H
(1°或 2°)
Cl
S=O
Cl
RCH₂—O—S—OH
−HCl
RCH₂
S=O
RCH₂Cl+SO₂↑

醇与亚硫酰氯作用先生成氯代亚硫酸酯(RCH_2OSOCl)和氯化氢，接着氯代亚硫酸酯发生分解，在碳氧键发生异裂的同时，带有部分负电荷的氯原子恰好位于缺电子碳的前方并与之发生分子内的亲核取代反应。当碳氯键形成时，分解反应放出 SO_2，最后得到构型保持产物。这种取代反应犹如在分子内进行，所以叫做分子内亲核取代(substitution nucleophilic internal)，用 S_Ni 表示。

当醇和亚硫酰氯的混合物中加入弱碱吡啶或叔胺，则不发生 S_Ni 反应，而是进行 S_N2 反应，结果使与羟基相连接的碳原子的构型发生转化，其反应机理如下：

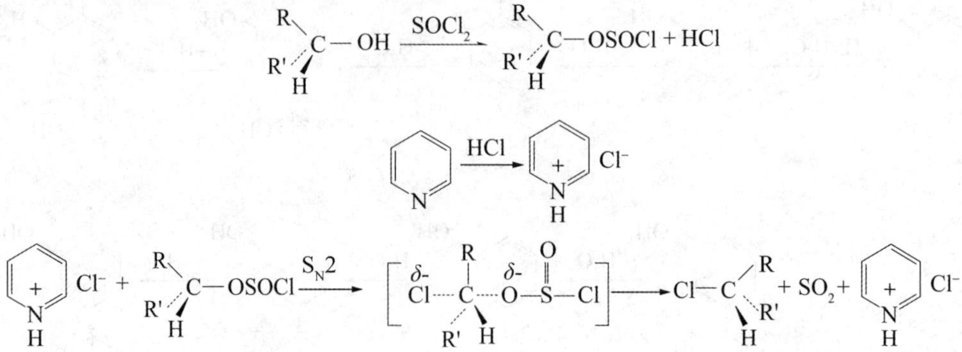

醇和亚硫酰氯反应生成氯代亚硫酸酯(RCH_2OSOCl)和氯化氢时，形成的 HCl 被吡啶转化为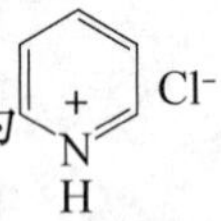，而“游离”的 Cl^- 是一个高效的亲核试剂，因而以正常的 S_N2 反应方式从氯代亚硫酸酯的背面进攻碳而反转了构型。

参考文献

[1]吴宏范．有机化学学习与考研指津[M]．上海：华东理工大学出版社，2008：78.

[2]孔祥文．有机化学[M]．北京：化学工业出版社，2010：114.

1.18 二烷基铜锂试剂

问题引入

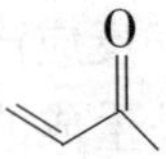 $+(CH_3)_2CuLi \longrightarrow$ □ （厦门大学，2012）

丁烯酮与二甲基铜锂反应生成 2–戊酮，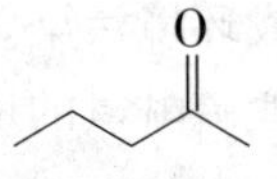。该反应使用了有机铜锂试剂。

试剂概述

一般是指二烷基铜锂化合物。它由二分子烷基锂在乙醚(或四氢呋喃)溶液中、低温、氮气或氩气流中与卤化亚铜(如碘化亚铜)反应得到，生成的二烷基铜锂溶于醚。首先是烷基锂与一摩尔的亚铜盐形成烷基铜，后者再与等摩尔的烷基锂形成二烷基铜锂[1]。

反应通式

$$RLi+CuX \longrightarrow \underset{\text{烷基铜}}{RCu}+LiX$$

$$RCu+RLi \longrightarrow R_2CuLi$$

二烷基铜锂

$$2RLi+CuI \xrightarrow{\text{乙醚}} R_2CuLi+LiI$$

试剂应用

二烷基铜锂在乙醚中，0 ℃，氮气中能稳定数小时，仲叔烷基铜锂在乙醚中高于20℃时歧化分解。二烷基铜锂是性能良好的亲核试剂，与伯卤代烷反应可得到收率较好的烷烃，而仲和叔卤代烷在反应中易发生消除反应[2]。此反应称为 Corey-House 合成法。例如：

$$R_2CuLi+R'X \longrightarrow R—R'+RCu+LiX$$

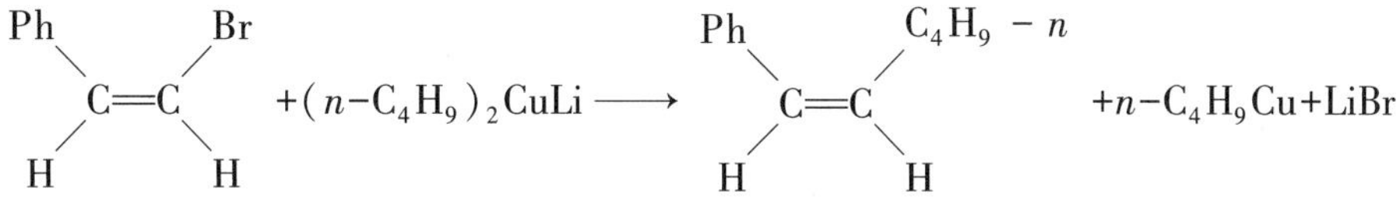

构型保持(71%)

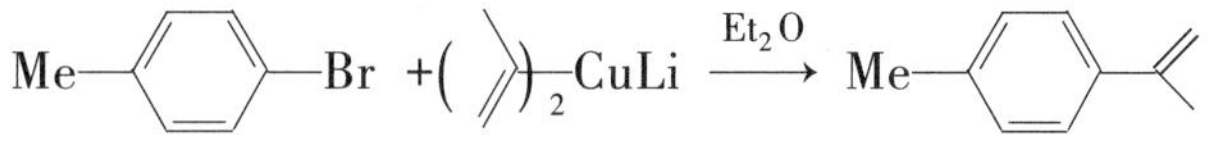

卤代烷与二烷基铜锂反应的活性顺序为：$CH_3X > RCH_2X > R_2CHX > R_3CX$；$RI > RBr > RCl$。卤代烷的烃基除烷基外，还可以是苄基、烯丙型基、烯基、芳基，分子中含有 C═O 、COOH、COOR、$CONR_2$ 时均不受影响，且产率较好。

但二烷基铜锂与有机镁和有机锂试剂不同，它是一类双金属配位化合物，反应性比有机镁和有机锂低，选择性高，因其活性低，一般不能与酮羰基加成[3]。

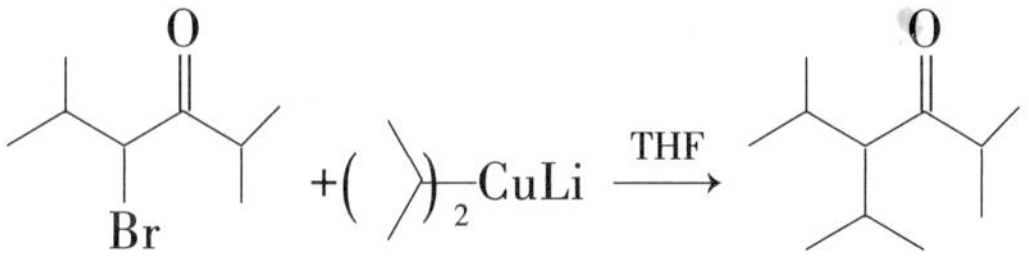

与酰卤的偶联反应：

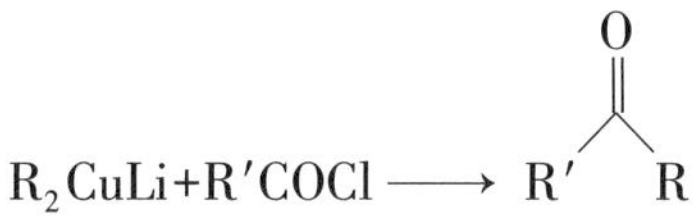

与不饱和羰基化合物的共轭加成：

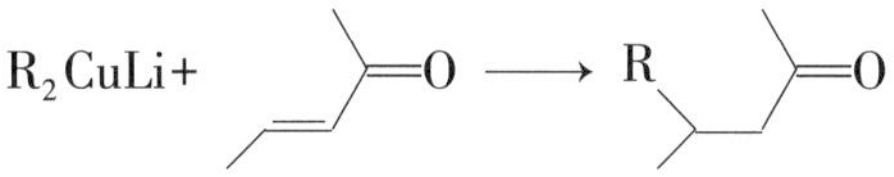

与亲电试剂反应的顺序：

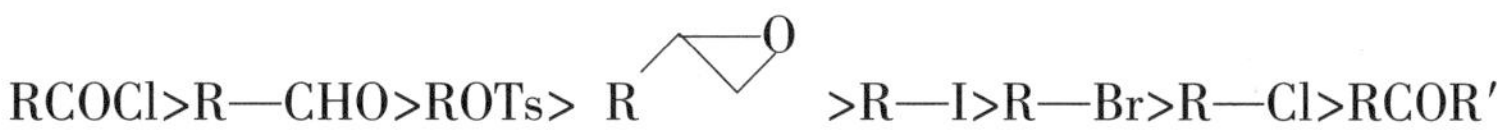

例题解析

例 1　写出下列反应产物

1.

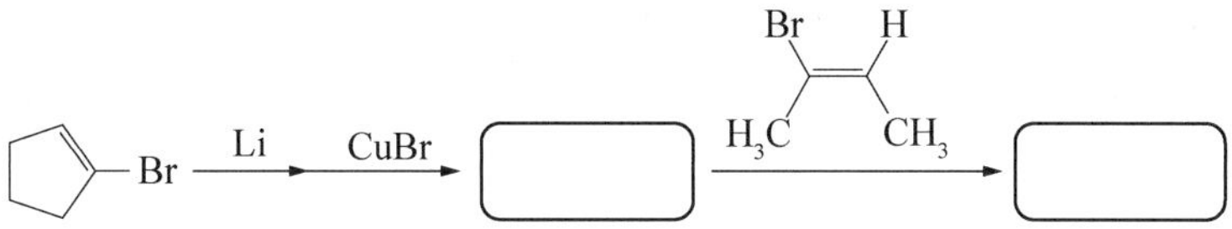

（中国科学院，2009）

2. 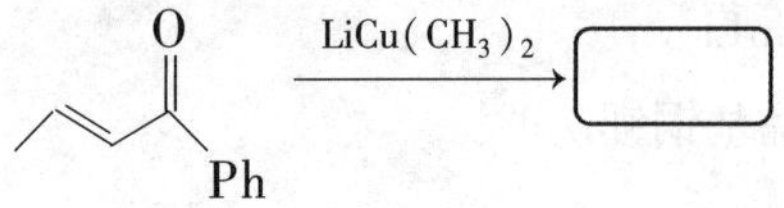 （中国科学技术大学，中科院合肥所，2009）

3. 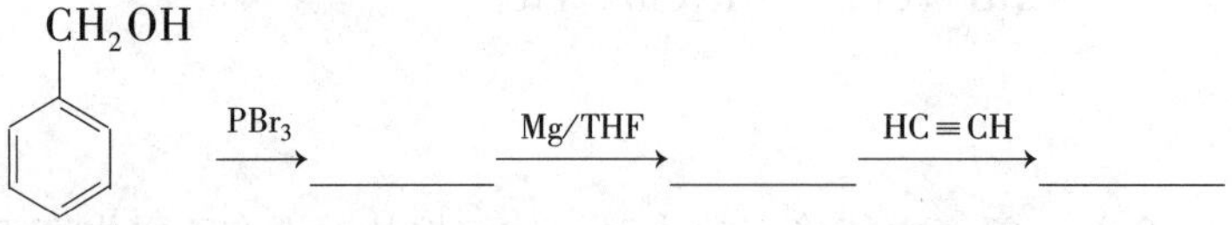 （浙江工业大学，2014）

［解答］

1. 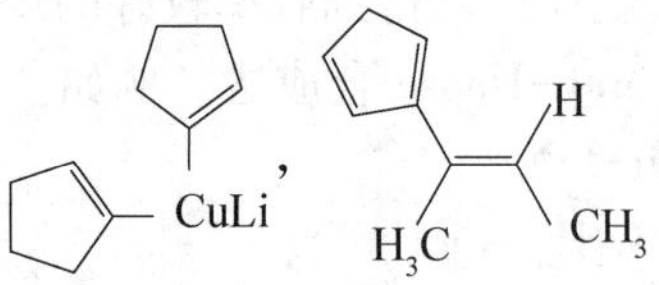 .（第二步产物构型保持）。 2. 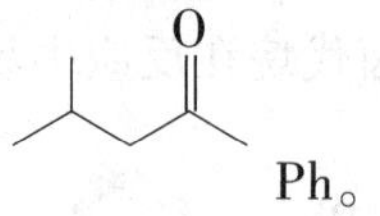

3. 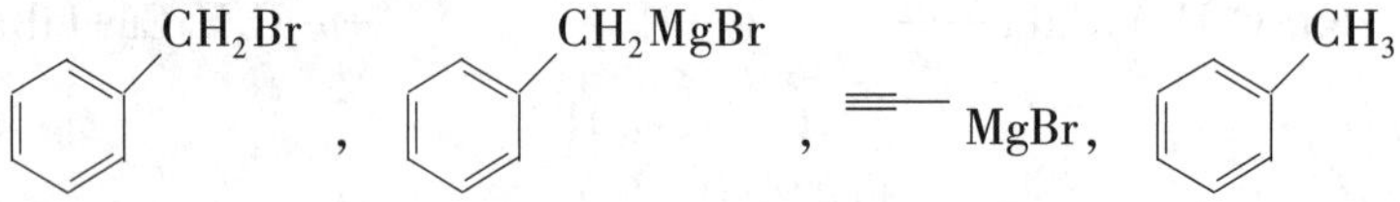

例 2　由苯及 C_4 以下有机原料（包括 C_4）和必要的无机试剂合成

$$CH_2\overset{\overset{\displaystyle CH_3}{|}}{\underset{\underset{\displaystyle CH_3}{|}}{C}}CH_2COCH_3$$

（兰州大学，2003）

［解答］

$$CH_3COCH_3 \xrightarrow{Ba(OH)_2} CH_3\overset{\overset{\displaystyle CH_3}{|}}{C}{=}CHCOCH_3 \xrightarrow[1,\ 4\text{-加成}]{(CH_2)_2CuO} CH_3-\overset{\overset{\displaystyle CH_3}{|}}{\underset{\underset{\displaystyle CH_3}{|}}{C}}-CH_2-\overset{\overset{\displaystyle O}{\|}}{C}-CH_3$$

例 3 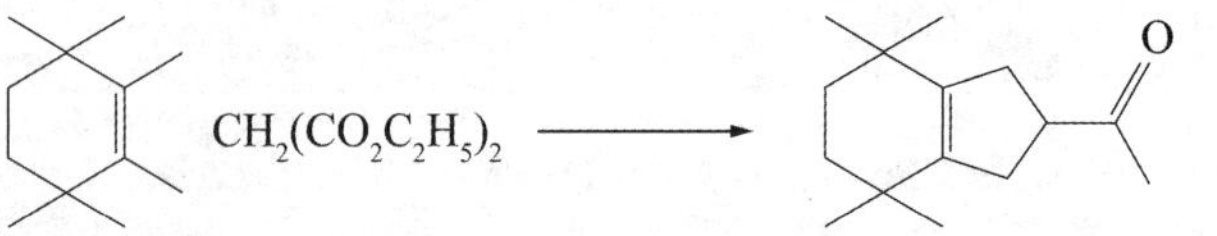 （复旦大学，2006）

［解答］

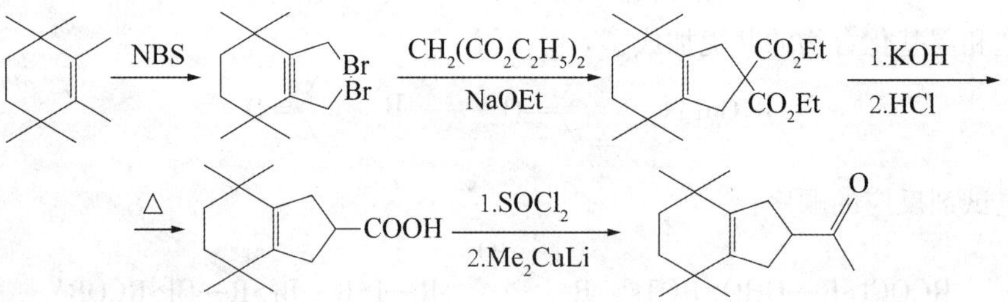

参考文献

［1］邢其毅，徐瑞秋，周政，等．基础有机化学（第二版）［M］．北京：高等教育出版社，1993：161.

［2］孔祥文．有机化学［M］．北京：化学工业出版社，2010.

［3］姜文凤，陈宏博．有机化学学习指导及考研试题精解（第三版）［M］．大连：大连理工出版社，2005：248.

1.19 磺化反应

问题引入

甲苯进行磺化时，若要得以对位为主的产物，应在____的温度下。 （华侨大学，2016）

A. 较低　　B. 较高　　C. 0 ℃

甲苯在较高温度(B)进行磺化反应得到产物主要以对位为主。

甲苯在浓硫酸中温热，便可顺利地生成甲基苯磺酸，但反应温度对产物的异构体分布有明显影响。例如：

磺化反应温度	邻甲基苯磺酸	间甲基苯磺酸	对甲基苯磺酸
0 ℃	43%	4%	53%
100 ℃	13%	8%	79%

可见间位磺化产物最少；邻位磺化产物少于对位磺化产物，但在较低温度下，邻位和对位的磺化产物的量相差不很大，而较高温度下却相差很大。这是因为磺化反应是可逆的，较大体积的磺酸基—SO_3H 在—CH_3 的邻位时，空间上拥挤，相互排斥。在较高温度下，有利于反应的可逆性；在达到平衡时，没有空间阻碍，热力学稳定性最好的对位磺化产物为主产物。当然，磺酸基(—SO_3H)在最初选择-CH_3 的邻位发生反应时，就会因空间位阻而不利[1]。

反应概述

芳环上的氢原子被磺酸基(—SO_3H)取代的反应称为磺化反应。

反应机理

对于磺化反应机理的研究并不像卤化和硝化反应那样透彻，但可以大体确定它也经历一般芳烃亲电取代的过程。同时，已经知道磺化反应具有可逆性。苯用浓硫酸磺化，反应速度很慢。使用发烟硫酸对苯进行磺化，反应在室温下快速进行，反应速率与发烟硫酸中 SO_3 的含量有关。因此，一般认为磺化反应中的亲电试剂是三氧化硫。三氧化硫虽然不带有正电荷，但其硫原子周围只有六个电子，是缺电子体系，因此可以作为亲电试剂。它的结构用共振式可表示为：

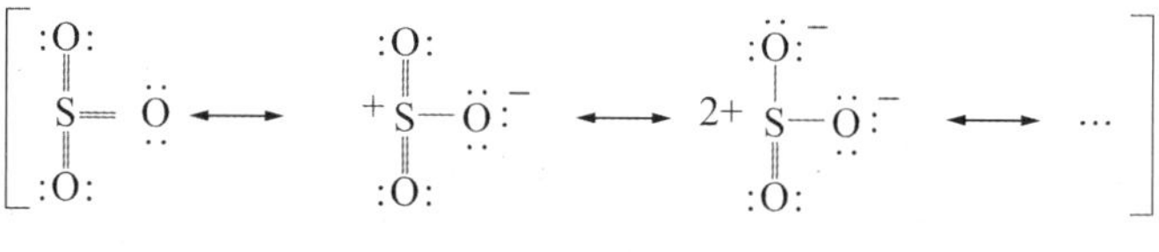

硫酸中可以产生三氧化硫，三氧化硫通过硫原子进攻苯环，反应机理如下[2]：

$$2H_2SO_4 \rightleftharpoons SO_3 + H_3O^+ + HSO_4^-$$

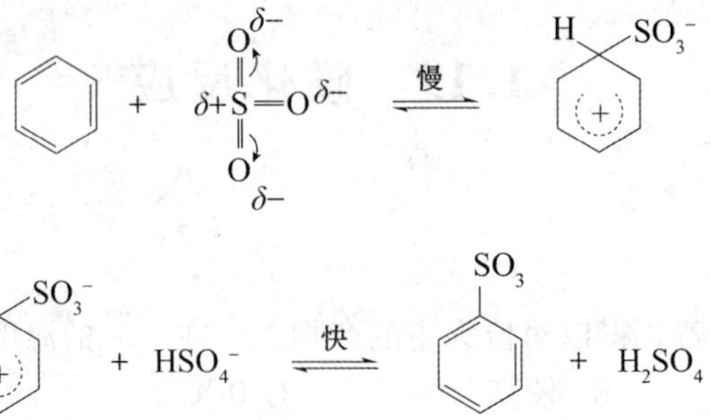
慢
快
HSO$_4^-$
H$_2$SO$_4$

也有人认为含水硫酸对苯环的磺化反应是 $H_3SO_4^+$(H_3O^++SO_3)作为进攻试剂。

例题解答

例 1 选择题

1. 下列化合物发生亲电取代反应活性最好的是(　　)。（浙江工业大学，2014）

A. 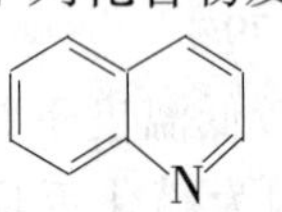　B. 　C. 　D. 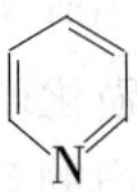

[解答] B. 呋喃、噻吩、吡咯都是五原子六电子的共轭体系，π 电子云密度均高于苯，所以它们比苯容易发生亲电取代反应。喹啉可发生亲电取代反应，但由于吡啶环难以发生亲电取代反应，吡啶环中氮原子的电负性大于碳原子，所以环上的电子云密度因向氮原子转移而降低，亲电取代比苯难。环上氮原子具有与间位定位基硝基相仿的电子效应，钝化作用使环上亲电取代较苯困难，取代基进入 β 位[3]。

2. 下列化合物中发生芳环上亲电取代反应活性最好的是(　　)。（浙江工业大学，2014）

A. 甲苯　B. 苯甲醚　C. 三氟甲基苯　D. 苯甲醛

[解答] B

邻、对位定位基(ortho-para directing group，又称第一类定位基)：一般都能够活化苯环(卤素除外)，使新引入的取代基主要进入其邻位和对位(邻位加对位产物的产量大于 60%)。常见的邻、对位定位基按定位能力由强到弱排序为：—O^-，—NR_2，—NHR，—NH_2，—OH，—OCH_3，—$NHCOCH_3$，—$OCOCH_3$，—R，—C_6H_5，—F，—Cl，—Br，—I 等。

特点：定位基上与苯环直接相连的原子一般不含双键或三键，且多数带有负电荷或未共用电子对。

间位定位基(metaorientatinggroup，又称第二类定位基)：它们均钝化苯环，使新引入的取代基主要进入其间位(间位产物的产量大于 40%)。常见的间位定位基按定位能力由强到弱排序为：—$\overset{+}{N}(CH_3)_3$，—NO_2，—CF_3，—CCl_3，—CN，—SO_3H，—CHO，—COR，—COOH，—COOR，—$COONH_2$，—$\overset{+}{N}H_3$ 等。

特点：定位基上与苯环直接相连的原子一般都含双键或三键，且多数带有正电荷[2]。

3. 室温条件下，除去少量噻吩的方法是加入浓硫酸，震荡，分离。其原因是(　　)。

A. 苯易溶于浓硫酸

B. 噻吩溶于浓硫酸

C. 噻吩比苯易磺化，生成的噻吩磺酸溶于浓硫酸

D. 苯比噻吩易磺化，生成的苯磺酸溶于浓硫酸。（暨南大学，2016）

[解答] C

例 2　简答题

1. 苯甲醚发生亲电取代反应时生成更多的邻对位取代产物，间位取代产物较少，试用共振论内容解释甲氧基是邻对位定位基。（浙江工业大学，2014）

[解答]　苯甲醚硝化主要得邻、对位产物，这可以从反应中间体碳正离子的极限式来分析[4]。

邻位进攻：

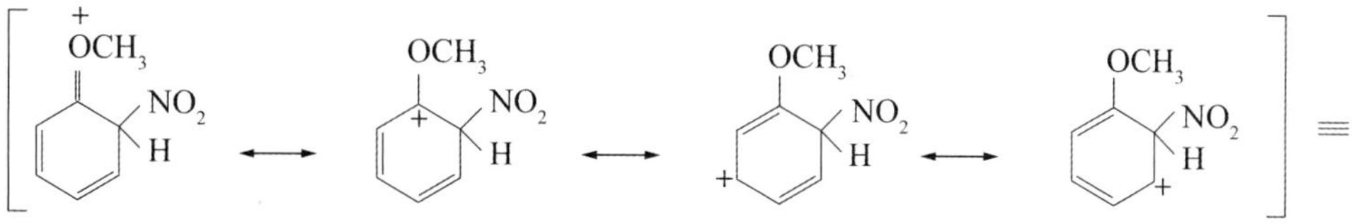

（1）　（2）　（3）　（4）

较稳定

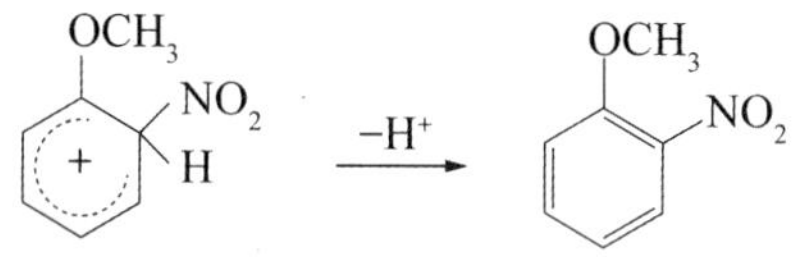

对位进攻：

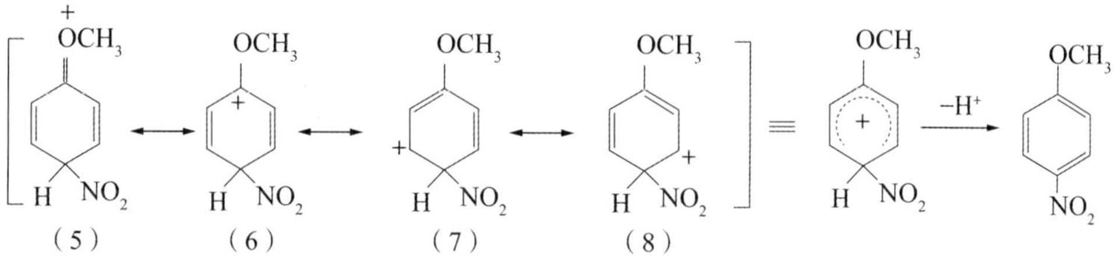

（5）　（6）　（7）　（8）

较稳定

间位进攻：

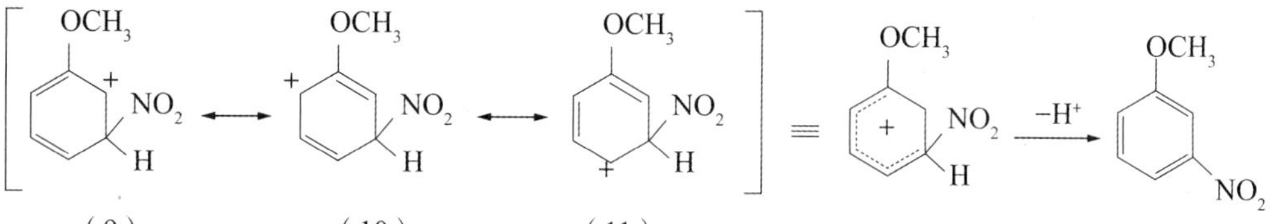

（9）　（10）　（11）

硝基正离子从甲氧基的邻、对位进攻苯环时，参与形成中间体碳正离子的极限结构(1)、(5)中，所有的原子都满足八隅体结构，因此该极限结构能量相对较低，形成相应的碳正离子杂化体所需的过渡态势能也较低。而间位进攻时，没有这样的极限结构参与形成中间体碳正离子的共振，所以苯甲醚硝化时优先生成邻、对位取代产物。

2. 除去苯中少量的噻吩可以采用加入浓硫酸萃取的方法是因为________。

（湖南师范大学，2013）

[解答]　噻吩和浓硫酸发生亲电取代反应。噻吩比浓硫酸易磺化，生成的噻吩磺酸溶于浓硫酸。

3. 苯胺能与硫酸形成铵盐，$\overset{+}{N}H_3$ 是间位定位基团，但苯胺与硫酸长时间高温加热后并

未得到间位产物，而得到高产率的对氨基苯磺酸，解释其原因。（湖南师范大学，2013）

［解答］ 因为磺化反应是可逆反应，对氨基苯磺酸是热力学稳定的产物，在长时间加热，动力学产物间氨基苯磺酸最终转化为热力学稳定的对氨基苯磺酸。

4. 简述苯胺的磺化反应。

［解答］ 苯胺也可以磺化，磺化时硫酸首先与苯胺成盐，若用发烟硫酸为磺化试剂，在室温进行反应，主要得间位取代物，若用浓硫酸磺化，反应在长时间加热的条件下进行，则主要产物是对氨基苯磺酸。

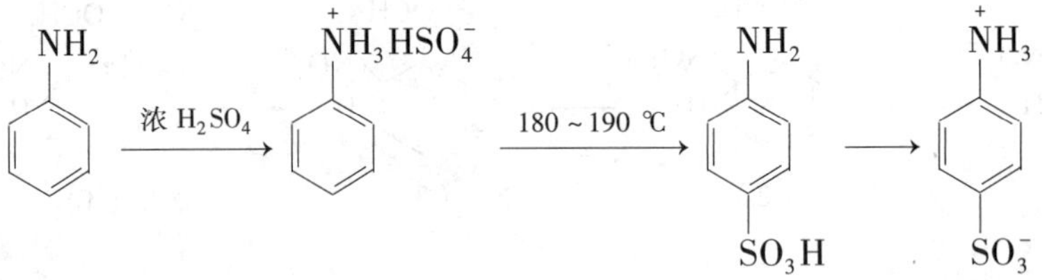

NH2
浓 H2SO4
NH3HSO4-
180～190 ℃
NH2
SO3H
NH3
SO3-

N-取代苯胺也能发生类似的重排，主要生成对位重排产物，对位被占据时则生成邻位产物。

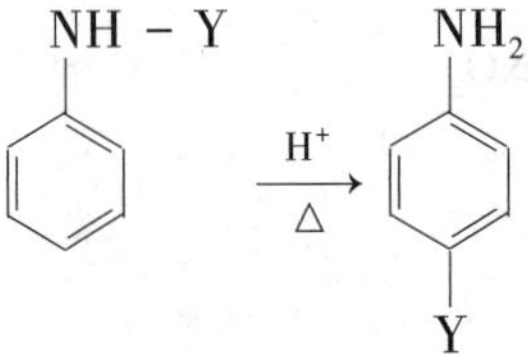

NH - Y
H+
△
NH2
Y

参考文献

［1］陈宏博. 有机化学(第四版)［M］. 大连：大连理工大学出版社，2015：226.

［2］孔祥文. 有机化学［M］. 北京：化学工业出版社，2010.

［3］孔祥文. 基础有机合成反应［M］. 北京：化学工业出版社，2014：116，121.

［4］裴伟伟. 基础有机化学习题解析［M］. 北京：高等教育出版社，2006：245-246.

1.20 六元杂环取代反应

问题引入

下列化合物中，环上电子云密度最低的是(　　)。（西北大学，2011）

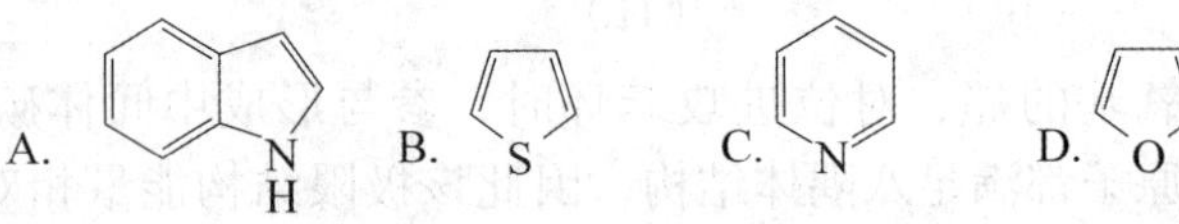

A.
N
H
B.
S
C.
N
D.
O

选 C。呋喃、噻吩、吡咯都是五原子六电子的共轭体系，π 电子云密度均高于苯，吡啶环中氮原子的电负性大于碳原子，所以环上的电子云密度因向氮原子转移而降低。

反应概述

六元单杂环的结构以吡啶为例来说明。吡啶在结构上可看作是苯环中的—CH ═被—N ═取代而成。5 个碳原子和一个氮原子都是 sp^2 杂化状态，处于同一平面上，相互以 σ 键连接成环状结构。环上每一个原子各有一个电子在 p 轨道上，p 轨道与环平面垂直，彼此“肩并肩”重叠交盖形成一个包括 6 个原子在内的，与苯相似的闭合共轭体系[1]。所以，吡啶环也有芳香性，如下图所示。

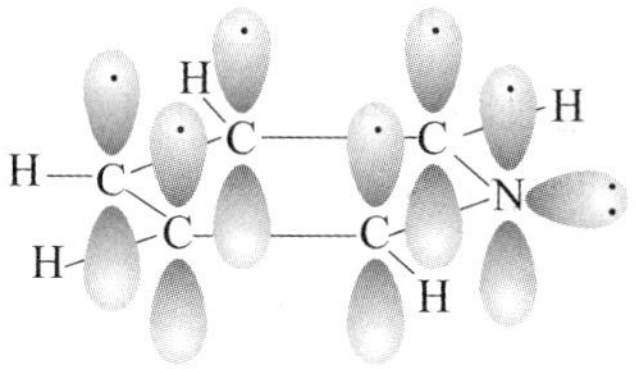

H
H
C
C
N
C
C
H
H
H

吡啶的轨道结构

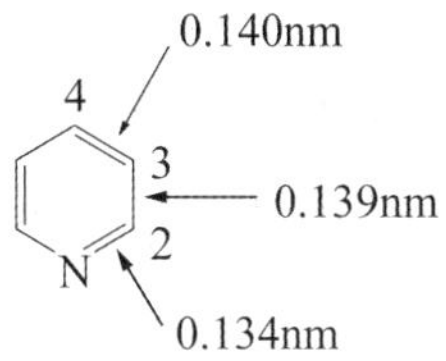

0.140nm
4
3
0.139nm
2
N
0.134nm

在核磁共振谱中，环上氢的 δ 值位于低场也标志着吡啶环具有芳香性。

α-H　δ=8.50　　　　β-H　δ=6.98　　　　γ-H　δ=7.36

氮原子上的一对未共用电子对，占据在 sp^2 杂化轨道上，它与环平面共平面，因而不参与环的共轭体系，不是 6 电子大 π 键体系的组成部分，而是以未共用电子对形式存在。

吡啶分子中的 C—C 键长(0.139～0.140nm)与苯分子中的 C—C 键长(0.140nm)相似；C—N 键长(0.134nm)较一般的 C—N 键长(0.147nm)短，但比一般的 C═N 双键(0.128nm)长。这说明吡啶的键长发生平均化，但并不像苯那样是完全平均化的。然而又由于吡啶环中氮原子的电负性大于碳原子，所以环上的电子云密度因向氮原子转移而降低，亲电取代比苯难。环上氮原子具有与间位定位基硝基相仿的电子效应，钝化作用使环上亲电取代较苯困难，取代基进入 β 位，且收率偏低。但可以发生亲核取代反应，主要进入 α 位和 γ 位。

例题解析

例 1　由指定原料合成

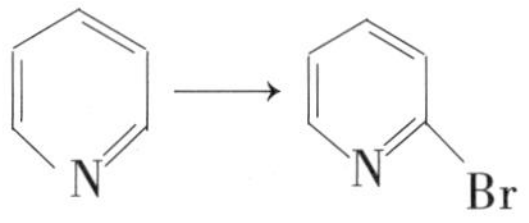

N
N
Br

（复旦大学，2004）

［解答］

题意是在吡啶环上的 α-位完成溴代。若直接溴代为亲电取代，在 β-位进行。由于吡啶环上电子云密度降低，易受强亲核试剂的进攻，主要生成 α-和 γ-位取代产物。所以先进行氨解再转变成溴即可。

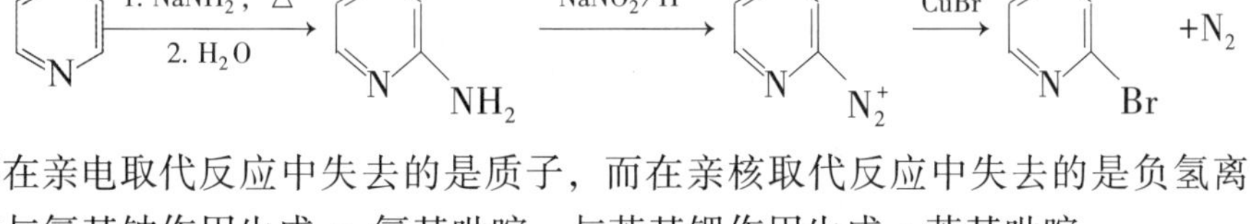

N
1. NaNH2，△
2. H2O
N
NH2
NaNO2/H+
N
N2+
CuBr
N
Br
+N2

吡啶环在亲电取代反应中失去的是质子，而在亲核取代反应中失去的是负氢离子。例如，吡啶可与氨基钠作用生成 α-氨基吡啶，与苯基锂作用生成 α 苯基吡啶。

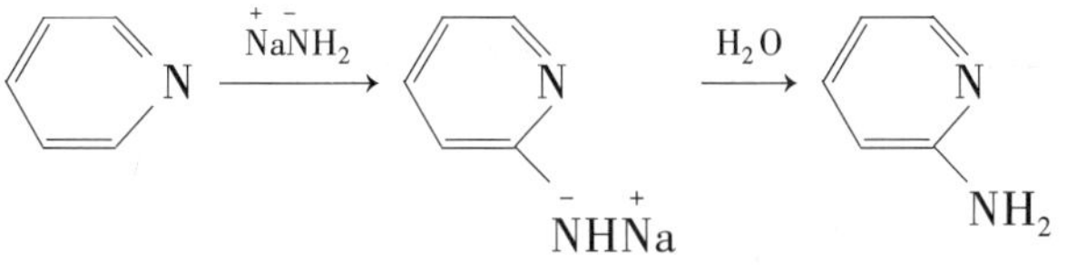

N
NaNH2
N
NHNa
H2O
N
NH2

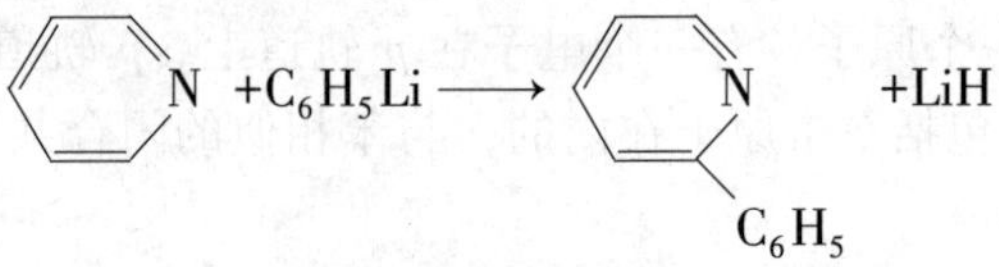

当 α-和 γ-位有易于离去的基团存在时，则亲核取代反应更易发生。这与形成的中间体负离子的稳定性有关。亲核试剂在 α-或 γ-位进攻时，可形成负电荷在电负性较大的氮原子上的共振极限结构，使共振结构因此稳定[2]。例如：

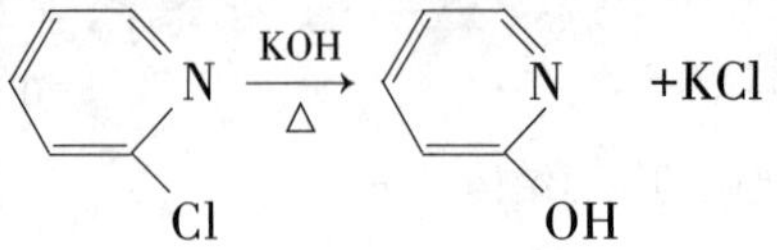

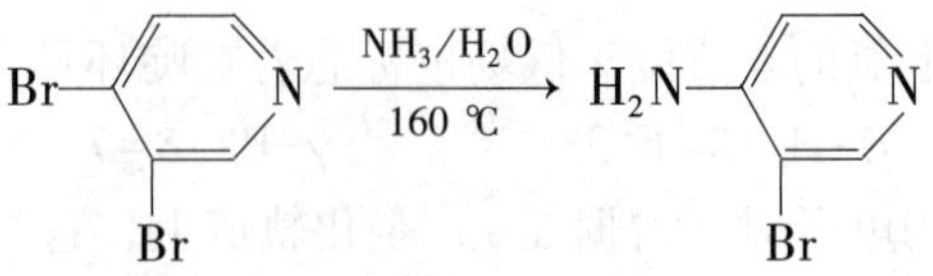

例 2 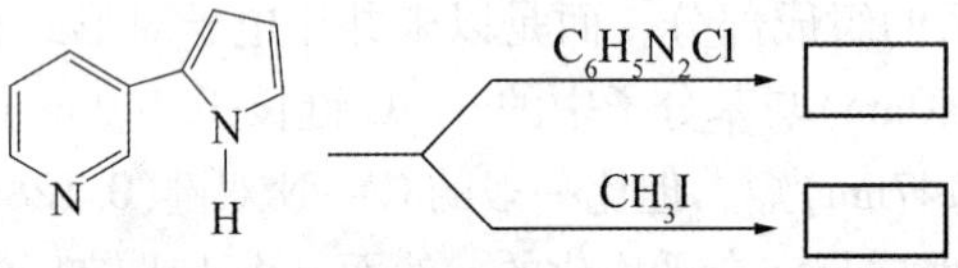 （南京工业大学，2005）

[解答] 第一个反应为偶合反应，第二个反应为 N 上的烷基化反应，反应产物分别是：

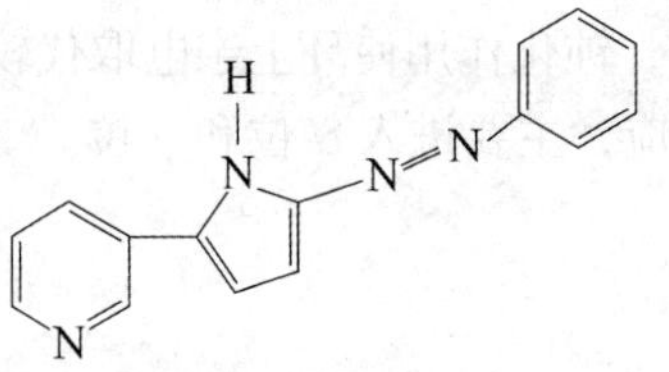

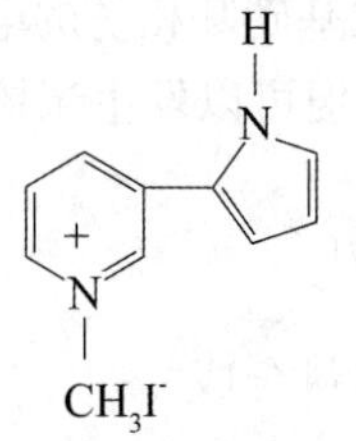

吡咯的性质与酚的性质类似，吡咯的钠或钾“盐”与酚的钠或钾盐在反应性上也极为相似，如可以发生 Reimer-Tiemann 反应、Kolbe 反应以及和重氮盐发生偶合反应，例如：

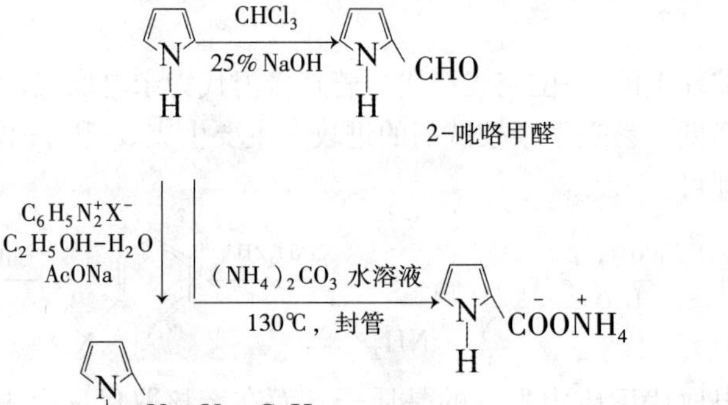

吡咯 N 上的孤对电子参与芳香共轭，难以和碘甲烷再配位，而吡啶 N 上的孤对电子不参与芳香共轭。

例 3 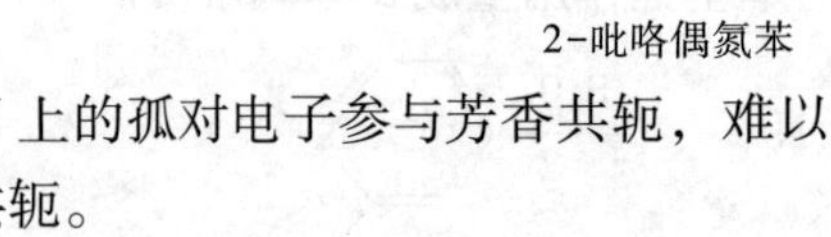 （南开大学，2013）

［解答］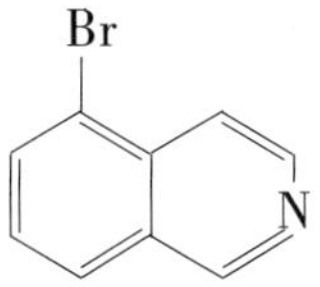。异喹啉可发生亲电取代反应，但由于吡啶环难以发生亲电取代反应，所以取代基多进入苯环 5 位。喹啉的亲电取代反应，取代基多进入苯环(5 位或 8 位)。喹啉与吡啶一样，也能发生亲核取代反应，取代基则进入吡啶环 2 或 4 位(2 位为主)，异喹啉在 1 位。

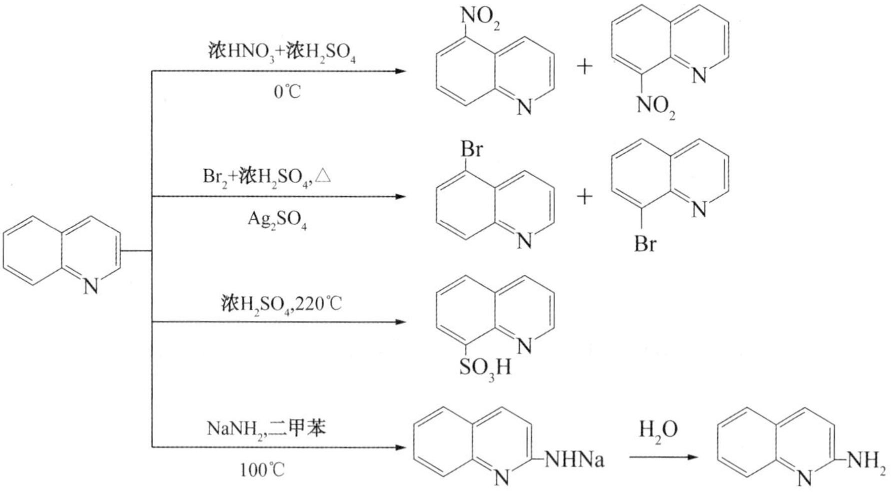

浓HNO$_3$+浓H$_2$SO$_4$
0℃
NO$_2$
N
+
N
NO$_2$
Br$_2$+浓H$_2$SO$_4$,△
Ag$_2$SO$_4$
Br
N
+
N
Br
N
浓H$_2$SO$_4$,220℃
N
SO$_3$H
NaNH$_2$,二甲苯
100℃
N
NHNa
H$_2$O
N
NH$_2$

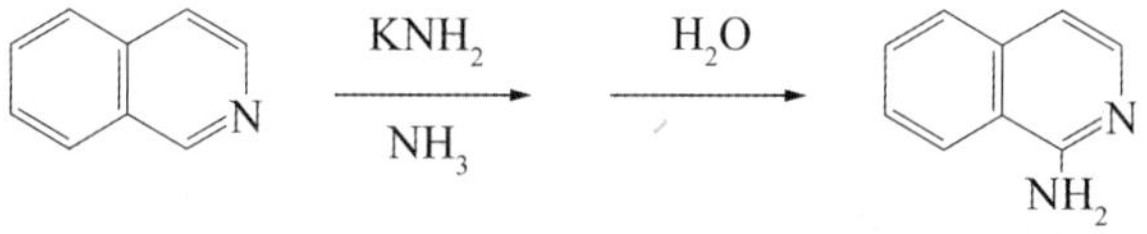

N
KNH$_2$
NH$_3$
H$_2$O
N
NH$_2$

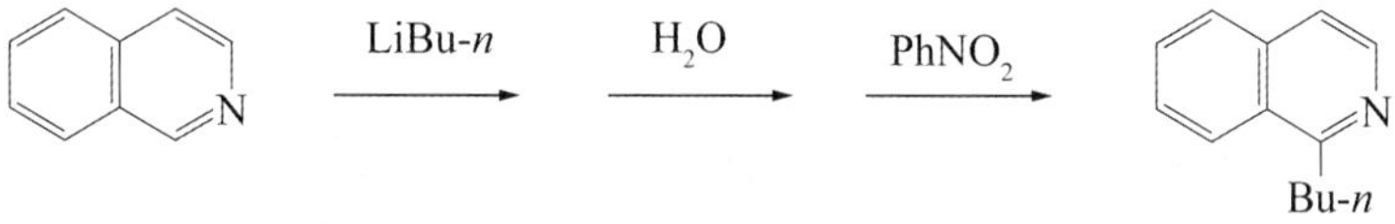

N
LiBu-*n*
H$_2$O
PhNO$_2$
N
Bu-*n*

参考文献

[1]孔祥文. 有机化学[M]. 北京：化学工业出版社，2010.
[2]陈宏博. 有机化学(第四版)[M]. 大连：大连理工大学出版社，2015：321.

1.21　卤仿反应

问题引入

$$PhCOCH_3 \xrightarrow{I_2,\ NaOH} \xrightarrow{H_3O^+} \boxed{\quad\quad}$$ (中国科学技术大学，2016)

苯乙酮在碱存在下与碘反应再经酸化得到少一个碳原子的苯甲酸和碘仿,结构式分别是:C₆H₅COOH , CHI₃。

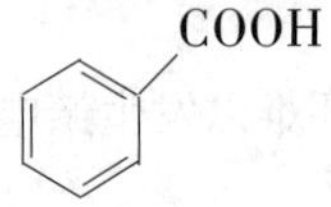

📖 **反应概述**

碱性条件下,当卤素与具有 $CH_3\overset{O}{\underset{\|}{C}}-$ 结构的醛、酮反应时,三个 α-氢原子均会被卤素取代。例如:

$$CH_3-\underset{\underset{O}{\|}}{C}-CH_3 \xrightarrow[\text{慢}]{Br_2,\ OH^-} CH_3-\underset{\underset{O}{\|}}{C}-CH_2Br$$

$$\xrightarrow[\text{快}]{Br_2} CH_3-\underset{\underset{O}{\|}}{C}-CHBr_2 \xrightarrow[\text{快}]{Br_2} CH_3-\underset{\underset{O}{\|}}{C}-CBr_3$$

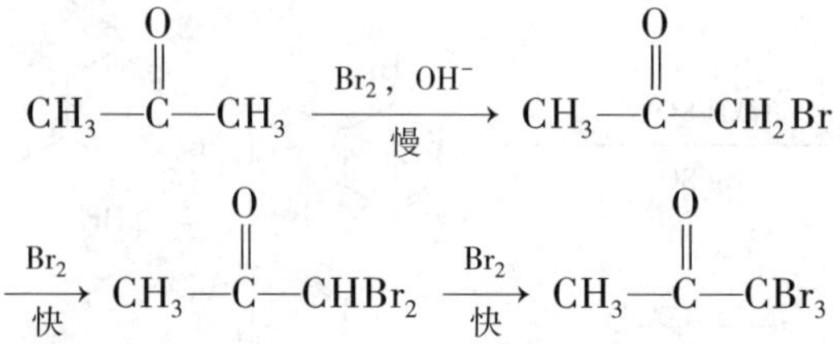

产物三卤代醛、酮在碱性条件下不稳定,立刻分解为三卤甲烷(卤仿)和羧酸(碱溶液中为羧酸盐):

$$CH_3-\underset{\underset{O}{\|}}{C}-CBr_3 + OH^- \rightleftharpoons CH_3-\underset{OH}{\overset{\underset{O}{\|}}{C}}-CBr_3 \rightarrow CH_3-\underset{OH}{\overset{\underset{O}{\|}}{C}} + :CBr_3^- \rightleftharpoons CH_3-\underset{O^-}{\overset{\underset{O}{\|}}{C}} + CHBr_3$$

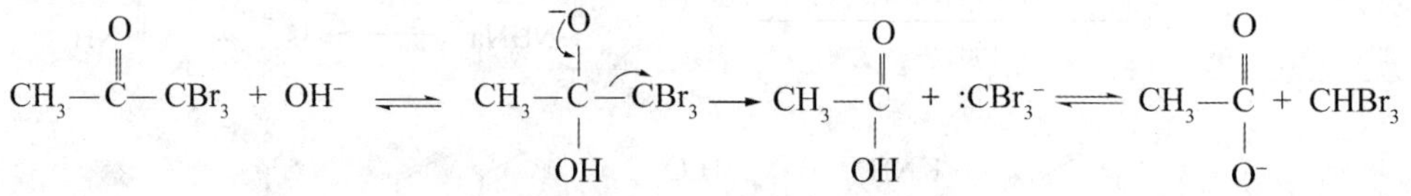

因此把次卤酸钠的碱溶液与醛或酮作用生成三卤甲烷的反应称为卤仿反应(haloform reaction)。如果用次碘酸钠(碘加氢氧化钠)作试剂,可生成具有特殊气味的黄色结晶碘仿(iodoform,CHI_3),这个反应称为碘仿反应(iodoform reaction)。利用碘仿反应可以鉴别具有 $CH_3\overset{O}{\underset{\|}{C}}-$ 结构的醛、酮;另外还可以鉴别具有 CH_3CHOH-结构的醇,这是因为碘的碱性溶液具有氧化能力,能够将羟基氧化为羰基后,再发生碘仿反应[1]。例如:

$$CH_3CH_2OH \xrightarrow[OH^-]{I_2} CH_3\overset{O}{\underset{\|}{C}}H \xrightarrow[OH^-]{I_2} H\overset{O}{\underset{\|}{C}}-O^- + CHI_3$$

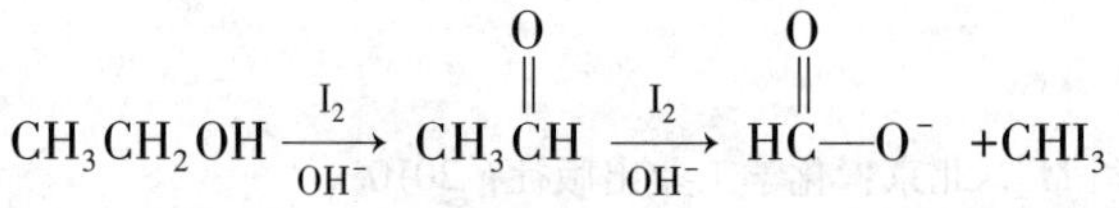

📖 **反应机理**

碱催化的醛酮羰基化合物的 α-位卤化反应是通过烯醇盐的形式进行的,反应机理如下[2]。

$$-\underset{\underset{O}{\|}}{C}-\overset{H}{\underset{|}{C}}- \xrightarrow{OH^-} \left[-\underset{\underset{O}{\|}}{C}-\overset{-}{C}- \leftrightarrow -\underset{\underset{O^-}{|}}{C}=C- \right] \xrightarrow{X-X} -\underset{\underset{O}{\|}}{C}-\overset{X}{\underset{|}{C}}-$$

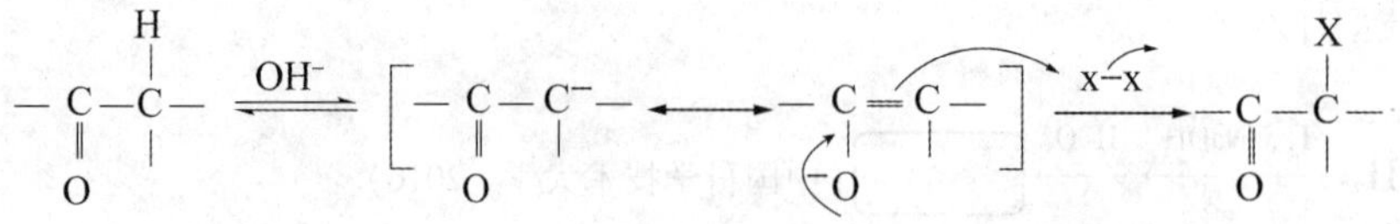

反应首先是 OH^- 夺取质子,形成烯醇负离子,再与卤素发生反应,得α-卤代酮,不对

称酮α氢的反应性 $-\underset{O}{\overset{\|}{C}}C\underline{H}_3 > -\underset{O}{\overset{\|}{C}}C\underline{H}_2- > -\underset{O}{\overset{\|}{C}}C\underline{H}\diagdown$，因为-$CH_3$上的氢酸性大，易被$OH^-$夺取，当一元卤化后，由于卤原子的吸电子效应，使卤原子所在碳上的氢，酸性比未被卤原子取代前更大，因此第二个氢更容易被OH^-夺取并进行卤化。同理第三个氢比第二个氢更易被OH^-夺取。因此只要有一个氢被卤化，第二、第三个氢均被卤化，即反应不停留在一元阶段，一直到这个碳上的氢完全被取代为止。

📖 例题解析

例1 $CH_3COCH_2CH_3 \xrightarrow[Br_2]{HOAc}$ □ (南京大学，2014)

[解答] 丁酮在醋酸存在下与溴进行卤化反应得到3-溴丁酮，结构式为：$CH_3COCHBrCH_3$。酸催化的醛酮羰基化合物的α-卤化反应是通过烯醇式进行的，反应机理如下[1]。

所谓酸催化，通常不加酸，因为只要反应一开始，就产生酸，此酸就可自动发生催化反应，因此在反应还没有开始时，有一个诱导阶段，一旦有一点酸产生，反应就很快进行。反应是首先羰基质子化，然后通过烯醇式进行卤化的。

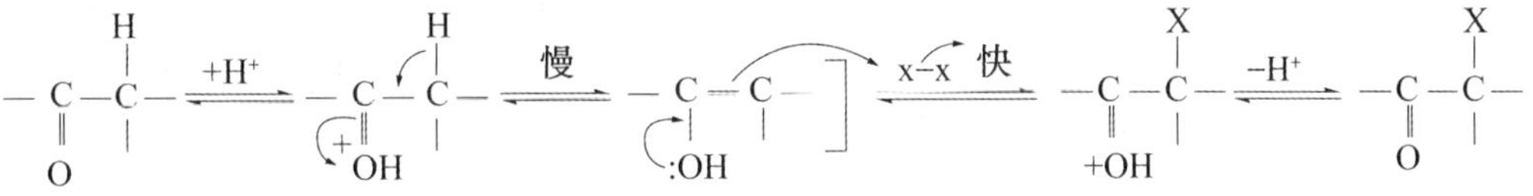

$$-\underset{O}{\overset{H}{\underset{|}{C}}}-\overset{\|}{C}- \underset{}{\overset{+H^+}{\rightleftharpoons}} -\underset{+OH}{\overset{H}{\underset{|}{C}}}-\overset{\|}{C}- \underset{}{\overset{慢}{\rightleftharpoons}} -\overset{}{\underset{:OH}{\underset{\|}{C}}}=\overset{}{\underset{}{C}}- \xrightarrow{x-x\ 快} -\underset{+OH}{\overset{X}{\underset{|}{C}}}-\overset{\|}{C}- \xrightarrow{-H^+} -\underset{O}{\overset{X}{\underset{|}{C}}}-\overset{\|}{C}-$$

对于不对称酮，卤化反应的优先次序是 $-\underset{O}{\overset{\|}{C}}C\underline{H}\diagdown > -\underset{O}{\overset{\|}{C}}C\underline{H}_2- > -\underset{O}{\overset{\|}{C}}C\underline{H}_3$，这是因为α碳上取代基越多，超共轭效应越大，形成的烯醇越稳定，因此，这个碳上的氢就易于离开而进行卤化反应。酸催化卤化反应可以控制在一元、二元、三元等阶段，在合成反应中，大多希望控制在一元阶段。能控制的原因是一元卤化后，由于引入的卤原子的吸电子效应，使羰基氧上电子云密度降低，再质子化形成烯醇要比未卤代时困难一些，因此小心控制卤素可以使反应停留在一元阶段，引入二个卤原子后三元卤化会更困难些，因此控制卤素的用量，就可以控制反应产物。

醛类直接卤化，常被氧化成酸，可以将醛形成缩醛后再卤化，然后水解缩醛，得α-卤代醛，

$$CH_3(CH_2)_4CH_2CHO \xrightarrow[HCl]{CH_3OH} CH_3(CH_2)_4CH_2CH\underset{OCH_3}{\overset{OCH_3}{\diagup}} \xrightarrow{Br_2} CH_3(CH_2)_4\underset{Br}{\overset{}{C}}HCH\underset{OCH_3}{\overset{OCH_3}{\diagup}}$$

$$\xrightarrow[H_2O]{H^+} CH_3(CH_2)_4\underset{Br}{\overset{}{C}}HCHO$$

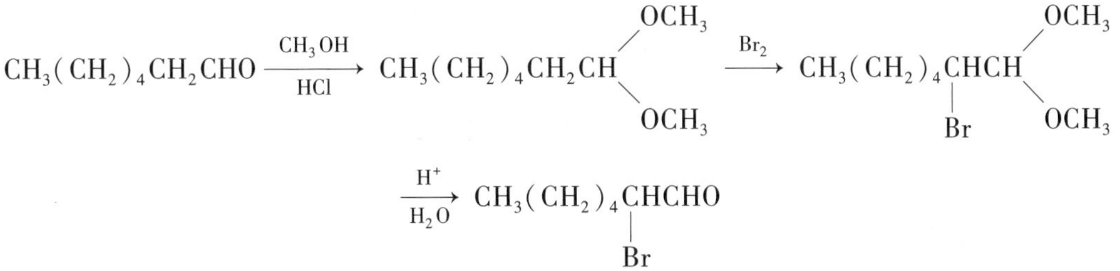

例2 选择题

1. 下列化合物中不能发生碘仿反应的是(　　)。 (浙江工业大学，2014)

A. 乙醇　　　　　B. 丙酮　　　　　C. 丙醛　　　　　D. 乙醛

2. 下列化合物不能发生碘仿反应的是(　　)。　　（华南理工大学，2016）

A. $CH_3\overset{\overset{O}{\|}}{C}CH_3$　　B. $CH_3\overset{\overset{O}{\|}}{C}CH_2CH_3$　　C. CH_3CH_2OH　　D. $CH_3CH_2CH_2OH$

3. 下列化合物能发生碘仿反应的是(　　)。

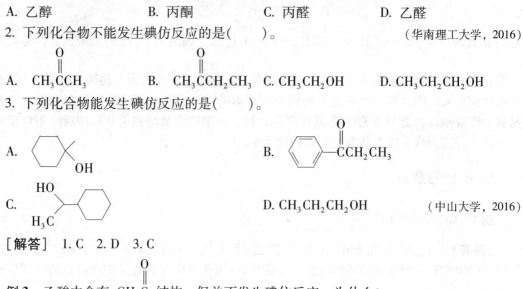

A. 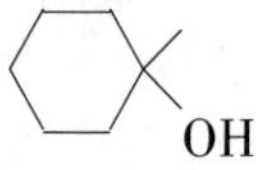

B. 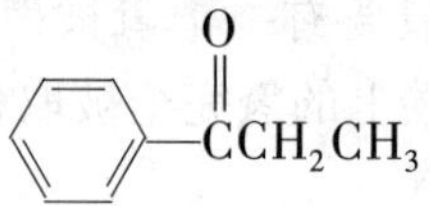

C. 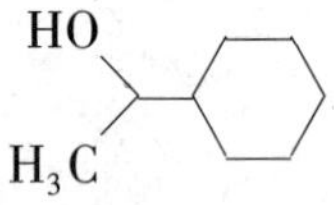

D. $CH_3CH_2CH_2OH$　　（中山大学，2016）

[解答]　1. C　2. D　3. C

例 3　乙酸中含有 $CH_3\overset{\overset{O}{\|}}{C}$ 结构，但并不发生碘仿反应，为什么？

（暨南大学，2016；湖南师范大学，2013）

[解答]

碘仿反应是α-H 被碘代。α-H 能否被碘代，与羰基碳的电子云密度直接相关，羰基碳的电子云密度较低时α-H 才能被碘代。而乙酸中由于 p-π 共轭体系产生的共轭效应，使羰基碳的电子云密度较一般的醛，酮高，此外，乙酸在碱性条件下以 CH_3COO^- 形式存在，氧负离子与羰基共轭，电子离域化的结果，使羰基碳的电子云密度进一步提高，即降低了羰基碳的正电性，因此α-氢活泼性降低，不能发生碘仿反应[3]。

例 4　用化学方法区别：环己酮，环己烯，2-己醇，3-己醇　　（华侨大学，2016）

[解答]

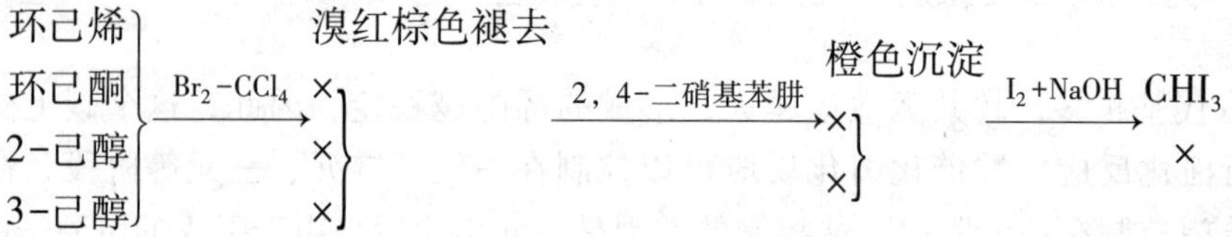

环己烯
环己酮
2-己醇
3-己醇
Br_2-CCl_4
溴红棕色褪去
×
×
×
2，4-二硝基苯肼
橙色沉淀
×
×
I_2+NaOH
CHI_3
×

参考文献

[1]孔祥文．有机化学[M]．北京：化学工业出版社，2010.

[2]邢其毅，裴伟伟，徐瑞秋，等．基础有机化学(第三版)[M]．北京：高等教育出版社，2005：489.

[3]李楠，胡世荣．有机化学习题集[M]．北京：高等教育出版社，2003：112.

1.22　卤化反应

问题引入

$\overset{+}{N}Me_3Br^-$
Br_2，Fe

（华东理工大学，2014）

三甲基苯基溴化铵在 Fe 催化下进行芳香族亲电取代反应——卤化反应生成三甲基-(3-溴代苯基)溴化铵，结构式为 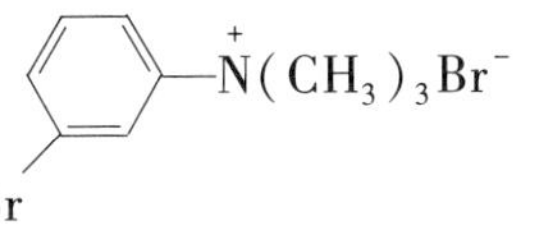 。

反应概述

苯与卤素（主要是 Cl_2 或 Br_2）在 Lewis 酸如三氯化铁、三氯化铝等的催化作用下，反应生成卤苯，此反应称为卤化反应（halogenating reaction）。也可以用铁粉代替三卤化铁，这是因为铁粉与 Cl_2 或 Br_2 反应生成 $FeCl_3$ 或 $FeBr_3$，然后催化反应进行。对于不同的卤素，与苯环发生取代反应的活性次序是：氟>氯>溴>碘。由于氟过于活泼，与苯直接反应将使苯环断裂。苯与二氟化氙在氟化氢催化下，可生成氟代苯。碘与苯的反应不仅较慢，同时生成的碘化氢是还原剂，从而使反应成为可逆反应，且以逆反应为主。

适当提高反应温度，卤苯可继续与卤素作用，生成二卤代苯，产物主要是邻位和对位取代物。烷基苯与卤素在相近的条件下作用，反应比苯更容易，也主要得到邻位和对位取代物。

反应机理

苯与卤素如无催化剂作用时，它们之间的取代反应难以进行。所以，简单地将苯与溴的四氯化碳溶液混合，二者很难发生反应。而在催化剂如：FeX_3、$AlCl_3$ 等 Lewis 酸作用下，苯可以很快与氯或溴反应，生成氯苯或溴苯。

催化剂在其中起到的作用是促使氯或溴分子的异裂，产生强的亲电试剂，然后亲电试剂再与苯发生取代反应。以溴与苯在 $FeBr_3$ 催化下的反应为例，介绍苯的卤化反应机理。

(1) 溴分子受 $FeBr_3$ 的作用而发生异裂，产生亲电试剂 Br^+ 和四溴化铁络离子。

$$Br:Br+FeBr_3 \longrightarrow Br^+ + [FeBr_4]^-$$

(2) Br^+ 作为亲电试剂进攻苯环，形成 σ 络合物。

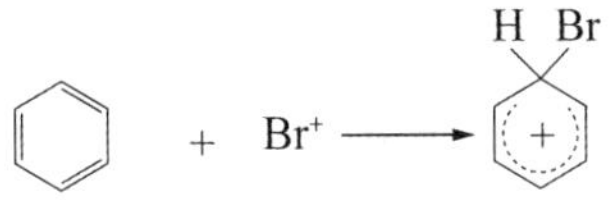

σ 络合物中含有由五个碳原子和四个 π 电子构成的共轭体系，它用共振式又可以表示为：

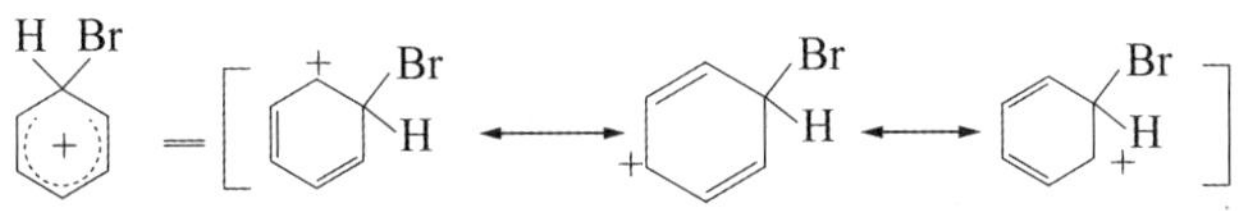

该步反应是取代过程中速度慢的步骤，即：整个反应的决速步骤。

(3) 中间体 σ 络合物能量高，不稳定，很快会失去一个质子，使体系重新成为稳定的环状闭合共轭体系。分解出的质子与四溴化铁络离子反应，再生成催化剂三溴化铁和溴化氢。

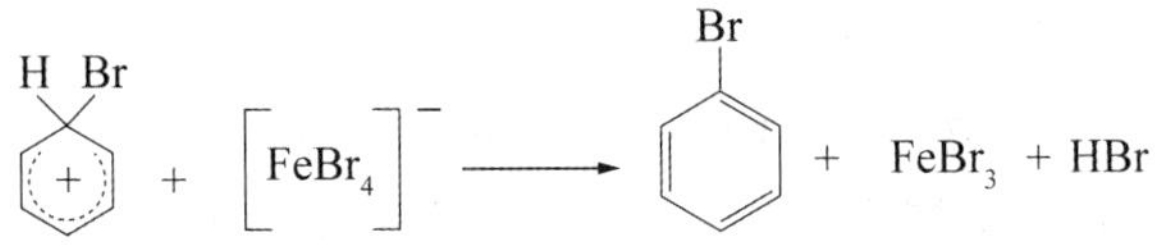

这是一步快反应。

例题解析

例 1 选择题

苯环上的卤化反应属于( )。

A. 亲电加成反应　　B. 亲核取代反应

C. 亲核加成反应　　D. 亲电取代反应　　(华南理工大学，2016)

[解答] D

例 2 简答题

1. 下列烷烃分别在光照条件下与氯气反应都只生成一种一氯代产物，请写出这些烷烃及其一氯代产物的结构简式。

(1) C_5H_{10}　　(2) C_8H_{16}　　(3) C_5H_{12}　　(厦门大学，2012)

[解答]

(1) C_5H_{10}： 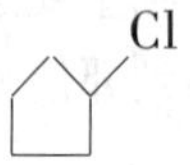 (2) C_8H_{18}： 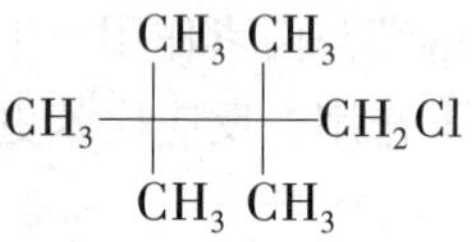 (3) C_5H_{12}： 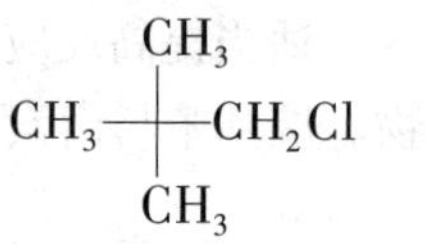

2. 简述芳环上取代基对芳香胺碱性强弱的影响。　　(山东大学，2016)

[解答] 芳胺的碱性一般呈以下规律：

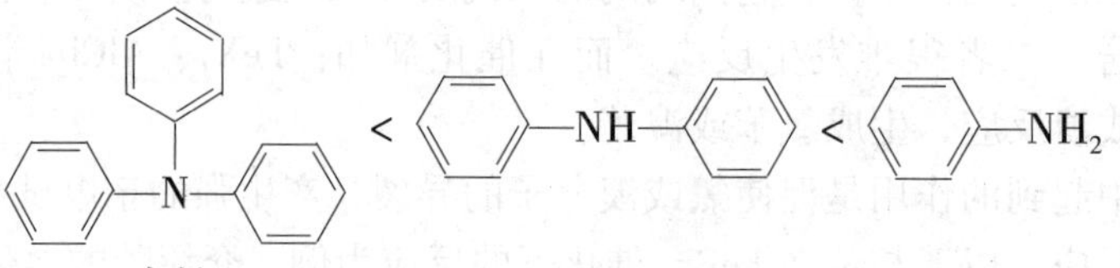

pK_b　　中性　　13.80　　9.30

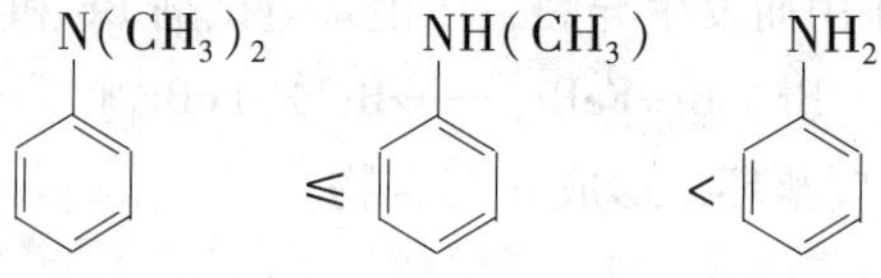

pK_b　　9.62　　9.60　　9.30

由于氨基的未共用电子对与芳环的大 π 键形成 p，π-共轭体系，使氨基上的电子云密度降低，接受质子的能力减弱，因此碱性比氨弱。以上顺序中前者有电子效应，同时有空间效应；而后者主要是空间效应的影响。氮上连有的取代基越多，空间位阻越大，质子越不容易与氮原子接近，胺的碱性也就越弱。

取代苯胺的碱性强弱主要与取代基的性质有关，取代基为供电子基团时，碱性增强；取代基为吸电子基团时，碱性减弱。

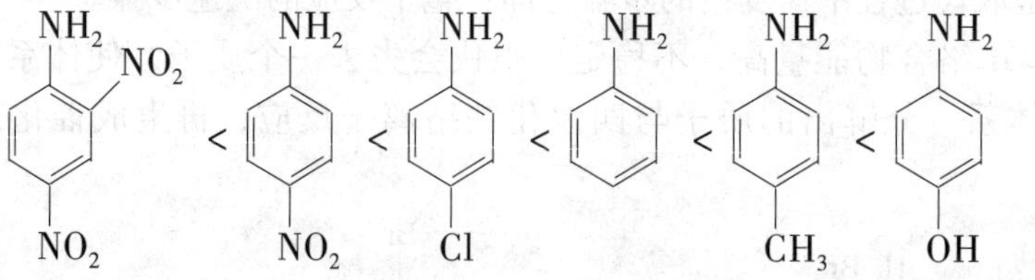

pK_b　　13.8　　13.0　　10.0　　9.30　　8.90　　8.50

3. 以正丁醇、溴化钠和硫酸为原料制备正溴丁烷时，实验中硫酸的作用是什么？硫酸的用量和浓度过大或过小有什么不好？　　(西北大学，2011)

［解答］　作用：反应物、催化剂。浓硫酸有两个作用，其一是浓硫酸在此反应中除与 NaBr 作用生成氢溴酸外，也作为吸水剂可移去副产物水，同时又作为氢离子的来源以增加质子化醇的浓度，使不易离去的羟基转变为良好的离去基团 H_2O；其二是用于洗涤阶段洗去副产物(正丁醚，1-丁烯)及残余的正丁醇。浓硫酸的用量和浓度过大，反应加快，可通过吸水使平衡正向移动，但反应生成大量的 HBr 跑出，且易将溴离子氧化为溴单质，同时会加大副反应的进行，例如丁醇的氧化、碳化、消去反应增多(产生 1-丁烯，重排 2-丁烯，两者再与 HBr 加成得 2-溴丁烷)。过小则不利于主反应发生(即氢溴酸的生成受阻)，反应不完全。

例 3　用化学方法鉴别化合物：

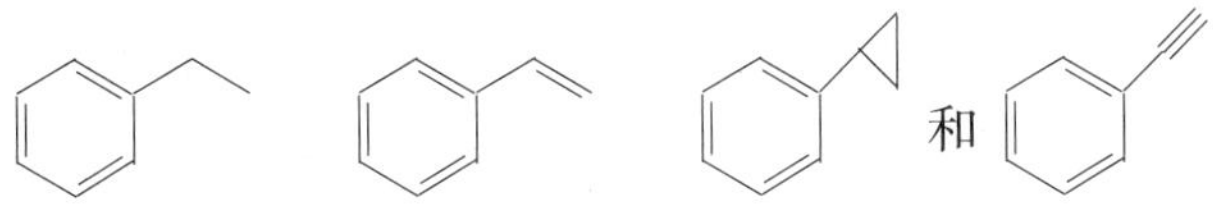
和

(西北大学，2011)

［解答］

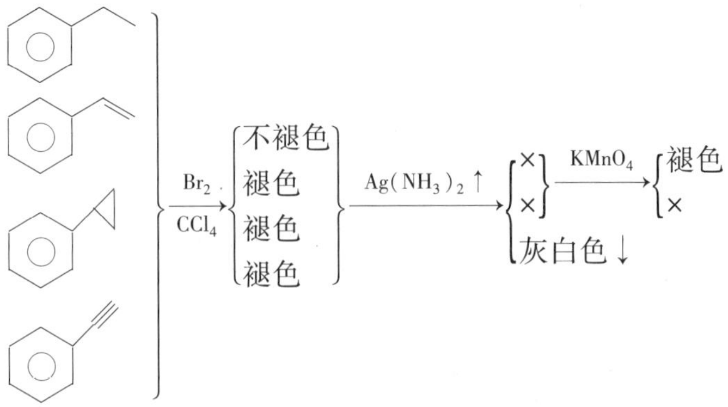
Br_2
CCl_4
不褪色
褪色
褪色
褪色
$Ag(NH_3)_2$ ↑
×
×
灰白色↓
$KMnO_4$
褪色
×

参考文献

［1］JieJackLi. NameReaction，4thed.［M］. Springer-VerlagBerlinHeidelberg，2009：446.
［2］孔祥文．有机化学［M］. 北京：化学工业出版社，2010.
［2］邢其毅，裴伟伟，徐瑞秋，等．基础有机化学(第三版)［M］. 北京：高等教育出版社，2005.

1.23　偶合反应

问题引入

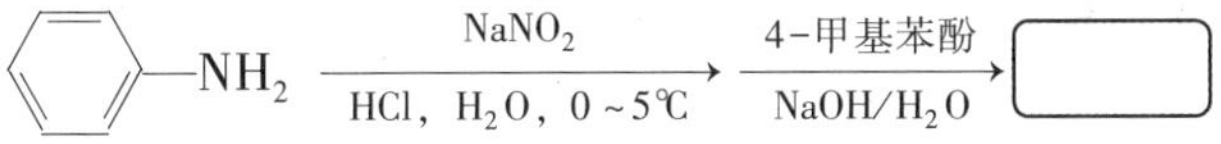
NH_2
$NaNO_2$
HCl，H_2O，0～5℃
4-甲基苯酚
$NaOH/H_2O$

(浙江大学，2005；厦门大学，2012)

苯胺在 0～5℃下与亚硝酸发生重氮化反应得到氯化重氮苯，后者在碱性条件下与 4-甲基苯酚进行偶合反应生成 5-甲基-2-羟基偶氮苯，

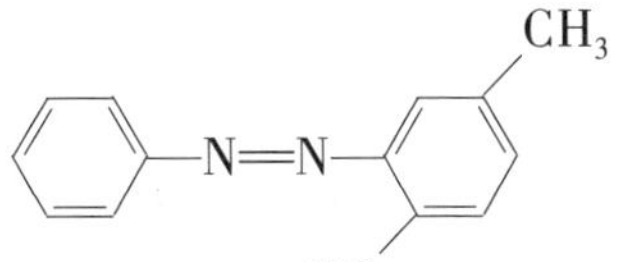
CH_3
N=N
HO

。

这是因为在弱碱性介质中，酚类以氧负离子形式参与反应，对偶合反应有利：

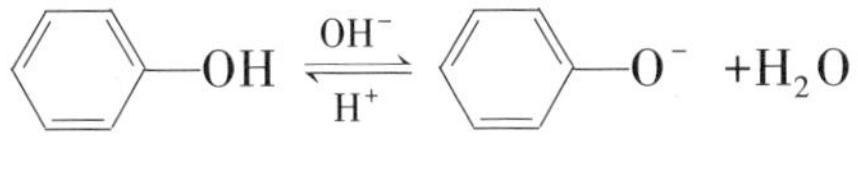
OH
OH^-
H^+
O^-
$+H_2O$

而胺类在弱酸性(pH=5～7)或中性介质中主要以游离胺的形式参与反应，也对偶合反应有利。如在强酸介质中，则芳胺成铵盐，不利于偶合：

$$ArNH_2+H^+ \rightleftharpoons Ar\overset{+}{N}H_3$$

若在强碱介质中，则重氮盐转变成重氮酸及其盐，就不能起偶合反应了：

$$Ar—\overset{+}{N}\equiv NCl^- \xrightarrow{KOH} Ar—N=N—OH \longrightarrow Ar—N=N—OK$$

反应概述

上述反应中对硝基苯胺重氮盐正离子进攻芳环上氨基邻位碳原子发生亲电取代反应生成偶氮化合物，该反应称为重氮盐的偶合反应或偶联反应(coupling reaction)。

重氮盐正离子的结构与酰基正离子相似，可以作为亲电试剂使用，但其亲电性很弱，只能与活泼的芳香化合物如酚和胺进行芳香亲电取代反应生成偶氮化合物[1,2]。

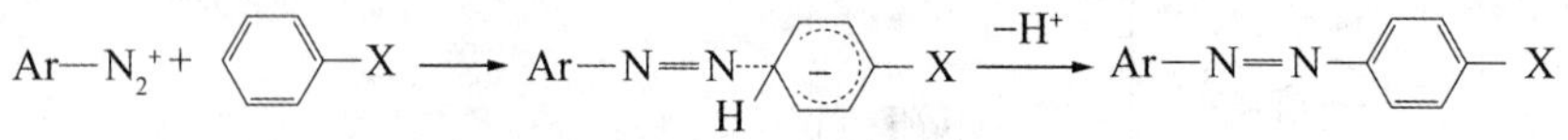

X= OH，NH_2，NHR，NR_2

参与反应的酚或芳胺等称为偶合组分，重氮盐称为重氮组分。电子效应和空间效应的影响使反应主要在羟基或氨基对位进行。若对位已被占据，则在邻位偶合，但绝不发生在间位。如：

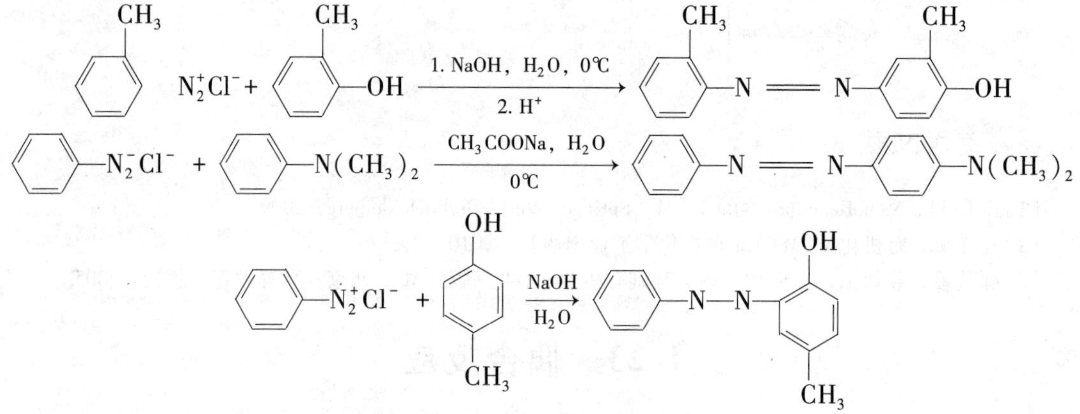

(1)重氮盐与酚的偶合反应

酚是弱酸性物质，在碱性条件下以酚盐负离子的形式存在，该结构有利于重氮正离子的进攻。但是，如果碱性太强(pH>10)，重氮盐会因受到碱的进攻而变成重氮酸或重氮酸盐离子致使偶合反应不能发生。因此，通常重氮盐和酚的偶合在弱碱性(pH=8～10)溶液中进行。

$$\underset{\text{重氮盐，能偶合}}{Ar—N_2^+} \xrightarrow{NaOH} \underset{\text{重氮酸，不能偶合}}{Ar—N=N—OH} \xrightarrow{NaOH} \underset{\text{重氮酸盐，不能偶合}}{Ar—N=N—O^-Na^+}$$

(2)重氮盐与芳胺的偶合反应

重氮盐与芳香族胺的偶合反应则要在弱酸性(pH=5～7)溶液中进行，这是因为胺在碱性溶液中不溶解，而在弱酸性条件下重氮正离子的浓度最大，且胺可以形成铵盐，使其溶解度增加，有利于偶合反应的发生。

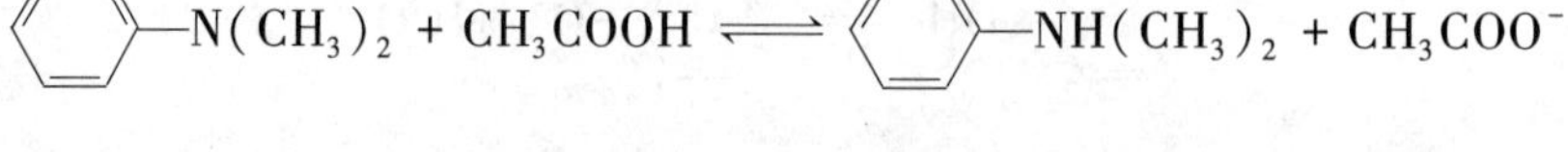

但是酸性也不能太强，因为胺在强酸性溶液中会成盐，而铵基是吸电基，使苯环失去活性，从而不利于重氮离子的进攻。

(3)重氮盐与萘酚、萘胺的偶合反应

当重氮盐与萘酚或萘胺类化合物发生反应时，羟基或氨基会使所在的苯环活化，因而偶合反应在同环发生。α-萘酚或 α-萘胺，偶合反应在 4 位发生，如果 4 位被占据，则在 2 位发生。而 β-萘酚或 β-萘胺，偶合反应在 1 位发生，如果 1 位被占据，则不发生。

OH或(NH2)
OH或(NH2)
CH3
OH或(NH)2

如：

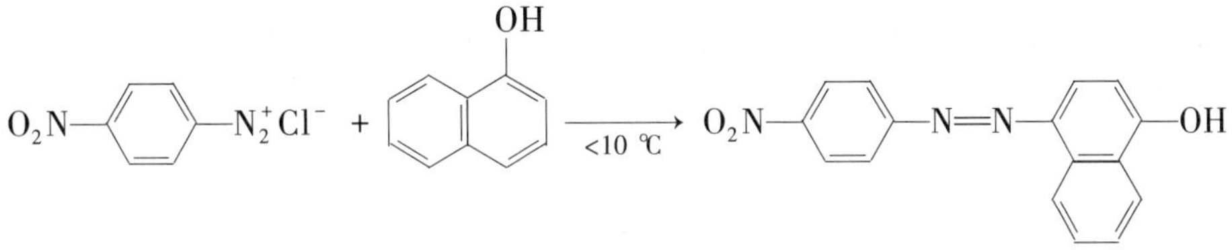
OH
O2N
N2+Cl−
<10 ℃
N=N
OH

对位红(或红颜料 PR-1)

偶合反应最重要的用途是合成偶氮染料。如，用作酸碱指示剂的甲基橙可通过偶合反应得到：

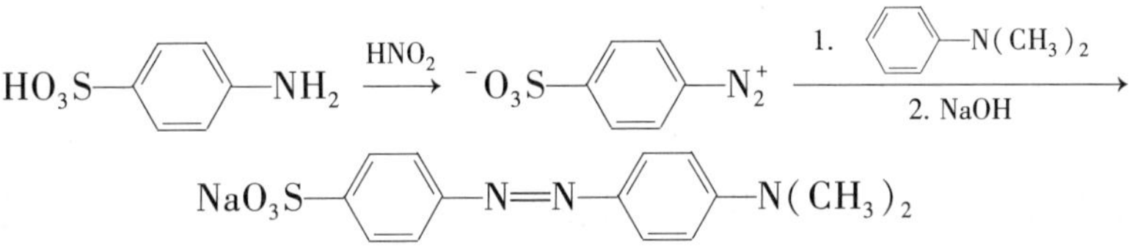
HO3S
NH2
HNO2
−O3S
N2+
1.
N(CH3)2
2. NaOH
NaO3S
N=N
N(CH3)2

甲基橙

例题解析

例 1　选择题

1. 下列偶合组分与 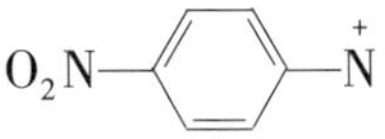 ≡NCl⁻进行偶合反应的活性次序是(　　)。

A. 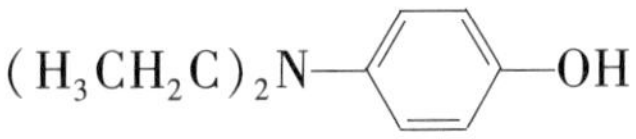　B. 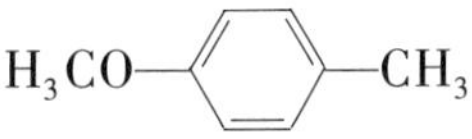　C. 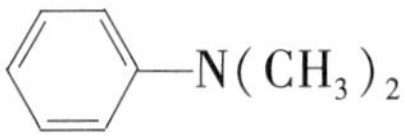

(大连理工大学，2005)

2. 下列化合物在弱酸性条件下，能与 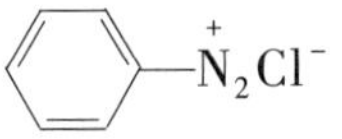 发生偶联(合)反应的是(　　)，在弱碱性情况下能与 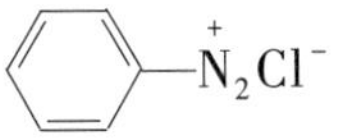 发生偶联反应的是(　　)。　(四川大学，2003)

A. 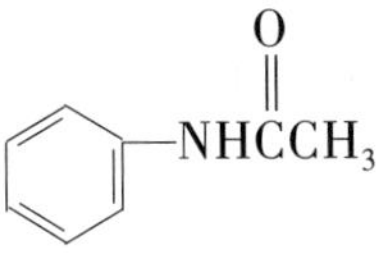　B. 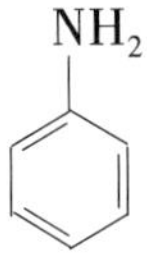　C. 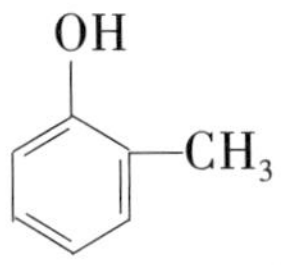　D. 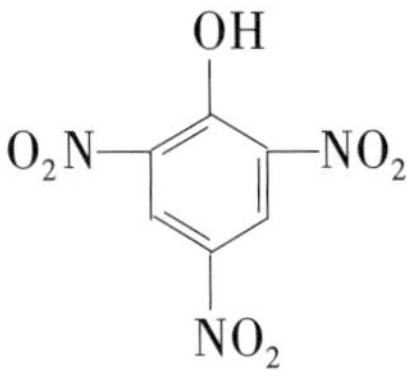

3. 下列重氮离子进行偶合反应，(　　)的活性最大。　　(大连理工大学，2004)

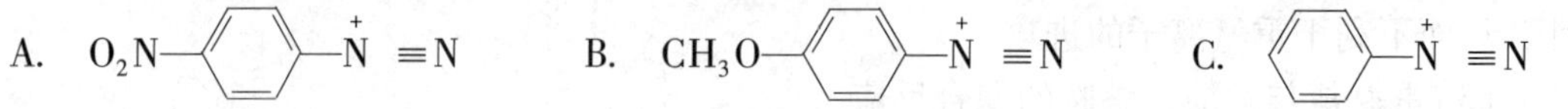

4. 下列重氮离子进行偶合反应，(　　)的活性最大。　　(大连理工大学，2003)

［解答］ 1. A>C>B，这是一个亲电取代反应，芳环上的电子密度越大，偶合反应的活性越大。

2. B，C　3. A　4. D

例 2　写出通过重氮盐法制备苯酚时使用的重氮盐的结构。　　(西北大学，2011)

［解答］ 重氮盐的酸性水溶液一般并不稳定，受热后有氮气放出，同时重氮基被羟基取代得到酚，因此该反应又称为重氮盐的水解。通过该反应制酚的路线比较长，产率也不高。但是当环上存在卤素或硝基等取代基时，不能用碱熔法制酚，则可以通过重氮盐水解的方法制得酚。

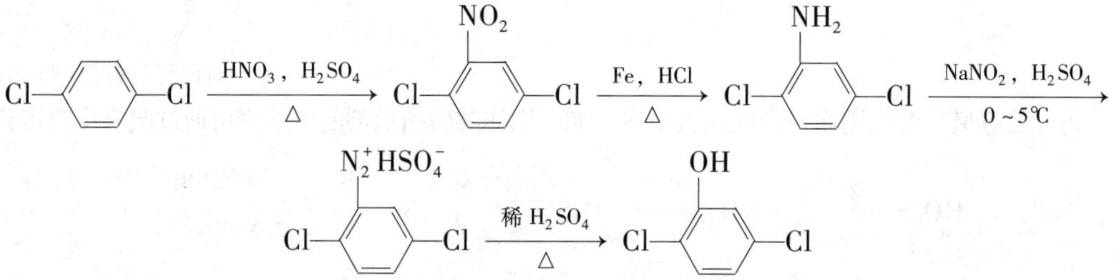

重氮盐水解制酚最好使用硫酸盐，在强酸性的热硫酸溶液中进行。这是因为硫酸氢根的亲核性很弱，而其他重氮盐如盐酸盐或硝酸盐等还容易生成重氮基被卤素或硝基取代的副反应。同时，强酸性条件也很重要，因为如果酸性不够，产生的酚会和未反应的重氮盐发生偶合反应而得到偶联产物。强酸性的硫酸溶液不仅可最大程度地避免偶合反应的发生，而且还可以提高分解反应的温度，使水解进行得更为迅速、彻底。

例 3　填空题

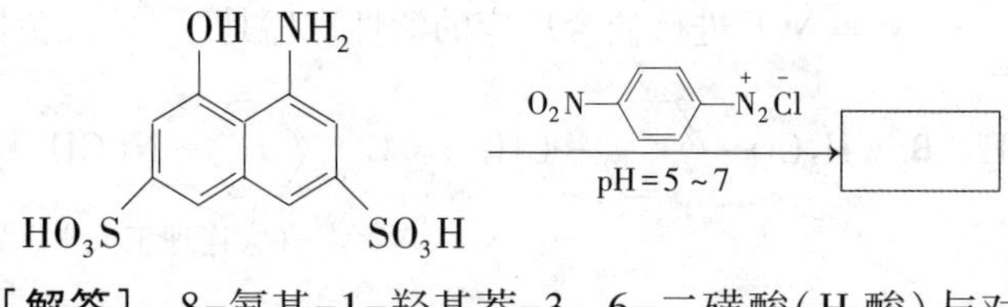

(大连理工大学，2005)

［解答］ 8-氨基-1-羟基萘-3，6-二磺酸(H 酸)与对硝基苯胺重氮盐在 pH 5 ~ 7 条件下反应得到氨基邻位偶合的产物，其结构为：

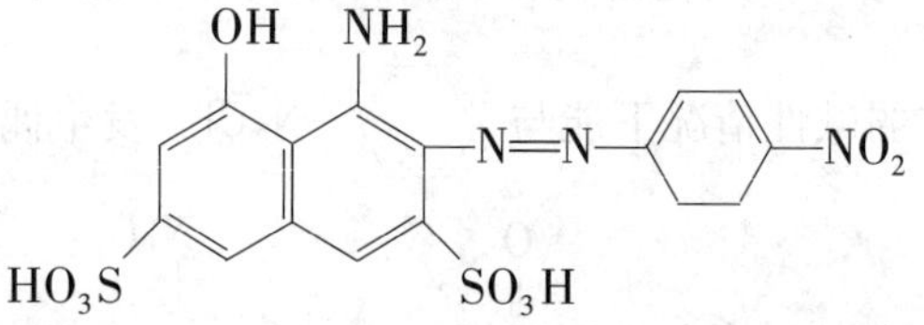

。

H 酸在不同 pH 介质中偶合位置如下[3]：

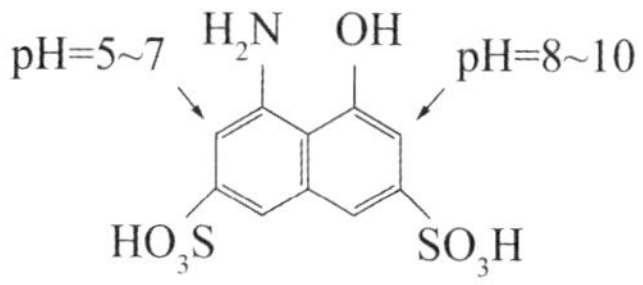
pH=5~7
H2N
OH
pH=8~10
HO3S
SO3H

参考文献

[1]孔祥文. 有机化学[M]. 北京：化学工业出版社，2010：114.
[2]高鸿宾. 有机化学(第四版)[M]. 北京：高等教育出版社，2005：520.
[3]袁履冰. 有机化学[M]. 北京：高等教育出版社，1999：402.
[4]庞华，张君仁，帅翔，等. 4-氨基-5-咪唑甲酰胺盐酸盐的合成[J]. 中国医药工业杂志，1999，30(8)：375-376.

1.24　亲核取代反应

问题引入

下列负离子中，亲核能力最强的是(　　)。

（苏州大学，2015）

A. $(CH_3)_3C—\overset{\ominus}{O}$　　B. $(CH_3)_2CH—\overset{\ominus}{O}$　　C. $CH_3CH_2—\overset{\ominus}{O}$　　D. $CH_3—\overset{\ominus}{O}$

亲核能力最强的是甲氧基负离子(D)。

反应概述

由亲核试剂进攻而发生的取代反应称为亲核取代反应(简写为 S_N)。

反应通式

带有负电荷或未共用电子对的试剂，称为亲核试剂(常用 Nu^-或 Nu 表示)。它们可以是离子、基团或中性分子，例如：RO^-、OH^-、CN^-、ROH、H_2O、NH_3 等。

反应机理

亲核取代反应既可按 S_N2 也可按 S_N1 机理进行，究竟按哪种机理进行，与哪些因素有关呢？实验表明，影响亲核取代反应的因素有很多，但主要因素有卤代烷的结构、离去基团的离去能力、亲核试剂的进攻能力和溶剂的极性等。S_N1 反应机理中，卤代烷解离成碳正离子是控制反应速度步骤，亲核试剂并不参与，故 S_N1 反应速率不受亲核试剂的影响。S_N2 反应机理中，反应速率不仅与卤代烷的浓度有关，而且与亲核试剂的浓度和亲核能力有关。

亲核试剂的亲核性与其碱性、可极化性等有关。

(1)当具有相同原子时，亲核试剂的亲核能力随碱性的增强而增强。例如：

亲核性由强到弱顺序为：$C_2H_5O^->OH^->C_6H_5O^->CH_3COO^->H_2O$

$$H_2N^- > H_3N$$

这与碱性大小次序相同。但亲核性与碱性并不完全一致。例如，CH_3O^-和$(CH_3)_3CO^-$，虽然$(CH_3)_3CO^-$碱性强于CH_3O^-，但体积大，过渡态拥挤，亲核性弱。

(2)当亲核试剂的亲核原子是元素周期表中同周期原子时，原子序数越大，其电负性越大，则给出电子能力越弱，即亲核性越弱。例如亲核性顺序：

$H_2N^- > HO^- > F^-$；$H_3N > H_2O$；$R_3P > R_2S$。

(3)当亲核试剂的亲核原子是元素周期表中同族原子时，试剂极化度越大，亲核性越强。例如，亲核性顺序：$I^- \gg Br^- > Cl^- > F^-$；$RS^- > RO^-$；$R_3P > R_3N$。

F^-的亲核性最弱，这是由于F^-的电负性强，吸电子能力大，不易给出电子。

(4)同类型的亲核试剂，体积越大，空间障碍就越大，不利于亲核试剂进攻中心碳原子，而且形成的过渡态稳定性也不好，所以体积较大的亲核试剂，亲核性较弱[1]。例如，亲核性顺序：$(CH_3)_3CO^- < (CH_3)_2CHO^- < CH_3CH_2O^- < CH_3O^-$。

例题解析

例 1 下列化合物，发生水解速率顺序(　　)。（南京大学，2014）

$CH_3COOCH_2CH_3$ (a)　$CH_3CH_2COOCH_2CH_3$ (b)　$(CH_3)_2CHCOOCH_2CH_3$ (c)　$(CH_3)_3COOCH_3$ (d)

A. a>b>c>d　　B. d>c>b>a　　C. d>a>b>c　　D. b>a>d>c

[解答]　A。

碱性水解反应过程中形成一个四面体中间体的负离子，并且比较拥挤，因此可以预见，羰基附近的碳上有吸电子基团可以使负离子稳定而促进反应，空间位阻越小，越有利于加成反应，这些预见从表 1-1 中一系列化合物反应的相对速率得到证实。当羧酸的 α 碳上存在吸电子基团氯时，反应速率较未取代的加快 290 倍，吸电子基团越多，吸电子能力越强，反应速率就越快。同时可以看到，羧酸的 α 碳上空间位阻越大，或酯基中与氧连接的烷基碳上取代基越多，反应速率也就越慢[2]。

表 1-1　电子效应及空间效应对酯碱性催化水解反应速率的影响

$RCOOC_2H_5$ H_2O，25℃ R	相对速率	$RCOOC_2H_5$ 87.8% ROH，30℃ R	相对速率	CH_3COOR 70% 丙酮，25℃ R	相对速率
CH_3	1	CH_3	1	CH_3	1
CH_2Cl	290	CH_3CH_2	0.470	CH_3CH_2	0.431
$CHCl_2$	6130	$(CH_3)_2CH$	0.100	$(CH_3)_2CH$	0.065
CH_3CO	7200	$(CH_3)_3C$	0.010	$(CH_3)_3C$	0.002
CCl_3	23150	C_6H_5	0.102	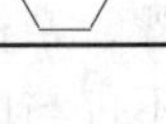	0.042

例 2 将下列化合物按与 NaI -丙酮反应的活性大小排列成序。

1. $ClCH_2CH{=}CHCH_3$　　2. $ClCH(CH_3)CH{=}CH_2$　　3. $CH_3CH_2CH_2CH_2Cl$

4. $CH_3CH_2\underset{|\atop Cl}{C}HCH_3$　　5. $(CH_3)_3CCl$　　6. 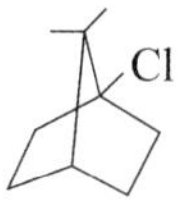

（山东大学，2016）

［解答］

1>2>3>4>5>6。

$$R—Br+I^- \xrightarrow{丙酮} R—I+Br^-$$

在极性较小的无水丙酮中与碘化钾反应，都生成相应的碘代烷。

在 S_N2 反应中，由于过渡态是由反应物与亲核试剂共同形成的，其中心碳原子的周围有五个原子或基团，而反应物分子的中心碳原子周围只有四个原子或基团，因此从反应物到过滤态，中心碳原子周围的拥挤程度增大。当中心碳原子上的氢原子被体积较大的甲基取代后，如从甲基溴到叔丁基溴，由于甲基的增多，反应物和过滤态的拥挤程度都增大，但过滤态显然比反应物拥挤程度增大更多。因此，反应所需的活化能增加，反应速率降低，反应物所表现出的活性降低。即由于空间效应的影响，当反应物的中心碳原子连有更多的甲基时，较难发生 S_N2 反应。当然，在反应物中，随着中心碳原子上甲基的增多，由于甲基的供电诱导效应，中心碳原子上的负电荷逐渐增多，亲核试剂（如 I^-）进攻中心碳原子就会越困难。但由于 S_N2 反应的过滤态电荷变化较小，故电子效应的影响较小。β-氢原子被甲基取代后，同样由于增加了过渡态的拥挤程度，也难进行 S_N2 反应[3]。

例 3　选择题

1. 下列基团中，作为离去基团时，离去能力最强的是(　　)。

（苏州大学，2015）

A. 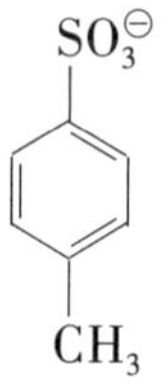　B. 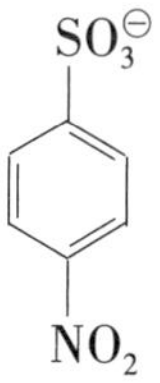　C. 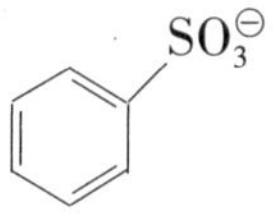　D. 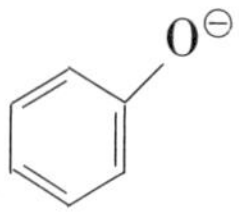

2. 下列化合物发生醇解反应时，速率最快的是(　　)。　（苏州大学，2015）

A. CH_3COCl　　B. $(CH_3CO)_2O$

C. $CH_3CO_2C_2H_5$　　D. CH_3CONH_2

3. 下列化合物进行 S_N1 反应的活性，从大到小依次为(　　)。　（湖南师范大学，2013）

A. 氯甲基苯>对氯甲苯>氯甲基环己烷　　B. 氯甲基苯>氯甲基环己烷>对氯甲苯

C. 氯甲基环己烷>氯甲基苯>对氯甲苯　　D. 氯甲基环己烷>对氯甲苯>氯甲基苯

4. 下列氯代烃与 $AgNO_3-C_2H_5OH$ 溶液反应速度最快的是(　　)。　（苏州大学，2015）

A. 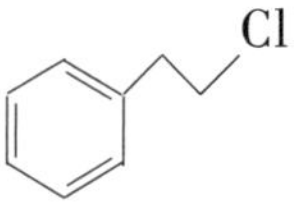　B. 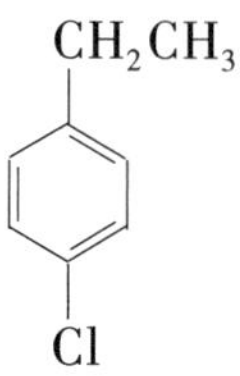　C. 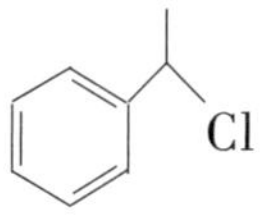　D. 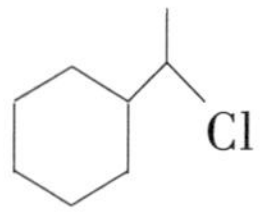

5. 下列离子亲核性的强弱顺序是(　　)。　（四川大学，2013）

A. 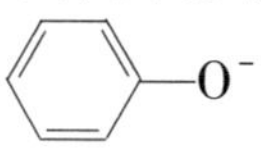　B. 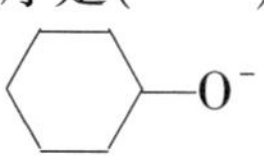　C. 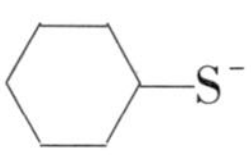　D. 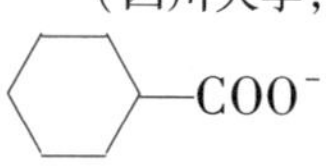

6. 以下两种卤代烷与水作用发生 S_N1 反应，下列哪种说法正确的是？

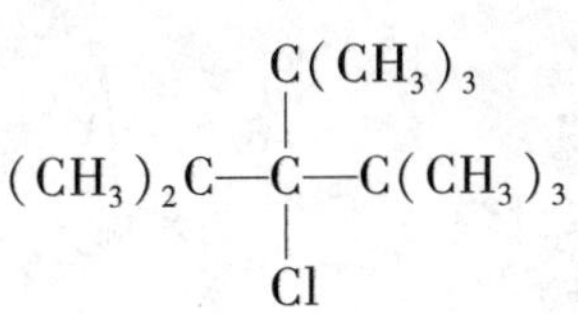

(a)

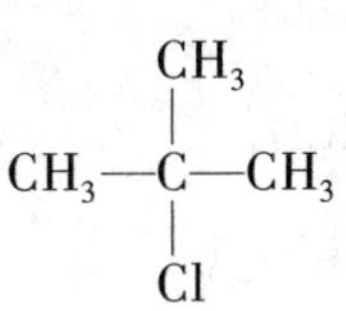

(b)

A. a 比 b 反应快，因为溶剂分子较易攻击 a 中的 Cl 并把它推出去

B. a 比 b 反应快，因为 a 达到过渡态时，空间张力比 b 有较大的消除

C. a 和 b 的反应速率几乎一样，因为空间效应对 S_N1 反应不起任何作用

D. b 比 a 的反应快，因为 b 形成的碳正离子较 a 的不稳定

E. b 比 a 反应快，因为 b 的空间张力较 a 的小 （山东大学，2016）

7. 卤代烃的反应中，下列哪个特征是 S_N2 反应历程的特征？(　　)

A. 在强极性溶剂中反应很快　　B. 反应产物构型翻转

C. 反应过程中有碳正离子中间体生成　　D. 反应分步进行 （华南理工大学，2016）

8. 下列离去基中离去能力最强的是(　　)。 （浙江工业大学，2014）

A. Cl^-　　B. CH_3COO^-　　C. CH_3O^-　　D. H_2N^-

9. 下列化合物水解反应活性最大的是(　　)。 （浙江工业大学，2014）

A. CH_3COCl　　B. 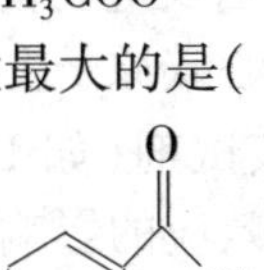　　C. $(CH_3CO)_2O$　　D. 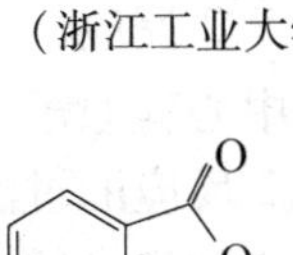

10. 下列试剂发生 S_N1 反应取代活性最大的是(　　)。 （浙江工业大学，2014）

A. CH_3Br　　B. 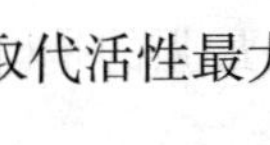　　C. 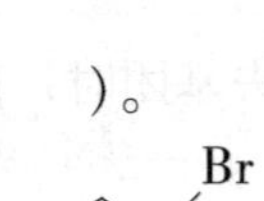　　D. 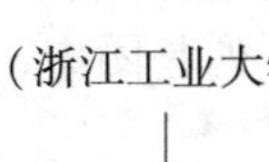

11. 下列说法中与 S_N1 反应相吻合的是(　　)。 （浙江工业大学，2014）

A. 发生瓦尔登转化　　B. 产物构型发生改变

C. 反应分二步进行　　D. 反应速度与亲核试剂浓度成正比

12. 旋光性的 2-碘辛烷用 NaI/丙酮处理后发生消旋化。你认为此过程是经过了什么机理？(　　) （湖南师范大学，2013）

A. S_N1　　B. S_N2　　C. E1　　D. E2

13. 下列化合物发生 S_N1 反应活性最大的是(　　)。 （浙江工业大学，2014）

A. 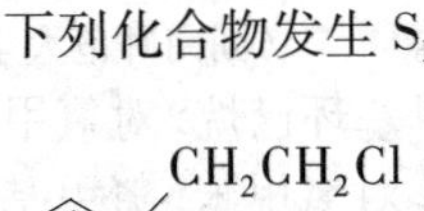　　B. 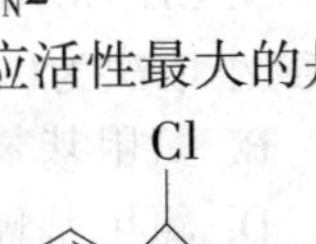　　C. 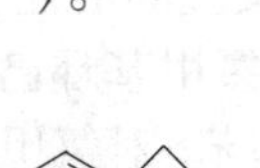　　D. 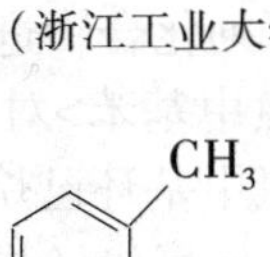

14. 下列化合物发生 S_N1 水解反应速率最慢的是(　　)。 （中山大学，2016）

A. 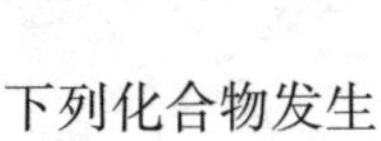　　B. 

C. $(CH_3)_3CCl$　　D. 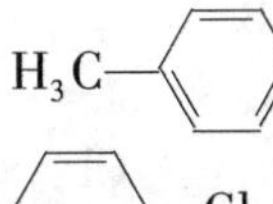

15. 下列亲核试剂，亲核性最强的是(　　)。 （中山大学，2016）

A.  　　B.

C. 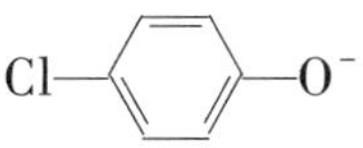
Cl
O⁻

D. 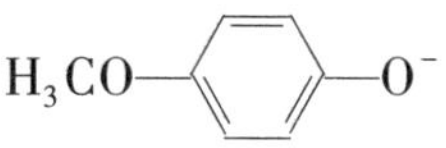
H₃CO
O⁻

16. 下列化合物，亲核性排列顺序(　　)。（南京大学，2014）

$(C_2H_5)_3N$	$(C_2H_5)_3P$	$(C_2H_5)_2O$	$(C_2H_5)_2S$
a	b	c	d

A. a>c>d>b　　B. b>a>d>c　　C. c>d>a>b　　D. a>d>c>b

17. 下列化合物进行 S_N2 反应，速率由快至慢排序，正确的是(　　)。（浙江工业大学，2014）

1. 
Cl

2. 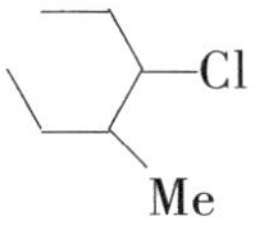
Cl
Me

3. 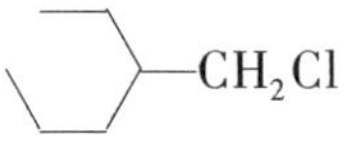
CH₂Cl

4. 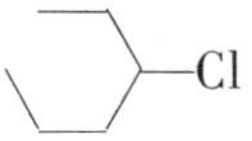
Cl

A. 1>2>4>3　　B. 3>4>2>1　　C. 3>4>1>2　　D. 4>3>2>1

18. 羧酸衍生物的水解、醇解和氨解反应的机理实质为(　　)。（中山大学，2016）

A. 亲核加成　　B. 亲核取代

C. 亲核加成-消去　　D. 亲电加成-消去

[解答]1. B　2. A　3. B　4. C　5. CBAD　6. E　7. B　8. A　9. B　10. D　11. C　12. A　13. B　14. D　15. D　16. B　17. B　18. C

参考文献

[1]孔祥文. 有机化学[M]. 北京：化学工业出版社，2010.
[2]邢其毅，裴伟伟，徐瑞秋，等. 基础有机化学(第三版)[M]. 北京：高等教育出版社，2005：607.
[3]高鸿宾. 有机化学(第四版)[M]. 北京：高等教育出版社，2005：258.
[4]陈宏博. 有机化学(第四版)[M]. 大连：大连理工大学出版社，2015：164.

1.25　有机锂试剂

问题引入

写出如下反应机理：

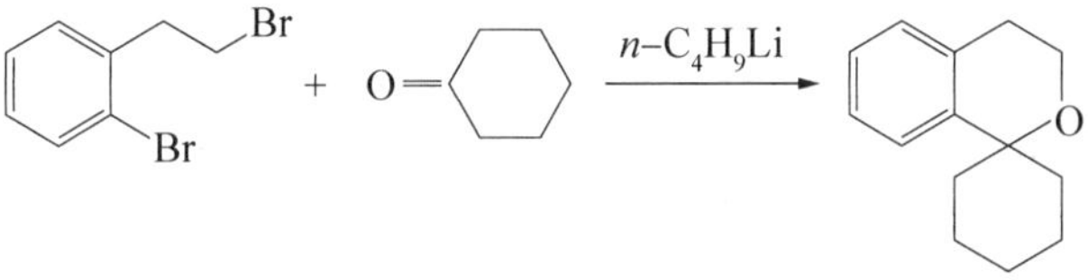
Br
Br
O
n-C₄H₉Li
O

（复旦大学，2008）

上述反应的机理如下所示：

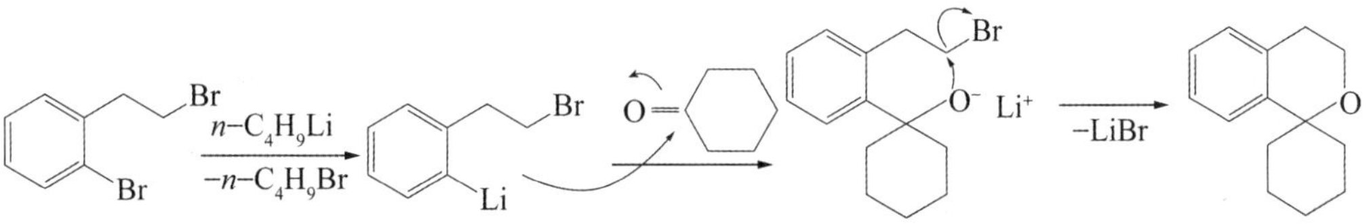
Br
Br
n-C₄H₉Li
−n-C₄H₉Br
Br
Li
O
Br
O⁻
Li⁺
−LiBr
O

试剂概述

卤代烷与金属锂在非极性溶剂(石油醚、环己烷、苯等)中作用生成有机锂化合物。例如：

$$CH_3CH_2CH_2CH_2Br + 2Li \xrightarrow[N_2]{石油醚,\ -10℃} CH_3CH_2CH_2CH_2Li + LiBr$$

生成的烷基锂的性质与格氏试剂很相似，但由于锂原子的电负性比镁原子小，C-Li 键比 C—Mg 键的极性更强，与之相连的碳原子带有更多的负电荷，因此有机锂反应性能比 Grignard 更活泼，遇水、醇、酸等即分解，故制备和使用时都应注意避免。但是有机锂试剂反应时副反应较少，因此在有机合成中的应用越来越多，也逐渐受到人们的重视[1]。

卤代烷与金属锂反应的活性次序为：RI>RBr>RCl>RF。氟代烷的反应活性很小。而碘代烷又很容易与生成的 RLi 发生反应生成高碳烷烃，所以常用 RBr 或 RCl 来制取 RLi。

由于烯丙基氯和苄基氯易发生 Wurtz 类偶联反应，不易用此方法制备相应的烯丙基锂和苄基锂。

活性很低的卤苯或活性非常高的苄基卤或烯丙基卤，它们不适合直接与锂作用来制备相应的有机锂化合物，但可采用活泼的有机锂与相应的烃或卤代烃反应来进行制备。例如：

$$Bu—C\equiv CH + BuLi \longrightarrow Bu—C\equiv CLi + BuH$$

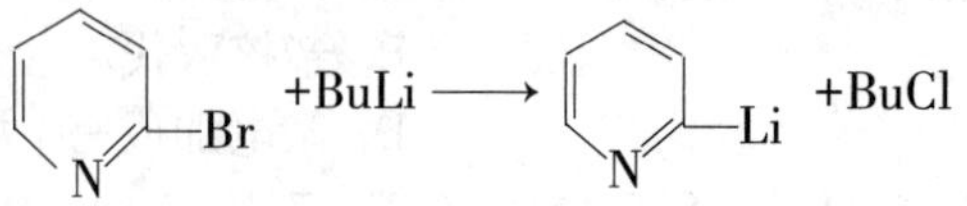

例题解析

例 1 由环己烷合成丙基环己烷 （福建师范大学大学，2008）

[解答]

不对称烷烃的合成，采用铜锂试剂：

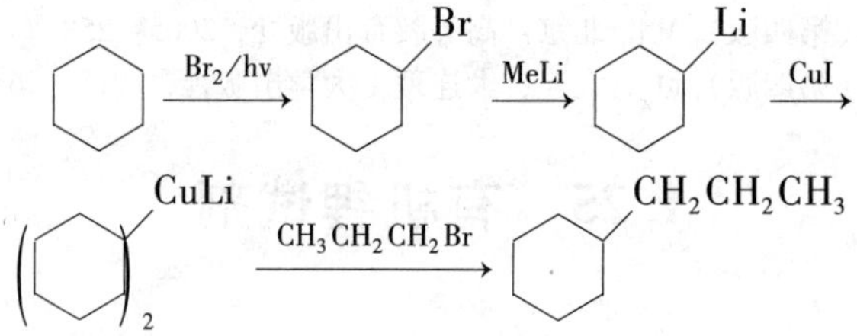

例 2 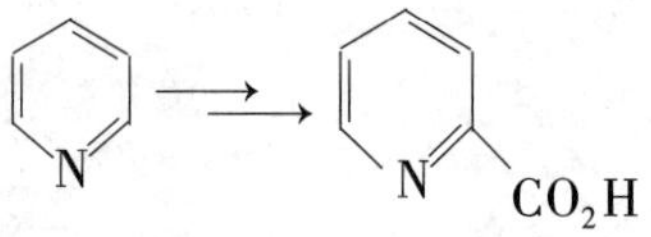 （复旦大学，2007）

[解答]

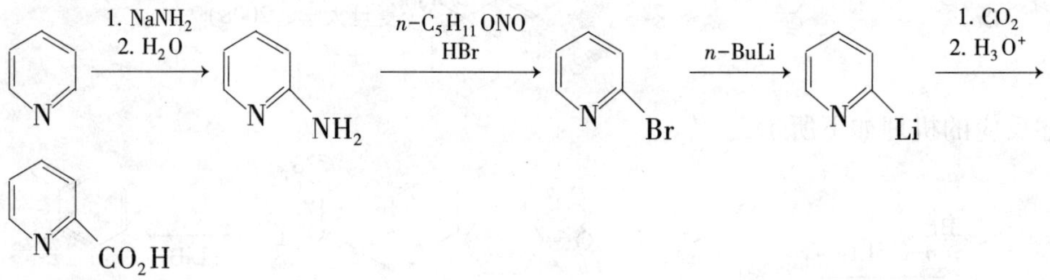

参考文献

[1]孔祥文. 有机化学[M]. 北京：化学工业出版社，2010.

1.26　五元杂环化合物取代反应

问题引入

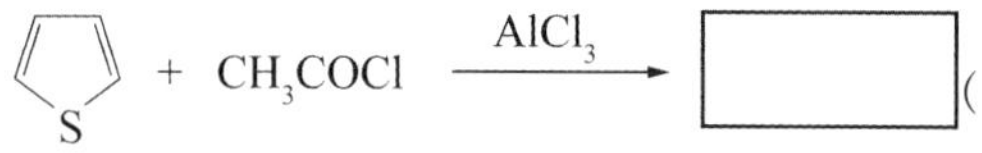

S
+ CH3COCl
AlCl3

（四川大学，2013）

噻吩在三氯化铝催化下与乙酰氯发生亲电取代反应得到α-噻吩乙酮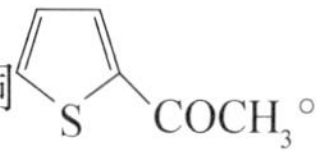

S
COCH3

。

反应概述

呋喃、噻吩、吡咯都是五原子六电子的共轭体系，π 电子云密度均高于苯，所以它们比苯容易发生亲电取代反应。反应活性：吡咯>呋喃>噻吩>苯。三种杂环化合物的亲电取代活性由于杂原子的不同而不同，因为从吸电子的诱导效应看，O(3.5)>N(3.0)>S(2.6)，从共轭效应看，它们均有给电子的共轭效应，其给电子能力为 N>O>S(因为硫的 3p 轨道与碳的 2p 轨道共轭相对较差)，两种电子效应共同作用的结果是 N 对环的给电子能力最大，硫最小。

反应机理[1]

(1)五元杂环化合物的α位和β位的亲电取代活性不同，α位>β位。因为亲电试剂进攻α位所形成的共振杂化体比进攻β位的稳定；进攻α位，正电荷可在三个原子上离域，电子离域范围广；而进攻β位，正电荷只能在二个原子上离域。

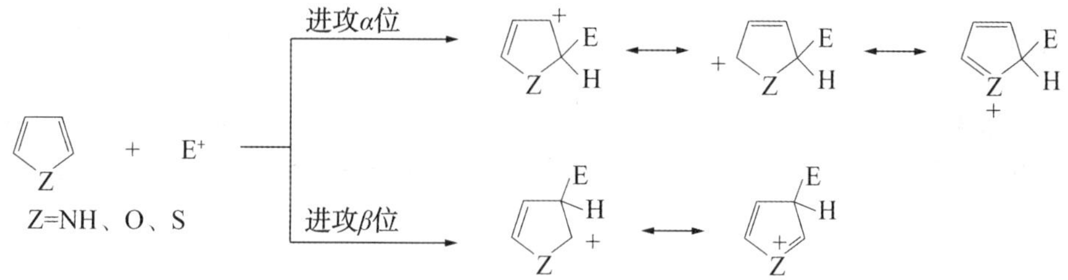

进攻α位
进攻β位
+ E+
Z=NH、O、S
E
H
Z
+

(2)α-位上有取代基：

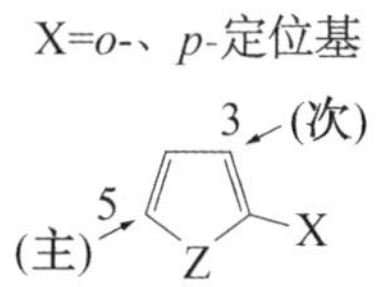

X=o-、p-定位基
3
(次)
5
(主)
Z
X

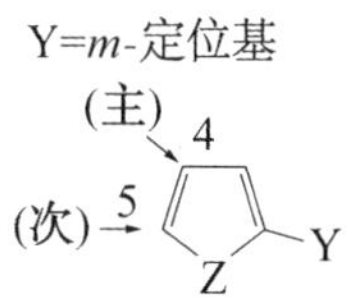

Y=m-定位基
(主)
4
(次)
5
Z
Y

2-取代的噻吩、吡咯，若已有取代基是邻对位定位基，反应主要发生在5位；若已有取代基是间位定位基，反应主要发生在4位。需要注意的是：2-取代呋喃不管取代基是邻对位定位基还是间位定位基，第二基团均优先进入5位，说明呋喃α位的反应性强于噻吩、吡咯。但当其α位上有间位定位基－CHO、－COOH时，新引入基团进入的位置与反应试剂有关。如：

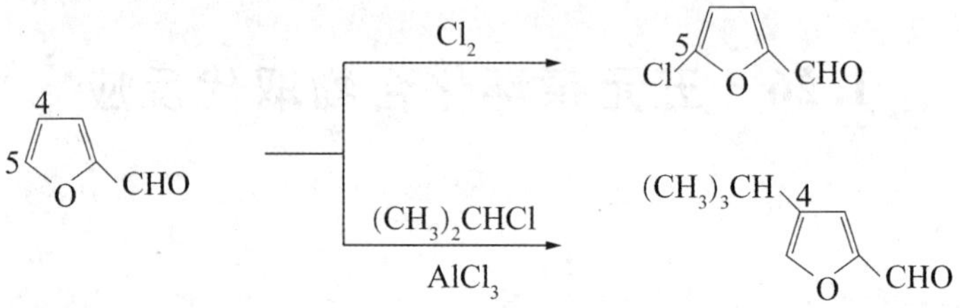
Cl$_2$
5
Cl
O
CHO
4
5
O
CHO
(CH$_3$)$_3$CH
4
(CH$_3$)$_2$CHCl
AlCl$_3$
O
CHO

(3)β-位上有取代基：

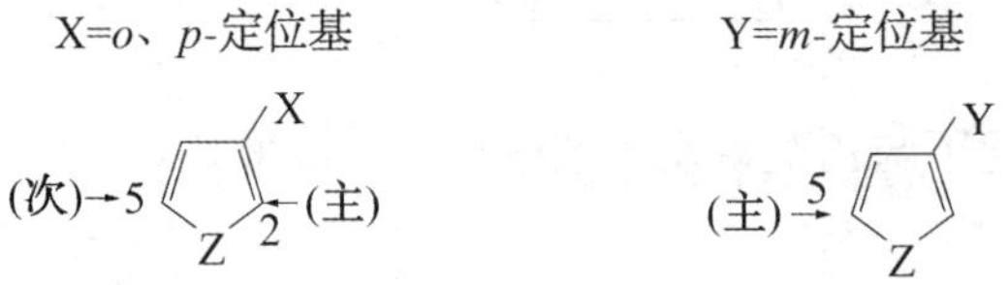
X=o、p-定位基
Y=m-定位基
X
(次)→5
Z
2
←(主)
Y
(主)→5
Z

3-取代的噻吩、吡咯、呋喃，第二基团进入 α 位，若已有取代基是邻对位定位基，反应主要发生在 2 位；若已有取代基是间位定位基，反应主要发生在 5 位，若 5 位被占，则进入 4 位，而不进入 2 位。

例题解析

例 1 比较芳香性大小。

（吉林大学，2005）

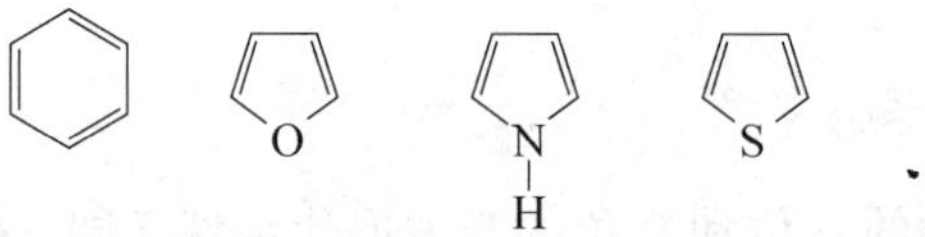
O
N
H
S

[**解答**] 五元杂环化合物呋喃、噻吩、吡咯的结构和苯相类似。构成环的四个碳原子和杂原子(O，S，N)均为 sp^2 杂化状态，它们以 σ 键相连形成一个五元环平面。每个碳原子余下的一个 p 轨道上有一个电子，杂原子(O，S，N)的 p 轨道上有一对未共用电子对。这五个 p 轨道都垂直于五元环的平面，相互平行重叠，构成一个闭合共轭体系，即组成杂环的原子都在同一平面内，而 p 电子云则分布在环平面的上下方。

呋喃、噻吩、吡咯的结构和苯结构相似，其 π 电子数符合休克尔规则(π 电子数 = $4n+2$)，都是 6 电子闭合共轭体系，因此，它们都具有一定的芳香性，即不易氧化，不易进行加成反应，而易发生亲电取代反应。由于共轭体系中的 6 个 π 电子分散在 5 个原子上，使整个环的 π 电子云密度较苯大，比苯容易发生亲电取代，相当于苯环上连接 -OH、-SH、$-NH_2$ 时的活性。同时，α 位上的电子云密度较大，因而亲电取代反应一般发生在此位置上，如果两个 α 位已有取代基，则发生在 β 位。

呋喃、噻吩、吡咯分子中各原子间的键长并不完全相等，因此芳香性比苯差。

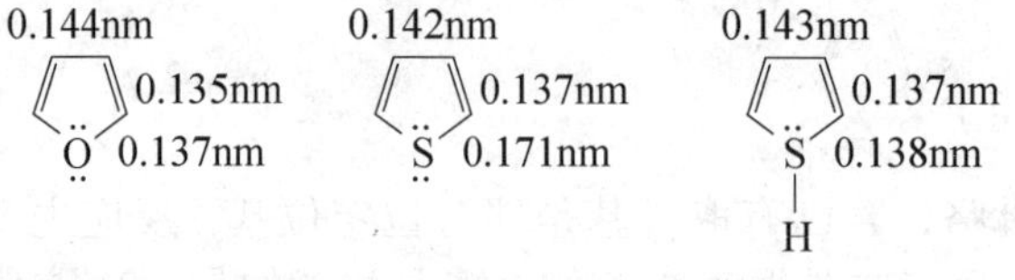
0.144nm
0.135nm
O
0.137nm
0.142nm
0.137nm
S
0.171nm
0.143nm
0.137nm
S
0.138nm
H

已知典型的键长数据为：

C—C 0.154nm C—O 0.143nm C—S 0.182nm C—N 0.147nm

C═C 0.134nm C═O 0.122nm C═S 0.160nm C═N 0.128nm

由此可见：五元杂环化合物分子中的键长有一定程度的平均化，但不像苯环那样完全平均化，噻吩、吡咯、呋喃的离域能分别为 117kJ/mol、88kJ/mol、67kJ/mol，因此芳香性较苯环差，有一定程度的不饱和性和不稳定性。如呋喃就表现出某些共轭二烯烃的性质，可以进行双烯合成。芳香性由大到小的次序为：苯>噻吩>吡咯>呋喃。

又由于电负性 O>N>S，提供电子对构成芳香性的芳环的能力与此电负性的关系相反，因此，芳香性大小为：呋喃<吡咯<噻吩。

核磁共振谱的测定表明，五元杂环上的氢的核磁共振信号都出现在低场，这也标志着它们具有芳香性。

呋喃	α-H　$\delta=7.42$	β-H　$\delta=6.37$
噻吩	α-H　$\delta=7.30$	β-H　$\delta=7.10$
吡咯	α-H　$\delta=6.68$	β-H　$\delta=6.22$

例 2　当吲哚和单质溴在二氧六环中反应时，反应的主要产物是3-溴代吲哚，而不是2-溴代吲哚，请用亲电取代反应中间体的稳定性图示解释说明该反应的区域选择性。

（南开大学，2013）

[解答]　五元杂环与苯并合后，仍具有芳香性，但亲电取代反应活性比单环五元杂环低，比苯高[2]。

苯并五元杂环体系上的 π 电子云是不均等的。杂环上的 π 电子云密度比苯环上的高，因此芳香亲电取代反应主要在杂环上发生。亲电试剂可以进攻杂环的 C—2 位和 C—3 位，但一般来讲，反应主要在 C—3 位上发生。例如：

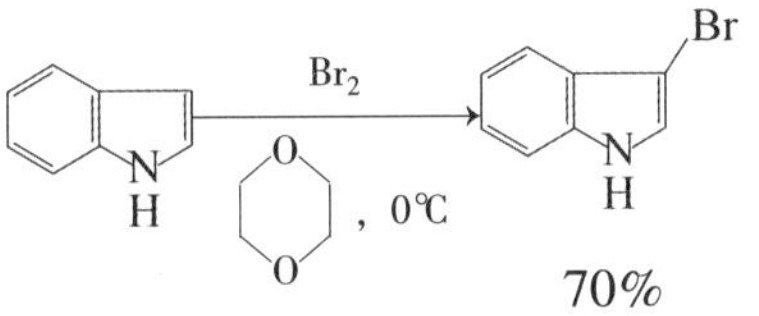
Br₂
, 0℃
Br
N
H
O
O

70%

上述定位规律与反应中间体正离子的稳定性有关。亲电试剂在 C—2 位进攻，带有完整苯环的稳定极限式只有一个；而在 C—3 位进攻，带有完整苯环的稳定极限式有两个。而参与共振的稳定极限式越多，共振杂化体越稳定。

在 C-2 位进攻；

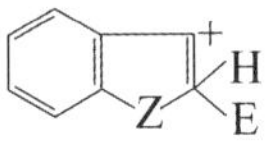
+
H
E
Z

在 C-3 位进攻：

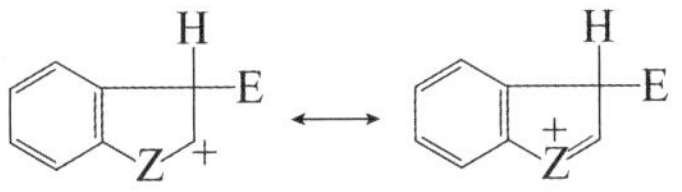
H
E
Z
+

Z=O，S，NH

中间体正离子的稳定性除与参与共振的稳定极限式的多少有关外，还与正电荷所在原子的电负性大小有关。在苯并呋喃的环系中，由于氧原子电负性大，氧原子带正电荷很不稳定，与氧原子相邻的碳原子上带正电荷也不太稳定，因此苯并呋喃的芳香亲电取代反应主要在 C-2 位发生。

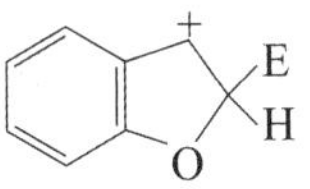
+
E
H
O

在C-2位进攻形成的中间体正离子比较稳定，因为正电荷与苯环共轭，离氧相对较远

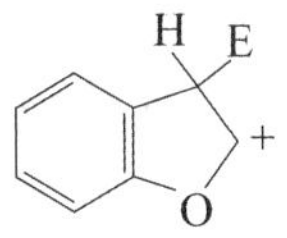
H
E
+
O

在C-3位进攻形成的中间体正离子不较稳定，因为正电荷与电负性大的氧原子相邻

例 3　写出反应的主要产物，并说明原因。

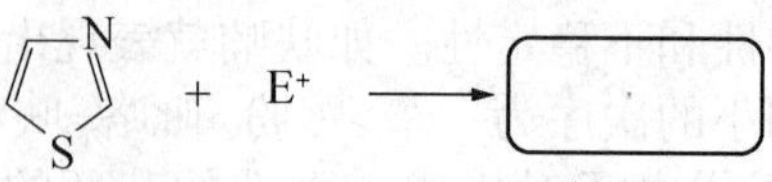
（南开大学，2015）

［解答］ 唑可以发生亲电取代反应。与呋喃、噻吩、吡咯比较，唑环上增加了一个氮原子(少一个碳)，这个氮原子 p 轨道中一个电子参与共轭，由于氮的电负性较碳大，因此环上的电子云密度与呋喃、噻吩、吡咯比较，相对较低，亲电取代的反应性较呋喃、噻吩、吡咯弱。唑的亲电取代反应的活性如下所示：

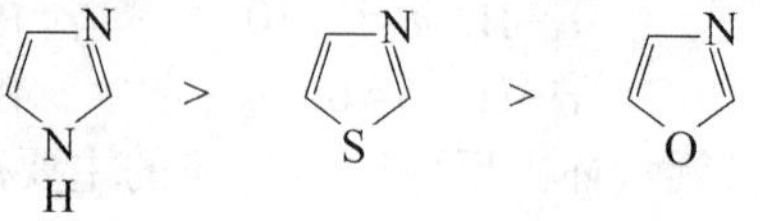

1，3-唑的亲电取代反应主要在 C-4、C-5 位发生，这同样可以从反应中间体正离子的稳定性来分析。

在 C—2 位进攻：

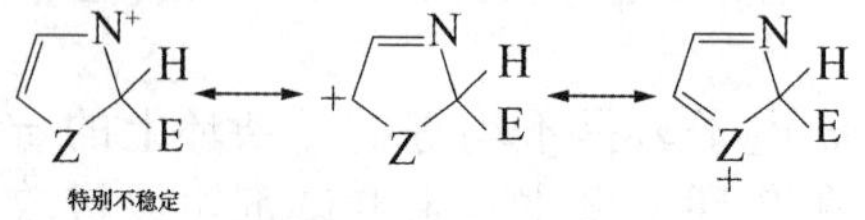

在 C— 4 位进攻：

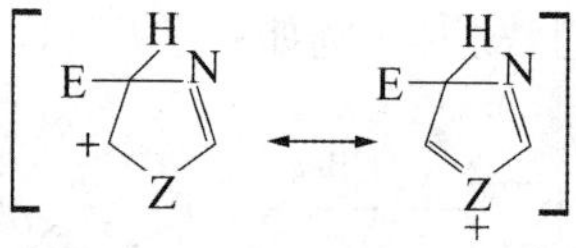

在 C—5 位进攻：

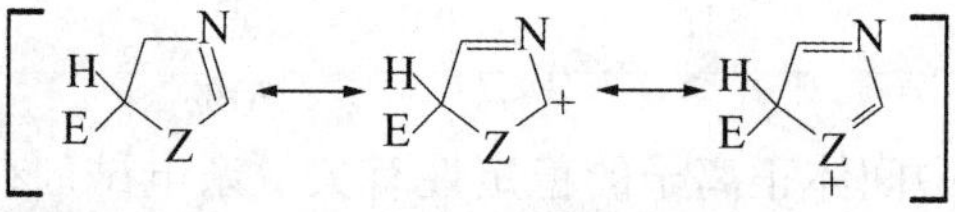

上面的式子表明，亲电试剂在 C—4、C—5 位进攻优于在 C—2 位进攻，因为在 C-2 位进攻产生的中间体有特别不稳定的极限式。

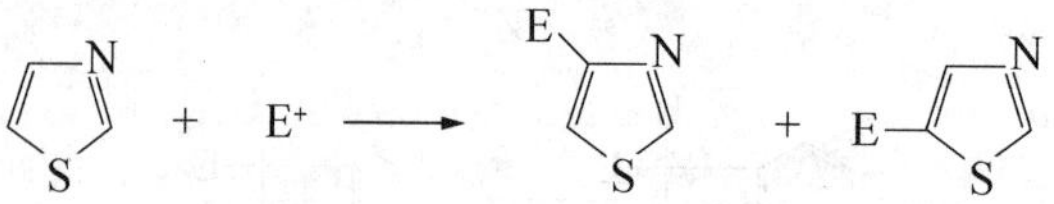

参考文献

［1］孔祥文．有机化学［M］．北京：化学工业出版社，2010.

［2］邢其毅，裴伟伟，徐瑞秋，等．基础有机化学(第三版)［M］．北京：高等教育出版社，2005：912–913.

1.27 烯醇硅醚反应(LDA 应用)

问题引入

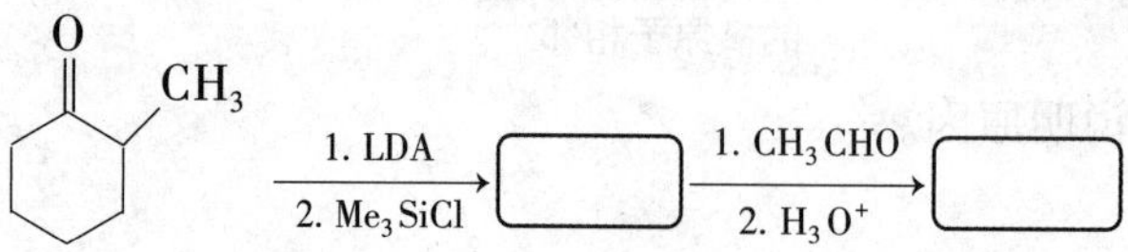
（南开大学，2009）

2-甲基环己酮用二异丙基胺锂(LDA)处理可得烯醇负离子，与三甲基氯硅烷反应生成烯醇

硅醚 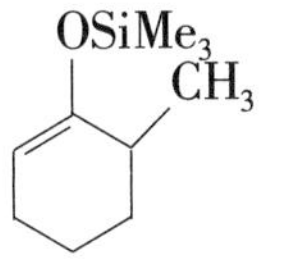，后者与羰基化合物发生亲核加成反应得到 β-羟基酮，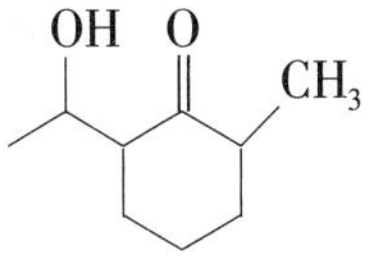。

试剂概述

$(Me_2CH)_2NLi$，中文名称为二异丙基胺锂，英文名称为 Lithiumdiisopropylamide，简称为 LDA。二异丙基胺基锂为可燃性的棕黄色溶液。

试剂应用

LDA 的特点是碱性强，体积大，是一个空间位阻很大的位阻碱，因此反应位置有高度的选择性，此碱在低温下可使酮（在位阻较小的 α 碳位置）几乎全部形成烯醇负离子[1,2]：

$$CH_3C(=O)CH_2CH_3 + (i\text{-}C_3H_7)_2\overset{-}{N}Li^+ \xrightleftharpoons[\text{低温}]{THF} CH_2{=}C(O^-Li^+)CH_2CH_3 + (i\text{-}C_3H_7)_2NH$$

$$pK_a \approx 20 \qquad\qquad pK_a \approx 40$$

这是酸碱平衡控制产物。如用 NaOH 水溶液处理，形成的烯醇负离子很少：

$$CH_3C(=O)CH_3 + OH^- \rightleftharpoons CH_2{=}C(O^-)CH_3 + H_2O$$

$$pK_a \approx 20 \qquad\qquad pK_a \approx 15.74$$

酮用 LDA 在醚溶液中于低温下形成的烯醇负离子，自身不发生缩合反应，因此，甚至有 α 活泼氢的醛，加到烯醇负离子溶液中时，能有效地发生羟缩合反应，得到醇盐，然后用水处理，得到 β-羟基酮：

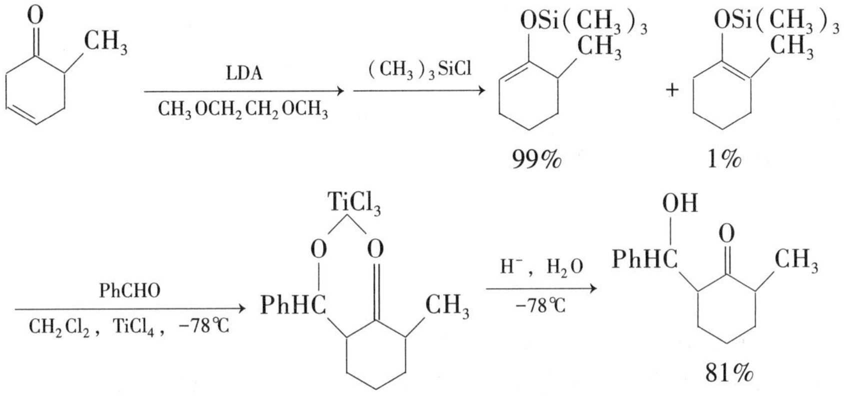
CH3
LDA
CH3OCH2CH2OCH3
(CH3)3SiCl
OSi(CH3)3
CH3
99%
1%
PhCHO
CH2Cl2, TiCl4, -78℃
TiCl3
PhHC
H⁻, H2O
-78℃
OH
81%

LDA 也可用于具有 α 活泼氢的醛与酮的羰基缩合，首先将醛与胺反应形成亚胺，保护醛羰基，然后用 LDA 夺取亚胺的 α 氢，形成碳负离子，然后加入酮进行缩合反应，如：

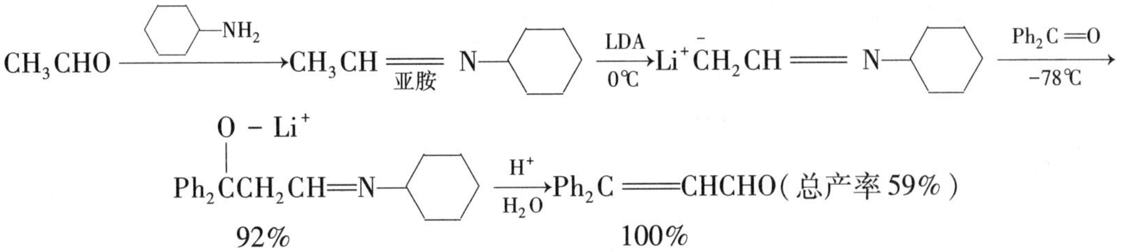
CH3CHO
NH2
CH3CH
亚胺
N
LDA
0℃
Li⁺CH2CH
Ph2C=O
-78℃
O - Li⁺
Ph2CCH2CH=N
H⁺
H2O
Ph2C=CHCHO(总产率 59%)
92%
100%

此法也可用于两种醛的缩合。

例题解析

例 1 从环己酮出发合成2-甲基环己酮，现有以下三种做法：

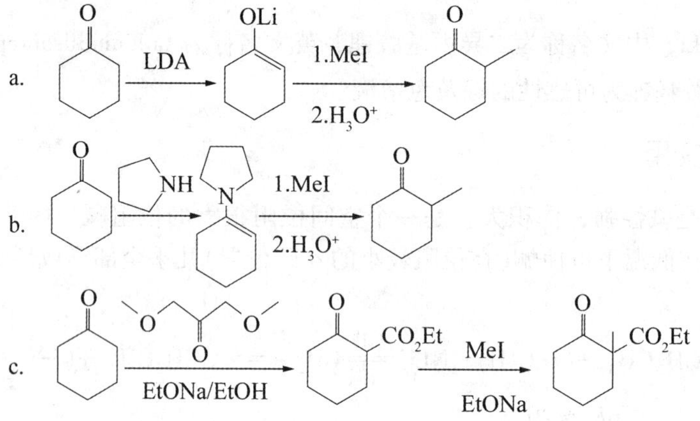
a.
O
LDA
OLi
1.MeI
2.H_3O^+
O
b.
O
NH
N
1.MeI
2.H_3O^+
O
c.
O
O
O
O
EtONa/EtOH
O
CO_2Et
MeI
EtONa
O
CO_2Et

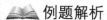

请对以上路线作适当评价。（华东师范大学，2006）

［解答］ a. 该反应有可能导致多烷基化，但由于 LDA 的位阻，两个取代基应该分别在两侧的 α 碳上；b. 该反应叫做 Stork-enamine 反应，该反应条件温和，如果是不对称的环酮，取代主要发生在取代较少的一侧；c. 引入一个酯基后，使这一侧的 α 氢变得活泼，取代主要发生在这一侧。该反应最后需要除去活化基团，步骤的增加会影响产率。

例 2 完成下列反应

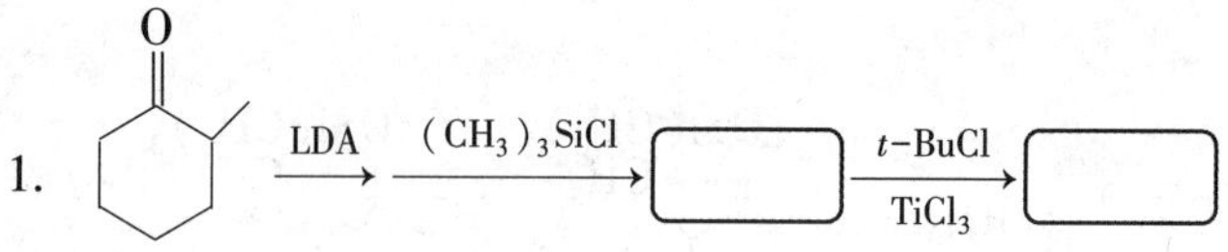
1.
O
LDA
$(CH_3)_3SiCl$
t-BuCl
$TiCl_3$

［解答］

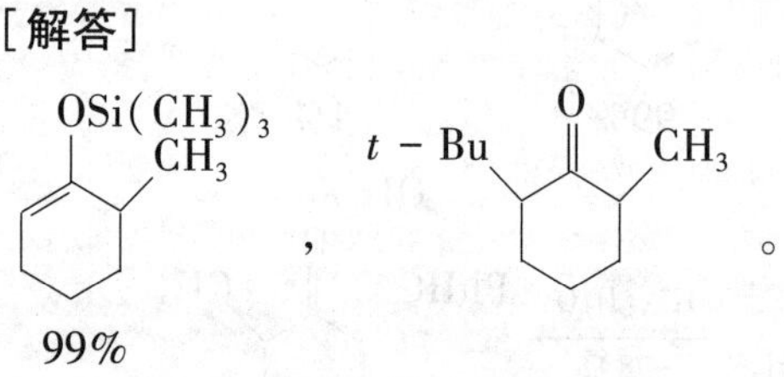
$OSi(CH_3)_3$
CH_3
99%
t - Bu
O
CH_3

烯醇硅醚比较容易分离提纯，它也是一种重要的合成中间体，可以进一步发生缩合、酰基化、烃基化、麦克尔加成、氧化等反应，很多产物都具有高度的区域选择性。例如不对称酮经烯醇硅醚中间体，可以发生定向的烃基化反应。

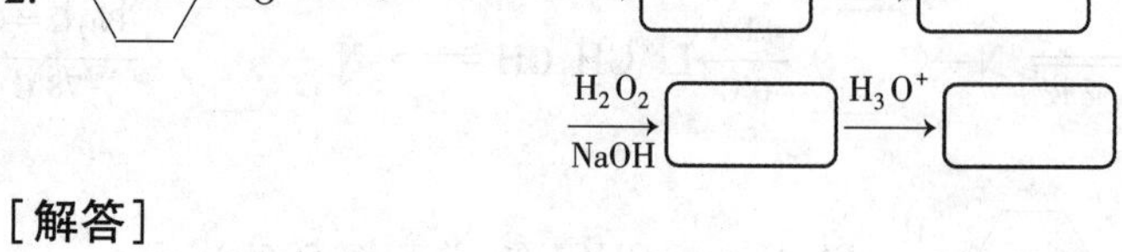
2.
O
LDA
$(CH_3)_3SiCl$
B_2H_6
H_2O_2
NaOH
H_3O^+

［解答］

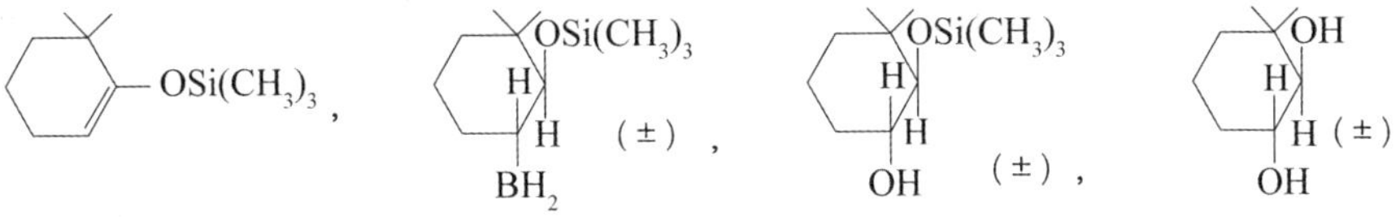

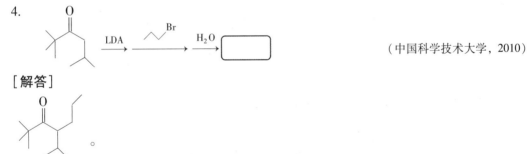

环酮经烯醇硅醚中间体，再发生硼氢化-氧化反应，可以制备反型的邻二醇。

3. 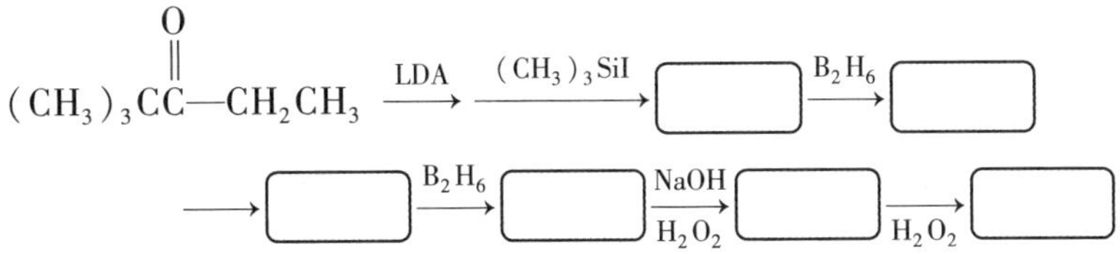

[解答]

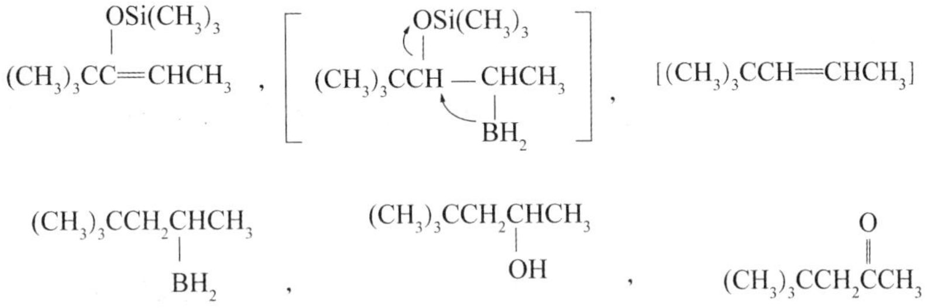

链形的不对称酮，经烯醇硅醚中间体，再发生硼氢化-氧化，可以使原料酮的羰基朝一定的方向发生 1，2-移位。

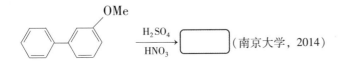

4. 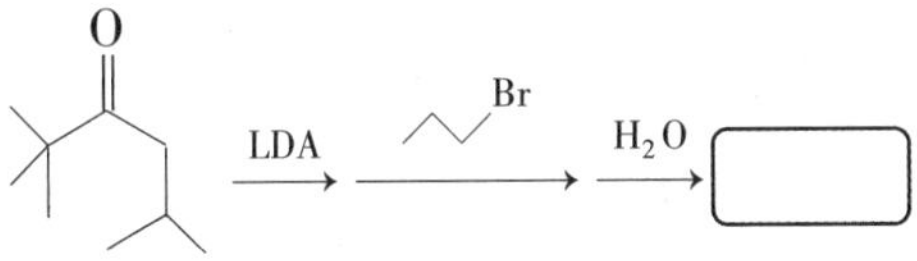（中国科学技术大学，2010）

[解答]

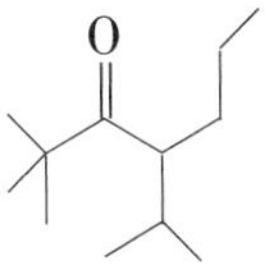。

参考文献

[1]邢其毅，徐瑞秋，周政，等．基础有机化学(第二版)[M]．北京：高等教育出版社，1993：454，1125.

[2]孔祥文．有机化学[M]．北京：化学工业出版社，2010.

1.28　硝化反应

问题引入

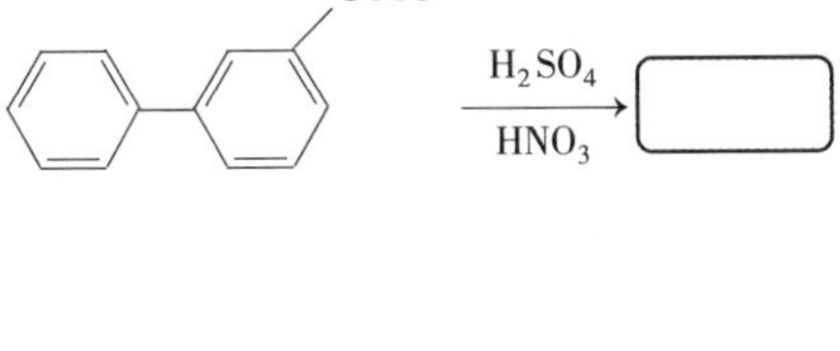（南京大学，2014）

3-甲氧基联苯在混酸作用下发生硝化反应得到3-甲氧基-4-硝基联苯，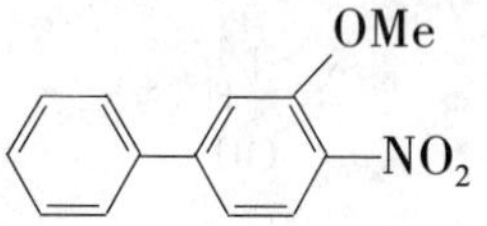。

反应概述

苯与浓硝酸和浓硫酸的混合物（通常称作混酸，nitration mixture）反应，苯环上的氢原子被硝基取代，生成硝基苯，这类反应称为硝化（nitration）反应。提高反应温度，硝基苯可继续与混酸作用，主要生成间二硝基苯。而烷基苯在混酸的作用下发生硝化反应比苯容易，主要生成邻、对位取代物。

反应机理

硝化反应中，进攻苯环的亲电试剂是硝酰正离子，它呈线形结构，具有很强的亲电能力。

$$:\ddot{O}=\overset{+}{N}=\ddot{O}:$$

无水硝酸中即含有浓度很低的硝酰正离子。使用混酸作为硝化反应试剂的目的是：硝酸（做为碱）在强酸（浓硫酸）作用下，硝酸质子化后失水，产生硝酰正离子。

$$H—O—NO_2+HOSO_3H \rightleftharpoons H—\overset{+}{O}(H)—NO_2+HSO_4^-$$

$$H—\overset{+}{O}(H)—NO_2+HOSO_3H \rightleftharpoons \overset{+}{N}O_2+H_3O^++HSO_4^-$$

$$HO—NO_2+2HOSO_3H \rightleftharpoons NO_2^++2HSO_4^-+H_3O^+$$

通过混酸溶液的冰点降低实验及拉曼光谱分析，已经证明了硝酰正离子的存在。反应过程中，首先是硝酰正离子进攻苯环的 π 电子云，形成 σ 络合物，然后失去一个质子得到硝基苯。

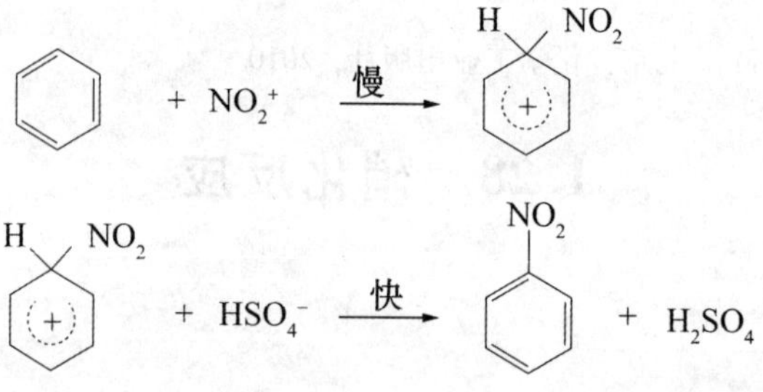
H
NO2
+ NO2+
慢
+
H
NO2
+
+ HSO4-
快
NO2
+ H2SO4

例题解析

例 1 选择题

1. 化合物(a) $C_6H_5NHCOCH_3$(b) $C_6H_5COCH_3$(c) C_6H_5Cl 硝化反应的难易次序为(　　)。

A. a>b>c　　B. c>b<a　　C. a>c>b　　(山东大学，2016)

2. 下列化合物进行硝化反应时，反应速率最快的是(　　)。

A. 茴香醚　　B. 硫代茴香醚

C. 甲苯　　D. 氯苯　　(暨南大学，2016)

3. 下列芳烃在苯环上起亲电取代反应时，反应速度最快的是(　　)。

A. 　B. 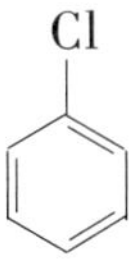　C. 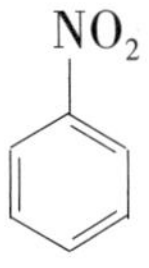　D. 　(苏州大学，2015)

4. 下列化合物进行硝化反应时速率最快的是(　　)。

A. 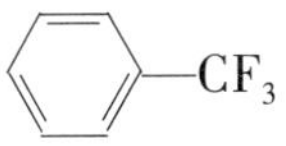　B. 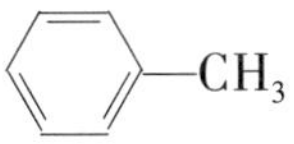　C. 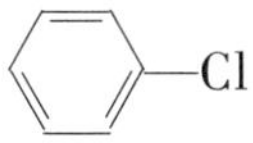　D. 

(湘潭大学，2016)

［解答］ 1. C　2. B　3. D　4. B

例 2　简答题

1. 比较下列化合物酸性大小。　　(南开大学，2015)

A. 　B. 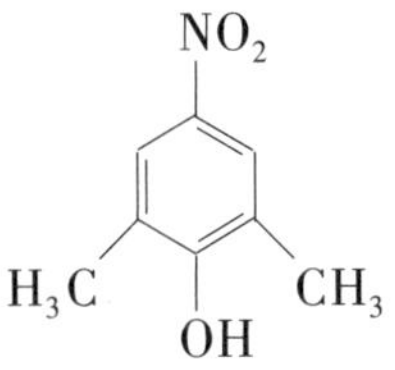　C. 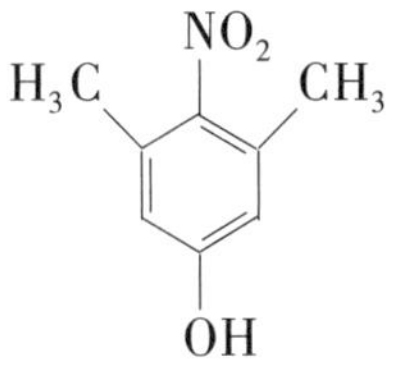　D. 

［解答］

酚	A	B	C	D
pK_a(水中/25℃)	7.15	7.81	7.6	9.38

从上表可以看出，$pK_a(A)<pK_a(C)<pK_a(B)<pK_a(D)$，所以化合物酸性大小顺序为：A>C>B>D。当苯酚的苯环上连有吸电子(如硝基)取代基时，取代苯酚的酸性比苯酚强。由于硝基具有吸电子诱导效应和吸电子共轭效应，并可使负电荷离域到硝基的氧上，从而使硝基苯酚盐负离子更加稳定。因此硝基位于羟基的邻位或对位时能显著增强苯酚酸性；而当硝基位于间位时，不能通过共轭效应使负电荷离域到硝基的氧上，只有吸电子诱导效应产生影响。因此，间硝基苯酚的酸性虽也比苯酚的强，但对酚的酸性影响远不如硝基在邻或对位的大。当卤原子连在苯酚的苯环时，由于卤原子具有吸电子诱导效应，又具有弱的给电子共轭效应(2p-3p 共轭)，其净结果是吸电子效应，所以卤原子分别位于苯酚羟基的邻位、间位和对位都能增强其酸性。但由于吸电子诱导效应随着距离的增长而迅速减弱，所以氯原子分别位于苯酚羟基的邻位、间位和对位的酸性逐渐减弱，但都比苯酚酸性强。当苯环上有供电子取代基(如甲基)时，酚的酸性比苯酚弱，这主要是由于供电子基增加了苯环上的电子云密度，负电荷较难离域到苯环上，使得酚盐负离子不稳定，即酚羟基不易离解放出质子，所以酸性比苯酚的弱。当苯酚的苯环上的 2，6-位连有两个甲硝基取代基时，由于邻位的两个甲基取代基的空间阻碍，导致酚羟基氧原子的未共用电子对与苯环 π 轨道难以形成共轭体系，其酸性也相应减弱。

2. 试对下面的现象给予合理的解释：乙酰苯胺进行硝化时，硝基主要进入乙酰胺基的4-位，而2，6-二甲基乙酰苯胺进行硝化时，硝基主要进入乙酰胺基的3-位。

（浙江工业大学，2014）

［解答］

在化合物乙酰苯胺分子中，乙酰胺基是一个中等强度的第一类定位基团，进行硝化反应时，硝基主要进入乙酰胺基的4-位。在2，6-二甲基乙酰苯胺分子中，由于邻位的两个甲基取代基的空间阻碍，导致乙酰胺基氮原子的未共用电子对与苯环 π 轨道难以形成共轭体系，仅具有吸电子的诱导效应，成为第二类定位基团，因此硝化时，硝基进入第一类定位基的邻位，即乙酰胺基的3-位。

3. 写出下列化合物发生硝化反应所得主要产物的结构简式。

（1）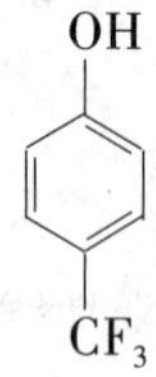
OH
CF3
（2）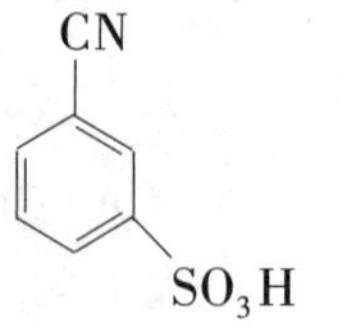
CN
SO3H
（3）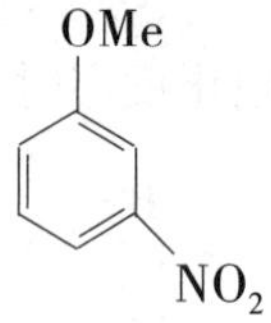
OMe
NO2
（厦门大学，2012）

［解答］

（1）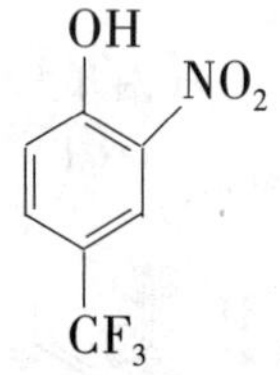
OH
NO2
CF3
（2）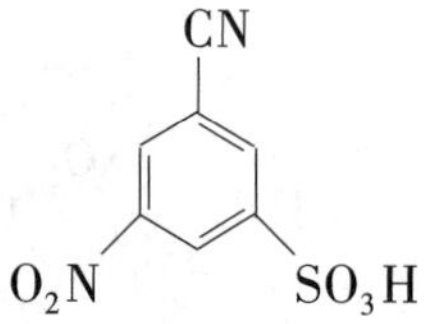
CN
O2N
SO3H
（3）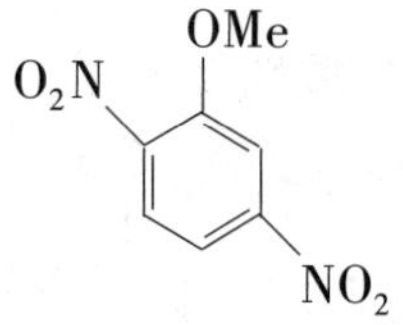
OMe
O2N
NO2
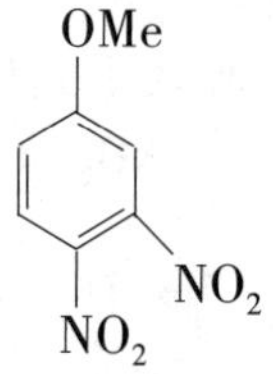
OMe
NO2
NO2

4. 用箭头标出下列化合物硝化反应主要的位置。

a）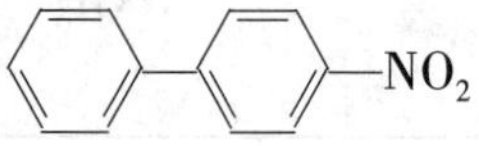
NO2
b）
CONH
c）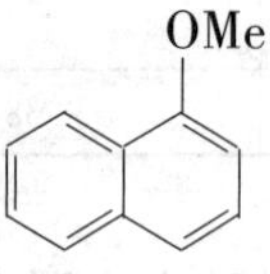
OMe
d）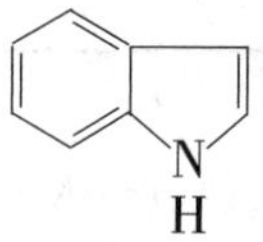
N
H
（兰州大学，2003）

［解答］

a）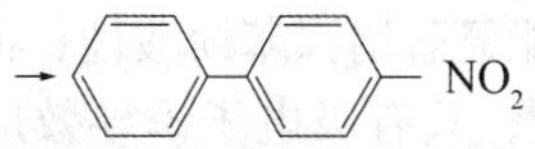
NO2
b）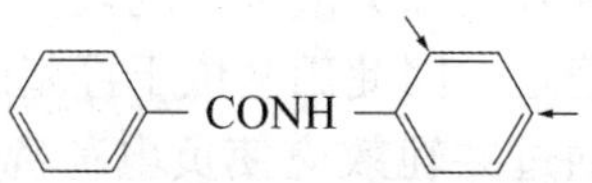
CONH
c）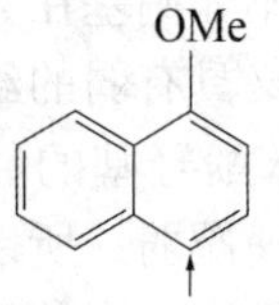
OMe
d）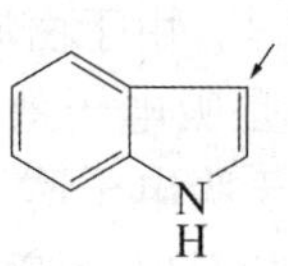
N
H

参考文献

［1］孔祥文．有机化学［M］．北京：化学工业出版社，2010.

［2］邢其毅，裴伟伟，徐瑞秋，等．基础有机化学（第三版）［M］．北京：高等教育出版社．2005.

［2］陈宏博．有机化学（第四版）［M］．大连：大连理工大学出版社，2015：226.

［3］高鸿宾．有机化学（第四版）［M］．北京：高等教育出版社，2015：258.

1.29　亚硝化反应

问题引入

用丙二酸酯和不超过两个碳的有机原料合成(±)-丙氨酸。(华东师范大学，2006)

首先要将丙二酸酯经亚硝化、还原和酰化转变为重要的中间体——乙酰氨基丙二酸酯，而后引入一个任意的所需基团(此处为甲基)，再水解就得到所要的氨基酸。合成反应方程式如下所示。

$$CH_2(CO_2Et)_2 \xrightarrow{HNO_2} O{=}NCH(CO_2Et)_2 \xrightarrow{H_2/Ni} AcNHCH(CO_2Et)_2$$

$$\xrightarrow[2.\ MeI]{1.\ EtONa} AcNH\underset{\underset{Me}{|}}{C}(CO_2Et)_2 \xrightarrow[2.\ H^+,\ \Delta]{1.\ OH^-(aq)} NH_2\underset{\underset{CH_3}{|}}{C}HCOOH$$

反应概述

(1)脂肪族伯胺与亚硝酸反应

脂肪族伯胺与亚硝酸反应，生成极不稳定的脂肪族重氮盐(aliphaticdiazoniumsalt)。该重氮盐即使在低温下也会自动分解生成碳正离子和氮气。碳正离子可发生各种反应，最终得到醇、烯烃、卤代烃等混合物，在合成上没有价值。但放出的氮气是定量的，可用于氨基的定性和定量分析。芳香族伯胺与亚硝酸在低温下(一般在5℃以下)及强酸水溶液中反应，生成重氮盐，此反应称为重氮化反应。芳香族重氮盐在低温和强酸水溶液中是稳定的，升高温度则分解成酚和氮气。

(2)脂肪族和芳香族仲胺与亚硝酸反应

脂肪族和芳香族仲胺与亚硝酸反应，都生成 *N*-亚硝基胺。*N*-亚硝基胺为不溶于水的黄色油状液体或固体，有强烈的致癌作用，能引发多种器官或组织的肿瘤。*N*-亚硝基胺与稀酸共热，可分解为原来的胺，因此可用此反应来鉴别、分离或提纯仲胺。

(3)叔胺与亚硝酸反应

脂肪族叔胺因氮原子上没有氢原子，因此一般不发生与上述相类似的反应，只能与亚硝酸形成不稳定的盐。生成的盐很容易水解，加碱后可重新得到游离的叔胺。

酚和芳叔胺类化合物与亚硝酸作用，在芳环上发生亲电取代反应导入亚硝基(—NO)，这种向有机物分子的碳原子上引入亚硝基，生成 C—NO 键的反应称为亚硝化(nitrosation)反应。通常亚硝基主要进入芳环上羟基或叔氨基的对位，对位被占据后则进入邻位。亚硝化反应也可在其他具有电子云密度较大的碳原子上进行，例如丙二酸酯。仲胺在亚硝化时，亚硝基优先进入氮原子上。

反应机理

亚硝化反应是双分子亲电取代反应，亚硝酸在反应中能离解产生亚硝酰离子，向芳环或其他具有电子云密度较大的碳原子进攻。

$$HNO_2 \rightleftharpoons NO^+ + OH^-$$

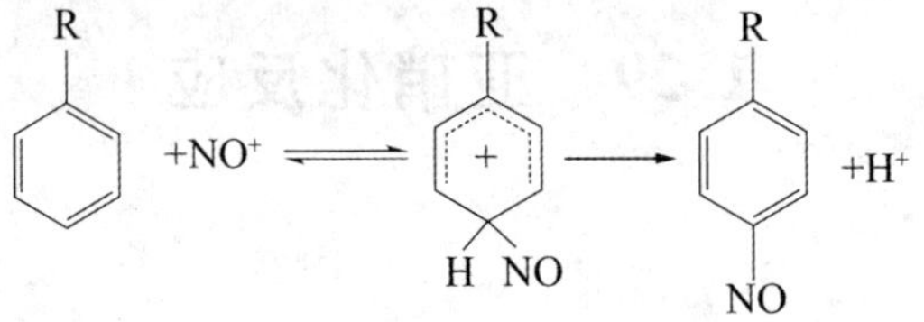

例题解析

例　完成如下转变： 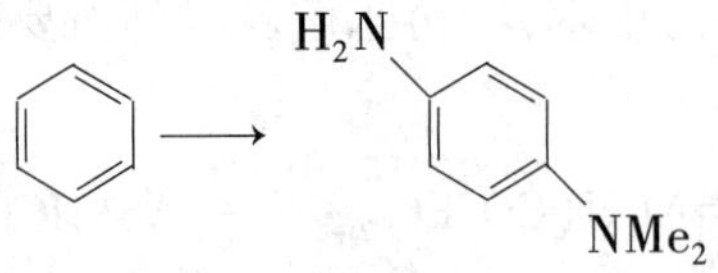　（福建师范大学，2008）

［解答］　苯转变为二甲基苯胺后与亚硝酸亚硝化后还原为氨基：

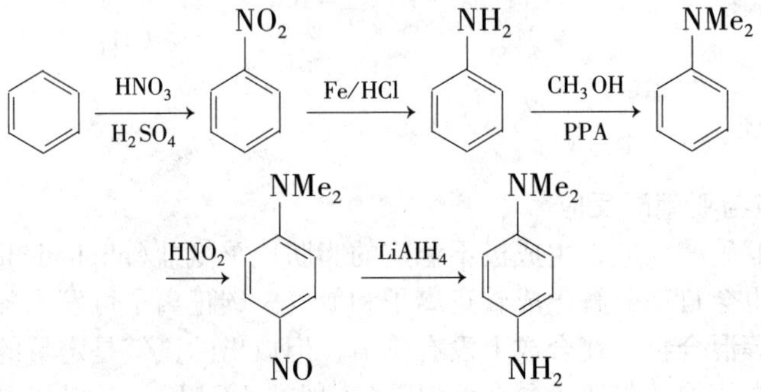

参考文献

[1]孔祥文．有机化学[M]．北京：化学工业出版社，2010.

1.30　游离基取代反应

问题引入

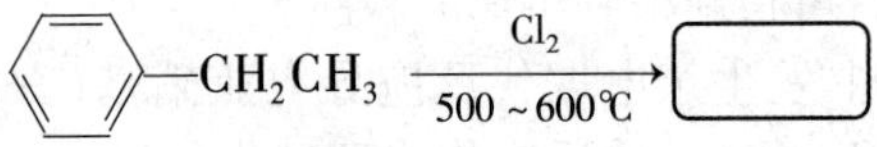

乙苯在高温条件下与 Cl_2 进行自由基取代反应得到α-氯代乙苯 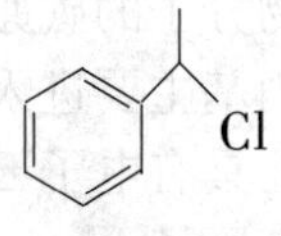 。

反应概述

分子中α-碳原子是 sp^3 杂化，而与之直接相连的双键碳原子是 sp^2 杂化，C_{SP^2} 杂化电负性大于 C_{SP^3} 杂化，α-H 由于受碳碳双键吸电子诱导效应的影响，α-C-H 键离解能减弱，故α-H 比其他类型的氢易起反应，具有一定的活泼性；另外，碳碳双键与α-C-Hσ 键存在σ，π-超共轭效应（供电子效应），电子离域的结果，也使α-H 具有一定的活泼性。诱导效应和超共轭效应共同作用的结果，导致α-H 比烯烃中其他的饱和氢原子更活泼，容易发生卤化反应和氧化反应。烷基苯除在催化剂作用下发生苯环上的卤化反应之外，由于其 α-H 受苯环影响而具有活性。此位置在光照或加热条件下，能够进行卤代反应，得到 α-位的卤代产物。

反应机理

烷基苯 α-H 的卤代反应是一个自由基历程，类似于烷烃上氢原子或烯烃 α-H 的自由基取代反应。其历程可表示如下：

$$Cl_2 \xrightarrow[\text{或高温}]{\text{光}} 2Cl\cdot$$

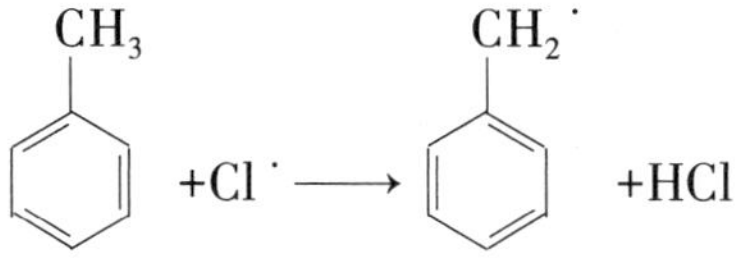

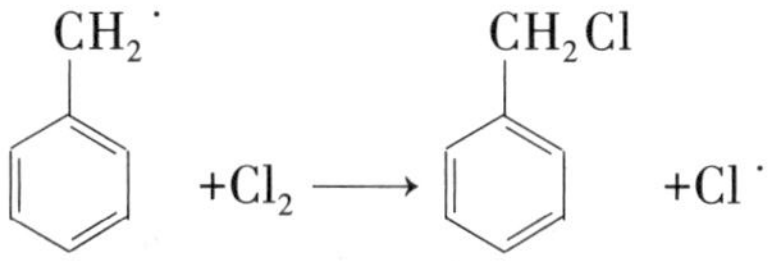

在氯过量条件下，可以发生多取代反应。例如：

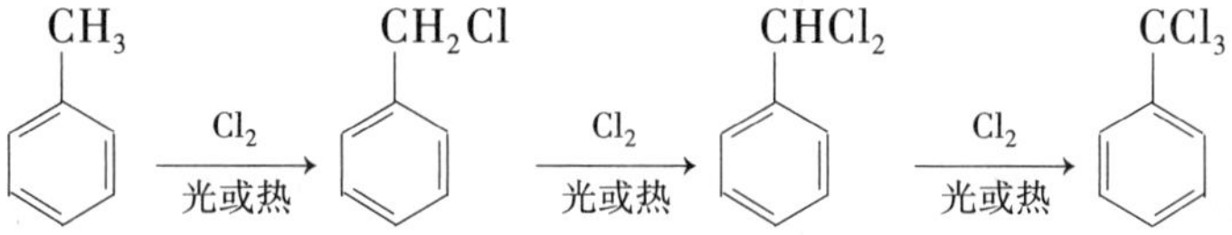

α 位的多卤代苯易水解，这是制备苯甲醛、苯甲醇及其衍生物的常用方法。

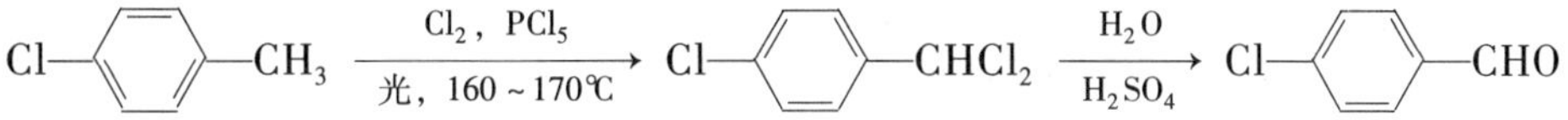

烷基苯的卤代反应之所以主要发生在 α 位，是因为苄基自由基具有较高的稳定性。使用选择性好的溴对烷基苯进行卤化时，α 位的取代产物可达到 100%。

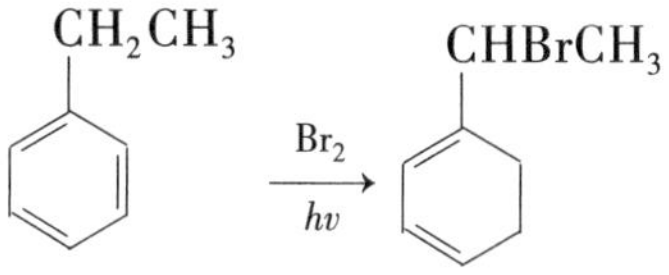

100%

例题解析

例 1　选择题

1. 下列化合物分子中，各种氢发生自由基取代难易的次序为(　　)。（山东大学，2016）

$$PhCH_2CH{=}CHCH_2CH_2CH_3$$

a　b　　b　c　d　e

A. a>b>c>d>c　　B. a>c>d>e>b　　C. e>d>c>b>a

2. $C_2H_5CH{=}CH_2 \xrightarrow[\text{过氧化物}]{HBr} C_2H_5CH_2CH_2Br$ 的反应机理是(　　)。（山东大学，2016）

A. 亲电加成　　B. 自由基型加成　　C. 自由基型取代

［解答］ 1. B　2. B

例 2　完成反应方程式

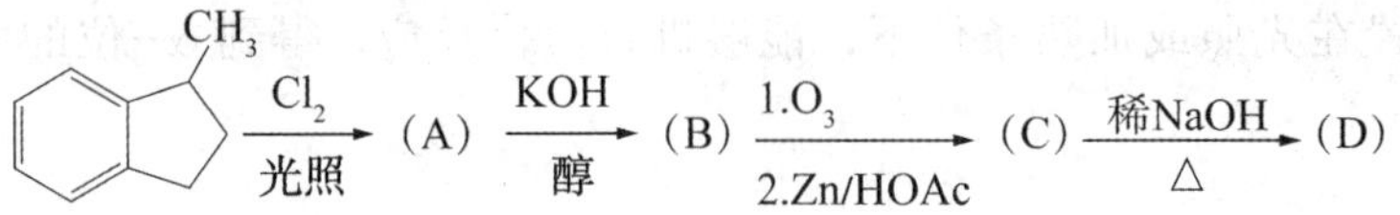
CH3
Cl2
光照
(A)
KOH
醇
(B)
1.O3
2.Zn/HOAc
(C)
稀NaOH
△
(D)

（浙江工业大学，2014）

［解答］

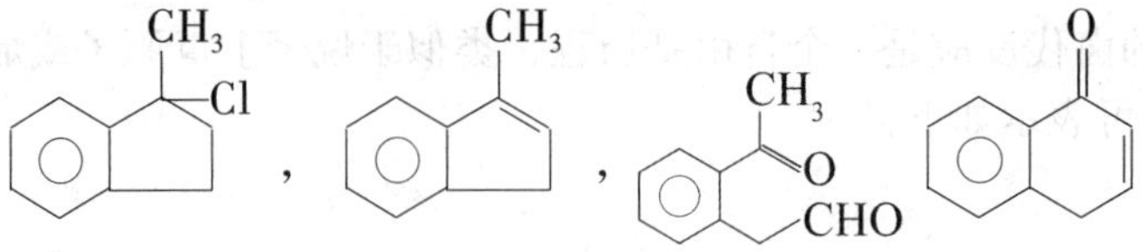
CH3
Cl
CH3
CH3
O
CHO
O

例 3　写出下列反应机理

1. $CH_4+Cl_2 \xrightarrow{\triangle或hv} CH_3Cl+CH_2Cl_2+CHCl_3+CCl_4$　（南开大学，2013）

［解答］　甲烷的氯代反应机理包括链引发(initiation)、链传递(propagation)、链终止(termination)三个阶段。

链引发：在光照或加热下，由于氯分子的解离能较小，首先吸收能量，均裂成两个具有未成对电子的氯原子，这种具有未成对电子的原子或基团称为自由基(free radical)，也叫游离基。氯自由基非常活泼，由于它有强烈的再得到一个电子以完成稳定的八隅体结构的倾向。自由基是电中性的，多数只有瞬间寿命，是活性中间体的一种。

$$Cl—Cl \xrightarrow[或\triangle]{hv} 2Cl\cdot$$

链增长(链传递)：氯自由基($\cdot Cl$)非常活泼，它夺取甲烷分子中的一个氢原子，生成甲基自由基($\cdot CH_3$)和氯化氢。$\cdot CH_3$ 也非常活泼，再从氯分子中夺取一个氯原子，生成一氯甲烷和一个新的氯自由基。重复这两个反应，甲烷可完全转化为一氯甲烷。

$$\begin{cases} Cl\cdot+CH_4 \longrightarrow \cdot CH_3+HCl \\ \cdot CH_3+Cl_2 \longrightarrow CH_3Cl+Cl\cdot \end{cases}$$

此外，新生成的氯自由基也可以夺取一氯甲烷分子中的氢原子，生成一氯甲基自由基($\cdot CH_2Cl$)和氯化氢，$\cdot CH_2Cl$ 再与氯分子反应，生成二氯甲烷和氯自由基，氯自由基若与二氯甲烷、三氯甲烷反应还可以生成三氯甲烷和四氯化碳。

$$Cl\cdot+CH_3Cl \longrightarrow \cdot CH_2Cl+HCl$$
$$\cdot CH_2Cl+Cl_2 \longrightarrow CH_2Cl_2+Cl\cdot$$
$$Cl\cdot+CH_2Cl_2 \longrightarrow \cdot CHCl_2+HCl$$
$$\cdot CHCl_2+Cl_2 \longrightarrow CHCl_3+Cl\cdot$$
$$Cl\cdot+CHCl_3 \longrightarrow \cdot CCl_3+HCl$$
$$\cdot CCl_3+Cl_2 \longrightarrow CCl_4+Cl\cdot$$

链终止：在反应后期，反应体系内的原料逐渐减少，自由基之间的接触机会增多，自由基彼此结合使反应终止。

$$\begin{cases} Cl\cdot+Cl\cdot \longrightarrow Cl_2 \\ \cdot CH_3+\cdot CH_3 \longrightarrow CH_3—CH_3 \\ Cl\cdot+\cdot CH_3 \longrightarrow CH_3Cl \end{cases}$$

自由基型反应通常是在气相或非极性溶剂中进行的。甲烷与其他卤素的反应以及其他烷烃的卤代反应，也是按自由基取代反应机理进行的。

2. 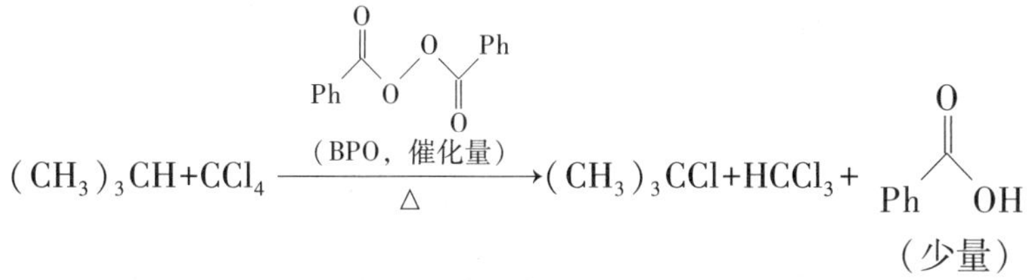　（湘潭大学，2016）

［解答］

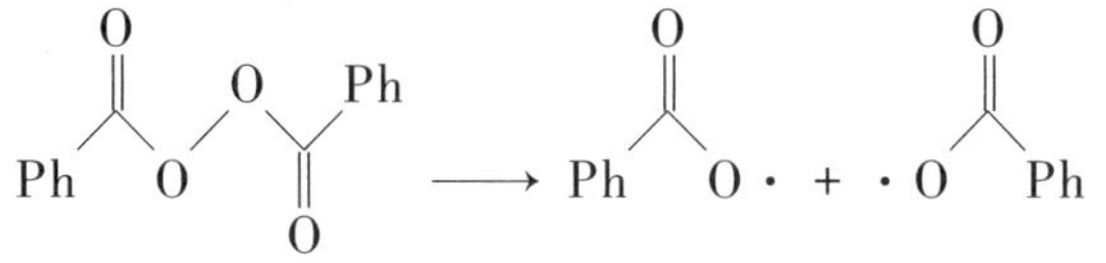

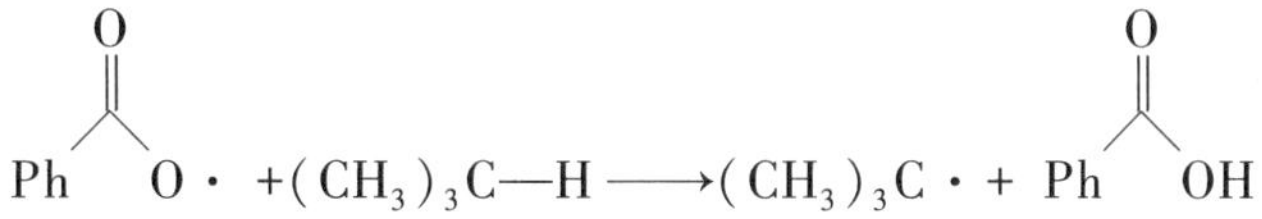

$$(CH_3)_3C\cdot + CCl_4 \longrightarrow (CH_3)_3C—Cl + \cdot CCl_3$$

$$\cdot CCl_3 + (CH_3)_3C—H \longrightarrow HCCl_3 + (CH_3)_3C\cdot$$

参考文献

[1] Jie Jack Li. Name Reaction, 4thed. [M]. Springer-VerlagBerlinHeidelberg, 2009: 446.

1.31　重氮基的去氨基反应

问题引入

由苯和其他必要原料及试剂合成 1，3，5-三溴苯。（中国科学技术大学，2016；陕西师范大学，2004）

1，3，5-三溴苯，由苯直接卤化无法得到，因为溴原子是邻对位定位基，再次溴化时得到邻、对位取代产物，但由苯胺经溴化、重氮化和去氨基反应则可得到。

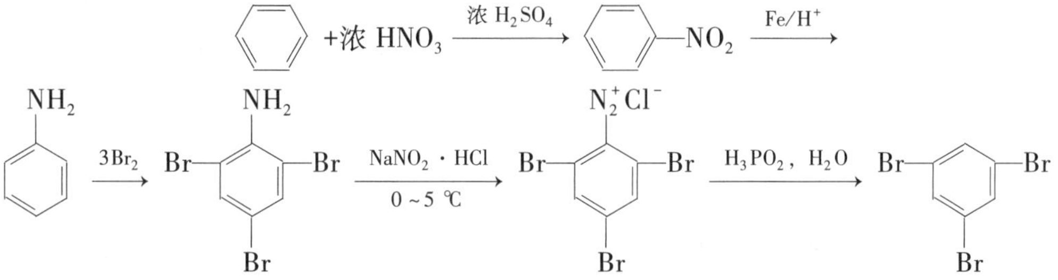

反应概述

重氮盐在乙醇或次磷酸等还原剂存在下，重氮基被氢原子取代。因为重氮基来自氨基，所以该反应也被称为去氨基反应。例如：

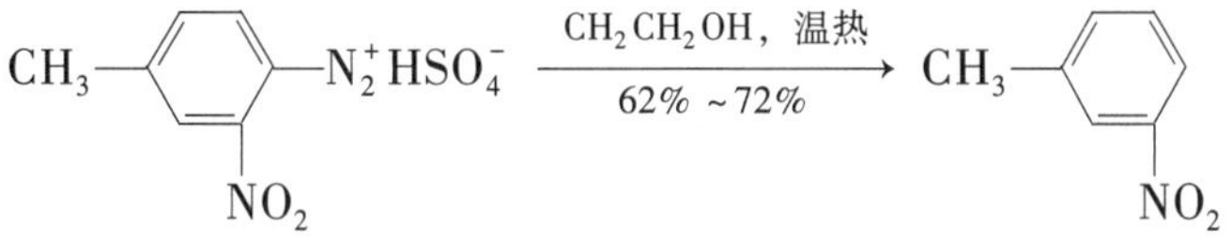

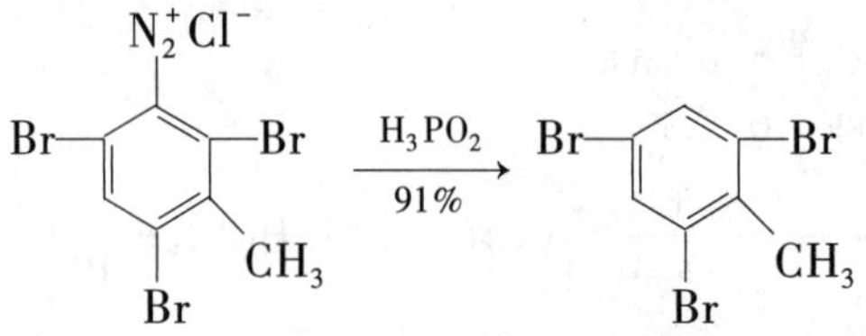

用醇作还原剂去氨基化的过程还会产生一个副产物醚，用次磷酸则可避免这类副产物，产率也相对较高，它们都是在重氮盐水溶液中使用的。这一类反应在有机合成上非常有用。氨基是较强的邻对位定位基，可以借助它的定位效应将某一所需基团引入芳环上某一特定位置，再通过重氮化反应将氨基除去。这样可以合成用其他方法难得到的一些化合物。如 1，3，5-三溴苯的合成就是一例[1]。

例题解析

例 1 从甲苯合成 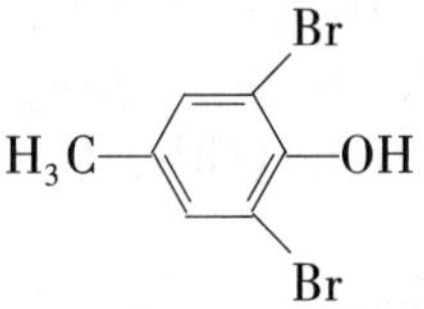 。（中山大学，2016）

[解答]

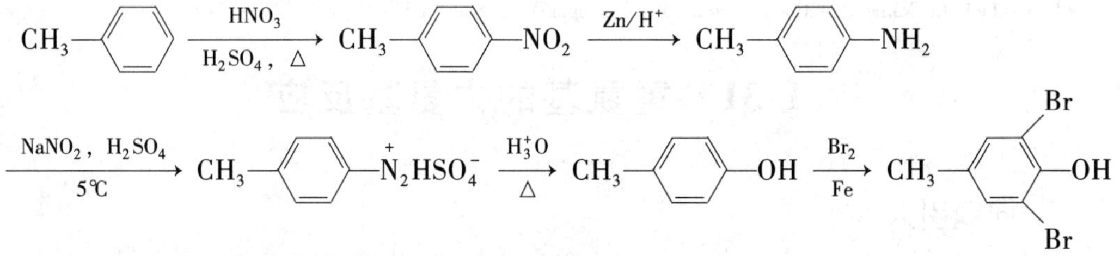

重氮盐的酸性水溶液一般并不稳定，受热后有氮气放出，同时重氮基被羟基取代得到酚，因此该反应又称为重氮盐的水解。通过该反应制酚的路线比较长，产率也不高。但是当环上存在卤素或硝基等取代基时，不能用碱熔法制酚，则可以通过重氮盐水解的方法制得酚。例如：

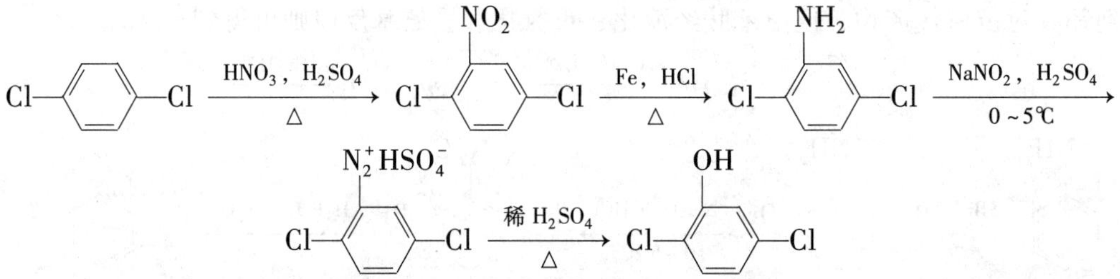

重氮盐水解制酚最好使用硫酸盐，在强酸性的热硫酸溶液中进行。这是因为硫酸氢根的亲核性很弱，而其他重氮盐如盐酸盐或硝酸盐等还容易生成重氮基被卤素或硝基取代的副反应。同时，强酸性条件也很重要，因为如果酸性不够，产生的酚会和未反应的重氮盐发生偶合反应而得到偶联产物。强酸性的硫酸溶液不仅可最大程度地避免偶合反应的发生，而且还可以提高分解反应的温度，使水解进行得更为迅速、彻底。

例 2 由苯和其他必要原料及试剂合成 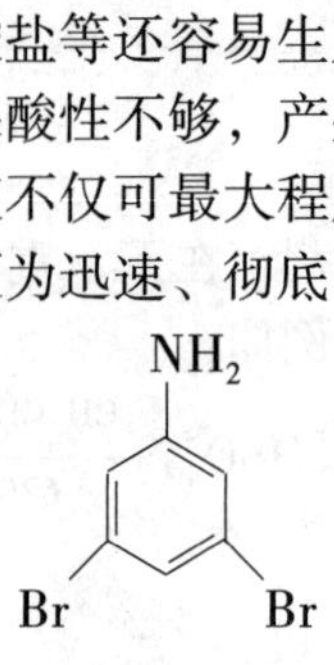 。（南开大学，2015）

［解答］ 苯硝化、溴化得到的3-溴硝基苯溴代时，由于第二个取代基溴原子为邻对位定位基，且活化苯环(根据芳香烃亲电取代反应的规律，两个异种取代基相互影响时，新的取代基位置由邻对位取代基确定)，所以合成出的是2，3-二溴硝基苯、3，4-二溴硝基苯、3，6-二溴硝基苯，得不到3，5-二溴硝基苯。苯硝化、还原、乙酰化、再硝化、溴化、重氮化、去氨基、还原得到目标产物3，5-二溴苯胺。

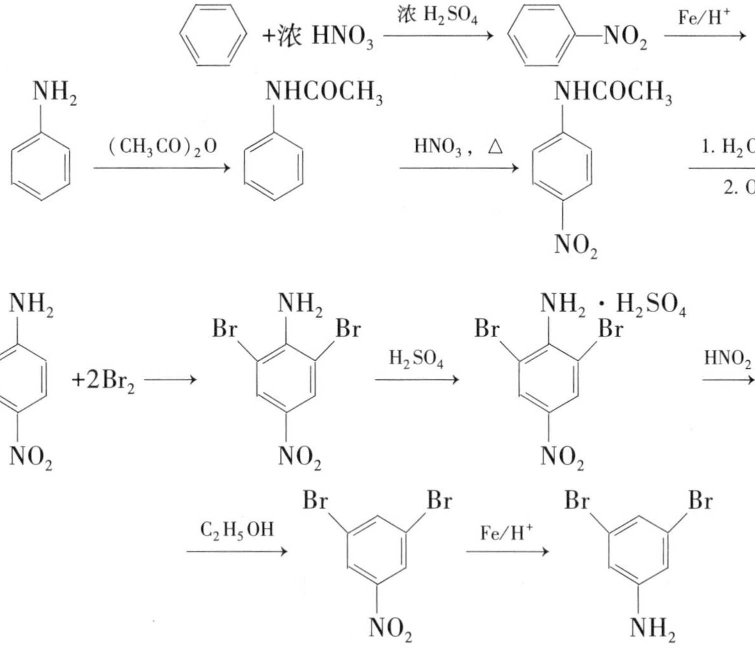
+浓 HNO3
浓 H2SO4
NO2
Fe/H+
NH2
(CH3CO)2O
NHCOCH3
HNO3，△
1. H2O，H+
2. OH-
+2Br2
Br
H2SO4
NH2·H2SO4
HNO2
N2HSO4
C2H5OH

参考文献

[1]孔祥文．有机化学[M]．北京：化学工业出版社，2010.

[2]邢其毅，裴伟伟，徐瑞秋，等．基础有机化学(第三版)[M]．北京：高等教育出版社，2005.

[3]赵晖，蔡春．3，5-二氯硝基苯的合成工艺改进[J]．精细化工，2003，20(9)：567-569.

1.32 重氮甲烷的性质及制备

问题引入

$CH_3CH_2COOH+CH_2N_2 \longrightarrow$ ☐ (暨南大学，2016)

丙酸与重氮甲烷反应得到丙酸甲酯 $CH_3CH_2COOCH_3$。

重氮甲烷的性质

重氮甲烷的化学性质十分活泼，能发生多种类型的化学反应，例如，活泼氢的甲基化，与羰基化合物进行的重排反应，对碳碳双键的加成反应，以及其分解产生碳烯等，这些反应条件温和，副反应少，在有机合成中有广泛的应用[1]。

(1)与含有活泼氢的化合物反应

重氮甲烷作为一个优良的甲基化试剂，能与许多含有活泼氢的化合物反应，使活泼氢转变成甲基并放出氮气。与羧酸、磺酸反应生成甲基酯，与酚、β-二酮及β-酮酯的烯醇型反应生成甲基醚。例如：

$$R—COOH+CH_2N_2 \longrightarrow RCOOCH_3+N_2$$

$$Ar—OH+CH_2N_2 \longrightarrow Ar—OCH_3+N_2$$

$$R—SO_3H+CH_2N_2 \longrightarrow R—SO_3CH_3+N_2$$

$$CH_3—\overset{\overset{O}{\|}}{C}—CH_2COOC_2H_5 \rightleftharpoons CH_3—\overset{\overset{OH}{|}}{C}=CHCOOC_2H_5 \xrightarrow{CH_2N_2} CH_3—\overset{\overset{OCH_3}{|}}{C}=CHCOOC_2H_5$$

醇羟基和氨基上的氢活泼性较低，一般不与重氮甲烷反应，但当有 HBF_4 或 BF_3 催化时，反应也可发生。例如：

$$R—OH+CH_2N_2 \xrightarrow{HBF_4} R—OCH_3+N_2$$

$$R_2NH+CH_2N_2 \xrightarrow{BF_3} R_2N—CH_3+N_2$$

重氮甲烷作为甲基化试剂，其反应产率一般很高，且无空间要求，所以许多具有活泼氢的天然产物都采用此反应进行甲基化。

(2)与酮反应

酮与重氮甲烷反应则生成比原化合物多一个碳原子的酮，此时为 Buchner-Curtius-Schlotterbeck 反应。醛与重氮甲烷反应生成甲基酮。例如：

$$R—\underset{\underset{O}{\|}}{C}—H+CH_2N_2 \longrightarrow R—\underset{\underset{O}{\|}}{C}—CH_3+N_2$$

$$R—\overset{\overset{O}{\|}}{C}—R+CH_2N_2 \longrightarrow R—\overset{\overset{O}{\|}}{C}—CH_2R+N_2$$

(3)与酰氯反应

酰氯与重氮甲烷反应，然后在氧化银催化下与水共热得到酸的反应称为 Arndt-Eister 反应[2]。该反应用于合成原羧酸基础上增加一个碳原子的羧酸。若与醇或氨(胺)共热，则得酯或酰胺。例如：

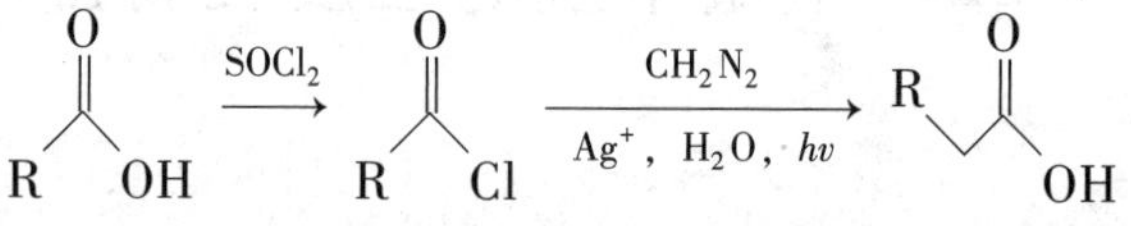
O
R
OH
SOCl2
O
R
Cl
CH2N2
Ag+, H2O, hv
R
O
OH

(4)与烯烃反应

重氮甲烷与烯烃在过渡金属催化剂的作用下发生环丙烷化反应，是制备环丙烷类化合物的有效方法之一[2]。例如：

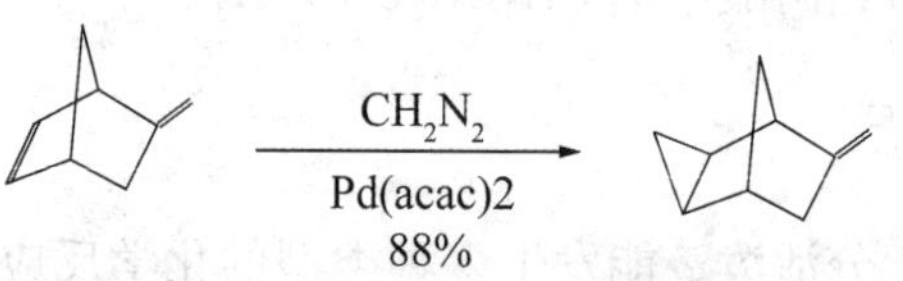
CH2N2
Pd(acac)2
88%

重氮甲烷受到光或热的作用会发生分解，其分解产物是碳烯和氮气：

$$CH_2N_2 \xrightarrow{\triangle 或 hv} H_2C: +N_2$$

重氮甲烷的制备

重氮甲烷一般可通过以下两种方法制备。

1. 亚硝基甲基脲的碱分解。在甲胺盐酸盐和脲的水溶液中加入亚硝酸钠，可生成 *N*-甲基-*N*-亚硝基脲，后者经碱作用，可分解产生重氮甲烷。

$$CH_3NH_2 \cdot HCl + H_2N-\overset{\overset{\displaystyle O}{\|}}{C}-NH_2 \xrightarrow{NaNO_2} CH_3\underset{\underset{\displaystyle NO}{|}}{N}-\overset{\overset{\displaystyle O}{\|}}{C}-NH_2 \xrightarrow{NaOH} CH_2N_2 + NaNCO + 2H_2O$$

2. *N*-亚硝基-*N*-甲基对甲苯磺酰胺的碱分解。由 *N*-甲基对甲苯磺酰胺与亚硝酸作用生成 *N*-亚硝基-*N*-甲基对甲苯磺酰胺，再用氢氧化钾使后者分解，即可得到重氮甲烷。此方法产率较高。

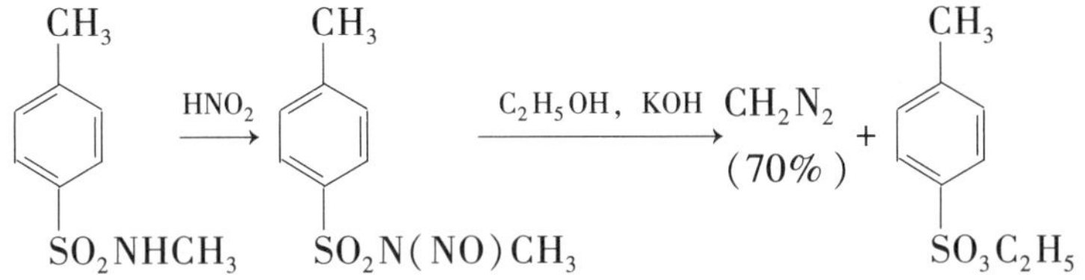
CH3
SO2NHCH3
HNO2
CH3
SO2N(NO)CH3
C2H5OH, KOH
CH2N2
(70%)
+
CH3
SO3C2H5

例题解析

例　写出下列反应的主要产物：

1. 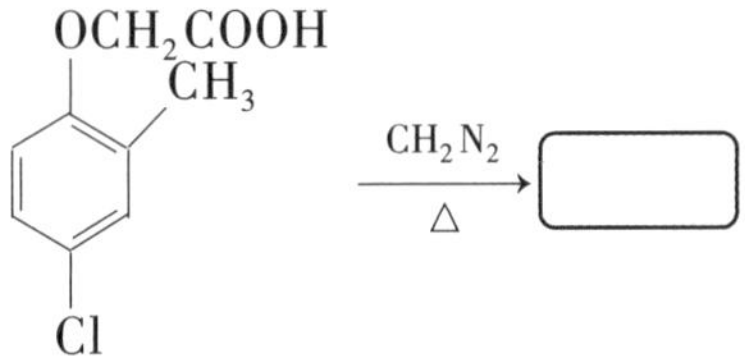
OCH2COOH
CH3
Cl
CH2N2
△

（中国科学技术大学，2010）

2. 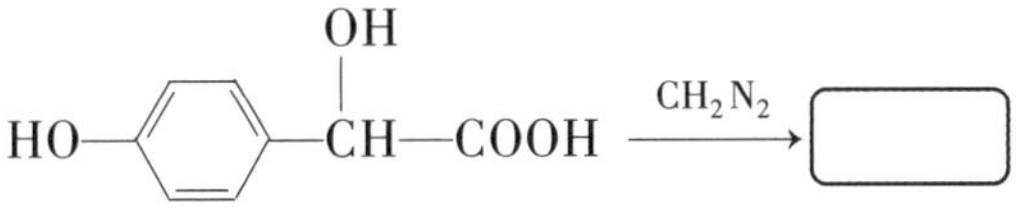
OH
HO
CH—COOH
CH2N2

（中国科学技术大学、中国科学院合肥所，2009）

[解答]

1. 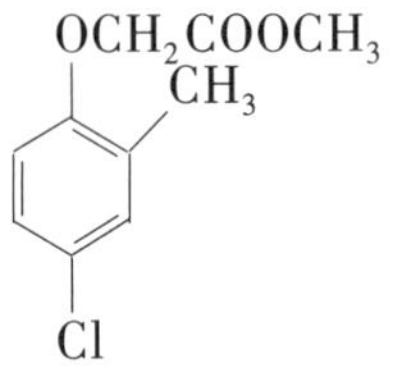
OCH2COOCH3
CH3
Cl

2. 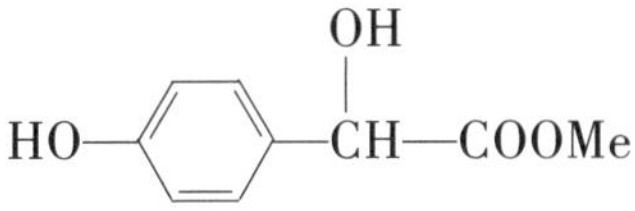
OH
HO
CH—COOMe

，羧酸和酚能用重氮甲烷甲基化，醇不能。羧酸可以与重氮甲烷反应形成甲酯[3]，此法产率很高，反应在室温进行。由于重氮甲烷很毒，且容易爆炸，一般将它溶在乙醚溶液中，经常在合成后马上使用，或者其乙醚溶液低温短时间放置。此法适合于小量合成，尤其适合对于高温敏感的甲酯的合成。例如：

$$(CH_3)_3CCOCH_2COOH \xrightarrow{CH_2N_2} \underset{58\%}{(CH_3)_3CCOCH_2COOCH_3}$$

反应过程如下：

$$CH_2N_2 \equiv \left[:\overset{-}{C}H_2-\overset{+}{N}\equiv N: \longleftrightarrow CH_2=\overset{+}{N}=\overset{-}{\underset{..}{N}}:\right]$$

$$RCOO-H+\overset{-}{:}CH_2-\overset{+}{N}\equiv N \longrightarrow RCOO^- + CH_3\overset{+}{N}\equiv N \longrightarrow RCOOCH_3 + N_2$$

羧酸将质子转移给重氮甲烷，形成羧酸负离子及 $CH_3-\overset{+}{N}\equiv N$，然后羧酸负离子进攻 $CH_3-\overset{+}{N}\equiv N$，完成甲基化反应，这是一个 S_N2 反应。例如：

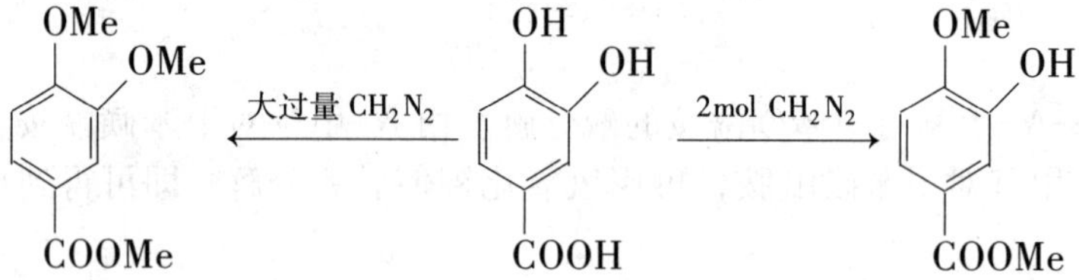
OMe
OMe
COOMe
大过量 CH₂N₂
OH
OH
COOH
2mol CH₂N₂
OMe
OH
COOMe

参考文献

[1]孔祥文. 有机化学[M]. 北京：化学工业出版社，2010.
[2]Arndt F，Eistert B. Ber. 1935：68，200-208.
[3]黄丹. α-重氮羰基化合物在有机合成中的应用[D]. 苏州：苏州大学，2006.
[4]邢其毅，徐瑞秋，周政，等. 基础有机化学(第二版)[M]. 北京：高等教育出版社，1993：543.

第 2 章　加成反应

2.1　Brown 硼氢化反应

问题引入

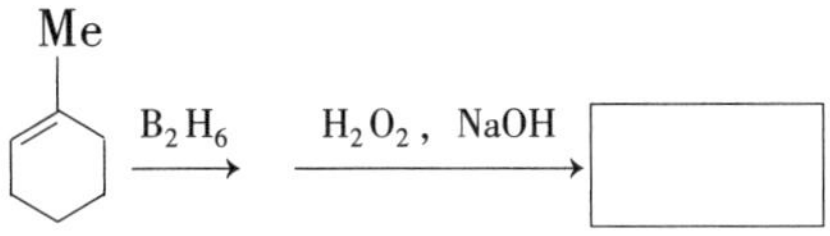

Me
B_2H_6
H_2O_2，NaOH

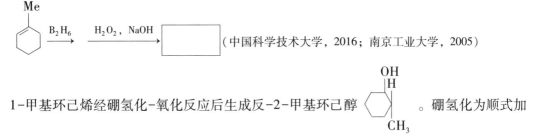

（中国科学技术大学，2016；南京工业大学，2005）

1-甲基环己烯经硼氢化-氧化反应后生成反-2-甲基环己醇 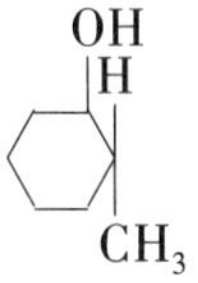

OH
H
CH_3

。硼氢化为顺式加成，从位阻小的一面进攻。

反应概述

硼烷以 B—H 键与烯烃、炔烃的不饱和键（π 键）加成生成有机硼化物的反应称为硼氢化反应（hydroboration）[1~3]。硼氢化反应是美国化学家布朗（H. C. Brown）发展的一类重要反应，在有机合成中有重要的用途。

最简单的硼氢化合物为甲硼烷（BH_3）。硼原子有空的外层轨道，硼烷的亲电活性中心是硼原子。两个甲硼烷分子互相结合生成乙硼烷（B_2H_6）。实际使用的是乙硼烷的醚溶液，硼氢化反应常用的试剂是乙硼烷的四氢呋喃、纯醚、二缩乙二醇二甲醚等溶液（$CH_3OCH_2CH_2OCH_2CH_2OCH_3$），在反应时乙硼烷离解成两分子甲硼烷与溶剂形成络合物，然后甲硼烷与烯烃反应。

$$2BH_3 \rightleftharpoons B_2H_6$$

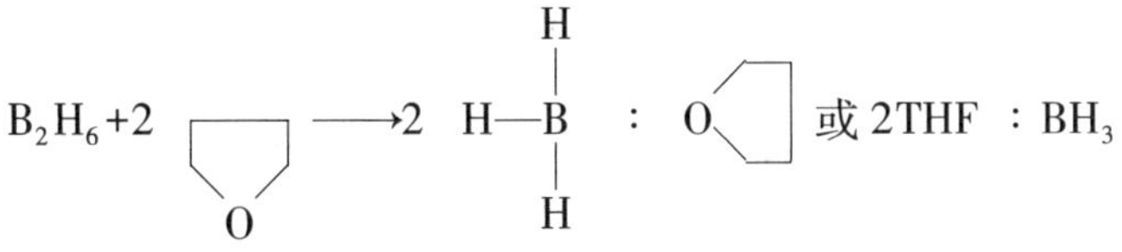

B_2H_6+2
O
2
H
H—B
H
O
或 2THF ：BH_3

甲硼烷有三个硼氢键，可以和三分子烯烃反应而且速率很快，空间位阻小的简单烯烃只能得到三烷基硼化合物。

$$\frac{1}{2}(BH_3)_2 \xrightarrow{H_2C=CH_2} CH_3CH_2BH_2 \xrightarrow{H_2C=CH_2} \xrightarrow{H_2C=CH_2} (CH_3CH_2)_3B$$

$$RCH=CH_2+BH_3 \xrightarrow{THF} (RCH_2CH_2)_3B$$

空间位阻大的烯烃可以分离出一烷基硼和二烷基硼化合物。例如：

$$CH_3\overset{\overset{\large CH_3}{|}}{C}=CHCH_3 \xrightarrow[0℃]{BH_3} \left[(CH_3)_2CH\overset{\overset{\large CH_3}{|}}{C}H\right]_2BH$$

$$(CH_3)_2C=CHC(CH_3)_3 \xrightarrow[0℃]{BH_3} (CH_3)_2CH\underset{\underset{\large BH_2}{|}}{C}HC(CH_3)_3$$

硼烷的亲电活性中心是硼原子，由于硼原子有空的外层轨道，所以硼原子加到带有部分负电荷的含氢较多的双键碳原子上，而氢原子带着一对键合电子加到带有部分正电荷的含氢较少的双键碳原子上，硼氢化反应是反 Markovnikov 规则的。一方面，硼氢化反应受立体因素的控制，硼原子主要加在取代基较少、位阻较小的双键碳原子上。另一方面，因为氢的电负性 2.1，大于硼的电负性 2.0。下列烯烃硼氢化反应加成的方向如箭头所示：

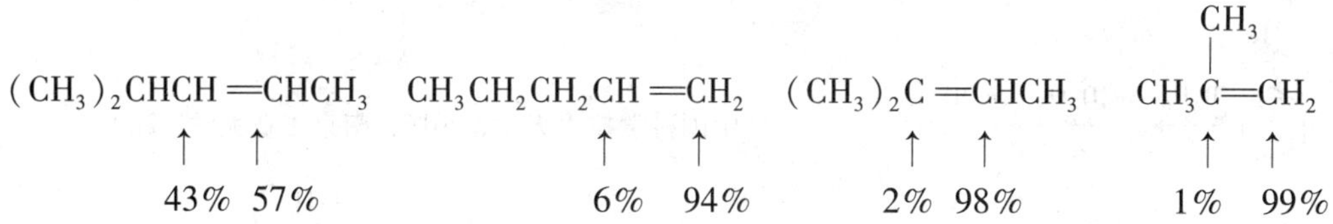
(CH3)2CHCH=CHCH3
43% 57%
CH3CH2CH2CH=CH2
6% 94%
(CH3)2C=CHCH3
2% 98%
CH3
CH3C=CH2
1% 99%

反应机理

烯烃的硼氢化反应，首先是缺电子的硼进攻电子云密度较高的双键碳原子，经环状四中心过渡态，随后氢由硼迁移到碳上。

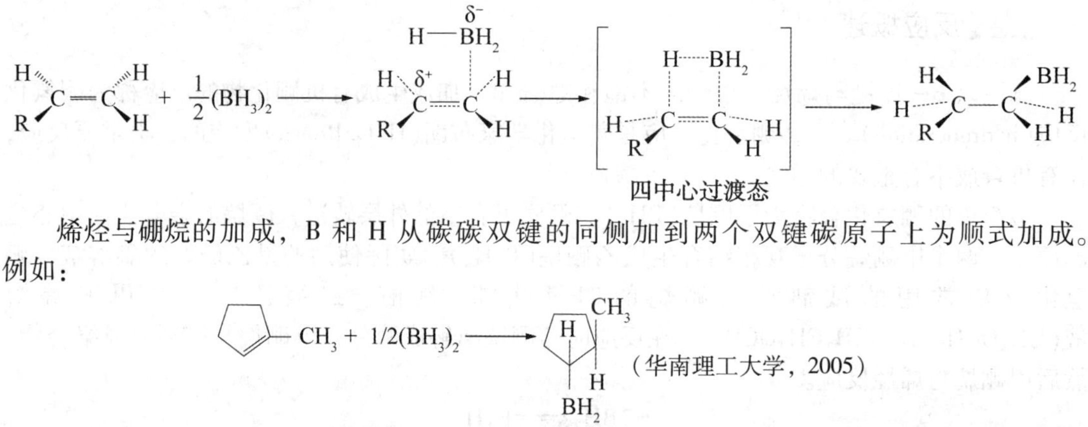
1/2(BH3)2
δ-
δ+
H—BH2
BH2

四中心过渡态

烯烃与硼烷的加成，B 和 H 从碳碳双键的同侧加到两个双键碳原子上为顺式加成。例如：

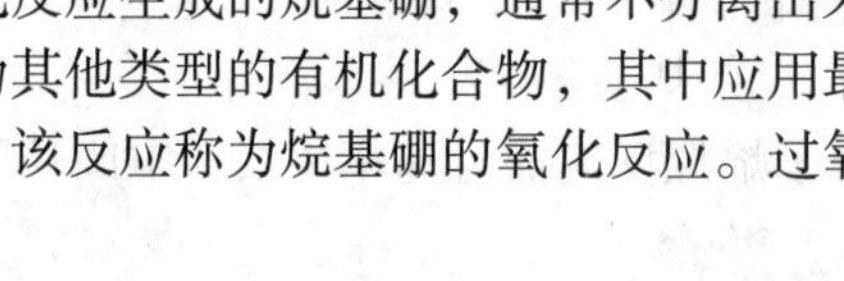
CH3 + 1/2(BH3)2
CH3
H
H
BH2

（华南理工大学，2005）

综上，硼氢化反应的特点是：①反应为顺式加成；②当双键两侧空间位阻不同时，在位阻较小的一侧形成四中心过渡态；③与不对称烯烃反应时，硼与空间位阻小的双键碳结合。

烯烃的硼氢化反应生成的烷基硼，通常不分离出来，继续将硼原子置换成其他原子或基团，使烯烃转变为其他类型的有机化合物，其中应用最广的是在碱性条件下，烷基硼与过氧化氢反应生成醇，该反应称为烷基硼的氧化反应。过氧化氢有弱酸性，它在碱性条件下转变为它的共轭碱。

$$H—O—O—H + OH^- \rightleftharpoons H—O—O^- + H_2O$$

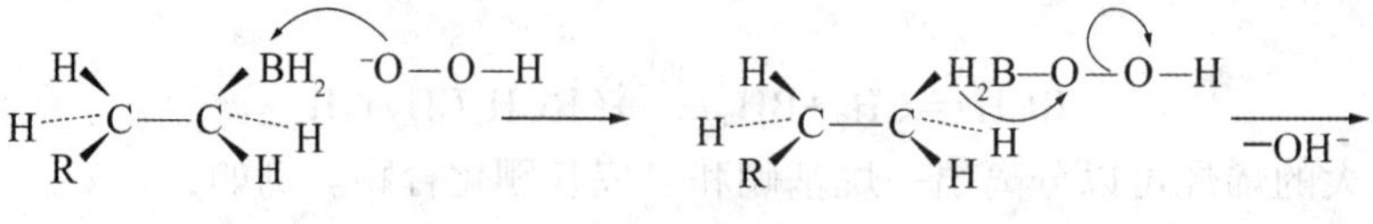
BH2
-O—O—H
H2B—O—O—H
-OH-

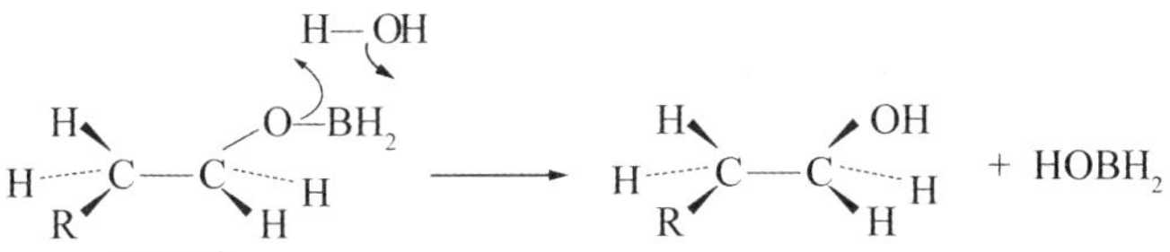
H—OH
O—BH₂
H
H
C—C
H
R
H
H
H
C—C
OH
H
R
H
+ HOBH₂

硼酸酯

在三烷基硼的氧化反应中，过氧化氢的共轭碱进攻缺电子的硼原子，在生成的产物中含有较弱的 O—O 键，使碳原子容易由硼转移到氧上。

硼氢化反应和烷基硼的氧化反应合称硼氢化-氧化反应，它是烯烃间接水合制备醇的方法之一。与烯烃直接水合法以及烯烃经硫酸间接水合法制备醇不同，α-烯烃经硼氢化-氧化反应得到伯醇。例如：

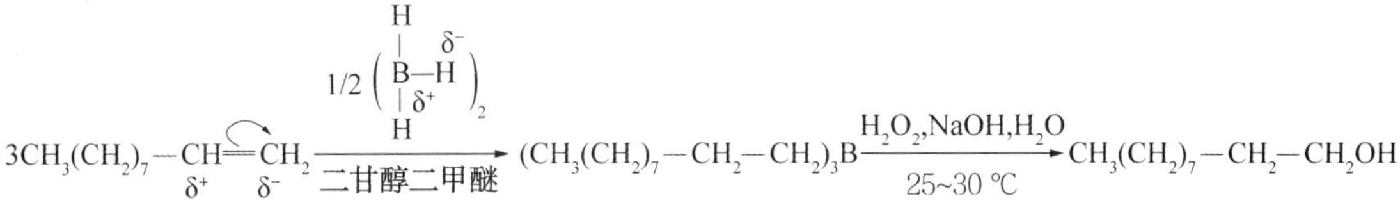
1/2
二甘醇二甲醚
H₂O₂,NaOH,H₂O
25~30 ℃

炔烃的硼氢化反应可以停留在生成含烯键的一步：

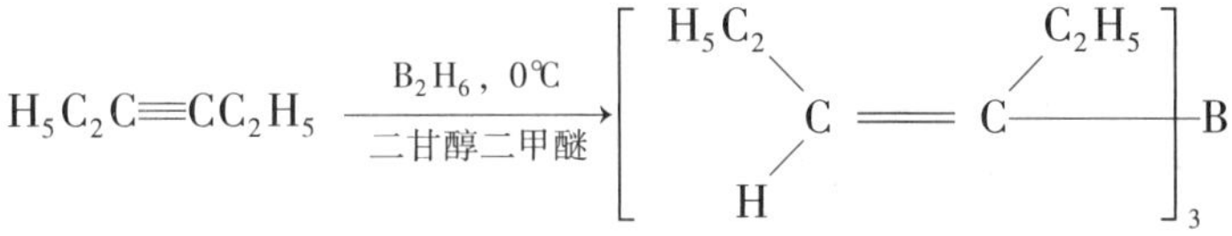
B₂H₆，0℃
二甘醇二甲醚

炔烃硼氢化产物用酸处理生成顺式烯烃，氧化则生成醛或酮。

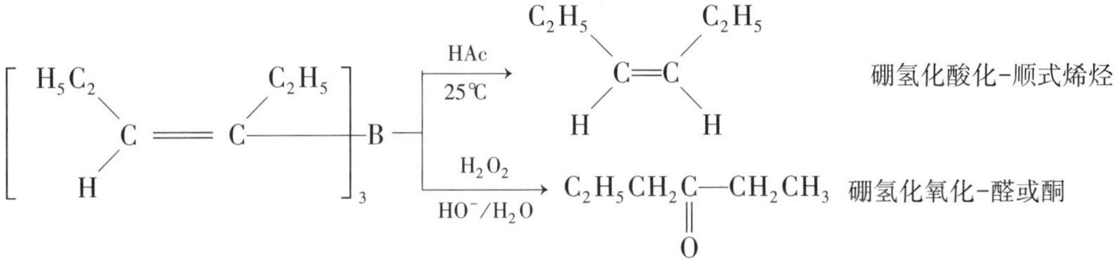
HAc
25℃
硼氢化酸化-顺式烯烃
H₂O₂
HO⁻/H₂O
硼氢化氧化-醛或酮

采用空间位阻大的二取代硼烷作试剂，可以使末端炔烃只与一摩尔硼烷加成，产物经氧化水解可以制备醛：

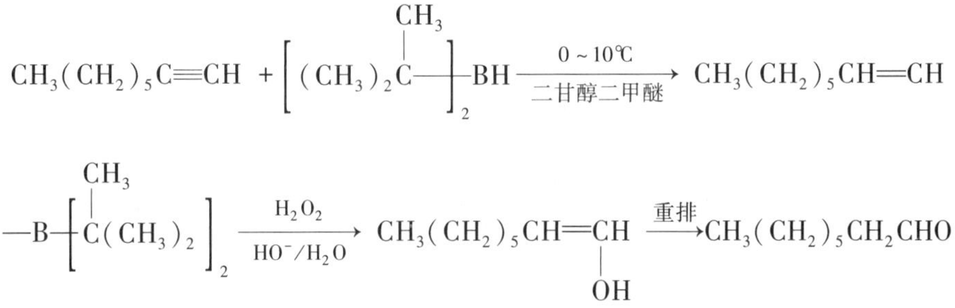
0 ~ 10℃
二甘醇二甲醚
H₂O₂
HO⁻/H₂O
重排

而前面介绍的炔烃(乙炔除外)的直接水合只能得到酮。

例题解析

例　写出下列反应的产物：

1. 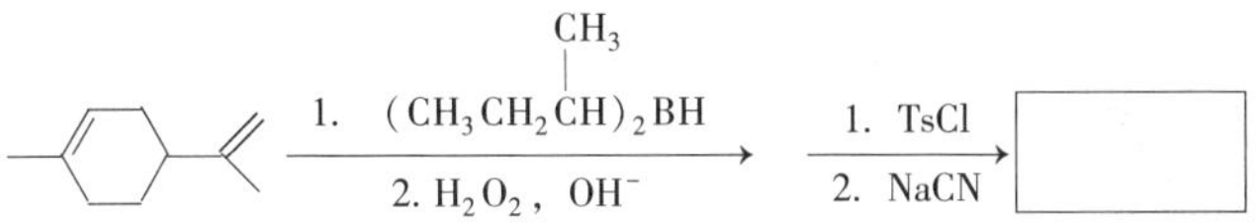
1. (CH₃CH₂CH)₂BH
2. H₂O₂，OH⁻
1. TsCl
2. NaCN
（南开大学，2015）

2. $CH_3CH_2C\equiv CH$ $\xrightarrow[\text{2. }H_2O_2/OH^-]{\text{1. }1/2(BH_3)_2}$ □ （华侨大学，2016；福建师范大学，2008）

3. $CH_3CH\!=\!CH_2 + B_2H_6 \longrightarrow 2$ □ $\xrightarrow[25℃]{H_2O_2, NaOH}$ 6 □ （湘潭大学，2016）

[解答]

1. 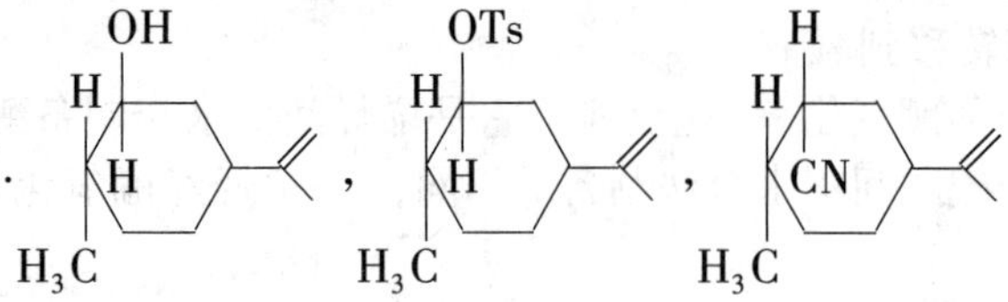

2. $CH_3CH_2CH_2CHO$

3. $(CH_3CH_2CH_2)_3B$，$CH_3CH_2CH_2OH$

参考文献

[1] Brown H. C, Tierney P. A. J. Am. Chem. Soc. 1958, 80: 1552-1558.
[2] 孔祥文. 有机化学[M]. 北京：化学工业出版社，2010：114.
[3] Jie Jack Li. Name Reaction, 4th ed. [M]. Springer-Verlag Berlin Heidelberg, 2009: 70.
[4] 吴宏范. 有机化学学习与考研指津[M]. 上海：华东理工大学出版社，2008.

2.2 Favorskii 反应

问题引入

以乙烯、乙炔和必要的无机试剂为原料合成：

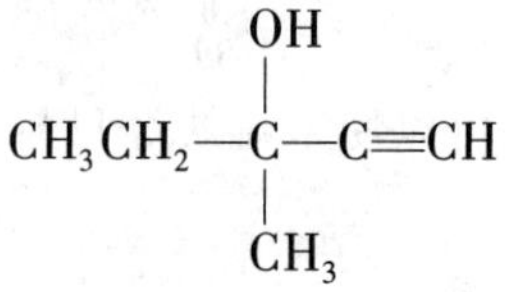

$$CH_3CH_2-\underset{\underset{CH_3}{|}}{\overset{\overset{OH}{|}}{C}}-C\equiv CH$$ （厦门大学，2012）

目标化合物的合成反应如下所示：

$$H_2C\!=\!CH_2 \xrightarrow{HBr} H_3C-CH_2Br$$

$$HC\equiv CH \xrightarrow{NaNH_2} HC\equiv CNa \xrightarrow{C_2H_5Br} CH\equiv C-CH_2CH_3 \xrightarrow[Hg^{2+}]{H_2O, H^+} CH_3CH_2\overset{O}{\overset{\|}{C}}CH_3$$

$$\xrightarrow{HC\equiv CNa} \xrightarrow{H_3O^+} H_3C-\underset{\underset{CH_3}{|}}{\overset{\overset{OH}{|}}{\underset{H_2}{C}}}-C\equiv CH$$

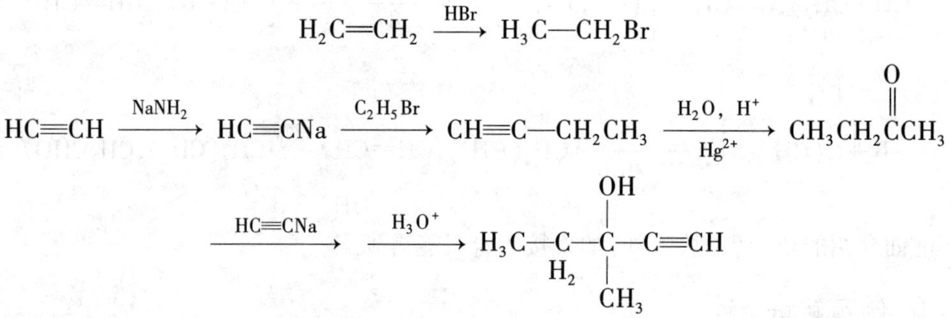

乙烯与溴化氢制得溴乙烷；乙炔与氨基钠反应形成乙炔钠，然后乙炔钠与溴乙烷进行亲核取代反应得 1-丁炔，再水解得丁酮；乙炔钠与丁酮进行亲核加成反应得 3-甲基-1-戊炔-3-醇钠，酸化得到目标产物 3-甲基-1-戊炔-3-醇。

由上述合成反应可知，炔基负离子作为亲核试剂，除与卤代烃反应合成炔烃外，还可作为亲核试剂与羰基进行亲核加成制备炔醇。

反应概述

α-端炔与羰基化合物在碱性介质(如无水氢氧化钾或氨基钠)中发生反应，生成羰基加成产物炔醇称为 Favorskii 反应[1~7]。醚、液氨、乙二醇醚、四氢呋喃、二甲亚砜及二甲苯等可用作这个反应的溶剂。

反应通式

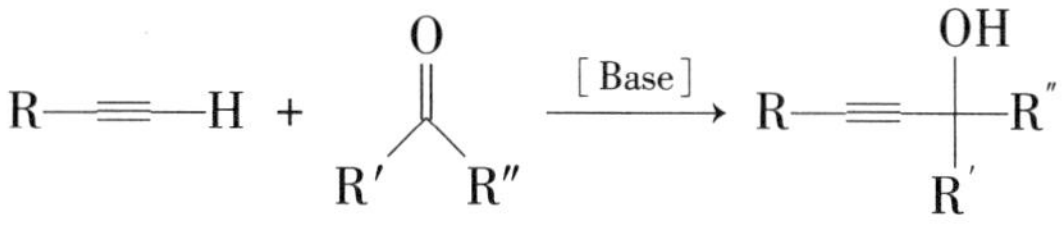

反应机理

炔烃的末端氢原子具有酸性，用碱处理时可发生去质子化，产生炔基碳负离子。然后炔基碳负离子与醛或酮进行亲核加成，产生炔丙醇类化合物。

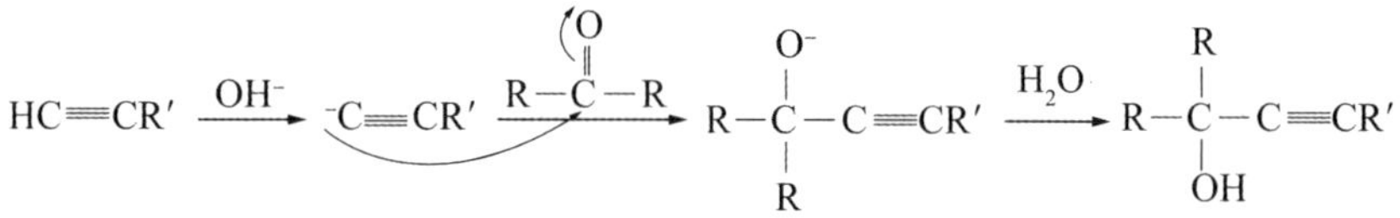

例如[8]：

$$HC\equiv CH + CH_2O \xrightarrow[\text{压力}]{KOH} HC\equiv CCH_2OH + HOCH_2C\equiv CCH_2OH$$

炔丙醇　　丁炔-1，4-二醇

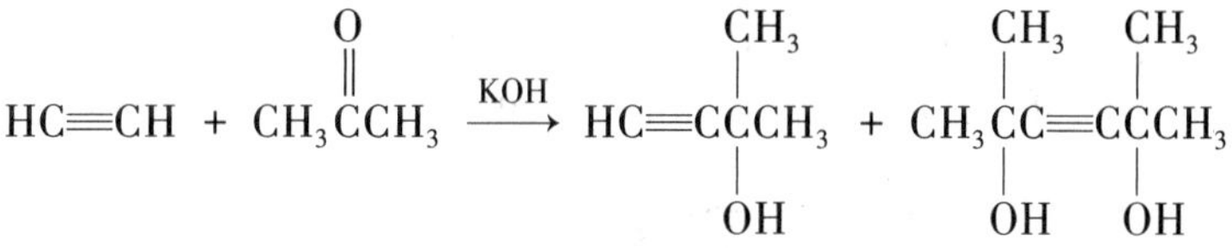

2-甲基-3-丁炔-2-醇　　2，5-二甲基-3-己炔-2，5-二醇

例题解析

例 1　由碳原子数不超过两个的有机化合物合成(其他试剂任选)：

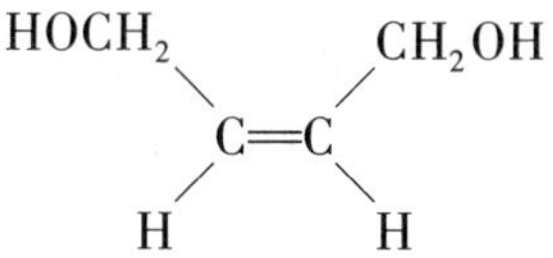

（四川大学，2013）

[解答]

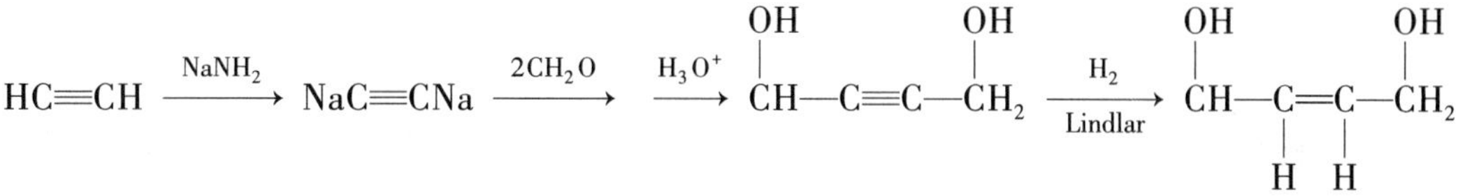

例 2　以乙炔为原料合成 2-甲基-3-辛炔-2-醇

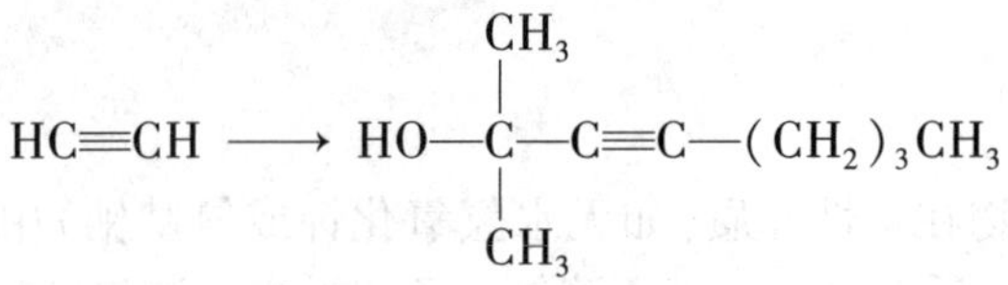

$$HC\equiv CH \longrightarrow HO-\underset{CH_3}{\overset{CH_3}{C}}-C\equiv C-(CH_2)_3CH_3$$

(复旦大学，2004)

[解答]

$$HC\equiv CH \xrightarrow{NaNH_2} HC\equiv CNa \xrightarrow{CH_3CH_2CH_2CH_2Br} CH_3CH_2CH_2CH_2C\equiv CH \xrightarrow{NaNH_2}$$

$$CH_3CH_2CH_2CH_2C\equiv CNa \xrightarrow{CH_3\overset{O}{\overset{\|}{C}}CH_3} CH_3CH_2CH_2CH_2C\equiv C\underset{CH_3}{\overset{ONa}{\underset{|}{C}}}CH_3 \xrightarrow{H_3O^+}$$

$$HO-\underset{CH_3}{\overset{CH_3}{C}}-C\equiv C-(CH_2)_3CH_3$$

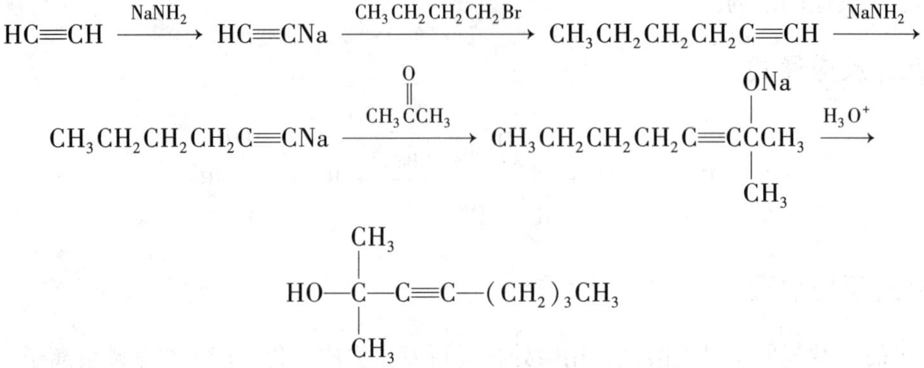

参考文献

[1] A. Favorskii，J. Russ. Phys. Chem. Soc.，1905，37，643；Chem. Zentr.，1905，II：1018.
[2] R. J. Tadeschi et al，J. Org. Chem.，1963，28：1740.
[3] A. Babayan，B. Akopyan，R. Gyuli‐Kevhyan，J. Gen. Chem（U. S. S. R.），9，1631（1939）；C. A. 1940，34，2788.
[4] A. W. Johnson，The Chemistry of Acetylenic Compounds I，(London，1946)，14.
[5] E. D. Bergmann，The Chemistry of Acetylene and Related Compounds，(New York，1948)：49.
[6] P. Piganiol，Acetylene Compounds in Organic Synthesis，(New York，1955)，10.
[7] N. Schachat，J. J. Bagnell，Jr.，J. Org. Chem.，1962，27：1498.
[8] 孔祥文. 有机化学[M]. 北京：化学工业出版社，2010：114.

2.3 Kharasch 效应

问题引入

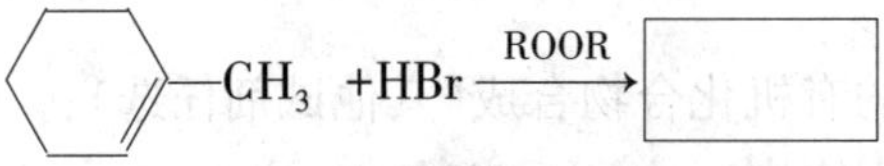

（中山大学，2016）

在过氧化物存在下，1-甲基环己烯与溴化氢加成时，氢原子加到含氢较少的双键碳原子上，而溴原子加到含氢较多的双键碳原子上，形成反 Markovnikov 加成产物。 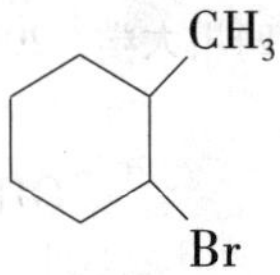

反应概述

像这种由于过氧化物的存在而引起烯烃加成取向改变的现象，称为过氧化物效应，又称 Kharasch（卡拉施）效应。例如：

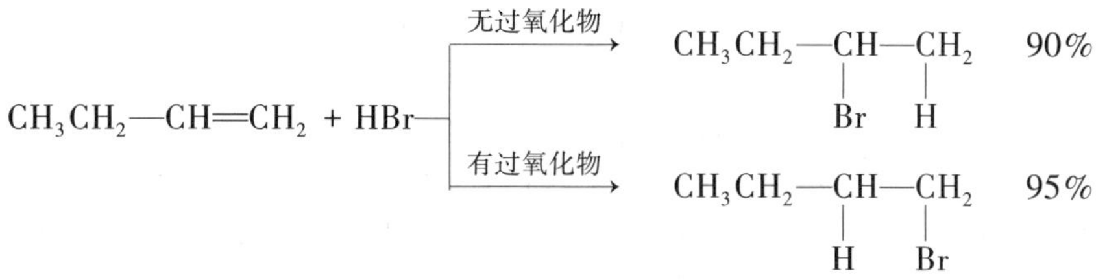

（兰州理工大学，2010）

1933 年，美国化学家 M. S. Kharasch（卡拉施）等研究表明，是因为过氧化物的存在引发生成自由基引起的加成反应，所以把上述反应称为过氧化物效应（peroxide effect），或称为 Kharasch（卡拉施）效应[1,2]。

反应机理

实际上过氧化物是引发剂，用量很少，只要能引发反应按自由基加成机理进行即可。通常采用有机过氧化物，它一般是指过氧化氢中的一个或两个氢原子被有机基团取代的化合物，其通式为 R—O—O—H 或 R—O—O—R 。

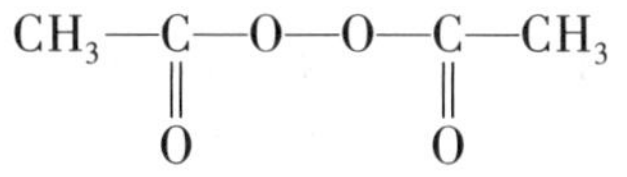

过氧化乙酰

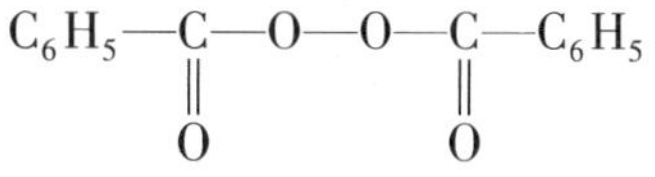

过氧化苯甲酰

由于过氧化物的—O—O—键很弱，受热容易均裂成自由基，从而引发试剂生成自由基，然后与烯烃进行加成反应。丙烯与溴化氢自由基加成机理如下：

链引发

$$R—O—O—R \xrightarrow[\text{或光}]{\triangle} 2R—O\cdot$$

$$R—O\cdot + HBr \longrightarrow R—OH + Br\cdot$$

在自由基反应机理中，烷氧自由基从溴化氢分子中夺取一个氢原子，同时生成一个溴自由基。

链传递

$$Br\cdot + CH_3CH{=}CH_2 \longrightarrow CH_3\dot{C}H—CH_2Br$$

$$CH_3\dot{C}H—CH_2Br + HBr \longrightarrow CH_3CH_2—CH_2Br + Br\cdot$$

溴自由基加在烯烃的碳碳双键的 π 键上，生成最稳定的烷基自由基。由于自由基的稳定性为：叔碳自由基>仲碳自由基>伯碳自由基，所以溴自由基总是加到含氢较多的碳原子上，生成较稳定的自由基，烷基自由基从溴化氢夺取一个氢原子，产生一个新的溴自由基。这一步骤是放热的，所以反应链可以迅速增长[3]。在链增长一步为什么不按下列反应进行？

$$RO\cdot + HBr \longrightarrow ROH + Br\cdot \ \checkmark$$

$$RO\cdot + HBr \xrightarrow{\times} ROBr + H\cdot$$

可从以下三方面来考虑：

1）从亲电性和亲核性上考虑，氧是一个较强的电负性基团，具有较强的亲核性，因此易于与带有正电性的氢结合，而不与带有负电性的溴结合。

$$\overset{\delta^+}{H} \longrightarrow \overset{\delta^+}{Br}$$

2) 从能量上考虑，形成 ROH 是有利的。

$$RO·+HBr \longrightarrow ROH+Br·$$
$$\Delta H=336.1-464.4=-128.3 \text{ kJ/mol（放热）}$$
$$RO·+HBr \longrightarrow ROBr+H·$$
$$\Delta H=336.1-200.8=+135.3 \text{ kJ/mol（吸热）}$$

3) 从自由基的稳定性考虑，当反应可以生成两种以上的自由基时，反应总是有利于生成较稳定的自由基，而 Br· 要比 H· 稳定得多。

链终止

$$Br·+Br· \longrightarrow Br_2$$

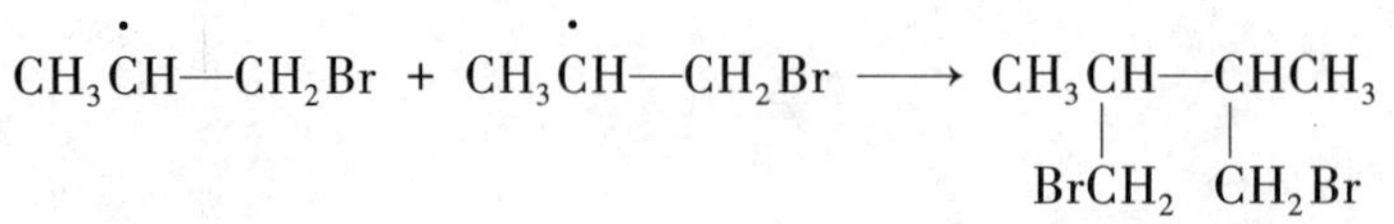

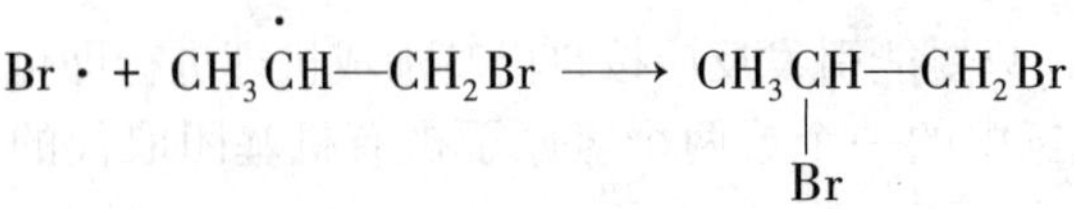

$$CH_3\overset{·}{C}H-CH_2Br + CH_3\overset{·}{C}H-CH_2Br \longrightarrow \underset{\underset{BrCH_2\ CH_2Br}{|\quad\quad|}}{CH_3CH-CHCH_3}$$

$$Br· + CH_3\overset{·}{C}H-CH_2Br \longrightarrow \underset{\underset{Br}{|}}{CH_3CH-CH_2Br}$$

链终止反应可以循环进行到溴原子或烷基自由基失活为止。

对 HX 而言，过氧化物效应只限于 HBr。HCl 中 H—Cl 键比 H—Br 键牢固得多，需要较高的活化能才能使 H—Cl 键均裂成自由基，这样就阻止了链反应，所以 HCl 不能进行自由基加成反应。HI 均裂的离解能不大，但碘原子与双键加成要求提供较高的活化能，反应活性低，碘原子较容易自相聚合成碘，所以不能进行自由基加成。

利用过氧化物效应，由 α-烯烃与溴化氢反应是制备 1-溴代烷的方法之一。例如，抗精神失常药物炎镇痛、氟奋乃静、三氟拉嗪等的中间体 1-氯-3-溴丙烷就是利用这种方法合成的。

$$ClCH_2-CH=CH_2 + HBr \xrightarrow[18℃,85\%]{过氧化苯甲酰} ClCH_2-CH_2-CH_2Br$$

1-氯-3-溴丙烷

炔烃与 HBr 加成也有过氧化物效应，机理与烯烃加成类似。

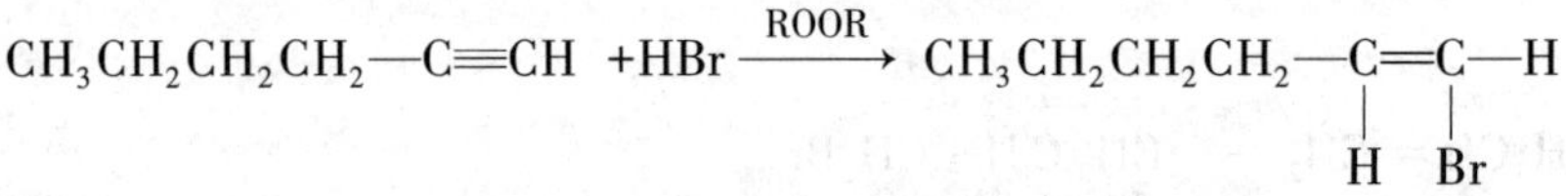

$$CH_3CH_2CH_2CH_2-C\equiv CH + HBr \xrightarrow{ROOR} CH_3CH_2CH_2CH_2-\underset{\underset{H\ \ Br}{|\ \ \ |}}{C=C}-H$$

烯烃与溴化氢的离子型反应是先加氢生成稳定的碳正离子，而在自由基反应中，则是先加溴，生成较稳定的自由基，因此产生不同的区域选择性。利用烯烃加溴化氢的不同区域选择性可以合成两种类型烯烃，这在有机合成上有重要意义。

📖 **例题解析**

例1 判断正误。

1. $CH_3CH=CH_2 + HCl \xrightarrow{ROOR'} CH_3CH_2CH_2Cl$ （华南理工大学，2004）

2. $H_3CH_2CHC=CH_2 + HBr \xrightarrow{过氧化物} CH_3CH_2CH_2CH_2Br$ （华南理工大学，2001）

[解答]

1. 错误，HBr 方能进行自由基加成反应。
2. 正确，反应为自由基加成，是双键的反马氏加成。

例2 选择题

下列自由基中最稳定的是(　　)　　（中山大学，2003）

A. 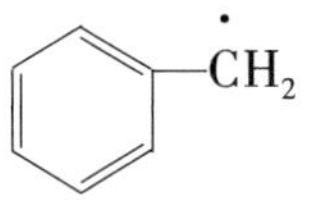　　B. 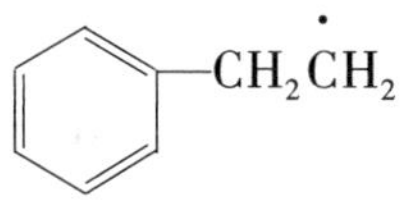　　C. 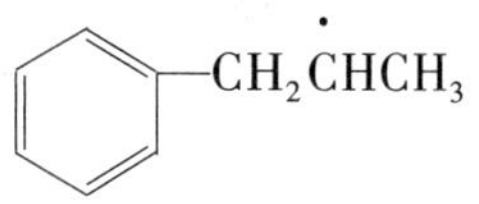

[解答] A。A 中 p-π 共轭效应使其稳定。

例 3　完成下列反应

1. 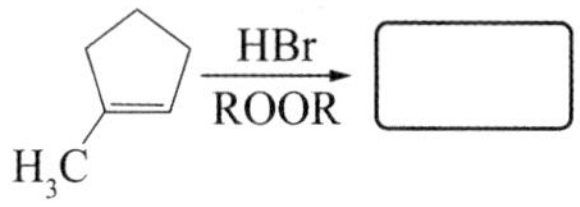　　（厦门大学，2012）

2. $n\ \ C_4H_9—CH═CH_2\ +HBr \xrightarrow{\text{过氧化苯甲酰}} \boxed{\quad}$　　（湘潭大学，2016）

3. $CH_2═CHCH_3 \xrightarrow[\text{过氧化物}]{HBr} \boxed{\quad}$　　（华侨大学，2016）

[解答]

1. 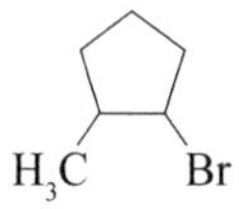　　2. $n-C_4H_9—\underset{H_2}{C}—CH_2Br$　　3. $BrCH_2—CH_2CH_3$

参考文献

[1]邢其毅，徐瑞秋，等，基础有机化学(上册)[M]. 北京：高等教育出版社，1995.

[2][英]Richard A. Y. Jones 著；欧音湘，杨志军译，物理和机理有机化学[M]。北京：北京理工大学出版社，1992.

[3]孔祥文. 有机化学[M]. 北京：化学工业出版社，2010.

[4]邢其毅，裴伟伟，徐瑞秋，等. 基础有机化学[M]. 北京：高等教育出版社，2005：325.

2.4　Strecker 反应

问题引入

$$C_6H_5CH_2CHO \xrightarrow[HCN]{NH_3} \xrightarrow[2.\ H^+]{1.\ NaOH,\ H_2O} \boxed{\quad}$$（浙江工业大学，2014）

苯乙醛在氨存在下与氢氰酸反应生成 α-氨基腈，再经碱催化水解、酸化得到 α-氨基-3-苯基丙酸，其结构式为：$C_6H_5CH_2—\underset{H}{\overset{NH_2}{C}}—COOH$ 。

反应概述

这种醛或酮在氨存在下与氢氰酸反应生成 α-氨基腈，后者水解时分子中的腈基转变成羧基，生成 α-氨基酸的反应称为 Strecker 氨基酸合成反应[1,2]。

反应通式

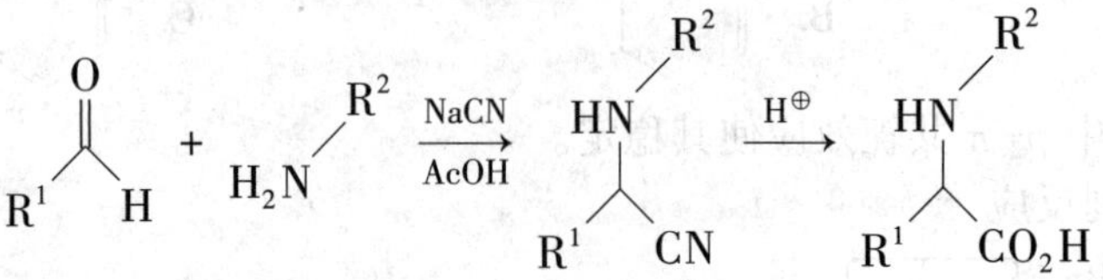

反应机理

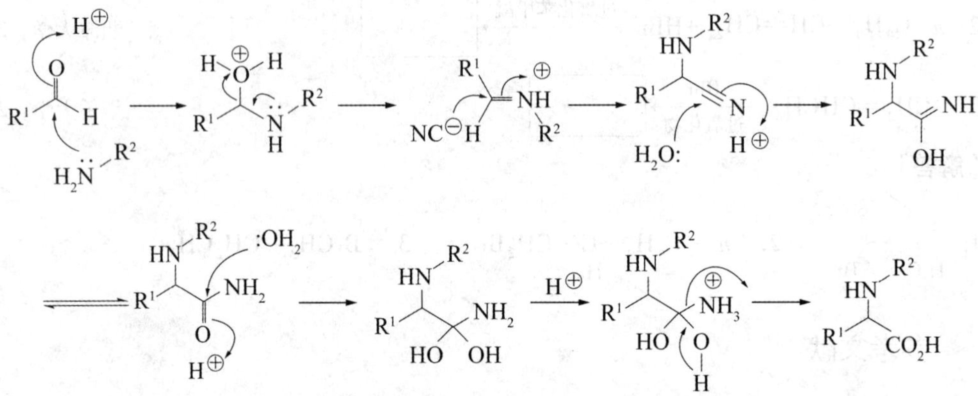

例题解析

例 1 写出反应产物

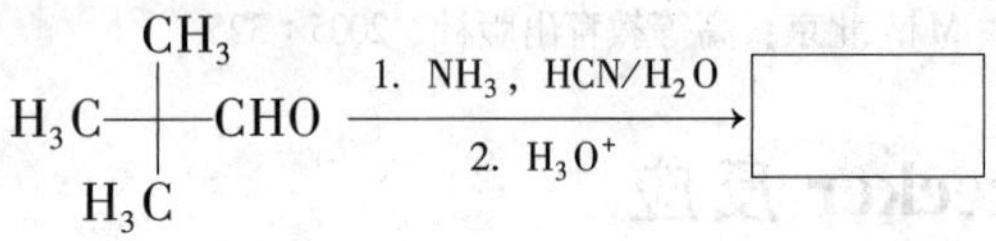

（南开大学，2013）

[解答]

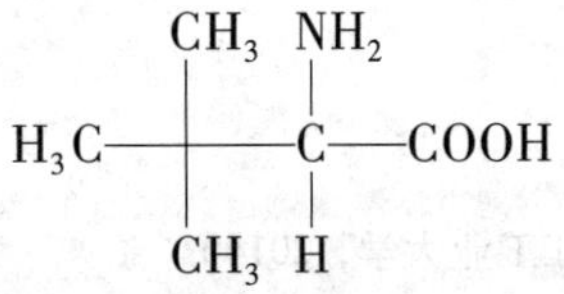

例 2 以苯和其他含碳原子不多于 3 的有机物为原料合成

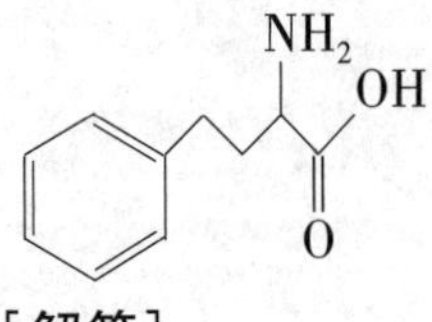

（中国科学院研究生院，2012）

[解答]

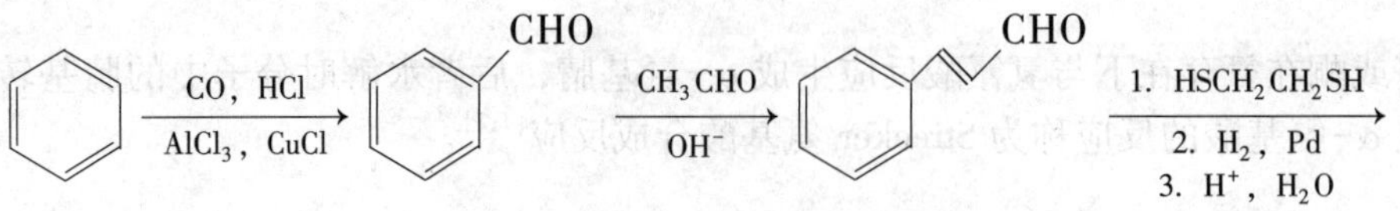

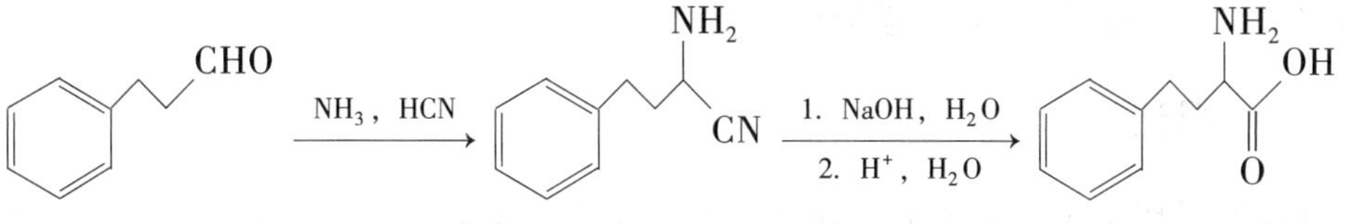

例 3　由丙二酸二乙酯、邻苯二甲酰亚胺及甲苯为基本原料合成外消旋的苯丙氨酸(±) $PhCH_2CHCOO^-$（$\overset{+}{N}H_3$ 连于 CH 上）
（广西师范大学，2010）

［解答］

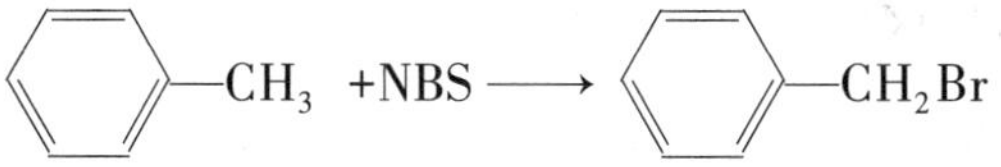

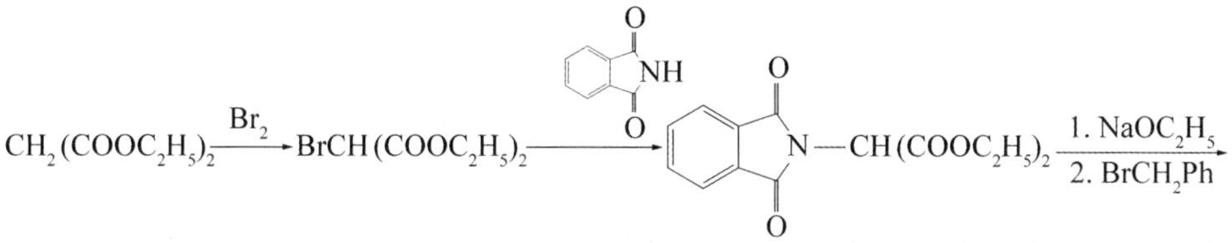

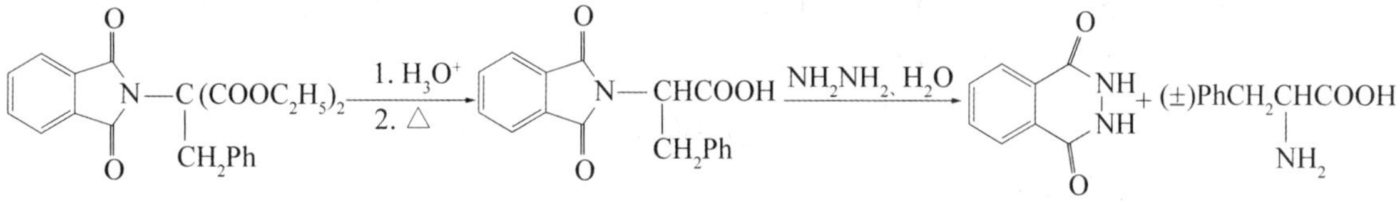

Strecker 氨基酸合成法：

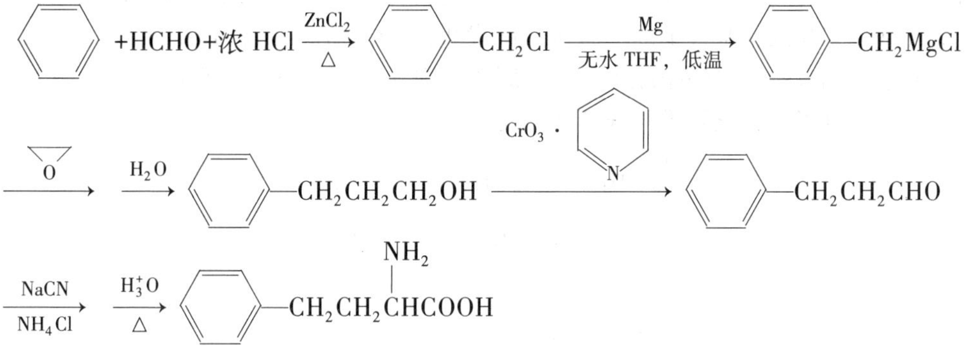

参考文献

[1] Strecker, A. Ann. 1850, 75: 27-45.
[2] 孔祥文. 有机化学[M]. 北京：化学工业出版社，2010：378 .
[3] Jie Jack Li. Name Reaction, 4th ed. [M]. Springer-Verlag Berlin Heidelberg, 2009: 534.

2.5　开环加成反应

问题引入

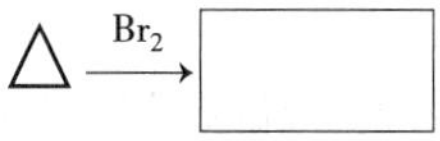
（南京大学，2014）

环丙烷与溴反应得到1，3-二溴丙烷。

反应概述

三元环和四元环由于电子云重叠程度较差，碳碳键没有开链烃中碳碳键稳定，所以发生加成反应时环容易破裂，故也称为开环加成反应，而五元以上的环烷烃开环则比较困难。

(1)与卤素的反应

环丙烷在常温下与溴发生加成反应，生成1，3-二溴丙烷。取代环丙烷发生加成反应时，产物符合 Markovnikov 规则。用此反应可以区别丙烷与环丙烷。

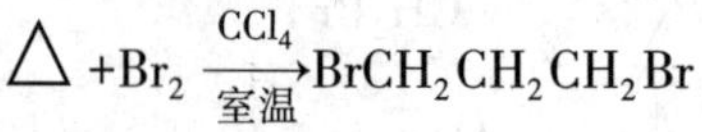

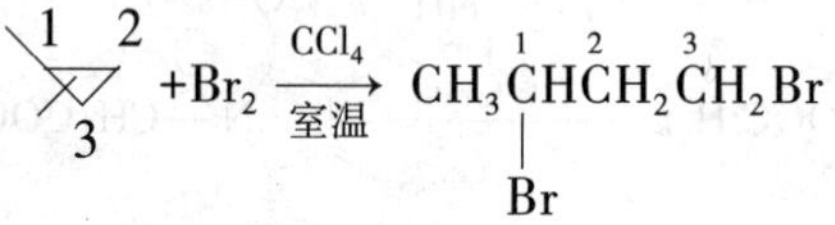

在加热条件下，环丁烷与溴发生加成反应，生成1，4-二溴丁烷。五元环和六元环则不发生加成反应，而发生取代反应。

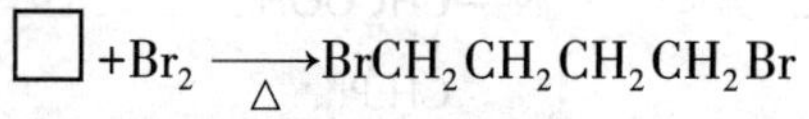

(2)与卤化氢的反应

卤化氢也能使环丙烷和取代环丙烷开环，产物为卤代烷。取代环丙烷与卤化氢反应时，容易在取代基最多和取代基最少的碳碳键之间发生断裂，加成符合 Markovnikov 规则，即环破裂后氢原子加到含氢最多的碳原子上，卤原子加到含氢最少的碳原子上。环丁烷以上的环烷烃在常温下则难于与卤化氢进行开环加成反应。

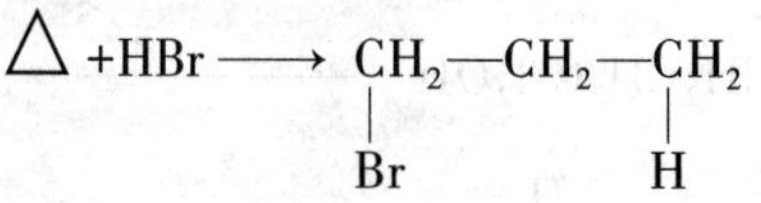

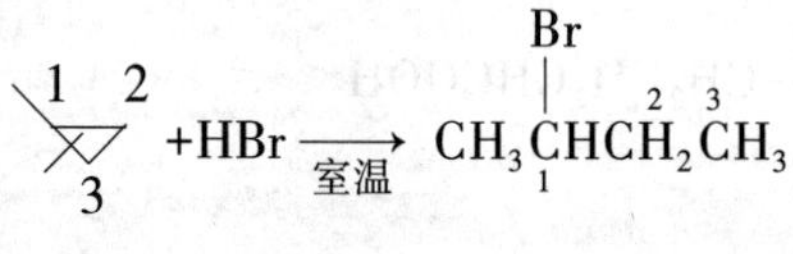

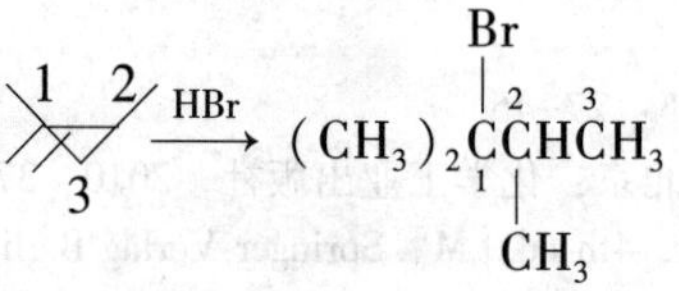

(3)与硫酸的反应

环丙烷及其衍生物还可以与硫酸开环加成，断键方式与和卤化氢的反应相同。

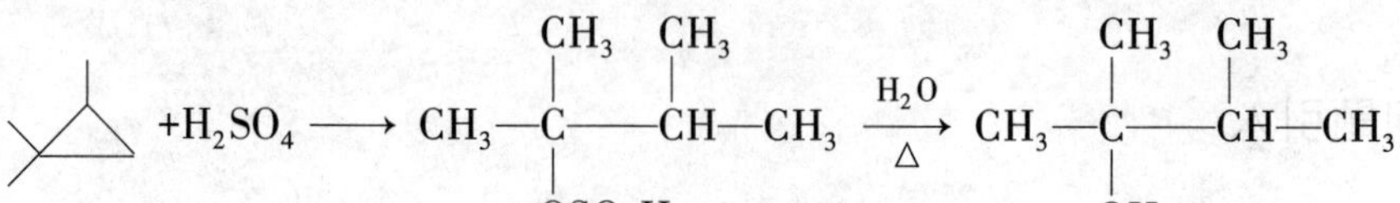

环烯烃与烯烃相似，易与氢、卤素、卤化氢、硫酸等发生加成反应。例如：

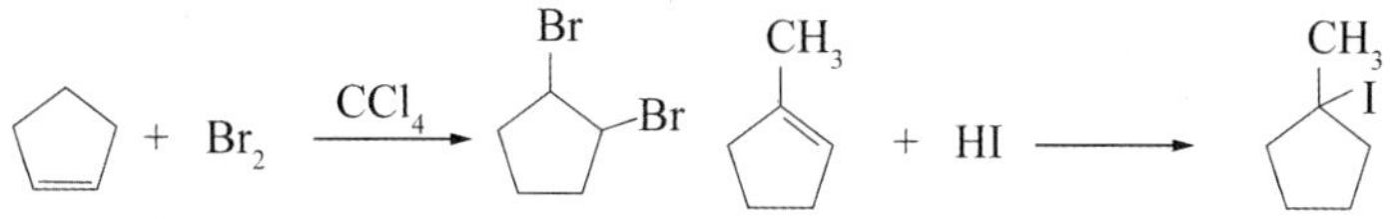
Br
CH3
CH3
CCl4
+ Br2
Br
+ HI
I

(4)催化加氢

小环环烷烃在催化剂作用下，发生催化加氢生成烷烃。由于环的大小不同，催化加氢(catalytic hydrogenation)的难易也不同。环丁烷比环丙烷开环困难，需要在较高的温度下进行加氢反应，而环戊烷则必须在更强烈的条件下(如300℃、铂催化)才能加氢，高级环烷烃加氢则更为困难。

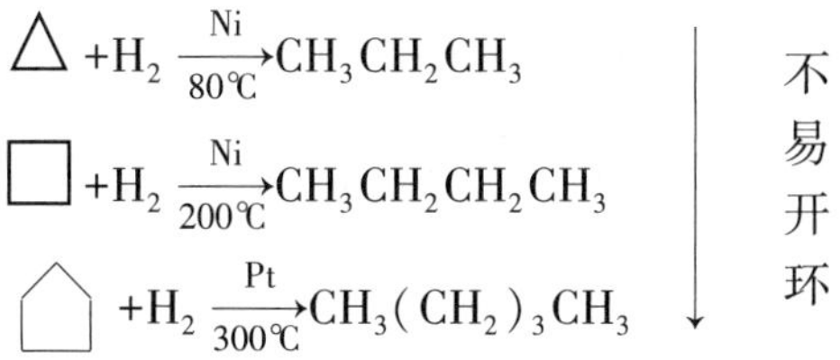
+H2 Ni 80℃ CH3CH2CH3
+H2 Ni 200℃ CH3CH2CH2CH3
+H2 Pt 300℃ CH3(CH2)3CH3
不易开环

从上述反应条件可以看出，环的稳定性顺序为：五元环>四元环>三元环。

常温下，环烷烃与一般氧化剂(如高锰酸钾溶液、臭氧等)不起作用，即使是环丙烷也是如此。

(5)环醚、环氧乙烷

环醚的性质随环的大小不同而异，其中五元环醚和六元环醚性质比较稳定，具有一般醚的性质。但具有环氧乙烷结构的化合物(环氧化合物)与一般醚完全不同。由于其三元环结构所固有的环张力及氧原子的强吸电子诱导作用，使得环氧化合物具有非常高的化学活性，与酸、碱、金属有机试剂、金属氢化物等都能很容易的发生开环反应。例如：

环氧丙烷与Grignard等各种试剂的开环反应如下：

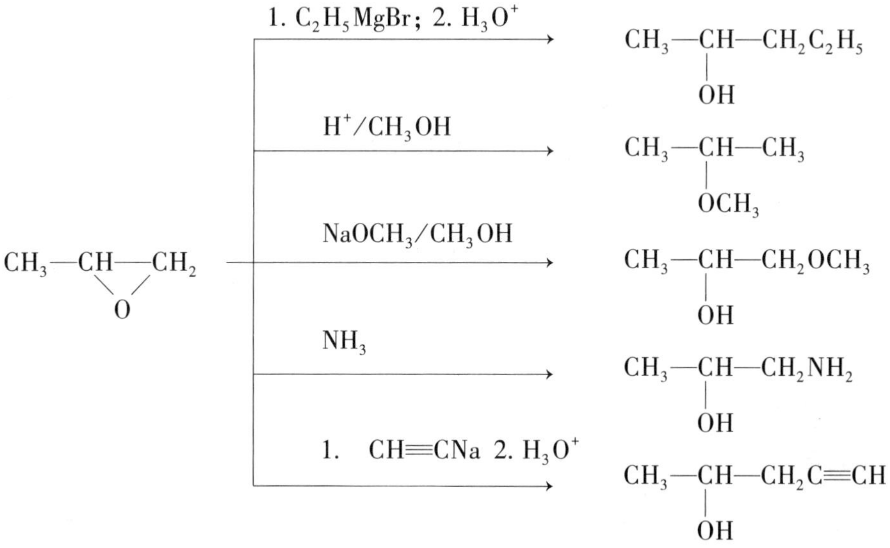
1. C2H5MgBr; 2. H3O+
CH3—CH—CH2C2H5
OH
H+/CH3OH
CH3—CH—CH3
OCH3
NaOCH3/CH3OH
CH3—CH—CH2
O
CH3—CH—CH2OCH3
OH
NH3
CH3—CH—CH2NH2
OH
1. CH≡CNa 2. H3O+
CH3—CH—CH2C≡CH
OH

由于环氧乙烷非常活泼，所以在制备乙二醇、乙二醇单乙醚、2-氨基乙醇等化合物时，必须控制原料配比。否则，生成多缩乙二醇，多缩乙二醇单醚和多乙醇胺，例如：

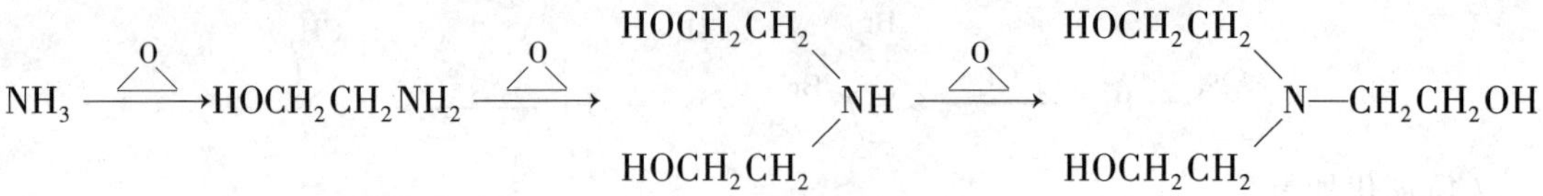

反应机理

环氧化合物可在酸或碱催化下发生开环反应，即碳氧键的断裂反应。环氧化合物的开环反应的取向主要取决于是酸催化还是碱催化。例如：

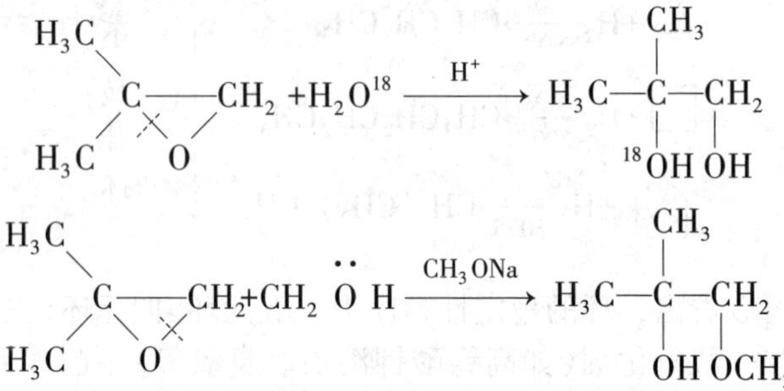

酸催化时，环氧化合物的氧原子首先与质子结合生成盐，盐的形成增强了碳氧键(C—O)的极性，使碳氧键变弱而容易断裂。随后以 S_N1 或 S_N2 反应机制进行反应。对于不对称环氧乙烷的酸催化开环反应，亲核试剂主要与含氢较少的碳原子结合。

碱催化时，首先亲核试剂从背面进攻空阻较小的碳原子，碳氧键异裂，生成氧负离子，然后氧负离子从体系中得到一个质子，生成产物。

酸催化(S_N1)：

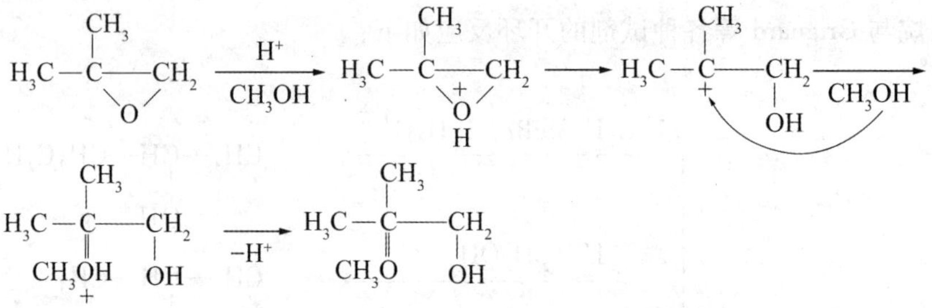

碱催化(S_N2)：

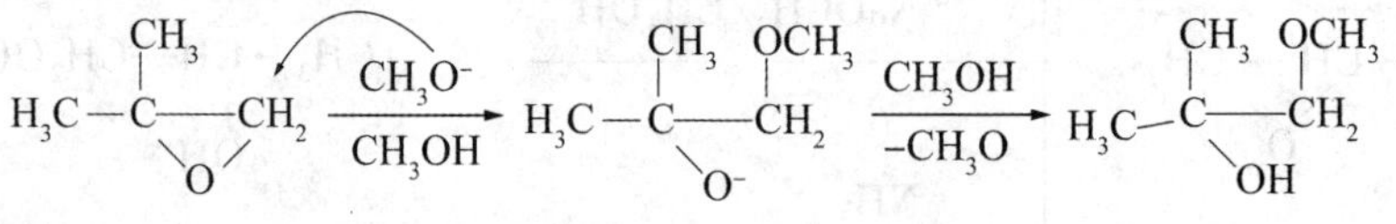

例题解析

例 完成下列反应

1. 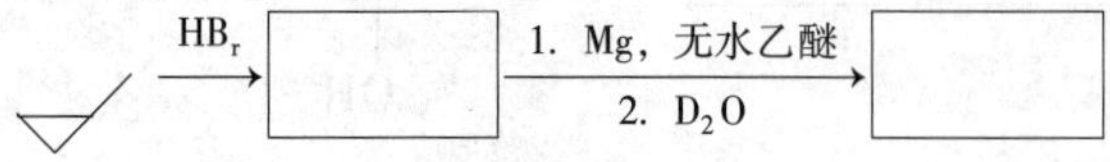 （西北大学，2011）

2. 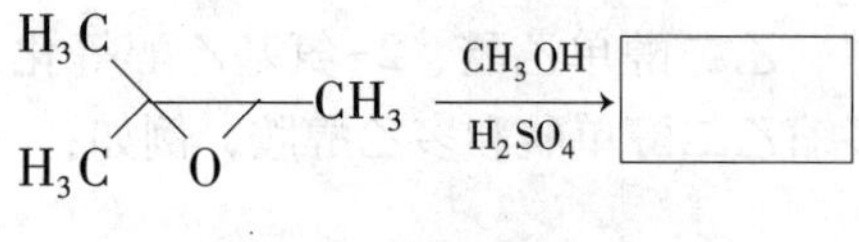 （苏州大学，2015）

3. 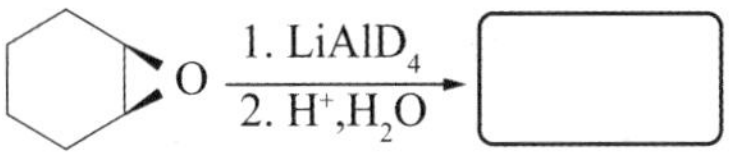

1. $LiAlD_4$
2. H^+,H_2O

（西北大学，2011）

［解答］

1. 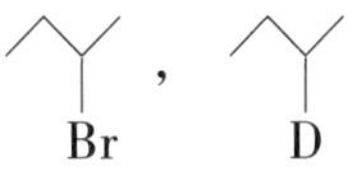

2. 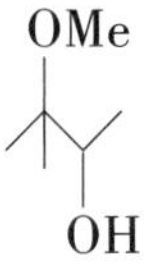

3. 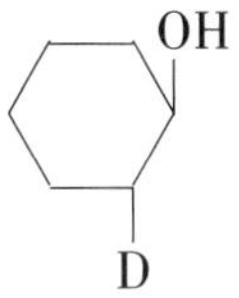

参考文献

［1］孔祥文．有机化学［M］．北京：化学工业出版社，2010.

［2］邢其毅，裴伟伟，徐瑞秋，等．基础有机化学（第三版）．北京：高等教育出版社，2005.

［3］孔祥文．基础有机合成反应［M］．北京：化学工业出版社，2014.

2.6　羟汞化-脱汞反应

问题引入

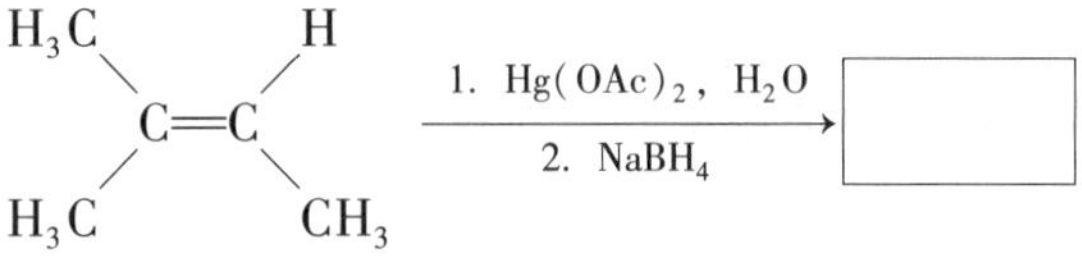

1. $Hg(OAc)_2$，H_2O
2. $NaBH_4$

（复旦大学，2010）

2-甲基-2-丁烯与醋酸汞-水溶液反应再经硼氢化钠还原得到2-甲基-2-丁醇 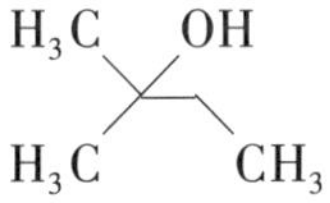。

反应概述

羟贡化-脱汞反应，即烯烃与醋酸汞在四氢呋喃-水溶液反应，先生成羟汞化合物（羟汞化反应），然后用硼氢化钠还原脱汞（脱汞反应），得到醇[1]。

反应通式

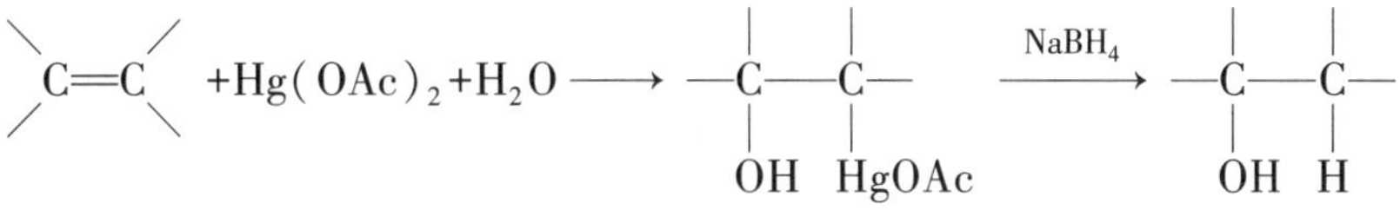

+$Hg(OAc)_2$+H_2O
$NaBH_4$

整个反应相当于烯烃与水的加成，但其适应性比烯烃酸催化下的水合要广泛得多。

反应特点

具有高度的立体专一性、生成的醇相当于水对碳碳双键的马氏加成产物；反应速率快、反应条件温和；在绝大多数情况下没有重排产物。是实验室制备醇的一种方法。羟汞化反应是碳碳双键的亲电加成，汞离子是亲电试剂，由于不发生重排反应，而且反应有立体专一性，得到的是反式加成产物。中间体是环状的正汞离子中间体，结构类似前述的溴鎓离子。

由于汞及其可溶性盐均有毒，因此羟汞化(溶剂汞化)-还原脱汞反应的应用受到限制。

反应应用

汞化反应在不同溶剂中进行时，得到不同的产物，若用其他质子的和亲核的溶剂(如 ROH，RNH_2，RCOOH)代替水进行反应(称为溶剂汞化)，然后再用硼氢化钠还原，则得到醚、胺和酯等。

烷氧汞化-还原脱汞反应和烯烃的羟汞化-还原脱汞制备醇类似，但比羟汞化更容易进行，是一个有用的合成醚的方法，特点是不发生消除反应。反应遵守 Markovnikov 规则，反应产物相当于烯烃和醇的加成。

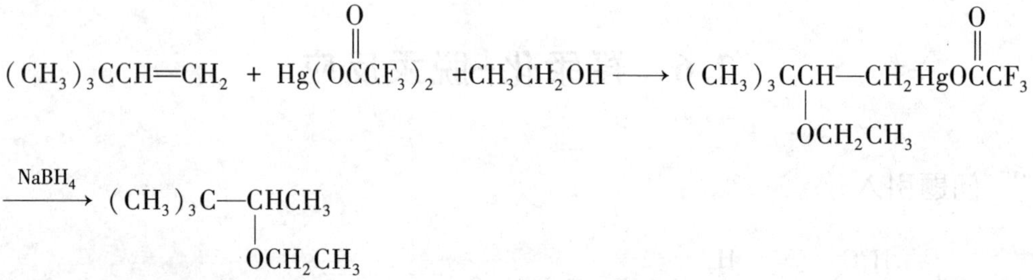

由于三级丁醚空间位阻较大，因此不能用该方法制备。

例题解析

例 写出反应的主要产物

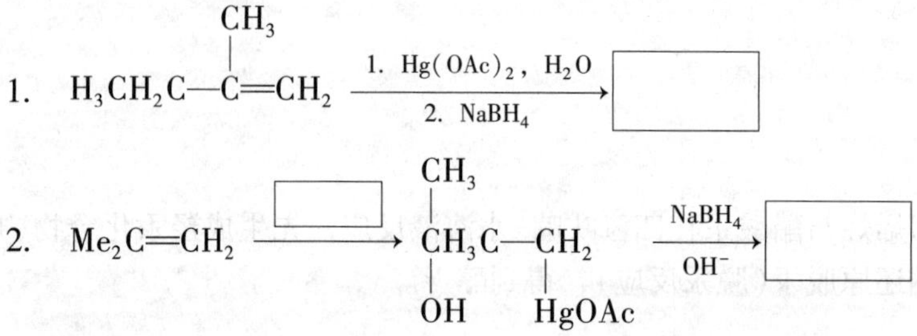

(山东大学，2016)

(陕西师范大学，2004)

[解答]

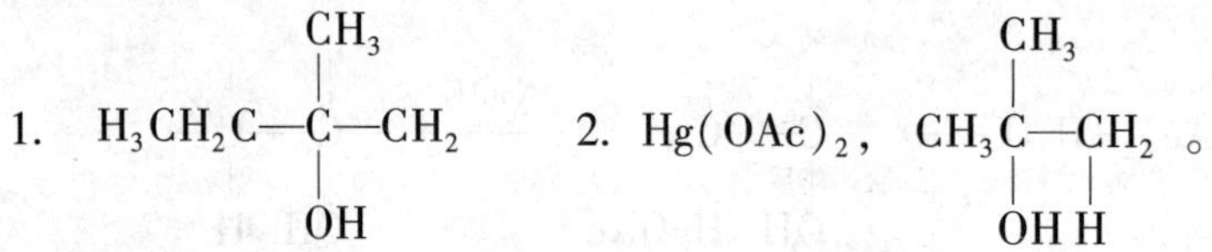

参考文献

[1] 孔祥文. 有机化学[M]. 北京：化学工业出版社，2010：40.

2.7　亲电加成反应

问题引入

$$CF_3CH{=}CHCH_3 + HOCl \longrightarrow \boxed{}$$（华侨大学，2016）

1，1，1-三氟-2-丁烯与次氯酸发生亲电加成反应得到 4，4，4-三氟-3-氯-2-丁醇，其结构为：$CF_3CHClCH(OH)CH_3$。

反应概述

烯烃是平面结构，π 电子云在分子平面的上部和下部，受核引力小。电子向外暴露的态势较为突出，使烯烃成为富电子分子，容易给出电子、受到缺电子试剂(即亲电试剂)进攻而发生加成反应生成饱和化合物。这种亲电试剂进攻不饱和键而引起的加成反应称为亲电加成反应。

反应活性

通常不饱和键上的电子云密度越高，亲电加成反应速率越快。亲电加成是烯烃和炔烃的特征反应，因为碳碳三键的供电子能力不如碳碳双键，所以炔烃比烯烃较难进行亲电加成反应。亲电加成活性：烯烃 > 炔烃。

Markovnikov 规则

1870 年，俄国化学家 V. M. Markovnikov 首次提出了烯烃与卤化氢加成的区域选择性规律，即不对称烯烃与卤化氢等极性试剂进行加成反应时，氢原子总是加到含氢较多的碳原子上，氯原子(或其他原子、基团)则加到含氢较少或不含氢原子的碳上。因此称 Markovnikov 规则(Markovnikov rule)。当分子中不含氢原子的亲电试剂或不饱和烃中含有吸电子基团时，Markovnikov 规则还可以用如下方式表达：不对称烯烃与极性试剂加成时，首先试剂中的正离子或带部分正电荷部分加到重键中带部分负电荷的碳原子上，然后试剂中的负离子或带部分负电荷部分加到重键中带部分正电荷的碳原子上。即如果烯烃的双键碳原子上连有—CF_3、—CN、—COOH、—NO_2 等吸电子基团(electron-withdrawing group)，常生成反马氏加成的产物。

共轭二烯烃的亲电加成反应

共轭二烯烃的亲电加成反应活性比简单烯烃快得多。这是由于共轭二烯烃受亲电试剂进攻后所生成的中间体是烯丙型碳正离子，由于烯丙型碳正离子存在共轭效应，其稳定程度较大[1,2]。共轭二烯烃由于其结构的特殊性，与亲电试剂——卤素、卤化氢等能进行 1，2-加成和 1，4-加成反应，二者是同时发生的，两种产物的比例主要取决于试剂的性质、溶剂的性质、温度和产物的稳定性等因素，一般情况下，以 1，4-加成为主。反应条件对产物的组成有影响：高温有利于 1，4-加成，低温有利于 1，2-加成；极性溶剂有利于 1，4-加成，非极性溶剂有利于 1，2-加成。

例题解析

例 1 选择题

1. 下列烯烃发生亲电加成反应时，活性最高的是(　　)。（苏州大学，2015）

A. $H_2C{=}CHCH_3$　B. $H_2C{=}C(CH_3)_2$　C. 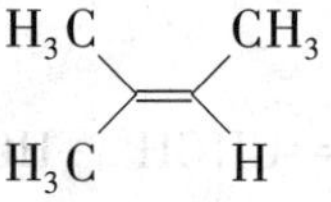　D. 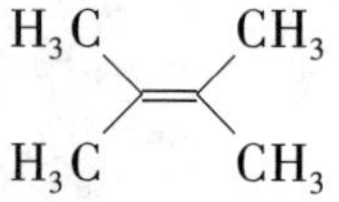

2. 下列化合物与 HBr 反应活性最大的是(　　)。（四川大学，2013）

A. $CH_3CH{=}CHCH{=}CH_2$　B. $CH_2{=}CHCH_2CH{=}CH_2$

C. $CH_2{=}CCH{=}CH_2$　D. $CH_2{=}CHCH_2CH_2CH_3$

3. 下列化合物中，氢化热最小的是(　　)。（浙江工业大学，2014）

A. 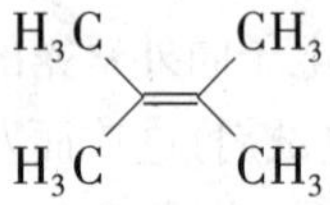　B. 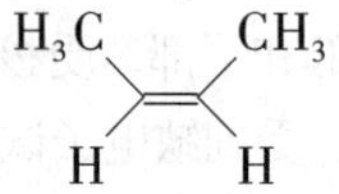　C. 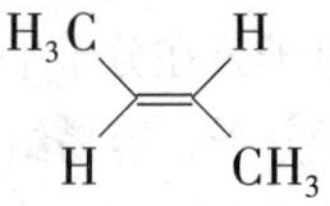　D. $CH_2{=}CH_2$

4. 下列化合物与 HBr 作用可以形成外消旋体的是(　　)。（四川大学，2013）

A. 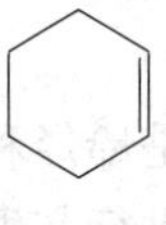　B. 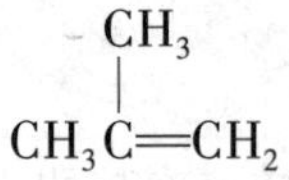　C. 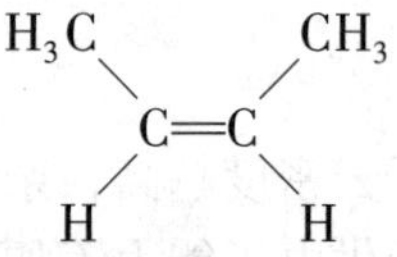　D. 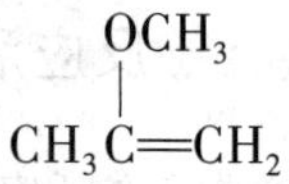

[解答] 1. D　2. A　3. A　4. C

例 2　完成下列反应

1. 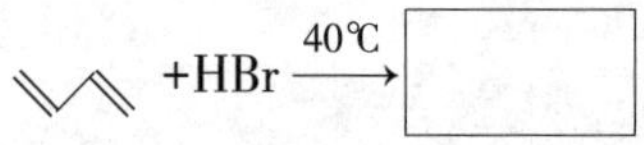（厦门大学，2012）

2. $C_6H_5{-}HC{=}CH{-}CH_3$ + HBr ⟶ □（西北大学，2011；苏州大学，2015）

3. 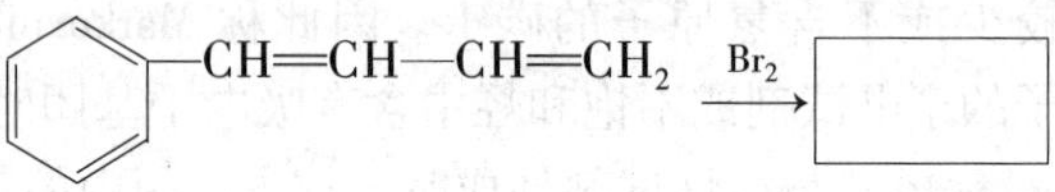（四川大学，2013）

[解答]

1. 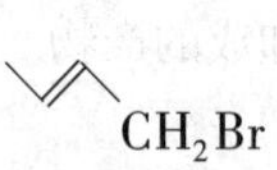　2. 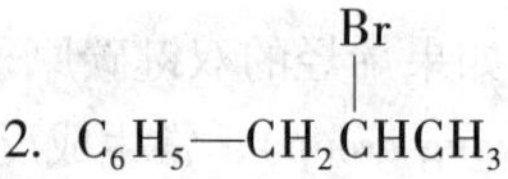　3. 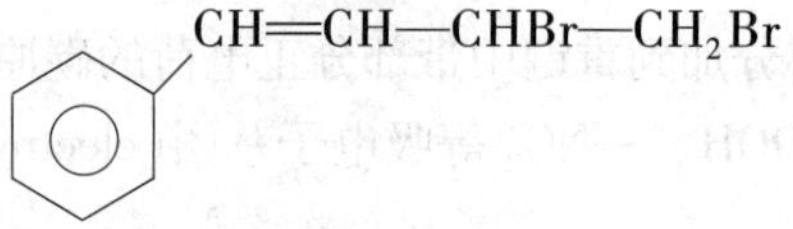

例 3　问答题

1. 如何用简单的化学方法鉴别下列各组化合物？

(1)4-氯苯酚和 1-甲基-4-氯苯

(2)苯氧基乙烯和乙氧基苯　（厦门大学，2012）

2. 环己烷(b. p. 81℃)、环己烯(b. p. 83℃)很难用蒸馏方法进行分离，请设计一个实验方法将它们分离提纯。（湖南师范大学，2013）

[解答]

1. (1)与 $FeCl_3$ 溶液发生颜色反应的是 4-氯苯酚；(2)能使溴水褪色的是苯氧乙烯。

2. 加溴将环己烯转化为 1，2-二溴环己烷，1，2-二溴环己烷的沸点较高，可以与环己烷用蒸馏的方法分离，将分离后的 1，2-二溴环己烷再用锌处理得到环己烯。

例 4　写出反应机理

1. 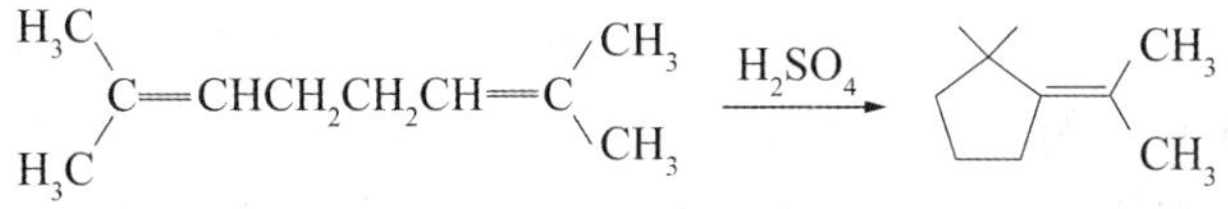（青岛科技大学，2012）

［**解答**］两次亲电加成，第一次是氢离子加到烯键上，第二次是分子内加成（碳正离子加到烯键上），每次都生成较稳定的碳正离子。

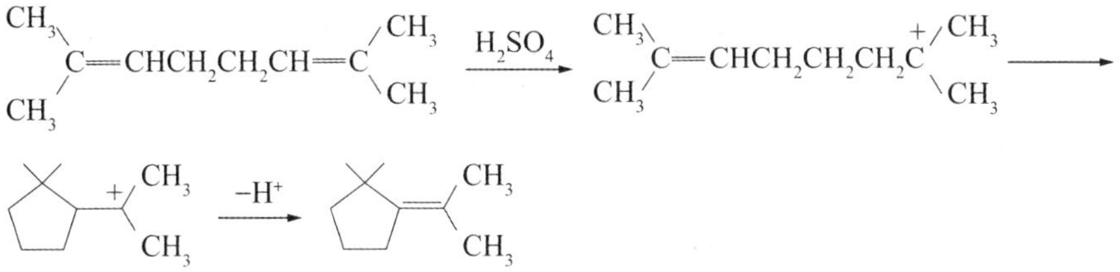

2. 顺-2-丁烯与液溴的四氯化碳溶液反应生成几种产物，它们之间是什么关系，并给出反应过程。（西北大学，2011）

［**解答**］

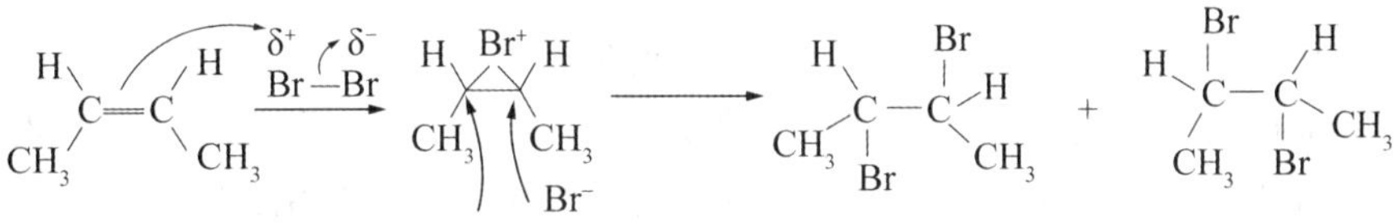

主要生成两种产物，为对映关系

参考文献

［1］孔祥文．有机化学［M］．北京：化学工业出版社，2010．

［2］邢其毅，裴伟伟，徐瑞秋，等．基础有机化学（第三版）［M］．北京：高等教育出版社，2005．

2.8　亲核加成反应

问题引入

饱和 $NaHSO_3$ 溶液与一些羰基化合物加成形成沉淀，它与哪些羰基化合物能反应？哪些不能反应？为什么？

（华东理工大学，2014）

反应概述

由亲核试剂与底物发生的加成反应称为亲核加成反应。反应发生在碳氧双键、碳氮叁键、碳碳叁键等不饱和的化学键上。

反应机理

醛、酮的羰基在亲核试剂进攻下，可以发生亲核加成反应。亲核加成反应的历程可表示如下：

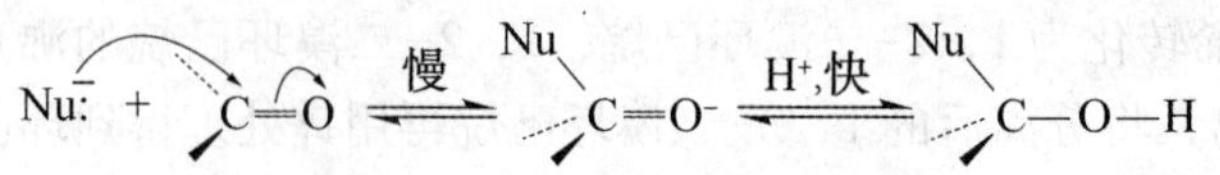

首先，亲核试剂进攻羰基碳原子，并与之结合成 σ 键，该步慢反应是亲核加成反应的决速步骤。然后反应试剂中的亲电部分与带有负电荷的氧原子结合生成加成产物，这是一步快反应。反应过程中，带负电的亲核试剂先进攻羰基中的正电中心碳原子，原因在于这样反应后生成的氧负离子是比较稳定的八隅体结构；反之，若进攻试剂中的亲电部分先与带负电的羰基氧原子反应，生成的碳正离子周围只有 6 个电子，这样的结构是不稳定的。

与亚硫酸氢钠的加成

醛、脂肪族甲基酮和少于 8 个碳的环酮与过量的饱和亚硫酸氢钠水溶液发生亲核加成反应生成 α-羟基磺酸钠，该产物不溶于饱和亚硫酸氢钠溶液，以白色晶体的形式析出。

羰基化合物与亚硫酸氢钠的加成反应历程为：

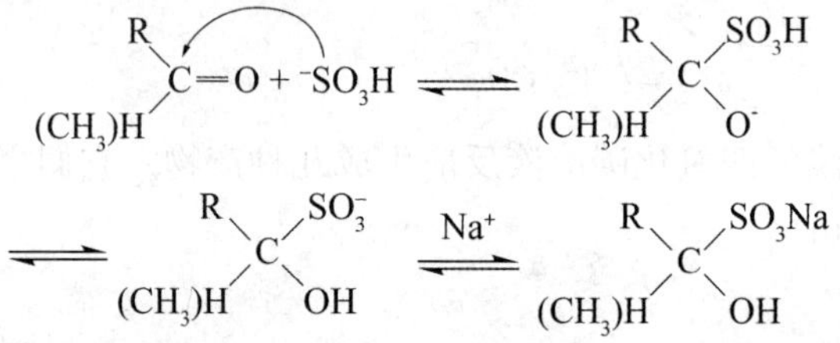

反应过程中，作为亲核试剂进攻羰基的是亚硫酸根负离子。硫原子的亲核能力强于同周期的氧原子，因而亚硫酸根是较强的亲核试剂，故反应不需要催化剂。但由于亚硫酸根体积较大，所以反应过程中的空间位阻也大。当它与连接有较大烃基的羰基化合物反应时，反应进程会受到明显的影响。下面列出的是几种羰基化合物与浓度为 1mol/L 的亚硫酸氢钠溶液反应 1 h 后的产率，可以清楚看出随着烃基体积的增大，反应的产率不断下降。

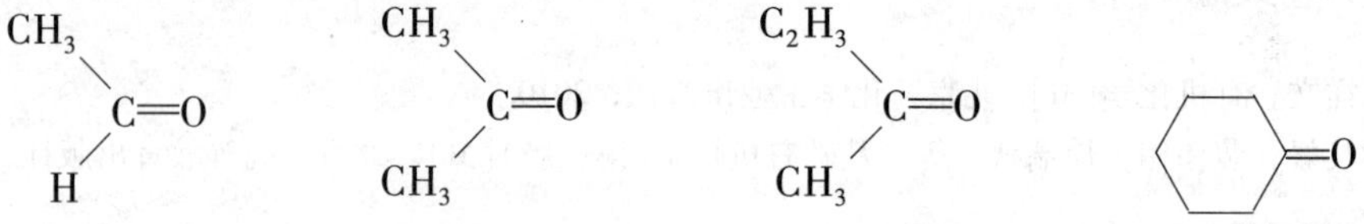

89%　　56%　　36%　　35%

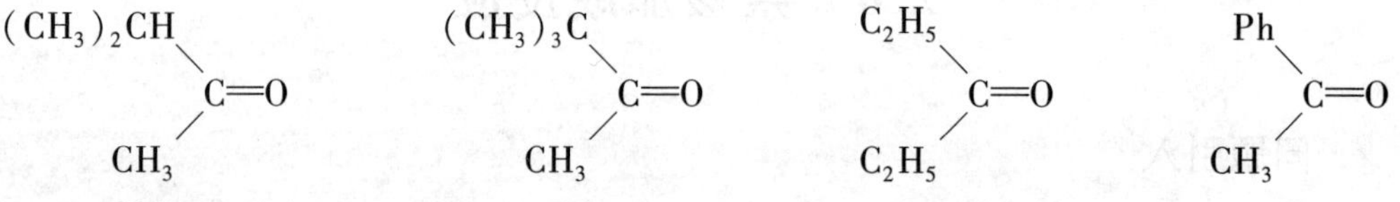

12%　　6%　　2%　　1%

例题解析

例 1　下列化合物不与格氏试剂反应的是(　　)。　　　（浙江工业大学，2014）

A. 二氧化碳　　B. 乙酸乙酯　　C. 丙酮　　D. 四氢呋喃

[解答]

选 D。可以与羰基发生亲核加成反应的常用金属有机试剂有 Grignard 试剂、有机锂试剂、炔钠和有机锌试剂等。其中与 Grignard 试剂的加成应用最广泛，也是最重要的。

Grignard 试剂中碳镁键的极化程度高，碳原子电负性大于镁，因而带有部分负电荷。反应过程中，Grignard 试剂的碳镁键异裂，烃基负离子作为亲核试剂带着 C—Mg 键的一对键合电子进攻羰基的碳原子，形成新的 C—C 键。然后，—MgX 与生成的氧负离子结合，这是一步快反应。生成的加成产物不需分离，可直接进行水解反应生成醇。

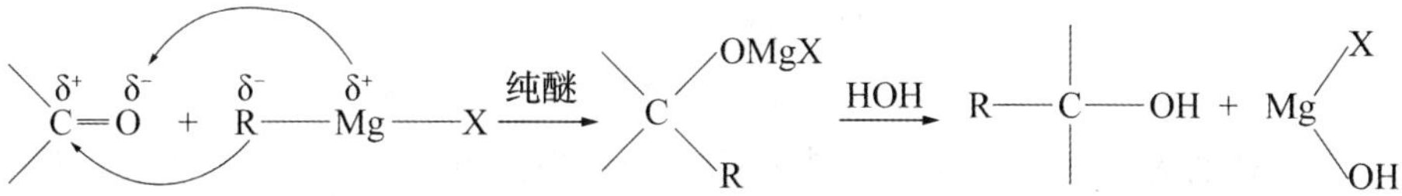

Grignard 试剂与甲醛反应后水解生成伯醇，与其他醛反应后水解生成仲醇，与酮或酯反应得到的是叔醇。例如：

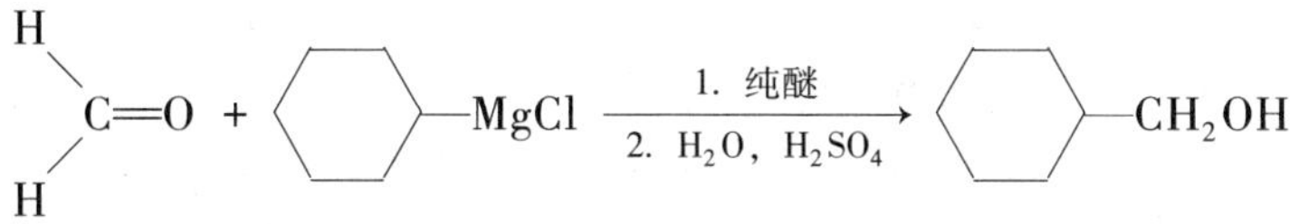

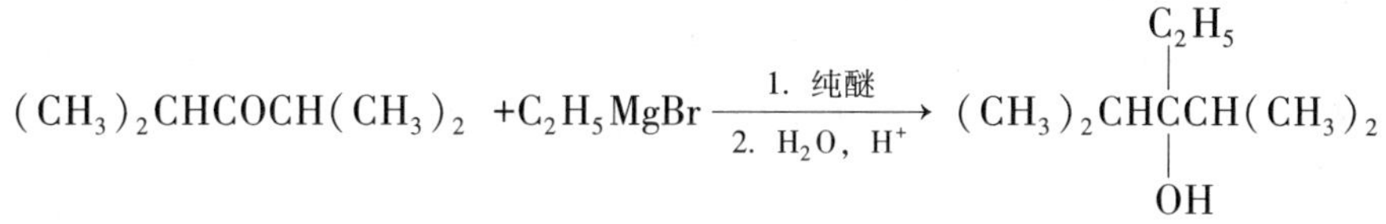

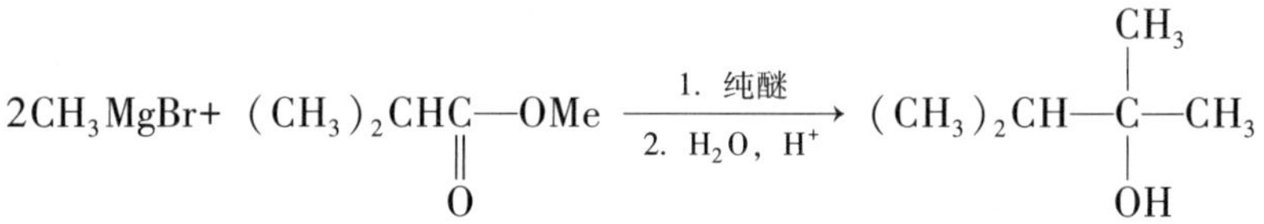

叔醇很容易脱水生成烯烃，Grignard 试剂与酮反应后的混合物用稀盐酸分解，生成的叔醇会立刻发生脱水反应，得到烯烃。例如：

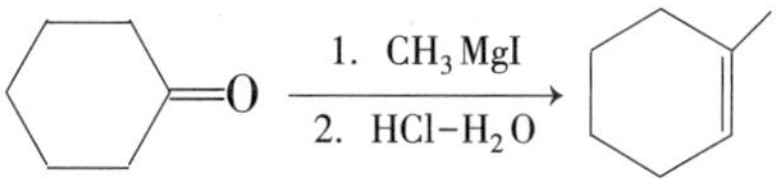

用酸性的磷酸盐缓冲溶液，将反应体系的 pH 控制在 5 左右，可以避免脱水反应的发生。

Grignard 试剂的亲核能力很强，并且与大多数羰基化合物的反应是不可逆的。采用 Grignard 试剂可以制备多种类型的醇，反应的产率高，产物容易分离。而醇可以转变成很多种化合物，所以该反应有重要而广泛的用途。但是，当羰基所连接的烃基或 Grignard 试剂的烃基体积较大时，空间阻碍大，导致反应的产率降低，甚至使反应无法进行。如 Grignard 试剂很难与二叔丁基酮反应。

有机锂试剂体积较小，具有较高的反应活性。当 Grignard 试剂反应效果不好时，可选用有机锂试剂进行反应。例如：二叔丁基酮与叔丁基锂反应，仍然可以生成叔醇。

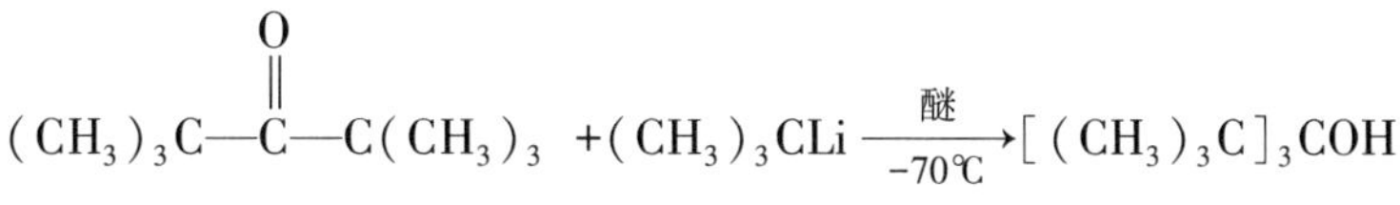

醛、酮也可以与炔钠发生反应，产物经水解后转化为含有炔基的醇。

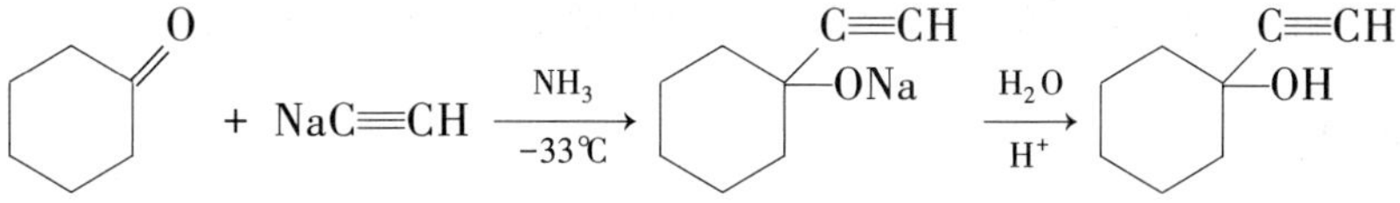

例 2　下列化合物亲核反应活性最高的是(　　)。

A. EtO^-　　B. HO^-　　C. PhO^-　　D. CH_3COO^-　　（湘潭大学，2016）

[解答] 选 A。亲核试剂的亲核性与其碱性、可极化性等有关。

(1)当具有相同原子时，亲核试剂的亲核能力随碱性的增强而增强。例如：

亲核性由强到弱顺序为：$C_2H_5O^- > OH^- > C_6H_5O^- > CH_3COO^- > H_2O$；$H_2N^- > H_3N$

这与碱性大小次序相同。但亲核性与碱性并不完全一致。例如，CH_3O^-和$(CH_3)_3CO^-$，虽然$(CH_3)_3CO^-$碱性强于CH_3O^-，但体积大，过渡态拥挤，亲核性弱。

(2)当亲核试剂的亲核原子是元素周期表中同周期原子时，原子序数越大，其电负性越大，则给出电子能力越弱，即亲核性越弱。例如亲核性顺序：

$H_2N^- > HO^- > F^-$；$H_3N > H_2O$；$R_3P > R_2S$。

(3)当亲核试剂的亲核原子是元素周期表中同族原子时，试剂极化度越大，亲核性越强。例如，亲核性顺序：$I^- >> Br^- > Cl^- > F^-$；$RS^- > RO^-$；$R_3P > R_3N$。

F^-的亲核性最弱，这是由于F^-的电负性强，吸电子能力大，不易给出电子。

(4)同类型的亲核试剂，体积越大，空间障碍就越大，不利于亲核试剂进攻中心碳原子，而且形成的过渡态稳定性也不好，所以体积较大的亲核试剂，亲核性较弱。例如：

亲核性顺序：$(CH_3)_3CO^- < (CH_3)_2CHO^- < CH_3CH_2O^- < CH_3O^-$。

例 3　选择题

1. 下列化合物不能与亚硫酸氢钠饱和溶液反应生成沉淀的是(　　)。

（华南理工大学，2015）

A. 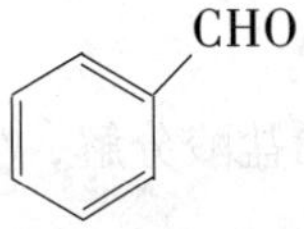　B. 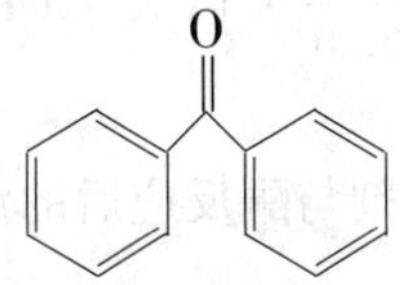　C. 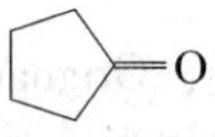　D. $CH_3CH_2CH_2CHO$

2. 下列羰基化合物发生亲核加成反应时，反应速度最快的是(　　)。（苏州大学，2015）

A. CH_3CHO　B. $C_6H_5COCH_3$　C. 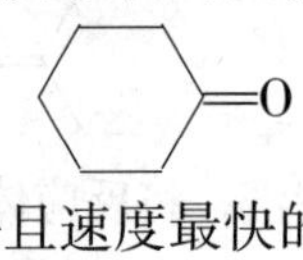　D. CH_3COCH_3

3. 下列化合物能与饱和亚硫酸氢钠水溶液反应并且速度最快的是(　　)。

（四川大学，2013）

A. 苯丁酮　B. 环戊酮　C. 丙醛　D. 二苯甲酮

[解答] 1. B　2. A　3. C

例 4　下列缩醛进行水解时，有一个反应速率是另一个的 7000 倍，试比较哪个反应速率快，并解释原因。（南京大学，2014）

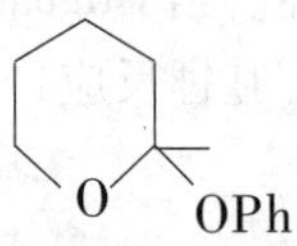

a

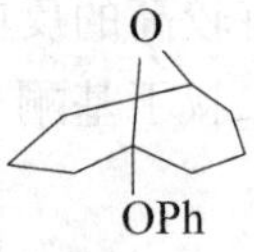

b

[解答] a 的反应速率较快，因为 a 是 6-羟基-2-己酮的缩酮，b 也是缩酮，但母体分子为两个六元环共用三个碳原子的桥环化合物，较为稳定，难以水解。

参考文献

[1] 孔祥文. 有机化学[M]. 北京：化学工业出版社，2010.

[2] 邢其毅，裴伟伟，徐瑞秋，等. 基础有机化学(第三版)[M]. 北京：高等教育出版社，2005.

[3] 刘在群. 有机化学学习笔记[M]. 北京：科学出版社，2005：335.

第3章　消除反应

3.1　Chugaev 消除

问题引入

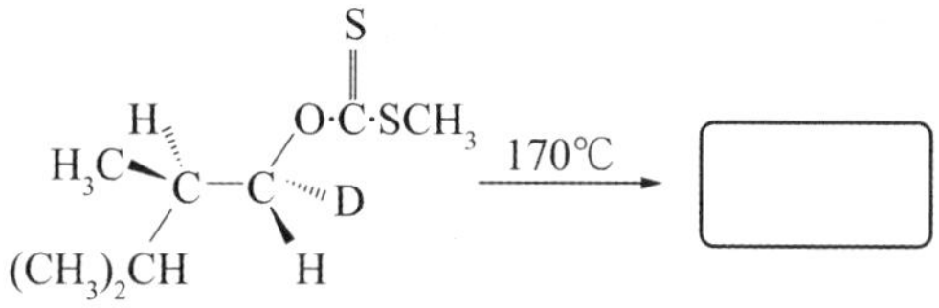

（北京大学，1990）

黄原酸酯加热到 170 ℃时经热分解得到烯烃，产物结构为 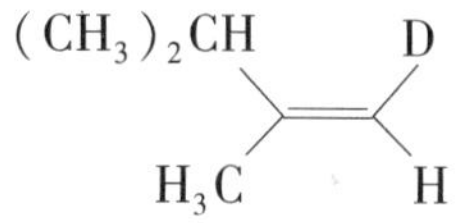 。

反应概述

醇与二硫化碳在碱性条件下反应形成黄原酸盐，再用卤代烷处理，可得黄原酸酯。将黄原酸酯加热到 100～200℃即发生热分解生成烯烃。黄原酸酯热消除为烯烃的反应为 Chugaev 反应[1]。

反应通式[2]

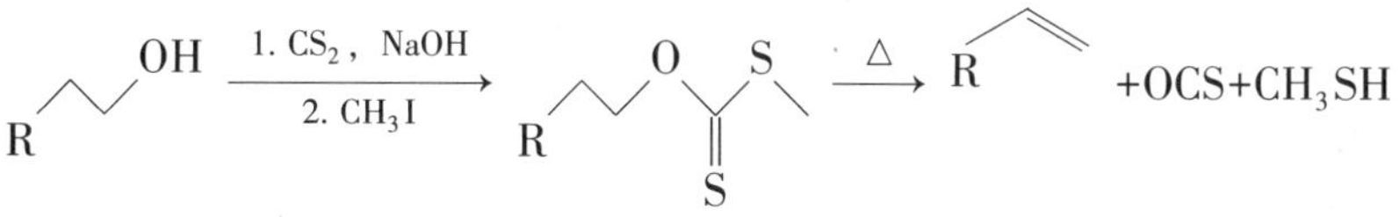

反应机理

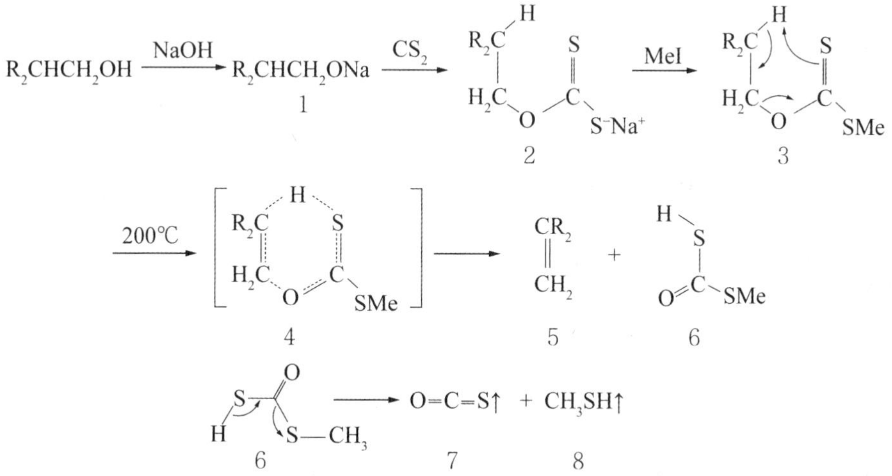

首先醇与氢氧化钠反应得醇钠(1)，1 与二硫化碳反应得 O-烷基黄原酸钠盐(2)，2 与碘甲烷经 S_N2 的甲基化反应得到 O-烷基黄原酸甲酯(3)，然后 3 在约 200°C 时，经由六元环过渡态(4)，氢由 β^-碳原子转移到硫原子上，发生顺式消除，最终产物是烯烃(5)和黄原酸甲酯(6)，6 分解得到硫化羰(COS)(7)和甲硫醇(8)。

羰基硫(化学式：OCS)又称氧硫化碳、硫化羰，通常状态下为有臭鸡蛋气味的无色气体。它是一个结构上与二硫化碳和二氧化碳类似的无机碳化合物，气态的 OCS 分子为直线型，一个碳原子以两个双键分别与氧原子和硫原子相连。羰基硫性质稳定，但会与氧化剂强烈反应，水分存在时也会腐蚀金属。可燃，有毒，但与硫化氢一样，会使人对其在空气中的浓度产生低估。例如：

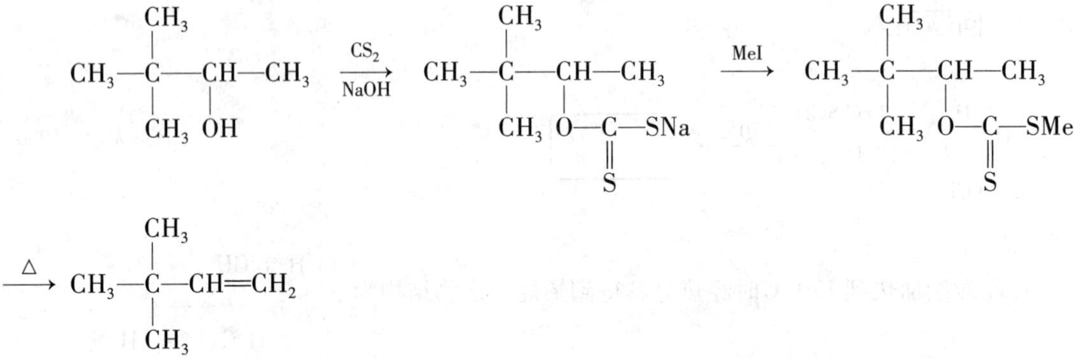

CS2
NaOH
MeI
△

参考文献

[1] Chugaev, L. Ber. 1899, 32: 3332.

[2] Jie Jack Li. Name Reaction, 4th ed. [M]. Springer-Verlag Berlin Heidelberg, 2009: 110.

3.2 Cope 消除

问题引入

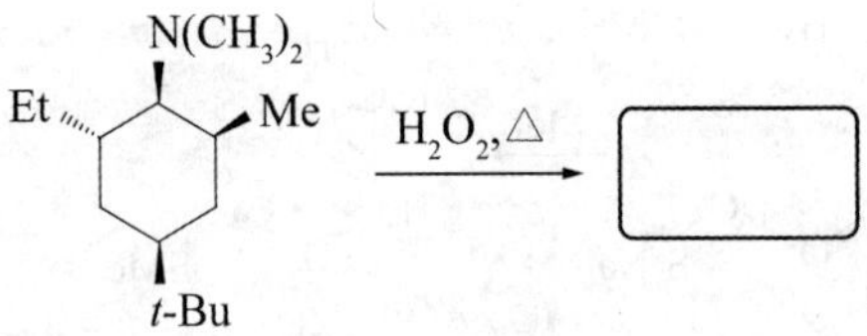

N(CH3)2
Et
Me
t-Bu
H2O2,△

（中山大学，2016）

N，N-二甲基-2-甲基-6-乙基-4-特丁基环己基胺与 H_2O_2 反应后加热得到一种烯烃，其结构式为：

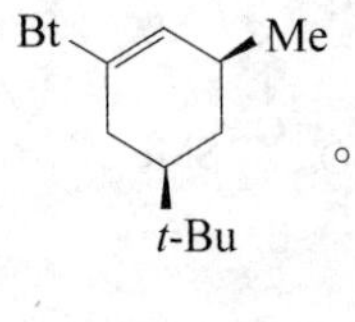

Bt
Me
t-Bu

。

反应概述

叔胺在 H_2O_2、RCOOOH 作用下生成叔胺氧化物，再发生热消除生成烯烃，消除时符合

Hoffmann 规则[1]。上述反应就是 Cope 消除[2,3]。叔胺的 *N*-氧化物(氧化叔胺)热解时生成烯烃和 *N*，*N*-二取代羟胺，产率很高。实际上只需将叔胺与氧化剂放在一起，不需分离出氧化叔胺即可继续进行反应，例如在干燥的 DMSO 或 THF 中这个反应可在室温进行。此反应条件温和、副反应少，反应过程中不发生重排，可用来制备许多烯烃。当氧化叔胺的一个烃基上两个 β 位均有氢原子存在时，消除得到的烯烃是混合物，但是以 Hofmann 产物为主；如得到的烯烃有顺反异构时，一般以 E-型为主。

反应机理

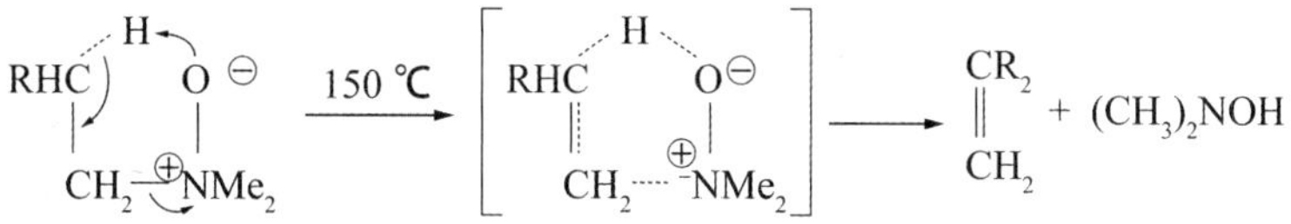

反应时形成一个平面五元环过渡态，离去基团与 β-H 必须在同侧，且为重叠式。例如：

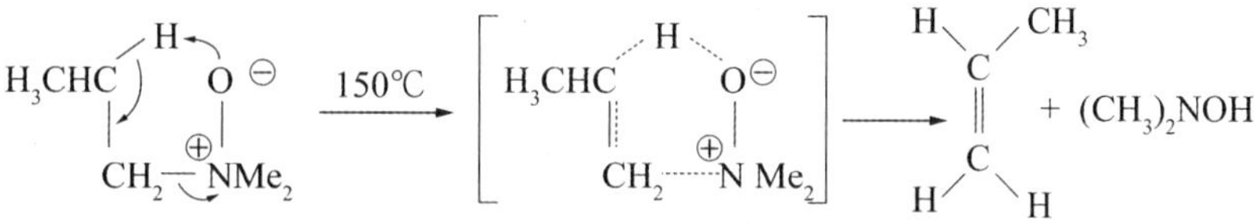

例题解析

例　完成下列反应

1. 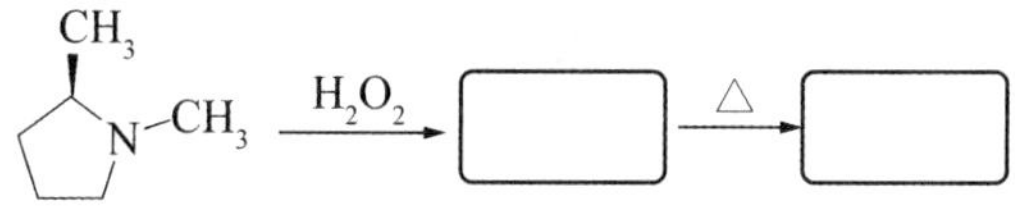　（南开大学，2015）

2. 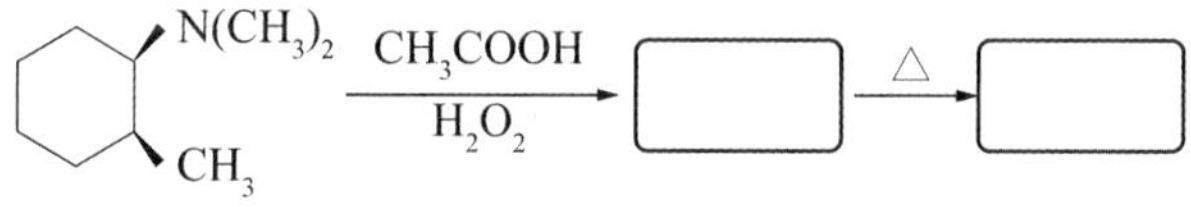　（南京大学，2014）

3. 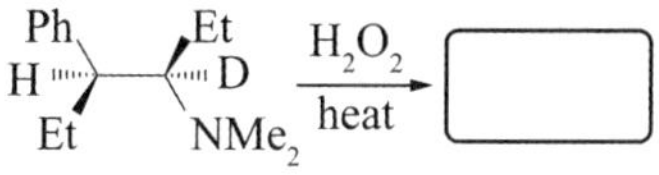　（南开大学，2013）

4. 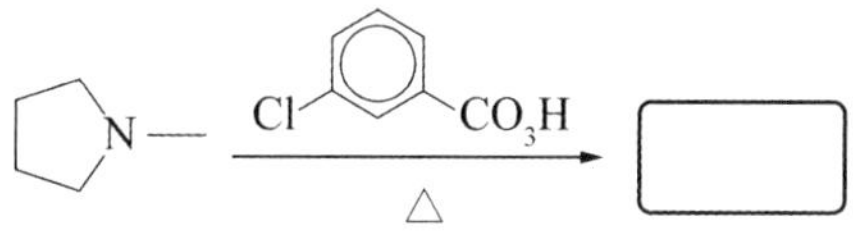　（复旦大学，2012）

5. 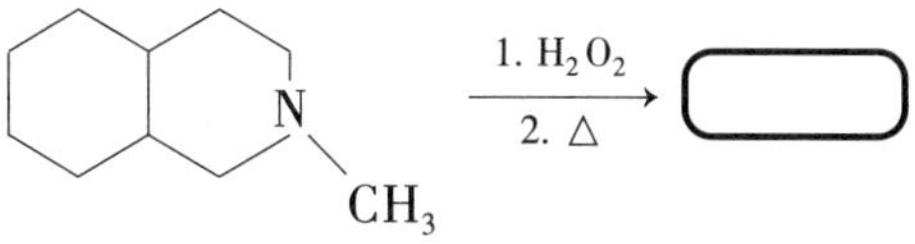　（南开大学，2009）

6. 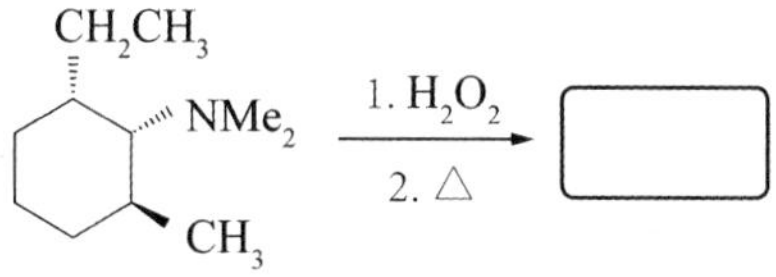　（中国科技大学、中国科学院合肥所，2009）

7. 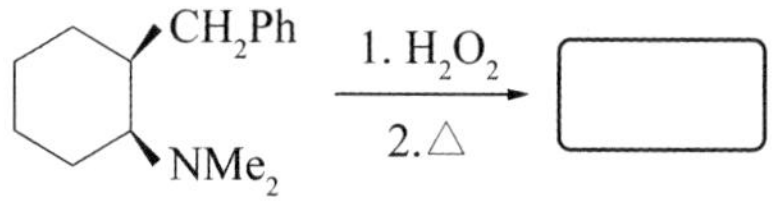　（复旦大学，2005）

8. 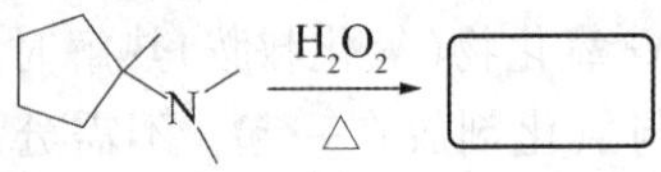 （复旦大学，2006）

［解答］

1. 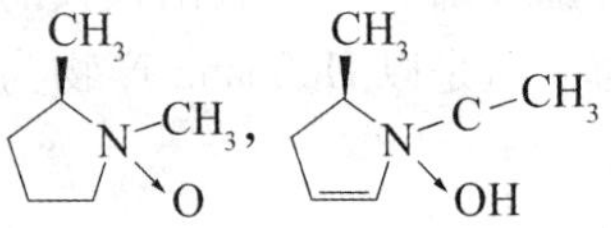 2. 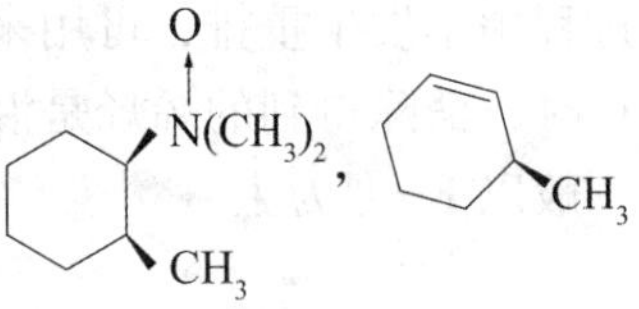 3. 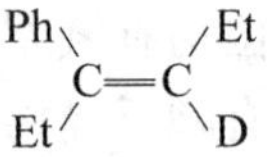

4. 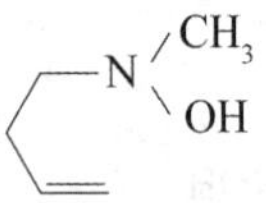 5. 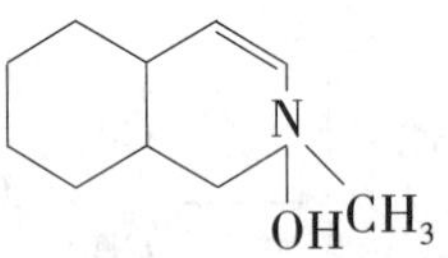 6. 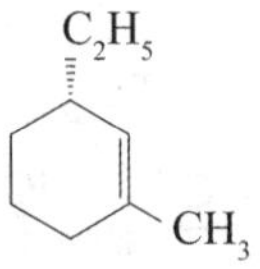 7. 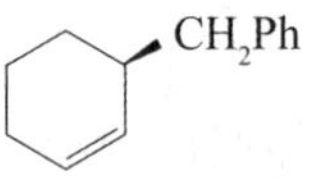

8. 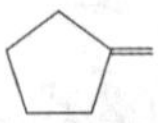

Cope 消除用于烯烃的合成(不发生重排)以及在化合物上除掉氮。

参考文献

[1]吴范宏. 有机化学学习与考研指津(2008 版)[M]. 北京：华东理工大学，2008：179.

[2]Cope A. C，Foster T. T，Towle P. H. J. Am. Chem. Soc. 1949，71：3929-3934.

[3]Cope A. C，Trumbull E. R. Org. React. 1960，11：317-493.

3.3 Hoffmann 热消除反应

问题引入

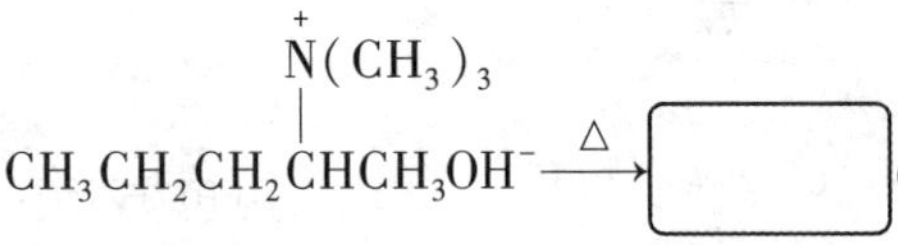（中国科学技术大学，2016）

三甲基-2-戊基氢氧化铵受热发生 Hoffmann 热消除反应生成 1-戊烯和三甲胺，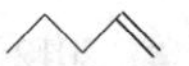，$(CH_3)_3N$。

反应概述

季铵碱为强碱，碱性与苛性碱相当，其性质也与苛性碱相似，具有很强的吸湿性，易溶于水，易潮解，且能吸收空气中的二氧化碳，受热易分解等。例如：

$$(CH_3)_3\overset{+}{N}-CH_3\quad {}^{-}OH \longrightarrow (CH_3)_3N + CH_3OH$$

该反应为 S_N2 反应，这类烃基上没有 β-氢原子的季铵碱加热时都生成叔胺和醇。有β-氢原子的季铵碱在受热时发生双分子消除反应(E2)，例如：

$$HO^{-}\ H-CH_2-CH_2-\overset{+}{N}(CH_2CH_3)_3 \longrightarrow \overset{\delta^-}{HO}\cdots H\cdots CH_2{=}CH_2\cdots\overset{\delta^+}{N}(CH_3CH_2)_3$$

$$\longrightarrow H_2O + CH_2{=}CH_2 + (CH_3CH_2)_3N$$

在消除过程中，OH^-离子进攻β-氢原子，而三乙基胺作为离去基团离去。

Hofmann 规则

当季铵碱分子中可被消除的β-氢原子不只一个时，反应主要是从含氢较多的β-碳原子上消去氢原子，也就是得到的主要产物为双键上烷基最少的烯烃。这是季铵碱特有的规律，称为 Hofmann 规则，该规则正好与 Saytzefff 规则相反。例如：

$$CH_3\overset{\beta^1}{C}H_2—\underset{{}^+N(CH_3)_3}{\overset{\alpha}{C}H}—\overset{\beta^2}{C}H_3OH^- \xrightarrow[\triangle]{} \underset{(95\%)}{CH_3CH_2CH=CH_2} + \underset{(5\%)}{CH_3CH=CHCH_3} + N(CH_3)_3 + H_2O$$

该季铵碱中两个β-氢原子受到$-N^+(CH_3)_3$强吸电诱导效应的影响均显示出一定的酸性，但是β^1-氢原子还受到烷基($-CH_3$)供电效应的影响，因此酸性比β^2-氢原子要小。而且$-N^+(CH_3)_3$是不易离去的离去基团，在$C—N^+$断裂前碱对两个β-氢原子的进攻已经进行到一定的程度，在过渡态中，β-碳原子已经显示出一定的碳负离子的特征，其中β^1-氢原子形成的“碳负离子”受到烷基的供电诱导效应，使负电荷更加集中而不稳定，但是β^2-碳原子形成的“碳负离子”因不与供电基相连而比较稳定，因此碱进攻β^2-氢原子比进攻β^1-氢原子所形成的过渡态更为稳定。另外，β^1-碳原子连接一个甲基，对碱进攻β^1-氢原子也有一定的阻碍作用(空间效应的影响)。上述诸多因素影响的结果导致季铵碱消除反应遵循 Hofmann 规则。

构象分析也可得到相同的结论。季铵盐受热分解时，要求被消除的氢和氮基团处在同一平面上，且为对位交叉。能形成的对位交叉的氢越多，且与铵基处于邻位交叉的基团体积越小，则越有利于消除反应的发生。下图为氢氧化三甲基仲丁铵分子的构象。

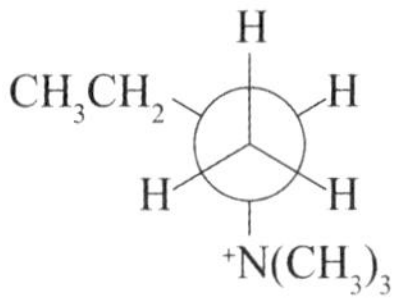
H
CH_3CH_2
H
H
H
${}^+N(CH_3)_3$
(Ⅰ)

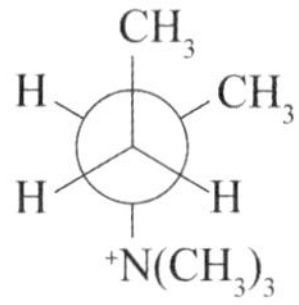
CH_3
H
CH_3
H
H
${}^+N(CH_3)_3$
(Ⅱ)

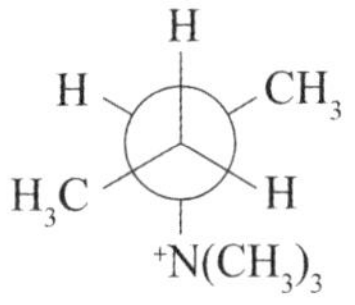
H
H
CH_3
H_3C
H
${}^+N(CH_3)_3$
(Ⅲ)

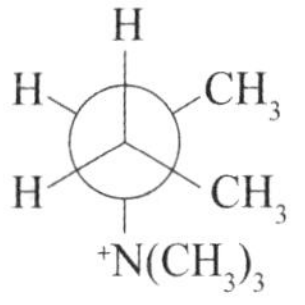
H
H
CH_3
H
CH_3
${}^+N(CH_3)_3$
(Ⅳ)

在(Ⅰ)式中C_1上的三个氢均可与$-N^+(CH_3)_3$成对位交叉构象，有利于进行反式消除，得 Hofmann 消除产物；在(Ⅱ)式中大基团$—CH_3$和$—N^+(CH_3)_3$处于对位交叉，构象比较稳定，但是因为没有与$—N^+(CH_3)_3$处于反式的氢，所以不能发生消除反应。(Ⅲ)和(Ⅳ)式中，虽然都有与三甲铵基处于反式的氢，但是三甲铵基与甲基处于邻位交叉，能量较高，不稳定，所以不易生成。

综上所述，氢氧化三甲基仲丁铵的消除产物主要是1-丁烯。

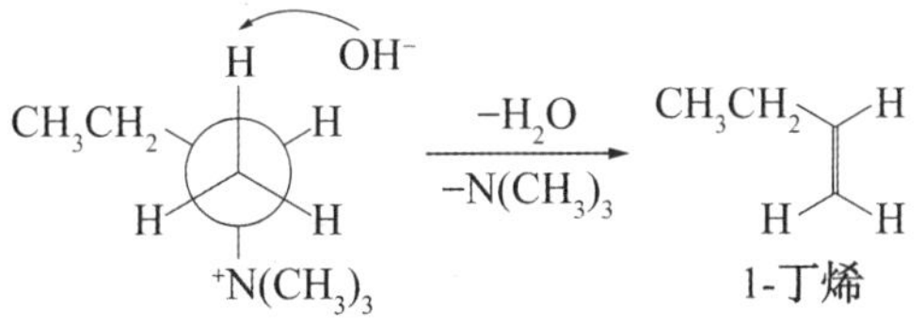
H
OH^-
CH_3CH_2
H
H
H
${}^+N(CH_3)_3$
$-H_2O$
$-N(CH_3)_3$
CH_3CH_2
H
H
H
1-丁烯

Hofmann 规则适用于β-碳原子上的取代基是烷基，如果β-碳原子上连有苯基、乙烯基、羰基、氰基等取代基时，这些取代基因为强吸电诱导及共轭效应，使得β-碳原子上氢的酸性比未取代的β-碳上的氢强，而且消除产物分子中形成了共轭体系，产物较稳定，所以反应也就不服从 Hofmann 规则，而服从 Saytzeff 规则。

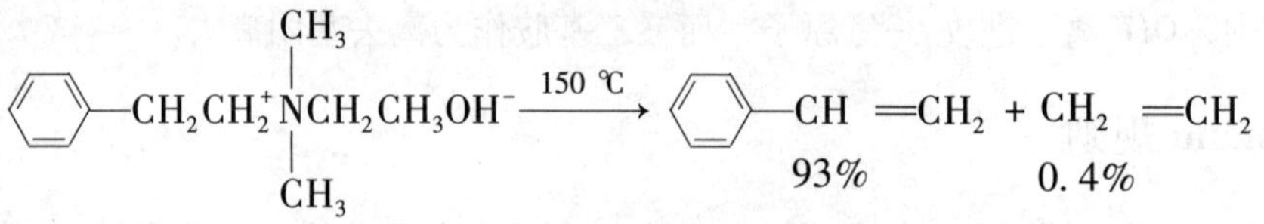

（华南理工大学，2016；四川大学，2013；兰州大学，2003）

Hofmann 消除反应转变为烯烃具有一定的取向，因此可以利用该反应来推测胺的结构和制备烯烃。向一未知胺中加入足量的碘甲烷进行彻底甲基化反应，生成季铵盐。不同胺所需碘甲烷的量不同，伯胺需要最多，其次是仲胺，再次是叔胺。然后将季铵盐转化为季铵碱，加热分解干燥的季铵碱，由分解得到的烯烃结构即可推测出原胺分子的结构[1,2]。

例题解析

例 1　填空题

1. 下列化合物消去反应速率的大小顺序(　　)。

A. 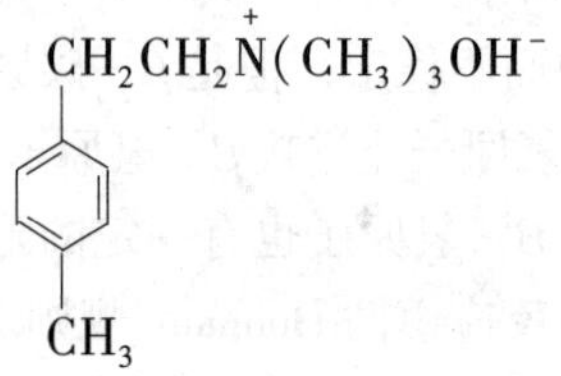

B. 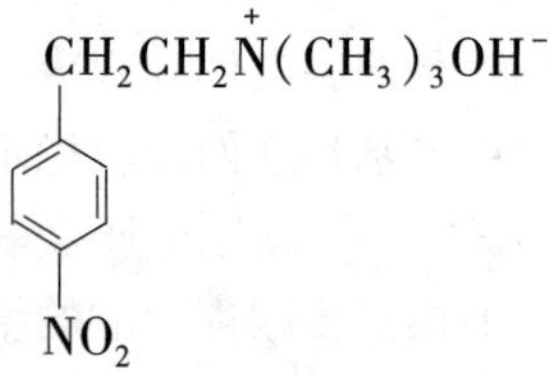

C. 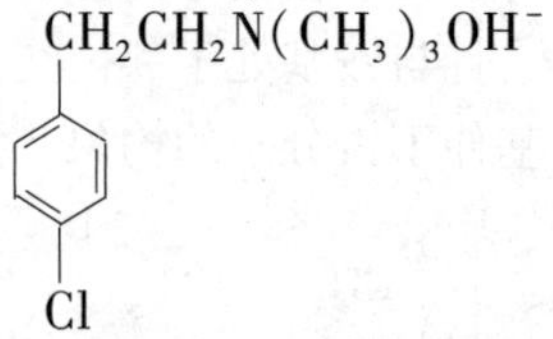

D. 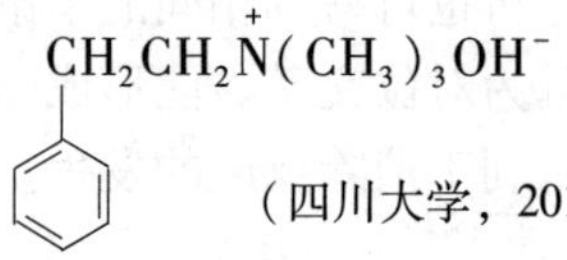

（四川大学，2013）

2. 下列化合物中加热会放出二氧化碳的有(　　)。

A. 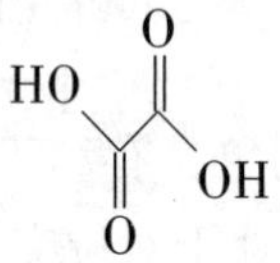

B. 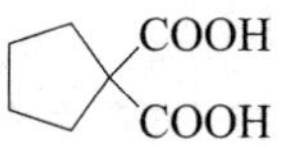

C. 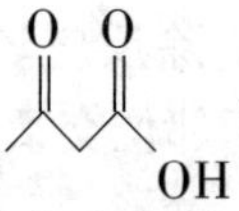

D. 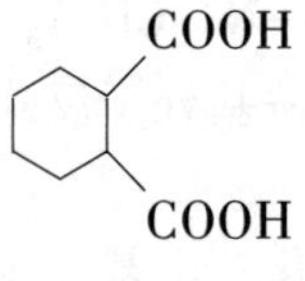

（浙江工业大学，2014）

［解答］1. B>C>D>A　2. A，B，C

例 2　完成下列反应

1. 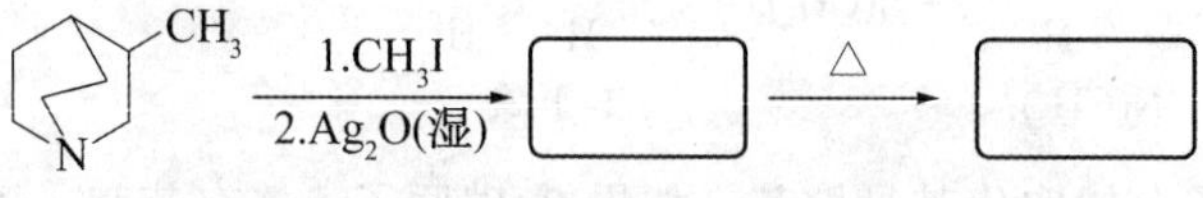

（苏州大学，2015）

2. 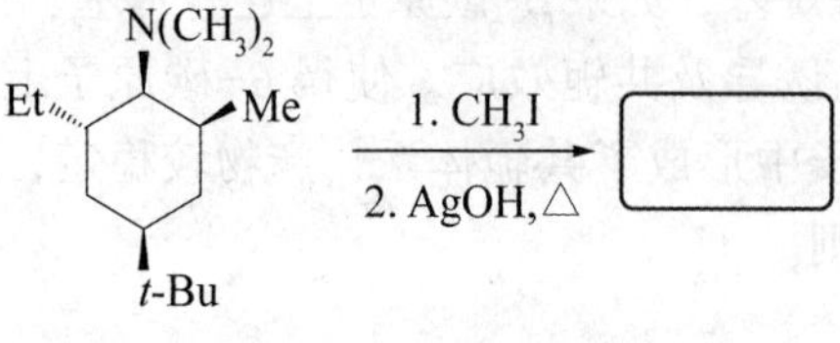

（中山大学，2016）

3. 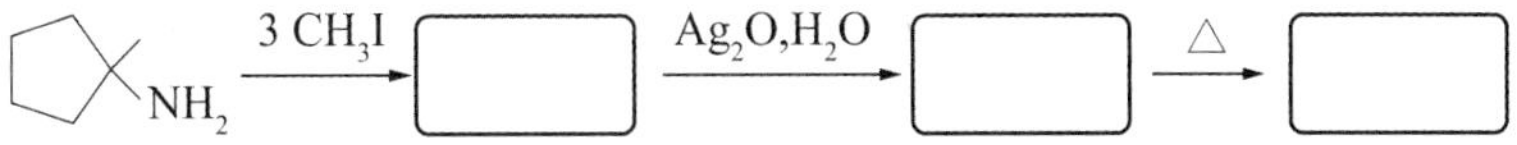
NH2
3 CH3I
Ag2O,H2O
△
（暨南大学，2016）

4. 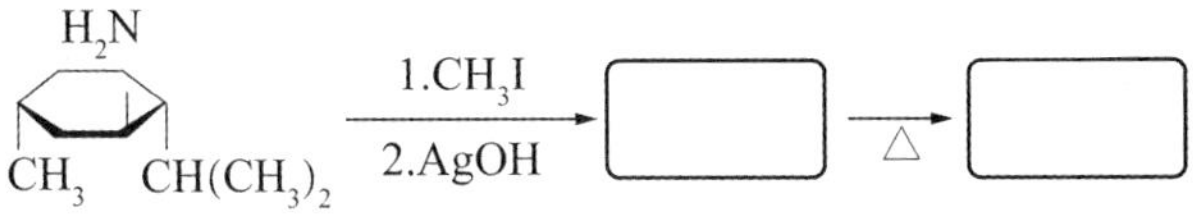
H2N
CH3
CH(CH3)2
1.CH3I
2.AgOH
△
（湖南大学，2013）

［解答］

1. 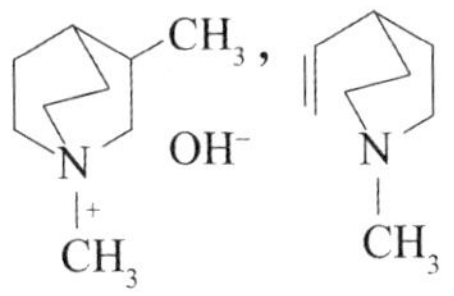
CH3
N
OH⁻
CH3
N
CH3
2. 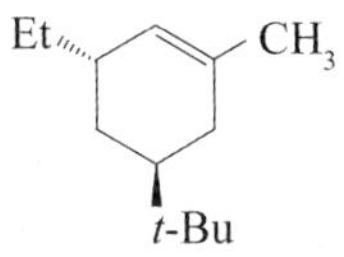
Et
CH3
t-Bu
3. 
N(CH3)3
I⁻
N(CH3)3
OH⁻

4. 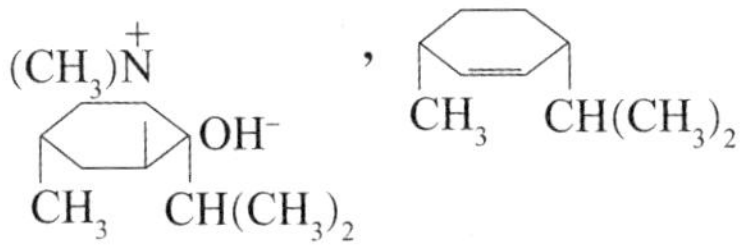
(CH3)3N
OH⁻
CH3
CH(CH3)2
CH3
CH(CH3)2

例 3　推测结构

化合物 A 的分子式为 $C_{10}H_{13}NO$，A 与氢氧化钠水溶液加热然后酸化产生乙酸与一个胺类化合物 B($C_8H_{11}N$)，B 高压下催化加氢生成 C($C_8H_{17}N$)，C 与 2 mol 碘甲烷作用，再与湿的氧化银反应，然后加热产生三甲胺和 3-甲基环己烯。A 的 NMR 数据如下：δ=1.8，3H，单峰；δ=2.3，3H，单峰；δ=3.2，3H，单峰；δ=7.4，4H，多重峰。试写出 A、B、C 的构造式和各步反应式。

（浙江工业大学，2014）

［解答］

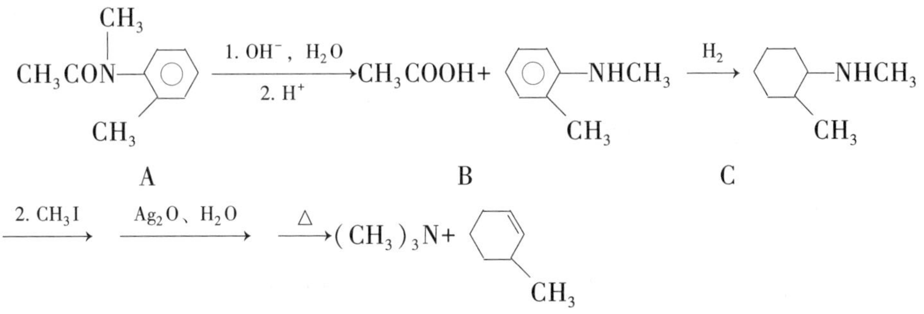
CH3
CH3CON
CH3
1. OH⁻，H2O
2. H⁺
CH3COOH+
NHCH3
CH3
H2
NHCH3
CH3
A
B
C
2. CH3I
Ag2O、H2O
△
(CH3)3N+
CH3

参考文献

[1]孔祥文．有机化学[M]．北京：化学工业出版社，2010.
[2]邢其毅，裴伟伟，徐瑞秋，等．基础有机化学(第三版)［M]．北京：高等教育出版社，2005.

3.4　Zaitsev 消除

问题引入

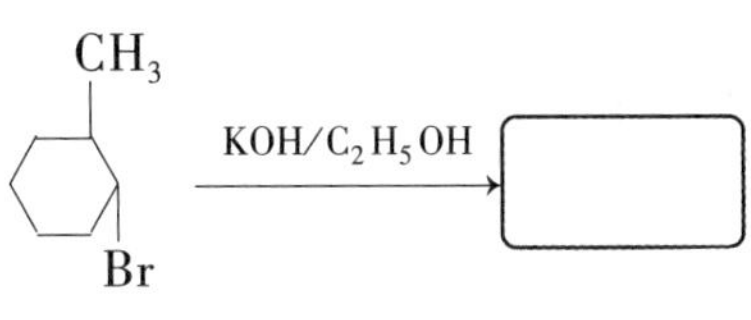
CH3
Br
KOH/C2H5OH

（山东大学，2016；中国科学技术大学，2008）

反-1-甲基-2-溴环己烷在 KOH/C_2H_5OH 作用下得到3-甲基环己烯 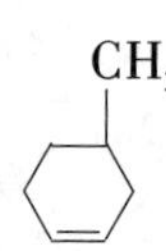 。

CH3

消除反应

在卤代烷分子中，由于卤原子吸引电子的结果，不仅使 α-碳原子携带部分正电荷，β-碳原子也受到一定的影响，从而使β-碳带有更少量的正电荷，β-碳上的 C-H 之间的电子云偏向于碳原子，从而使β-氢表现出一定的活性，即由于卤素的吸电诱导效应的影响，使β-氢原子比较活泼，在强碱性试剂进攻下容易离去，脱出卤化氢生成烯烃。例如：

$$CH_3CH_2CH_2CH_2CH_2Br \xrightarrow[\text{乙醇溶液}]{NaOH,\ \triangle} CH_3CH_2CH_2CH{=}CH_2$$

这种从一个分子中脱去两个原子或基团的反应称为消除反应(elimination reaction，简写作 E)，亦称消去反应。由于卤代烷脱卤化氢是从相邻的两个碳原子各脱去一个原子或基团，即从 α-碳原子脱去卤素，而从β-碳原子上脱去氢原子，形成不饱和 C=C 双键，这种消除反应称为α，β-消除反应，简称β-消除，也称1，2-消除[1]。

消除规则

卤代烷发生消除反应时，如果有不只一个β-碳原子的氢原子可供消除时，主要从含氢原子较少的β-碳上消除氢原子，或者说卤代烷消除卤化氢时，主要生成双键碳原子上连有较多取代基的烯烃，这是一条经验规则，称 Zaitsev 消除规则(Saytzeff 消除规则)。例如：

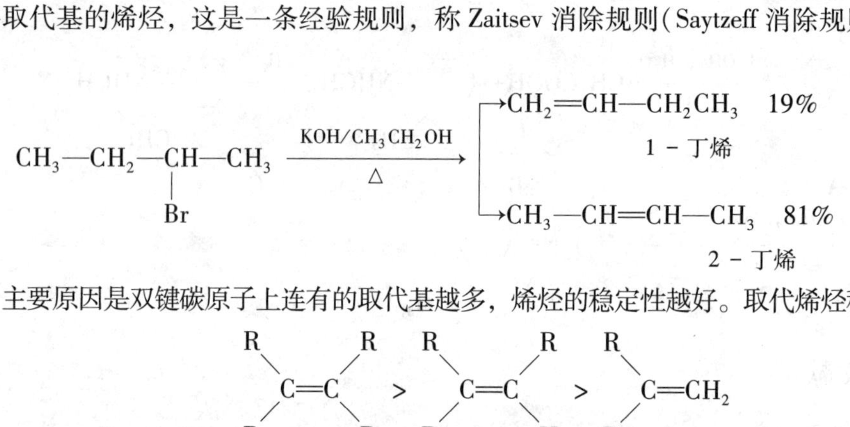

CH3—CH2—CH—CH3
Br
KOH/CH3CH2OH
△
CH2═CH—CH2CH3 19%
1 - 丁烯
CH3—CH═CH—CH3 81%
2 - 丁烯

主要原因是双键碳原子上连有的取代基越多，烯烃的稳定性越好。取代烯烃稳定性顺序为：

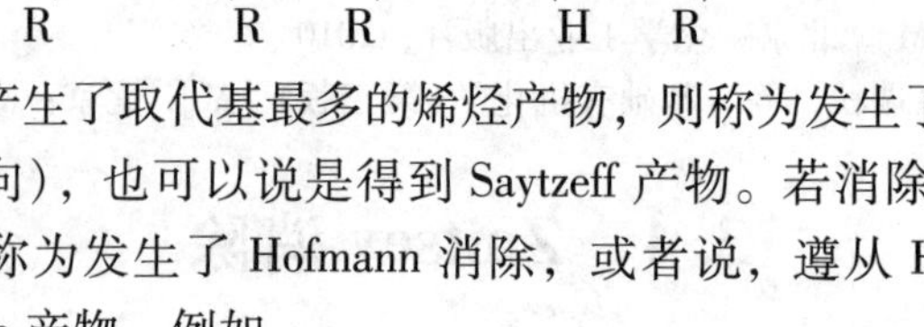

若消除反应的结果产生了取代基最多的烯烃产物，则称为发生了 Saytzeff 消除，或者说，遵从 Saytzeff 规则(或取向)，也可以说是得到 Saytzeff 产物。若消除反应的结果产生了取代基较少的烯烃产物，则称为发生了 Hofmann 消除，或者说，遵从 Hofmann 规则(或取向)，也可以说是得到 Hofmann 产物。例如：

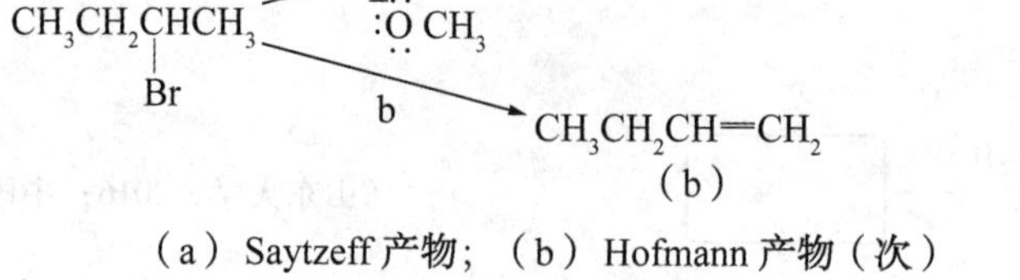

CH3CH2CHCH3
Br
a
b
:Ö CH3
CH3CH═CHCH3 (E and Z)
(a)
CH3CH2CH═CH2
(b)

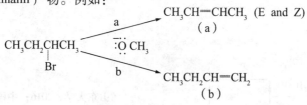

（a） Saytzeff 产物；（b） Hofmann 产物（次）

偕二卤代烷和连二卤代烷可消除卤化氢生成乙烯型卤代烃，这是制备乙烯型卤代烃及其衍生物的方法，例如：

$$Cl—CH_2—CH_2—Cl \xrightarrow[C_2H_5OH]{NaOH} Cl—CH═CH_2$$

$$Cl—CH_2—CH_2—Cl \xrightarrow{500\sim550℃} Cl—CH═CH_2 + HCl$$

但不饱和碳上卤原子不易发生消除反应，只有在强烈的条件下，才能消除卤化氢生成炔烃。例如：

$$CH_3CH_2CH═CHBr \xrightarrow[\text{液 } NH_3]{NaNH_2} CH_3CH_2C≡CH + HBr$$

偕和连二卤代烷还可以消除二分子卤化氢，生成炔烃，可用于制备炔烃。例如：

$$CH_3CHBrCH_2Br \xrightarrow[C_4H_9OH,\ \triangle]{KOH} CH_3C≡CH$$

例题解析

例 1　选择题

1. 下列碳正离子中最稳定的是(　　)。

A. 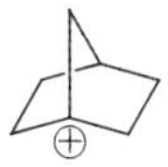　　B. $Ph—\overset{+}{C}H—CH_2CH_3$

C. $Ph—CH_2—\overset{+}{C}H—CH_3$　　D. $Ph—CH_2CH_2\overset{+}{C}H_2$　　（苏州大学，2015）

2. 下列化合物发生 E2 反应(NaOPr-*i*/*i*-PrOH)的活性次序为(　　)。

a. 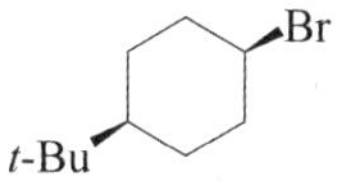
Br
t-Bu
b. 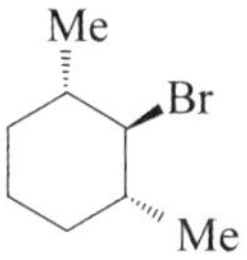
Me
Br
Me
c. 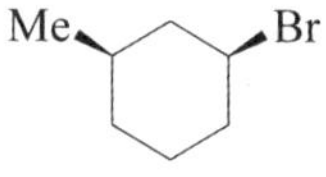
Me
Br
d. 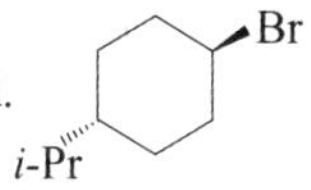
Br
i-Pr

A. c>d>a>b　　B. b>a>d>c

C. a>c>d>b　　D. d>a>c>b　　（中国科学技术，2011）

3. 下列卤代烃发生消去反应生成烯烃速率最快的是(　　)。

A. 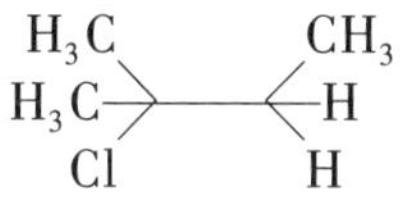
H3C
CH3
H3C
H
Cl
H
B. 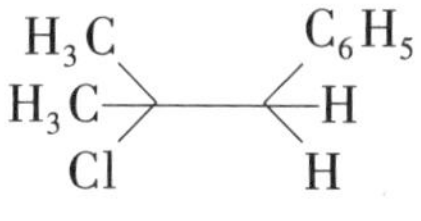
H3C
C6H5
H3C
H
Cl
H

C. 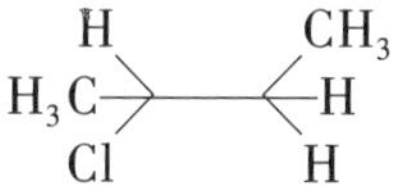
H
CH3
H3C
H
Cl
H
D. 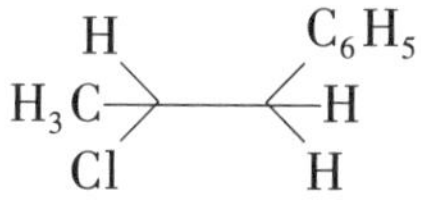
H
C6H5
H3C
H
Cl
H
（中山大学，2003）

［**解答**］1. B　2. C　3. B。叔卤烷易消除，B 能形成共轭烯烃。

例 2　比较下列化合物在碱性条件下的消除速度，并说明原因。

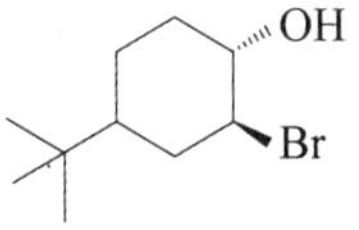
OH
Br
A

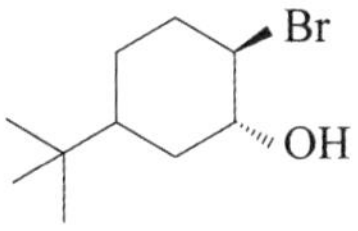
Br
OH
B

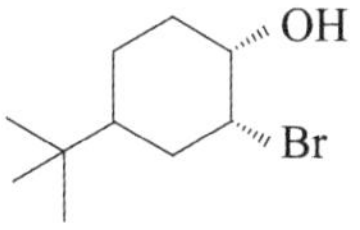
OH
Br
C

（南开大学，2015）

［**解答**］B>A>C。在 A 和 B 中，首先是碱作用于醇羟基形成醇氧负离子，然后进行分子内的取代反应，而在化合物 C 中，是碱作用于与 Br 的处于反式共平面的两个酸性弱得多的

β-H 进行消除反应，因此 A 和 B 的分子内取代反应速率快。取代反应中旧键断裂所需能量的一部分可由新键形成时放出的能量供给，由于消除反应的产物——烯烃的内能高于反应物的内能(卤代烷在反应中断裂两个 σ 键，生成一个 π 键)，反应是吸热的，又由于 β-H 的“酸性”非常弱，也说明了这一点[3]。

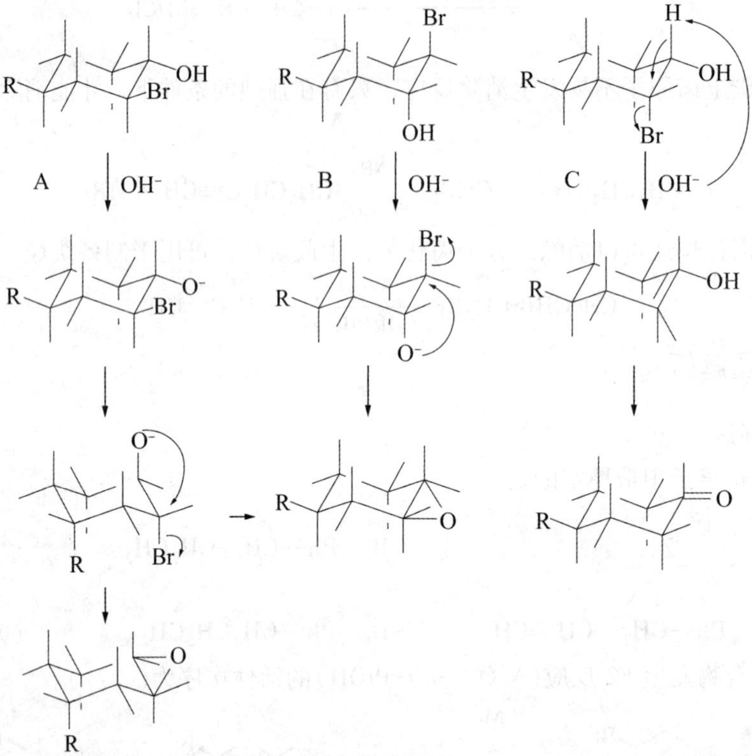
A
B
C
OH⁻
R
OH
Br
H
O⁻
O

在 A 和 B 中，—OH 和—Br 均处于反式，有利于分子内 S_N2 成环氧化合物。在化合物 B 的反应构象中，—OH 和—Br 均处于 a 键，反式共平面，既是稳定的构象也是取代的有利构象，分子内取代反应速率快。化合物 A 的优势构象不是分子内取代反应的有利构象，当翻转成取代构象时，则成为最不稳定的劣势构象，内能最大(三个较大基团都在 a 键上)，分子内取代反应速率较慢。在化合物 C 反应构象中，有两个 β-H 处于—Br 的反式共平面，既是稳定的构象，也是消除的有利构象，β-消除反应速率快，以消除生成双键碳上连有羟基的烯烃为主，再异构为酮[4,5]。

例 3　试解释在 3-溴戊烷的消除反应中制得的反-2-戊烯比顺式的产量高的原因。

（哈尔滨工业大学，2002）

[解答] 在 3-溴戊烷中，溴原子与 β-H 应处于反式共平面消除。

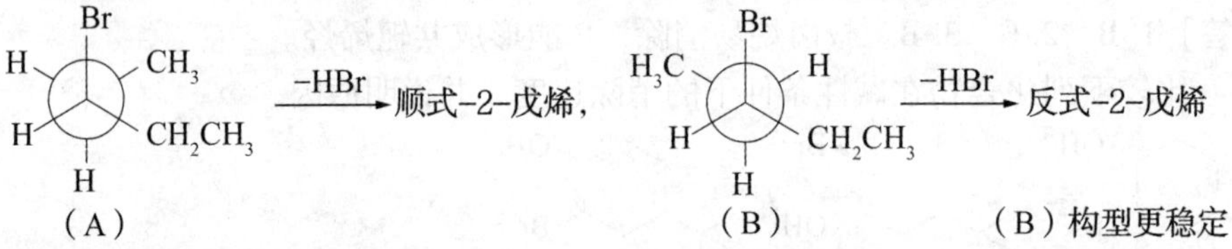
Br
H
CH₃
CH₂CH₃
H₃C
−HBr
顺式-2-戊烯，
反式-2-戊烯

(A)　　(B)　　(B)构型更稳定

例 4　画出 *cis*-和 *trans*-4-叔丁基环己基溴的稳定的构象结构式，它们发生消除时何者较快，为什么？

（华东理工大学，2003）

[解答] *cis*- 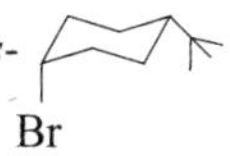 *trans*- 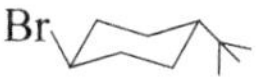 消除时，*cis*－可直接与 β－H 反式共平面消除：

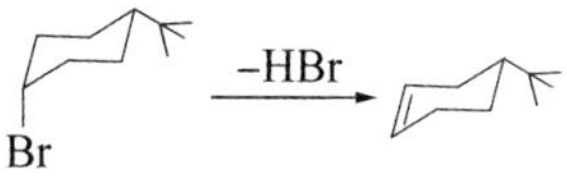 *trans*－需构型翻转，Br 与 $C(CH_3)_3$ 均处于 a 键时方能消除，所需能量较大。

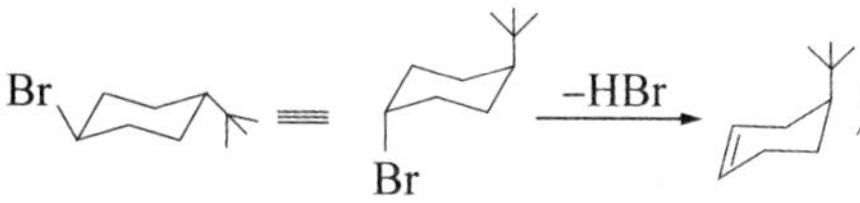 顺式快于反式

例 5　*R*－2－氯丁烷用 C_2H_5ONa/C_2H_5OH 处理得到主要的烯烃是 E 式还是 Z 式？

（四川大学，2003）

[解答] E 式，反式共平面消除。

例 6　请解释下列两个立体异构体在相同的反应条件下会得到不同的产物。

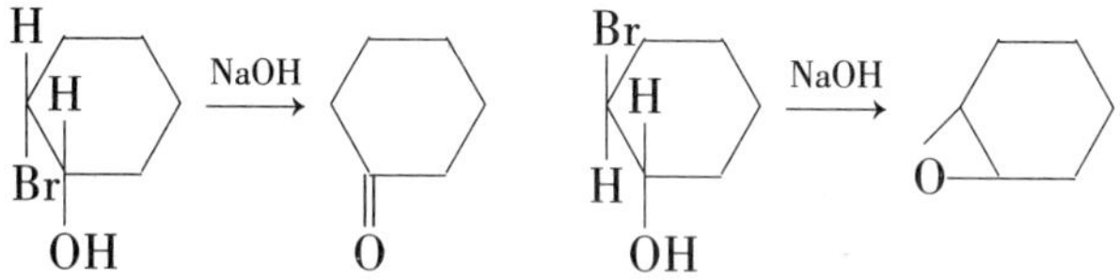

（复旦大学，2002）

[解答] E2 消除时对立体化学的要求为反式共平面。

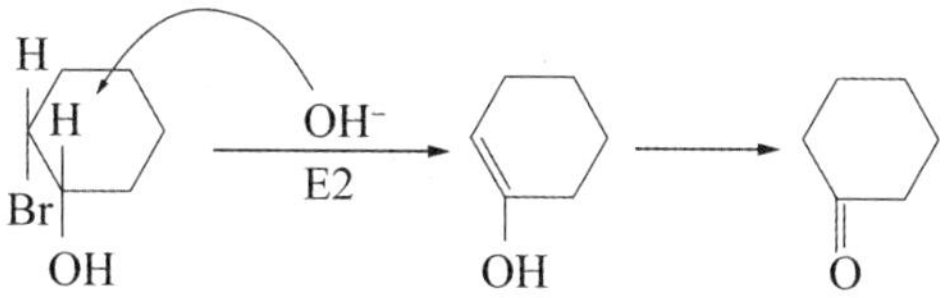

立体化学不能进行 E2 消除去 HBr，但易进行分子内 S_N2 反应。

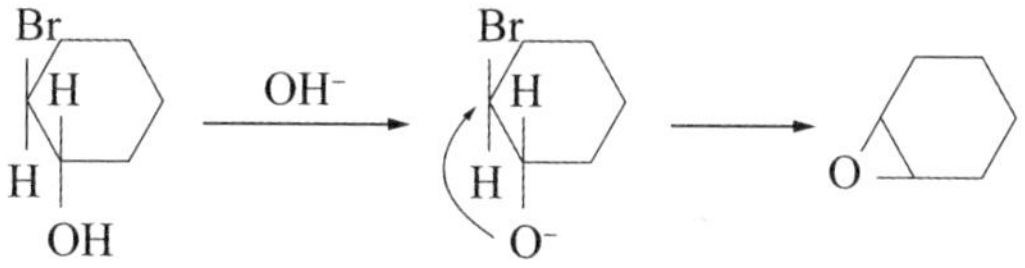

例 7　写出下述反应历程

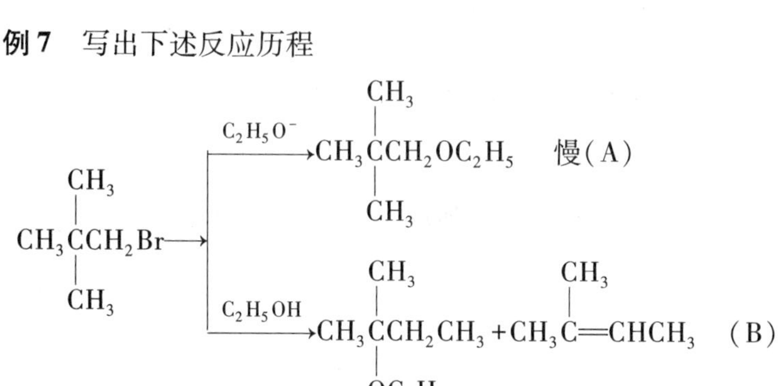

（中国石油大学，2002）

[解答] 新戊基溴较难发生亲核取代反应。在 $C_2H_5O^-$ 作用下，反应有利于 S_N2，此时以取代为主，由于位阻较大，反应较慢。在 C_2H_5OH 作用下，反应有利于单分子反应，首先生成碳正离子，生成的伯碳正离子可重排成更稳定的叔碳正离子。然后可与亲核试剂结合发生

S_N1，也可以脱去一个 β-H 发生 E1。

A. 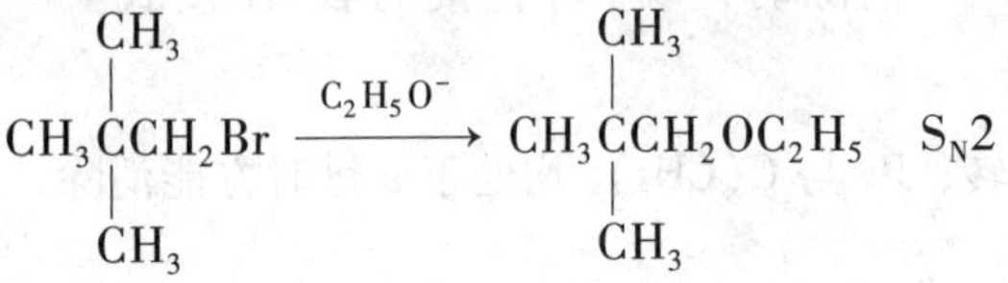

B. 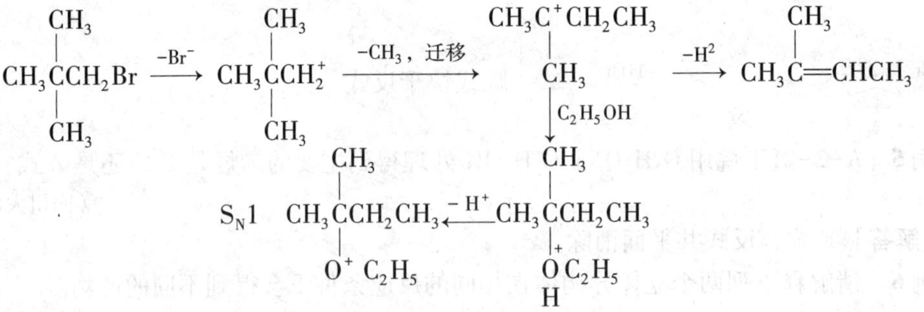

参考文献

[1]孔祥文. 有机化学[M]. 北京：化学工业出版社，2010.

[2]吴范宏. 有机化学学习与考研指津(2008 版)[M]. 北京：华东理工大学，2008.

[3]陈宏博. 有机化学(第四版)[M]. 大连：大连理工大学出版社，2015：166.

[4]陈宏博. 如何学习有机化学(第三版)[M]. 大连：大连理工大学出版社，2015：171-172.

[5]樊杰，葛树丰，周晴中，等. 有机化学习题精选[M]. 北京：北京大学出版社，2000：191.

3.5 苯炔机理

问题引入

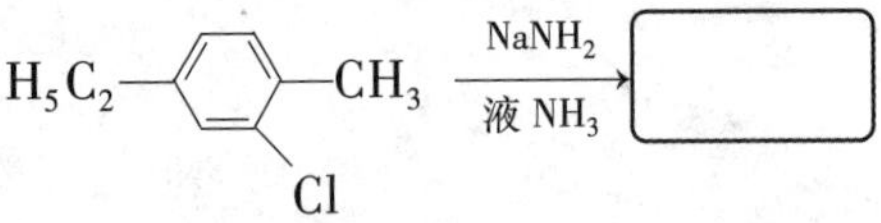

（华南理工大学，2006）

2-氯-4-乙基甲苯在液氨中经氨基钠处理得到 2-甲基-5-乙基苯胺和 5-甲基-2-乙基苯胺：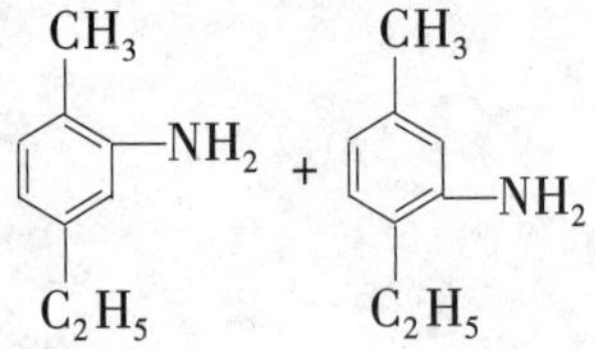。反应经历消除-加成机理，先消除成苯炔 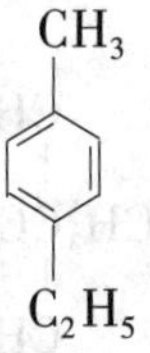 后再加成。

苯炔机理(消除-加成机理)[1~3]

实验发现，若用氯原子连于标记的 ^{14}C 上的氯苯进行水解，除生成预期的羟基连于 ^{14}C 的苯酚外，还生成了羟基连于 ^{14}C 邻位碳上的苯酚；用极强的碱 KNH_2 在液氨中处理这一氯苯也得到类似的结果：

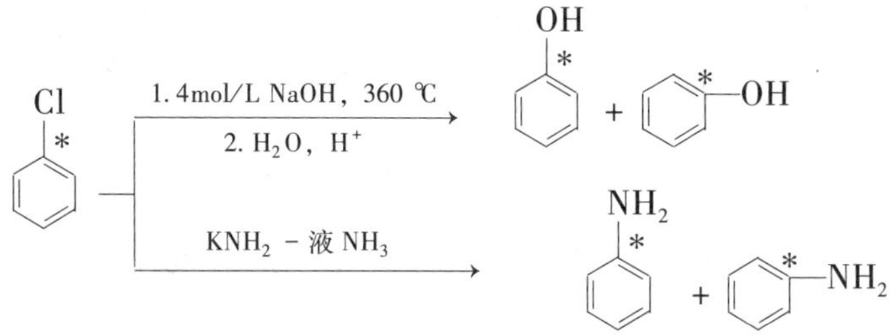

对氯甲苯与 KNH_2-液 NH_3 反应，则得到对甲苯胺和间甲苯胺的混合物：

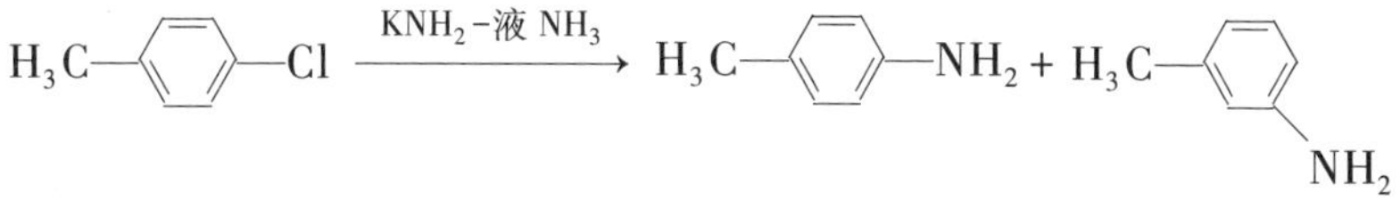

上述反应的显著特点是：取代基团不仅进入到原来卤原子的位置，而且还进入到卤原子的邻位。显然，这些实验现象用加成-消除机理是难以解释的，然而用消除-加成机理(苯炔机理)却能很好解释上述的实验结果。现以氯苯的氨解为例说明消除-加成机理如下：

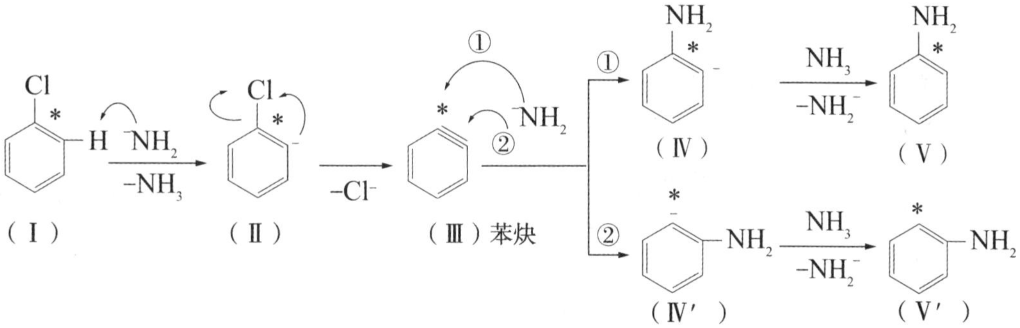

由于氯原子的吸电诱导效应，使其邻位碳上的氢原子的酸性较强，反应第一步是强碱 $^-NH_2$ 进攻氯原子邻位的 H 原子，生成碳负离子Ⅱ，然后Ⅱ脱去氯生成Ⅲ—苯炔活性中间体。这两步合起来相当于在强碱 $^-NH_2$ 作用下，氯苯失去一分子 HCl。苯炔是一高度活泼的中间体，立即与 $^-NH_2$ 加成生成Ⅳ和Ⅳ′，它们分别夺取 NH_3 中的 H 生成Ⅴ和Ⅴ′，后两步合起来，相当于苯炔的碳碳三键上加了一分子的 NH_3。所以这种机理称为消除-加成机理，又因为该类反应是经由苯炔活性中间体完成的，故又称苯炔机理。

苯炔结构

苯炔含有一个碳碳三键，比苯少两个氢原子，又称去氢苯。但苯炔中的碳碳三键与乙炔中的碳碳三键不同。构成苯炔的两个碳原子仍是 sp^2 杂化。“三键”当中，一个是 σ 键，两个是 π 键，其中的一个 π 键参与苯环的共轭 π 键体系，第二个 π 键则是由苯环上相邻的两个不平行的 sp^2 杂化轨道从侧面交盖而成，如图 3-1 所示。

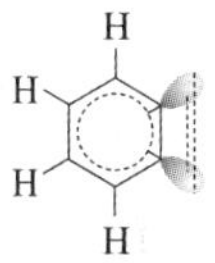

图 3-1　苯炔结构的轨道图

从图 3-1 中可以看出，其一，由于两个 sp^2 杂化轨道相互不平行，侧面交盖很少，故所形成的这个 π 键很弱，导致了苯炔的活泼性，如苯炔除了容易与亲核试剂加成外，也可以与共轭二烯烃发生 Diels-Alder 反应。其二，由于第二个 π 键的两个 sp^2

杂化轨道与构成苯环的碳原子共处于同一平面上，即与苯环中的共轭 π 键体系相互垂直，故苯环上的所有取代基对苯炔的生成与稳定，只存在诱导效应，而不存在共轭效应。

例题解析

例 1　能否用对氯甲苯与熔融 NaOH 生成 4-甲基苯酚。（华东理工大学，2014）

［解答］[4]可以。

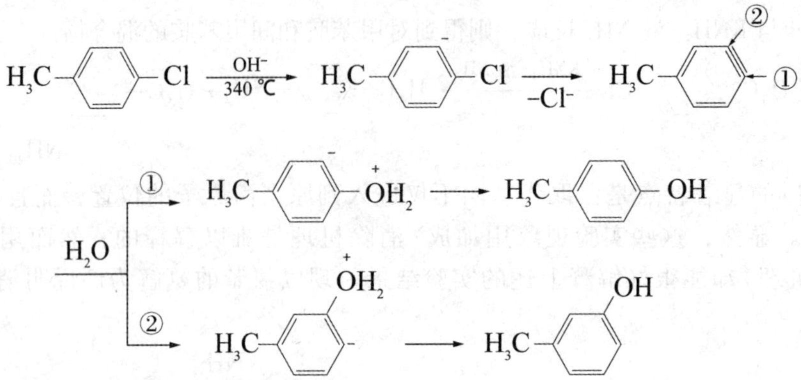

例 2　完成反应方程式

1. 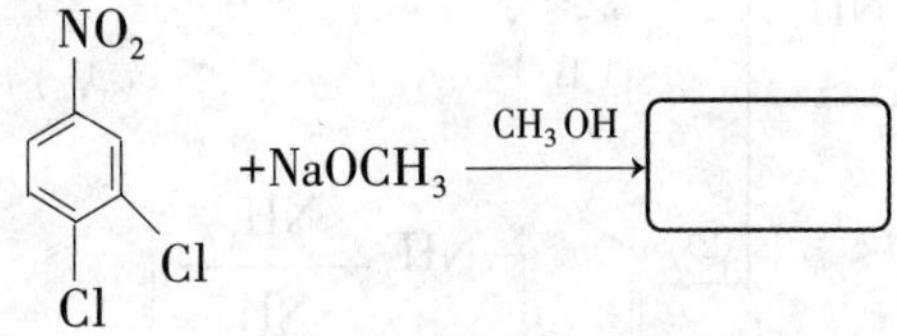　（江南大学，2004）

2. 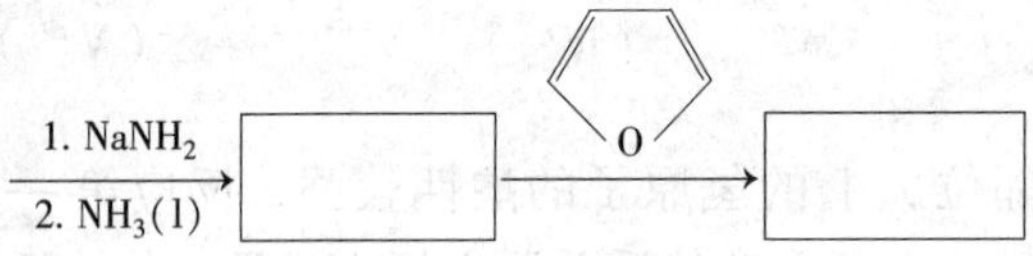　（兰州大学，1999）

［解答］

1. 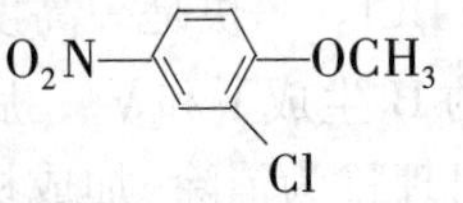。硝基邻对位的卤原子可发生亲核取代。

2. 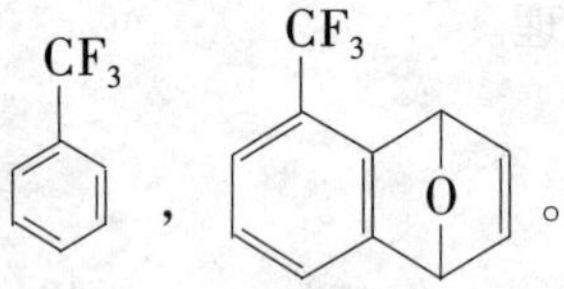。

例 3　在下列方程式中，(1)、(2)、(3)、(4)、(5) 这些反应是什么类型反应机理？并画出它们的中间离子或中间产物，或过渡态。

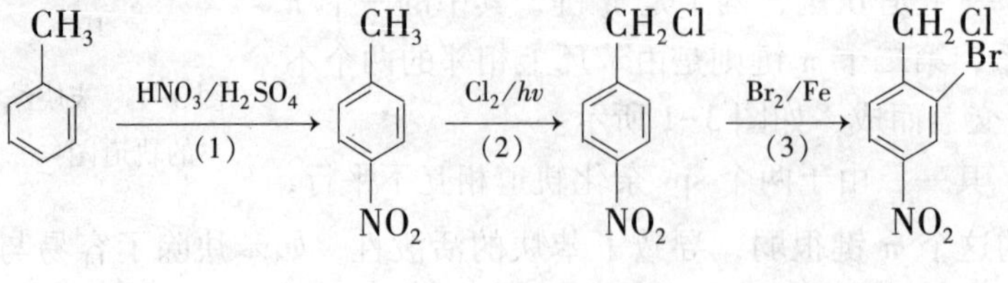

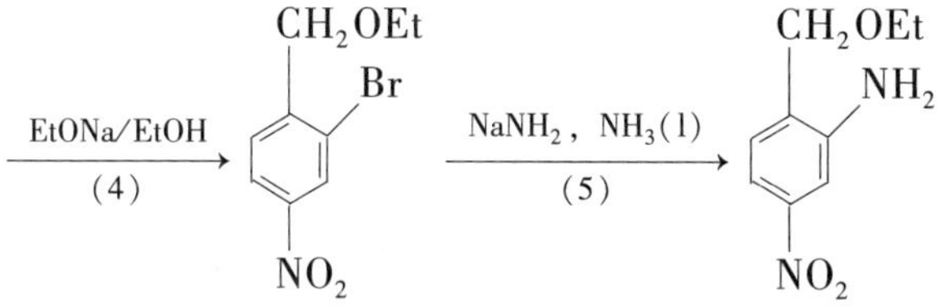

（南京大学，1999）

[解答]

（1）亲电取代，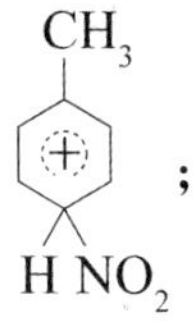；（2）自由基取代，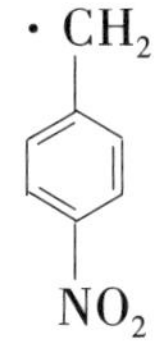；（3）亲电取代，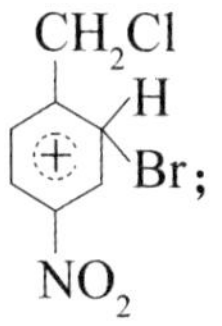

（4）亲核取代，S_N2 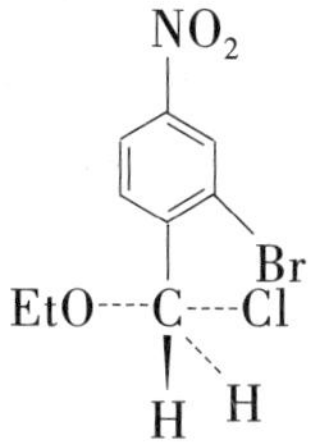；（5）消除-加成，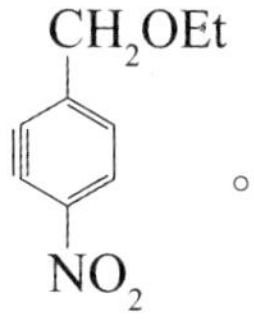。

参考文献

[1]孔祥文．有机化学[M]．北京：化学工业出版社，2010.

[2]穆光照．有机活性中间体[M]．北京：科学出版社，1988：352-353.

[3]俞凌翀．基础理论有机化学[M]．北京：人民教育出版社，1983：107-108.

[4]高鸿宾，齐欣．有机化学学习指南[M]．北京：高等教育出版社，2005.

3.6　醇的脱水反应

问题引入

由 1，2-二甲基环戊醇为原料合成 2，6-庚二酮。（山东大学，2016）

1，2-二甲基环戊醇经脱水、臭氧化、还原得到目标产物 2，6-庚二酮，反应过程如下：

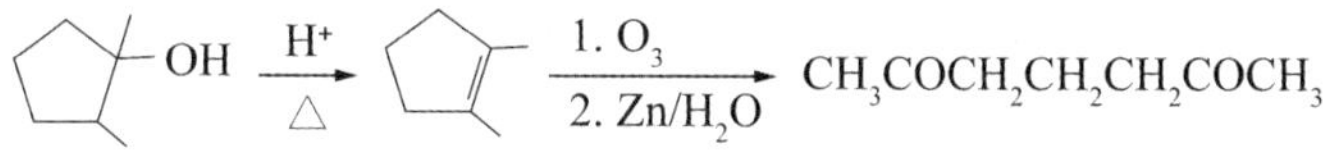

反应概述

醇在催化剂如质子酸（浓硫酸、浓磷酸）或 Lewis 酸（Al_2O_3 等）的作用下，加热可以进行分子内脱水得到烯烃，也可以发生分子间脱水得到醚。以哪种脱水方式为主，决定于醇的结构和反应条件。

醇在较高温度（400 ~ 800℃），直接加热脱水生成烯烃。若有催化剂如 H_2SO_4、Al_2O_3 存在，则脱水可以在较低温度下进行。

📖 反应机理

一般来说，在酸的作用下，仲醇和叔醇的分子内脱水是按 E1 机理进行。伯醇在浓 H_2SO_4 作用下发生的分子内脱水主要按 E2 机理进行。β-碳上含有支链的伯醇有时按 E1 机理脱水。

在酸催化下，按 E1 机理进行反应的过程如下：

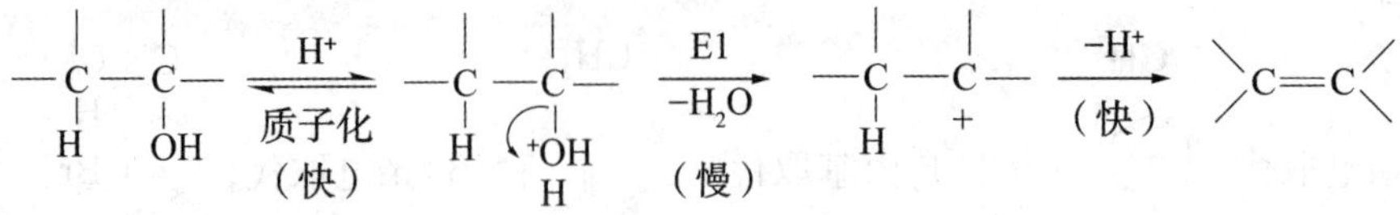

$$-\overset{|}{\underset{H}{C}}-\overset{|}{\underset{OH}{C}}- \xrightleftharpoons[\text{质子化}]{H^+} -\overset{|}{\underset{H}{C}}-\overset{|}{\underset{\overset{+}{O}H_2}{C}}- \xrightarrow[-H_2O]{E1} -\overset{|}{\underset{H}{C}}-\overset{|}{\underset{+}{C}}- \xrightarrow[\text{（快）}]{-H^+} \rangle C=C\langle$$
（快）　　　　　　　　　　　　（慢）

在酸的作用下醇的氧原子与酸中的氢离子结合成𨦡盐($R\overset{+}{O}H_2$)，离去基团由强碱(OH^-)转变为弱碱(H_2O)，使得碳氧键易于断裂，离去基团 H_2O 易于离去。当 H_2O 离开中心碳原子后，碳正离子去掉一个 β-质子而完成消除反应，得到烯烃。在上述过程中，碳氧键异裂形成碳正离子一步是速控步，由于碳正离子的稳定性是 $3°C^+ > 2°C^+ > 1°C^+$，因此该反应的速率为 $3°ROH > 2°ROH > 1°ROH$。例如：

$$CH_3CH_2CH_2CH_2OH \xrightarrow[140℃]{75\% H_2SO_4} CH_3CH_2CH=CH_2 + H_2O$$

$$CH_3CH_2\underset{OH}{\overset{|}{C}}HCH_3 \xrightarrow[100℃]{65\% H_2SO_4} CH_3CH=CHCH_3 + H_2O$$

$$H_3C-\underset{OH}{\overset{CH_3}{\underset{|}{\overset{|}{C}}}}-CH_3 \xrightarrow[85\sim90℃]{H_2SO_4} H_3C-\overset{CH_3}{\underset{|}{C}}=CH_2 + H_2O$$

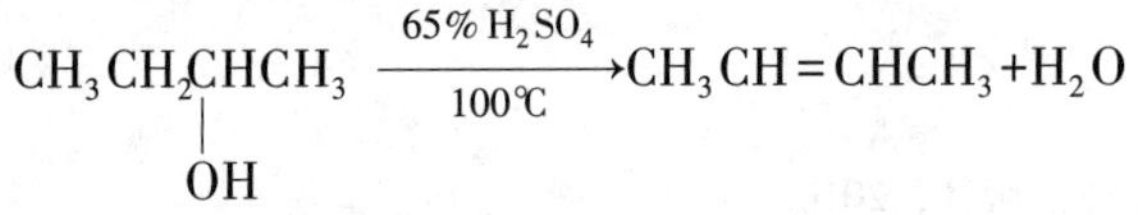

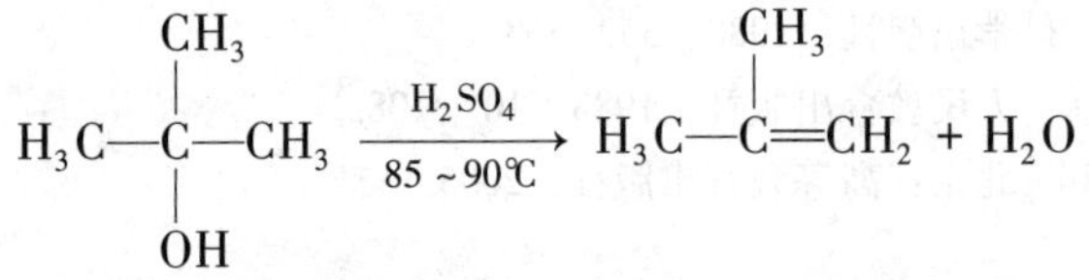

当醇有两种或三种 β-氢原子时，消除反应遵循 Zaitsev 规则。例如：

$$CH_3CH_2-\underset{OH}{\overset{CH_3}{\underset{|}{\overset{|}{C}}}}-CH_3 \xrightarrow[87℃]{46\% H_2SO_4} CH_3CH=\overset{CH_3}{\underset{|}{C}}-CH_3 + CH_3CH_2-\overset{CH_3}{\underset{|}{C}}=CH_2$$

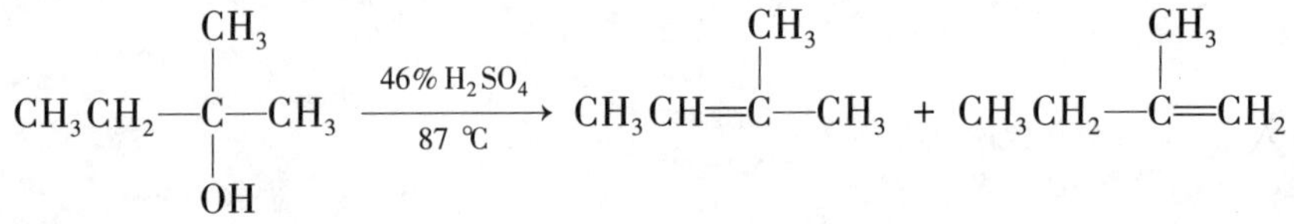

Saytzeff 产物　　　　　　　　　　（84%）　　　　　　　（16%）

醇在按 E1 机理进行脱水反应时，由于有碳正离子中间体生成，有可能发生重排，形成更稳定的碳正离子，然后再按 Zaitsev 规则脱去一个 β-氢原子而形成烯烃。例如：

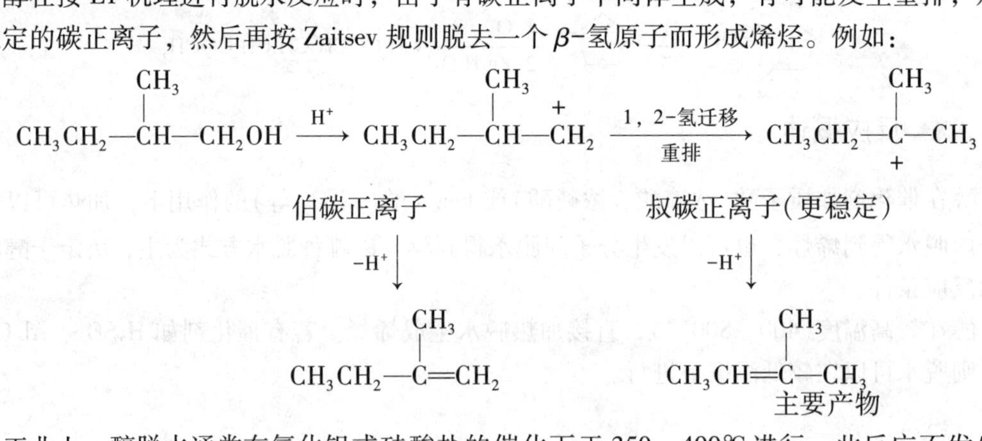

$$CH_3CH_2-\overset{CH_3}{\underset{|}{C}}H-CH_2OH \xrightarrow{H^+} CH_3CH_2-\overset{CH_3}{\underset{|}{C}}H-\overset{+}{C}H_2 \xrightarrow[\text{重排}]{1,2-\text{氢迁移}} CH_3CH_2-\overset{CH_3}{\underset{+}{\underset{|}{C}}}-CH_3$$

伯碳正离子　　　　　　　　叔碳正离子（更稳定）

$\downarrow -H^+$　　　　　　　　　　　　$\downarrow -H^+$

$$CH_3CH_2-\overset{CH_3}{\underset{|}{C}}=CH_2 \qquad CH_3CH=\overset{CH_3}{\underset{|}{C}}-CH_3$$

　　　　　　　　　　　　　　　　　主要产物

工业上，醇脱水通常在氧化铝或硅酸盐的催化下于 350~400℃ 进行，此反应不发生重排，常用来制备共轭二烯烃。

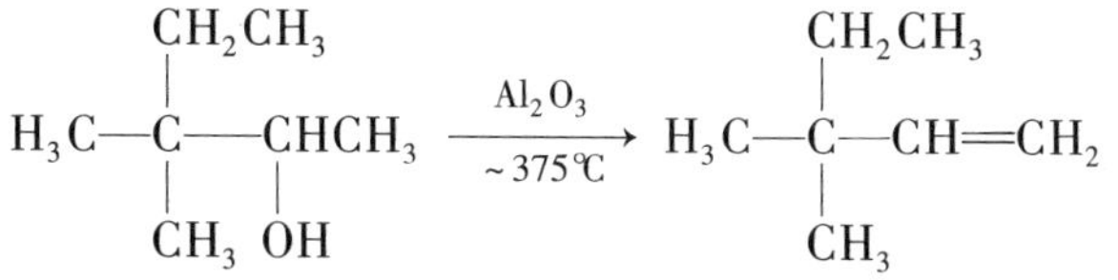

（不发生重排）

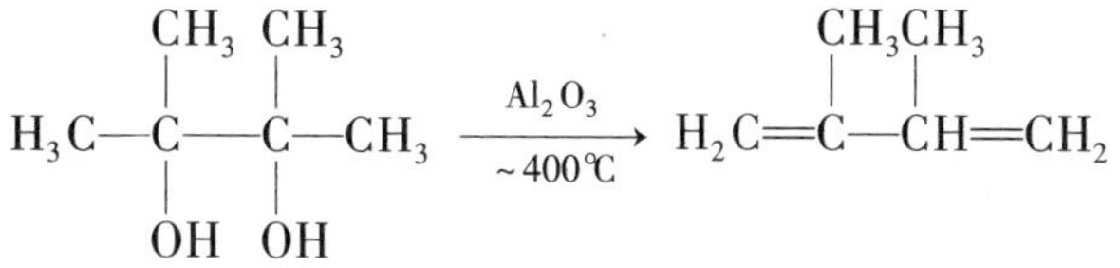

例题解析

例 1 　（兰州大学，2001）

[解答]

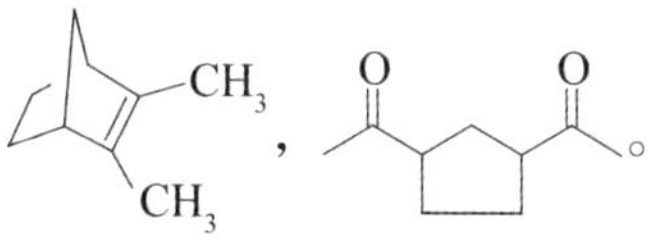。第一步为 E1 反应历程，反应过程中发生碳正离子重排，生成较为稳定的消除产物。

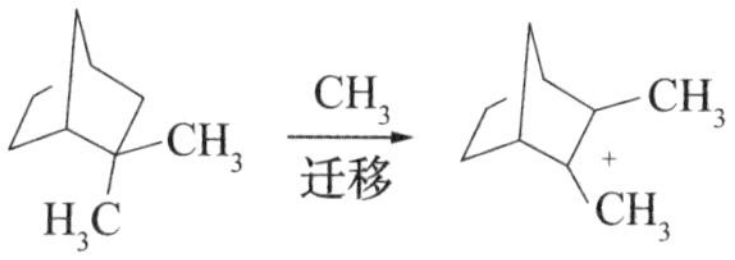

参考文献

[1]孔祥文．有机化学[M]北京：化学工业出版社，2010：210.

3.7　二元酸的热分解反应

问题引入

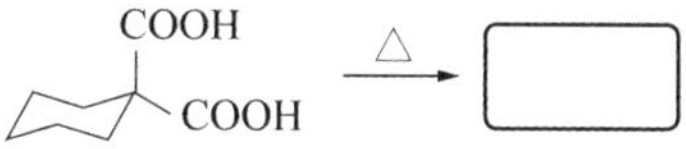

（浙江工业大学，2014）

1，1-环已基二甲酸加热发生脱羧反应，生成环已基甲酸，其结构式为：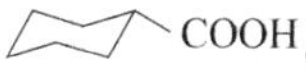。

反应概述

二元羧酸受热反应的产物和两个羧基之间的碳原子数目有关，如乙二酸和丙二酸加热，由于羧基是吸电子基团，在两个羧基的相互影响下，受热也容易发生脱羧反应，脱去二氧化碳，生成比原来羧酸少一个碳原子的一元羧酸[1]。例如：

$$HOOCCOOH \xrightarrow{160\sim180\ ^\circ C} CO+H_2O+CO_2$$

$$HOOC—CH_2—COOH \xrightarrow[\triangle]{} CH_3COOH+CO_2\uparrow$$

丁二酸及戊二酸加热至熔点以上不发生脱羧反应，而是发生分子内脱水生成稳定的酸酐。例如：

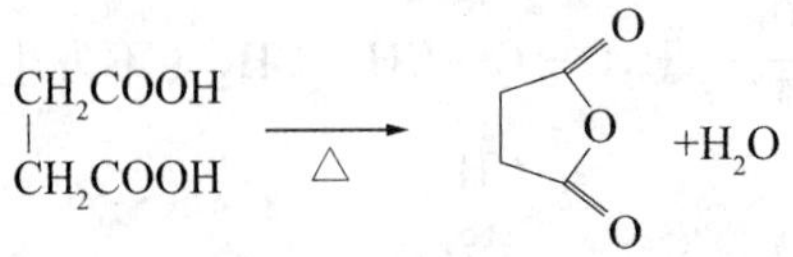

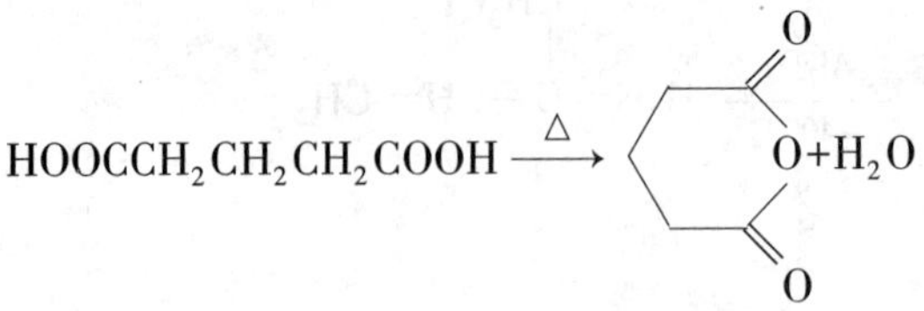

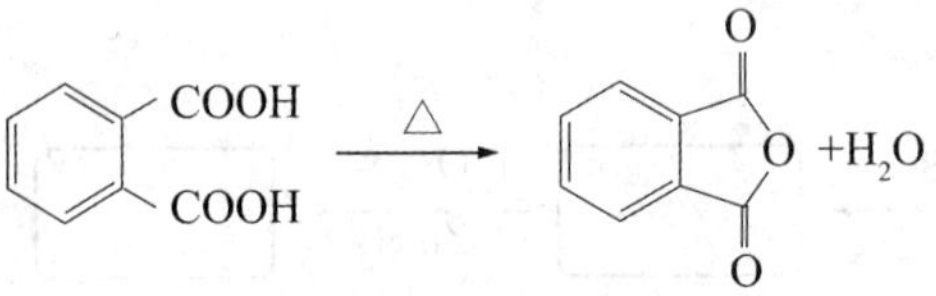

己二酸及庚二酸在氢氧化钡存在下加热，既脱羧又失水，生成环酮。例如：

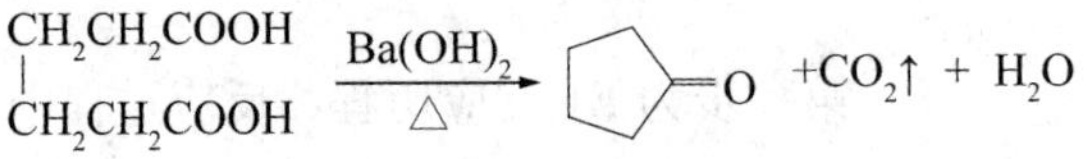

Blanc 规律

Blanc 研究发现，当反应有可能生成五元环或六元环的环状化合物时，很容易形成这类化合物，被称为 Blanc 规律。

庚二酸以上的二元羧酸在加热时发生分子间的脱水生成高分子的聚酐[2]。

$$n\mathrm{HOOC(CH_2)}_n\mathrm{COOH} \xrightarrow[\text{温}]{\text{高}} -\overset{\overset{\mathrm{O}}{\|}}{\mathrm{C}}\!\!-\!\!\left[\mathrm{(CH_2)}_n-\overset{\overset{\mathrm{O}}{\|}}{\mathrm{C}}-\mathrm{O}-\overset{\overset{\mathrm{O}}{\|}}{\mathrm{C}}-\mathrm{(CH_2)}_n-\overset{\overset{\mathrm{O}}{\|}}{\mathrm{C}}-\mathrm{O}\right]_n \quad (n\geqslant 6)$$

例题解析

例 1 填空题

1. 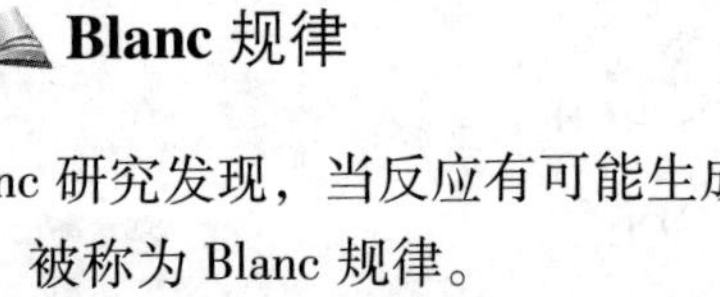 （湖南师范大学，2013；苏州大学，2015）[3]

2. 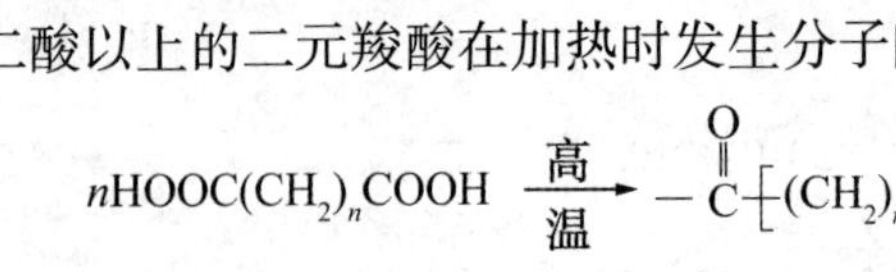 （暨南大学，2016）

［解答］1. 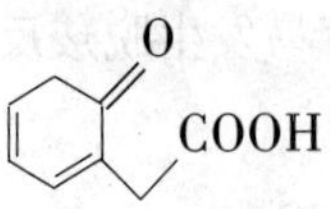 2. 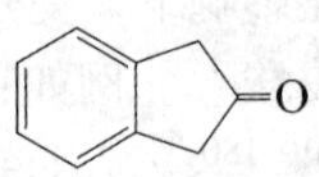

例 2　由指定原料合成： 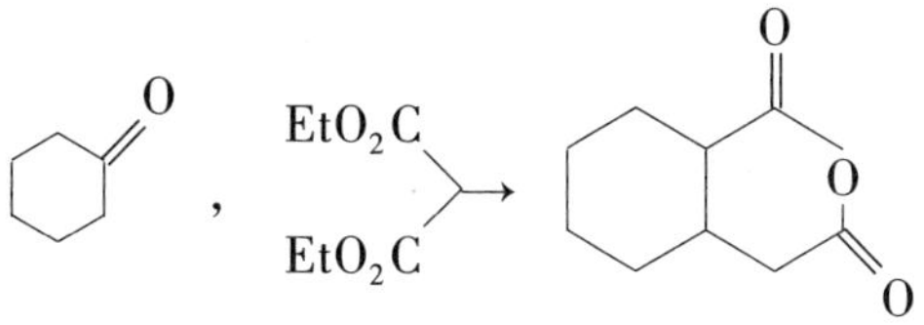 （复旦大学，2007）

［解答］

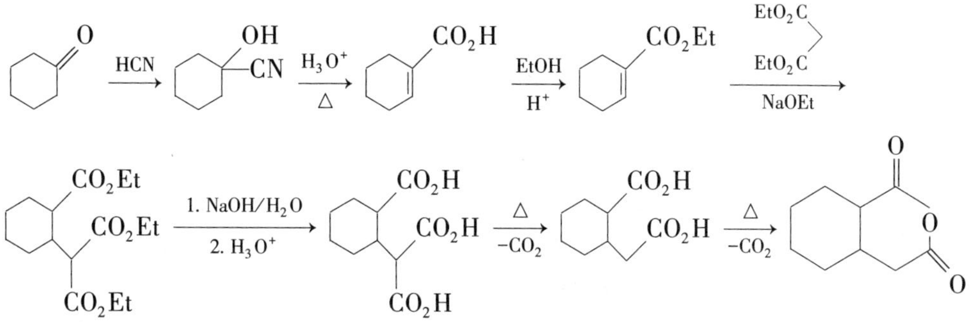

例 3　二元酸 A 和 B 分子式均为 $C_4H_4O_4$。A 加热时易失水生成 C，分子式为 $C_4H_2O_3$，而 B 仅升华，若将 B 置于封管中加热，也能转化为 C。用冷而稀 $KMnO_4$ 与 A 与 B 反应，则分别得到 D 和 E，分子式均为 $C_4H_8O_6$，试推断 A、B、C、D、E 的结构并写出有关反应式。

（兰州大学，2003）

［解答］

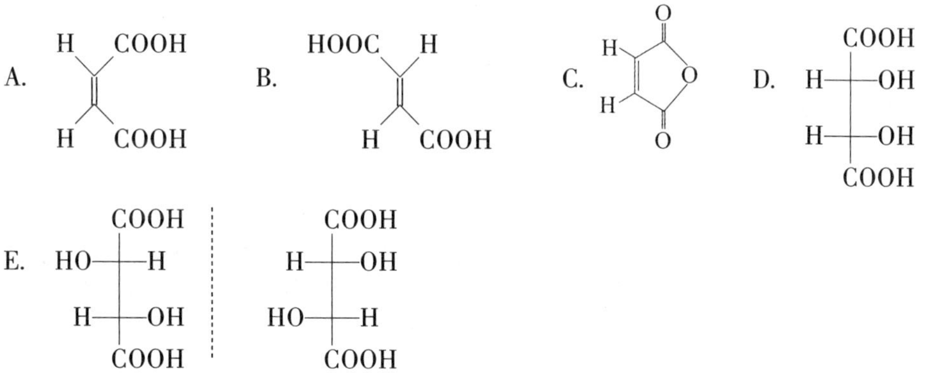

参考文献

［1］孔祥文．有机化学［M］．化学工业出版社，2014：269-270.

［2］邢其毅，裴伟伟，徐瑞秋，等．基础有机化学(第三版)［M］．高等教育出版社，2005：588-589.

［3］伍越寰．有机化学习题与考研练习题解(第二版)［M］．北京：中国科学技术大学出版社，2008：250.

3.8　芳构化反应

问题引入

以苯、萘酐为主要原料合成蒽。合成反应过程如下：

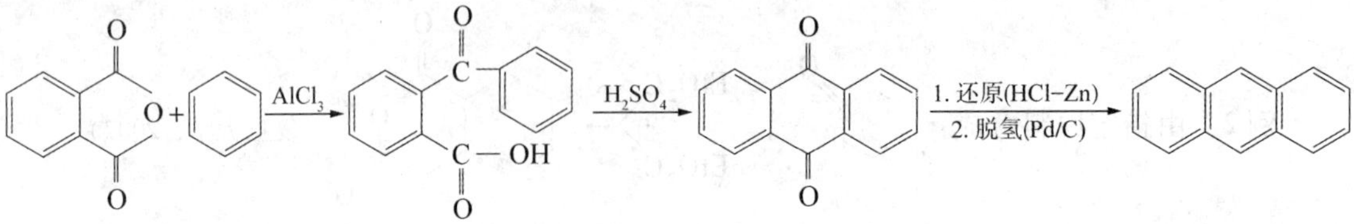

O
O
O
AlCl$_3$
H$_2$SO$_4$
C
C — OH
1. 还原(HCl–Zn)
2. 脱氢(Pd/C)

反应概述

上述合成反应的最后一步为 Pd/C 催化的脱氢芳构化反应。芳构化是指氢化芳香族化合物经脱氢转变成为芳香族化合物的反应[1]。脱氢芳构化是有机合成中的一类重要反应，可分为两种方式：氧化脱氢芳构化和直接放出氢气的催化脱氢芳构化。前者必须加入当量的氧化剂，因此反应后除了芳构化产物外，还有氧化剂被还原所生成的产物，给产物的分离带来困难；而后者反应后则生成芳构化产物和氢气，氢气可以收集起来以作他用，目前文献所报道的脱氢芳构化反应多是氧化脱氢芳构化[2]，只有很少是直接产生氢气的催化。

在有机合成中，常用二氰二氯对苯醌(简称 DDQ)或四氯-1，4-苯醌作氧化剂，进行脱氢反应，用于进行芳构化，例如：

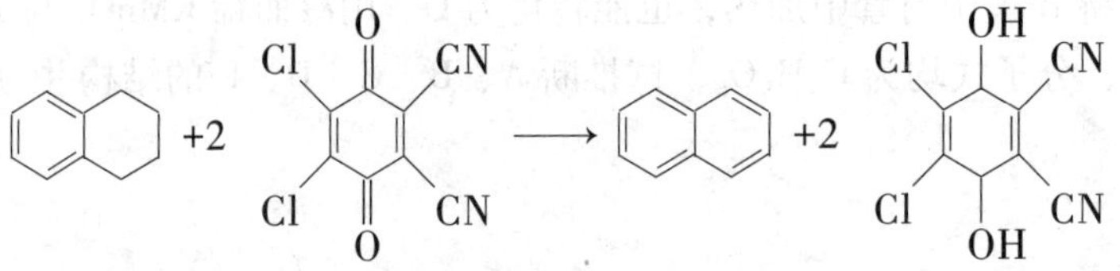

+2
Cl
CN
O
+2
OH

(DDQ)

例题解析

例 1　填空

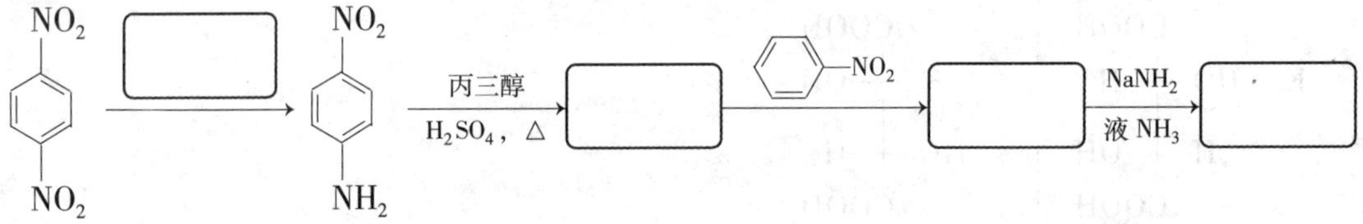

NO$_2$
NH$_2$
丙三醇
H$_2$SO$_4$，△
NaNH$_2$
液 NH$_3$

(大连理工大学，2003)

[解答]

$(NH_4)_2S$，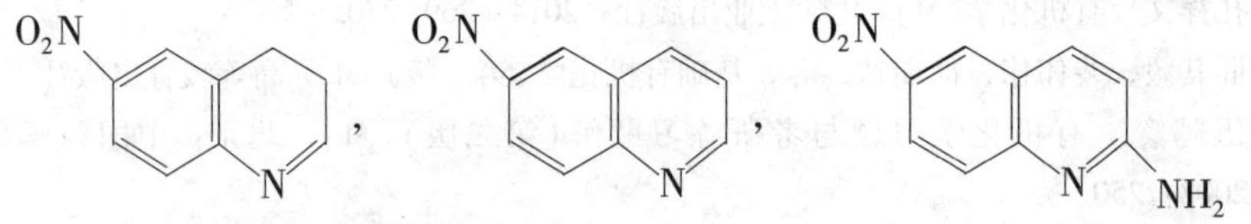。苯胺(或其他芳胺)、甘油、硫酸和硝基苯(相应于所用芳胺)、五氧化二砷(As_2O_5)或三氯化铁等氧化剂(在少量的碘化钠存在下，硫酸也可以作为氧化剂，最好使用有选择性的氧化剂氯代对苯醌)一起反应，生成喹啉的反应即为 Skraup 喹啉合成法。

例 2　以 2，7-二甲基萘为主要原料合成蔻[3]。

[解答]

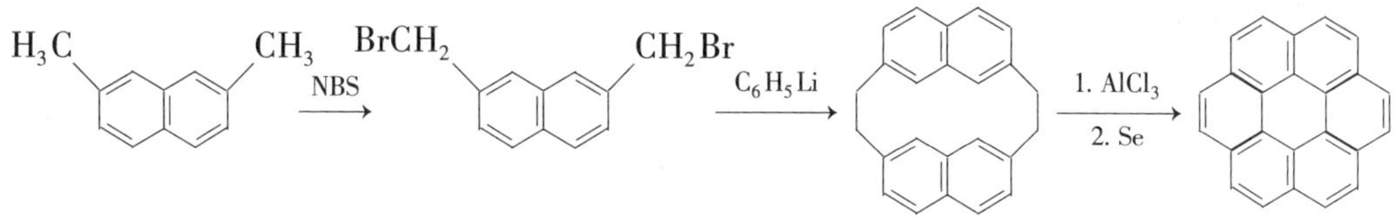

蔻可以看作是由六个苯环并合而成的多环芳烃，它的结构式像一顶王冠，因此得名。它的熔点很高(430℃)，非常稳定。在自然界中不存在，现在可用多种方式合成。其中一个方法是利用傅-克反应及硒脱氢反应而实现的。用2，7-二甲萘通过 *N*-溴代丁二酰亚胺进行苯甲型的溴化，两个甲基的氢各被一个溴取代，然后用武慈反应将两分子缩合，即得到一个十四元的环状化合物。在三氯化铝的作用下即行关环。这步反应的过程是和芳烃被烯烃烷基化相类似的。最后用硒脱氢即得到蔻。

例 3　以 $C_6H_5CH_2CH_2NH_2$ 和 CH_3COCl 为原料(无机试剂任选)合成 1-甲基异喹啉。

（华中科技大学，2003；大连理工大学，2011）

[**解答**] *β*-苯乙胺与羧酐或酰氯反应形成 *N*-乙酰-*β*-苯乙胺，然后在脱水剂如五氧化二磷、三氯氧磷、五氯化磷等作用下，脱水关环得 1-甲基-3，4-二氢异喹啉，再脱氢(在 Pd、硫或二苯基二硫化物的作用下[4])得 1-甲基异喹啉。该反应为 Bischler-Napieralski 二氢异喹啉合成法，是合成 1-取代异喹啉化合物最常用的方法。

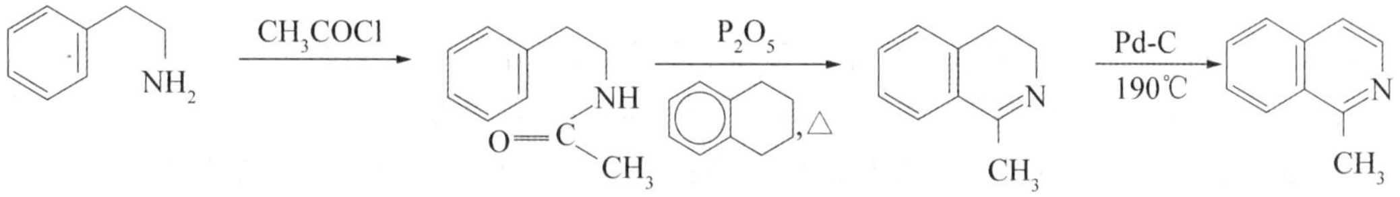

参考文献

[1]孔祥文. 有机化学[M]. 北京：化学工业出版社，2010：255.
[2]王炳祥，何婷，李村，等. 有机化学，2003，23(8)：794.
[3]邢其毅，徐瑞秋，周政，等. 基础有机化学(第二版)[M]. 北京高等教育出版社，1993：306.
[4]J. A. 焦耳，K. 米尔斯著. 由业诚，高大彬 译. 杂环化学[M]. 北京：科学出版社，2004：152.

3.9　酯的热消除反应

问题引入

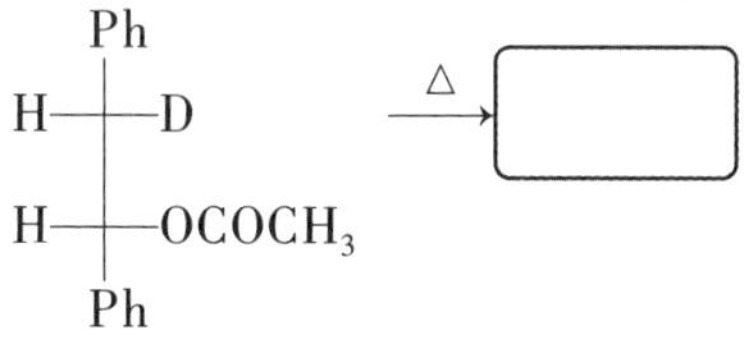

（南开大学，2009）

上述反应产物是 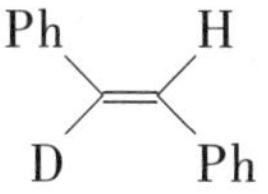 。

反应概述

酯在 400～500 ℃的高温进行裂解，产生烯烃和相应羧酸的反应称为酯的热裂，也即酯的热消除反应[1,2]。

反应机理

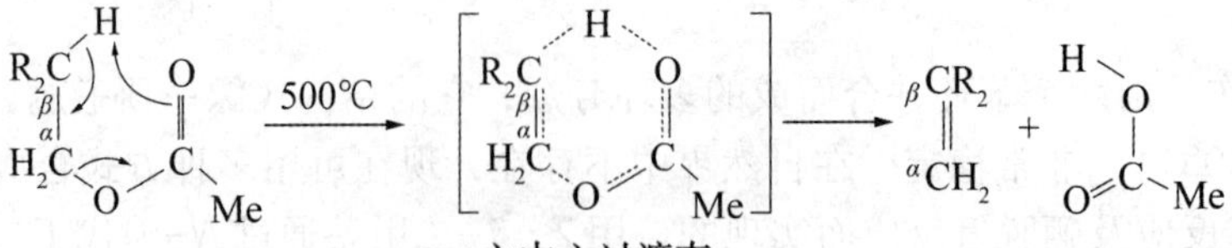

六中心过渡态

消除时，分子的反应构象处于重叠式，通过分子内的环状六中心过渡态，酰氧基和β-H 同时同侧离去，也即采取顺式消除。

当酯分子中有两种β-H 时，以酸性大、位阻小的β-H 被消除为主要产物，且以大的基团处于反式为主。

该反应的优点是酯的热消除产生烯烃时双键不会发生转移，避免了醇在酸催化下失水成烯，形成较稳定的烯烃而发生双键的转移。

例题解析

例 1 何为热消除反应?

[**解答**] 反应物在加热时发生的消除反应，称为热消除反应。例如羧酸酯的热消除，黄原酸酯的热消除(Chugaev 消除)和氧化叔胺的热消除(Cope 消除)等。

热消除反应主要包括环状过渡态，只有当被消去的基团处于顺位时才能形成——同向消除。例如：乙酸酯的热消除。

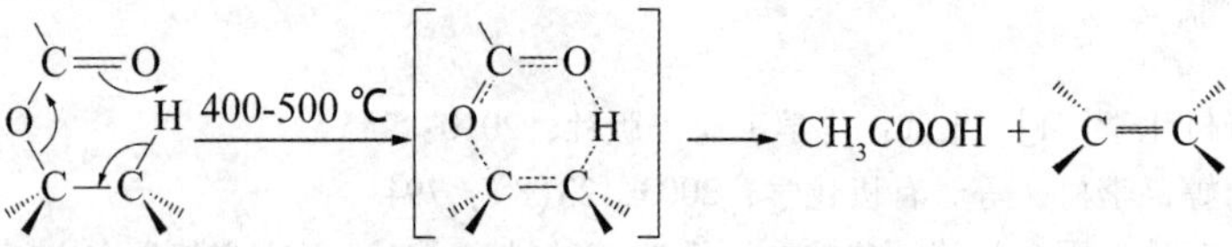

消除反应是通过一个六中心过渡态完成的；消除时，与α-C 相连的酰氧键和与β-C 相连的 H 处在同一平面上，发生顺式消除。

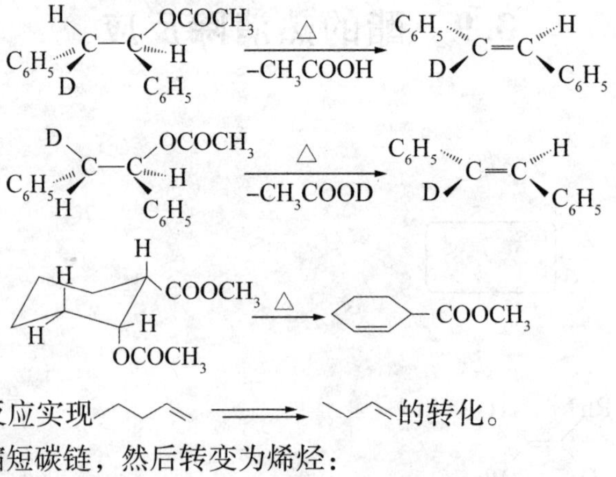

例 2 选择适当反应实现的转化。 (华东师范大学，2006)

[**解答**] 臭氧化缩短碳链，然后转变为烯烃：

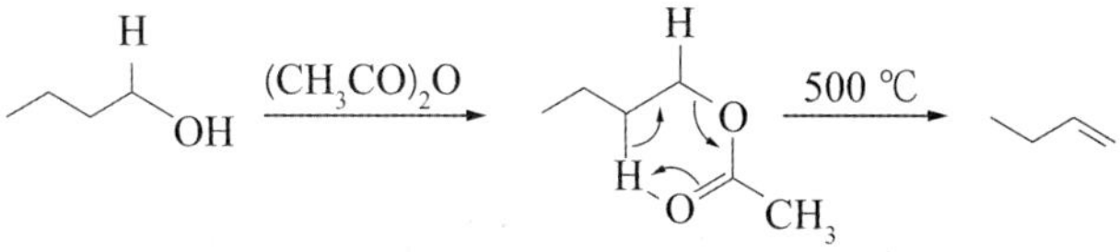
H
OH
$(CH_3CO)_2O$
H
O
H
O
CH_3
500 ℃

参考文献

[1]邢其毅，裴伟伟，徐瑞秋，等．基础有机化学（第三版）[M]．北京：高等教育出版社，2005：628.

[2]孔祥文．有机化学[M]．北京：化学工业出版社，2010.

第4章　氧化反应

4.1　Baeyer-Villiger 氧化

问题引入

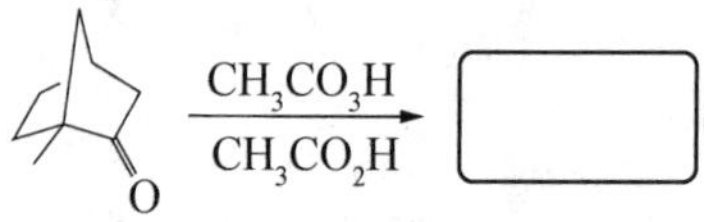

（中国科技大学，2010；苏州大学，2015）

1-甲基二环[2.2.1]庚-2-酮用过氧酸处理得1-甲基-2-氧杂二环[3.2.1]辛-3-酮，其结构式为：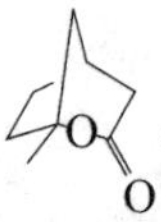。

反应概述

酮类化合物用过酸如三氟过氧乙酸、过氧乙酸、过氧苯甲酸等氧化，可在羰基旁边插入一个氧原子生成相应酯的反应称为 Baeyer-Villiger 氧化反应[1]。

反应通式

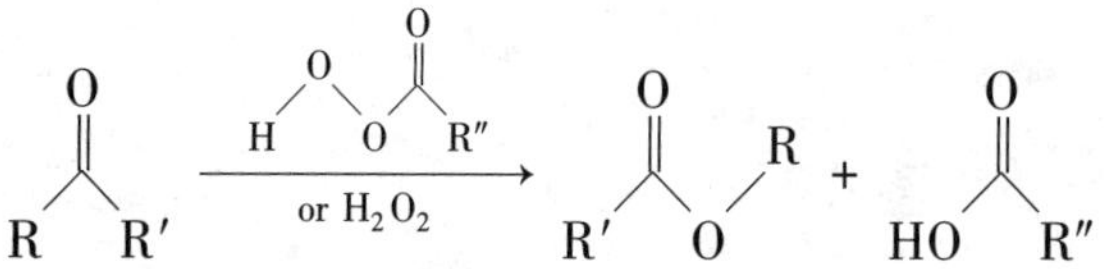

反应机理

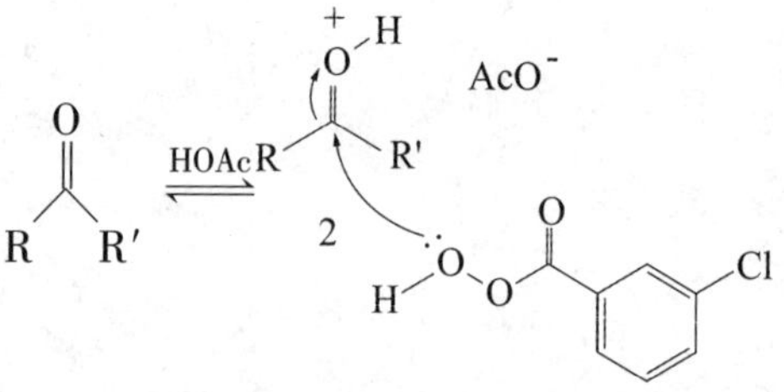

1　　　　3

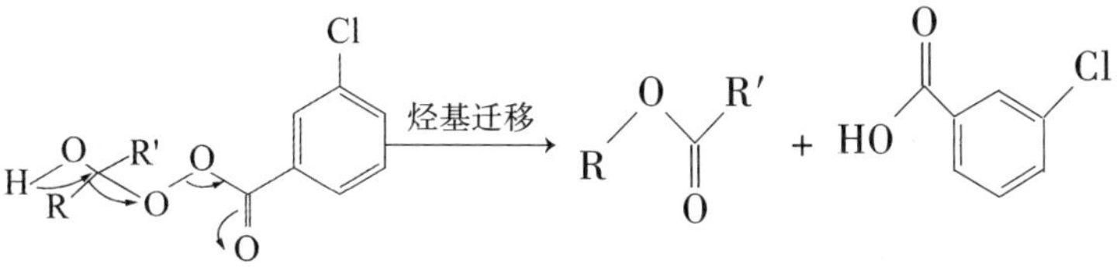
Cl
烃基迁移
R'
H
O
R
O
O
R
O
R′
O
+ HO
O
Cl

4　　　　　　　　5　　　　　　　　6

首先酮(1)在乙酸存在下羰基和氢离子形成镁盐(2)，增加羰基碳原子的亲电性，然后2与间氯过氧苯甲酸(3)作用，发生亲核加成反应形成 α-羟基烷基间氯过氧苯甲酸酯(4)；接着4中羟基相连碳原子(原酮羰基碳原子)上的一个烃基(R—)带着一对电子迁移到—O—O—基团中与之邻近的氧原子上，同时发生 O—O 键异裂，形成酯(5)和间氯苯甲酸(6)。因此，这是一个重排反应。

不对称酮氧化时，在重排步骤中，两个烃基均可迁移，但还是有一定的选择性，按迁移能力其顺序为[2]：

$R_3C—>R_2CH—$, 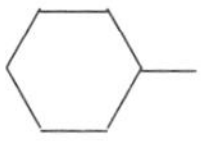 $>PhCH_2—>Ph—>RCH_2—>CH_3—$

p-MeO-Ar>p-Me-Ar>p-Cl-Ar>p-Br-Ar>p-O_2N-Ar

当迁移基团为手性碳原子时，其构型保持不变[3]。

氧化剂过氧酸可以是过氧乙酸、过氧苯甲酸、间氯过氧苯甲酸、三氟过氧乙酸等。其中三氟过氧乙酸最好。反应温度一般在 10～40℃之间，产率高。

Baeyer-Villiger 反应经常用于由环酮合成内酯，内酯是分子内的羧基和羟基进行酯化失水的产物。

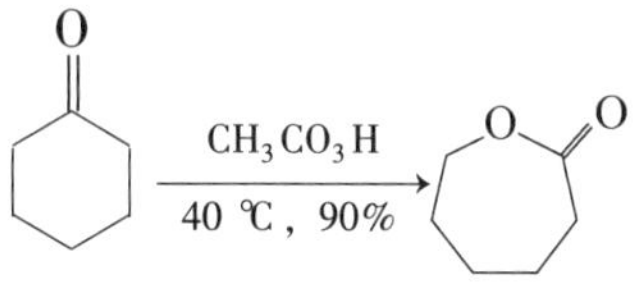
O
CH_3CO_3H
40 ℃，90%
O
O

例题解析

例 1　填空题

1. 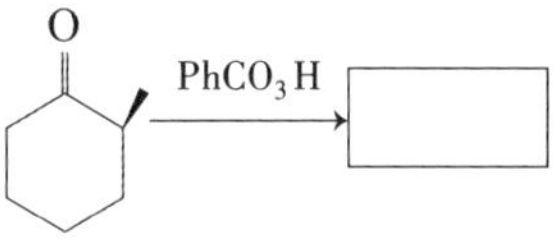
O
$PhCO_3H$

(中山大学，2016)

2. 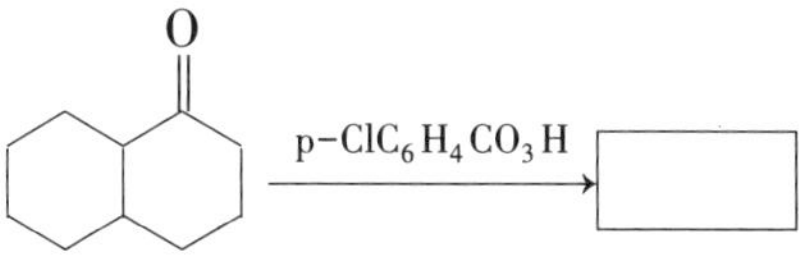
O
$p-ClC_6H_4CO_3H$

(南开大学，2013)

3. 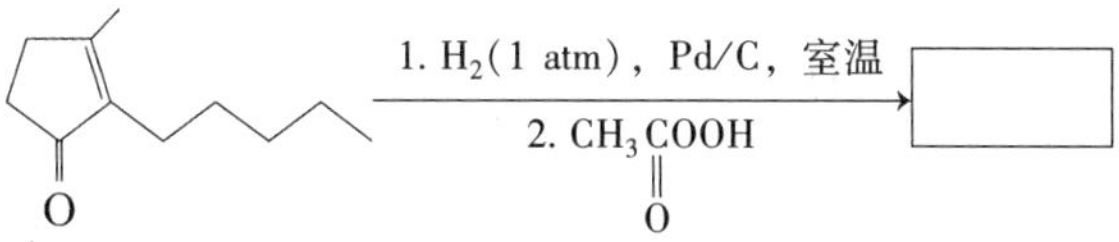
1. H_2(1 atm)，Pd/C，室温
2. CH_3COOH
O
O

(复旦大学，2004)

4. 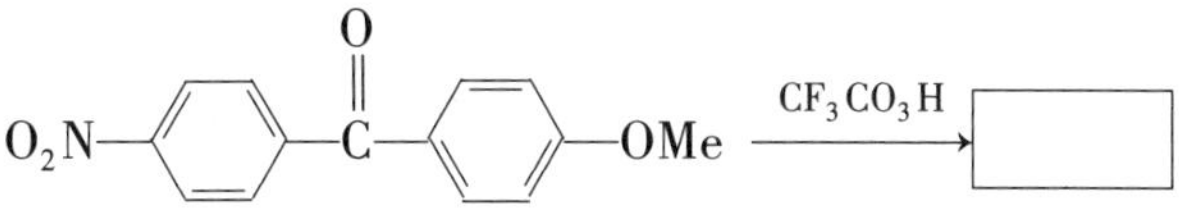
O
O_2N
C
OMe
CF_3CO_3H

(南京大学，2005)

5. 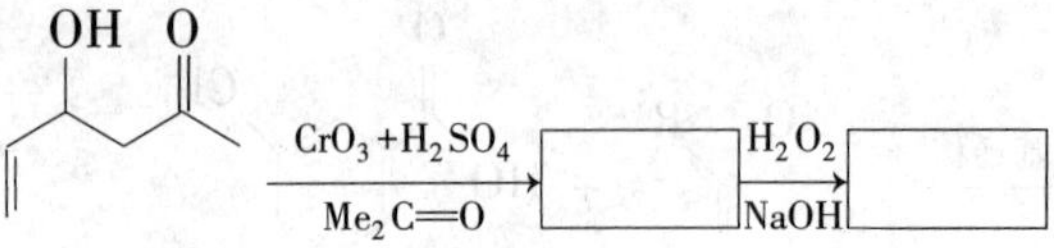
OH
O
$CrO_3+H_2SO_4$
Me_2C═O
H_2O_2
NaOH
（中国科学院，2009）

6. 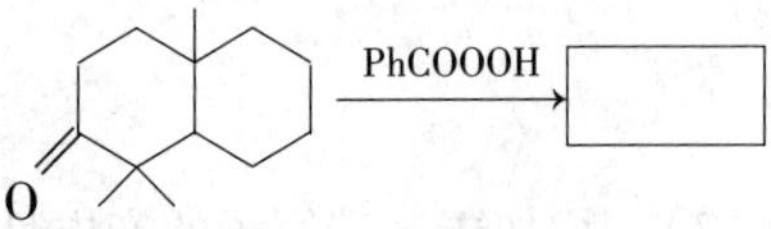
O
PhCOOOH
（吉林大学，2005）

[解答]

1. 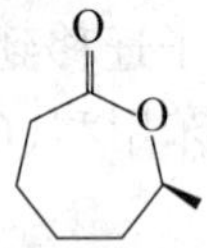
O
O
2. 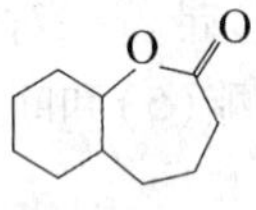
O
O
3. 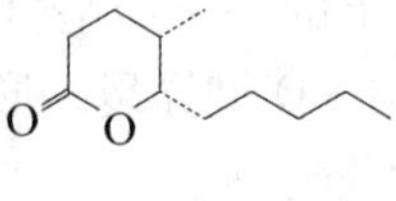
O
O
顺式
4. 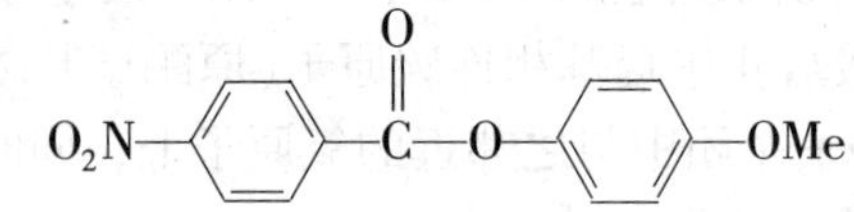
O
O_2N
C
O
OMe

5. 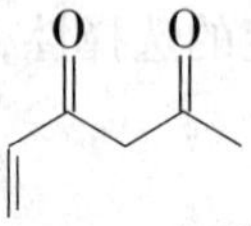
O
O
Joues(琼斯)试剂可将二级醇氧化为酮，双键不受影响，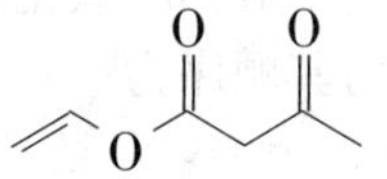
O
O
O
。

6. 1，5，5-三甲基二环[4. 4. 0]癸-4-酮用过氧苯甲酸处理得1，6，6-三甲基-5-氧杂二环[5. 4. 0]十一-4-酮，其结构式为：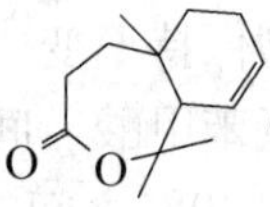
O
O
。

例 2　由指定原料合成，其他原料任选

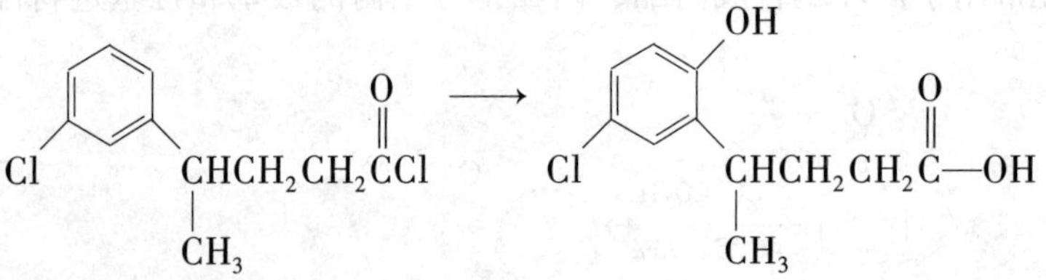
Cl
O
CHCH2CH2CCl
CH3
OH
Cl
O
CHCH2CH2C—OH
CH3
（南开大学，2003）

[解答]由目标分子结构分析可知，产物分子中既含有羟基又含有羧基，逆推可得相应的内酯。内酯由环酮经 Baeyer-Villiger 氧化得到，环酮由起始原料经酰化反应而得。

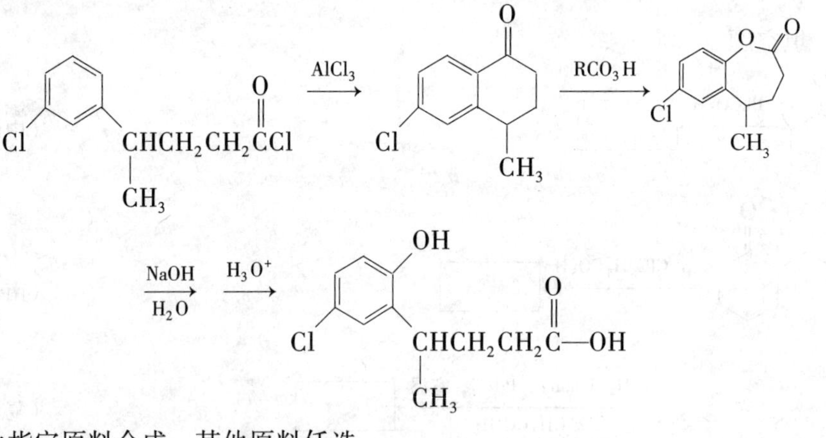
Cl
O
CHCH2CH2CCl
CH3
AlCl3
O
Cl
CH3
RCO3H
O
O
Cl
CH3
NaOH
H2O
H3O+
OH
Cl
O
CHCH2CH2C—OH
CH3

例 3　由指定原料合成，其他原料任选

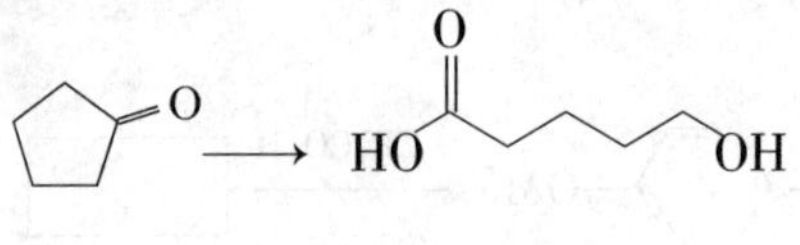
O
O
HO
OH
（中国科学技术大学，2002）

[**解答**]羟基戊酸由相应的内酯水解而来，内酯则由环戊酮经 Baeyer-Villiger 氧化得到。

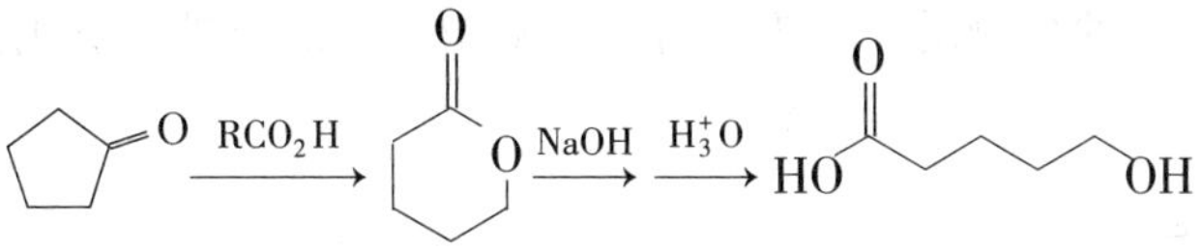

例 4 合成以下化合物并注意立体化学、反应条件和试剂比例

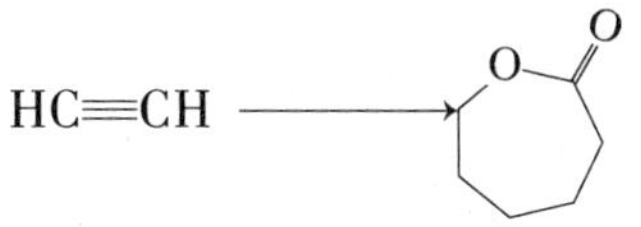

（中国科学院，2009）

[**解答**]由乙炔制备乙烯和 1，3-丁二烯，经双烯合成得环己烯；环己烯经水合得环己醇；环己醇被氧化得环己酮、发生 Baeyer-Villiger 氧化目标产物。

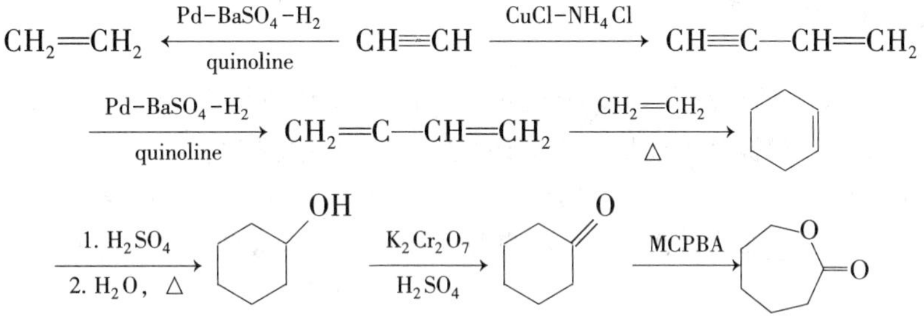

参考文献

[1]V. Baeyer A，Villiger V. Ber. 1899，32：3625-3633.

[2]Jie Jack Li，Name Reaction，4th ed. [M]. Springer-Verlag Berlin Heidelberg，2009：12.

[3]孔祥文. 基础有机合成反应[M]. 北京：化学工业出版社，2014.

[4]宋志光，李静，刘庆文，等. (+)-菊花烯酮的 Baeyer-Villiger 反应[J]. 高等学校化学学报，2005，26(12)：2264-2266.

[5]吴范宏. 有机化学学习与考研指津[M]. 北京：华东理工大学，2008：101.

[6]邢其毅，徐瑞秋，周政，等. 基础有机化学(第二版)[M]. 北京：高等教育出版社，1993：490.

4.2 Criegee 臭氧化

问题引入

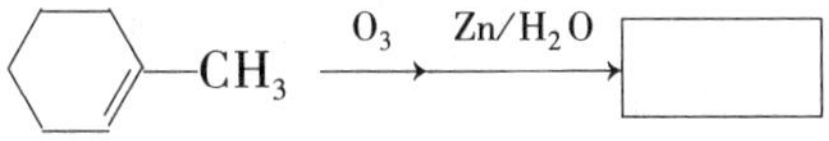

（暨南大学，2016）

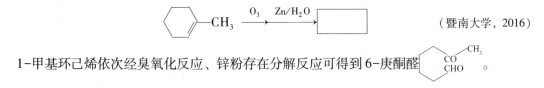

1-甲基环己烯依次经臭氧化反应、锌粉存在分解反应可得到 6-庚酮醛 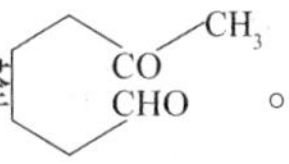 。

反应概述

烯烃的臭氧化反应[1~4]（ozonization）是指在液体烯烃或烯烃的非水溶液中通入含有 6% ~8% 臭氧的氧气流，烯烃被氧化成臭氧化物的反应。臭氧化物具有爆炸性，不能从溶液中分离出来。臭氧化物在还原剂的存在下直接用水分解，生成醛和/或酮以及过氧化氢，这步反应称为臭氧化物的分解反应。为了避免水解中生成的醛被过氧化氢氧化成羧酸，臭氧化物可以在还原剂如锌粉存在下进行分解。

反应通式

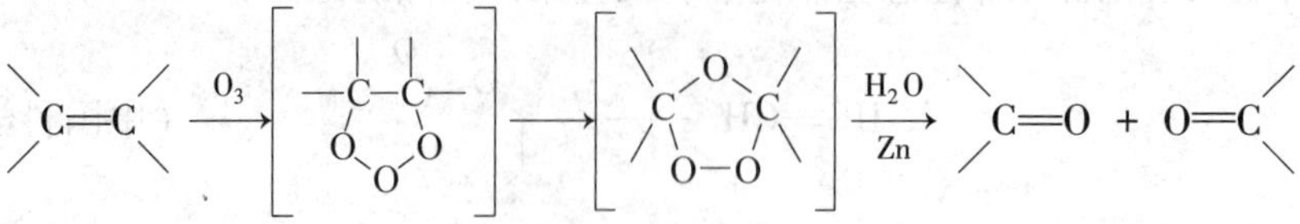

烯烃　　分子臭氧化物　　臭氧化物

反应机理

广泛被接受的反应机理称为 Criegee 机理，为德国人 Rudolf Criegee 于 1953 年提出。臭氧与烯烃先是发生 1，3-偶极环加成反应生成初级的分子臭氧化物 1，2，3-三氧五环，它非常不稳定，重排生成相对比较稳定的次级臭氧化物 1，2，4-三氧五环。反应结束后，用还原剂(如锌粉、二甲硫醚、三苯基膦等)处理，次级臭氧化物即分解生成两分子的醛和/或酮。

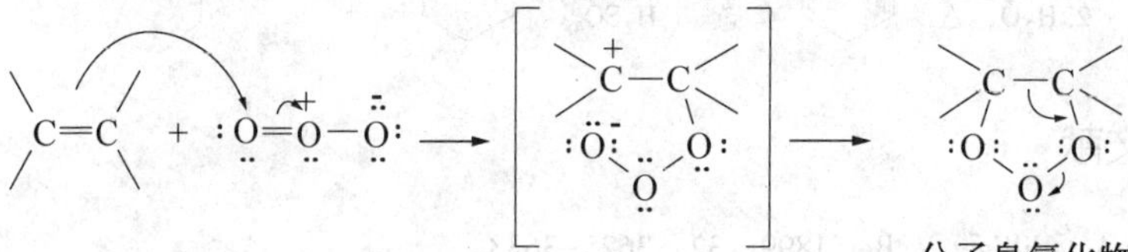

分子臭氧化物

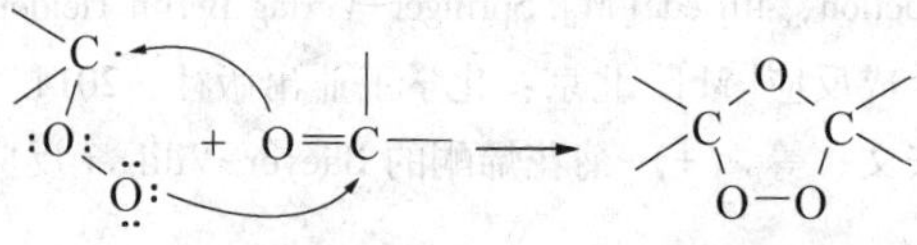

臭氧化物

反应应用

臭氧化物在 H_2、$LiAlH_4$ 存在下分解，则得到醇。

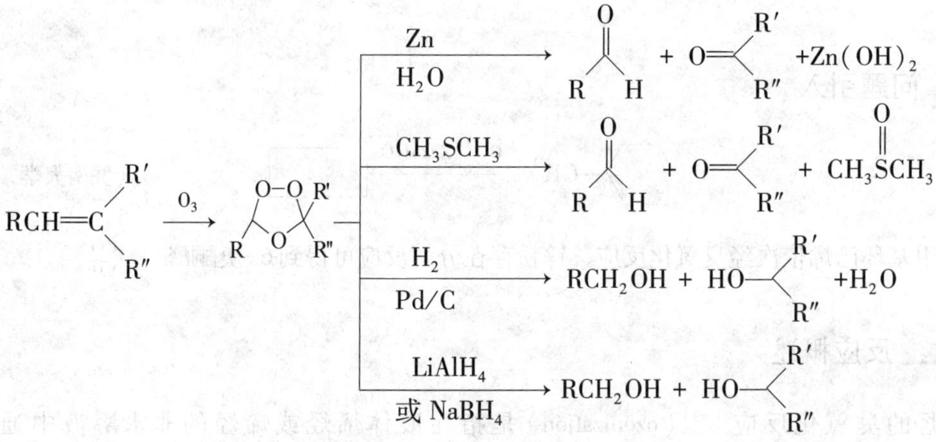

如果双键在碳环内氧化产物为二醛或二酮。例如：

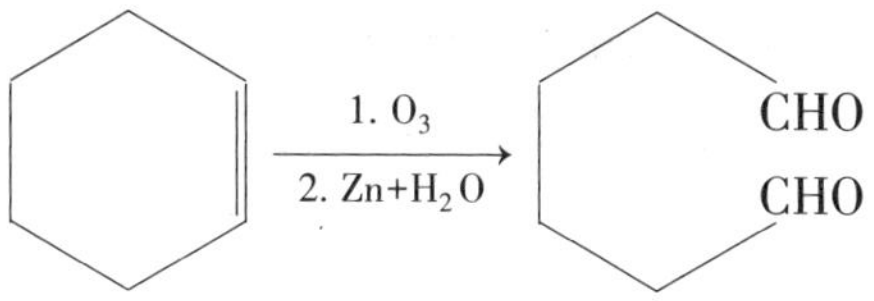
1. O_3
2. $Zn+H_2O$
CHO
CHO

（湘潭大学，2016）

烯烃臭氧化物的还原水解产物与烯烃结构的关系为：

烯烃结构	臭氧化还原水解产物
$CH_2=$	HCHO(甲醛)
$RCH=$	RCHO(醛)
$R_2C=$	$R_2C=O$(酮)

由于生成物醛或酮的羰基正好是原料烯烃双键的位置，根据生成醛和酮的结构，就可推断烯烃的结构，因此可通过烯烃的臭氧化物分解的产物来推测原烯烃的结构。

炔烃与臭氧反应，亦生成臭氧化物，后者用水分解则生成 α-二酮和过氧化氢，随后过氧化氢将 α-二酮氧化成羧酸。

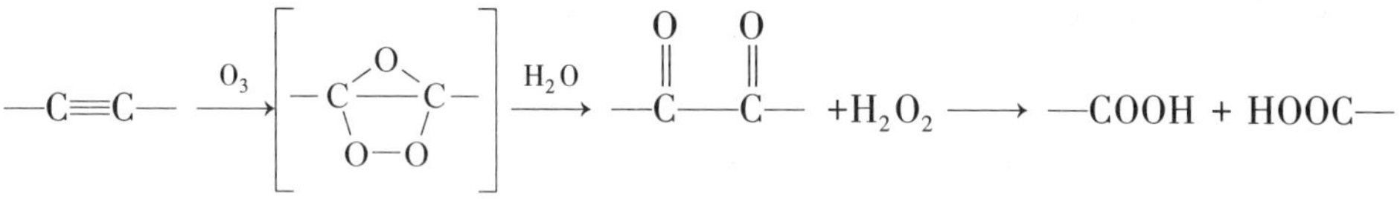
—C≡C—
O_3
H_2O
$+H_2O_2$
—COOH + HOOC—

例如：$CH_3CH_2CH_2C\equiv CCH_3 \xrightarrow[2.\ H_2O]{1.\ O_3} CH_3CH_2CH_2COOH+CH_3COOH$

臭氧是亲电试剂，所以反应活性：碳碳双键>碳碳三键。臭氧除和碳碳三键以及双键反应以外，和其他官能团很少反应，分子的碳架也很少发生重排，故此反应可根据产物的结构测定重键的位置和原化合物的结构。

臭氧化反应用于由烯烃合成醛酮，有时也可由炔烃合成羧酸；可以用来使原料中的碳链缩短[5]。

该反应的优点是可以选择氧化，主产品得率高；氧化温度低，在常温下氧化能力也较强，可以节约燃料和动力；氧化能力强，反应速度快，可以定量的氧化；使用方便，可以现场制造；反应终了后，样品本身没有残留，后处理简单，对环境无污染。但缺点是臭氧发生器投资大，运行费用高。例如：芥酸、亚油酸、蓖麻酸等脂肪酸或其酯衍生物均可以被臭氧分解制备各种产品，也可以用混合脂肪酸为原料，各种脂肪酸独立反应互不影响。如从商用蓖麻油制备(*E*)-2-壬烯醛。用甲醇与蓖麻酸进行酯交换反应得到甲酯，在甲醇中用含 5% O_3 的氧气进行臭氧化，然后用二甲硫醚还原，最后用稀硫酸脱水，经分离纯化所得产物收率为 80%，纯度为 99%。合成路线如下[6]：

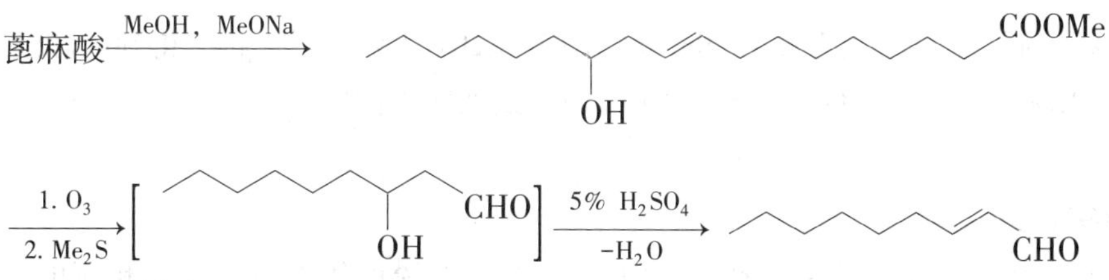
蓖麻酸
MeOH，MeONa
COOMe
OH
1. O_3
2. Me_2S
CHO
OH
5% H_2SO_4
$-H_2O$
CHO

例题解析

例 1　填空题

1. 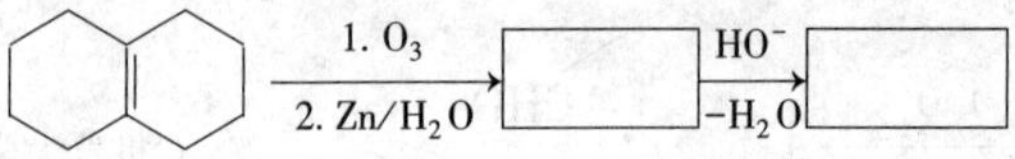 （浙江大学，2005；浙江工业大学，2014）

2. 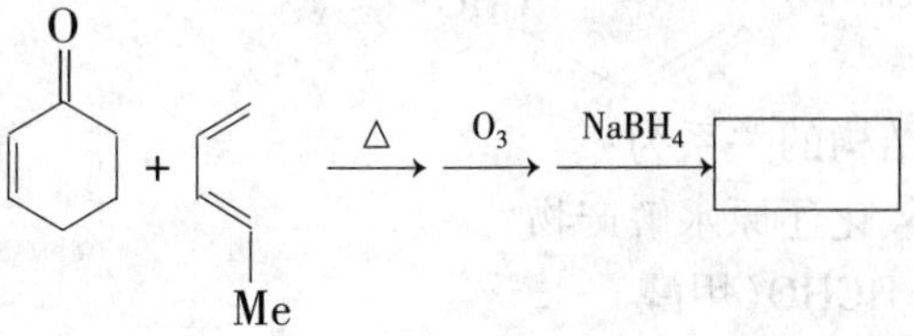 （中国科学技术大学，2010）

3. 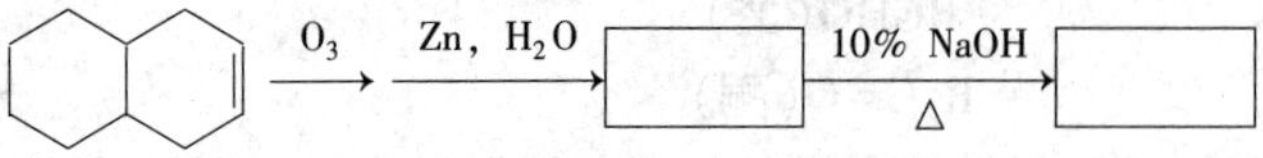 （青岛科技大学，2012）

［解答］

1. 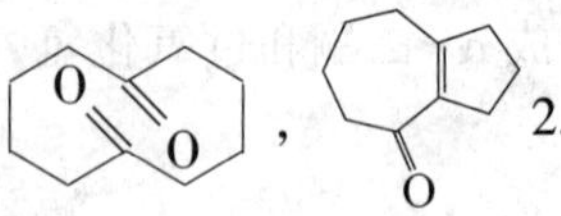 2. 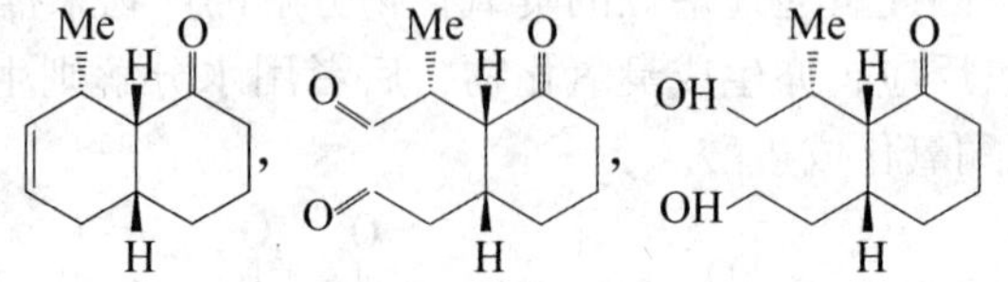

3. 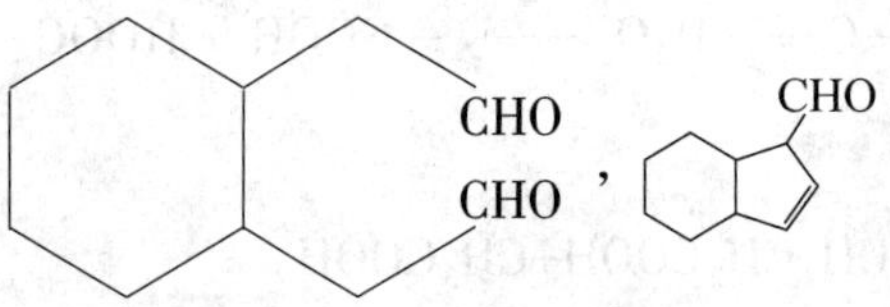

例 2　推测结构

1. 由化合物(A)$C_6H_{13}Br$所制得格利雅试剂与丙酮作用可生成2，4-二甲基-3-乙基-2-戊醇。(A)可发生消除反应生成两种异构体(B)、(C)，将(B)臭氧化后再在还原剂存在下水解，则得到相同碳原子数的醛(D)和酮(E)，试写出各步反应式以及(A)～(E)的结构式。

（青岛科技大学，2012）

［解答］

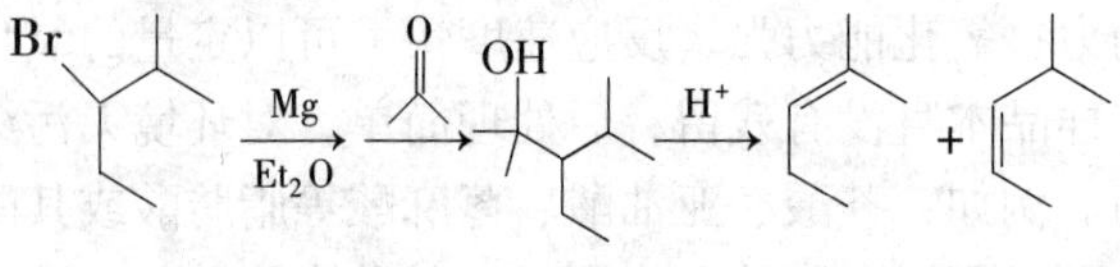

A　B　C

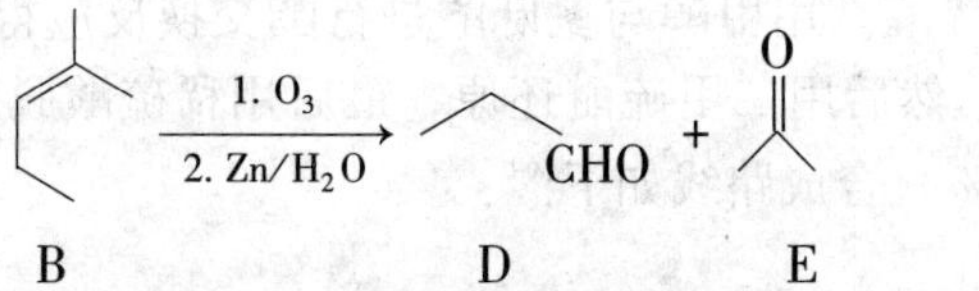

B　D　E

2. 卤代烷烃 A 分子式为$C_6H_{13}Br$，经 KOH/C_2H_5OH 处理后，将所得到的烯烃用臭氧氧化及还原性水解得到CH_3CHO及$(CH_3)_2CHCHO$。试推导化合物 A 的结构。　（中山大学，2016）

［解答］ 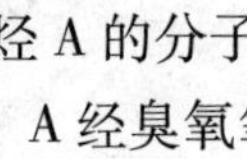

3. 某烯烃 A 的分子式为C_6H_{12}，具有旋光性。A 经催化加氢后生成相应的饱和烃 B，B 没有旋光性。A 经臭氧氧化反应和后续的锌粉还原水解得到 C，C 也具有旋光性；C 与二乙基锌试剂发生不对称加成反应，生成光学活性物质 D。试写出化合物 A、B、C、D 的结构式。

（浙江工业大学，2014）

［解答］A 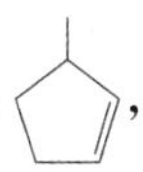，B ，C 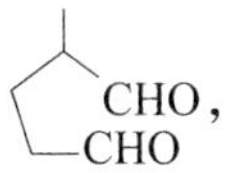，D 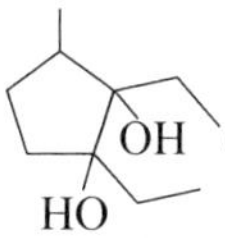。

4. 某烯烃经过催化加氢得到 2-甲基丁烷，加 HCl 得到 2-甲基-2-氯丁烷，如经臭氧化并在锌粉存在的条件下水解可得到丙酮和乙醛，写出该烯烃结构及各步反应[9]。

（南京航空航天大学，2008）

［解答］已知经臭氧化还原反应，RCH＝结构可转变成 RCHO（醛）、R_2C＝结构可转变成 $R_2C=O$（酮）。由题意可知，该化合物有 5 个碳原子，可得该结构是：$CH_3CH{=}C(CH_3){-}CH_3$。

$$CH_3CH{=}C(CH_3){-}CH_3 \xrightarrow{H_2/Pt} CH_3CH_2CH(CH_3){-}CH_3$$

$$CH_3CH{=}C(CH_3){-}CH_3 \xrightarrow{HCl} CH_3CH_2C(CH_3)(Cl){-}CH_3$$

$$CH_3{-}C(CH_3){=}CH{-}CH_3 \xrightarrow[2.\ H_2O,\ Zn]{1.\ O_3} CH_3{-}C(CH_3){=}O + O{=}CH{-}CH_3$$ 。

参考文献

[1] Criegee R, Wenner G. Ann. 1949, 564: 9-15.

[2] Criegee R. Rec. Chem. Prog. 1957, 18: 111-120.

[3] Criegee R. Angew. Chem. 1975, 87: 765-771.

[4] 孔祥文. 基础有机合成反应[M]. 北京：化学工业出版社，2014：8.

[5] 孔祥文. 有机化学[M]. 北京：化学工业出版社，2010：114.

[6] 李志伟，李英春. 臭氧化反应的研究与应用[J]. 化工纵横，2003，17(2)1：3-15.

[7] 吴范宏. 有机化学学习与考研指津[M]. 武汉：华中理工大学出版社，2008：61.

[8] 裴伟伟. 基础有机化学习题解析[M]. 北京：高等教育出版社，2006：210.

[9] 金圣才. 有机化学名校考研真题详解[M]. 北京：中国水利水电出版社，2010：54.

4.3 Criegee 邻二醇氧化

问题引入

$$H_3C\underset{OH}{CH}{-}\underset{OH}{C}(CH_3)_2 \xrightarrow{Pb(OCOCH_3)_4} \boxed{}$$ （武汉工程大学，1999）

上述反应产物结构为[1]：$CH_3{-}\overset{O}{\overset{\|}{C}}H + CH_3{-}\overset{O}{\overset{\|}{C}}{-}CH_3$ 。

反应概述

四乙酸铅[$Pb(OCOCH_3)_4$]在冰醋酸或苯等有机溶剂中，可氧化 α-二醇生成羰基化合物[2,3]。

反应通式

$$\underset{\text{OH}}{\text{RCH}}\text{—}\underset{\text{OH}}{\text{CHR}'}\xrightarrow{Pb(OCOCH_3)_4}RCHO+R'CHO+Pb(OCOCH_3)_2+2CH_3COOH$$

反应机理[4]

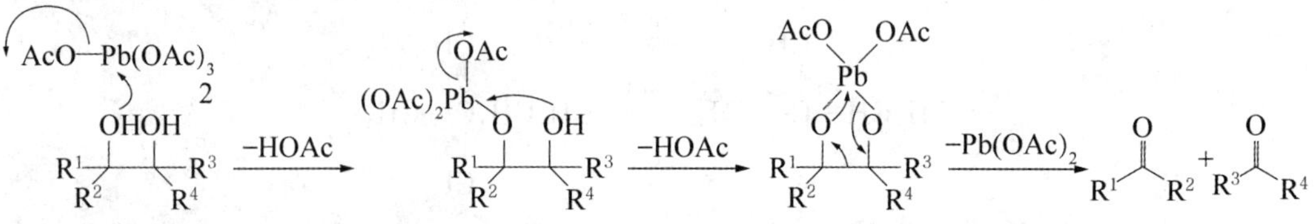

1　　3　　4　　5　　6

邻二醇(1)的一个羟基首先进攻四乙酸铅(2)的铅原子，发生取代反应，离去一分子乙酸形成 β-羟基酯(3)，然后 3 的 β-羟基进攻分子中的铅原子，发生取代反应，离去一分子乙酸形成环状酯中间体(4)，最后 4 的邻二醇碳-碳键断裂，消去乙酸铅，得到相应的醛(5)和酮(6)。

反应是定量的，通常在乙酸或苯溶液中进行，可用于邻二醇的定量分析。

$Pb(OCOCH_3)_4$ 溶于有机溶剂，不溶于水，而 HIO_4 溶于水，不溶于有机溶剂，因此它们在应用中可以相互补充。

α-氨基醇、α-羟基酸、α-氨基酸、α-酮酸和乙二胺等也可发生类似反应，β-二醇和 γ-二醇等均不发生上述反应。

例题解析

例 1

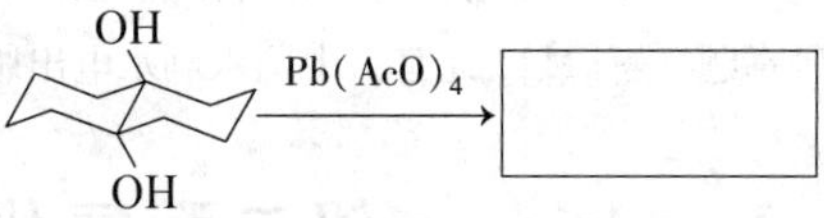

[解答] 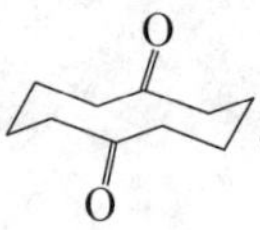。四乙酸铅可氧化邻二醇为羰基化合物，而且尽管顺式的邻二醇反应速率大，但反式的仍可反应，如本题的反式-9，10-二羟基十氢萘的氧化。反式邻二醇的氧化可能为消除过程：

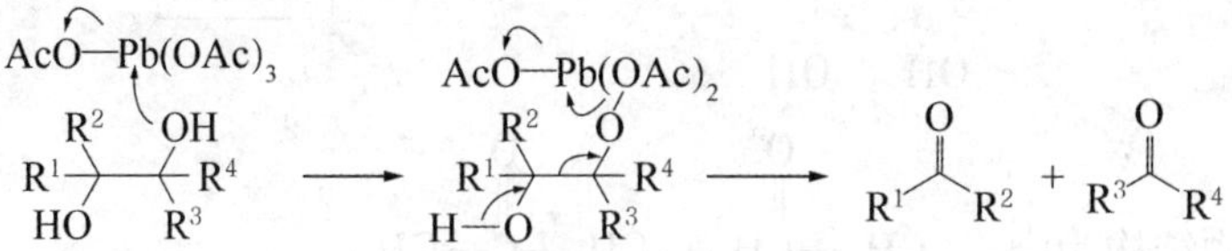

例 2[5]

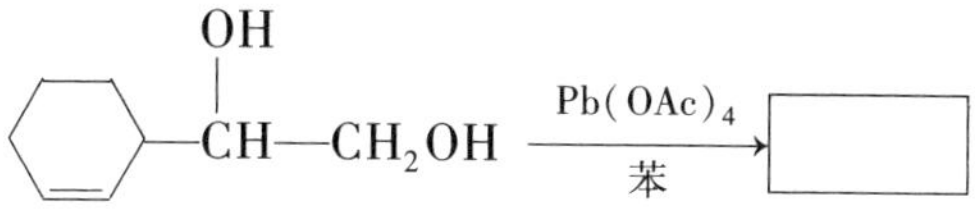

[解答]

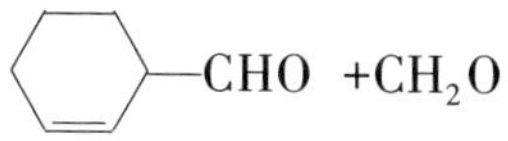

例 3[5]

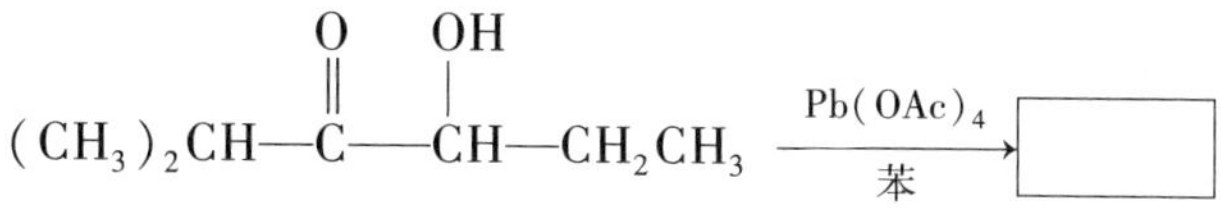

[解答]

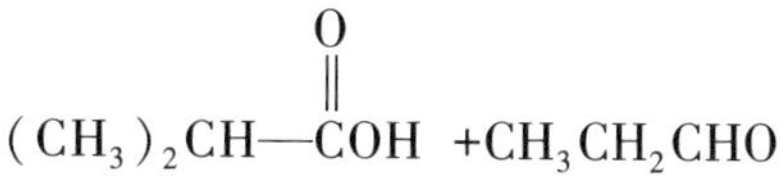

参考文献

[1]吴范宏．有机化学学习与考研指津[M]武汉：华中理工大学出版社，2008：76.
[2]孔祥文．有机化学[M]．北京：化学工业出版社，2010：206，250，48，207.
[3]Criegee R. Ber. 1931，64：260 - 266.
[4]Jie Jack Li. Name Reaction，4thed.[M]. Springer-Verlag Berlin Heidelberg，2009：159.
[5]裴伟伟．基础有机化学习题解析[M]．北京：高等教育出版社，2006：211.

4.4 Kornblum 氧化反应

问题引入

以环戊烷和不超过两个碳的有机原料合成

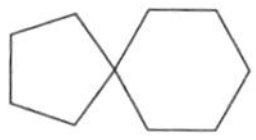

（中国科学技术大学，2011；兰州大学，2010；天津大学，2000，2006；中国科学院研究生院，1988）

以环戊烷为主要原料经多步反应可制得目标产物，其反应方程式如下：

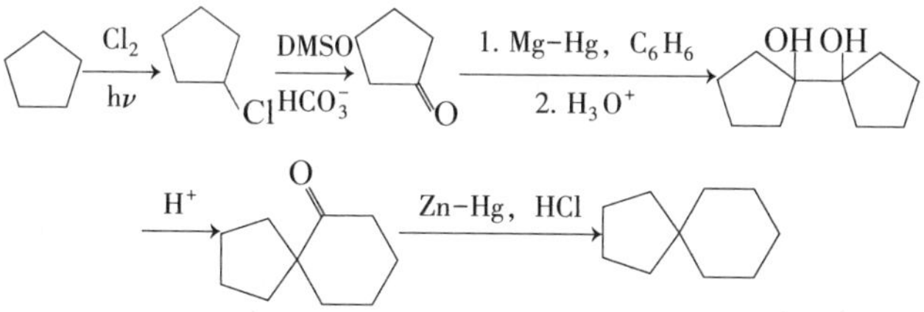

反应概述

上述合成反应的第2步中，氯代环戊烷在碳酸氢钠存在下经DMSO氧化得到环戊酮。这种在碱性条件下，DMSO将伯或仲卤代烷氧化成醛或酮的反应称为Kornblum氧化反应[1,2]。

反应通式

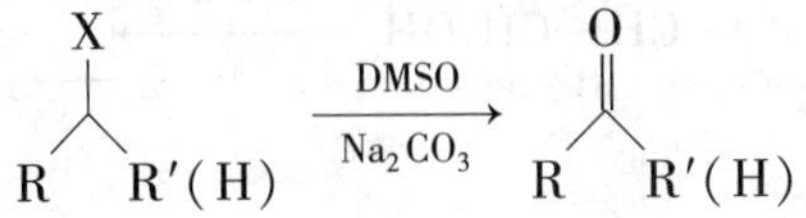

反应机理[3]

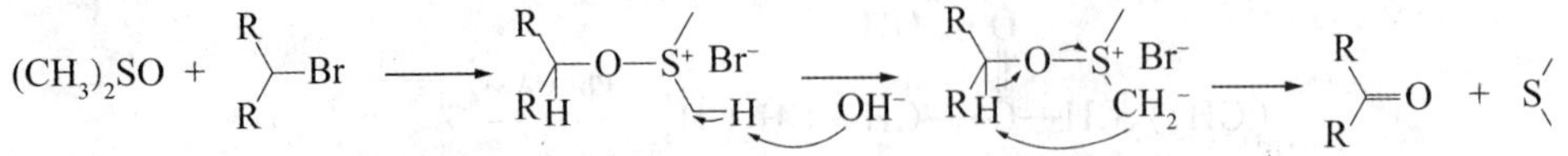

首先由 DMSO 中的氧原子取代卤代烷分子中的卤素原子形成烷氧基锍盐，然后在碱的作用下进行 β-消除得到羰基化合物。

例题解析

例 1　完成反应方程式

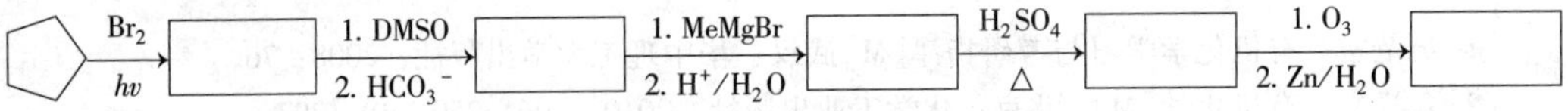

（武汉大学，2010）

[解答] 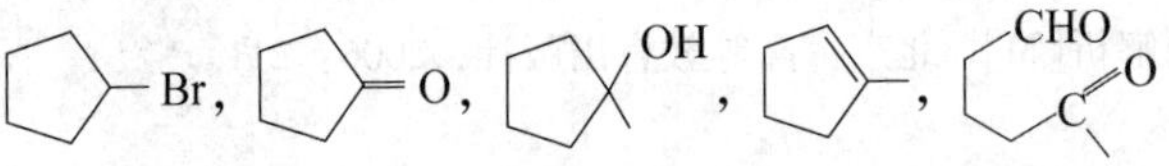

参考文献

[1] Kornblum N, Powers J W. J Am Chem Soc, 1957, 79: 6562.

[2] Kornblum N, Jones W J. J Am Chem Soc, 1959, 81: 4113.

[3] Epstein W W. Sweat F E. Dimethyl Sulfoxide Oxidations [J]. Chem Rev, 1967, 67(3): 247-260.

4.5　Moffatt 氧化反应

问题引入

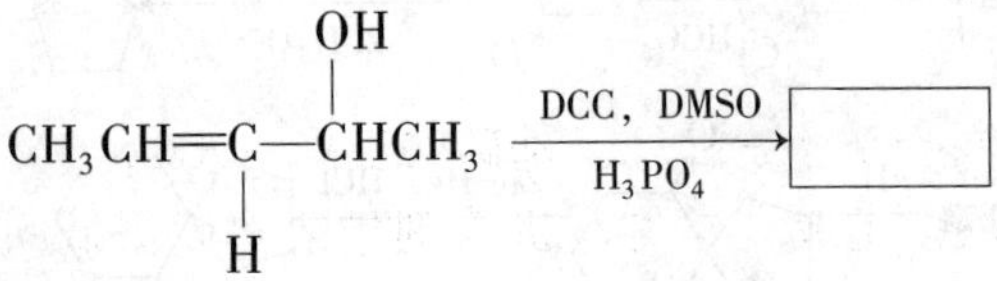

在磷酸存在下 3-戊烯-2-醇与 *N*, *N'*-二环己基碳二亚胺（DCC）、二甲基亚砜（DMSO）反应得到 3-戊烯-2-酮[1]，其结构式为： $CH_3CH{=}CH\overset{\overset{O}{\|}}{C}CH_3$ 。

反应概述

Moffatt 氧化反应是指酸性条件下，DMSO、DCC(脱水剂)将一级醇或二级醇氧化成醛或酮的反应，也称为 Pfitzner-Moffatt 氧化反应[2,3]。

反应通式

OH
R
R′
+DMSO+DCC+HX
CH2Cl2
O
R
R′

反应机理[4]

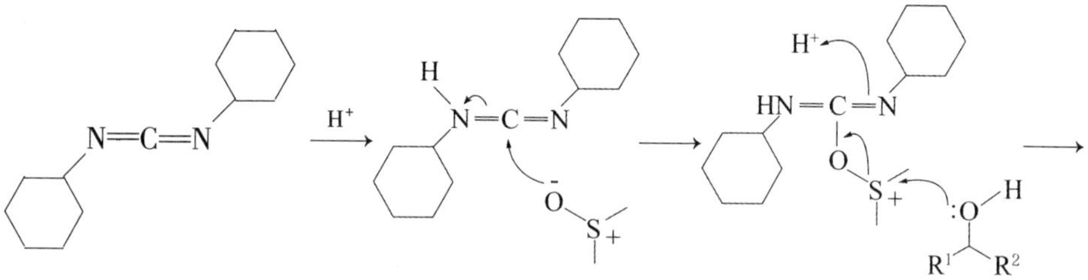
N=C=N
H+
H
N=C=N
O
S+
H+
HN=C=N
O
S+
:O
H
R1
R2

1

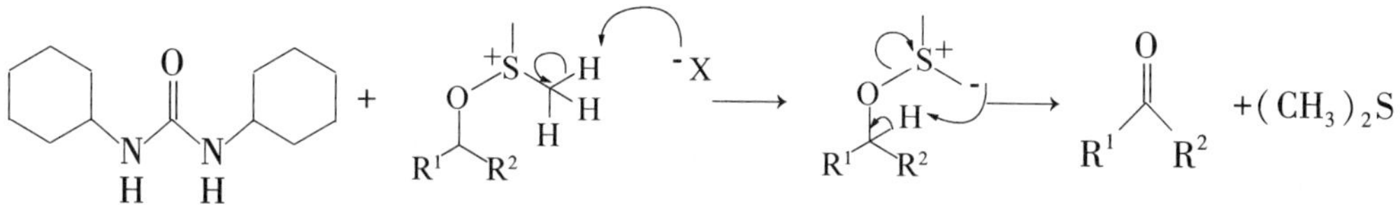
O
N
N
H
H
+
+S
H
H
H
-X
O
R1
R2
S+
O
H
R1
R2
O
R1
R2
+(CH3)2S

2　　　　3

室温下，DCC 的氮原子质子化后，DMSO 与其进行亲核加成反应生成氧基锍离子中间体(1)，1 与醇反应消去 *N*，*N*′-二环己基脲的同时生成新的烷氧基锍离子中间体(2)，2 在碱的作用下，消去硫原子的 α-*H* 得硫 Ylide(3)，3 通过一个五元环的过渡态(2，3-σ 重排)，分解得到酮(或醛)和二甲基硫醚。

反应中的 DCC 和 DMSO 即为 Pfitzner-Moffatt 试剂。DCC 是二取代脲的失水产物：

$$C_6H_{11}NH\overset{\overset{\displaystyle O}{\|}}{C}NHC_6H_{11} \xrightarrow[(C_2H_5)_3N]{C_6H_5SO_2Cl} C_6H_{11}N{=}C{=}NC_6H_{11} + H_2O$$

例题解析

例 1　在多肽合成中，*N*，*N*′-二环己基碳二亚胺(DCC，结构见下图)是一种低温脱水剂，DCC 能够与水分子反应生成在常见有机溶剂中溶解度极低的二环己基脲，因而常用于催化羧基与氨基缩合形成酰胺键。请写出 DCC 催化脂肪族羧酸与脂肪族伯胺反应生成酰胺与二环己基脲的反应过程。

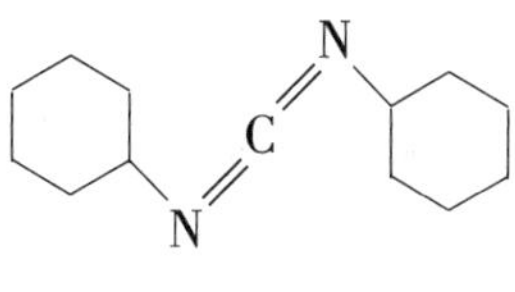
N
C
N

(中山大学，2016)

[解答]

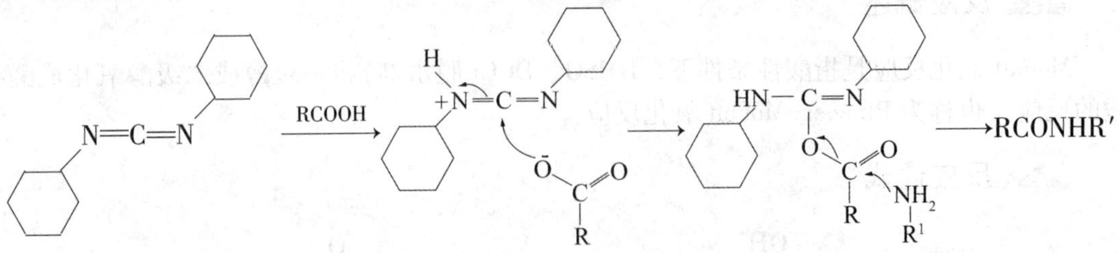

例 2 依那普利(enalzpri)是医治高血压的药物，请由4-苯基丁酸、丙氨酸和脯氨酸及必要的原料和试剂合成依那普利。

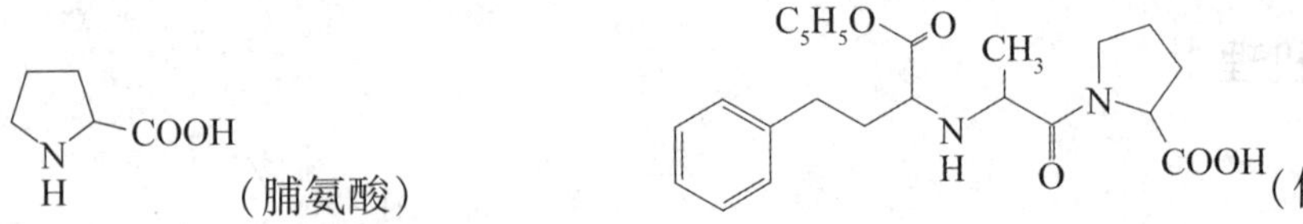

（南开大学，2007）

[解答]

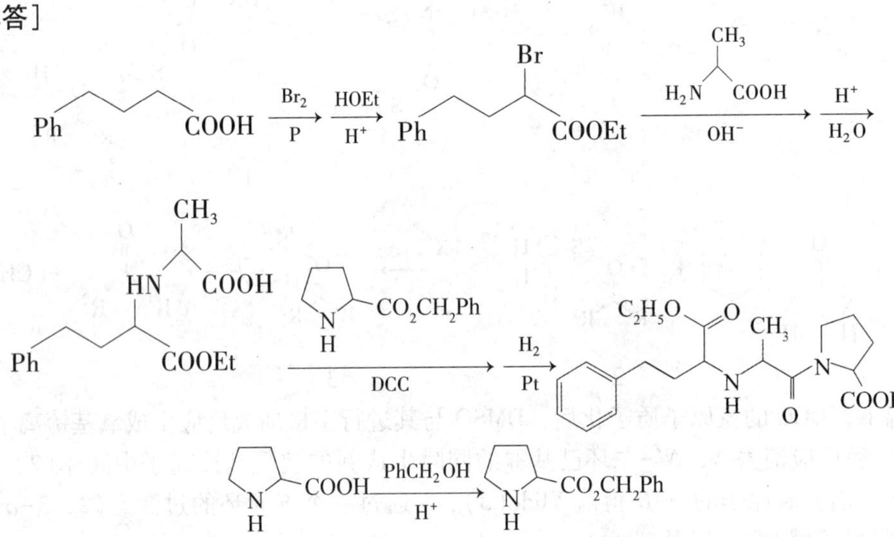

参考文献

[1]裴伟伟．基础有机化学习题解析[M]．北京：高等教育出版社，2006：210.
[2]Pfitzner K. E，Moffatt，J. G. J. Am. Chem. Soc. 1963，85：3027-3028.
[3]Pfitzner K. E，Moffatt，J. G. J. Am. Chem. Soc. 1965，87：5661，5670.
[4]JieJackLi. NameReaction，4th ed.，[M]. Springer-Verlag Berlin Heidelberg，2009：370.

4.6 Oppenauer 氧化

问题引入

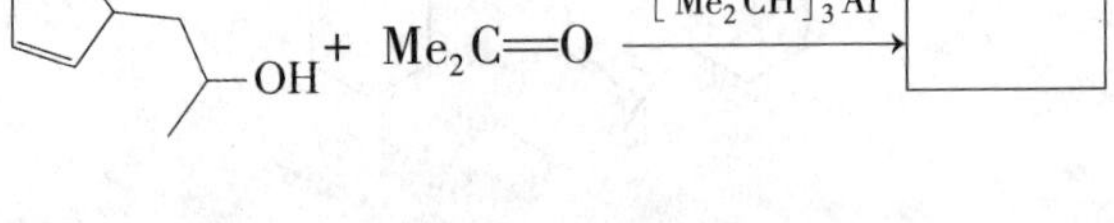

（中国科学院，2009）

1-(2-环戊烯基)-2-丙醇在三异丙基铝存在下经丙酮氧化得到 2′-环戊烯基-2-丙酮，反应物分子中仲醇羟基被氧化为酮羰基，产物结构式为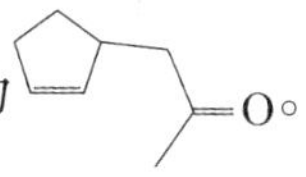。

反应概述

二级醇与丙酮(或甲乙酮、环己酮、二苯甲酮、3-硝基苯甲醛等)在碱存在下一起反应，醇被氧化为酮，同时丙酮被还原为异丙醇的反应称为 Oppenauer 氧化[1]。

反应通式

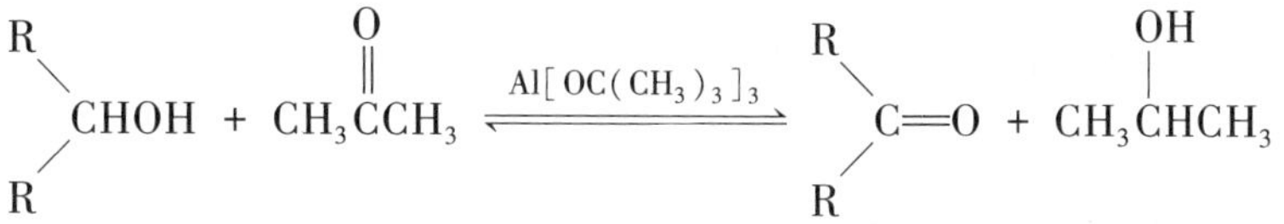

它是 Meerwein-Ponndorf-Verley 还原反应的逆反应，也是一个由二级醇制备酮的有效方法，目前应用不是很广，适用于含不饱和键或对酸不稳定的二级醇。类似的氧化反应还有 DessMartin 氧化反应、Swern 氧化反应以及 Sarett 氧化反应(PCC 等铬酸盐作氧化试剂的反应)。

反应中常用的碱为叔丁醇铝或异丙醇铝，但也有很多改进方法，例如使用三甲基铝，或使用三氯乙醛和氧化铝的混合物来达到选择性氧化二级醇的目的。一级醇也可以氧化为相应的醛，但存在副反应羟醛缩合反应，效果并不很好。

反应温和，能在室温或温热下进行，产率较高，广泛地应用于甾醇类化合物以及其他不饱和醇类的氧化[2]。

反应机理

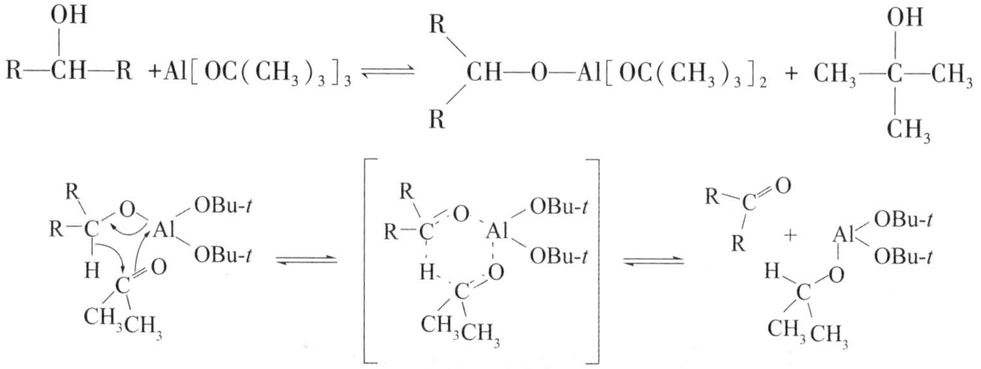

六元环过渡态

例题解析

例 1

1. 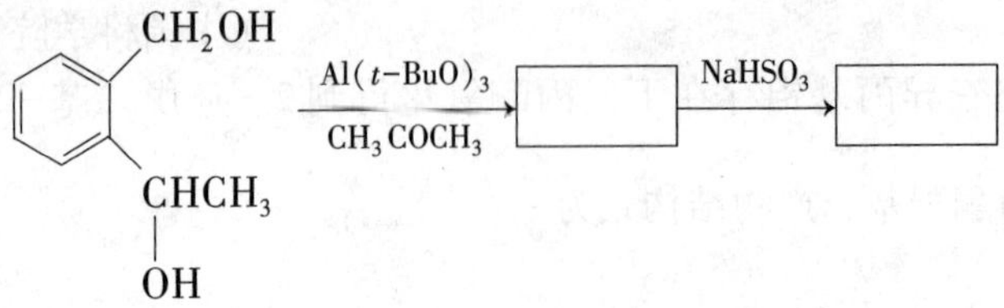

2. 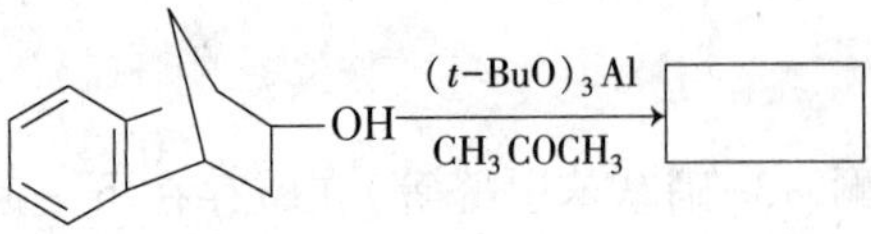

（中山大学，2002）

[解答]1. 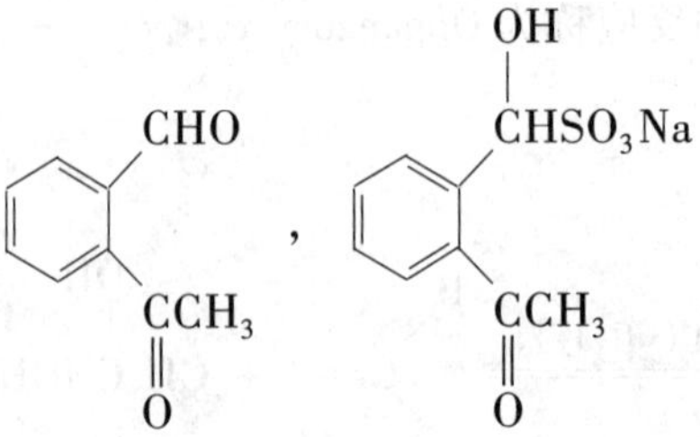 。常用较为缓和的氧化剂：MnO_2/石油醚、DMSO-DCC、$(t\text{-}BuO)_3Al$/丙酮、CrO_3/C_5H_5N，能将伯醇氧化为醛，并保留分子中的双键[3]。醛、脂肪族甲基酮和少于 8 个碳的环酮与过量的饱和亚硫酸氢钠(sodiumbisulphite)水溶液发生加成反应生成 α-羟基磺酸钠，该产物不溶于饱和亚硫酸氢钠溶液，以白色晶体的形式析出。

2. 反应物仲醇被氧化为酮[3]，产物结构式为 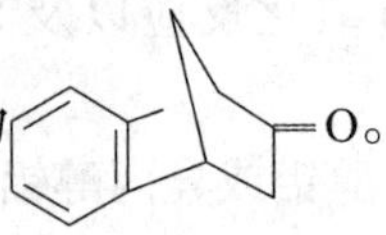。

例 2 完成下列转变

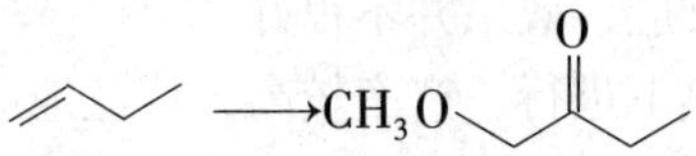

（复旦大学，2012）

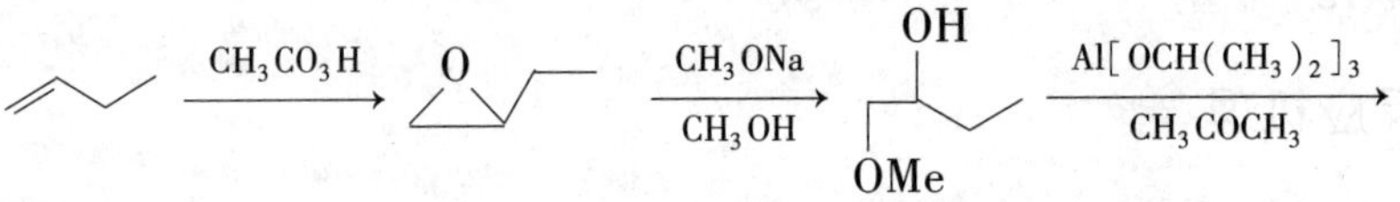

[解答] 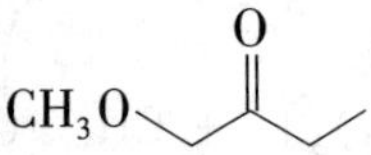

参考文献

[1] Oppenauer R. V. Rec. Trav. Chim. 1937，56：137-144.
[2]孔祥文. 有机化学[M]. 北京：化学工业出版社，2010.
[3]吴范宏. 有机化学学习与考研指津[M]. 武汉：华中理工大学，2008：78.

4.7 Riley 氧化(活泼亚甲基)反应

问题引入

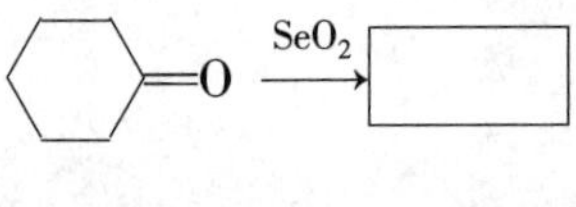

（武汉大学，2005）

环已酮经二氧化硒氧化得到 1，2-环已二酮，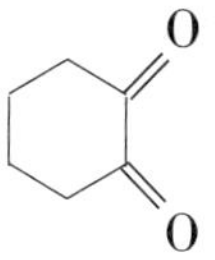。这个反应为 Riley 氧化反应[1]。

反应概述

Riley 氧化反应是指含有活泼亚甲基化合物(特别是羰基化合物，它的羰基的邻位具有活泼亚甲基者)在适当溶剂(如水，乙醇，乙酸，乙酐，硝基苯，苯，二甲苯等)中、在 100℃ 左右，用 SeO_2(或 H_2SeO_2)氧化，则亚甲基(>CH_2)转变成羰基(>C=O)，形成邻二羰基化合物[2]。不对称酮最容易烯醇化的 α 位易被氧化[3]。

反应通式

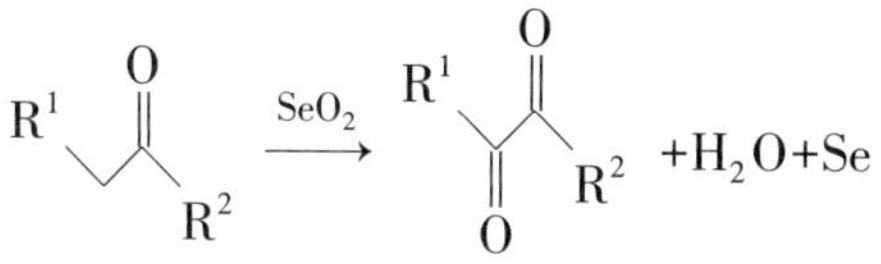

反应机理

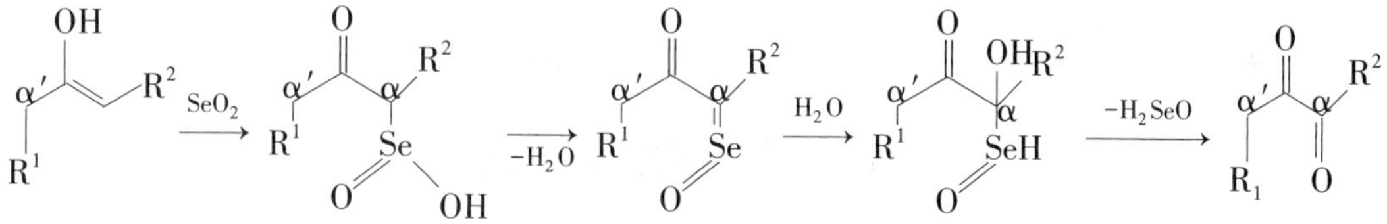

1　　2　　3　　4　　5

反应中，含有 α-亚甲基的酮或者醛异构为烯醇(1)，再与二氧化硒发生亲核加成反应生成 β-羰基烷基亚硒酸(2)。然后，2 消除一分子水得到 β-羰基烯基氧化硒(3)，3 加成一分子水得到 α-羟基-β-羰基烷基氧化硒(4)，再经消去 H_2SeO 得到目标产物 α-二酮。

如果 β-羰基亚硒酸(2)的另一个 β-位有活泼的 C—H 时，则发生顺式消除反应，脱去一分子 $Se(OH)_2$ 生成 α，β-不饱和酮(6)。

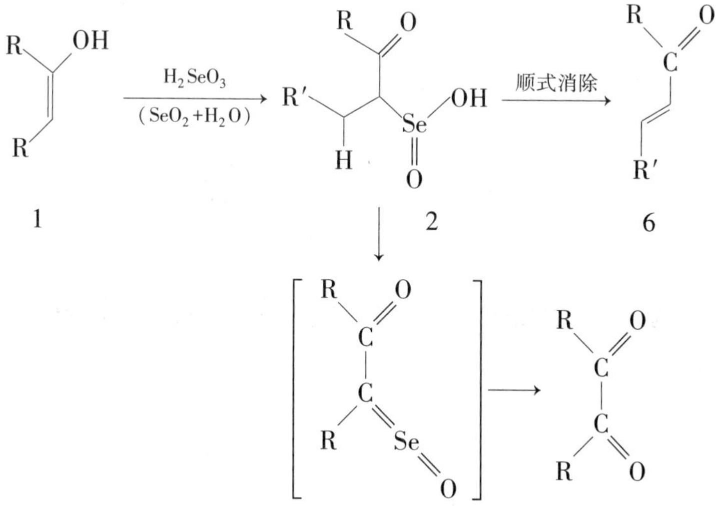

1　　2　　6

3　　5

Riley 氧化反应温度低，能有效降低能耗，反应速度快，产率较高，但 SeO_2 是无机剧毒物。

例题解析

例 1　填空

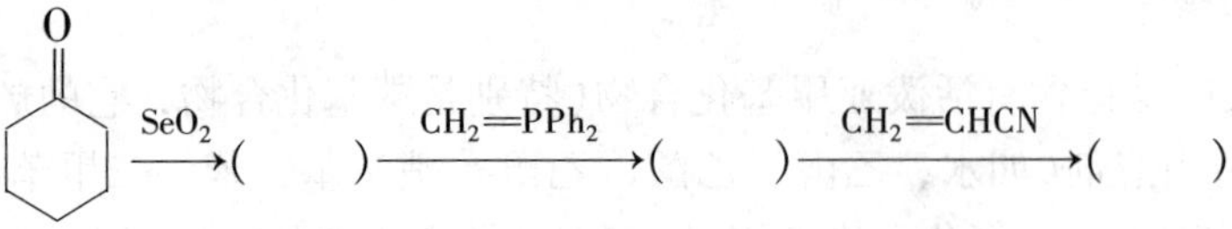

（武汉大学，2005）

［解答］

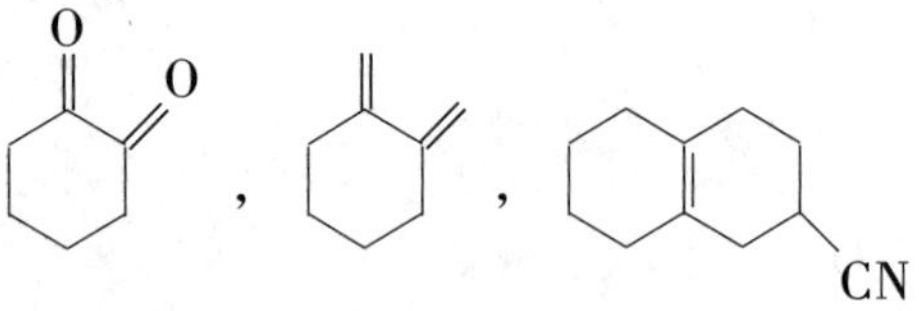

参考文献

[1] Riley H. L，Morley J. F，Friend N. A. C. J. Chem. Soc. 1932：1875.

[2]［美］李杰（JieJackLi）著．荣国斌译，朱士正校．有机人名反应及机理［M］．上海：华东理工大学出版社，2003：336.

[3] 汪秋安．高等有机化学［M］．北京：化学工业出版社，2004：107.

4.8　二氧化锰氧化

问题引入

由指定原料和必要的有机或无机试剂合成：

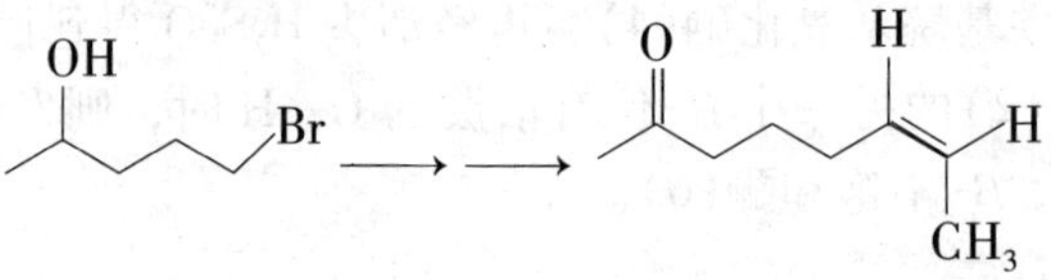

（中国科学院研究生院，1996）

以 5-溴-2-丁醇为原料经如下反应可以得到目标化合物。

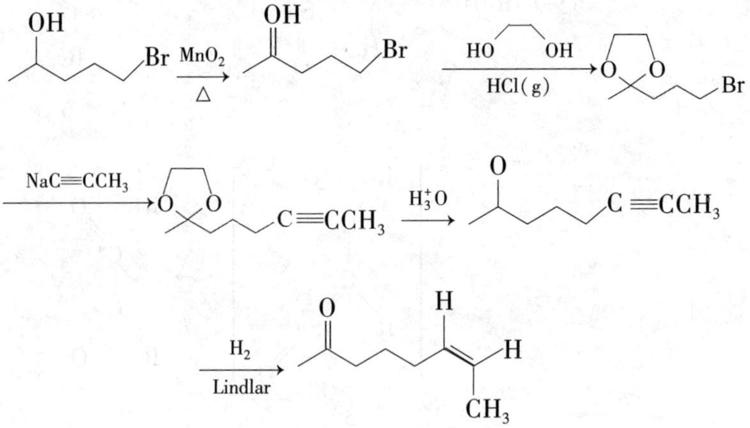

反应概述

上述合成反应中的第一步采用 MnO_2 作氧化剂氧化仲醇得到相应的酮。活性 MnO_2 广泛应用于 α，β-不饱和基团（如双键、三键、芳环）的 α-位醇（如烯丙醇、苄醇等）的氧化反应，伯醇得醛，仲醇得酮。对于烯丙醇，其氧化条件温和，不会引起双键的异构化。MnO_2 的活性（国产和进口）及溶剂的选择对反应至关重要，常用的溶剂有二氯甲烷、乙醚、石油醚、己烷、丙酮等[1,2]。

高锰酸钾与硫酸锰在碱性条件下可制得二氧化锰，新制的二氧化锰可将 β 碳上为不饱和键的一级醇、二级醇氧化为相应的醛和酮，不饱和键可不受影响。

$$2KMnO_4+3MnSO_4+4NaOH \longrightarrow 5MnO_2\downarrow+K_2SO_4+2Na_2SO_4+2H_2O$$

$$CH_2{=}CHCH_2OH \xrightarrow[25\ ^\circ C]{MnO_2} CH_2{=}CHCHO$$

参考文献

[1]孔祥文. 基础有机合成反应[M]. 北京：化学工业出版社，2014：26-29.

[2]邢其毅，裴伟伟，徐瑞秋，等. 基础有机化学(第三版)[M]. 北京：高等教育出版社，2005：400.

4.9　高碘酸氧化

问题引入

下列化合物与高碘酸反应生成两种化合物的是(　　)。　　（四川大学，2013）

A. 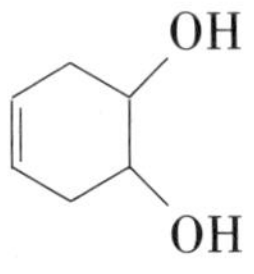

B. 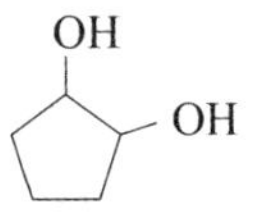

C. 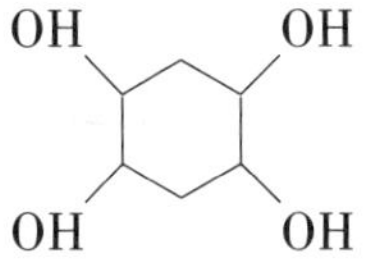

D. 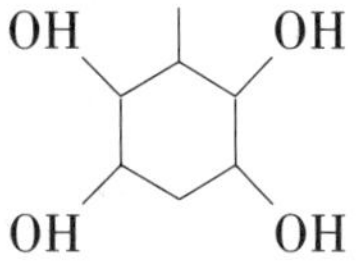

化合物(D)经高碘酸氧化得到的两种化合物分别是 2-甲基丙二醛和丙二醛，化学反应方程式如下。

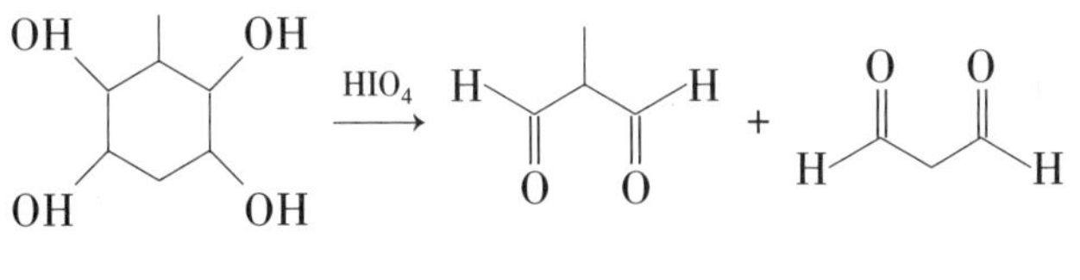

反应概述

高碘酸 HIO_4 可使邻二醇中连有羟基的相邻碳原子之间的键断裂，伯醇或仲醇的反应产物为醛，叔醇的反应产物为酮。邻羟基醛酮也可以被 HIO_4 氧化断裂，醇变成醛或酮，醛、酮变成羧酸。如果连三醇与 HIO_4 反应，相邻两个羟基之间的 C—C 键都可以被氧化断裂，中间的碳原子被氧化为羧酸。非邻位二醇不起反应[1,2]。

反应通式

$$\text{R-CH-CH-R'} + HIO_4 \longrightarrow RCHO + R'CHO + HIO_3 + H_2O$$
$$\quad\;\; |\;\;\;\; |$$
$$\quad\;\; OH\;\; OH$$

$$\text{R-CH-C-R'} + HIO_4 \longrightarrow RCHO + R'COOH + HIO_3$$
$$\quad\;\; |\;\;\;\; \|$$
$$\quad\;\; OH\;\; O$$

$$\text{RCH-CH-CHR'} \xrightarrow{HIO_4} RCHO + HCOOH + R'CHO$$
$$\quad\;\; |\;\;\;\; |\;\;\;\; |$$
$$\quad\;\; OH\;\; OH\;\; OH$$

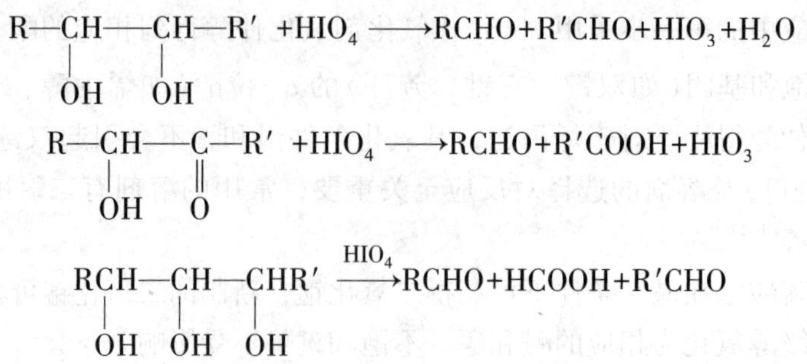

反应机理

高碘酸是氧化邻二醇温和的氧化剂，由于顺式邻二醇的反应速率大于其反式异构体(刚性环上的反式邻二醇不反应)，所以一般认为该反应经过环内酯过程。

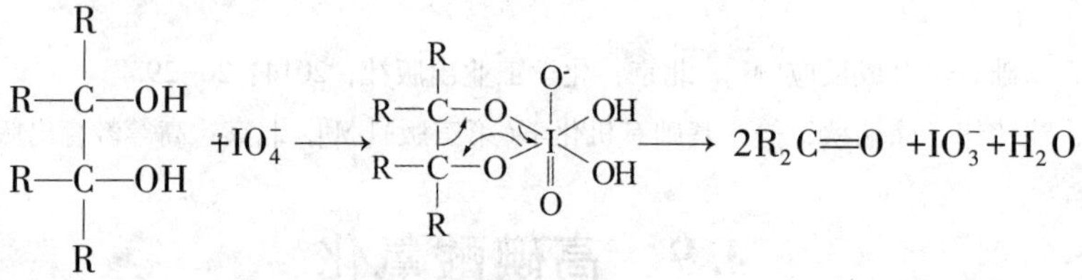

在反应混合物中加入 $AgNO_3$，根据是否有碘酸银的白色沉淀生成($Ag^+ + IO_3^- \longrightarrow AgIO_3\downarrow$)，可以判断反应是否进行。此反应是定量进行的，因而可以用于 α-二醇的定量测定。

例题解析

例1 选择题

1. 与 HIO_4 反应可生成两种氧化产物的化和物是(　　)。 （中山大学，2005）

A. 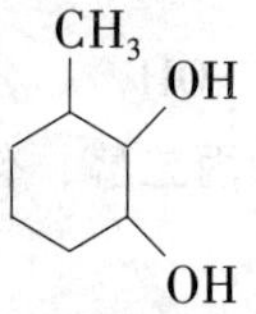
B. 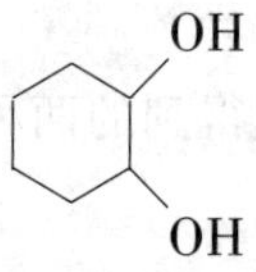

C. 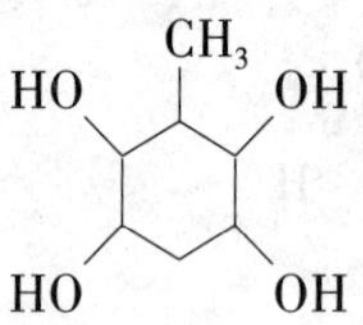
D. 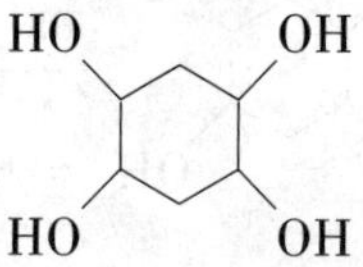

E. 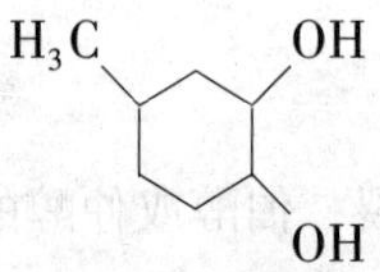

2. 2，3-丁二醇与下列哪个试剂反应得 CH_3CHO(　　)。 （上海交通大学，2004）

A. CrO_3/H^+　　B. H_2O_2/OH^-　　C. $KMnO_4/H^+$　　D. HIO_4

[解答]1. C　2. D

例 2　写出下列各步反应中的化合物 2 ~ 5 的立体结构式。（厦门大学，2012）

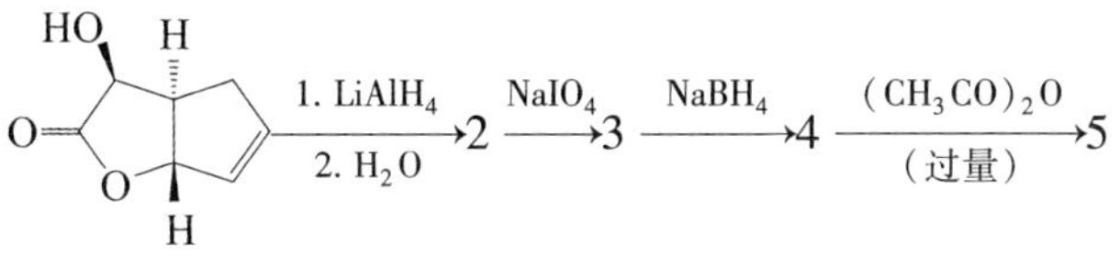

[解答]

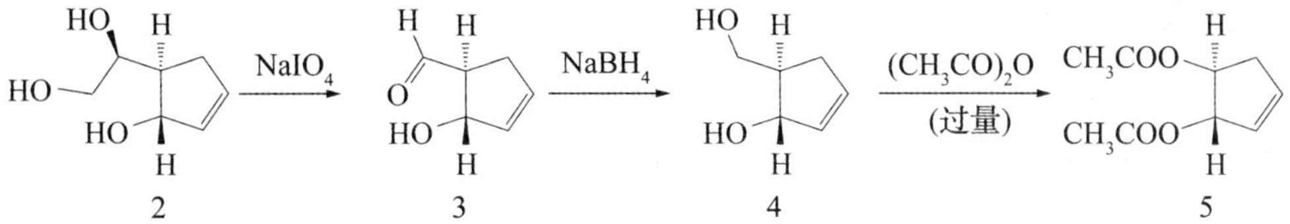

例 3　(1*R*，2*R*，4*S*)-4-叔丁基-1，2-环己二醇和(1*R*，2*R*，4*R*)-4-叔丁基-1，2-环己二醇分别与高碘酸发生氧化反应，哪个反应速率快？为什么？

[解答](1*R*，2*R*，4*S*)-4-叔丁基-1，2-环己二醇的反应速率较慢，因为它的优势构象不是反应构象，需要通过构象转换(这需要能量)才能与高碘酸反应。反应过程如下：

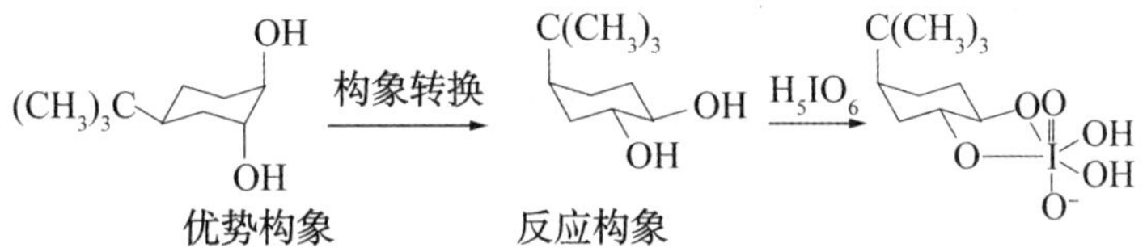

(1*R*，2*R*，4*R*)-4-叔丁基-1，2-环己二醇的反应速率较快，因为它的优势构象就是反应构象，不需要通过构象转换就能发生反应。

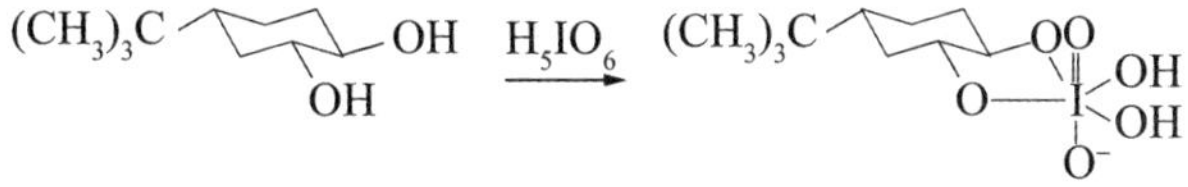

既是优势构象又是反应构象

用 H_5IO_6、KIO_4、$NaIO_4$ 的水溶液，$Pb(OCOCH_3)_4/HOAc$ 都可以将邻二醇定量地氧化，邻二醇间的 C—C 键断裂，羟基转化成相应的醛酮[4]。

参考文献

[1]孔祥文．基础有机合成反应[M]．北京：化学工业出版社，2014：19.
[2]孔祥文．有机化学[M]．北京：化学工业出版社，2010.
[3]李效军，陈立功，方芳，等．非那雄胺合成路线图解[J]．中国医药工业杂志，2001，32(5)：236-238.
[4]裴伟伟．基础有机化学习题解析[M]．北京：高等教育出版社，2006：210.

4.10　高锰酸钾氧化反应

问题引入

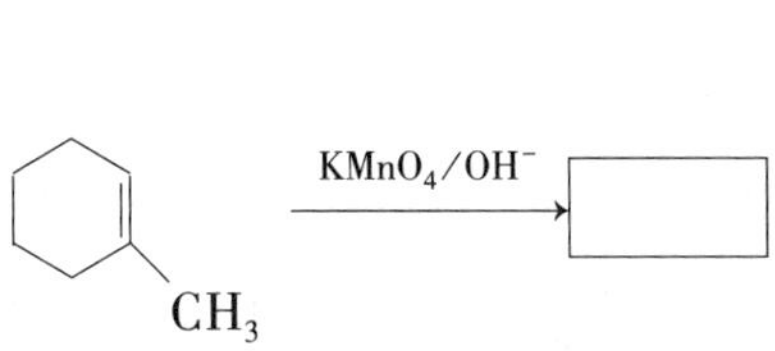

（南京大学，2014）

1-甲基环己烯在碱性条件下经高锰酸钾氧化生成顺-1-甲基-1，2-环己二醇，产物结构式为：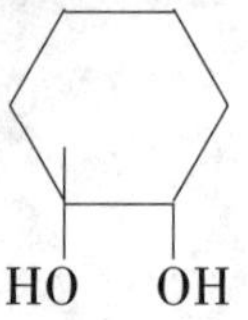。分子中的两个羟基为顺式加成引入[1]。

HO
OH

反应概述

烯烃可以用高锰酸钾氧化，条件不同，产物也不同。在冷、稀、中性高锰酸钾或在碱性室温条件下进行，烯烃或其衍生物双键中的π键被氧化断裂，生成顺式邻二羟基化合物（顺式-α-二醇）。此反应具有明显的现象，高锰酸钾的紫色消失，产生褐色二氧化锰。故可用来鉴别含有碳碳双键的化合物——Baeyer 试验[2]。

反应通式

烯烃结构不同，氧化产物也不同，此反应可用于推测原烯烃的结构。

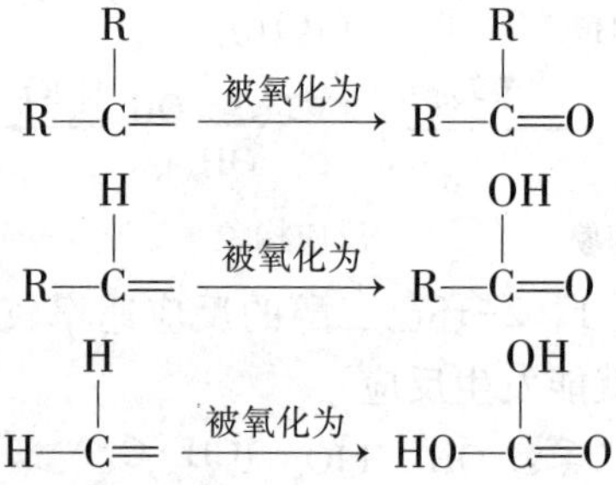
被氧化为
被氧化为
被氧化为

反应机理

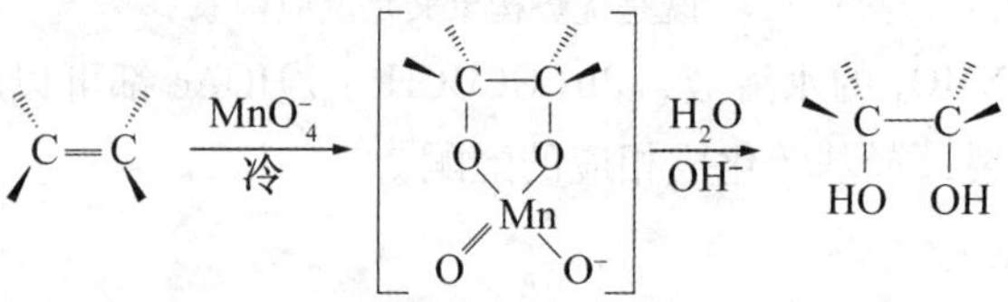
MnO_4^-
冷
H_2O
OH^-
Mn
HO OH

如果用四氧化锇（OsO_4）代替高锰酸钾（$KMnO_4$）作氧化剂，几乎可以得到定量的α-二醇化合物，缺点是四氧化锇价格昂贵、毒性较大。

反应应用

在较强烈条件下，即酸性或碱性加热条件下反应，碳碳双键完全断裂，烯烃被氧化成酮或羧酸。双键碳连有两个烷基的部分生成酮，双键碳上至少连有一个氢的部分生成酸。例如：

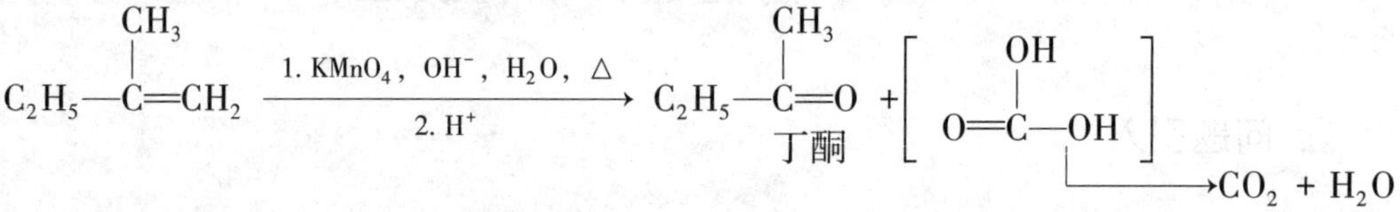
1. $KMnO_4$，OH^-，H_2O，△
2. H^+
丁酮
CO_2 + H_2O

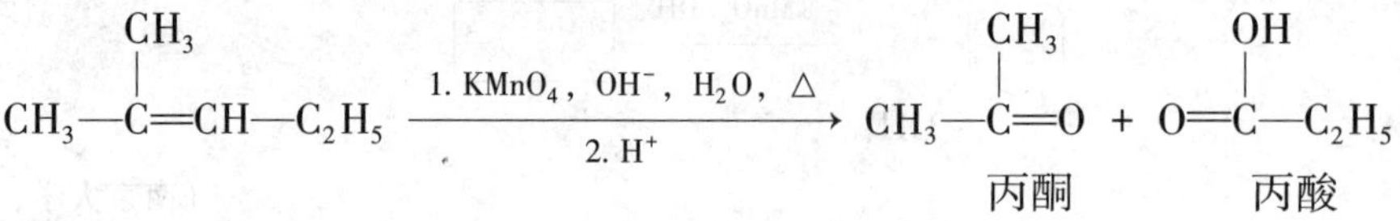
1. $KMnO_4$，OH^-，H_2O，△
2. H^+
丙酮
丙酸

与烯烃相似，炔烃也可以被高锰酸钾溶液氧化。较温和条件下氧化时，非端位炔烃生成 α-二酮。

$$CH_3(CH_2)_7C\equiv C(CH_2)_7COOH \xrightarrow[pH=7.5,\ 92\%\sim96\%]{KMnO_4,\ H_2O,\ 常温} CH_3(CH_2)_7\underset{\underset{O}{\|}}{C}-\underset{\underset{O}{\|}}{C}(CH_2)_7COOH$$

在强烈条件下氧化时，非端位炔烃生成羧酸(盐)，端位炔烃生成二氧化碳和水。

$$C_4H_9-C\equiv CH \xrightarrow[H_2O,\ OH^-]{KMnO_4} C_4H_9-COOH+CO_2\uparrow+H_2O$$

炔烃用高锰酸钾氧化，即可用于炔烃的定性分析，也可用于推测三键的位置。

反应的用途：鉴别烯烃、炔烃；制备一定结构的顺式-α-二醇、α-二酮、有机酸和酮；推测烯烃、炔烃的结构等。

烷烃和苯对于氧化剂都是比较稳定的，难于氧化。但在烷基苯中，烷基中 α-H 受苯环的影响易被氧化。在氧化剂(如：$KMnO_4$、$K_2Cr_2O_7$ 或 HNO_3)或催化剂作用下，含有 α-H 的烷基能够被氧化成羧基。含有 α-H 的烷基苯，无论侧链长短，氧化后均生成苯甲酸。如果烷基苯的侧链不含 α-H(如叔丁基苯)，则侧链难于被氧化。在强烈条件下反应，氧化将发生在苯环上。例如：

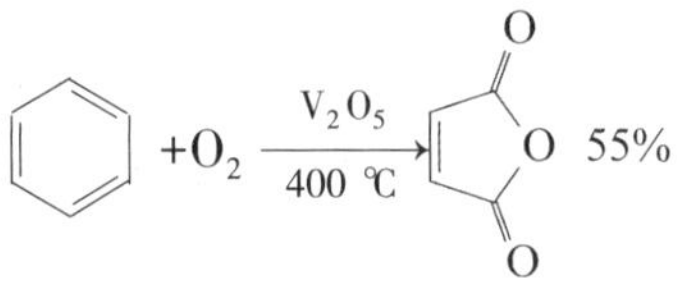
+O2
V2O5
400 ℃
O
O
O
55%

当苯环上连有多个烷基时，提高反应条件，可将多个烷基都氧化成羧基。

萘比苯容易氧化，不同条件下，得到不同的氧化产物。萘在醋酸溶液中用氧化铬进行氧化，则其中一个苯环被氧化成醌，生成1，4-萘醌，但产率较低。在强烈条件下氧化时，则其中一个苯环破裂，生成邻苯二甲酸酐。

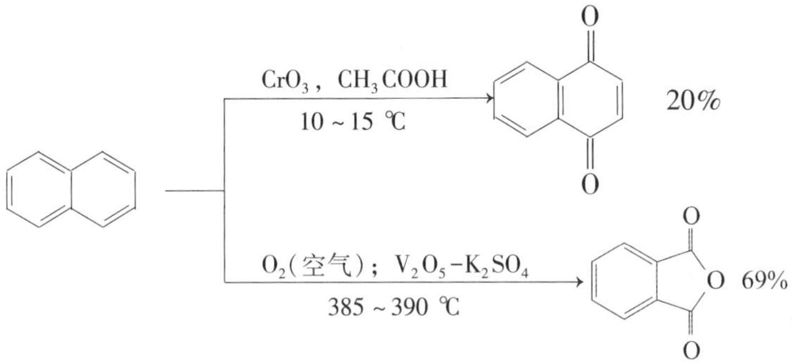
CrO3，CH3COOH
10～15 ℃
O
O
20%
O2(空气)；V2O5-K2SO4
385～390 ℃
O
O
O
69%

当含有取代基的萘氧化时，哪一个环被氧化破裂，依赖于取代基的性质。例如：

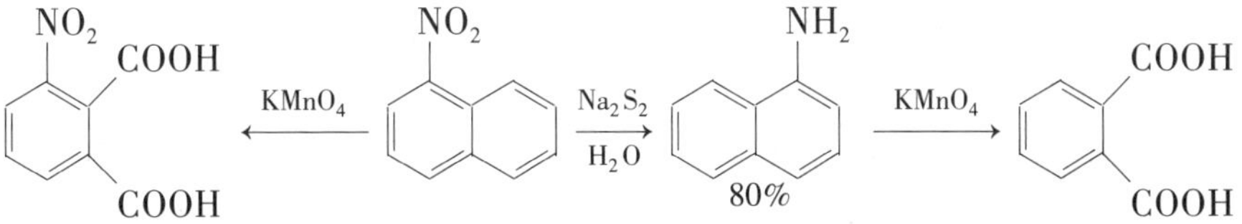
NO2
COOH
COOH
KMnO4
NO2
Na2S2
H2O
NH2
80%
KMnO4
COOH
COOH

从中可以看出：连有第一类致活定位基的苯环，更容易被氧化。这是由于该类定位基对与其相连苯环的活化作用，使得此苯环上电子云密度增大，氧化反应活性也因此升高。可以推断出，当连接的是第二类定位基时，氧化反应的取向恰好相反。

由于萘环易氧化，所以不能像单环芳烃那样通过氧化侧链烃基来制备萘甲酸。

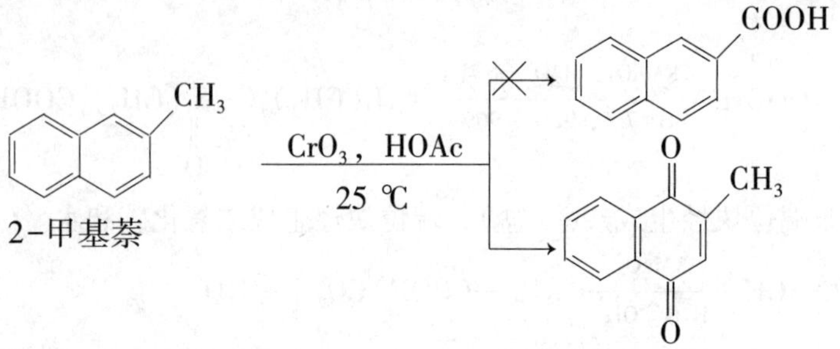
COOH
CH₃
CrO₃，HOAc
25 ℃
O
CH₃
O
2-甲基萘

例题解析

例 1 下列化合物最难发生氧化反应的是(　　)。（四川大学，2013）

A. 甲苯　　B. α-甲基萘

C. 萘　　D. 苯

[解答]D

例 2 推测结构

1. 化合物 A(C_7H_{12})，在 $KMnO_4$-H_2O 中回流，反应液中只有环己酮，A 与 HCl 反应得到 B，B 在 EtONa-EtOH 中反应得到 C，C 使 Br_2 褪色生成 D，D 再用 EtONa-EtOH 处理得到 E，E 用 $KMnO_4$-H_2O 回流得到丁二酸与丙酮酸。C 用 O_3 氧化后还原水解得 6-庚酮醛。试写出 A～E 的结构式。（浙江工业大学，2014）

[解答]

A. 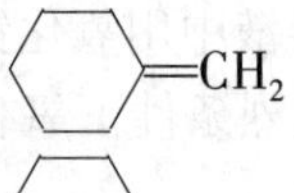
CH₂

B. 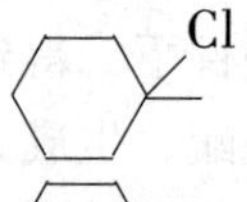
Cl

C. 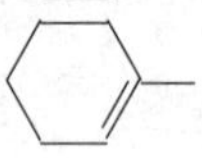

D. 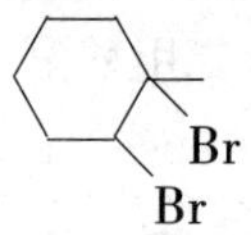
Br
Br

E. 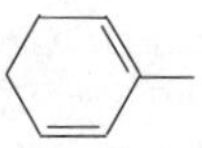

2. 某 D 型己醛糖(A)氧化得到旋光二酸(B)，将(A)递降为戊醛糖后再氧化得不到旋光二酸(C)。与(A)生成相同糖脎的另一个己醛糖(D)氧化后得到不旋光的二酸(E)。试推测(A)、(B)、(C)、(D)和(E)的结构(用构型式表示)。（苏州大学，2015）

[解答]

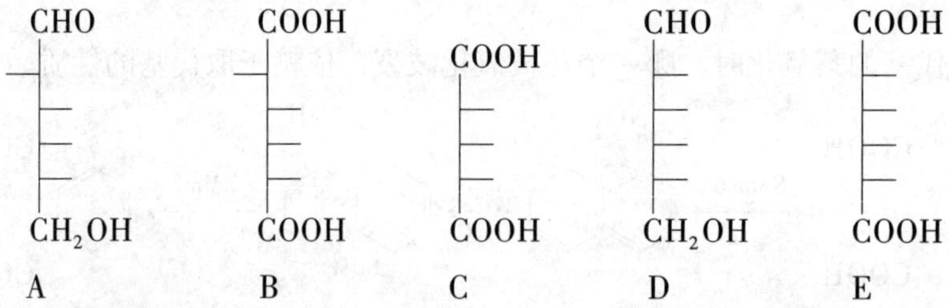
CHO
CH₂OH
COOH
COOH
COOH
COOH
CHO
CH₂OH
COOH
COOH

A　　B　　C　　D　　E

3. 化合物 a(C_8H_8O)经酸性高锰酸钾氧化后得化合物 b($C_8H_6O_4$)，b 加热得化合物 c($C_8H_4O_3$)，试推断出化合物 a，b 和 c 的结构。

（南京大学，2014）

［解答］

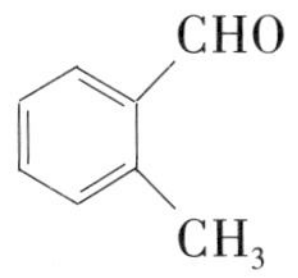
CHO
CH3
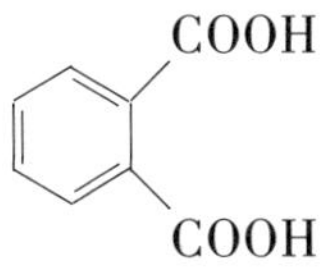
COOH
COOH
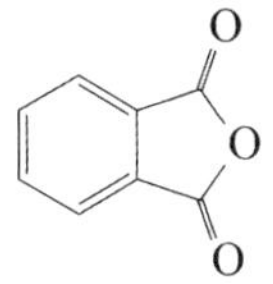
O
O
O

a　　　　b　　　　c

4. 化合物 A，分子式 C_9H_{12}，可吸收 3mol 氢生成 B(C_9H_{18}) 与 Hg^{2+}/H_2SO_4 作用后生成两个异构体酮 C 和 D，A 用 $KMnO_4$ 氧化生成两个产物乙酸和三酸化合物 $CH(CH_2CO_2H)_3$，试推出 A ~ D 结构式。 （湖南师范大学，2013）

［解答］

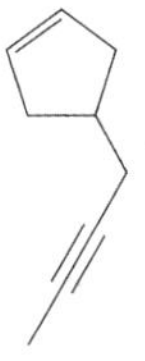
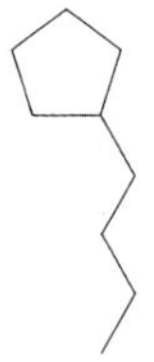
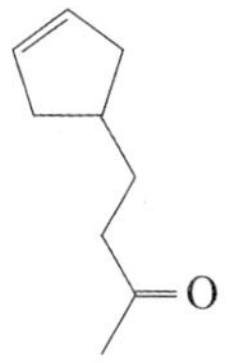
O
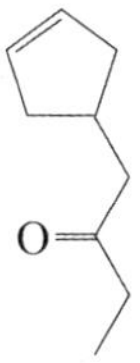
O

A　　　　B　　　　C　　　　D

5. 化合物(A)的分子式为 C_9H_8，在室温下能迅速使 Br_2-CCl_4 溶液和稀的 $KMnO_4$ 溶液褪色，在温和条件下氢化时只吸收 1mol H_2，生成化合物(B)，(B)的分子式为 C_9H_{10}；(A)在强烈的条件下时可吸收 4 mol H_2，强烈氧化时可生产邻苯二甲酸；试写出(A)，(B)的结构式。 （青岛科技大学，2012）

［解答］

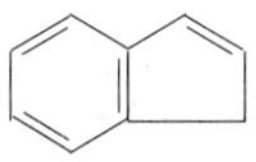
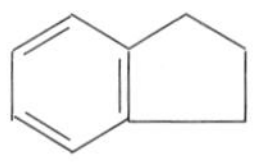

A　　　　B

6. 分子式 C_8H_9OBr 的两个化合物 A 和 B，它们都不溶于水而能溶于冷的浓硫酸，不与溴加成，A 与碱性高锰酸钾作用生成 C($C_8H_7O_3Br$)，B 与碱性高锰酸钾作用生成 D($C_8H_8O_3$)，用硝酸银的乙醇溶液处理 A、B 时只有 B 能产生沉淀。A、B、D 都能与热的浓氢碘酸反应，A、B 转变成分子式为 C_7H_7OBr 的两个异构体 E 和 F，而 D 生成对羟基苯甲酸，并且 D 在铁催化下与溴反应可得到 A 的氧化产物 C。试推测化合物 A ~ F 的构造式。

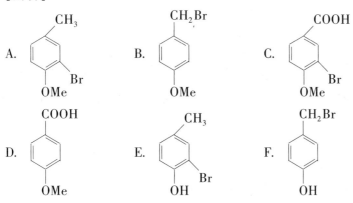

（浙江工业大学，2014）

［解答］

A. 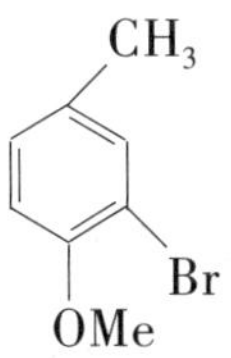
CH3
Br
OMe
B. 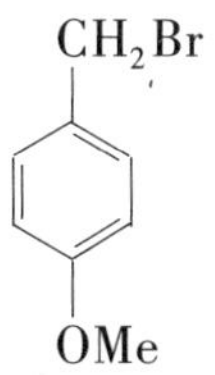
CH2Br
OMe
C. 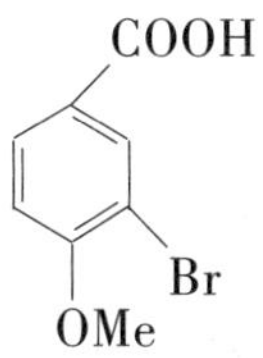
COOH
Br
OMe

D. 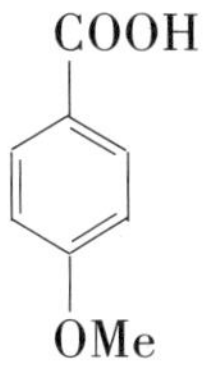
COOH
OMe
E. 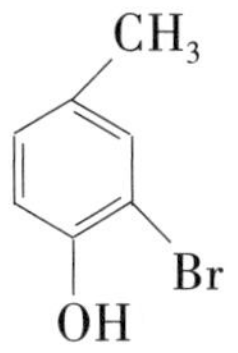
CH3
Br
OH
F. 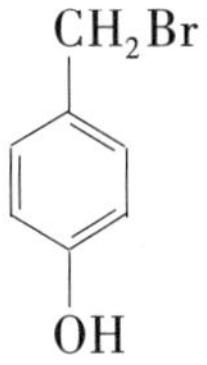
CH2Br
OH

7. 化合物 A、B 互为同分异构体，分子式 C_9H_8O，其 IR 在 $1715cm^{-1}$ 有强吸收；二者经高锰酸钾强烈氧化都得到邻苯二甲酸。二者的^{1}HNMR 数据如下：

A：δ7.2-7.4(4H，m)，3.4(4H，s)；

B：δ7.1-7.5(4H，m)，3.1(2H，t)，2.5(2H，t)。

推断 A、B 的结构并对光谱数据进行归属。(兰州大学，2003；华东师范大学，2006)

[解答]不饱和度为 6，除了含一个苯环外，还有一个环(氧化得到邻苯二甲酸)和一个羰基(1715 为证)。二者的结构和光谱数据归属如下：

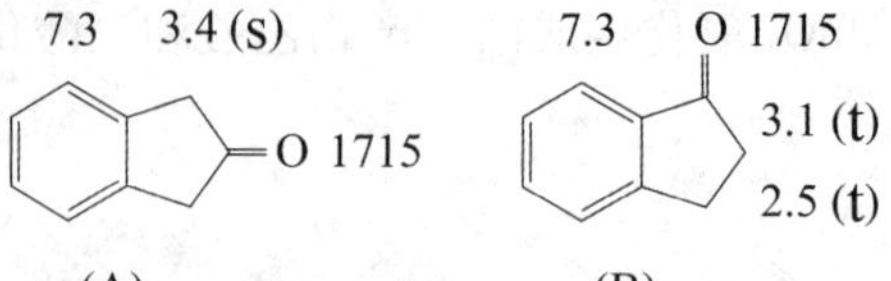
7.3
3.4 (s)
O 1715
7.3
O 1715
3.1 (t)
2.5 (t)

(A)　　(B)

8. 某化合物分子式为 $C_{10}H_{16}$，能吸收等物质量的氢气，分子中不含甲基、乙基等其他烷基，氧化时得到一个对称的二酮，分子式为 $C_{10}H_{16}O_2$，试推测此化合物和二酮的结构。

[解答]三个不饱和度，吸收 1 mol 氢气，表明含一个双键和另两个环的大小；对称的二酮可提示双键的位置：

O
O

参考文献

[1]吴宏范．有机化学学习与考研指津[M]．上海：华东理工大学出版社，2008：15.
[2]孔祥文．有机化学[M]．北京：化学工业出版社，2010：114.

4.11　铬盐氧化

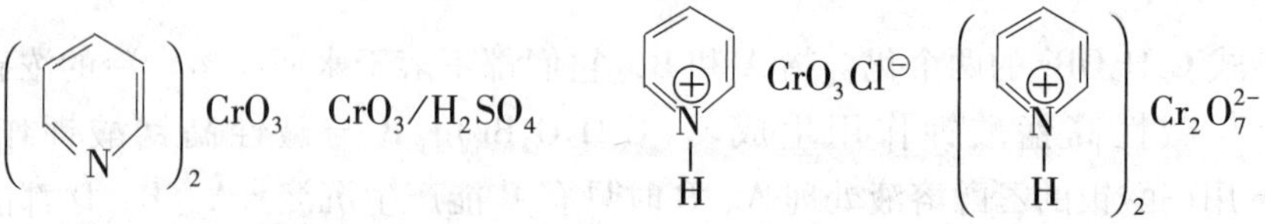
N
CrO3
CrO3/H2SO4
N
H
CrO3Cl
N
H
Cr2O7 2-

Collins/Sarett　　Jones　　PCC　　PDC

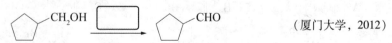

4.11.1　Collins 氧化

问题引入

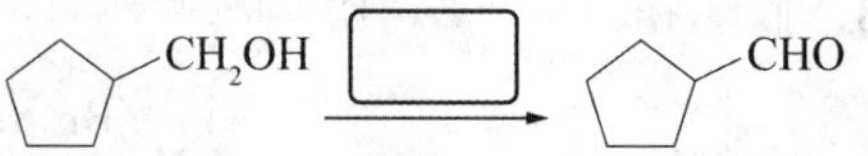
CH2OH
CHO

(厦门大学，2012)

二氯甲烷溶剂中，伯醇经 CrO_3·2Py 氧化得醛[1]。该氧化剂 CrO_3·2Pyridine 称为 Collins 试剂[2]。

反应概述

Collins 试剂可将伯醇氧化为醛、仲醇氧化为酮，此反应称为 Collins 氧化反应[3]，醇分子中的重键不受影响。CrO_3 · 2Pyridine 为吸潮性红色结晶，一般在非极性溶剂如二氯甲烷中使用。

CrO_3(无水)+2Pyridine(无水)⟶CrO_3 · 2Pyridine↓

Collins 氧化法是 Sarett 氧化法(以吡啶为溶剂)的改进[4,5]。

Collins 试剂

CrO_3 · 2Py 的(Sarett 试剂)的二氯甲烷溶液被称为"Collins 试剂"。

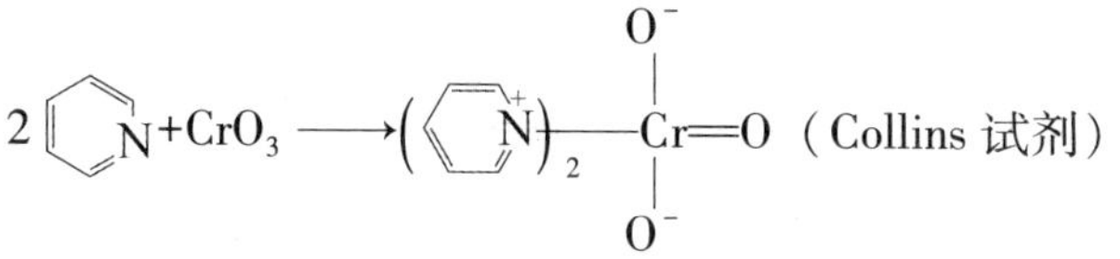

Collins 试剂较 Sarett 试剂的一个优势是制备方便和安全，室温搅拌下慢慢将一当量的三氧化铬加入到两个当量的吡啶在二氯甲烷溶液中即可。此外，使用二氯甲烷作为溶剂和化学计量的吡啶使得 Collins 试剂的碱性较 Sarett 试剂弱。因此，大多数的酸和碱敏感的底物可以被 Collins 试剂氧化，而 Sarett 试剂和 Jones 试剂有局限性[6]。

由于 Collins 试剂不含水(比较 Jones 试剂)，不像 Sarett 试剂具有吸湿性，该氧化剂特别适合氧化伯醇为醛，但痕量的水可以导致过度氧化[6]。

注意：二氯甲烷溶液为 Collins 试剂，性质较稳定；无二氯甲烷的为 Sarett 试剂；含水的为 Corforth 试剂。

参考文献

[1] J. Am. Chem. Soc.. 1969, 91: 44318.

[2] J C Collins. Tetrahedron Lettters. 1968 : 3363.

[3] G I Poos, G E Arth, R E Beyler, L H Sarett. J. Am. Chem. Soc, 1953, 75 : 422.

[4] J C Collins, W W Hess. Org. Syn, 1972, 52 : 5.

[5] R W Ratcliffe. ibid, 1976, 55 : 84.

[6] Oxidation of Alcohols to Aldehydes and Ketones, Springer Berlin, 2006: 1-97.

4.11.2 Jones 氧化

问题引入

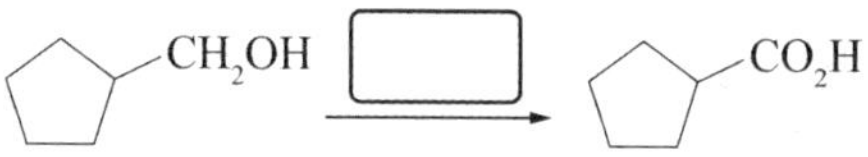

(厦门大学，2012)

环戊基甲醇经 CrO_3/H_2SO_4 氧化可得环甲酸。

Jones 试剂

上述反应中用的"三氧化铬的稀硫酸溶液"即为 Jones 试剂。它的配制方法为：由三氧化铬、硫酸与水配成的水溶液。将 26.72 g CrO_3 溶于 23 mL 浓硫酸中，然后以水稀释至 100 mL 即得[1]。在 0~20 ℃下滴加到溶有醇的丙酮中进行氧化。

反应概述

Jones 试剂能将伯醇氧化成酸，将仲醇氧化成酮，反应条件下醛也会被氧化为羧酸，分子中的双键或叁键不受影响；也可氧化烯丙醇(伯醇)成醛。一般把仲醇或烯丙醇溶于丙酮或二氯甲烷中，然后在0～20℃下滴加该试剂进行氧化反应。

反应通式

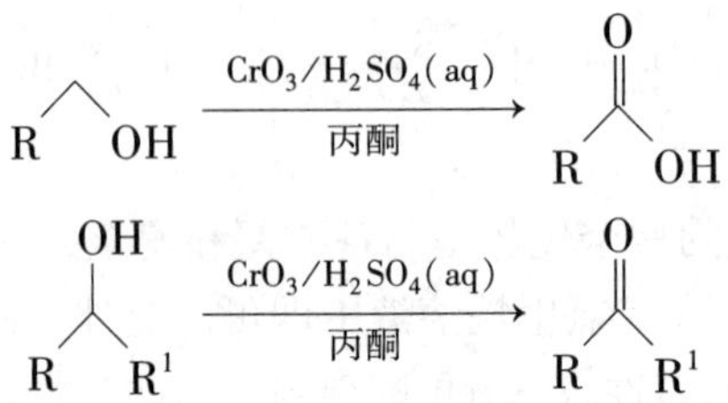

反应机理[2]

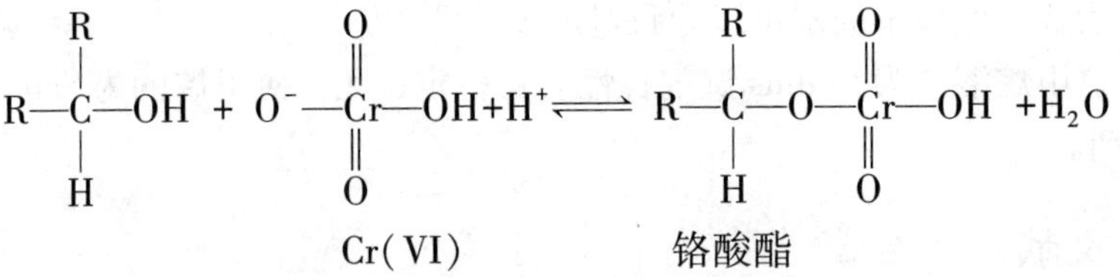

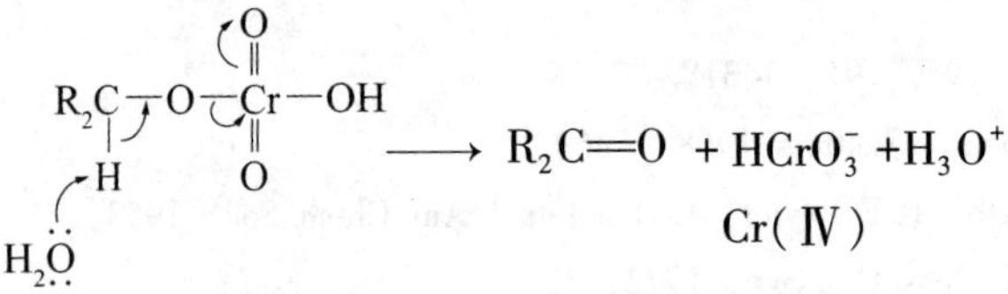

上述的水作为碱。也可以不是外来的碱，而是通过环状机制，把一个氢质子传给氧：

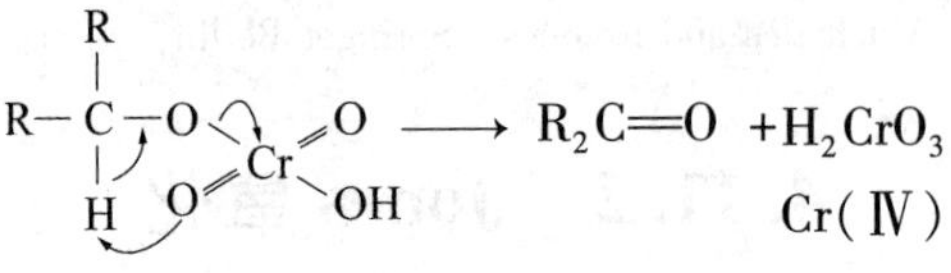

例题解析

例 1

1. 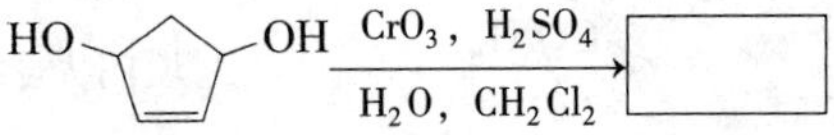　　（暨南大学，2016）

2. 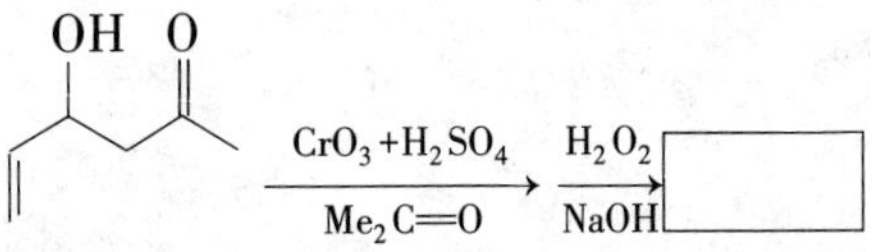　　（中国科学院，2009）

[解答]1. 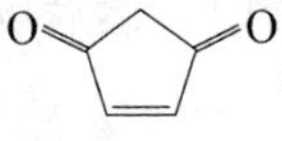。2. 第一步反应产物为 Jones 试剂氧化物 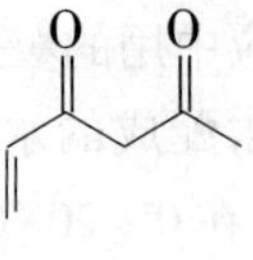，第二步反

应为 Baeyer-Villiger 氧化，产物为 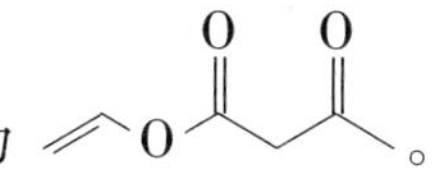。

参考文献

[1]K. Bowden; I. M. Heilbron; E. R. H. Jones; B. C. L. Weedon, J. Chem. Soc., 1946: 39.
[2]邢其毅，裴伟伟，徐瑞秋，等. 基础有机化学(第三版)[M]. 北京：高等教育出版社，2005：388.

4.11.3 PCC 氧化反应

问题引入

由异丁醇合成 3,3-二甲基-α-羟基丁内酯。 （兰州理工大学，2011）

异丁醇经 PCC 氧化得异丁醛，然后与甲醛在碳酸钾存在下发生 Aldol 缩合反应得到 α-羟甲基异丁醛，接着在酸性条件下与氰化钠进行亲核加成反应得到 3,3-二甲基-α，γ-二羟基丁腈，氰基水解得 3,3-二甲基-α，γ-二羟基丁酸，最后受热环化得到 3,3-二甲基-α-羟基丁内酯，合成路线如下：

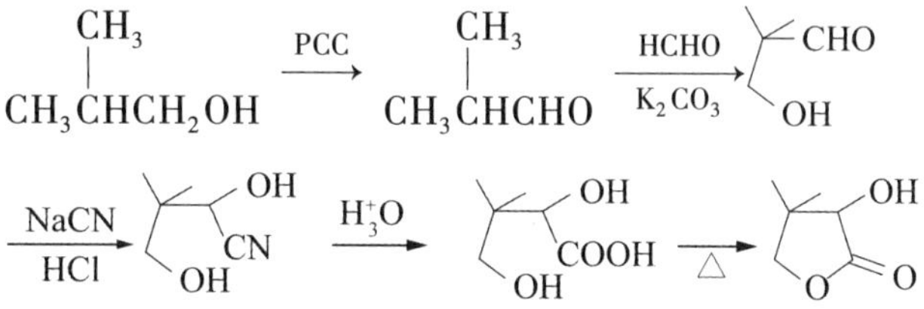
CH3
CH3CHCH2OH
PCC
CH3
CH3CHCHO
HCHO
K2CO3
CHO
OH
NaCN
HCl
OH
CN
OH
H3+O
OH
COOH
OH
△
OH
O
O

PCC 试剂

PCC，氯铬酸吡啶盐(Pyridinium Chlorochromate)试剂，CrO_3 在水存在下与氯化氢作用形成氯铬酸，加入吡啶则析出黄到橙黄色晶体[3]。

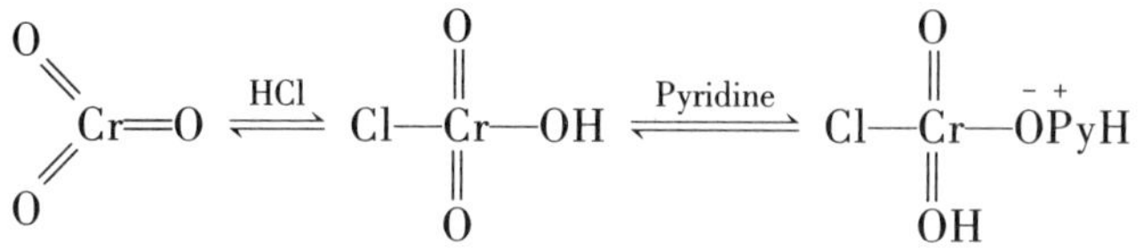
O
Cr=O
O
HCl
Cl—Cr—OH
O
O
Pyridine
Cl—Cr—OPyH
O
OH

反应概述

PCC 试剂溶于 DCM，使用很方便，在室温下便可将伯醇氧化为醛，而且基本上不发生进一步的氧化作用。由于其中的吡啶是碱性的，因此对于在酸性介质中不稳定的醇类氧化为醛(或酮)时，是很好的方法，不但产率高，而且对分子中存在的 C═C 、 C═O 、 C═N 等不饱和键不发生破坏作用。

PCC 的制备

在搅拌下，将 100 g(1 mol) CrO_3 迅速加入到 184 mL(6 mol/L)盐酸中，5 min 后将均相体系冷却至 0 ℃，在至少 10 min 内小心加入 79.1 g 吡啶，将反应体系重新冷却至 0 ℃，得橙黄色固体，过滤，真空干燥 1 h，得 PCC 180.8 g，产率 84%。

例题解析

例 1　写出下列反应产物

$$(CH_3)_2C{=}CHCH_2CH_2OH \xrightarrow[CH_2Cl_2]{PCC} \boxed{\quad\quad}$$

（兰州理工大学，2010）

［解答］　$(CH_3)_2C{=}CHCH_2CHO$。

例 2　以乙醇为原料合成 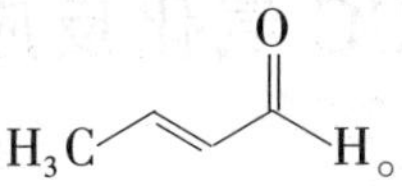。　（大连理工大学，2005）

［解答］

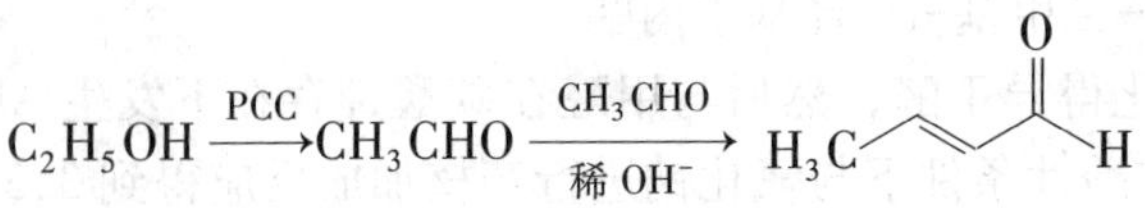

乙醇经 PCC 氧化得乙醛，后者在稀碱存在下发生 Aldol 缩合反应，得到 α，β-不饱和丁醛[4]。

参考文献

[1] Corey E J，Sugge J W. Pyridinium chlorochromate. An efficient reagent for oxidation of primary and secondary alcohols to carbonyl compounds［J］. Tetrahedron Letters，1975，16(31)：2647-2650.

[2] 刘良先. Corey 氧化剂及其在选择性氧化中的应用［J］. 化学通报，1992，12(4)：17-25.

[3] Kitagawa Y，I toh A，Hash imoto S，Yamamoto H，Nozak i H. JACS1977，99：3864.

[4] 吴范宏. 有机化学学习与考研指津［M］. 武汉：华中理工大学，2008：124.

4.11.4　PDC 氧化反应

问题引入

具有光学活性的化合物 a($C_6H_{12}O$)经 CrO_3/Py 氧化后得光学活性化合物 b($C_6H_{10}O$)，化合物 b 在 NaOD/D_2O 中转变为光学活性的化合物 c($C_6H_7D_3O$)，请推断化合物 a、b 和 c 的结构。　（南京大学，2014）

由题意可知，化合物 a 为分子中含有一个不对称碳原子的伯醇或仲醇，经 CrO_3/Py 氧化可得光学活性化合物 b，b 即为含有一个不对称碳原子的酮或醛，b 在 NaOH/D_2O 中经烯醇化异构可得 c，c 分子中含有三个 D 原子，说明 b 化合物中的取代基应在酮羰基的邻位，且含有三个 α-位氢原子，因此 a、b、c 的结构式分别是：

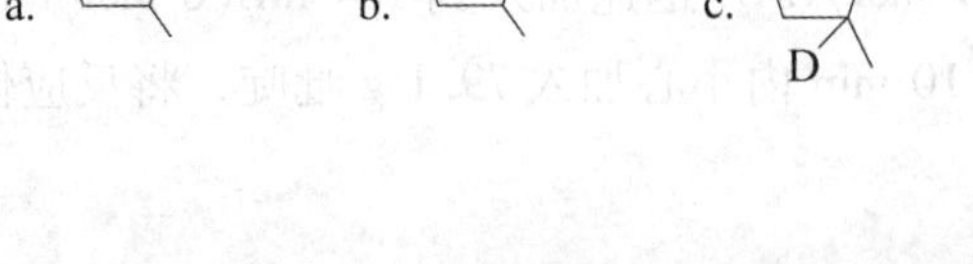

PDC 试剂

CrO_3/Py 即为氧化剂 PDC，重铬酸吡啶盐（Pyridinium dichromate），是将吡啶加入到 CrO_3 的水溶液中，析出的亮橙黄色晶体。

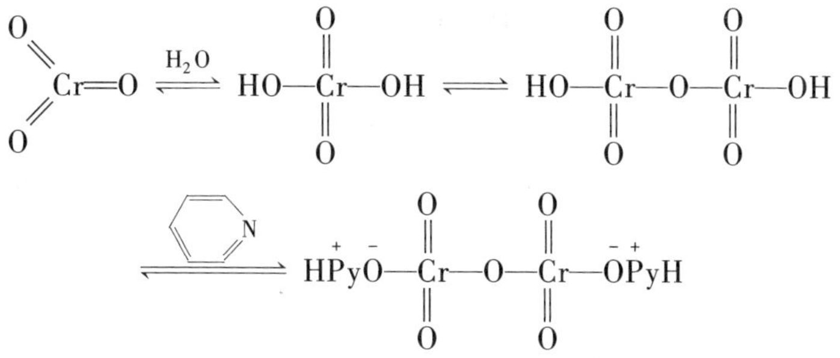

反应概述

因为 PDC 不溶于水，溶于有机溶剂，因而使用保存方便，通常在室温下在二氯甲烷中使用，分别将伯醇和仲醇氧化成相应的醛和酮，分子中的重键不受影响[1]。

PDC 的氧化能力较 PCC 强，其氧化作用一般在二氯甲烷中进行，如在 DMF 中进行，氧化性增强，能将伯醇最终氧化成酸。

PDC 的制备[2]

边搅拌边快速向 18.5 mL 6.00 mol/L(0.111 mol)盐酸溶液中加入 14.7 g(0.050 mol)重铬酸钾，搅拌 20 min 后用冰水冷却至 0 ℃，10 min 内将 7.9 g(0.100 mol)无水吡啶缓慢加入到溶液中，得到橙红色固体，得到 PDC 氧化剂 18.0 g(0.048 mol)，相对分子质量 376，m. p. 40 ~41 ℃。

例题解析

例 1 完成反应

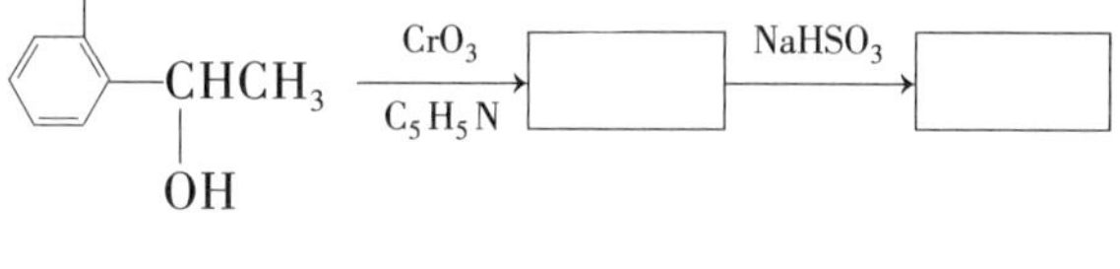

（上海交通大学，2004）

［解答］

1. 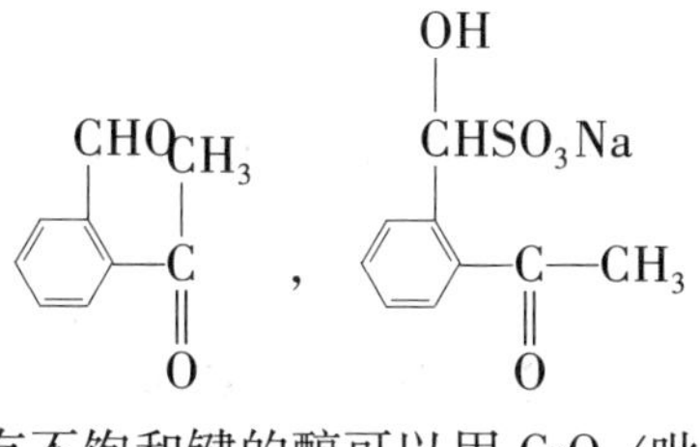

含有不饱和键的醇可以用 CrO_3/吡啶，丙酮/异丙醇铝氧化成醛或酮，保留分子中的双键，新制 MnO_2 在保留双键的同时，仅氧化烯丙基醇和苄基醇。

醛、脂肪族甲基酮和少于 8 个碳的环酮与过量的饱和亚硫酸氢钠(sodium bisulphite)水溶液发生加成反应生成 α-羟基磺酸钠，该产物不溶于饱和亚硫酸氢钠溶液，以白色晶体的形式析出[3]。

例 2 由 $CH_2{=}CHCH_2OH$ 合成 $\underset{OH}{CH_2}—\underset{OH}{CH_2}CHO$ （浙江大学，2004）

[解答]

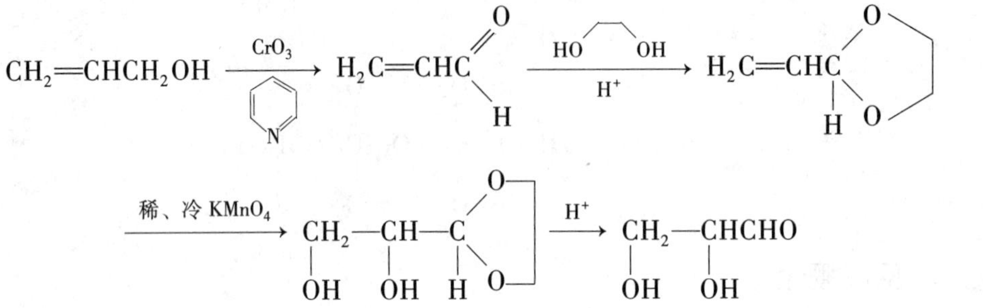

$CH_2{=}CHCH_2OH$
CrO_3
N
$H_2C{=}CHC$
O
H
HO
OH
H^+
$H_2C{=}CHC$
O
H
O
稀、冷 $KMnO_4$
CH_2—CH—C
OH OH H
O
O
H^+
CH_2—CHCHO
OH OH

参考文献

[1]孔祥文. 基础有机合成反应[M]. 北京：化学工业出版社，2014：40.

[2]Corey E J, Suggs J W. Pyridinium chlorochromate, an efficient reagent for oxidation of primary and secondary alcohols to carbonyl compounds [J]. Tetrahedron Letters, 1975, 16(31): 2647-2650.

[3]孔祥文. 有机化学[M]. 北京：化学工业出版社，2010.

4.11.5 Sarett 氧化反应

问题引入

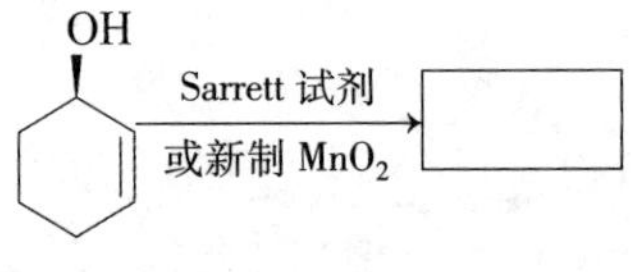

OH
Sarrett 试剂
或新制 MnO_2

（中山大学，2016）

2-环己烯醇经 Sarett 试剂或新制 MnO_2 处理，分子中伯醇羟基被氧化成醛，而双键不变，其产物结构为 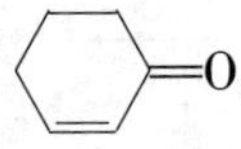。

Sarett 试剂

Sarett 试剂是铬酐(CrO_3)与吡啶反应形成的铬酐-双吡啶络合物($CrO_3 \cdot 2Py$，以吡啶为溶剂)，吸潮性红色结晶。

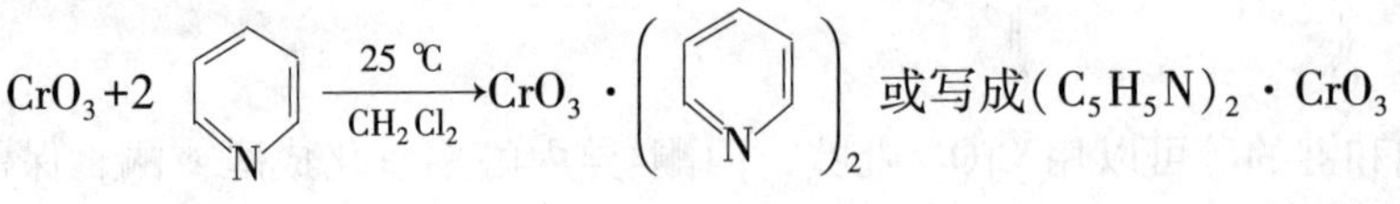

CrO_3+2
N
25 ℃
CH_2Cl_2
CrO_3 ·
N
2
或写成$(C_5H_5N)_2 \cdot CrO_3$

Sarrett 试剂

反应概述

Sarett 氧化反应是指 Sarett 试剂可将伯醇氧化成醛(且停留在醛阶段)、仲醇氧化成酮的反应[1]。产率很高，因为吡啶是碱性的，对在酸中不稳定的醇是一种很好的氧化剂[2]，分子中有双键、三键不受影响。

反应通式

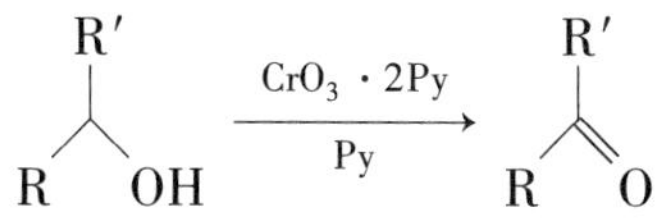

反应机理[3,4]

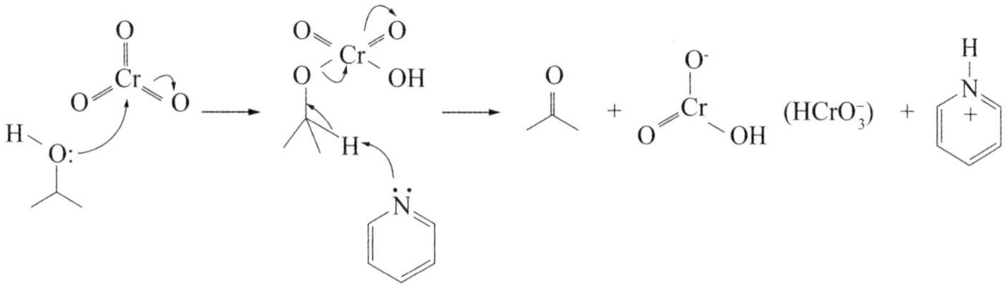

反应中，醇羟基进攻三氧化铬形成铬酸酯，后者在吡啶作用下消去 α-H 得到羰基化合物。若采用分子内氧化，其机理为：

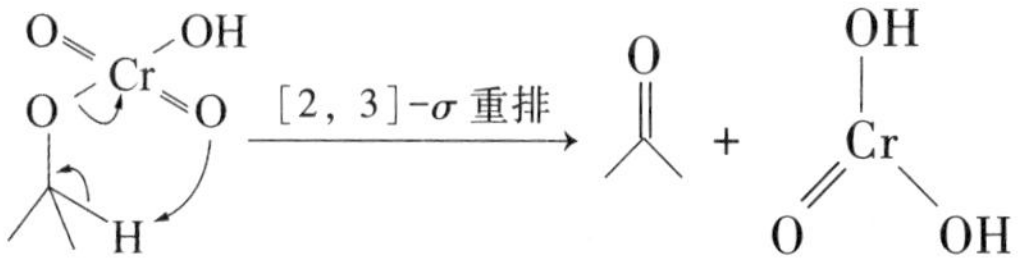

该方法的优点是对烯键、缩醛、硫醚、四氢吡喃基醚的氧化速度远慢于对醇的氧化速度。仲醇氧化成酮收率良好，氧化伯醇收率低，但也可以氧化烯丙醇、苄醇。该法的一种改良方法是 Collins 氧化。Collins 氧化、Jones 氧化和 Corey 的 PCC 及 PDC 氧化都有相同的机理。

例题解析

例 1 可以使伯醇氧化停留在醛阶段的氧化剂是(   )。 (中山大学，2003)

A. 高锰酸钾 B. 沙瑞特试剂 C. 重铬酸钠

[解答] B。

例 2 完成反应方程式

1. 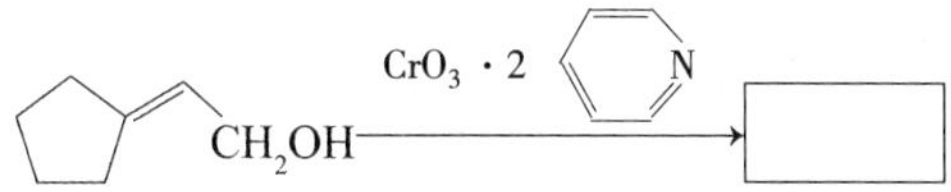

(中国科学技术大学、中国科学院合肥物质科学研究院，2009)

2. 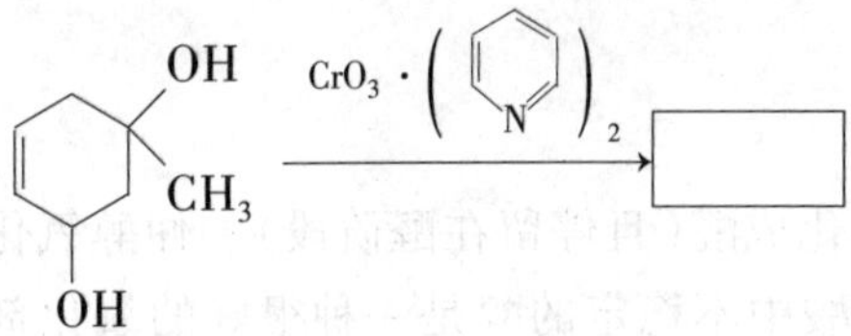

（中国科学技术大学，2011）

［解答］1. 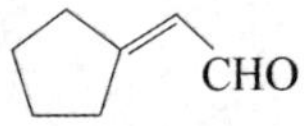

2. 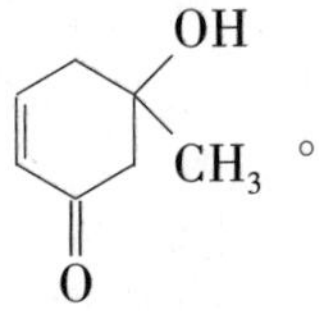。

参考文献

[1]孔祥文．有机化学[M]．北京：化学工业出版社，2010.

[2]邢其毅，裴伟伟，徐瑞秋，等．基础有机化学(第三版)[M]．北京：高等教育出版社，2005：401.

[3](美)李杰(JieJackLi)原著．荣国斌译，朱士正校．有机人名反应及机理[M]．上海：华东理工大学出版社，2003：352.

[4]G. I. Poos，G. E. Arth，R. E. Beyler and L. H. Sarett，J. Am. Chem. Soc，1953，75：422.

4.12 环氧化反应

问题引入

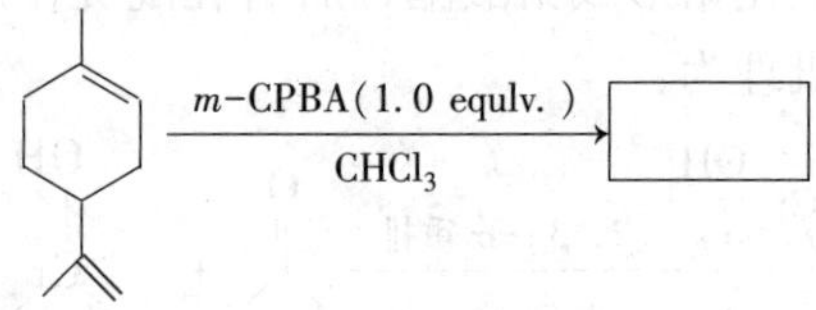

（南开大学，2013）

过氧酸是亲电试剂，双键碳原子连有供电基时，连接的供电基团越多反应越容易进行。

上述反应产物为：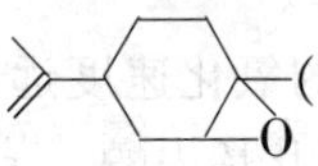(±)。

反应概述

烯烃在惰性溶剂(如氯仿、二氯甲烷、乙醚、苯)中与过氧酸反应生成环氧化合物的反应称为环氧化反应(epoxidition)[1~3]。实验室中常用有机过氧酸(简称过酸)作环氧化试剂，烯烃反应生成1，2-环氧化物。常用的过氧酸有过氧甲酸、过氧乙酸、过氧苯甲酸、间氯过氧苯甲酸、过氧三氟乙酸等。过氧酸分子中含有吸电子取代基时，它的反应活性则远比烷基过氧酸活泼。过氧酸的氧化性顺序为：

过氧三氟乙酸>间氯过氧苯甲酸>过氧苯甲酸>过氧乙酸

有时用 H_2O_2 代替过酸。例如：

$$CH_3(CH_2)_5CH{=}CH_2 + H_2O_2 \xrightarrow{\text{二氯甲烷}} CH_3(CH_2)_5\underset{\diagdown\;O\;\diagup}{CH{-}{-}CH_2}$$

80%

过氧酸氧化烯烃时，过氧酸中的氧原子与烯烃双键进行立体专一的顺式加成。

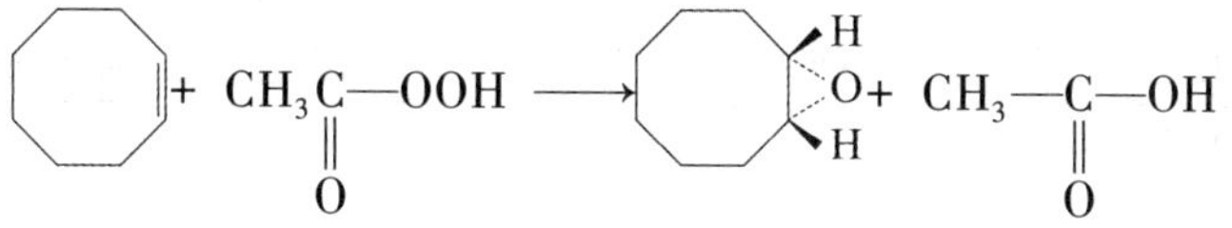

反应机理：

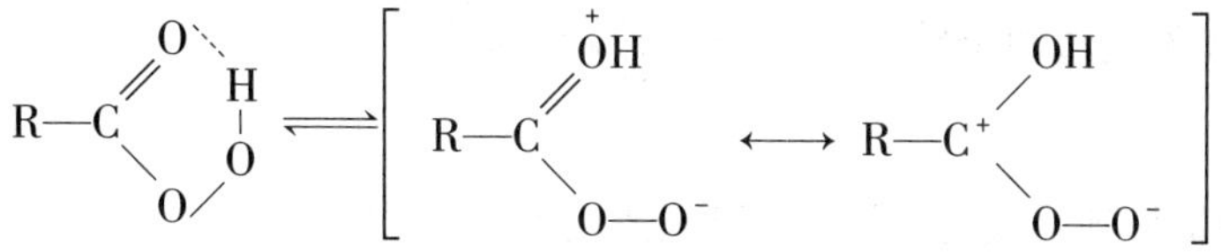

1　　　　　　　　　　　　2

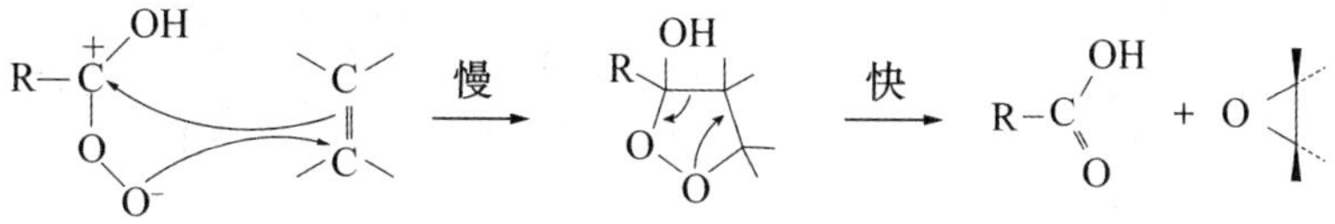

2　　3　　　　4　　　　5　　6

过氧酸(1)通过分子内氢键异构为碳正离子(2)，然后 2 与烯烃(3)经亲电加成环化形成 1，2-二氧五环(4)，4 不稳定开环生成羧酸(5)和目标产物环氧化合物(6)。

过氧酸是亲电试剂，双键碳原子连有供电基时，连接的供电基越多反应越容易进行。烯烃进行环氧化的相对活性次序是：

$R_2C=CR_2>R_2C=CHR>RCH=CHR$，$R_2C=CH_2>RCH=CH_2>CH_2=CH_2$

如果两个不同的烯键存在于同一分子中，电子云密度较高的烯键容易氧化；当烯键与羰基共轭或连有其他强吸电子基团时，它的活性很低，只有用很强的氧化性过氧酸如三氟过氧乙酸时，才能把它成功地环氧化。

过氧酸是亲电试剂，双键和三键同时存在，优先氧化双键：

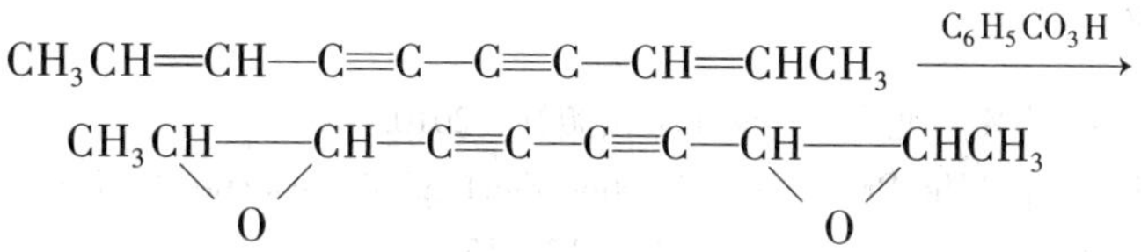

环氧化反应一般在非水溶剂中进行，反应条件温和，产物容易分离和提纯，产率较高，是制备环氧化合物的一种很好的方法。

例题解析

例 1　完成下列转化(试剂任用)

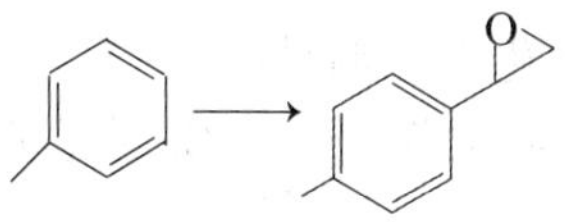

(浙江工业大学，2014)

[解答]

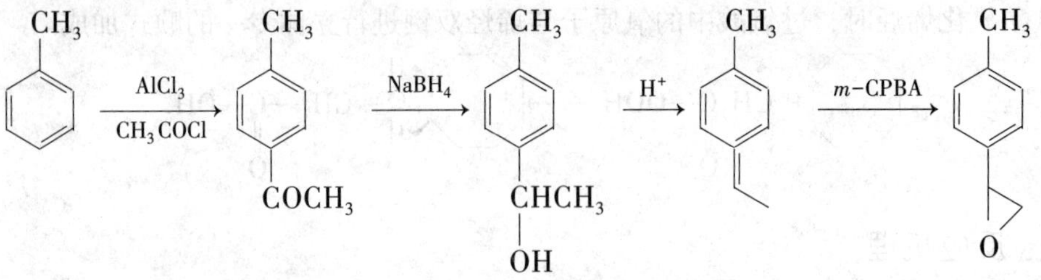

例 2 从苯和不超过两个碳的原料合成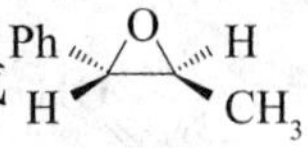

（华东师范大学，2006）

[解答]关键是得到反式的烯键，环氧化是立体专一的：

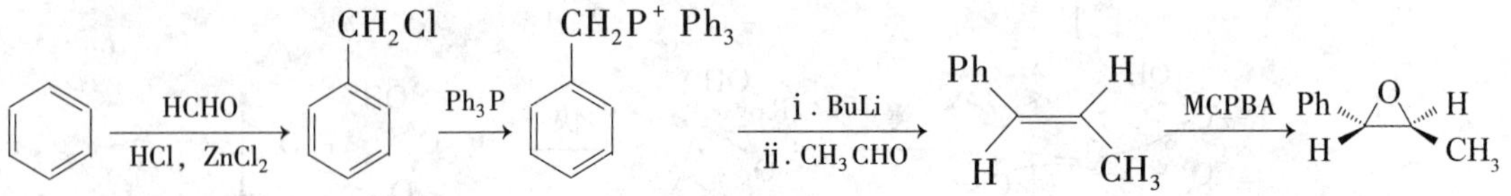

例 3 某化合物 A（$C_6H_{11}Br$）在 KOH 作用下生成 B（C_6H_{10}），B 经臭氧化分解只得到一个直链的二醛 F；B 与溴反应生成一对旋光异构体 C 和 C′，分子式为 $C_6H_{10}Br_2$；B 与过酸反应生成 D（$C_6H_{10}O$），D 酸性水解得到一对旋光异构体 E 和 E′。推测各化合物的结构。

（福建师范大学，2008）

[解答]A 的不饱和度=1；B 的臭氧化产物表明它是环己烯；环己烯反式加成得到的是一对对映体；环氧烷的酸催化水合也是反式过程，所以得到一对异构体：

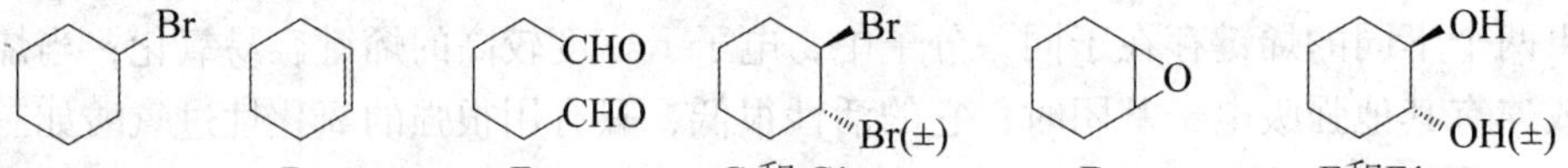

A　　B　　F　　C 和 C′　　D　　E和E′

参考文献

[1]孔祥文．有机化学[M]．北京：化学工业出版社，2010.
[2]Prilezhaeva，E. N.，“The Prilezhaeva Reaction Electrophilic Oxidation”，Izd. Nauka，Moscow，1974.
[3]Voge H H. Adams C R. Adv Catal，. 1967，17：151.

4.13　醛酮的氧化反应

问题引入

用于鉴别糖是否具有还原性的化学试剂是（　　）。　　（暨南大学，2016）

A. 双缩脲试剂　　B. Fehling 试剂　　C. 水合茚三酮　　D. 苏丹Ⅲ溶液

试剂（B）可用于鉴别还原性糖。

反应概述

在碱性溶液中，单糖（醛糖和酮糖）都可以被 Tollens 试剂（氢氧化银的氨溶液）、Fehling

试剂（由硫酸铜溶液和酒石酸钾钠碱溶液混合而成）、Benedict 试剂（由硫酸铜、碳酸钠和柠檬酸钠配制而成，溶液呈蓝色）氧化，分别生成银镜或氧化亚铜砖红色沉淀[1]。

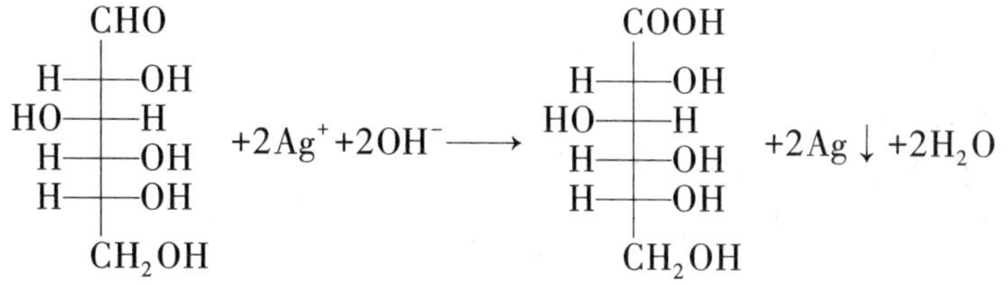

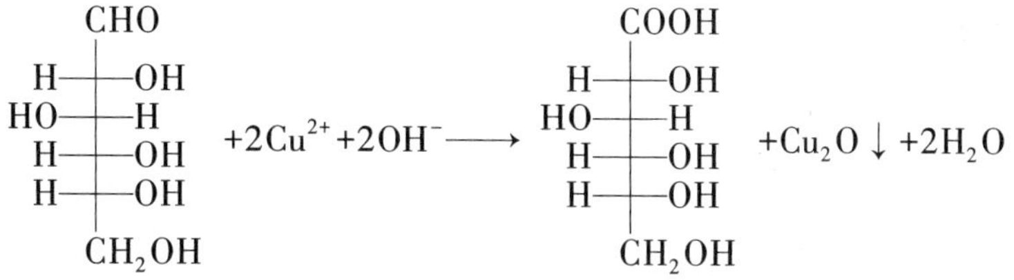

在有机化学和生物化学中，特别把能还原 Tollens 试剂、Fehling 试剂或 Benedict 试剂等弱氧化剂的性质，称为还原性。具有还原性的糖称为还原糖，不具有还原性的糖称为非还原糖。单糖都是还原糖。

酮糖也可以被 Tollens 试剂、Fehling 试剂和 Benedict 试剂所氧化，这是由于酮糖的 α-碳原子上连有羟基，在碱的作用下，酮糖经酮-烯醇的互变异构而转变成醛糖。

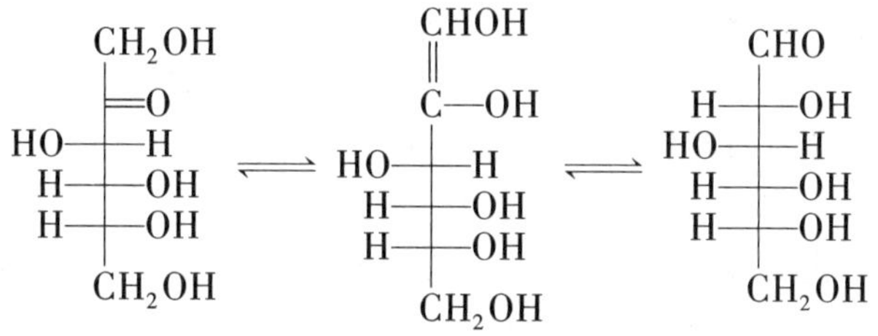

在酸性溶液中，单糖不产生异构化，醛糖和酮糖的反应不同，醛糖比酮糖易于被氧化。醛糖被溴水氧化时，分子中的醛基被氧化成羧基，产物是糖酸，而酮糖不能被溴水所氧化，以此可区别醛糖和酮糖。

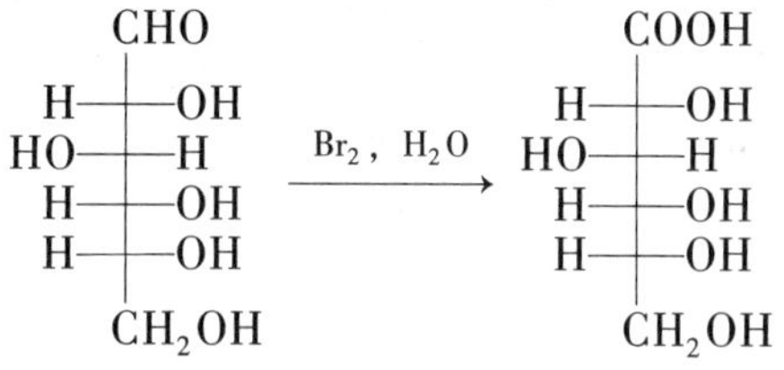

D-葡萄糖　　　D-葡萄糖酸

醛糖被硝酸氧化时，因硝酸是较强的氧化剂，醛糖的醛基和伯醇基都可以被氧化，生成糖二酸。

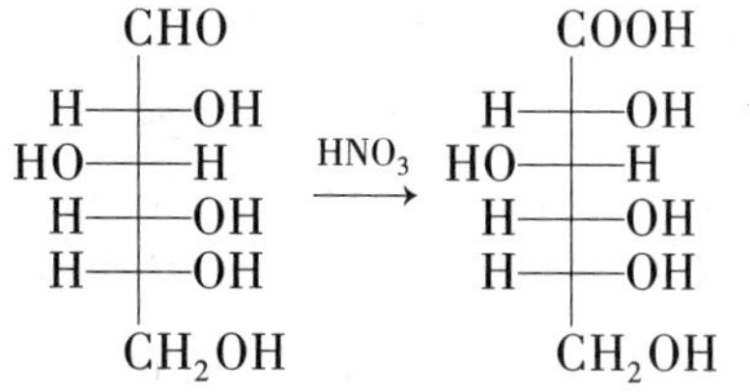

D-葡萄糖　　　D-葡萄糖二酸

双缩脲试剂

用于鉴定蛋白质溶液。由A液(0.1 g/mL的NaOH溶液)和B液(0.01 g/mL的$CuSO_4$溶液)组成。将双缩脲试剂A液和B液分别先后加入到蛋白质溶液中，双缩脲($H_2NCONHCONH_2$)能与Cu^{2+}反应，形成紫色络合物。由于蛋白质分子中含有许多与双缩脲结构相似的肽键(—CO—NH—)，因此，蛋白质都可以与双缩脲试剂发生反应而使溶液呈现紫色。

Fehling试剂

用于鉴定可溶性还原糖。由甲液(0.1 g/mL的NaOH溶液，还含有为0.2 g/mL酒石酸钾钠)和乙液(0.05 g/mL的$CuSO_4$溶液)组成。将Fehling试剂甲液和乙液等量混合均匀后产生$Cu(OH)_2$沉淀，$Cu(OH)_2$与含醛基(—CHO)的可溶性还原糖，在加热条件下反应，将$Cu(OH)_2$还原为砖红色的Cu_2O沉淀。

水合茚三酮

用作测定蛋白质、氨基酸和蛋白胨的试剂及色谱分析试剂。茚三酮反应(ninhydrin reaction)是氨基酸的α-NH_2所引起的反应。α-氨基酸与水合茚三酮一起在水溶液中加热，可发生反应生成蓝紫色物质。首先是氨基酸被氧化分解，放出氨和二氧化碳，氨基酸生成醛，水合茚三酮则生成还原型茚三酮。在弱酸性溶液中，还原型茚三酮、氨和另一分子茚三酮反应，缩合生成蓝紫色物质。所有氨基酸及具有游离α-氨基的肽都产生蓝紫色，但脯氨酸和羟脯氨酸与茚三酮反应产生黄色物质，因其α-氨基被取代，所以产生不同的衍生物。此反应十分灵敏，根据反应所生成的蓝紫色的深浅，在570 nm波长下进行比色就可测定样品中氨基酸的含量。也可在分离氨基酸时作为显色剂定性、定量地测定氨基酸。

苏丹Ⅲ溶液

用于鉴定脂肪。苏丹Ⅲ溶液与脂肪有比较强的亲和力，形成橘黄色，染色后用水不易洗脱，而蛋白质染色后用水一洗就脱色了。所以染色后不能用水脱色的就是脂肪。称取0.1 g苏丹Ⅲ干粉，溶于100 mL酒精的体积分数为95%溶液中，待全部溶解后再使用。

银镜反应

Tollens试剂和Fehling试剂，它们只能氧化醛而不能和酮反应，所以可用它们来区分醛和酮这两种羰基化合物。例如：

$$RCHO+2Ag(NH_3)_2OH \xrightarrow{\triangle} RCOONH_4+2Ag\downarrow+H_2O+3NH_3$$

Tollens试剂是氢氧化银的氨溶液，醛被氧化成为羧酸(实际上得到的是羧酸的铵盐)，本身则被还原为金属银。如果反应在很干净的试管中进行，析出的金属银将均匀附着在容器的内壁，形成银镜，所以这个反应常称为银镜反应(silver mirror reaction)。

Fehling试剂是由硫酸铜溶液与酒石酸钾钠碱溶液混合而成，Cu^{2+}作为氧化剂。醛与Fehling试剂反应时，二价铜离子(Cu^{2+})被还原成砖红色的氧化亚铜(Cu_2O)沉淀。但Fehling试剂不能氧化芳醛，因而可以使用它进一步区分脂肪族和芳香族醛。

$$RCHO+2Cu(OH)_2+NaOH \xrightarrow{\triangle} RCOONa+Cu_2O\downarrow+3H_2O$$

$$ArCHO+Cu(OH)_2+NaOH \not\longrightarrow$$

例题解析

例 1　选择题

1. 下列化合物不能与 $Ag(NH_3)_2OH$ 发生银镜反应的是(　　)。　(湘潭大学，2016)

A. 苯乙酮　　B. 苯乙醛

C. 葡萄糖　　D. 苯甲醛

2. 下列能发生银镜反应的化合物是(　　)。　(华南理工大学，2016)

A. CH_3CH_2CHO　　B. CH_3CH_2COOH

C. CH_3CH_2COCl　　D. $CH_3CH_2COCH_3$

[**解答**]1. A　2. A

例 2　用化学方法鉴别下列化合物：

1. 甲酸甲酯、甲酸乙酯和乙酸乙酯　(四川大学，2013)

2. 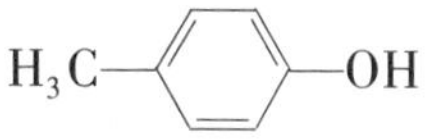
A

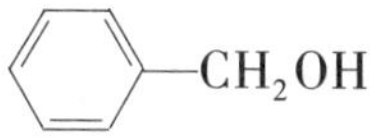
B

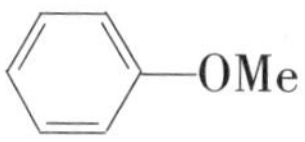
C

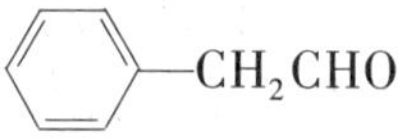
D

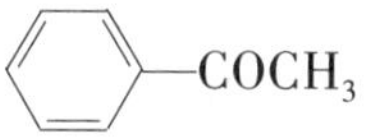
E

(华南理工大学，2016)

[**解答**]1. 甲酸甲酯和甲酸乙酯与 Tollens 试剂均可发生银镜反应，而乙酸乙酯不行。甲酸乙酯水解后的产物可发生碘仿反应，而甲酸甲酯不行。

2. 与 $FeCl_3$ 溶液反应呈紫色的是 A；与 2，4-二硝基苯肼溶液反应生成黄色结晶的是 D 和 E，二者可发生碘仿反应的是 E；其余与金属钠反应产生氢气的是 B，最后那个就是 C。

例 3　下列化合物中：

①HCHO　②CH_3CHO　③$CH_3CHOHCH_3$　④Me_3CCHO　⑤$CH_3CH_2CHOHCH_2CH_3$　⑥CH_3COCH_3

(1)哪些能与 2，4-二硝基苯肼反应？

(2)哪些能发生碘仿反应？

(3)哪些能发生银镜反应？

(4)哪些可发生自身羟醛缩合反应？

(5)哪些可发生 Cannizzaro 反应(华东师范大学，2006)

[**解答**](1)①②④⑥；(2)②③⑥；(3)①②④；(4)②⑥；(5)①④

例 4　写出反应产物

1. 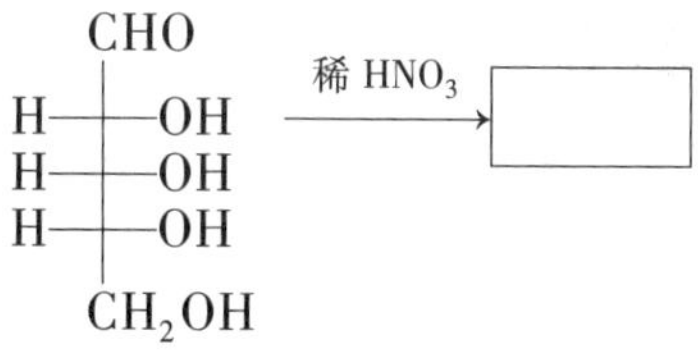
CHO
H
OH
H
OH
H
OH
CH2OH
稀 HNO3

(复旦大学，2007)

2. 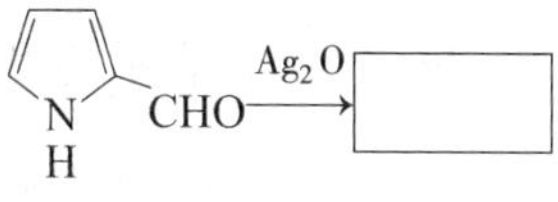
N
H
CHO
Ag2O

(复旦大学，2010)

[解答]1. 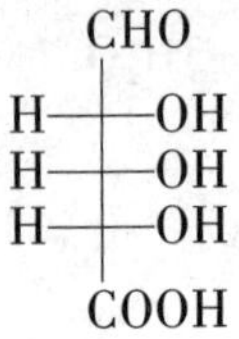 2. 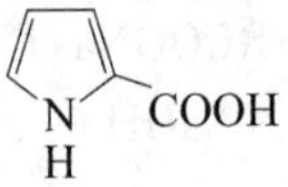

例 5 推测结构

1. 化合物 A，分子式为 $C_6H_{12}O_3$，IR 在 1710cm^{-1} 处有强吸收，其^{1}HNMR 谱为：δ 2.1 (3H，s)，δ 2.6(2H，d)，δ 3.2(6H，s)，δ 4.7(1H，t)；用 I_2/NaOH 溶液处理产生 B 和黄色沉淀，用杜伦试剂处理无反应，但加入少量酸后得到 C，再用杜伦试剂处理得到 D，并有银镜生成，试推测该化合物 A，B，C 和 D 的结构，并写出各步反应式。

（青岛科技大学，2012）

[解答]

$$\underset{A}{CH_3COCH_2CH(OCH_3)_2} \xrightarrow[NaOH]{I_2} CH_3I\downarrow + \underset{B}{NaOOCCH_2CH(OCH_3)_2}$$

$$\downarrow H^+$$

$$\underset{C}{CH_3COCH_2CHO} \xrightarrow{Ag[NH_3]_2^+} \underset{D}{CH_3COCH_2COONH_4} + Ag\downarrow$$

2. 化合物 A，分子式 $C_{10}H_{14}O_2$。A 不与杜伦试剂、菲林试剂、热的氢氧化钠及乙酰氯作用。但与稀盐酸作用生成 B，B 的分子式为 C_8H_8O。B 可与杜伦试剂起反应。剧烈氧化后，A 和 B 都变成邻苯二甲酸。写出 A，B 的结构式。

（山东大学，2016）

[解答]A. 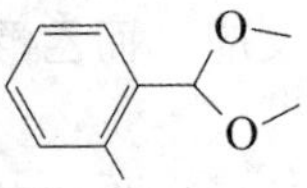 B. 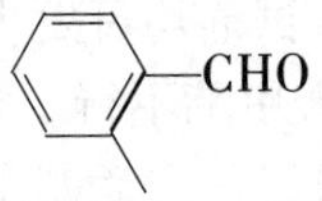

3. 两个化合物 A 和 B，分子式均为 $C_4H_6O_2$。A 在酸性条件下水解成甲醇和另一化合物 C，C 的分子式为 $C_3H_4O_2$，C 可使 Br_2-CCl_4 溶液褪色。B 在酸性条件下水解生成一分子羧酸和化合物 D，D 的分子式为 $C_2H_4O_2$，D 可以发生碘仿反应，也可以与 Tollens 试剂发生银镜反应。试推测化合物 A、B、C 和 D 的结构。

（湘潭大学，2016）

[解答]A. 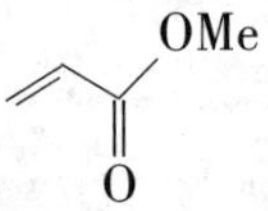 B. 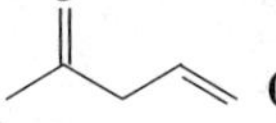 C. 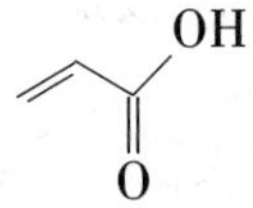 D. 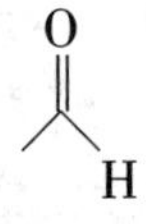

参考文献

[1]孔祥文. 有机化学[M]. 北京：化学工业出版社，2010：114.

4.14 四氧化锇氧化

问题引入

$$CH_3C{\equiv}CCH_2CH_3 \xrightarrow{Na/液\ NH_3} \boxed{用顺或反表示构型} \xrightarrow[H_2O_2]{OsO_4} \boxed{用\ Fischer\ 投影式表示构型}$$

（兰州理工大学，2011）

2-戊炔在液氨溶液中用金属钠还原时，因三键在碳链中间，主要生成反式加成产物(E)-2-戊烯 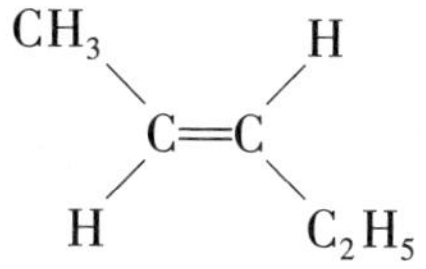，后者用过氧化氢和催化量的四氧化锇氧化得到(2*R*，3*R*)-2，3-戊二醇 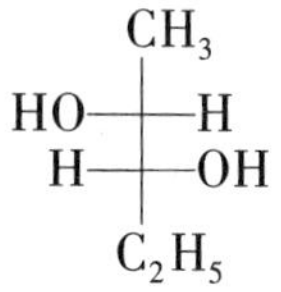。

反应概述

四氧化锇氧化反应通常是在非水溶剂如乙醚、四氢呋喃中进行，烯烃则被氧化成邻二醇。反应机理[1,2]

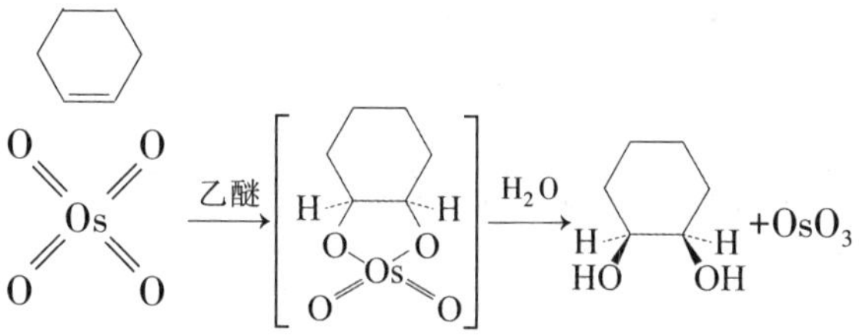
乙醚
H_2O
$+OsO_3$

Os = +8　　Os = +6　　顺邻二醇

反应中，四氧化锇与烯烃双键发生氧化加成形成五元环状中间体，后者水解开环得顺式加成的邻二醇，四氧化锇则被还原为三氧化锇。

因为四氧化锇试剂很贵，所以较经济的方法是采用催化量的四氧化锇先与烯烃反应，生成邻二醇和三氧化锇，三氧化锇被过氧化氢氧化再生四氧化锇，进行下一轮反应，如此反复反应，直到反应结束。

例题解析

例 1　填空

1. 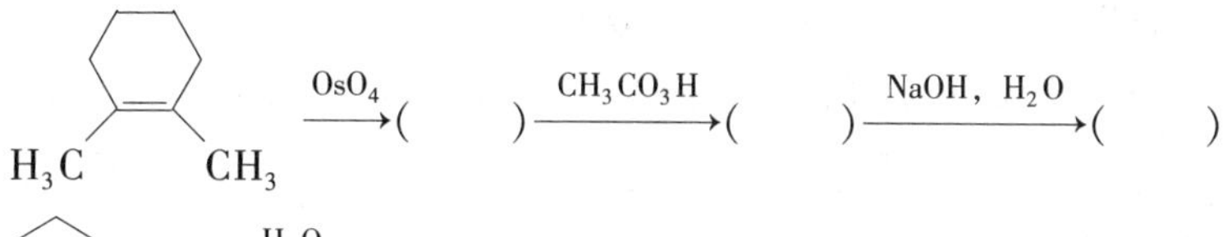（南京工业大学，2006）
OsO_4
CH_3CO_3H
NaOH，H_2O

2. 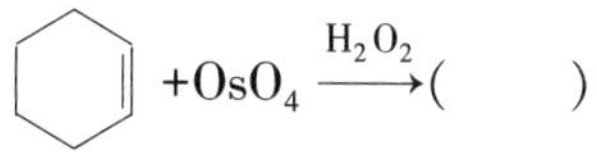（中国科技大学，2003）
$+OsO_4$
H_2O_2

3. 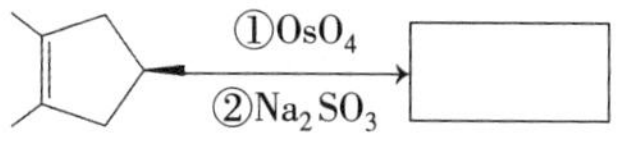（复旦大学，2009）
①OsO_4
②Na_2SO_3

4. 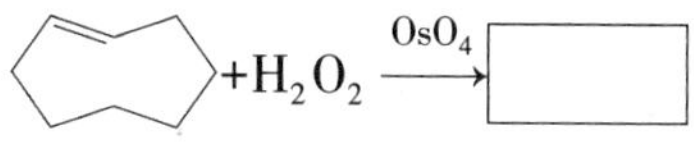
$+H_2O_2$
OsO_4

5. 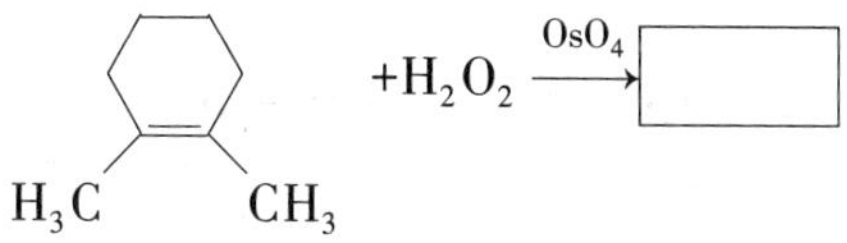
$+H_2O_2$
OsO_4

[解答]

1. 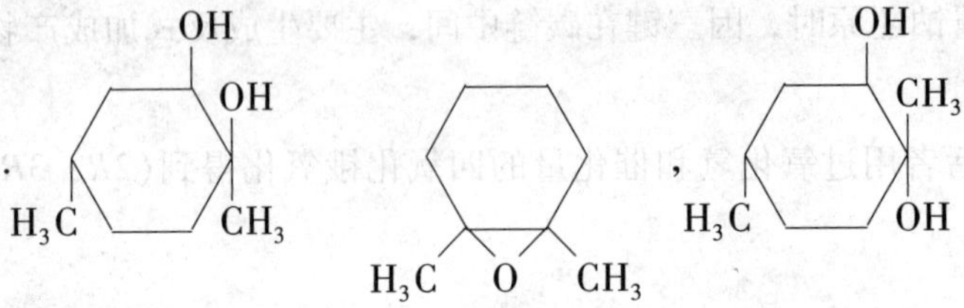 2. 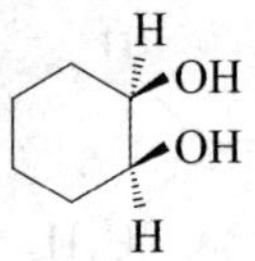 3. 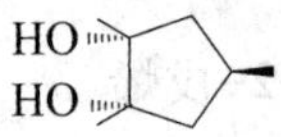

4. 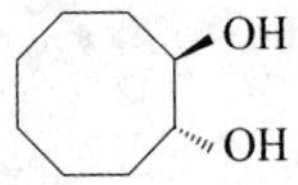 。

(±)-反-1,2-环辛二醇

环内如有反应型双键，顺式加成后得反式邻二醇。

5. 1，2-二甲基环己烯用过氧化氢和催化量的四氧化锇氧化得到顺-1，2-二甲基环己-1，2-二醇，其结构式为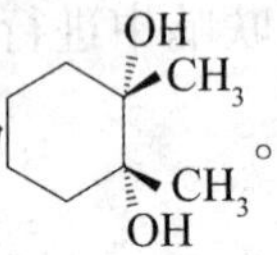。

例 2[3] 以环己酮及不超过两个碳的有机化合物为原料合成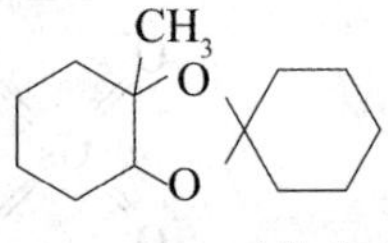

（北京理工大学，2005）

[**解答**]目标产物为环己酮与顺式邻二醇形成的缩酮。顺式邻二醇可由甲基环己烯经 OsO_4 或稀、冷 $KMnO_4$ 在碱性条件下氧化得到。

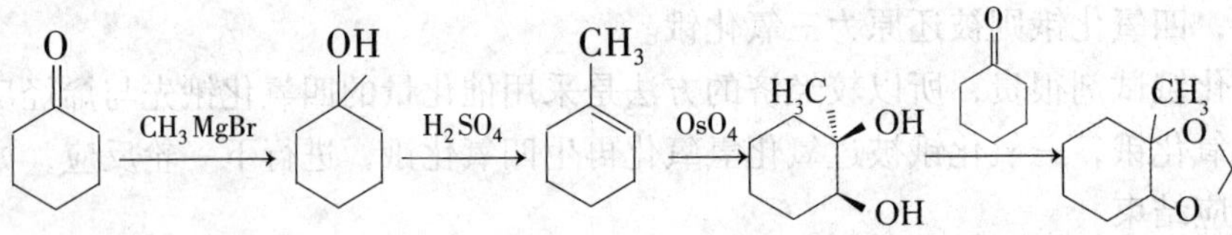

例 3　不饱和化合物 $A(C_{16}H_{16})$ 与 OsO_4 反应，再用亚硫酸钠处理得 $B(C_{16}H_{18}O_2)$，B 与四乙酸铅反应生成 $C(C_8H_8O)$，C 经黄鸣龙还原得 $D(C_8H_{10})$，D 只能生成一种单硝基化合物。B 用无机酸处理能重排为 $E(C_{16}H_{16}O)$，E 用湿 Ag_2O 氧化得酸 $F(C_{16}H_{16}O_2)$。写出化合物 A，B，C，D，E，F 的化学结构式。（湖南大学，2003）

[**解答**]化合物 A 的分子式 $C_{16}H_{16}$ 符合 C_nH_n 通式，故该化合物可能含有两个芳环，一个 C═C 双键。根据题意：$A \xrightarrow{OsO_4} \xrightarrow{Na_2SO_3} B \xrightarrow{Pb(OAc)_4} C(C_8H_8O)$ 可推出 B 是个邻二醇，C 可能含一个芳环一个 C═O ，$C(C_8H_8O) \xrightarrow[\text{还原}]{\text{黄鸣龙}} D(C_8H_{10})$，因此 D 只能是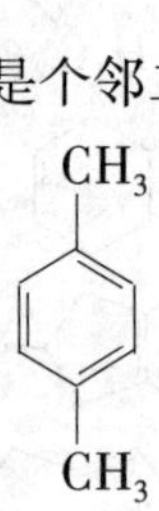，逆推可得 C、B、A 的结构。由 A ~ F 的结构及化学反应式如下：

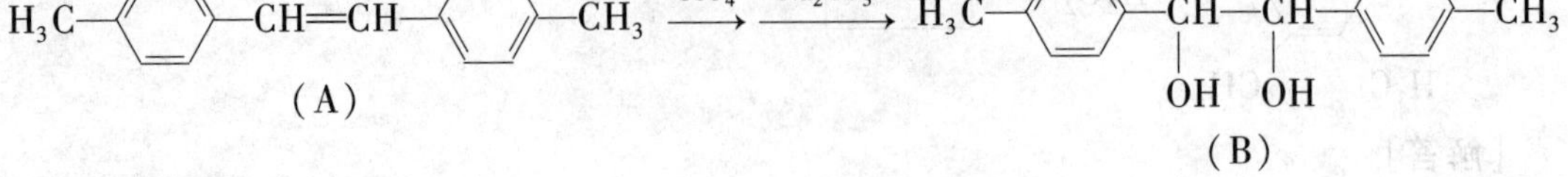

(A)　　　　　　　　(B)

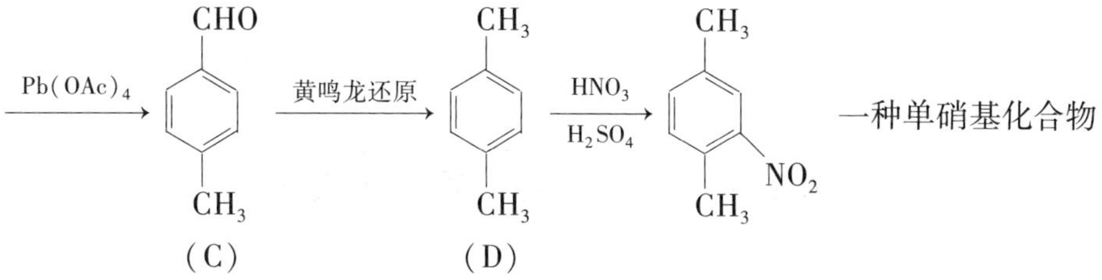
Pb(OAc)$_4$
CHO
CH$_3$
(C)
黄鸣龙还原
CH$_3$
CH$_3$
(D)
HNO$_3$
H$_2$SO$_4$
CH$_3$
NO$_2$
CH$_3$
一种单硝基化合物

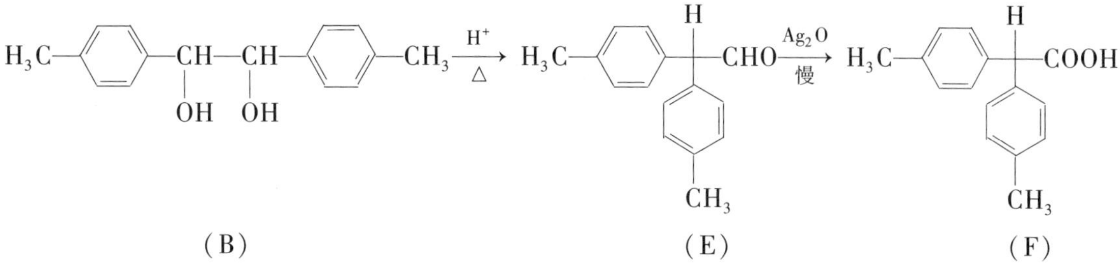
H$_3$C
CH—CH
OH OH
CH$_3$
H$^+$
△
(B)
H
CHO
CH$_3$
(E)
Ag$_2$O
慢
H
COOH
CH$_3$
(F)

其中由E到F的反应确定了两个甲基在芳环上，因为只有醛才能被氧化剂 Ag_2O 氧化成羧酸，所以邻二醇B，片呐醇重排后得到的是醛E，而不是酮。D只能生成一种单硝基化合物，从而确定出芳环上的烃基为二取代并且是对位取代。

参考文献

[1]裴伟伟. 基础有机化学习题解析[M]. 北京：高等教育出版社，2006：159.
[2]邢其毅，裴伟伟，徐瑞秋，等. 基础有机化学(第三版)[M]. 北京：高等教育出版社，2005：401.
[3]吴范宏. 有机化学学习与考研指津[M]. 武汉：华中理工大学，2008：70.

第5章　还原反应

5.1　Birch 还原反应

问题引入

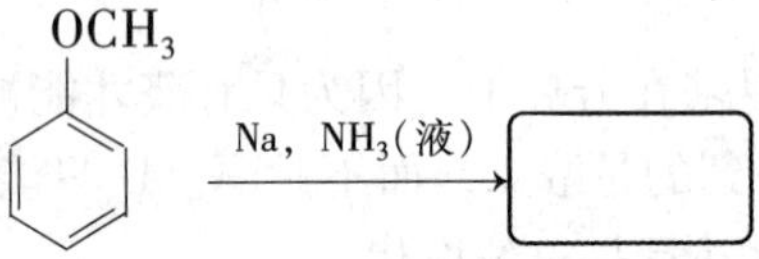

（中山大学，2016）

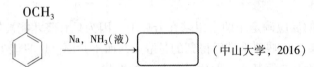

苯甲醚和金属钠在液氨中，苯环被还原成不共轭的1，4-环己二烯，其产物结构为：

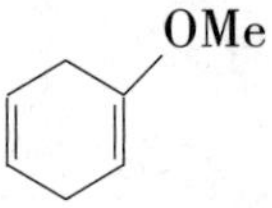

。这是什么反应呢？取代基甲氧基对反应又有什么影响呢？

反应概述

1949年澳大利亚有机化学家伯奇（Birch，A. J.）[1,2]发现碱金属（锂、钠或钾）在液氨和醇（甲醇、乙醇、异丙醇、仲丁醇和叔丁醇等）[3]的混合液中，与芳香化合物反应，分子中苯环可被还原成不共轭的1，4-环己二烯类化合物，该反应称为Birch还原。反应相当于氢原子对苯环的1，4-加成[4]。

反应方程式

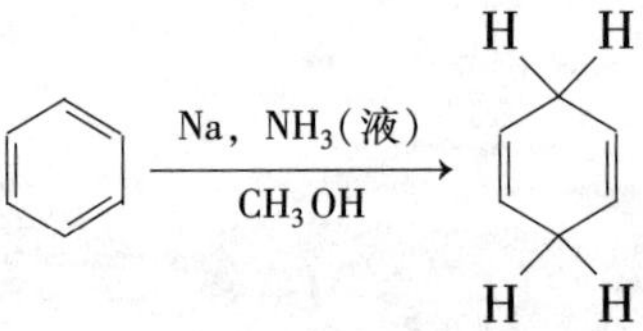

反应机理

连有供电子基团的芳香化合物：

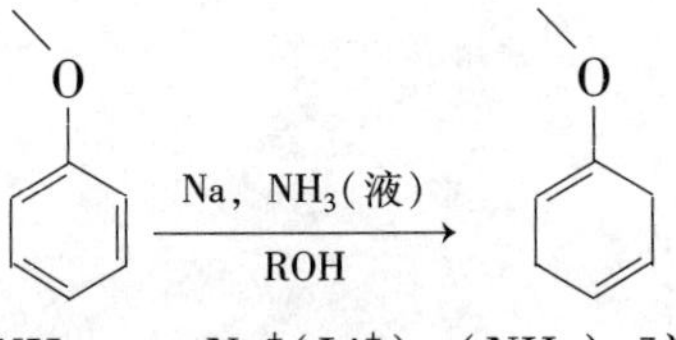

$$Na(Li)+NH_3 \longrightarrow Na^+(Li^+)+(NH_3)e^-$$溶剂化

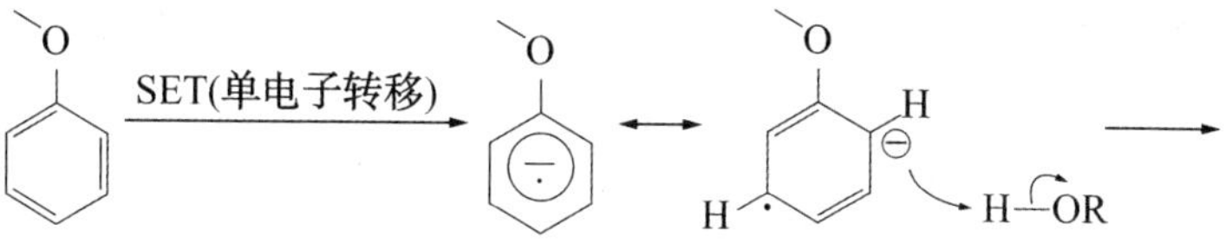
SET(单电子转移)
H
H
H—OR

自由基负离子（Ⅰ）

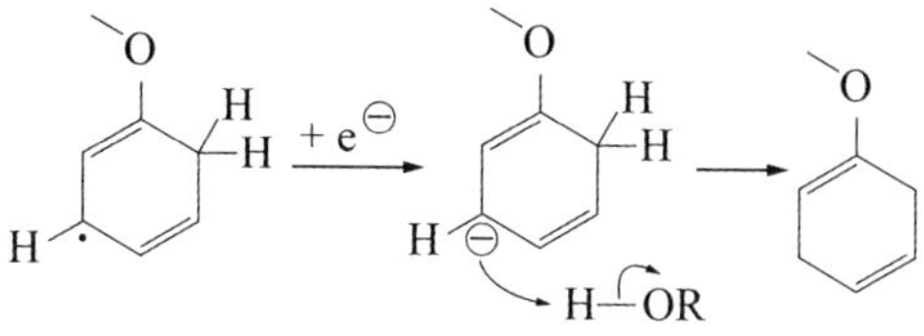
H
H
+ e⊖
H
H
H
H—OR

（Ⅱ）

金属钠与液氨作用生成溶剂化电子，此时体系为一蓝色溶液。苯环获得一个溶剂化电子后生成自由基负离子（Ⅰ），Ⅰ的环状共轭体系中有 7 个 π 电子，其中有一个电子处在苯环分子轨道的反键轨道，所以不稳定，可从乙醇中夺取一个质子后生成环己二烯自由基（Ⅱ），Ⅱ再获得一个电子成为环己二烯负离子，它作为强碱，随即从乙醇中获取一个质子生成 1，4-环己二烯，但在共轭体系的中间碳原子质子化较末端碳原子质子化快，原因尚不清楚。

取代基为供电子基时对反应有哪些影响呢?

取代基为供电子基时反应速率较慢，且生成取代基在双键碳原子上的产物[3]。由于取代基为供电子基，根据共振论可知，单电子在极限结构中的间位时能量较低，有利于反应进行。

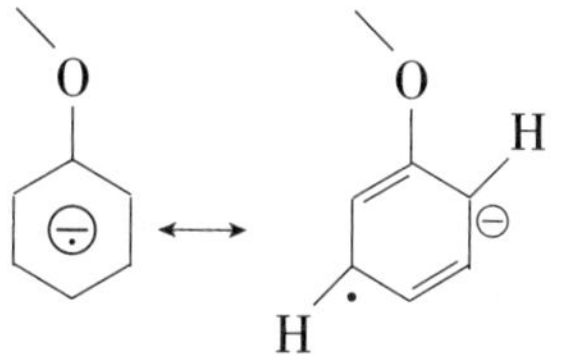
O
O
H
H

溶剂化电子进攻后单电子所在不同位置得到如下的共振式：

单电子在邻位

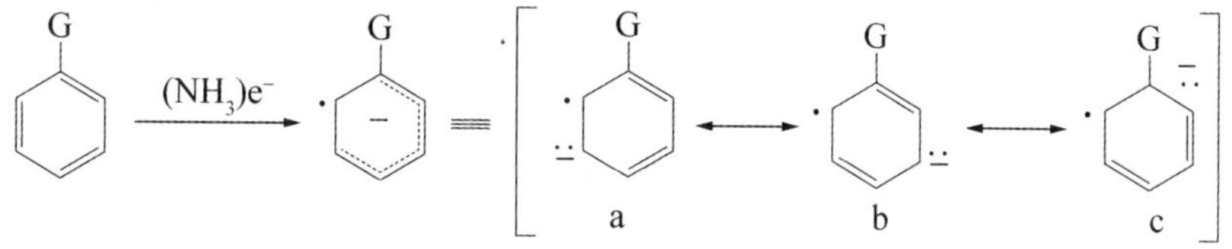
G
(NH3)e⁻
a
b
c

单电子在对位

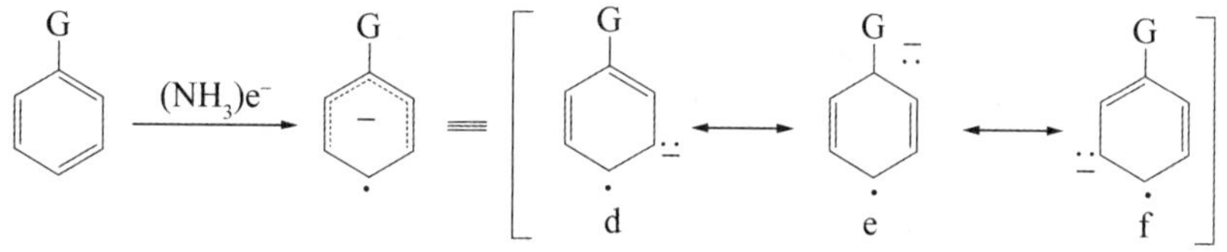
G
(NH3)e⁻
d
e
f

单电子在间位

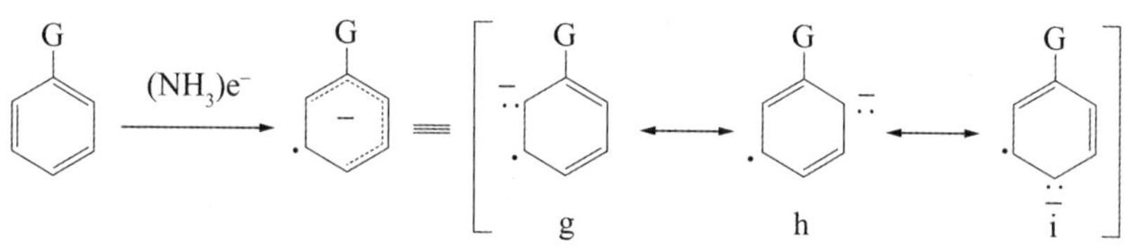
G
(NH3)e⁻
g
h
i

由于 G(o，p)为供电子基，极限式 c 和 e 直接和供电子基相连，使负电荷更加集中。根据共振论可知 c、e 是极不稳定的，导致单电子在邻、对位的过渡态（杂化体）的能量较高，不易进行。所以，当苯环连着供电子基时，单电子主要在间位，得到单电子在间位的产物，由于 h 的电子和负电荷离得较远较稳定故主要以 h 中间体反应。

所以，当苯环连着供电子基时，Birch 还原得到供电子基连接在双键碳上的 1，4-加成产物。

连有吸电子基团的芳香化合物：

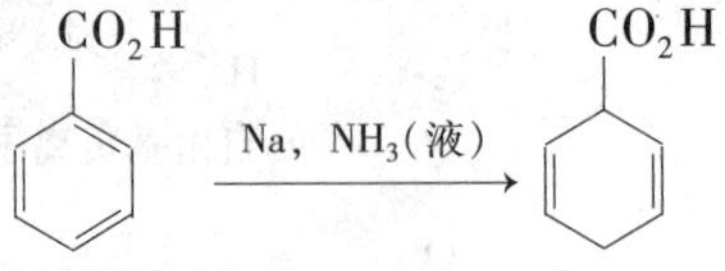

$$Na(Li)+NH_3 \longrightarrow Na^+(Li^+)+(NH_3)e^-溶剂化$$

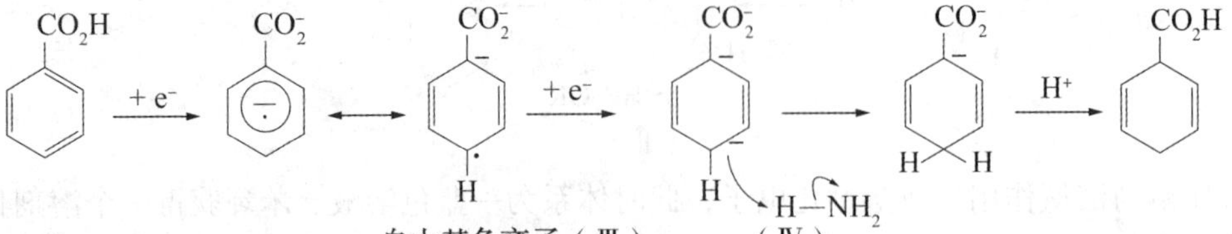

自由基负离子（Ⅲ）　（Ⅳ）

取代基为吸电子基时对反应有哪些影响呢?

取代基为吸电子基时有利于加快反应速率，产生取代基不在双键碳上的产物。

溶剂化电子进攻后单电子所在不同位置得到如下的共振式：

单电子在邻位

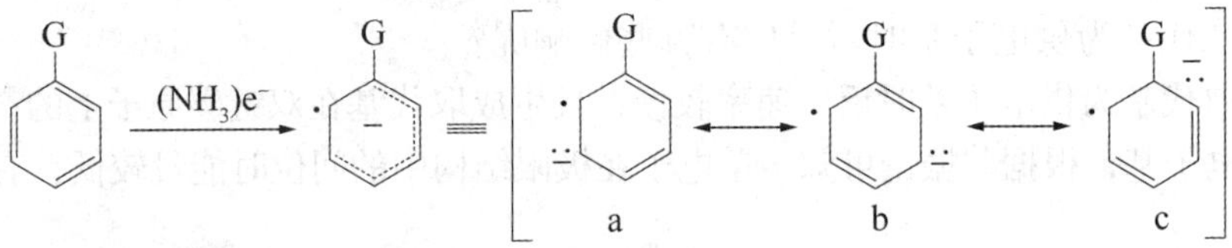

单电子在对位

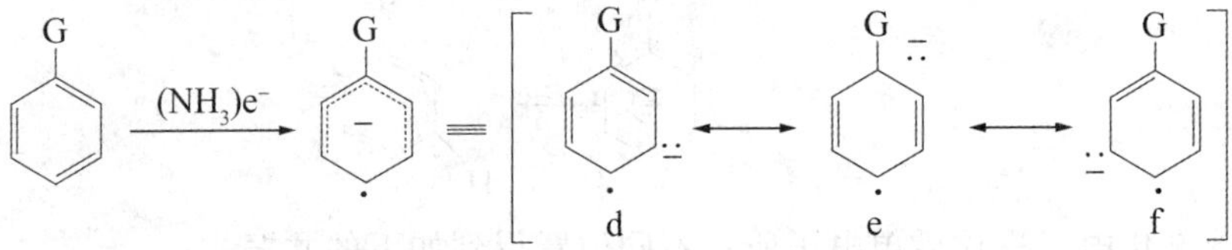

单电子在间位

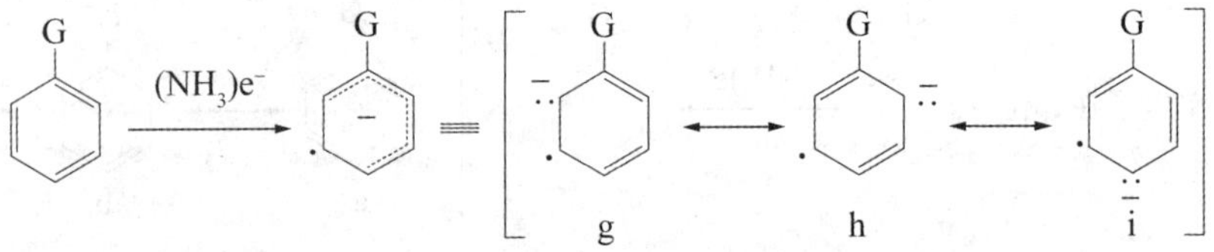

由于 G(m)为吸电子基，极限式 c 和 e 直接和吸电子基相连，使负电荷得到分散。根据共振论可知 c、e 稳定，导致进攻邻、对位的过渡态(杂化体)的能量较低，较易进行。比较 c、e，由于 c 中单电子直接和电子对相邻排斥力较大，故 e 较 c 稳定。所以单电子在对位的过渡态的能量更低，即苯环连着吸电子基时，单电子主要在对位，得到单电子在对位的产物。也即生成吸电子基连接在非双键碳上的 1，4-加成产物。

另外，一般电子较易进攻正电性较大的碳原子，所以苯环上有吸电子基对于 Birch 还原反应具有促进作用，加快反应速率。反之，有供电子基降低反应速率。

一般基团性质如下：

$—\overset{+}{N}H_3$，$—NR_3$，$—CF_3$，$—CCl_3$，$—NO_2$，—CN，$—SO_3H$，—CHO，—COR，—COOR，—COOH，$—CONH_2$，$—CH{=}CHNO_2$，I，Br，Cl，F，H，$—CH{=}CH_2$，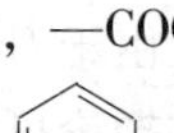，$—CH_3$，—NHCHO，—NHCOR，—OH，—OR，$—NH_2$，—NHR，$—NR_2$，$—O^-$

一般认为氢之前为吸电子基，氢之后为供电子基，实际情况还要根据电子效应具体判断。

例题解析

例 1　写出下列反应产物

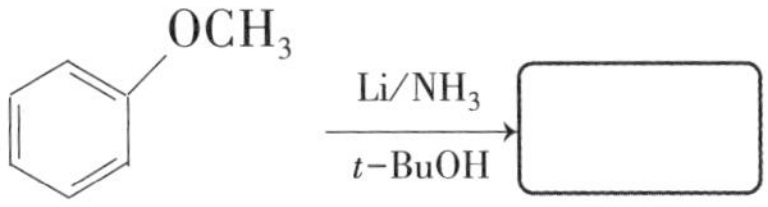
OCH3
Li/NH3
t-BuOH

（复旦大学，2002）

［解答］

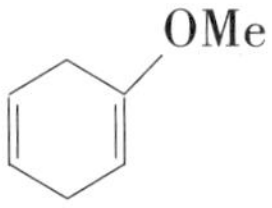
OMe

参考文献：

［1］Birch A. J. J. Chem. Soc. 1944：430-436.
［2］汪秋安．高等有机化学［M］．北京：化学工业出版社，2007.
［3］邢其毅．基础有机化学(第二版)［M］．北京：高等教育出版社，1993：268-9.
［4］孔祥文．有机化学［M］．北京：化学工业出版社，2010：114.

5.2　Bouveault-Blanc 还原

问题引入

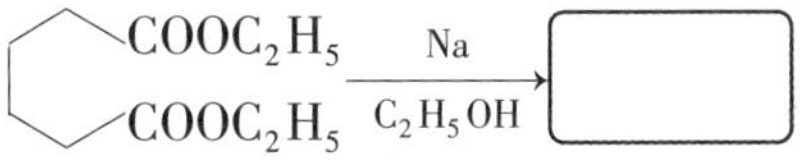
COOC2H5
COOC2H5
Na
C2H5OH

（广西师范大学，2010）

上述反应产物为己二醇，

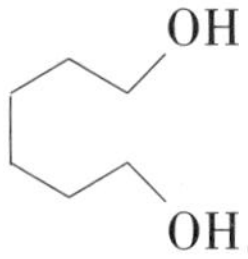
OH
OH

。

反应概述

在醇(乙醇、丁醇或戊醇等)溶液中加热回流，一分子的脂肪酸酯被钠还原成相应的伯醇，该反应称为 Bouveault-Blanc 还原。其特点是分子中碳碳双键或三键不受影响，可用于不饱和脂肪酸酯的选择性还原[1~3]。例如：

$$CH_3(CH_2)_6CH_2{=}CH_2(CH_2)_6COOC_2H_5 \xrightarrow[C_2H_5OH]{Na} CH_3(CH_2)_6CH_2{=}CH_2(CH_2)_6\ CH_2OH+C_2H_5OH$$

在没有使用氢化铝锂之前，这个方法是工业上生产不饱和醇的唯一途径。

反应通式

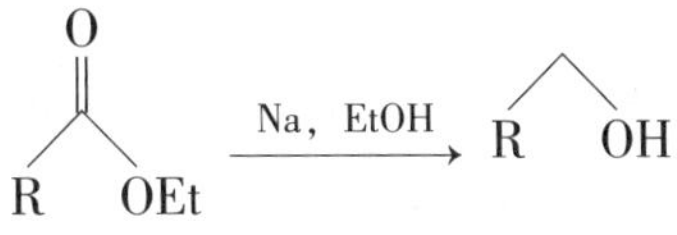
O
R
OEt
Na，EtOH
R
OH

反应机理[4]

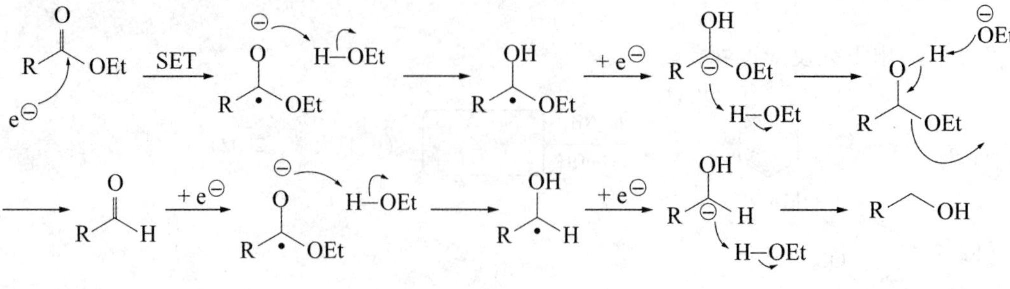
SET
+e⊖
+e⊖
+e⊖
H—OEt
OEt
R
OH
H

参考文献

[1] Bouveault L; Blane, G. Compt. Rend. Hebd. Seances Acad. Sci. 1903. 136: 1676-1678.
[2] Bouveault L, Blane, G. Bull. Soc. Chim. 1904, 31: 666-672.
[3] 孔祥文. 有机化学[M]. 北京：化学工业出版社，2010.
[4] Jie Jack Li. Name Reaction, 4 th ed. , [M]. Springer-Verlag Berlin Heidelberg, 2009: 65.

5.3 Cannizzaro 反应

问题引入

2
CHO
浓 NaOH

（中山大学，2016；河南师范大学，2014；北京大学，1990）

呋喃甲醛（糠醛）在浓碱条件下加热反应生成呋喃甲酸 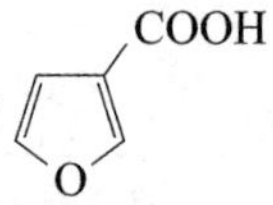 和呋喃甲醇 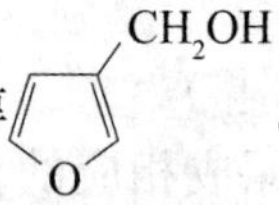。

反应概述

不含 α-氢原子的脂肪醛或芳醛在浓碱条件下加热，分子间可以进行氧化和还原两种性质相反的反应，即一分子醛被氧化成酸，另一分子醛被还原成醇，该反应称为歧化反应，这一反应是 1853 年 Cannizzaro 首先发现的[1,2]，因而又称为 Cannizzaro 反应。

反应方程式

$$2HCHO \xrightarrow{浓\ NaOH} HCOONa + CH_3OH$$

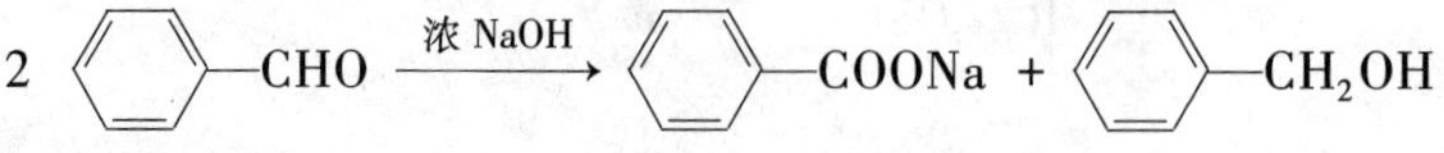
2
CHO
浓 NaOH
COONa
+
CH2OH

反应机理[3]

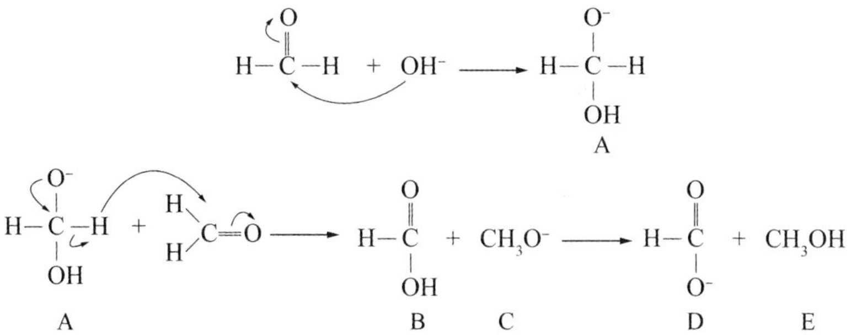

^-OH 对甲醛亲核加成生成(A)，A 消去 H^- 成为甲酸(B)，该 H^- 与另一分子甲醛的羰基发生亲核加成反应形成新的 C—H 键生成甲氧基负离子(C)，然后 B 和 C 进行质子交换后得到产物甲酸盐(D)和甲醇(E)。

当反应在重水中和含有重氢的氢氧化钠中反应时，所得醇的 α-碳原子上不含重氢，表明这些 α-氢原子是由另一分子醛得到的，而不是来自反应介质。由此可知也可以将醛基中的氢换成重氢，这样产物中的醇的 α-H 中有重氢。

交错的 Cannizzaro 反应

两种不同的不含 α-氢原子醛之间也能发生歧化反应，该反应称为交叉的 Cannizzaro 反应。例如，三羟甲基乙醛与甲醛都是不含 α-氢原子的醛，在碱作用下发生交叉的 Cannizzaro 反应。由于甲醛的还原性更强，三羟甲基乙醛被还原成季戊四醇(pentaerythritol)，甲醛则被氧化为甲酸。

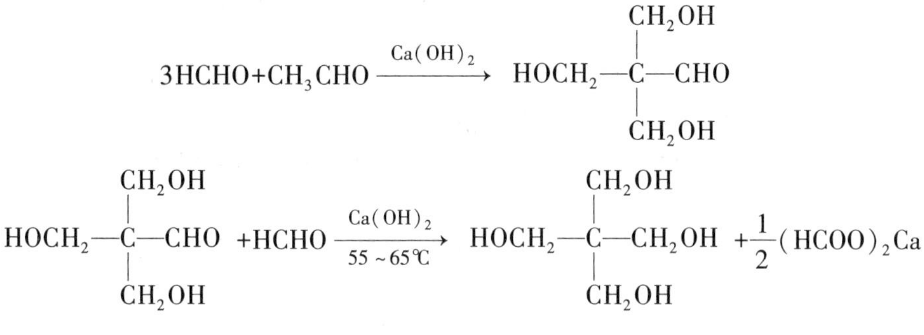

这是实验室和工业生产中制备季戊四醇的方法。

例题解析

例 1　下列化合物中，哪个可发生歧化反应——康尼查诺(Cannizzaro)反应？　(　　)

A. $CH_3CH_2CH_2CHO$

B. 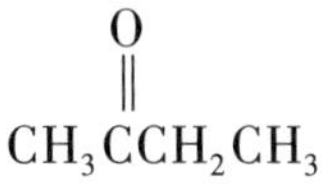

C. 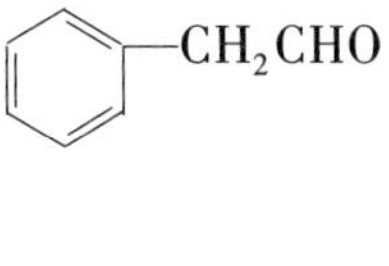

D. $(CH_3)_3CCHO$

(四川大学，2003)

［解答］D. 只有不含α-H 的醛在浓 OH^- 条件下才能发生 Cannizzaro 反应。

例 2　写出下列反应产物：

1. C₆H₅—CHO + CH₂O

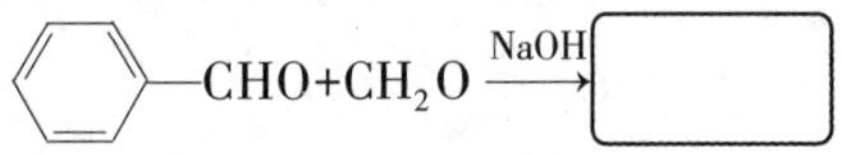（华东理工大学，2014；兰州理工大学，2010）

2. $OHC-CHO \xrightarrow{\text{浓 } OH^-} \boxed{\quad\quad}$（四川大学，2013）

［解答］

1. 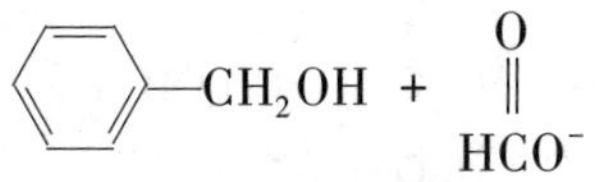

2. $\begin{matrix}CHO\\|\\CHO\end{matrix} \xrightarrow[H_2O]{\text{浓 NaOH}} HOCH_2COONa \xrightarrow{H_3\overset{+}{O}} HOCH_2COOH$

例 3　苯甲醇和苯甲酸可以以苯甲醛为原料合成：

C₆H₅—CHO $\xrightarrow{>50\% \text{ KOH}}$ C₆H₅—CH₂OH + C₆H₅—CO₂H

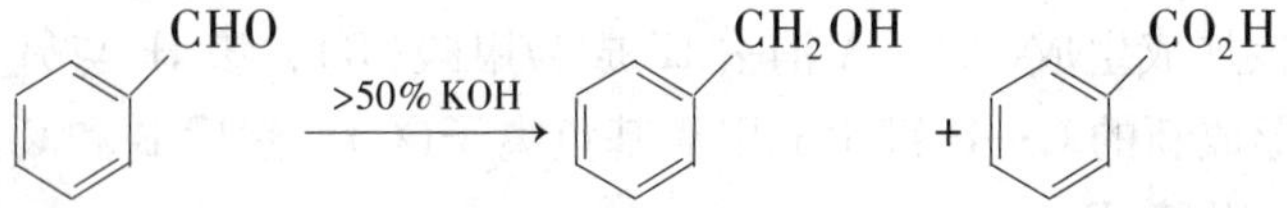

已知苯甲醇为无色透明液体，沸点 204℃；苯甲酸溶于热水，微溶于冷水，熔点 122.4℃。请回答如下问题：

(1)试叙述该实验的主要操作过程。

(2)实验成败的关键是什么？如何分离苯甲醇和微量苯甲醛？

(3)苯甲醇和苯甲酸如何分离纯化？

（暨南大学，2016）

［解答］

(1)该实验的主要操作过程。

在 100 mL 锥形瓶中，放入 11 g 氢氧化钾和 11 mL 水，振荡使氢氧化钾完全溶解，冷却至室温。在振荡下，分 4 批加入 12.6 mL 新蒸馏过的苯甲醛，分层。加入沸石，安装回流冷凝管。加热回流 1h 间歇振荡直至苯甲醛油层消失，反应物变透明。

(2)实验成败的关键是什么？如何分离苯甲醇和微量苯甲醛？

关键：原料苯甲醛易被空气氧化，所以保存时间较长的苯甲醛，使用前应重新蒸馏；否则苯甲醛已氧化成苯甲酸而使苯甲醇的产量相对减少。

用饱和亚硫酸氢钠溶液洗涤乙醚萃取液，分离苯甲醇和微量苯甲醛。

(3)苯甲醇和苯甲酸如何分离纯化？

①苯甲醇的制备：反应物中加入足够量的水(约 30 mL)，不断振摇，使其中的苯甲酸盐全部溶解。将溶液倒入分液漏斗中，每次用 20 mL 乙醚萃取三次。合并上层的乙醚萃取液，下层水溶液保留。上层乙醚萃取液分别用 5 mL 饱和亚硫酸氢钠溶液，10 mL 10% 碳酸钠溶液和 10 mL 水洗涤。分离出上层的乙醚萃取液，用无水硫酸镁或无水碳酸钾干燥。将干燥的乙醚溶液倒入 100 mL 圆底烧瓶，连接好普通蒸馏装置，投入沸石后用温水浴加热，蒸出乙醚(回收)。然后改用空气冷凝管，加热，收集 202～206℃的馏分即为苯甲醇。

②苯甲酸的制备：步骤Ⅰ中保留的水溶液用浓盐酸酸化使刚果红试纸变蓝，充分搅拌，冷却使苯甲酸析出完全，抽滤。粗产物分为两份，一份干燥，另一份用水重结晶得苯甲酸[6]。

参考文献：

[1] Cannizzaro S. Ann. 1853，88：129—130.

[2]Jie Jack Li. Name Reaction, 4th ed. , [M]. Springer-Verlag Berlin Heidelberg, 2009: 94.
[3]孔祥文. 有机化学[M]. 北京：化学工业出版社，2010：114.
[4]Ishihara K, Yano T. Org. Lett. 2004, 6: 1983—1986.
[5]金圣才. 有机化学名校考研真题详解[M]. 北京：中国水利水电出版社，2010.
[6]孔祥文. 有机化学实验[M]. 北京：化学工业出版社，2011.

5.4　Clemmensen 还原反应

问题引入

Clemmemsen 反应是在(　　)作用下将羰基还原成亚甲基。　(华侨大学，2016)

A. 无水 $CaCl_2$，浓 HCl　　　　B. Zn/Hg，浓 HCl

在试剂(B)作用下羰基还原成亚甲基。

反应概述

将醛、酮与锌汞齐在浓盐酸溶液中回流，可将羰基直接还原成亚甲基的反应[1]，该反应称为 Clemmensen 还原反应。有机合成中常用此方法合成直链烷基苯[2~3]。例如：

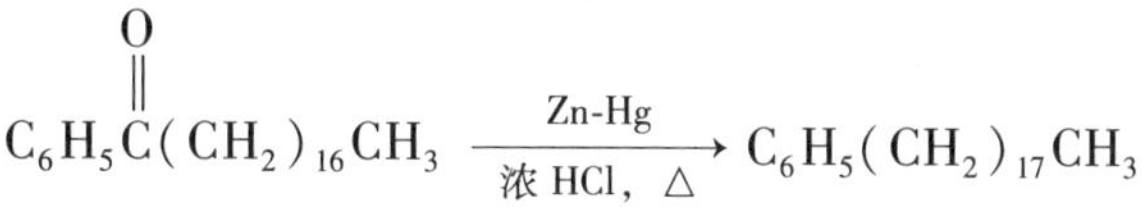

反应通式

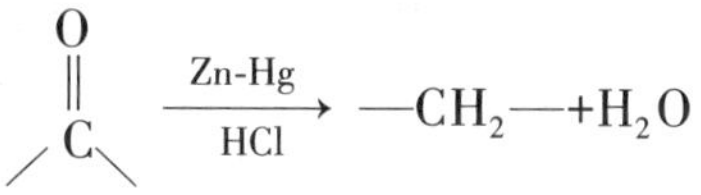

反应机理

反应机理 1[4]

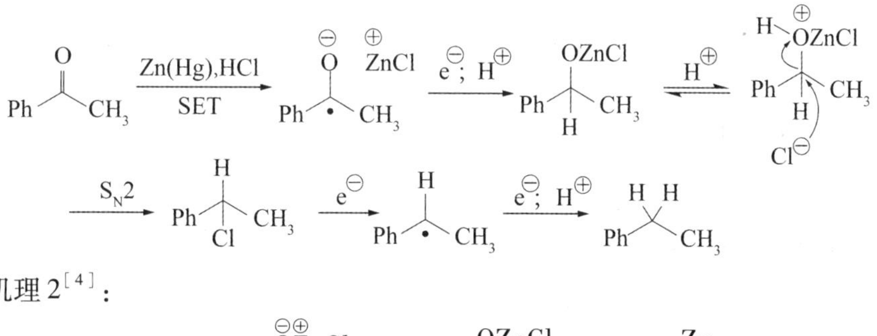

反应机理 2[4]：

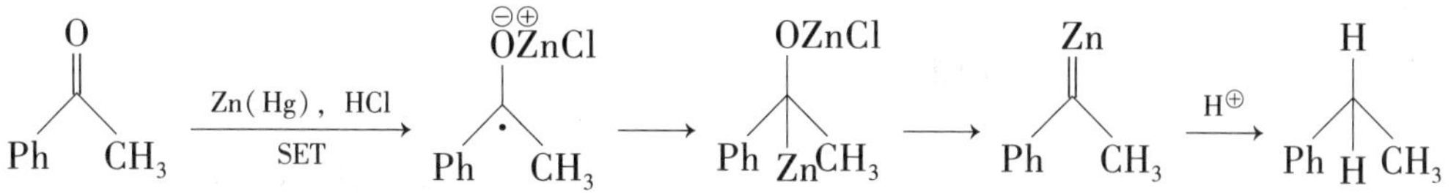

反应机理 3[5]：

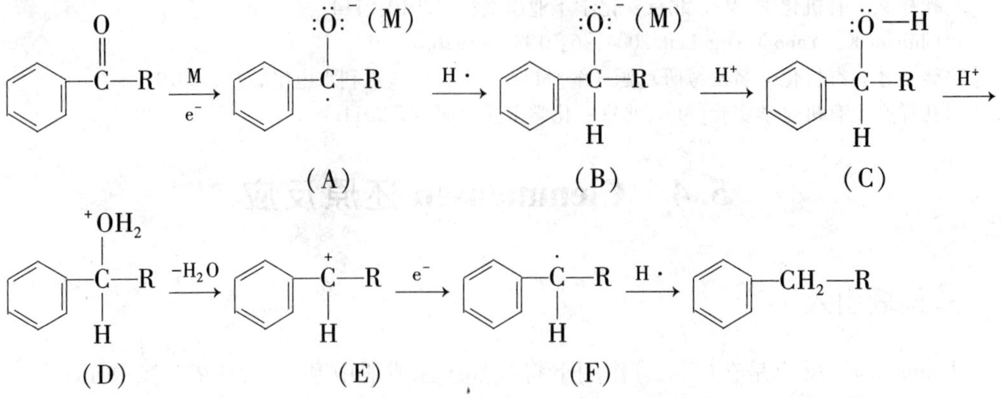

（M 为 Zn、Zn^{2+}、Hg）

Clemmensen 还原对羰基具有很好的选择性，除 α，β-不饱和键外，一般对于双键无影响，反应操作简便；但是由于是在酸性介质中进行的反应，所以此方法不适用于对酸敏感的醛、酮(如呋喃醛、酮和吡咯类醛酮)及对热敏感的醛、酮。Wolff-Kishner 反应是对 Clemmensen 反应的重要补充。

用 5% ~10% 的 $HgCl_2$ 水溶液处理锌粉(粒)，可得锌汞齐，将其与醛或酮在 5% 盐酸中回流可将醛基还原为甲基，酮基还原为亚甲基。Clemmensen 还原的反应机理有人认为是自由基机理，也有人认为是碳正离子历程。

例题解析

例 1　完成下列反应

1. 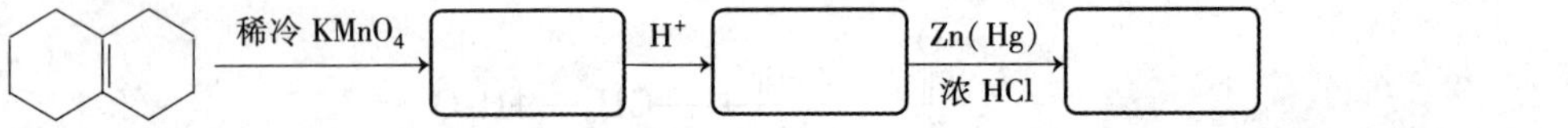

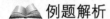

（华南理工大学，2016）

2. 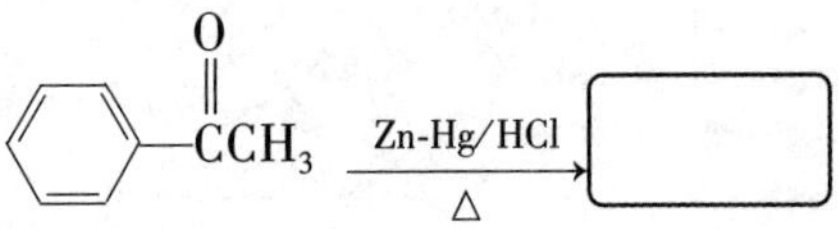

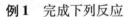

（兰州理工大学，2010）

［解答］ 1.

1. 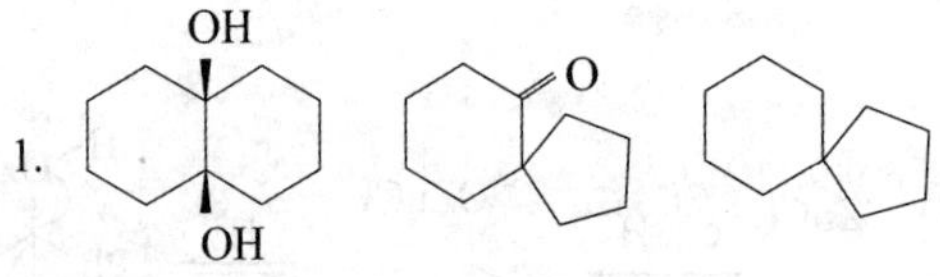

2. 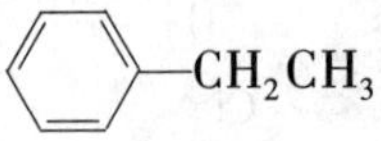

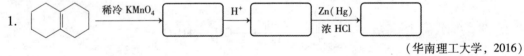

例 2　由苯及 C_4 以下有机原料(包括 C_4)和必要的无机试剂合成 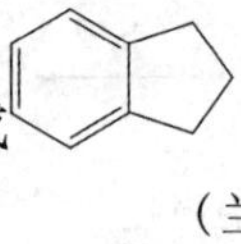

（兰州大学，2003）

［解答］

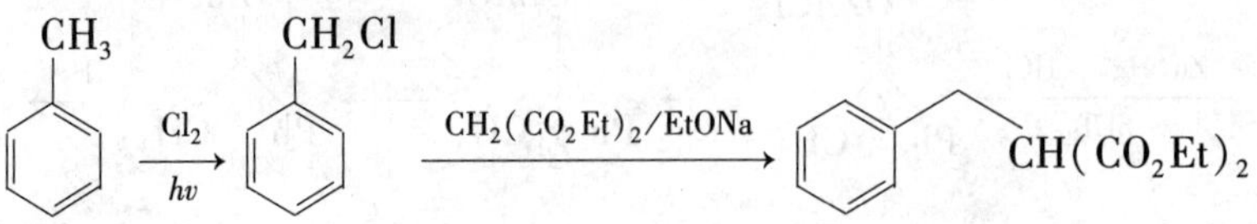

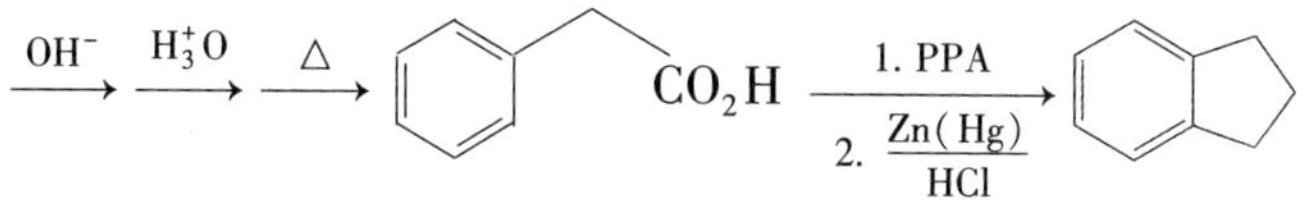

例 3　由指定原料合成，其他试剂任用

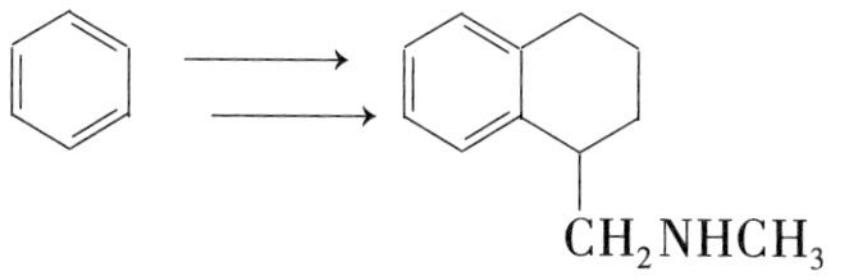

（南开大学，2009）

［解答］

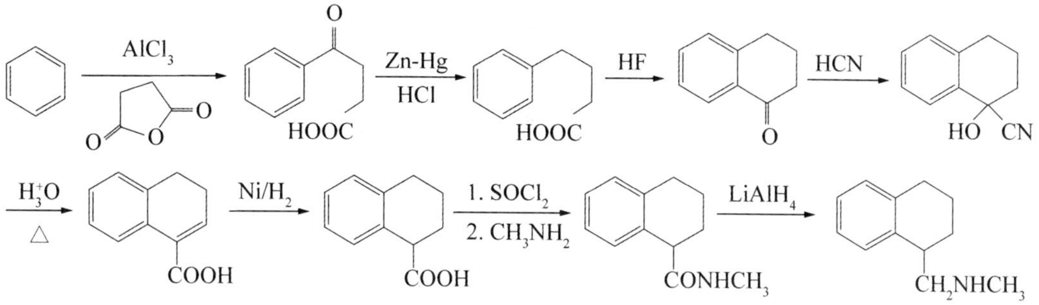

例 4　化合物 A($C_5H_{10}O_2$)，用乙醇钠乙醇溶液处理，生成 B($C_8H_{14}O_3$)，B 能使溴水迅速褪色，B 用乙醇钠乙醇溶液处理，并随之与碘乙烷反应生成 C($C_{10}H_{18}O_3$)，C 不能使溴水褪色。C 用稀酸水解酸化后加热得一酮 D($C_7H_{14}O$)，D 进行 Clemmensen 还原生成 3-甲基己烷。试推测化合物 A～D 的构造式。

（浙江工业大学，2014）

［解答］　A. $CH_3CH_2COOCH_2CH_3$，B. $CH_3CH_2CO—CH(CH_3)COOCH_2CH_3$，

C. $CH_3CH_2CO—C(CH_2CH_3)(CH_3)COOCH_2CH_3$，D. $CH_3CH_2CO—CH(CH_2CH_3)CH_3$

参考文献

[1] Clemmensen E. Ber. 1913，46：1837-1843.

[2] 孔祥文．有机化学[M]．北京：化学工业出版社，2010：114.

[3] 姜文凤，陈宏博．有机化学学习指导及考研试题精解(第三版)[M]．大连：大连理工出版社，2005：236.

[4] Jie Jack Li. Name Reaction，4th ed.，[M]. Springer-Verlag Berlin Heidelberg，2009：129.

[5] 蒋启军．Clemmensen 还原反应机理探讨[D]．中国科学院上海冶金研究所，2000.

5.5　Leuckart-Wallach 反应

问题引入

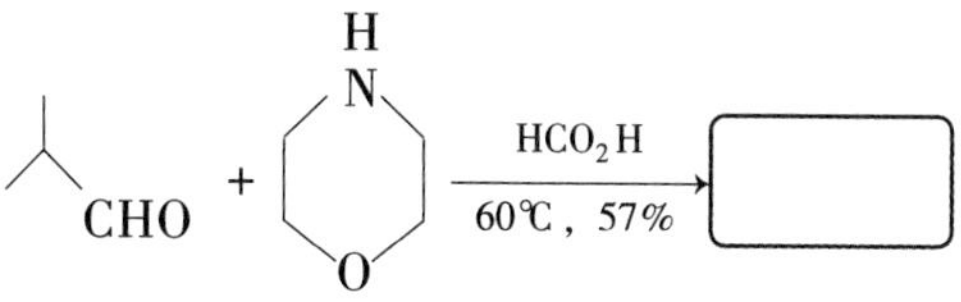

异丁醛和吗啉在甲酸中于60℃反应生成*N*-异丁基吗啉，其结构式为：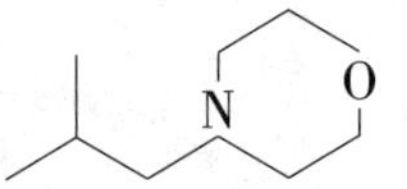。

反应概述

羰基化合物和胺在过量甲酸中经还原胺化反应生成新的胺化合物的反应称为Leuckart-Wallach反应[1~2]。

反应通式

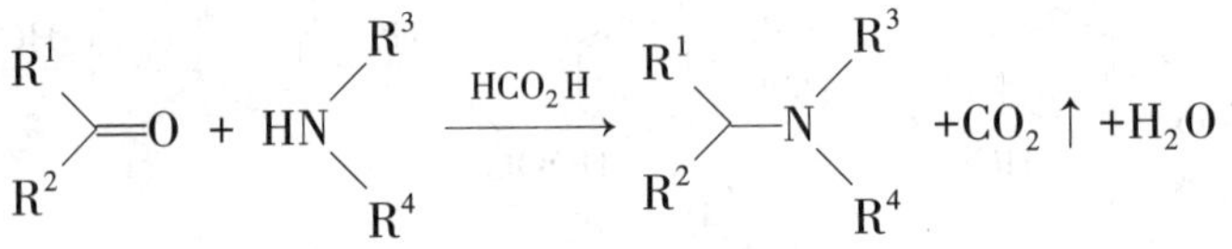

反应机理[3]

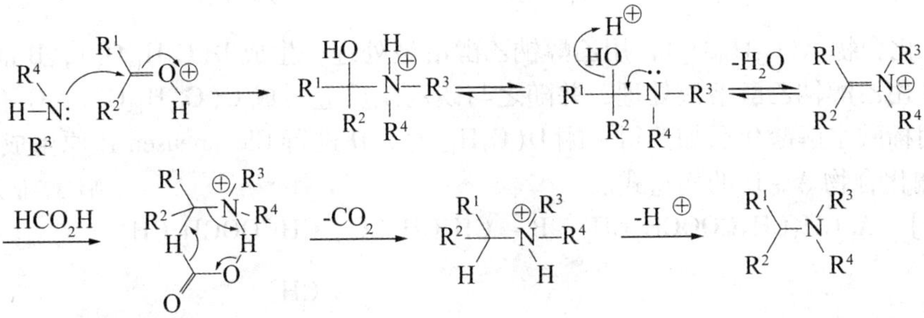

反应中甲酸提供氢，并起还原剂作用。

Leuckart 反应

在高温下，醛或酮与甲酸铵反应得一级胺的反应称为Leuckart反应[4]。例如：

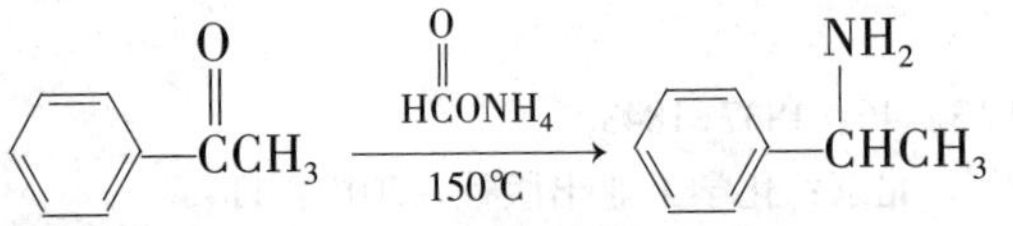

首先甲酸铵受热分解为氨，再与和醛或酮反应生成亚胺，甲酸作为还原剂先提供一个正氢再提供一个负氢将亚胺还原成胺。这一步的过程如下所示：

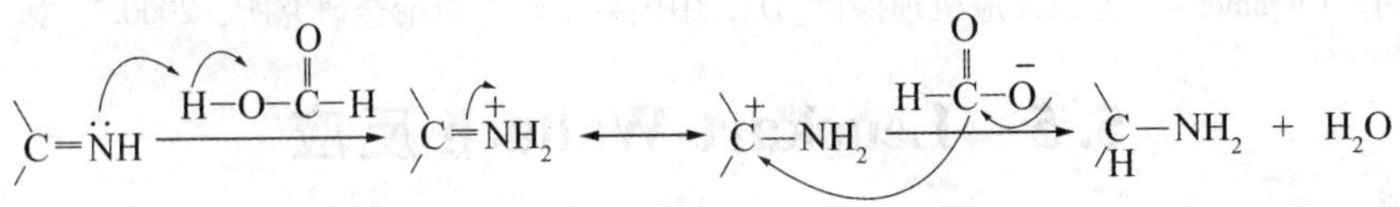

若甲醛作为羰基化合物底物与伯胺或仲胺、甲酸进行的胺基的甲基化生成叔胺的反应被称为Eschweiler-Clarke反应[5]。

反应通式：

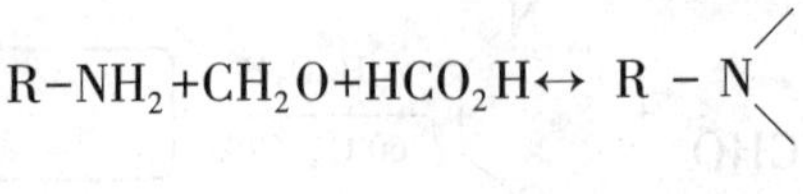

反应机理：

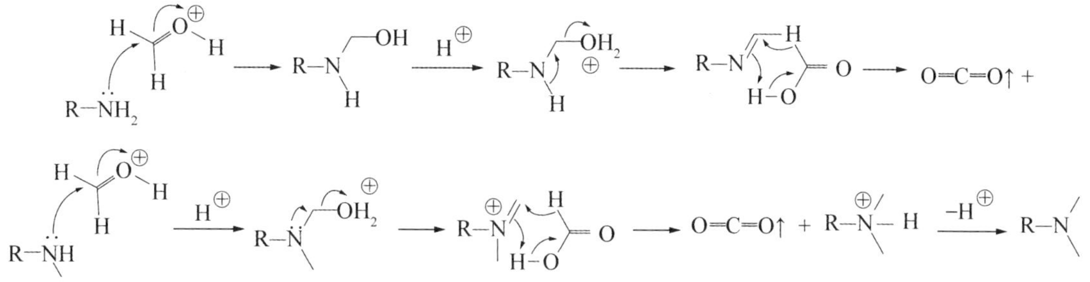

参考文献

[1]Leuckart R. Ber. 1885. 18，2341-2344.
[2]Wallach O. Ann. 1892. 272：99.
[3]Jie Jack Li. Name Reaction，4th ed.［M］. Springer-Verlag Berlin Heidelberg，2009：330.
[4]邢其毅，徐瑞秋，周政，等. 基础有机化学(第二版)［M］. 北京：高等教育出版社，1993：652.
[5]Jie Jack Li. Name Reaction，4th ed.［M］. Springer-Verlag Berlin Heidelberg，2009：210.

5.6　Luche 还原反应

问题引入

（中国科学技术大学，2003）

上述转变过程可用反应方程式表述如下：

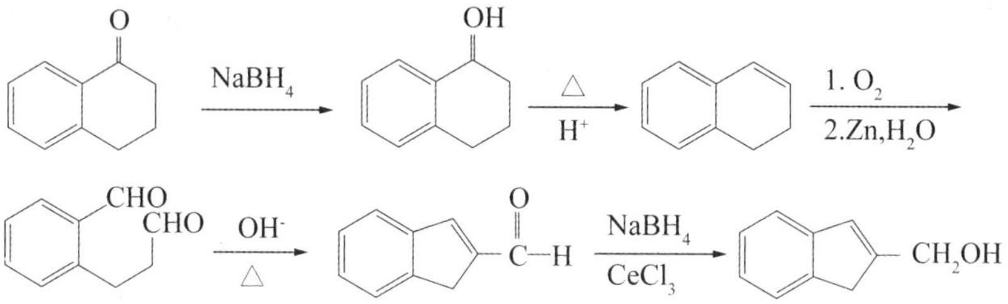

反应概述

制备反应最后一步是用硼氢化钠和三氯化铈还原不饱和醛得到不饱和醇，反应中与醛基共轭的双键未受影响。该反应为 Luche 还原反应。

Luche 等[1]发现还原剂 $NaBH_4$ 和 $CeCl_3 \cdot 7H_2O$ 可以控制反应选择性地还原 α，β-不饱和醛、酮，而与不共轭的醛酮不反应[2]，例如：

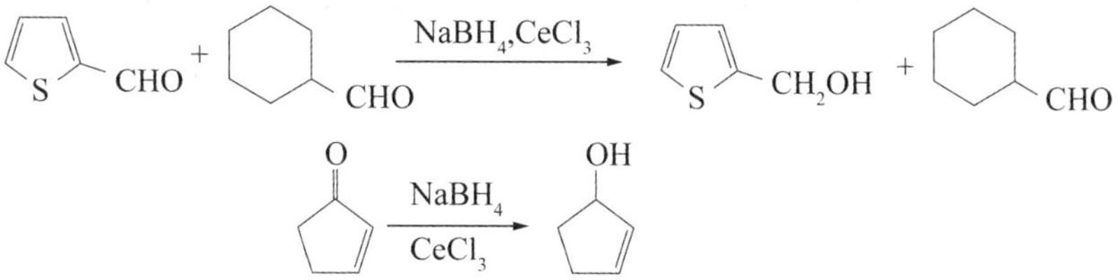

反应机理

$$NaBH_4 + CeCl_3 \longrightarrow HCeCl_2$$

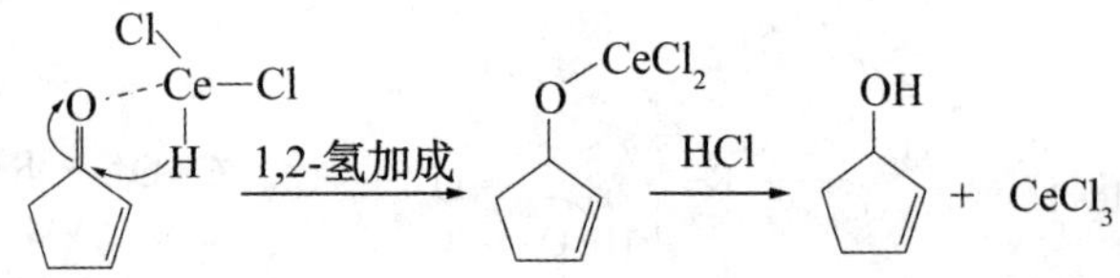
Cl
Ce
Cl
O
H
1,2-氢加成
CeCl2
O
HCl
OH
+ CeCl3

七水合三氯化铈与硼氢化钠共用时可作为 Luche 还原反应中的试剂，该反应是有机合成中将 α，β-不饱和酮还原的常用方法之一。例如，香芹酮在三氯化铈和硼氢化钠共同作用下，可以控制只有羰基双键被还原，生成(1)，而不产生(2)；而无三氯化铈时，产物则为(1)和(2)的混合物。

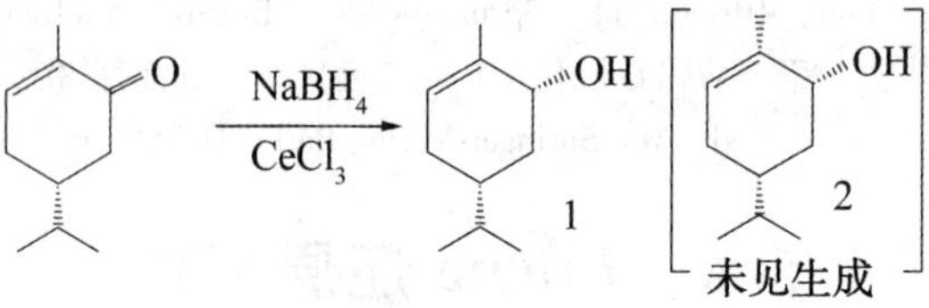
O
NaBH4
CeCl3
OH
1
OH
2
未见生成

三氯化铈

别名氯化铈、氯化铈(Ⅲ)，化学式 $CeCl_3$。无色易潮解块状结晶或粉末。露置于潮湿空气中时，迅速吸收水分生成组成不定的水合物。易溶于水，可溶于酸和丙酮。水合物直接在空气中加热时会发生少量水解。若在真空中加热七水合物数小时逐渐至 140℃，则可得到无水三氯化铈。用此法制得的无水三氯化铈可能还含有少量水解产物 CeOCl，但已经可与有机锂试剂和 Grignard 试剂共用，用于有机合成。纯的无水三氯化铈可通过将水合物在高真空中和 4～6 倍氯化铵存在下缓慢加热至 400℃，或将水合物与过量氯化亚砜共热 3 h 而制得。此外还可以通过单质铈与氯气化合制备无水三氯化铈。它一般通过在高真空下高温升华纯化。

反应特点

反应速度快，1，2-还原选择性高；反应操作简单，不用严格的无水无氧操作；对底物中的多种官能团，如羧基、酯基、氨基等都没有影响；底物的结构对反应影响较小，无论是开链结构还是环状结构均能得到很好的结果。

例题解析

例 1 选择题

1. 将 $CH_3CH{=\!=}CHCH_2COCH_3$ 转化为 $CH_3CH{=\!=}CHCH_2{-}\underset{H}{\overset{OH}{C}}{-}CH_3$，不可使用的试剂为(　　)。

（郑州大学，2006）

A. $NaBH_4$　　　　B. $\frac{Al[OCH(CH_3)_2]_3}{(CH_3)_2CHOH}$

C. $\frac{H_2}{Pd}$　　　　D. $LiAlH_4$

2. 完成下列反应选择的试剂是(　　)。

（四川大学，2013）

$CH_3CH{=\!=}CHCHO \longrightarrow CH_3CH{=\!=}CHCH_2OH$

A. $LiAlH_4$　　　　B. $\frac{Zn\text{-}Hg}{HCl}$

C. $\frac{Ni}{H_2}$　　　　D. $\frac{CrO_3}{H^+}$

3. 化合物 A 在过量硼氢化钠($NaBH_4$)作用下的还原产物是(　　)。

（中山大学，2003）

A. 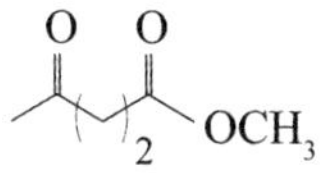　B. 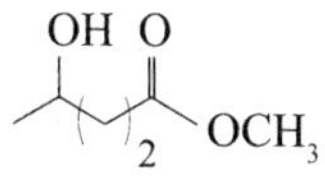　C. 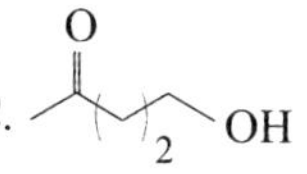　D. 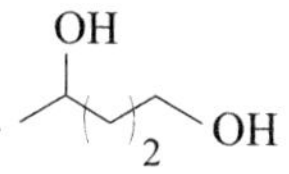

[解答]1. C　Pd 催化剂氢化，双键还原。　2. A　3. B

例 2　填空题

1. 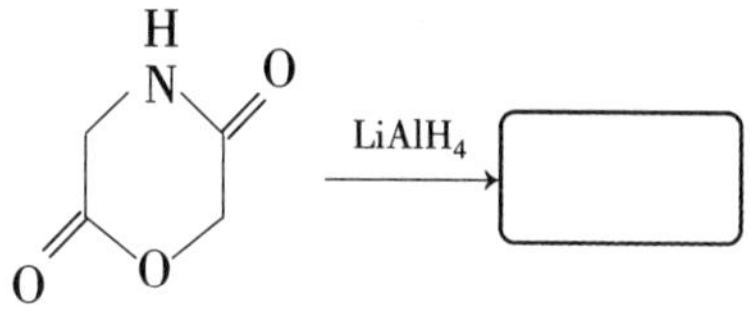

（南开大学，2009）

2. $H_2C{=\!=}CHCH_2CHO \xrightarrow[2.\ H_3O^+]{1.\ NaBH_4}$ □

（兰州理工大学，2011）

[解答]1. 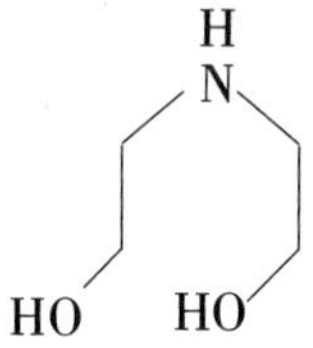 ;

2. 3-丁烯醛经硼氢化钠还原、水解得到 3-丁烯醇，反应中双键未受影响，$H_2C{=\!=}CHCH_2CH_2OH$。

例 3　完成下列转变

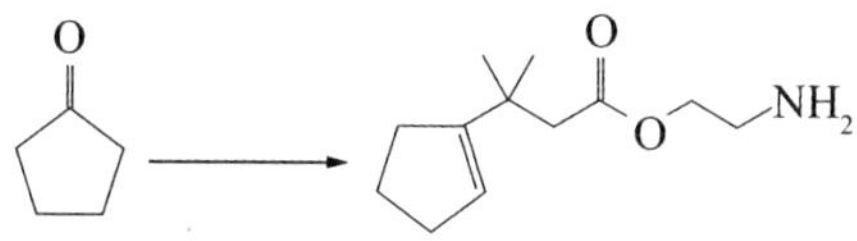

（南开大学，2012）

[解答]

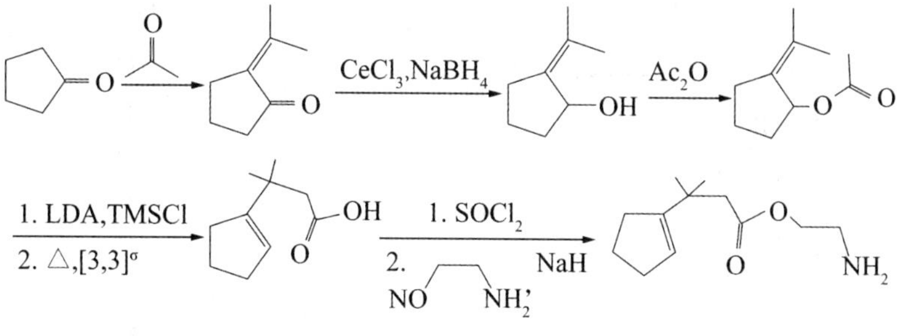

参考文献：

[1] Luche J L. J. Am. Chem. Soc. 1978, 100: 2226.

[2] LUCHEJL. L anthanides in organic chemistry. 1. Selective 1, 2 reductions of conjugated ketones 4. Selec tive borane reductions of progesterone[J]. J Am Chem Soc, 1978, 100: 2226-2227.

[3] 吴范宏. 有机化学学习与考研指津[M]. 武汉：华中理工大学，2008：105.

[4] STEFA NOVIC MLAJSIC S. Sele ctive borane reductions of progesterone[J]. Tetrahedron Lett, 1967, 8: 1777-1779.

5.7 Meerwein-Ponndorf-Verley 还原反应

问题引入

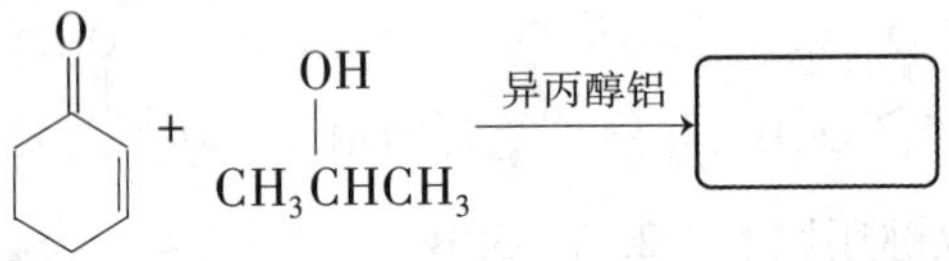

O
OH
CH_3CHCH_3
异丙醇铝

（青岛科技大学，2001）

2-环己烯酮经异丙醇/异丙醇铝还原可得到2-环己烯醇[1]， 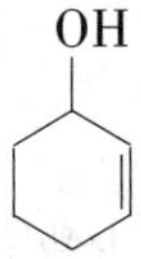

OH

$+CH_3COCH_3$。

反应概述

反应中使用了一种具有较强选择性的还原试剂异丙醇铝(aluminium iso-propoxide)，它只还原醛、酮羰基为羟基，自身被氧化成丙酮，对碳碳不饱和键不反应，既可还原脂肪醛和酮，也可还原芳香醛和酮。反应在苯或甲苯溶液中进行，不断把丙酮蒸出，促使反应向右进行，这个反应称为 Meerwein-Ponndorf-Verley 反应，简称 MPV 还原[2]。MPV 还原反应是 Oppenauer 氧化反应的逆反应[3]。

反应通式

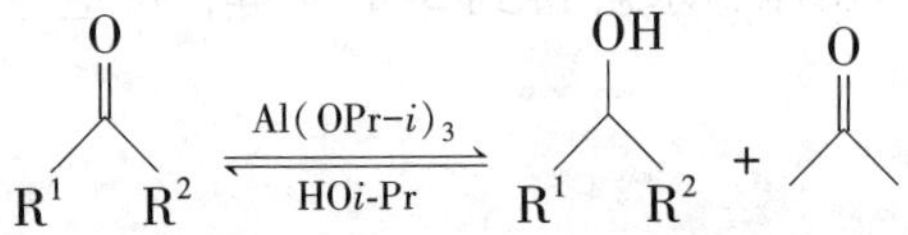

O
R1
R2
Al(OPr-i)3
HOi-Pr
OH
R1
R2
O

反应机理[4]

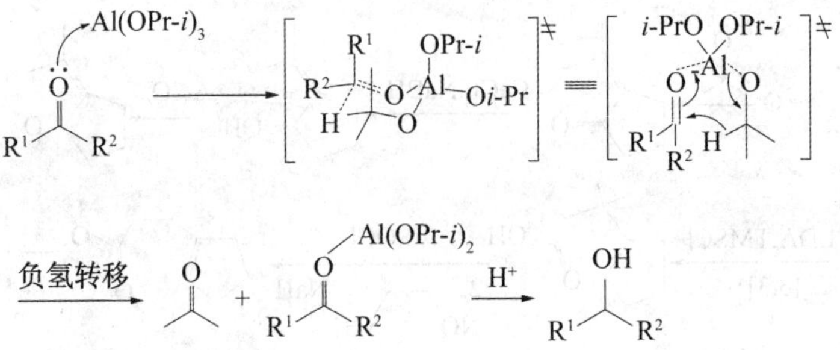

Al(OPr-i)3
O
R1
R2
R1
OPr-i
R2
O
Al
Oi-Pr
H
O
i-PrO
OPr-i
Al
O
O
R1
R2
H
负氢转移
O
Al(OPr-i)2
O
R1
R2
H+
OH
R1
R2

首先，反应物醛或酮羰基与异丙醇铝络合，经六元环过渡态，异丙醇铝中异丙氧基的 α-H 以负氢转移到醛或酮的羰基上。这样，一方面该异丙氧基被氧化成丙酮；另一方面，醛或酮羰基被还原，形成烷氧基二异丙氧基铝、再与异丙醇进行质子转移，生成相应的醇，同时形成一分子异丙醇铝。因此，在这里异丙醇铝是催化剂，而异丙醇是实际上的负氢源。从理论上看，异丙醇铝的用量只需催化量即可完成反应。但在实际应用中，为了提高反应速度和产率，常加入大于化学计量的异丙醇铝[5]。

例题解析

例 1　完成下列反应

1. 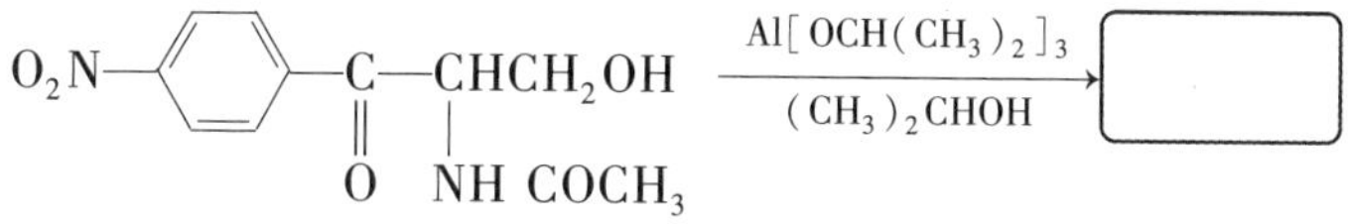

2. 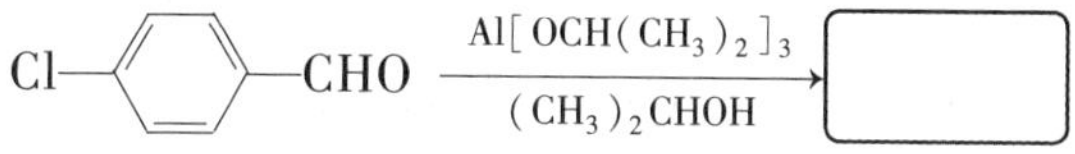

3. 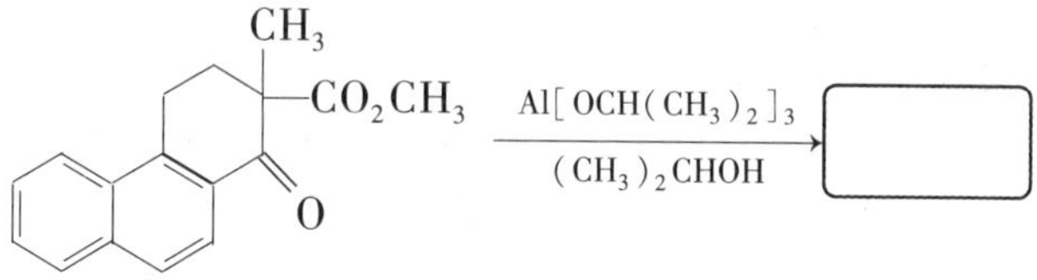

[解答]

1. 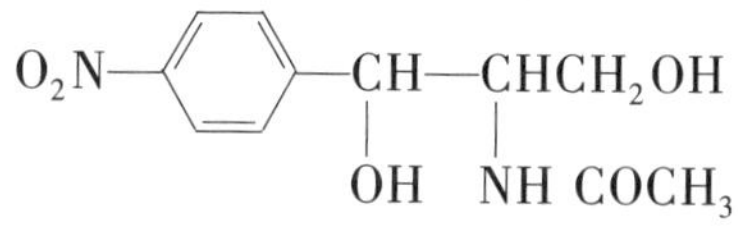，Meerwein-Ponndorf-Verley 反应仅将酮羰基还原成仲醇，而硝基不会被还原。

2. 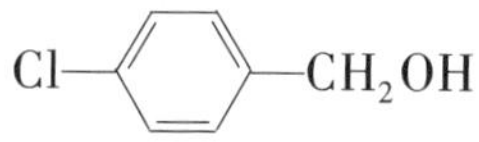（92%），含卤化合物进行 MPV 还原时，脂肪或芳香碳上卤素均不受影响。

3. 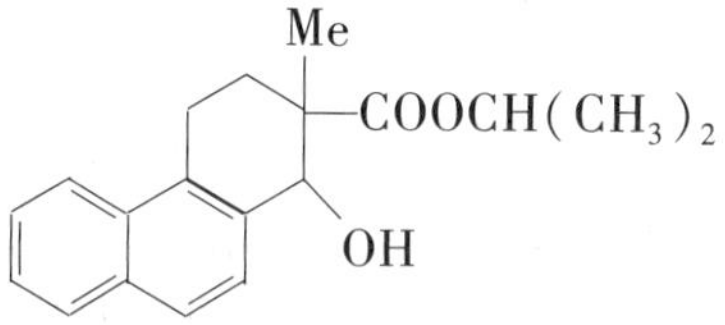，异丙醇铝可有效地催化酯交换反应，如底物分子中含有酯基，则 MPV 还原时，在酮羰基被还原的同时，酯基发生酯交换反应，生成 β-羟基异丙酯。

例 2　由三乙、丙烯酸乙酯和不超过 4 碳的原料及必要试剂合成

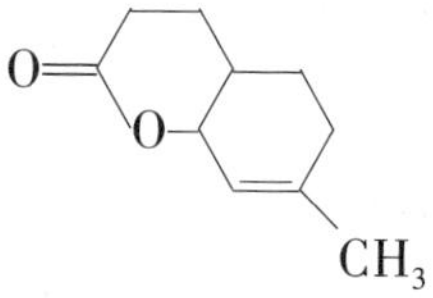

（南开大学，2007）

[解答]

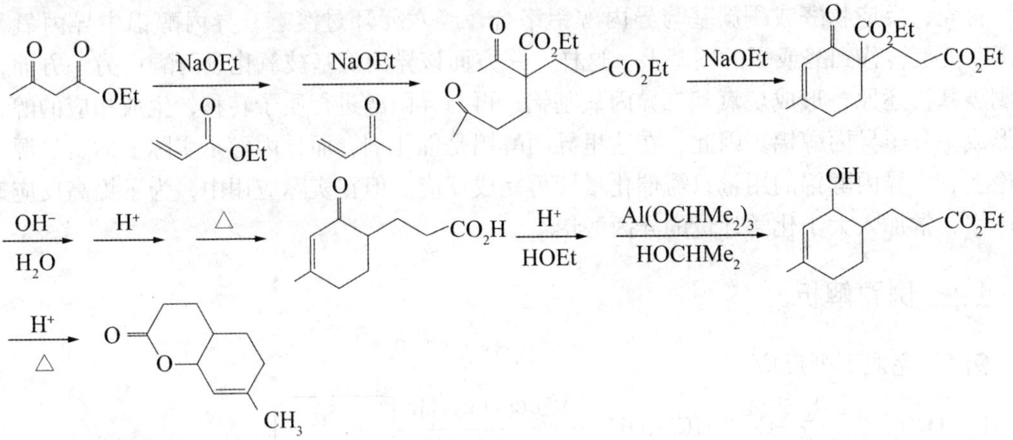

参考文献

[1]吴范宏. 有机化学学习与考研指津[M]. 武汉：华中理工大学，2008：118.
[2]Meerwein H，Schmidt R. Ann. 1925，444：221-238.
[3]孔祥文. 有机化学[M]. 北京：化学工业出版社，2010：114.
[4]Jie Jack Li. Name Reaction，4th ed.，[M]. Springer-Verlag Berlin Heidelberg，2009：346.
[5]黄培强. 有机人名反应、试剂与规则[M]. 北京：中国纺织出版社，2008：239.

5.8 Rosenmund 还原

问题引入

写出下列反应产物及中间体化合物：

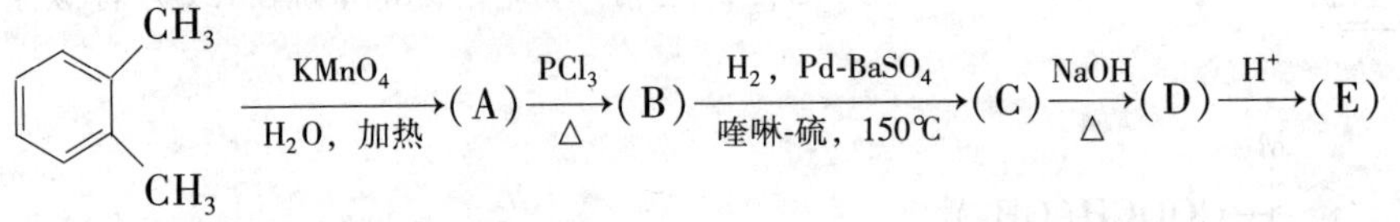

（浙江工业大学，2014）

邻二甲苯经高锰酸钾氧化得到邻苯二甲酸(A)，A 氯化得邻苯二甲酰氯(B)，B 经 Rosenmund 还原后得到邻苯二甲醛(C)，C 在强碱存在下进行 Cannizzaro 反应得到(D)、D 酸化生成目标产物。其化学反应方程式如下：

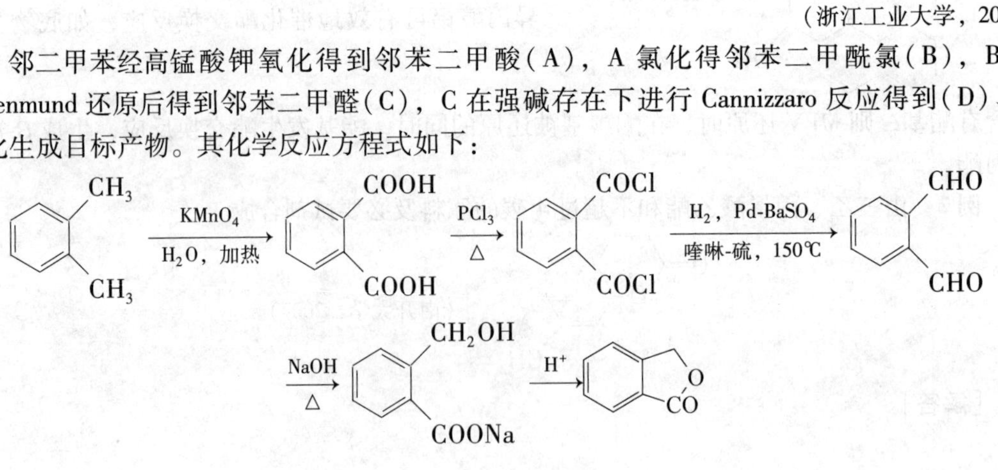

反应概述

酰氯经催化氢化可还原为伯醇，若采用 Rosenmund 还原，可使酰氯还原为醛。该方法是将钯沉积在硫酸钡上（$Pd-BaSO_4$）作催化剂，并加入喹啉-硫或硫脲作为“抑制剂”，常压下加氢使酰氯还原成相应的醛，称为 Rosenmund 还原法[1]。这是制备醛的一种方法，这种方法不能还原硝基、卤素及酯基[2]。例如：

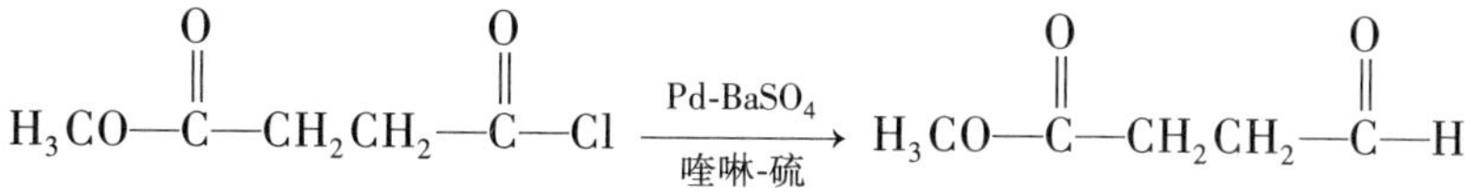
Pd-BaSO4
喹啉-硫

反应通式

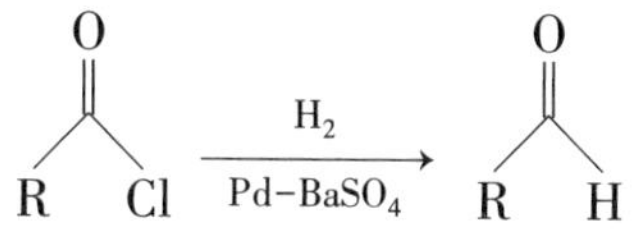
H2
Pd-BaSO4

反应机理[3]

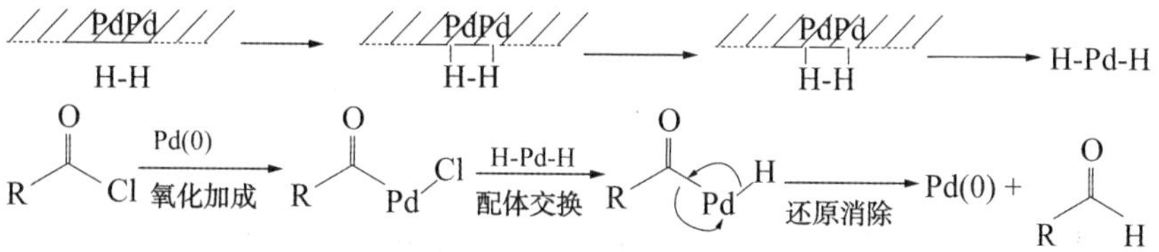
H-Pd-H
Pd(0)
氧化加成
H-Pd-H
配体交换
还原消除
Pd(0) +

将纯粹的芳香族、杂环族或脂肪族酰氯类在 $Pd-BaSO_4$（或 C）催化剂存在下常压氢化，生成相对应的醛类，产率一般在 50% ~80%，有时可达 90% 以上。反应物分子中存在硝基、卤素、酯基等基团时，不受影响。如有羟基存在则应先酰化加以保护。本方法的主要困难在于生成的醛进一步易被还原成醇或烃类：

$$RCHO+H_2 \xrightarrow[\text{催化剂}]{} RCH_2OH \xrightarrow[-H_2O]{H_2,\text{催化剂}} RCH_3$$

为防止副反应，在反应系中常加入适量的“抑制剂”，如硫、硫脲、异氰酸苯酯、喹啉-硫等。反应终点控制可以采用标准碱液经常滴定吸收尾气（HCl）的水溶液，当放出 HCl 达理论量时，反应终点到达。

例题解析

例 1　写出下列反应产物及中间体化合物：

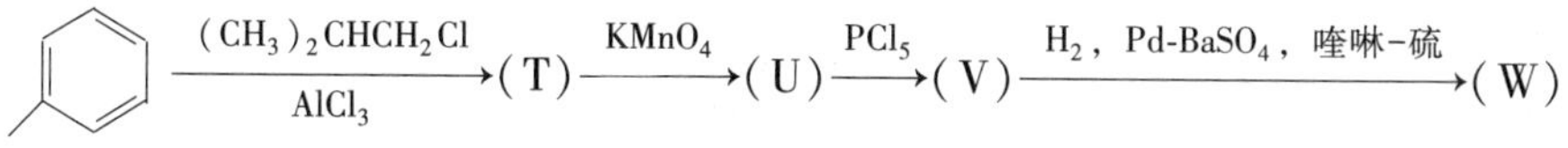
(CH3)2CHCH2Cl
AlCl3
(T)
KMnO4
(U)
PCl5
(V)
H2，Pd-BaSO4，喹啉-硫
(W)

（浙江工业大学，2014）

［解答］

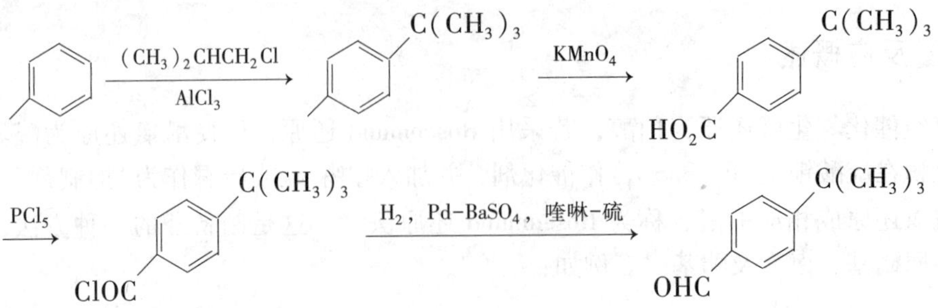

例 2 写出下列反应产物

1. 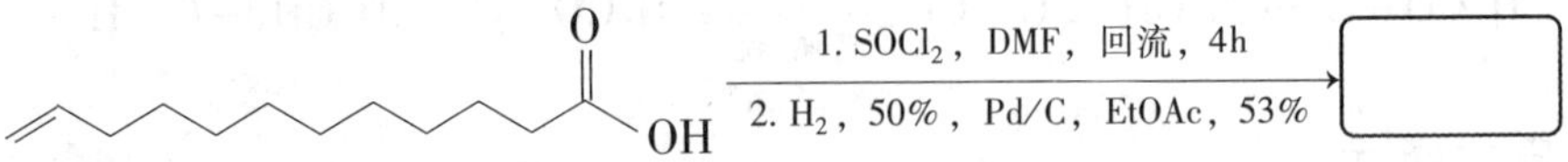

2. 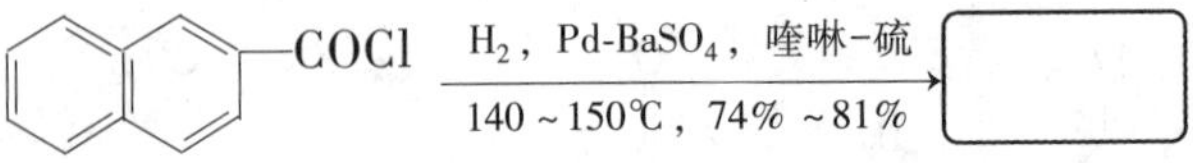

3. 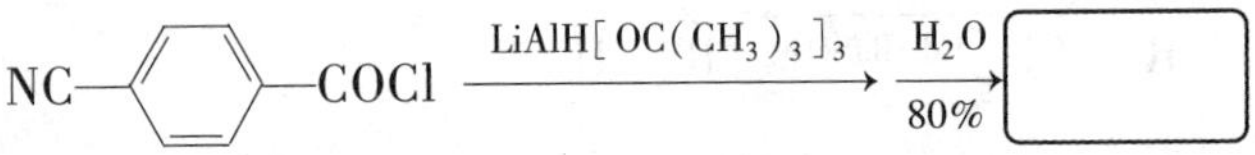

4. $CH_3(CH_2)_2CON(CH_3)_2 \xrightarrow{LiAlH(OC_2H_5)_3} \xrightarrow{H_2O}$ [ ]

[解答]1. 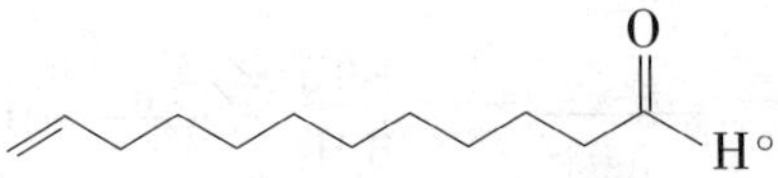。羧酸先与亚硫酰氯反应生成酰氯，然后在 Pd/C 存在的情况下跟氢气反应就得到了相应的醛。Pd-C 的存在使氢化反应具有较高的选择性，只与酰氯反应，而不会与碳氧双键反应。该反应为 Rosenmund 还原反应实例之一[4]。

2. 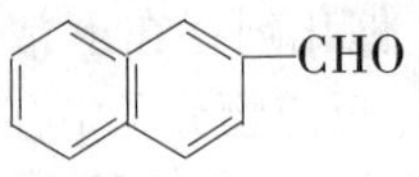 +HCl。卤代烷或其他碳-杂化合物在催化氢化条件下，可发生碳-杂原子被氢原子取代的反应，该反应称为氢解反应。C-X 键的氢解提供了将卤素从分子中移去的有效方法，苄卤、烯丙卤等分子中比较活泼的卤原子比烷基卤化物更容易进行脱卤氢解。酰氯氢解还原成醛，而不继续还原为醇，这一反应称为 Rosenmund 还原。

3. 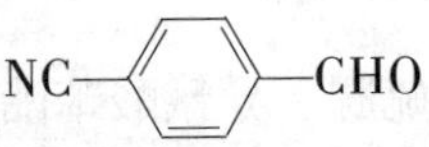。当氢化铝锂中的氢原子被烷氧基取代后，其还原能力减低，可以进行选择性还原，不能够还原羰基、氰基等，能够还原酰氯为醛[1~3]。

4. $CH_3(CH_2)_2CHO+(CH_3)_2NH$。二乙氧基氢化铝锂或三乙氧基氢化铝锂可将酰胺还原成相应的醛[2]。

例 3 以2-氯-3-氰基吡啶为原料合成2-氯-3-吡啶甲醛(2-Chloro-3-pyridinecarboxaldehyde, CAS Number 36404-88-3)[5]。

[解答]

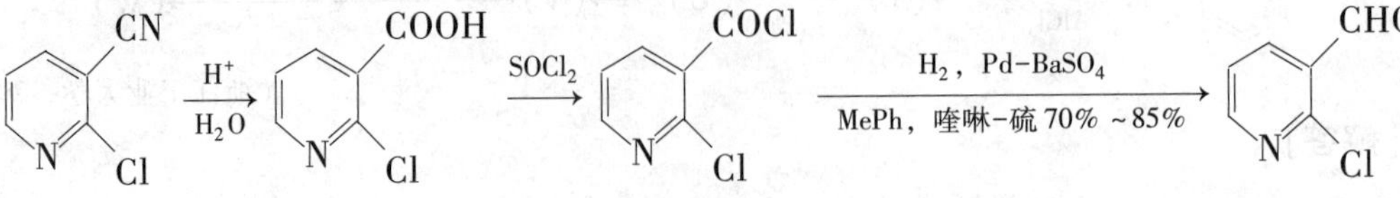

例 4 用不多于 4 个碳的有机物及其他必要的无机试剂合成下列化合物

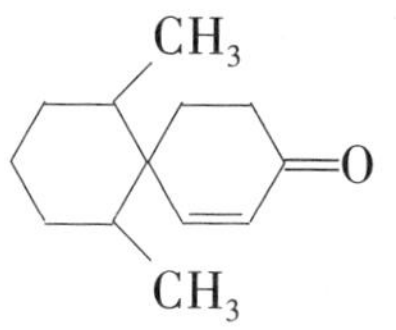

（南开大学，2015）

［解答］

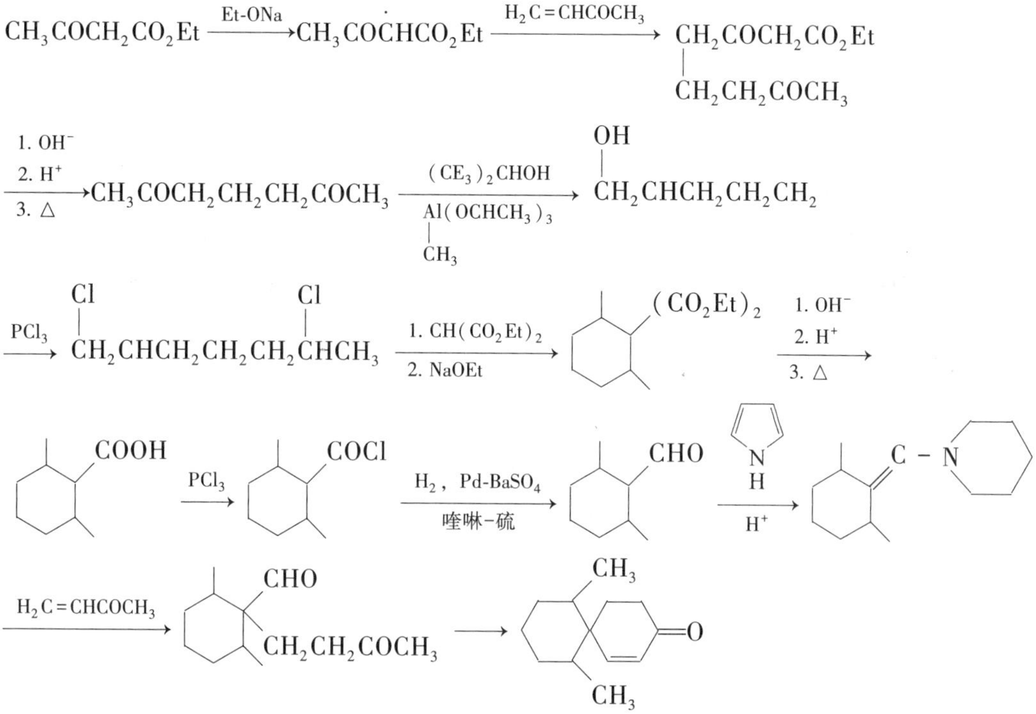

$CH_3COCH_2CO_2Et$
Et-ONa
$CH_3CO\dot{C}HCO_2Et$
$H_2C=CHCOCH_3$
$CH_2COCH_2CO_2Et$
$CH_2CH_2COCH_3$
1. OH^-
2. H^+
3. △
$CH_3COCH_2CH_2CH_2COCH_3$
$(CE_3)_2CHOH$
$Al(OCHCH_3)_3$
CH_3
OH
$CH_2CHCH_2CH_2CH_2$
PCl_3
Cl
Cl
$CH_2CHCH_2CH_2CH_2CHCH_3$
1. $CH(CO_2Et)_2$
2. NaOEt
$(CO_2Et)_2$
1. OH^-
2. H^+
3. △
COOH
PCl_3
COCl
H_2，Pd-$BaSO_4$
喹啉-硫
CHO
N
H
H^+
C－N
$H_2C=CHCOCH_3$
CHO
$CH_2CH_2COCH_3$
CH_3
O
CH_3

参考文献

[1] Rosenmund K. W. Ber. 1918，51：585-594.

[2] 孔祥文．有机化学[M]．北京：化学工业出版社，2010.

[3] Chimichi S，Boccalini M，Cosimelli B. Tetrahedron2002，58：4851-4858.

[4] 顾可权．重要有机化学反应[M]．上海科学技术出版社，1959：289-291.

[5] Hershberg E. B. Org. Synth.，Coll. Vol3. 1985：551.

5.9　Wolff-Kishner-黄鸣龙反应

问题引入

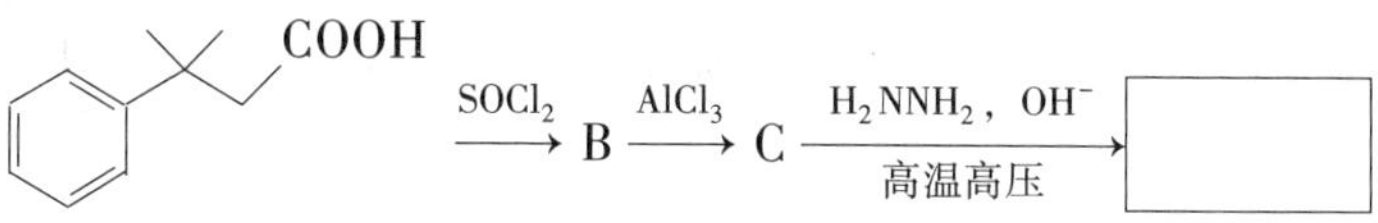

COOH
$SOCl_2$
B
$AlCl_3$
C
H_2NNH_2，OH^-
高温高压

（南开大学，2015）

A

写出反应产物及中间体化合物的结构式。

3-甲基-3-苯基丁酸（A）与氯化亚砜反应生成 3-甲基-3-苯基丁酰氯（B），B 可与三氯化铝反应生成 C，C 在碱性、高温高压条件下于高压釜中与肼经 Wolf-Kishner 还原反应生成 D，B、C、D 的结构式如下。

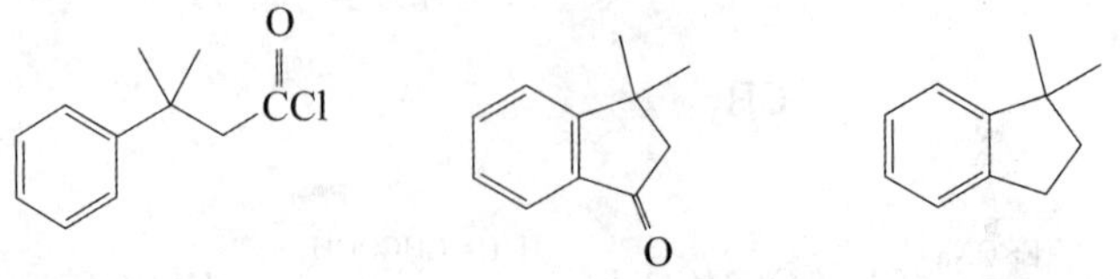

O
CCl
O

B　　C　　D

反应概述

醛或酮在强碱性介质中与水合肼缩合生成腙，腙受热分解放出氮气，同时羰基转化为甲基或亚甲基的反应，称为 Wolf-Kishner-黄鸣龙还原[1,2]。此法弥补了 Clemmensen 还原的不足，可用于对酸敏感的吡啶和四氢呋喃衍生物的羰基还原，尤其适用于甾体及难溶大分子羰基化合物[3~5]。

反应通式

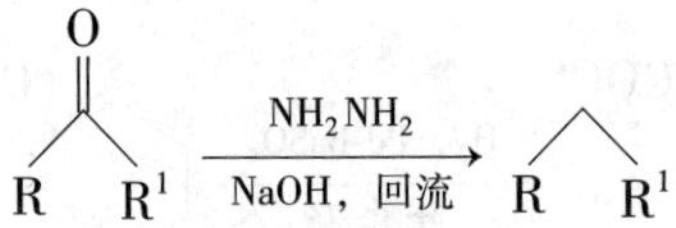

O
R
R1
NH2NH2
NaOH，回流
R
R1

反应机理

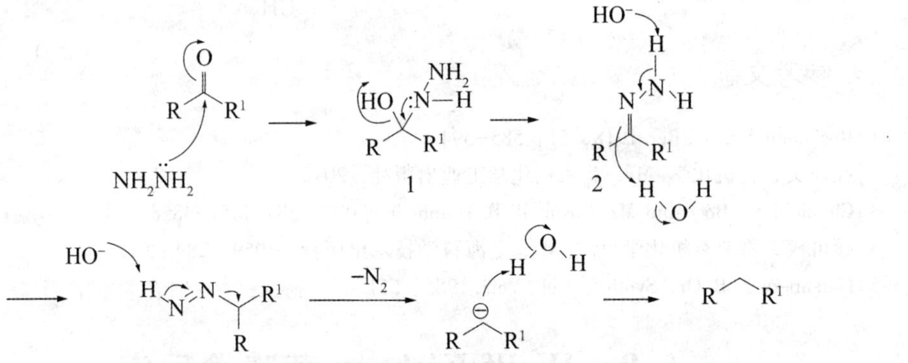

O
R
R1
NH2NH2
HO
:N—H
NH2
R
R1
1
HO−
H
N
N
H
R
R1
2
H
H
O
HO−
H
N
N
R1
R
3
−N2
H
O
H
R
R1
4
R
R1
5

首先肼进攻醛酮的羰基碳原子进行亲核加成反应形成 α-肼醇(1)，1 脱去一分子水得腙(2)，2 在强碱(OH^-)作用下，伯氨基氮原子上失去一个质子，形成—N═N—，同时原羰基碳原子获得一个氢质子，得到 3，3 在加热、强碱(OH^-)作用下，端位氮原子失去一个氢质子，放出一分子 N_2，生成碳负离子(4)，4 获得一个氢质子即生成还原产物烃(甲基或亚甲基化合物)(5)。

例题解析

例 1　选择适当的还原剂，将下列化合物中的羰基还原成亚甲基。

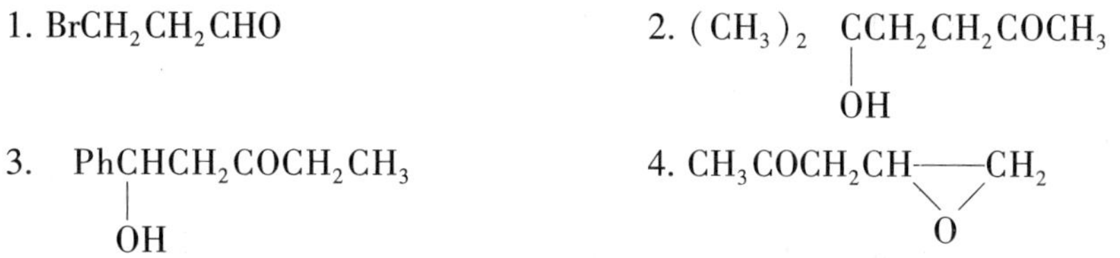
1. BrCH2CH2CHO
2. (CH3)2 CCH2CH2COCH3
OH
3. PhCHCH2COCH2CH3
OH
4. CH3COCH2CH——CH2
O

［解答］ 1. 采用 Zn(Hg)-HCl，碱性条件下容易脱去 HBr；2 和 3 采用 Wolff-kishner-黄鸣龙还原，在酸性条件下容易脱去水(H_2O)；4 在酸性和碱性条件下都可能导致环氧开环，难于找到适当还原剂[7]。

例 2　写出下列反应产物

1. 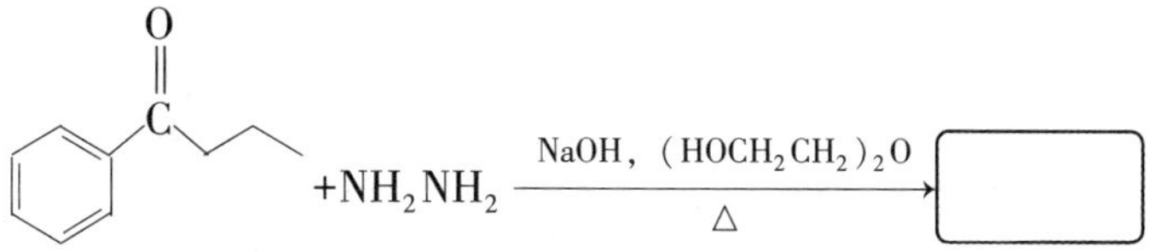
O
C
+NH2NH2
NaOH，(HOCH2CH2)2O
△

（沈阳药科大学，2001）

2. 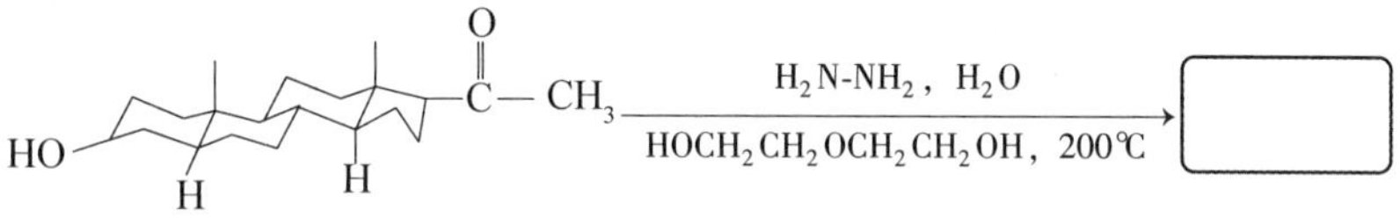
O
HO
H
H
C— CH3
H2N-NH2，H2O
HOCH2CH2OCH2CH2OH，200℃

（中国药科大学，1992）

3. 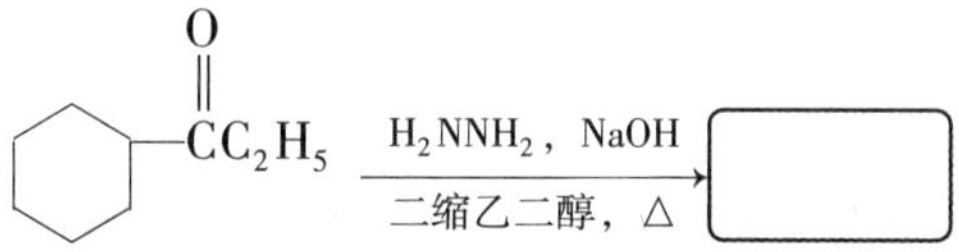
O
CC2H5
H2NNH2，NaOH
二缩乙二醇，△

（深圳大学，2012）

［解答］

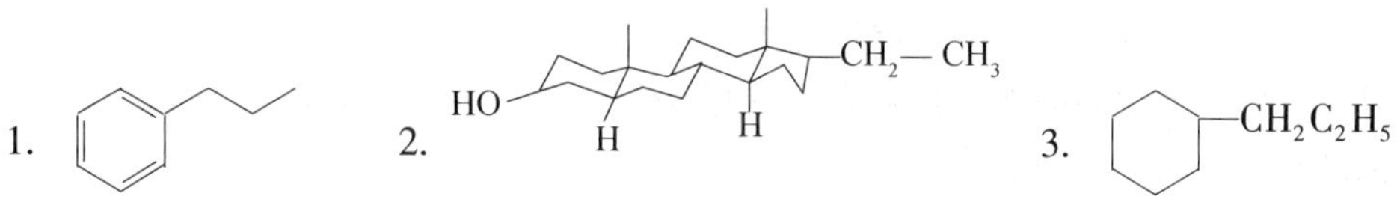
1.
2.
HO
H
H
CH2— CH3
3.
CH2C2H5

例 3　试为下列反应建议合理、可能、分步的反应机理。有立体化学及稳定构象需要说明。

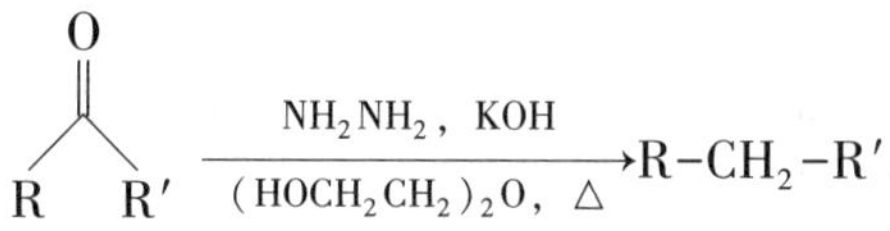
O
R
R′
NH2NH2，KOH
(HOCH2CH2)2O，△
R-CH2-R′

（中国科学院，2009；南开大学，2013；湖南师范大学，2014）

［解答］

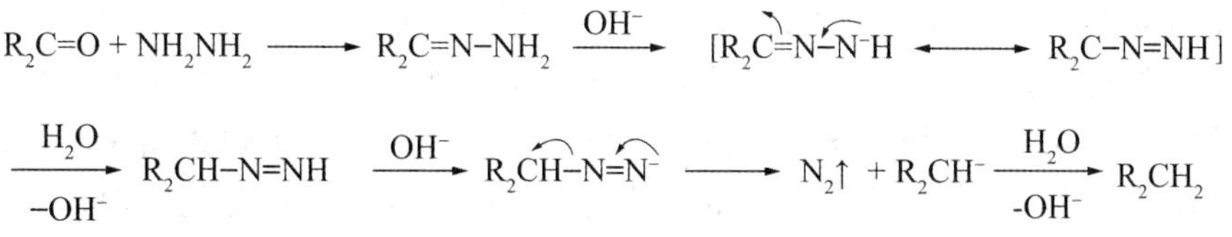
R2C=O + NH2NH2
R2C=N-NH2
OH⁻
[R2C=N-N⁻H
R2C⁻-N=NH]
H2O
-OH⁻
R2CH-N=NH
OH⁻
R2CH-N=N⁻
N2↑ + R2CH⁻
H2O
-OH⁻
R2CH2

参考文献

[1] Huang，Minlon J. Am. Chem. Soc. 1949，71：3301-3303.

[2]孔祥文．有机化学[M]．北京：化学工业出版社，2010.
[3]Kishner N. J. Russ. Phys. Chem. Soc. 1911，43：582-595.
[4]Wolff L. Ann. 1912，394：86.
[5]Huang，Minlon J. Am. Chem. Soc. 194 6，68：248 7-2488.
[6]Jie Jack Li. Name Reaction，4th ed.，[M]. Springer-Verlag Berlin Heidelberg，2009：590.
[7]裴伟伟，冯骏材．有机化学例题与习题题解及水平测试[M]．北京：高等教育出版社，2006：208.

5.10 催化加氢反应

问题引入

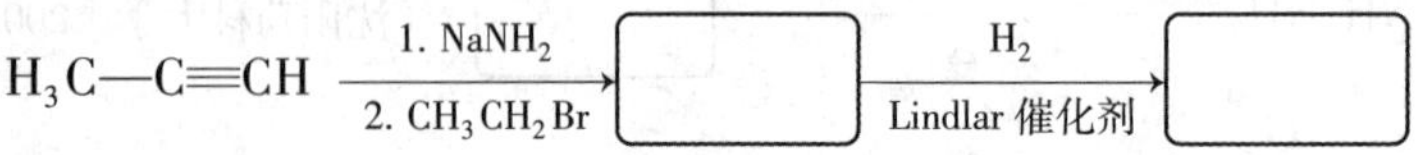
H_3C—C≡CH
1. $NaNH_2$
2. CH_3CH_2Br
H_2
Lindlar 催化剂

（苏州大学，2015）

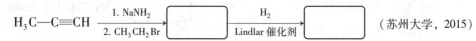

丙炔与氨基钠反应生成丙炔钠，再与溴乙烷反应得到 2-戊炔 ，后者经 Lindlar 催化剂催化加氢得到 2-戊烯 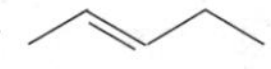。

反应概述

烯烃、炔烃与氢气混合，在常温、常压下并不起反应，高温时反应也很慢。但在铂、钯、镍等金属催化剂的存在下，烯烃、炔烃与氢气加成，生成相应的烷烃，因此称为催化氢化反应[1]，也叫催化加氢反应，是还原反应的一种形式。

催化氢化反应中催化剂的作用是降低反应的活化能，使反应容易进行。具体反应条件与使用的催化剂有关，用铂、钯催化时，室温下即可进行加氢。用镍催化剂时，需要较高的温度(200～300℃)。现在工业上常采用的一种催化剂叫 Reney 镍(用氢氧化钠溶液处理铝镍合金，融去铝后得到活性较高的灰黑色细粒状多孔镍粉)，它的价格比铂、钯便宜，而且活性适中。

加氢反应的产率常接近100%，产物的纯度高，容易分离，在实验室和工业上都有重要用途。烯烃的加氢是合成纯粹烷烃的重要方法。

催化加氢反应机理尚不十分清楚，但一般公认属于游离基的顺式加成反应，主要得到顺式加成产物，催化剂、溶剂和压力对顺式和反式加成产物的比例有一定影响。这种加氢反应是在催化剂表面进行的。催化剂能化学吸附氢气，氢分子发生键的断裂生成活泼的氢原子，烯烃、炔烃的 π 键也被吸附而变得松弛，活化的烯烃与氢原子先生成加一个氢的中间产物，然后再加第二个氢，生成相应的烷烃，然后从催化剂表面脱离。半加氢中间产物围绕新生成的碳碳单键发生旋转后再加第二个氢，就得到反式加成产物。由于顺式加成产物常占优势，说明中间产物的寿命很短，在围绕碳碳单键的旋转发生以前，加氢就已经完成。

反应机理

以乙烯为例，催化氢化反应机理的示意图如图 5-1 所示。

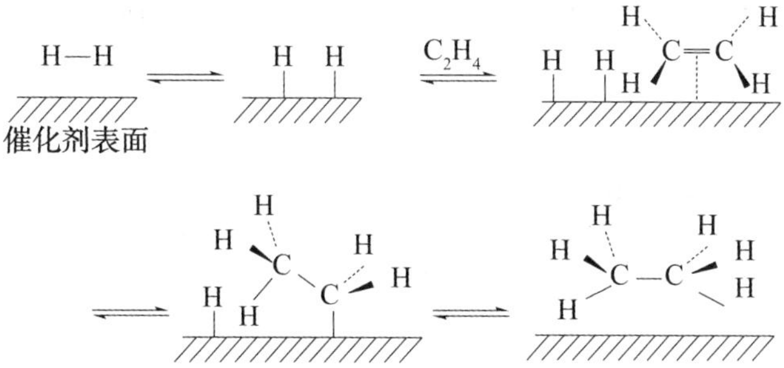
H—H
催化剂表面
H H
C_2H_4
H H
H
H
C=C
H
H
H
H
C
H
C
H
H
H
H
H
H
C—C
H
H
H

图 5-1　乙烯催化氢化反应机理的示意图

烯烃分子中双键碳原子上只有一个烷基的一取代烯烃比二取代、三取代和四取代烯烃更容易加氢，烷基链的长短和分支对加氢的影响不大。双键碳原子上的烷基增多，空间障碍使烯烃不容易被催化剂吸附，从而使加氢速率减慢。分子中有两个以上的取代程度不同的烯键，可以使加氢有选择地进行。

当烯烃和炔烃的混合物进行催化加氢时，由于炔烃在催化剂表面具有较强的吸附能力，而将烯烃排斥在催化剂表面之外，因此炔烃比烯烃更容易进行催化氢化(与分子形状有关，炔烃为线形结构，易吸附)。如果分子中同时含有三键和双键时，催化氢化首先发生在三键上，而双键仍可保留。若三键和双键处于共轭时，则两者被还原的速率几乎相等，但有其他官能团存在时，三键仍然优先被还原。例如：

$$HC\equiv C—\underset{}{\overset{CH_3}{\overset{|}{C}}}=CHCH_2CH_2OH + H_2 \xrightarrow[\text{喹啉}]{Pd-CaCO_3} CH_2=CH—\overset{CH_3}{\overset{|}{C}}=CHCH_2CH_2OH$$

80%

催化剂

Lindlar 催化剂(Lindlar catalyzer)(简写作 Lindlar Pd)是将金属钯的细粉沉淀在碳酸钙上，再用喹啉或醋酸铅溶液处理而得。硼化镍(Ni_2B)是由醋酸镍在乙醇溶液中用硼氢化钠还原而得，一般称为 P-2 催化剂(P-2 catalyzer)。Lindlar 催化剂、P-2 催化剂以及沉淀在硫酸钙上的钯粉，使炔烃部分氢化生成烯烃，三键在碳链中间的炔烃主要生成顺式加成产物(Z)-烯烃。例如：

$C_2H_5C\equiv CC_2H_5+H_2$
P-2 催化剂
C_2H_5
C_2H_5
C=C
H
H

97%

内炔烃在液氨溶液中用碱金属(锂、钠、钾)还原时，三键在碳链中间的炔烃主要生成反式加成产物(E)-烯烃[2]。例如：

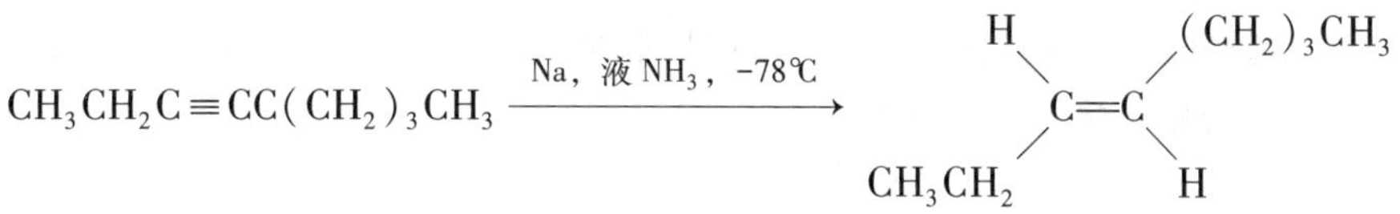
$CH_3CH_2C\equiv CC(CH_2)_3CH_3$
Na，液 NH_3，-78℃
H
$(CH_2)_3CH_3$
C=C
CH_3CH_2
H

97% ~99%

这个反应属于溶解金属还原，金属(锂、钠、钾)是还原剂，它是通过单电子转移和提供质子完成的，而不是金属与氨作用产生氢气进行还原。

炔烃也可以用氢化铝锂还原为烯烃，三键在碳链中间的炔烃主要生成反式加成产物(E)-烯烃。例如：

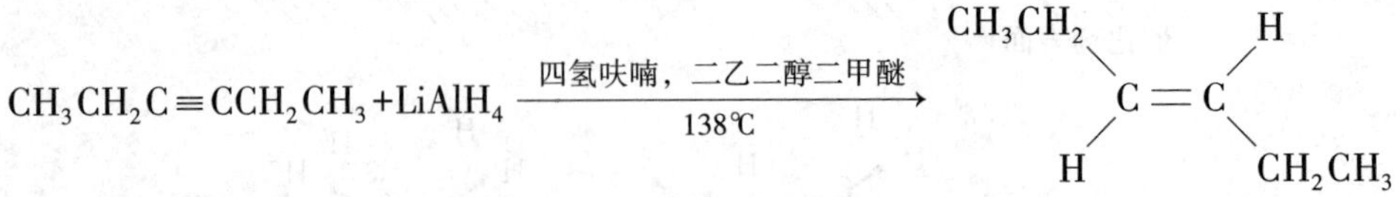

例题解析

例 1 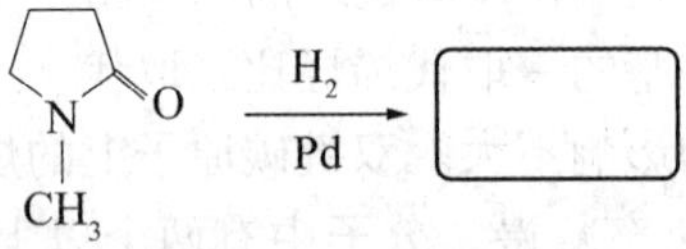 （厦门大学，2012）

［**解答**］*N*-甲基-2-吡咯烷酮为内酰胺化合物，在钯催化下加氢得到 *N*-甲基吡咯烷，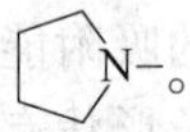。

羧酸衍生物一般比羧酸容易还原，酰氯、酸酐、酯、羧酸成为伯醇，酰胺还原成为胺。在工业上，铜铬氧化物($CuO \cdot CuCrO_4$)是应用最广泛的催化剂，主要用于催化氢解植物油和脂肪，来制取长链的醇类，如硬酯酸、软脂酸等，用来合成洗涤产品、化学试剂等。

$$RCOOR'+H_2 \xrightarrow[200\sim300℃,\ 20\sim30MPa]{CuO \cdot CuCrO_4} RCH_2OH+R'OH$$

如果羧酸酯分子中具有不饱和烃基或烃基上连有其他不饱和基团时，在反应过程中将同时被加氢还原，但苯环在催化氢解过程中不受影响。

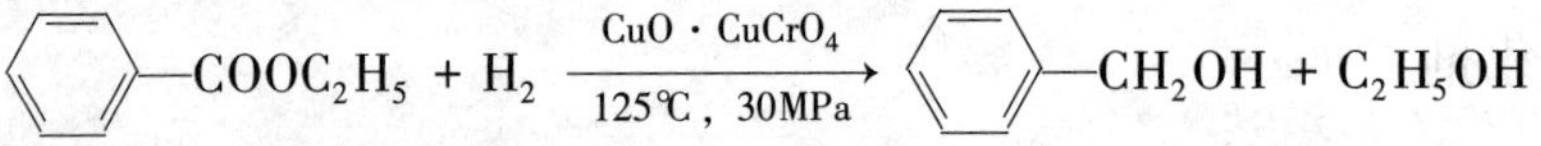

酰胺不易还原，需要特殊的催化剂并在高温高压下进行。例如：

$$CH_3(CH_2)_9CH_2—\overset{\overset{O}{\|}}{C}—NH_2 + H_2 \xrightarrow[250℃,\ 30MPa]{CuCrO_4} CH_3(CH_2)_{10}CH_2NH_2$$

腈催化加氢可生成伯胺，如：

$$CN-CH_2CH_2CH_2CH_2-CN \xrightarrow{H_2,\ Ni} H_2N-CH_2(CH_2)_4CH_2-NH_2$$

醛、酮的羰基在铂、镍等作为催化剂的条件下，进行加氢反应，羰基被还原为羟基，分别生成伯醇和仲醇。反应一般在较高的温度和压力下进行，产率较高。相对于烯烃的碳碳双键，羰基催化加氢的活性是：

醛的羰基>C=C>酮的羰基

对于 α, β-不饱和醛酮催化加氢，如果不控制催化反应条件，羰基和碳碳双键都会被氢原子饱和。使用选择性较好的 Pd—C 作催化剂控制催化加氢，可以优先还原碳碳双键并保留羰基，得到饱和的羰基化合物。例如：

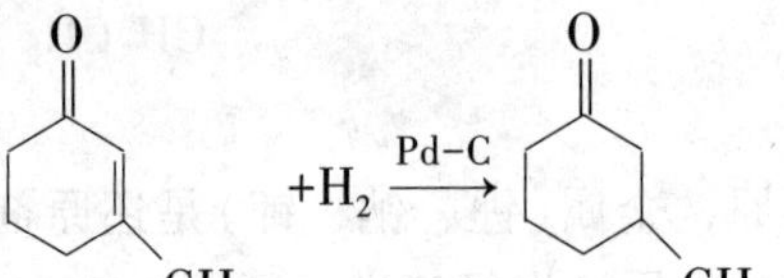

选用活性较高的雷尼镍(Raney Ni)作催化剂，进行催化加氢，反应不具有选择性，直接生成饱和的醇。例如：

$$CH_3CH{=}CH{-}CHO \xrightarrow[Ni]{H_2} CH_3CH_2CH_2CH_2OH$$

例 2　选择题

1. 比较下列化合物氢化热的大小(　　)。

a　　b　　c　　d

A. a>d>b>c　　B. d>c>b>a

C. c>b>d>a　　D. b>a>d>c　　(南京大学，2014)

2. 由对氯甲苯能合成对氯间氨基苯甲酸吗？应选择的正确步骤是(　　)。

A. 先氯化，再硝化，最后还原　　B. 先硝化，再还原，最后氧化

C. 先硝化，再氧化，最后还原　　D. 不能合成　　(苏州大学，2015)

3. 1,3-戊二烯和 1,4-戊二烯加氢时，(　　)。

A. 1,3-戊二烯放出的氢化热较小　　B. 1,4-戊二烯放出的氢化热较小

C. 两者放出的氢化热相同　　(华侨大学，2016)

[解答]

1. C　2. A

3. B　不饱和烃发生氢化反应时，因为断裂 H—H 键以及 π 键所吸收的能量小于形成两个 C—Hσ 键所放出的能量，所以催化氢化反应是放热反应。1 mol 烯烃催化氢化时所放出的热量称为氢化热。

$$CH_3{—}CH{=}CHCH{—}CH_2+2H_2 \longrightarrow CH_3CH_2CH_2CH_2CH_3$$

氢化热　226 kJ/moL

$$H_2C{=}CHCH_2CH{=}CH_2+2H_2 \longrightarrow CH_3CH_2CH_2CH_2CH_3$$

氢化热　254 kJ/moL

两个反应的产物相同，且均加两分子氢，但氢化热却不同，这只能归因于反应物的能量不同。其中共轭二烯烃 1,3-戊二烯的能量比非共轭二烯烃 1,4-戊二烯的能量低 28 kJ/mol。这个能量差值是由于 π 电子离域引起的，是共轭效应的具体表现，通称离域能(delocalized energy)或共轭能。电子的离域越明显，离域程度越大，则体系的能量越低，化合物也越稳定。因此，对于其他二烯烃，同样是共轭二烯烃比非共轭二烯烃稳定。氢化热越高说明原来不饱和烃分子的内能越高，该不饱和烃的相对稳定性越低[1]。

例 2　推测结构

1. 分子式为 $C_7H_{14}O$ 的化合物 A，可以分成一对映异构体，它与 NaH 反应释放出气体。在吡啶中，当 A 与对甲苯磺酰氯反应后，再用叔丁醇钾处理，得到具有光学活性的两个烯烃混合物 B、C。B、C 经催化加氢后均得到甲基环己烷。试推出 A、B、C 的结构。

(中山大学，2016)

2. 化合物 A、B、C 分子式都为 C_5H_{10}，经催化加氢反应都生成 2-甲基丁烷。A 和 B 经羟汞化-脱汞反应都生成同一种叔醇，而 B 和 C 经硼氢化-氧化反应得不同的伯醇。试推测 A、B 和 C 的构造式。　　(四川大学，2013)

3. A(C_4H_6)与 Lindlar 试剂生成 B(C_4H_8)，用 O_3 然后用 Zn、H_2O 仅生成一种化合物 C，

B 与 HOCl 反应，在碱性条件下处理得到 D，D 与 CH_3CH_2MgBr 生成 E。写出 A、B、C、D、E。 （华东理工大学，2014）

4. 一碱性化合物 A($C_5H_{11}N$)，它被臭氧分解给出甲醛，A 经催化氢化生成化合物 B($C_5H_{13}N$)，B 也可以由己酰胺加溴和氢氧化钠溶液得到。用过量的碘甲烷处理 A 转变成一个盐 C($C_8H_{18}NI$)，C 用湿的氧化银处理随后热解给出 D(C_5H_8)，D 与丁炔二酸二甲酯反应给出 E($C_{11}H_{14}O_4$)，E 经钯脱氢得 3-甲基苯二酸二甲酯，试推出化合物 A～E 的结构。

（华南理工大学，2016）

［解答］

1. A. 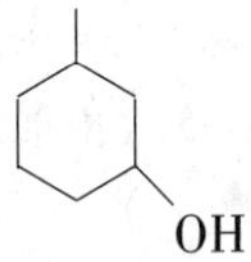
OH
B. 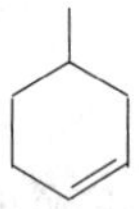 C. 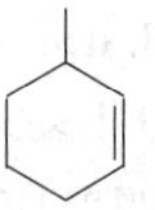

2. A. 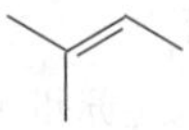 B. 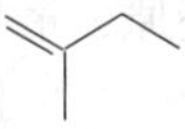 C. 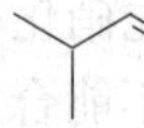

3. A.  B. 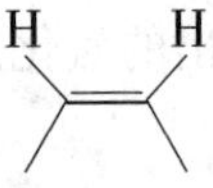
H
H
C. CH_3CHO D. 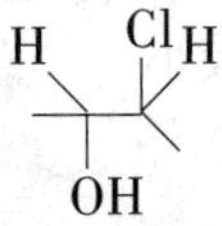
H
Cl
H
OH
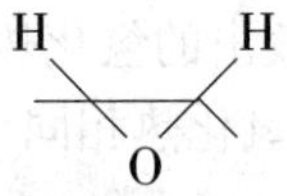
H
H
O
E. 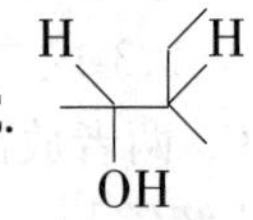
H
H
OH

4. A. 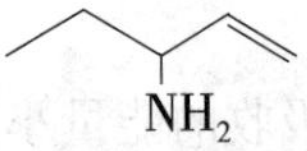
NH2
B. 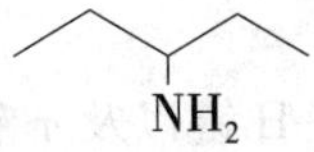
NH2
C. 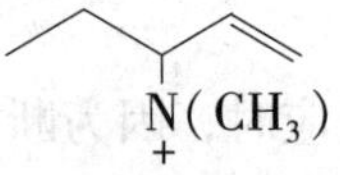
N(CH3)
+

D. 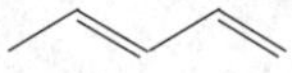 E. 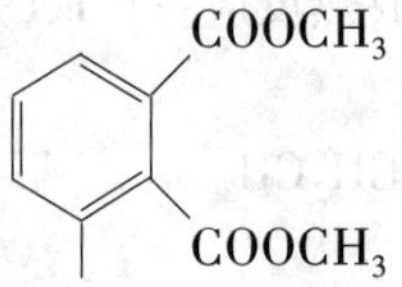
COOCH3
COOCH3

参考文献

［1］孔祥文．有机化学［M］．北京：化学工业出版社，2010：36.
［2］陈宏博．有机化学(第四版)［M］．大连：大连理工大学出版社，2015：81.

5.11 还原胺化

问题引入

以苯和其他试剂(含碳试剂只能有一个碳原子)为原料合成

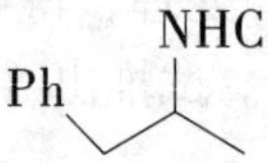
NHCH3
Ph

（中国科学技术大学，2010）

N-甲基-2-苯基异丙胺(*N*-methyl-1-phengylpropan-2-amine)是一种中枢兴奋药。目标化合物合成时特别注意原题给的原料为苯和只含有一个碳原子的有机物。结构表明，它是一个仲胺，若采用甲胺做为亲核试剂与卤代烃进行烃基化反应，将常常得到的是仲、叔胺的混合物。采用甲胺与 1-苯基-2-丙酮缩合得到不稳定的亚胺不经分离经催化加氢或化学还原生成

相应胺（还原胺化反应）比较好。合成反应如下：

$$2MeLi+CuI \xrightarrow{乙醚} Me_2CuLi+LiI$$

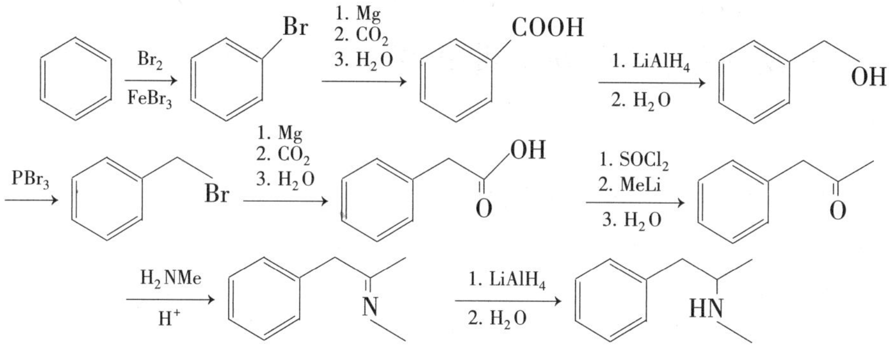

反应概述

氨或胺以与醛或酮缩合，所得的亚胺很不稳定，难以分离得到。经催化加氢或化学还原则生成相应的胺，这一过程称为还原胺化[1]。

反应通式

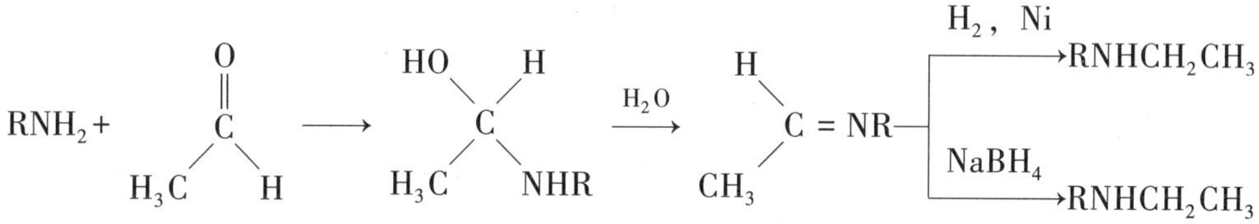

还原胺化是制备仲胺及 R_2CHNH_2 型伯胺的好方法，因为仲卤代烷氨（胺）解易发生消除副反应。另外，氨制备伯胺时，所用的氨需过量，这是因为生成的伯胺与醛或酮反应可生成仲胺副产物。

例题解析

例 1　写出反应的主要产物

1. 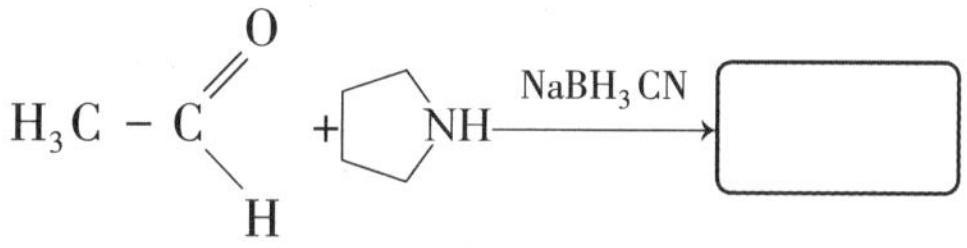　（复旦大学，2009）

2. 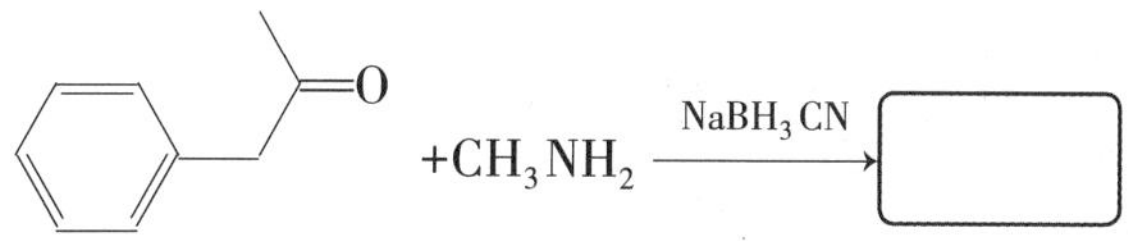　（复旦大学，2007）

［解答］

1. 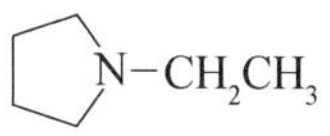　2. 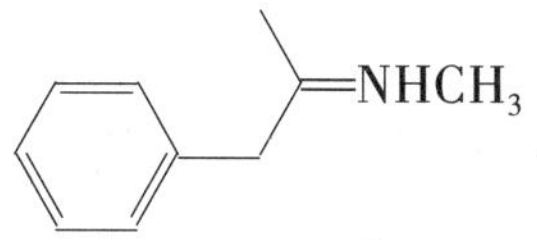

例 2　由己二酸和两个碳以下的有机物合成：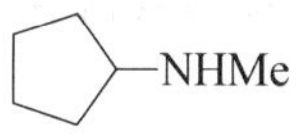　（湖南师范大学，2008）

[解答]己二酸受热得到的环戊酮还原氨化：

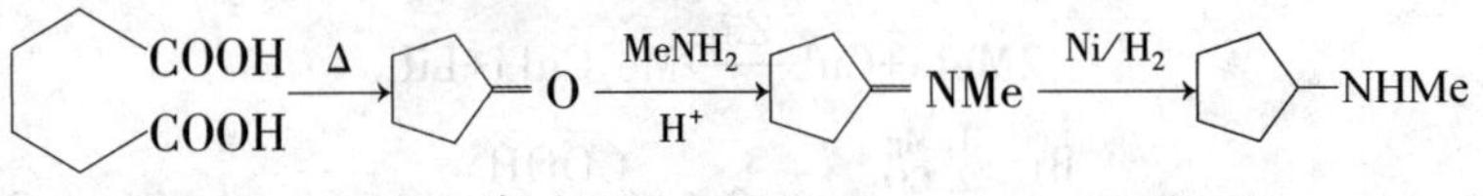
COOH
COOH
Δ
O
$MeNH_2$
H^+
NMe
Ni/H_2
NHMe

例 3　由$(CH_3)_2CHCH_2CH_2OH$合成$(CH_3)_2CHCH_2CH_2NHCH_2CH_3$　（中国科学院研究生院，1995）

[解答]

$(CH_3)_2CHCH_2CH_2OH \xrightarrow{PCC} (CH_3)_2CHCH_2CHO \xrightarrow{CH_3CH_2NH_2}$

$(CH_3)_2CHCH_2CH{=\!=}NCH_2CH_3 \xrightarrow{H_2/Pt} (CH_3)_2CHCH_2CH_2NHCH_2CH_3$

例 4　实现反应转变

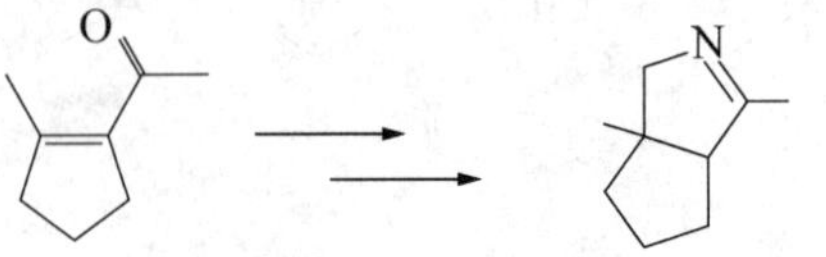
O
N

（复旦大学，2009）

[解答]

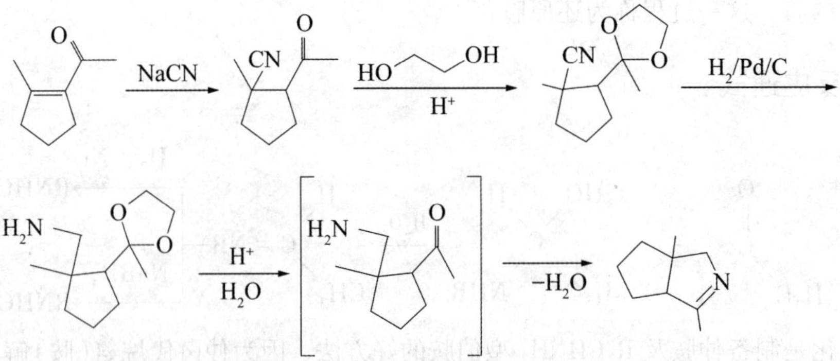
O
NaCN
CN
HO
OH
H^+
O
$H_2/Pd/C$
H_2N
H_2O
$-H_2O$
N

例 5　完成下列转化(除指定原料必用外，可任选其他原料和试剂)

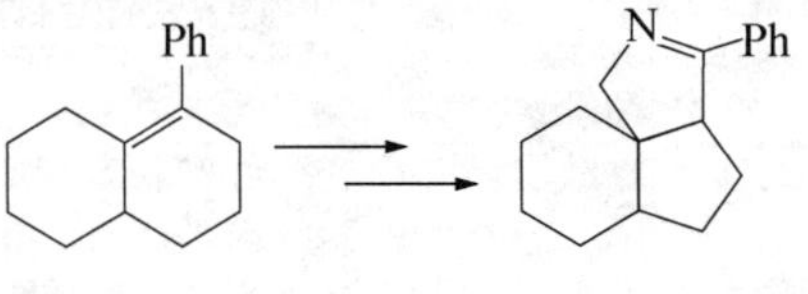
Ph
N
Ph

（南开大学，2007）

[解答]

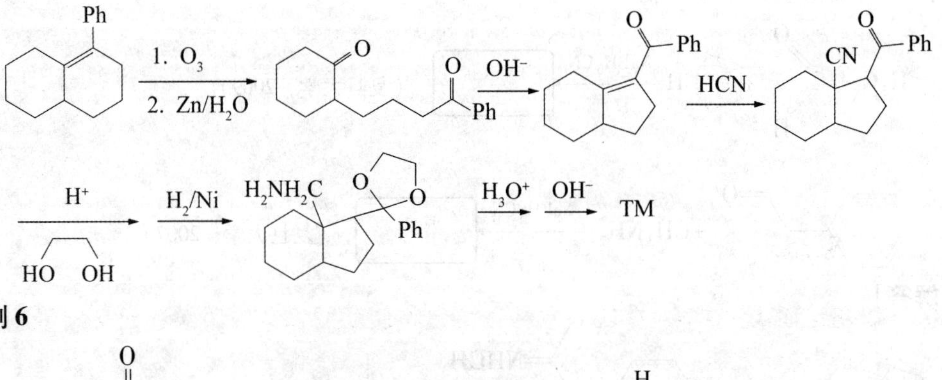
Ph
1. O_3
2. Zn/H_2O
O
Ph
OH^-
HCN
CN
H^+
HO
OH
H_2/Ni
H_2NH_2C
H_3O^+
TM

例 6

由 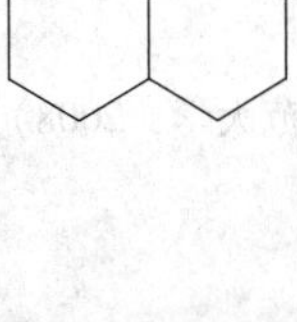 及其他必要的有机及无机试剂合成 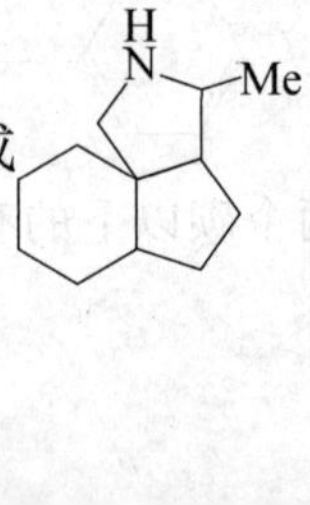
H
N
Me

（南开大学，2014）

[解答]

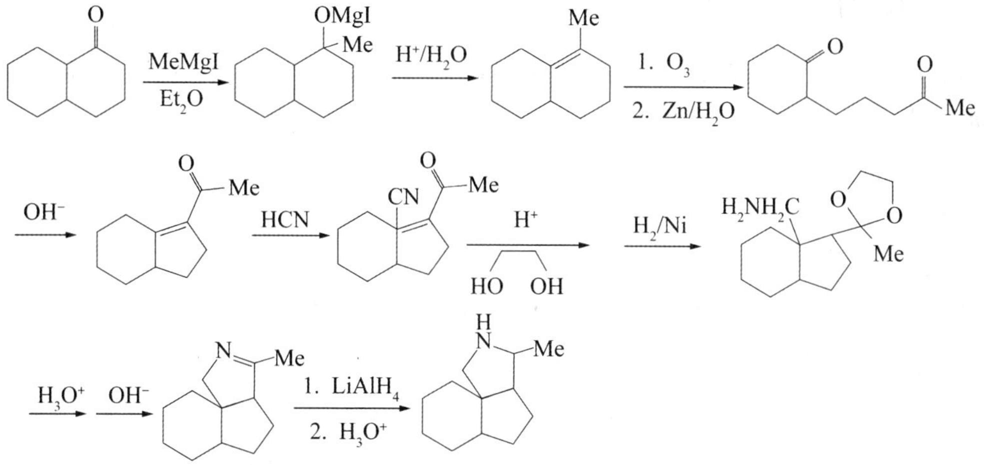
O
MeMgI
Et2O
OMgI
Me
H+/H2O
Me
1. O3
2. Zn/H2O
O
O
Me
OH−
O
Me
HCN
CN
O
Me
H+
HO OH
H2/Ni
H2NH2C
O
O
Me
H3O+
OH−
N
Me
1. LiAlH4
2. H3O+
H
N
Me

参考文献

[1]孔祥文. 有机化学[M]. 北京：化学工业出版社，2010.

5.12　金属氢化物法还原

问题引入

$$H_2C{=}CH{-}CH_2COOH \xrightarrow[2.\ H_2O]{1.\ LiAlH_4} \boxed{\quad}$$　（复旦大学，2012）

上述反应产物为：$H_2C{=}CH{-}CH_2CH_2OH$。

金属氢化物

金属氢化物(metalhydride)包括氢化铝锂、硼氢化锂、硼氢化钠等，还原能力依次为：氢化铝锂>硼氢化锂>硼氢化钠。

羧基中的羰基由于 p-π 共轭效应的结果，失去了典型羰基的特性，所以羧基很难用催化氢化或一般的还原剂还原，只有特殊的还原剂如 $LiAlH_4$ 能将其直接还原成伯醇。$LiAlH_4$ 是选择性的还原剂，只还原羧基，不还原碳碳双键。例如：

$$CH_3{-}CH{=}CH{-}COOH \xrightarrow{LiAlH_4} CH_3{-}CH{=}CH{-}CH_2OH$$

乙硼烷

Brown 发现乙硼烷(B_2H_6)在四氢呋喃中可以将脂肪酸和芳香酸快速而又定量地还原成伯醇，而其他活泼的基团(—CN、—NO_2、—CO—)不受影响。例如：

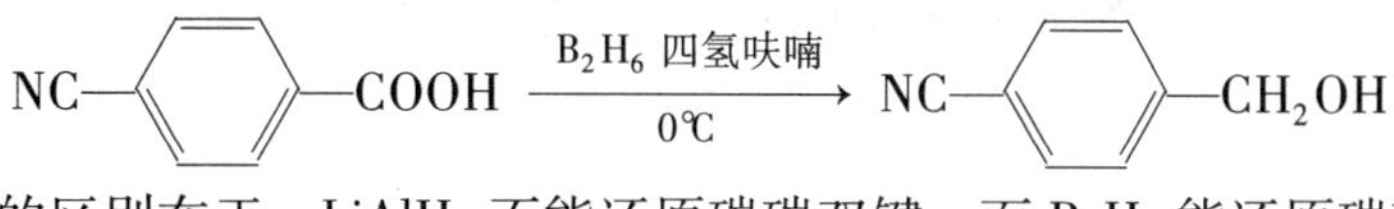
NC
COOH
B2H6 四氢呋喃
0℃
NC
CH2OH

两个还原剂的区别在于：$LiAlH_4$ 不能还原碳碳双键，而 B_2H_6 能还原碳碳双键[1]。

羧酸衍生物的还原

羧酸衍生物一般比羧酸容易还原，酰氯、酸酐、酯还原成为伯醇，酰胺还原成为胺，腈还原成伯胺。

$$R{-}\overset{O}{\overset{\|}{C}}{-}Cl \qquad\qquad RCH_2OH+HX$$

$$R{-}\overset{O}{\overset{\|}{C}}{-}O{-}\overset{O}{\overset{\|}{C}}{-}R' + LiAlH_4 \xrightarrow[2.\ H^+]{1.\ 乙醚} RCH_2OH+R'CH_2OH$$

$$R{-}\overset{O}{\overset{\|}{C}}{-}OR' \qquad\qquad RCH_2OH+R'OH$$

酰胺的还原需要过量的氢化铝锂，还原产物可以是不同类型的胺。例如：

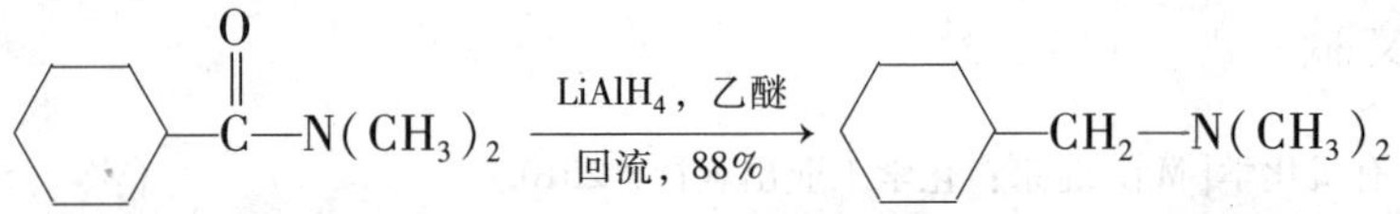

当氢化铝锂中的氢原子被烷氧基取代后，其还原能力减低，可以进行选择性还原。例如：三叔丁氧基氢化铝锂将酰卤还原至相应的醛，二乙氧基氢化铝锂或三乙氧基氢化铝锂可将酰胺还原成相应的醛。例如：

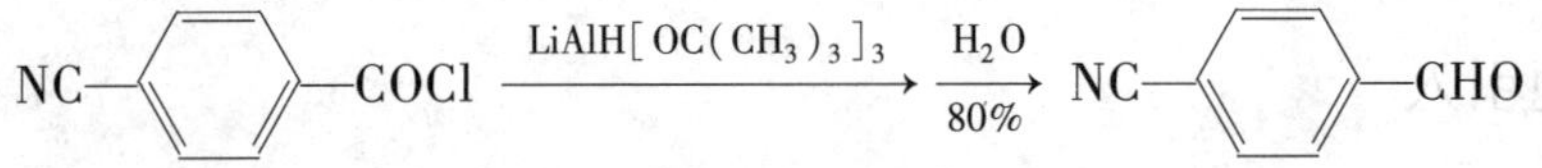

$$CH_3(CH_2)_2CON(CH_3)_2 \xrightarrow{LiAlH(OC_2H_5)_3} \xrightarrow{H_2O} CH_3(CH_2)_2CHO+(CH_3)_2NH$$

使用 $LiAlH_4$、$NaBH_4$ 等化学试剂也可将醛、酮还原成醇。氢化铝锂（lithium aluminium bydride）的还原能力强于硼氢化钠（sodium borohydride），对羰基、硝基、氰基、羧基、酯、酰胺、卤代烃等都能够还原[2]。但这两个试剂对于碳碳的双键和三键都没有还原能力，因此可以作为选择性的还原试剂，把带有不饱和烃基的醛、酮还原成不饱和的醇。例如：

$$CH_3CH{=}CH{-}\overset{O}{\overset{/\!/}{C}}{\underset{\backslash H}{}} \xrightarrow{LiAlH_4} \xrightarrow{H_3^+O} CH_3CH{=}CHCH_2OH \quad (90\%)$$

氢化铝锂能与质子溶剂反应，因而要在乙醚等非质子溶剂中使用，然后水解得到醇，例如：

$$(C_6H_5)_2CH\overset{O}{\overset{\|}{C}}CH_3 \xrightarrow[2.\ H_2O,\ H^+,\ 84\%]{1.\ LiAlH_4,\ 乙醚} (C_6H_5)_2CH\overset{OH}{\overset{|}{C}H}CH_3$$

反应机理

这种还原的过程一般认为是氢负离子转移到羰基的碳上，这与 Grignard 试剂中烃基对羰基的加成类似。

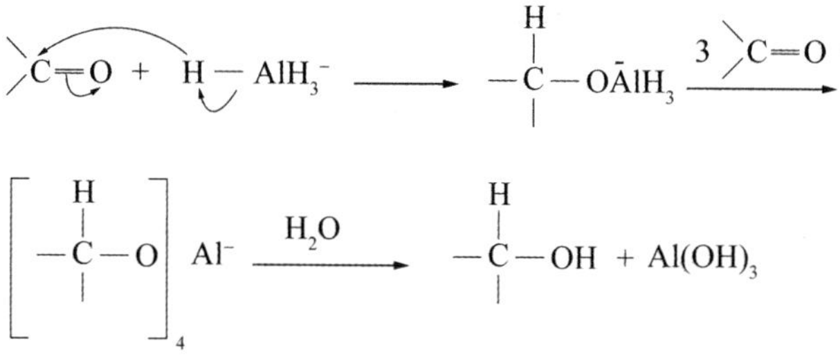

$LiAlH_4$ 和 $NaBH_4$ 中的每个氢原子都可以还原一个羰基。硼氢化钠在碱性水溶液或醇溶液中是一种温和的还原试剂，例如：

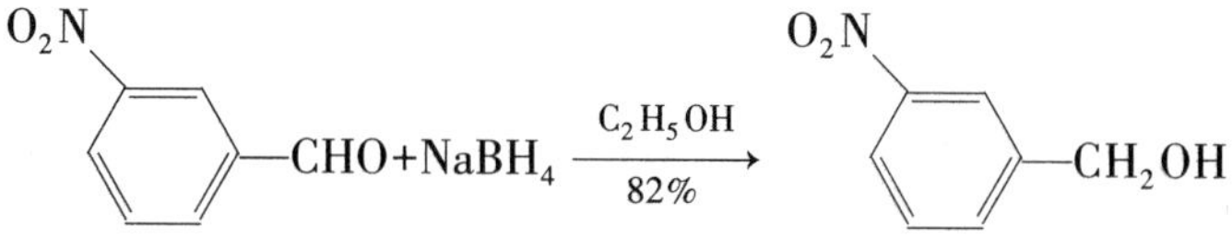

例题解析

例 1 完成下列反应

1. 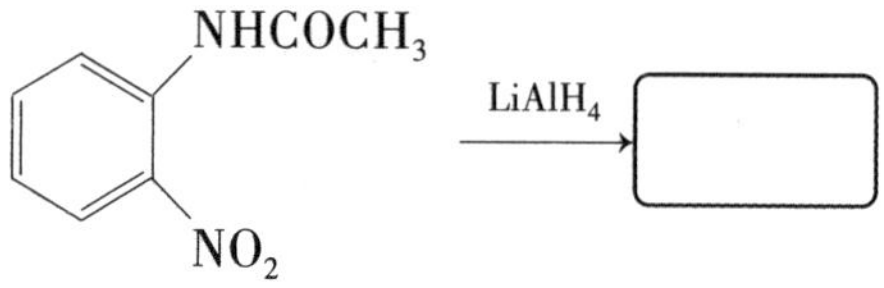 （南开大学，2013）

2. 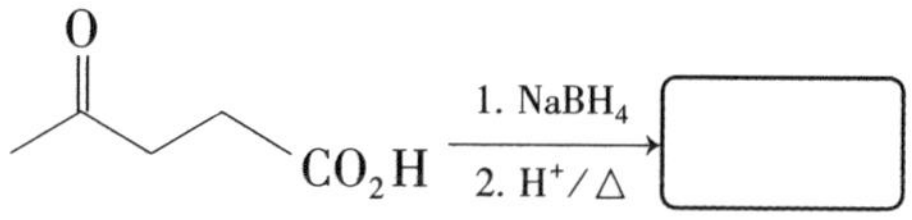 （南开大学，2013）

3. $CH_3CH{=}CHCH{=}CH{-}COOH \xrightarrow[2.\ H_3O^{\oplus}]{1.\ LiAlH_4/Et_2O}$ （复旦大学，2009）

4. 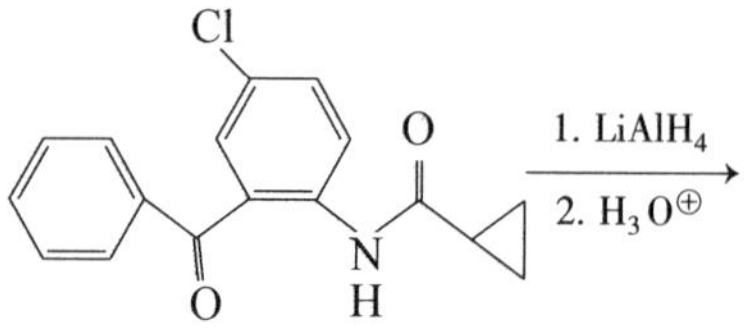 （复旦大学，2010）

5. 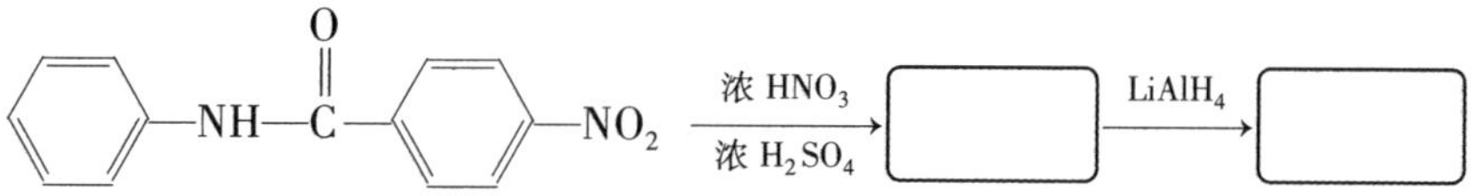 （华东理工大学，2009）

6. 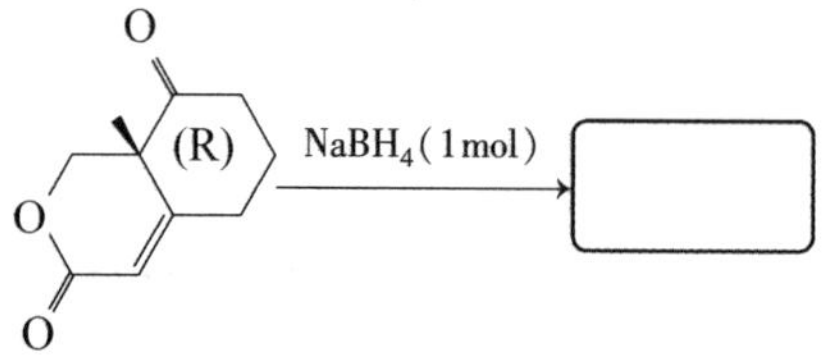 （华东理工大学，2014）

［解答］

1. 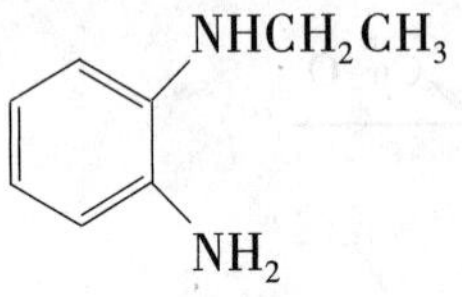
2. 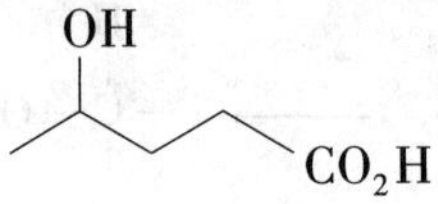

3. $CH_3CH{=}CHCH{=}CH{-}CH_2OH$ 4. 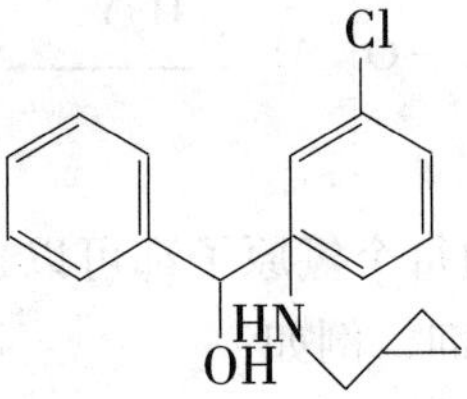

5. 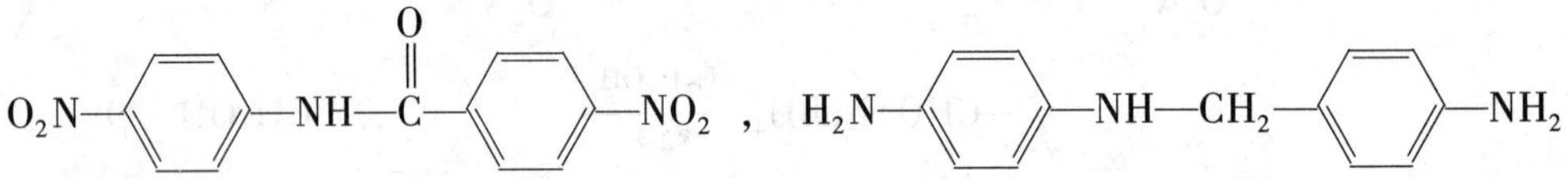

2. 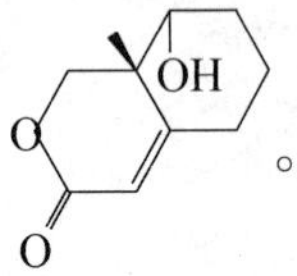。当羰基化合物的 α 位试手性碳时，醛酮最大体积的基团和羰基处于反式平面关系时，为加成的优势构象。进行加成时，亲核试剂总是从小基团那边进攻。

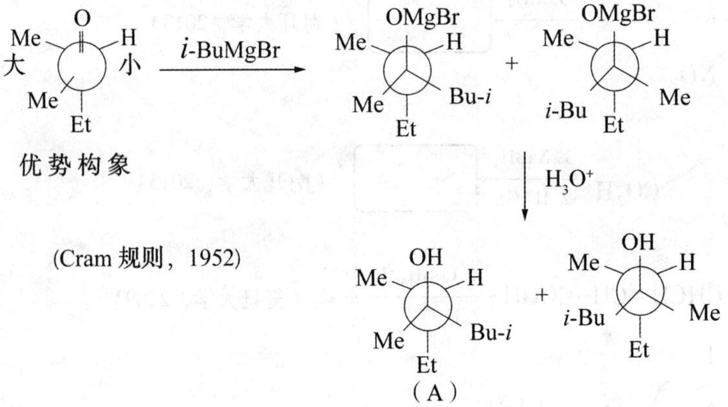
Me
大
H
小
Me
Et
优势构象
i-BuMgBr
OMgBr
Bu-i
i-Bu
H_3O^+
(Cram 规则，1952)
OH
(A)

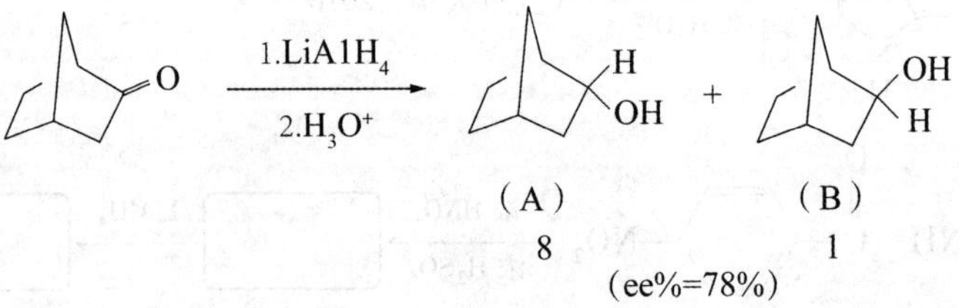
1.LiA1H4
2.H3O+
(A)
8
(B)
1
(ee%=78%)

例 2　完成反应转变

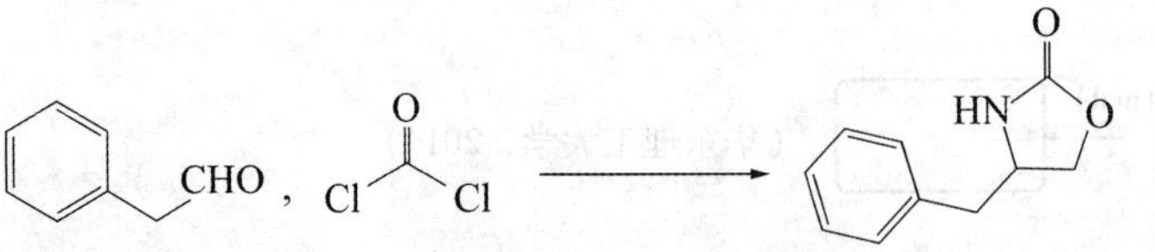

（复旦大学，2012）

［解答］

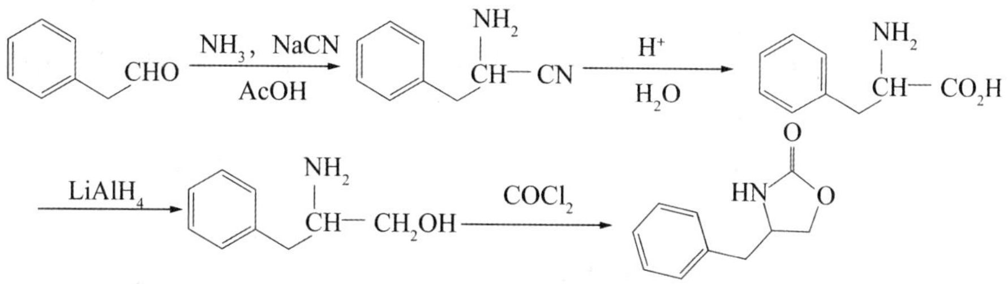

例 3　由指定原料合成

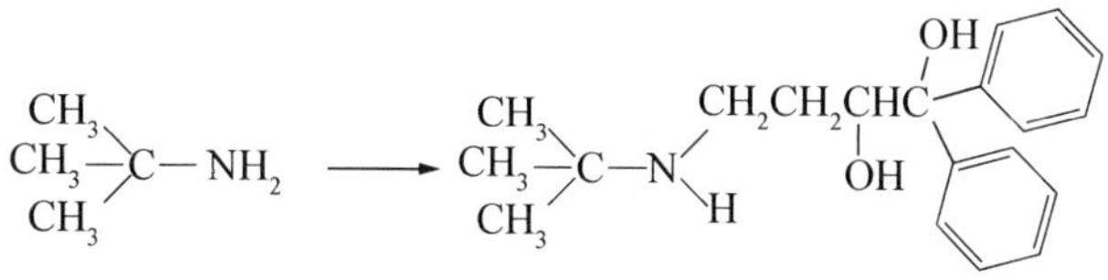

（暨南大学，2016）

［解答］

$$(CH_3)_3CNH_2 \xrightarrow{H_2C=CHCHO} (CH_3)_3CNHCH_2CH_2CHO \xrightarrow[2.\ H^+]{1.\ LiAlH_4} (CH_3)_3CNHCH_2CH_2CH_2OH$$

$$\xrightarrow{PCl_5} (CH_3)_3CNHCH_2CH_2CH_2Cl \xrightarrow[PhLi]{PPh_3} (CH_3)_3CNHCH_2CH_2CH=PPh_3$$

$$\xrightarrow{Ph_2CO} (CH_3)_3CNHCH_2CH_2CH=CPh_2 \xrightarrow[OH^-]{KMnO_4} (CH_3)_3CNHCH_2CH_2CH(OH)—CH(OH)Ph_2$$

参考文献

[1]孔祥文．有机化学[M]．北京：化学工业出版社，2010.

[2]陈宏博．有机化学(第四版)[M]．大连：大连理工大学出版社，2015：226.

5.13　铁酸还原

问题引入

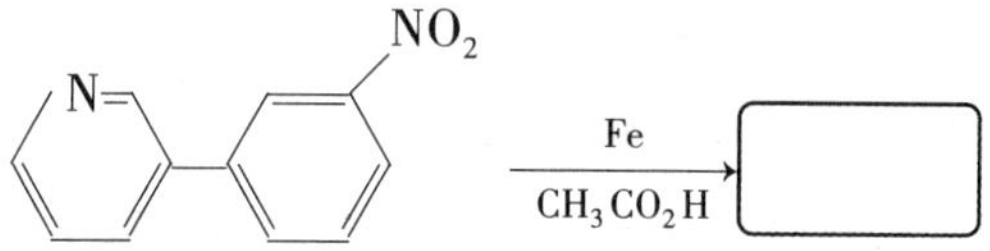

（复旦大学，2010）

3-(3-硝基苯基）吡啶经铁酸还原得到的 3-(3-吡啶基）苯胺，其结构式为：

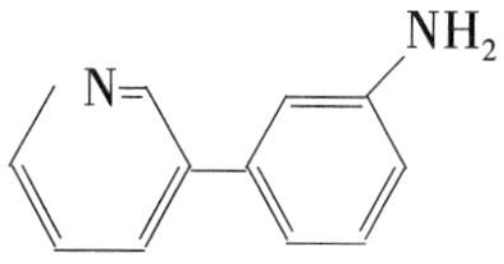

。

反应概述

芳香族硝基化合物在较强还原剂的作用下，可以得到胺类化合物。还原时，在不同介质中(酸性、中性或碱性)可得到不同的产物。在酸性或中性介质中，发生单分子还原；在碱性介质中，发生双分子还原。

在酸性介质中，硝基苯可用铁、锌或锡直接还原为相应的胺。在中性或弱酸性介质中，则被还原主要得到*N*-羟基苯胺。

硝基苯在不同的碱性介质中还原时，可分别得到氧化偶氮苯、偶氮苯或氢化偶氮苯等不同的还原产物。

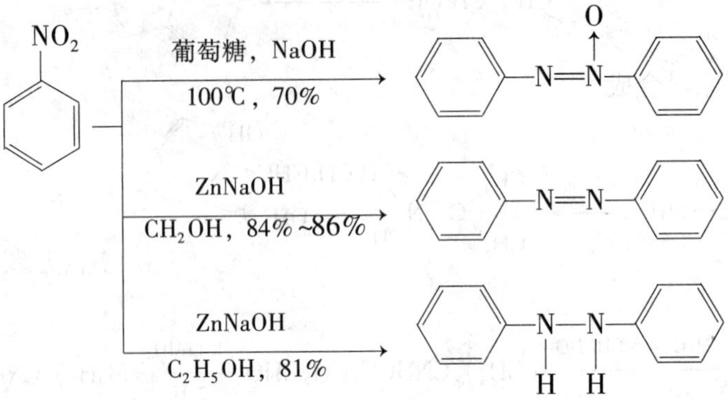

NO2
葡萄糖，NaOH
100℃，70%
O
N=N
ZnNaOH
CH2OH，84%~86%
N=N
ZnNaOH
C2H5OH，81%
N—N
H H

氧化偶氮苯如果进一步还原也得到偶氮苯或氢化偶氮苯。这些产物如经强烈还原条件下进一步还原，最终都可得到苯胺。

反应通式

$$4ArNO_2+9Fe+4H_2O \longrightarrow 4ArNH_2+3Fe_3O_4$$

反应机理

以铁粉为还原剂，在铁粉表面进行电子得失转移，铁粉为电子供给体。而加入稀酸，使铁粉表面氧化铁形成亚铁盐作为催化电解质[1]。硝基在还原能力强的铁-稀硫酸溶液中被还原为氨基。

反应应用

当芳环上还连有可被还原的羰基时，用氯化亚锡和盐酸可只还原硝基为氨基。例如：

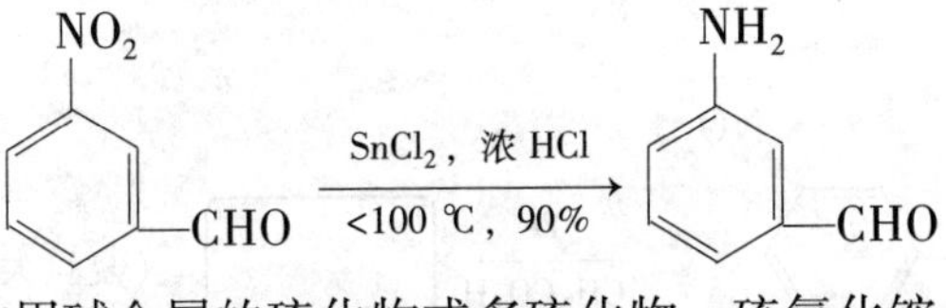

NO2
CHO
SnCl2，浓 HCl
<100 ℃，90%
NH2
CHO

芳香族多硝基化合物用碱金属的硫化物或多硫化物，硫氢化铵、硫化铵或多硫化铵为还原剂还原，可选择地将其中的一个硝基还原为氨基。例如：

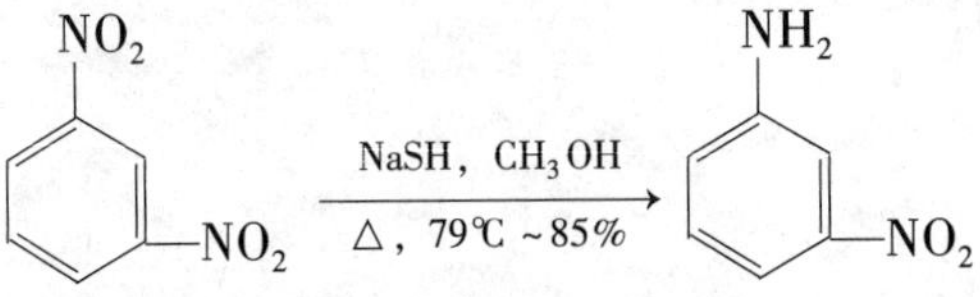

NO2
NO2
NaSH，CH3OH
△，79℃ ~85%
NH2
NO2

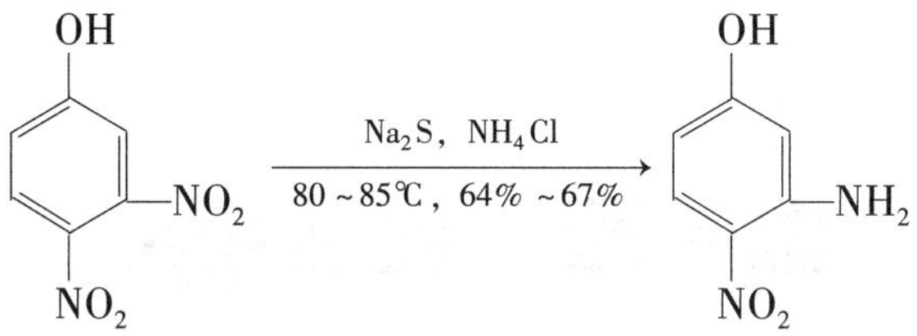
OH
NO2
NO2
Na2S，NH4Cl
80～85℃，64%～67%
OH
NH2
NO2

芳香族硝基化合物的还原，是制备芳香族伯胺的方法之一。当用铁、锌、硫化物等作为还原剂时，具有工艺简单、操作方便、投资少等优点，但是由于催化加氢在产品质量和收率等方面都优于化学还原，而且化学还原的“三废”排放量大，对环境会造成严重污染，因而工业生产中更多采用催化加氢来制备胺。催化加氢反应要在中性条件中进行，因此对于那些带有酸性或碱性条件下易水解基团的化合物可用此法还原。

例题解析

例 1　写出反应产物

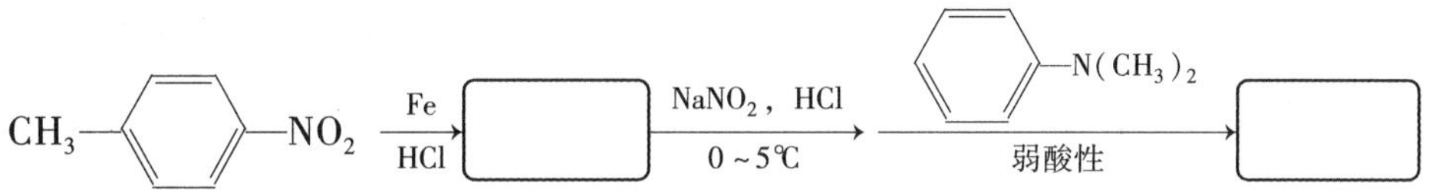
CH3
NO2
Fe
HCl
NaNO2，HCl
0～5℃
N(CH3)2
弱酸性

（武汉工程大学，2003）

[解答]

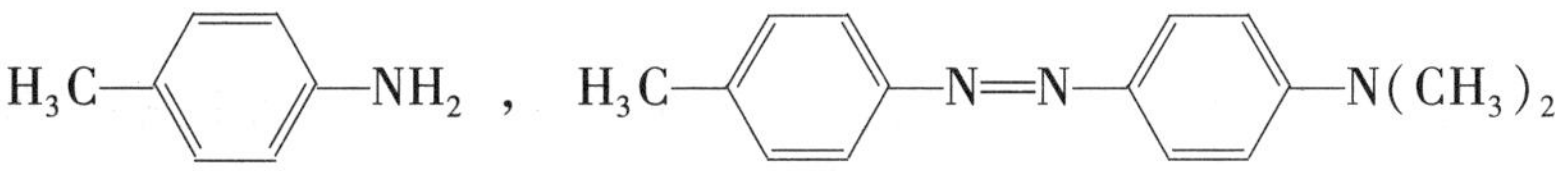
H3C
NH2
，
H3C
N=N
N(CH3)2

参考文献

[1]孔祥文．有机化学[M]．北京：化学工业出版社，2010：304.

第 6 章　缩合反应

6.1　Aldol 缩合反应

问题引入

$$CH_3\overset{O}{\overset{\|}{C}}CH_2CH_2CH_2CH_2CH_2\overset{O}{\overset{\|}{C}}CH_3 \xrightarrow[CH_3OH,\ \triangle]{CH_3ONa} \boxed{}$$

（厦门大学，2012）

2，8-壬二酮在甲醇钠的甲醇溶液中发生 Aldol 缩合反应生成 2-甲基环己烯基酮，其结构式为：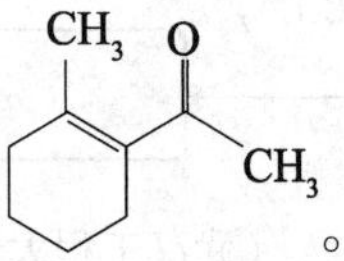。

反应概述

Aldol 缩合反应[1]（羟醛缩合或醇醛缩合）是指在稀酸或稀碱催化下，含有 α-氢原子的醛、酮分子间发生缩合反应生成 β-羟基醛（酮）的反应，产物受热失去一分子 H_2O，转化为 α，β-不饱和醛酮，例如：

$$2CH_3CH_2CH_2CH{=}O \xrightarrow[6\sim8\ ℃]{KOH,\ H_2O} CH_3CH_2CH_2\overset{OH}{\overset{|}{C}H}\underset{CH_2CH_3}{\underset{|}{C}H}CH{=}O$$

$$\xrightarrow[\triangle]{} CH_3CH_2CH_2CH{=}\underset{CH_2CH_3}{\underset{|}{C}}CHO$$

反应通式

碱催化条件下，Aldol 缩合的反应通式以 R 取代乙醛为例表示如下[2~4]：

$$2R{-}CH_2CH{=}O \xrightarrow{HO^-} RCH_2\overset{OH}{\overset{|}{C}H}\underset{R}{\underset{|}{C}H}CH{=}O$$

反应机理

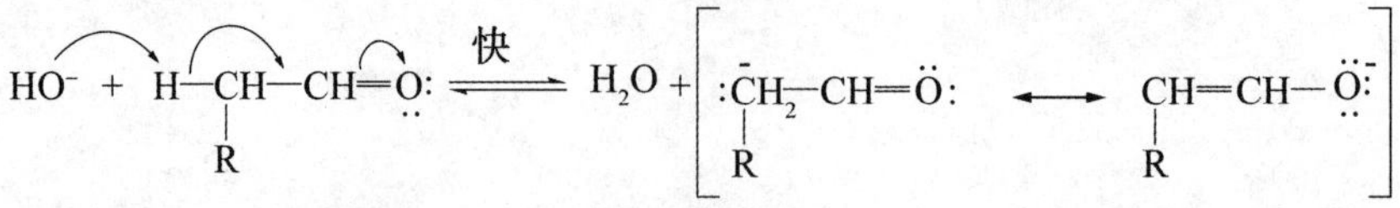

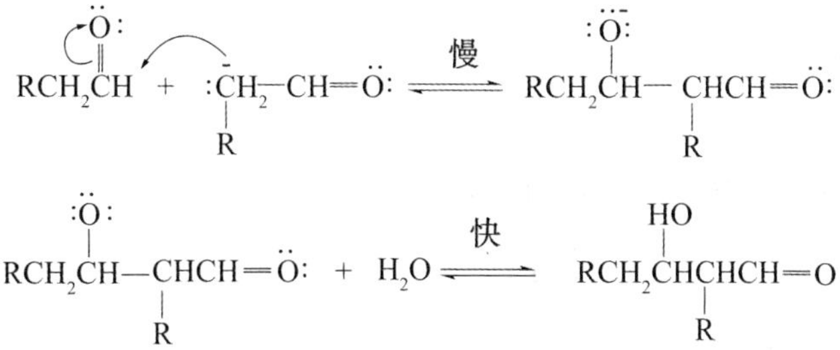

一分子醛在稀碱的作用下失去一个 α-氢原子形成 α-碳负离子，然后该 α-碳负离子进攻另一分子醛的羰基发生亲核加成反应得到含 β-氧负离子的醛，最后此 β-氧负离子醛与水分子进行质子交换得到目标产物 β-羟基醛。

从上述反应机理可以看出，在稀酸或稀碱催化下(通常为稀碱)，一分子醛或酮的 α-氢原子加到另一分子的醛(或酮)的氧原子上，其余部分加到羰基碳上，生成 β-羰基醛(或酮)。Aldol 缩合实际上就是羰基化合物分子间的亲核加成反应。利用这一反应可以合成碳原子数较原来醛、酮增加一倍的醇。除乙醛外，其他醛发生 Aldol 缩合得到的产物都不是直链的，而是原 α-碳原子上带有支链的化合物。

(1)交错的 Aldol 缩合反应

含有 α-氢原子的两种不同的醛，在稀碱作用下，发生交错的 Aldol 缩合，可以生成四种不同的产物，但分离很困难，因此实际应用意义不大。若用甲醛或其他不含 α-氢原子的醛，与含有 α-氢原子的醛进行交错的 Aldol 缩合，则有一定应用价值。例如：

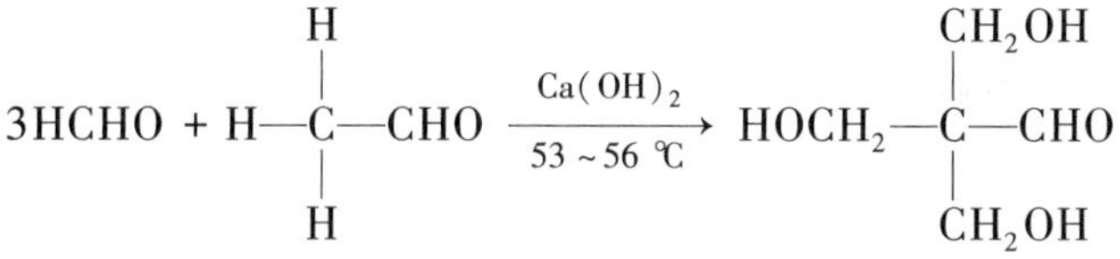
(三羟甲基乙醛)

乙醛的三个 α-氢原子均可与甲醛发生反应。实际操作是将乙醛和碱溶液缓慢向过量的甲醛中滴加，以便使乙醛的三个 α-氢原子与甲醛充分反应，避免副产物的出现。

(2)酮的 Aldol 缩合反应

酮进行 Aldol 缩合反应时，平衡常数较小(这与酮羰基比醛多连接一个烃基有关)，只能得到少量 β-羟基酮。采用特殊的方法或设法使产物生成后立刻离开反应体系，破坏平衡使反应向右移动，也可得到较高的产率。

当分子内既有羰基又有烯醇负离子时，可发生分子内的 Aldol 缩合反应，得到关环产物。特别是合成五、六元环时，反应顺利，产率较高。该反应被广泛用于制备 α，β-不饱和环酮。例如：

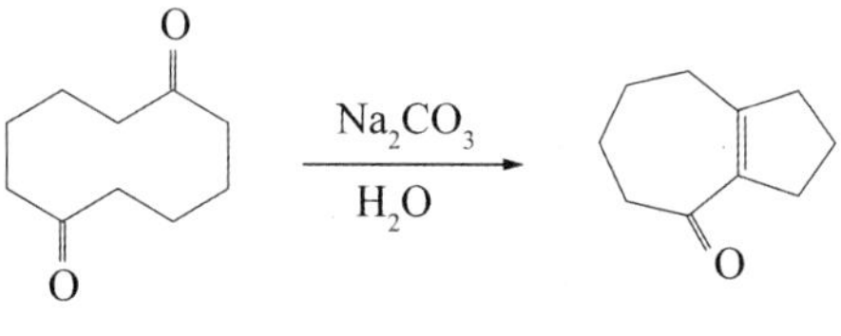

(上海交通大学，2004)

Aldol 反应除形成新的 C—C 键外，产物中还常常会出现新的手性中心。例如，乙醛在稀碱溶液中发生 Aldol 缩合反应后，形成一个新的 C—C 键，生成 β-羟基丁醛，同时在产物的 β-位产生一个手性中心。事实上，当醛的碳原子数≥3 时，形成的烯醇盐有 Z 和 E 两种不同构型，当它们再与羰基加成后，生成的产物中含有两个手性中心，理论上有 4 种产物[5]。

例题解析

例 1 选择题

1. 下列化合物中画线 H 原子的酸哪个最大？（　　）　　　（中山大学，2003）

A. 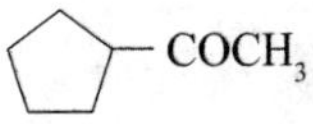　B. 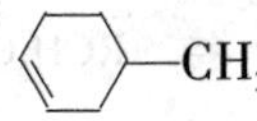　C. 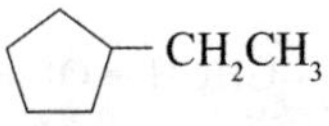

2. 能增长碳链的反应是(　　)。　　　（中山大学，2005）

A. 碘仿反应　B. 银镜反应　C. 醇醛缩合反应　D. 傅克反应　E. 康尼查罗反应

[**解答**]

1. A。因为，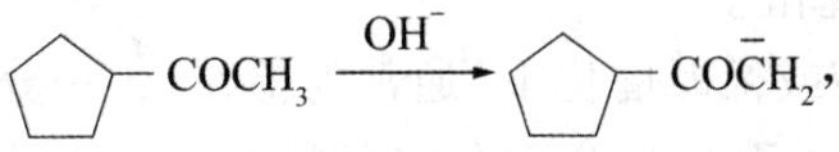，碳负离子邻为强的吸电子基团羰基。

2. C。

例 2 丙酮(b. p. 56℃)碱性条件下发生羟酮缩合得到的 β-羟基酮(b. p. 164 ℃)，其转化率仅有 5%，写出该反应的反应式。若要提高转化率，可采用什么措施？

（华南理工大学，2016）

[**解答**]

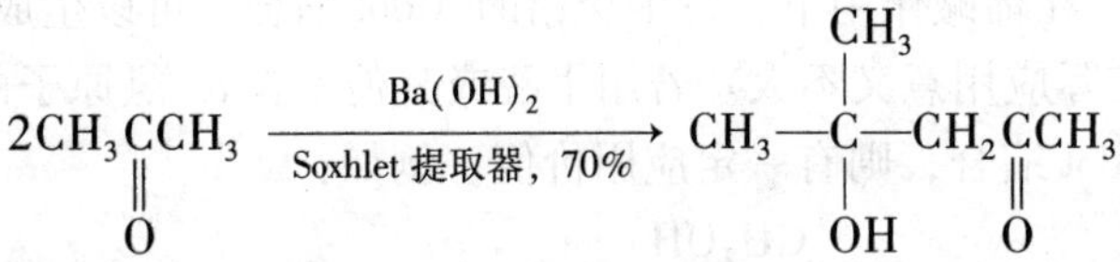

丙酮可在索氏(Soxhlet)提取器中用不溶性的碱[如 $Ba(OH)_2$]催化进行羟醛缩合反应来提高转化率。

例 3 机理题

1. 　　　（兰州大学，2001）

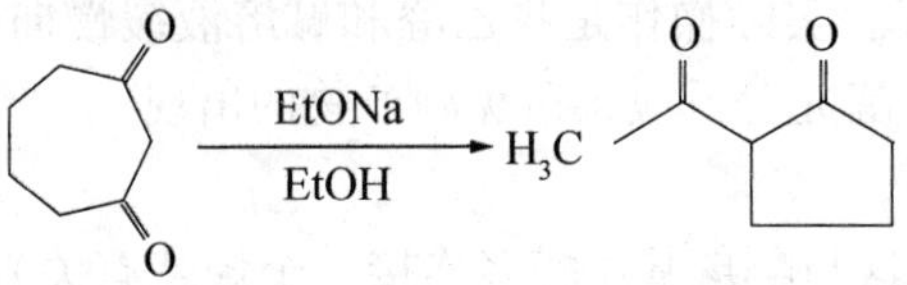

[**解答**]

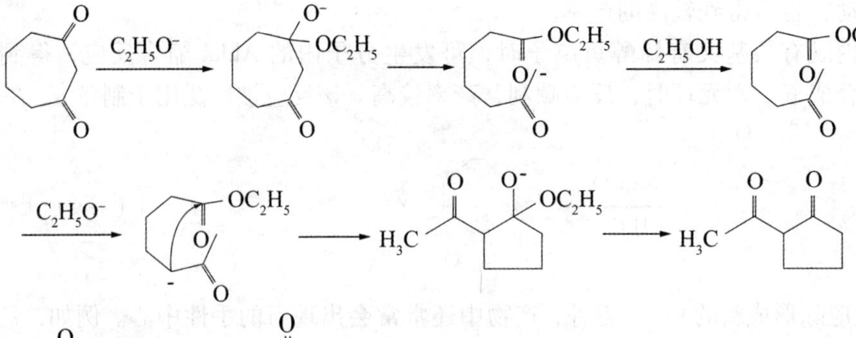

2. 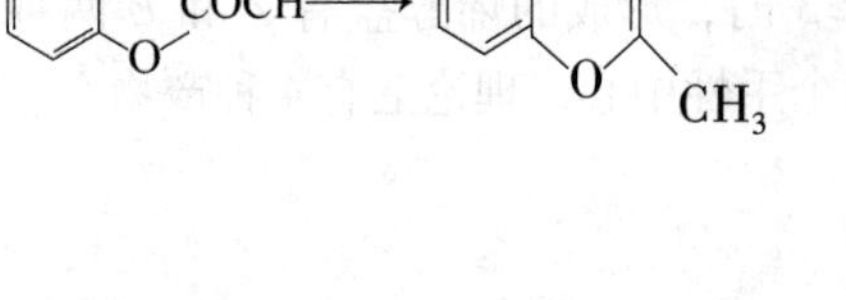　　　（福建师范大学，2008）

［解答］

分子内的缩合反应，失水为共轭碱机理：

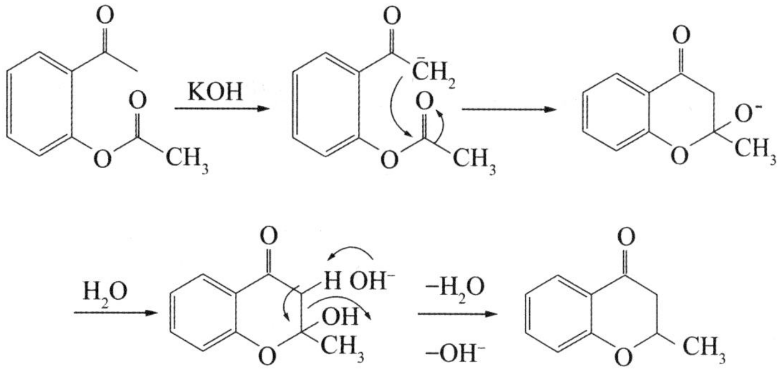
KOH
H_2O
$-H_2O$
$-OH^-$

3. 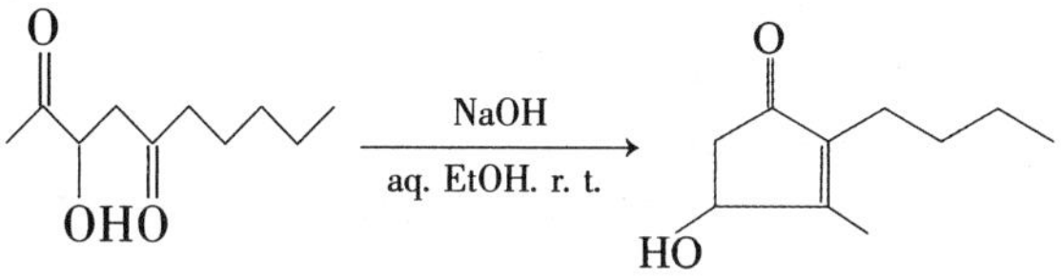
NaOH
aq. EtOH. r. t.
（清华大学，2005）

［解答］

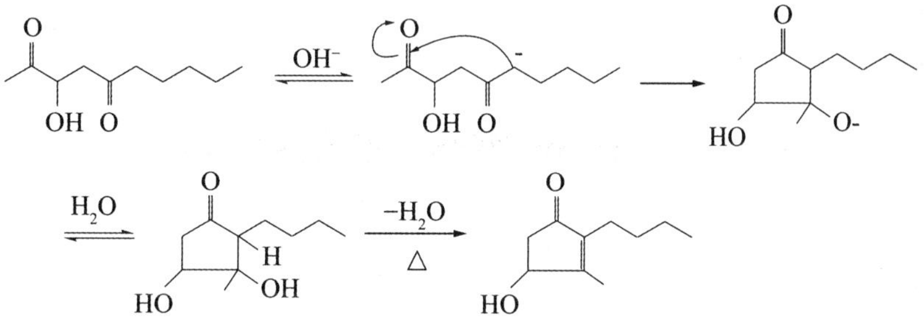
OH^-
H_2O
$-H_2O$
△

例 4　由指定原料合成

1. 由不超过四个碳的烯烃合成 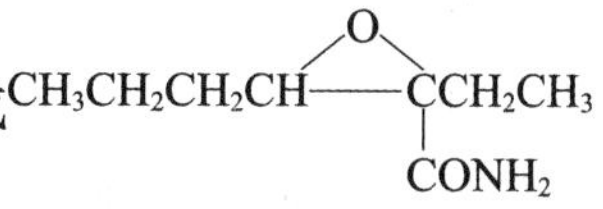　（华东理工大学，2009）

［解答］

$$CH_3CH_2CH{=}CH_2 \xrightarrow[2.\ H_2O_2/OH^-]{1.\ (BH_3)_2} CH_3CH_2CH_2CH_2OH \xrightarrow{CrO_3-\text{吡啶}} CH_3CH_2CH_2CHO$$

$$2CH_3CH_2CH_2CHO \xrightarrow[2.\ \triangle]{1.\ dil,\ OH^-} CH_3CH_2CH_2CH{=}C(CHO)CH_2CH_3 \xrightarrow[2.\ H^+]{1.\ Ag(NH_3)_2^+}$$

$$CH_3CH_2CH_2CH{=}C(COOH)CH_2CH_3 \xrightarrow[2.\ NH_3]{1.\ SOCl_2} CH_3CH_2CH_2CH{=}C(CONH_2)CH_2CH_3 \xrightarrow{RCO_3H} TM$$

2. 由小于等于 4 个碳的有机物合成 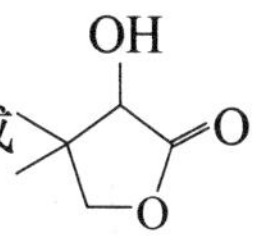

（中国科学技术大学，2003；中国科学院研究生院，1995，2003；兰州大学，2004；北京化工大学，

2007；复旦大学，2009；浙江大学，2011；兰州理工大学，2011；沈阳化工大学，2014；苏州大学，2015）

［解答］

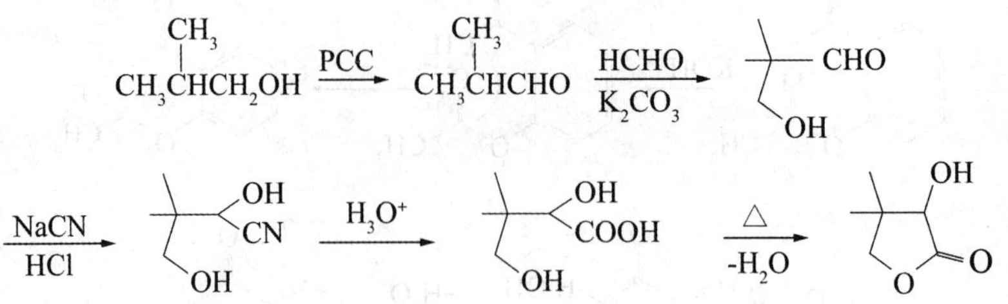

参考文献

［1］Wurtz, C. A. Bull. Soc. Chim. Fr. 1872, 17: 436-442.

［2］孔祥文. 有机化学［M］. 北京：化学工业出版社，2010.

［3］【美】李杰(Jie Jack Li)著. 荣国斌译，朱士正校. 有机人名反应及机理［M］. 上海：华东理工大学出版社，2003：3.

［4］Jie Jack Li, Name Reaction, 4th ed.［M］. Springer-Verlag Berlin Heidelberg, 2009：3.

［5］何广武，张振琴，刘莳，等. Aldol 缩合反应的立体化学—Zimmerman-Traxler 过渡态［J］. 大学化学，2011，26(2)：25-29.

6.2 Benzoin 缩合(安息香缩合)

问题引入

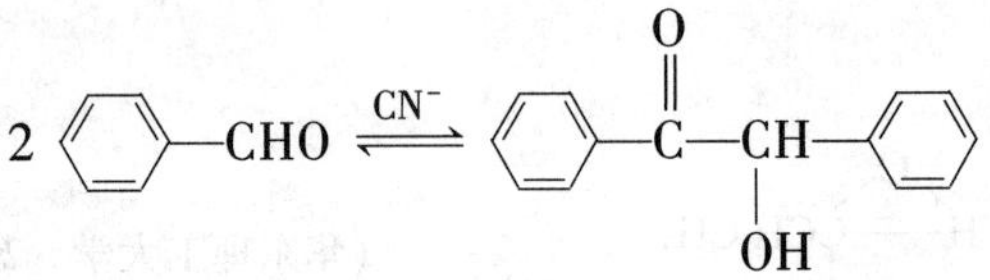

请写出反应机理。(中国科学技术大学，2016；华南理工大学，2016；南开大学，2015)

两分子苯甲醛在热的氰化钾或氰化钠的乙醇溶液中(回流)通过安息香缩合[1]得到的二苯乙醇酮也称安息香(Benzoin)，又称苯偶姻、2-羟基-2-苯基苯乙酮或 2-羟基-1,2-二苯基乙酮，是一种无色或白色晶体，可作为药物和润湿剂的原料，还可用作生产聚酯的催化剂。

反应概述

安息香可由苯甲醛在热的氰化钾或氰化钠的乙醇溶液中反应制得。因其相当于两分子醛缩合在一起的产物，故该反应称为安息香缩合。

反应机理[2~4]

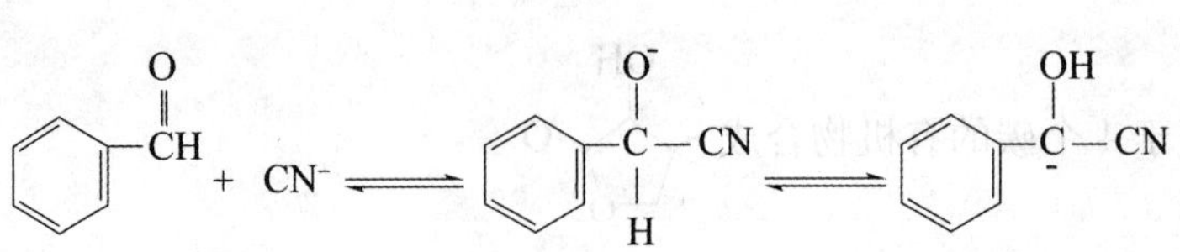

(A) (B)

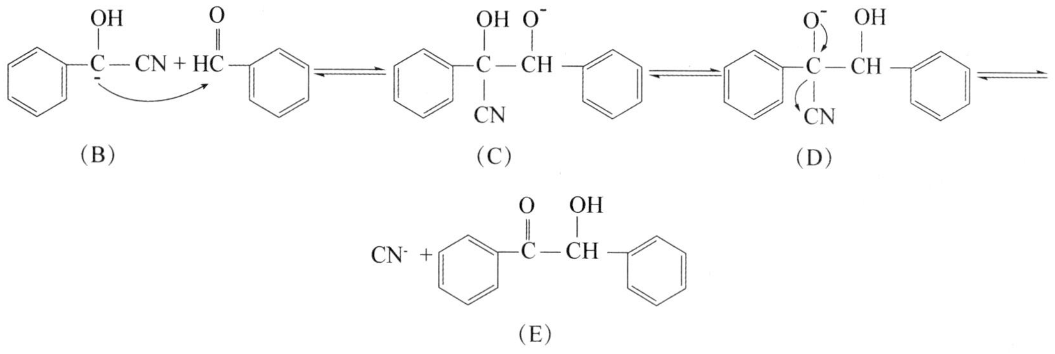
(B)
(C)
(D)
(E)

$^{-}$CN 首先进攻一分子苯甲醛的羰基碳原子进行亲核加成反应生成 α-氰基苄氧负离子(A)，A 的 α-H 有明显的酸性，转移后得稳定的 α-碳负离子(B)，B 对另一分子苯甲醛的羰基碳原子进行亲核加成生成(C)，C 中的 α-氰醇酸性较强，质子转移后生成(D)；D 消去$^{-}$CN 后，得到缩合产物(E)二苯乙醇酮。

反应的关键是如何获得一个碳负离子，芳环上具有烷基、烷氧基、羟基、氨基等斥电子基团的芳醛较难发生对称的安息香缩合，可生成不对称的 α-羟基酮。例如：

其中，具有斥电子基团的芳醛作为受体接受碳负离子的亲核进攻。

该反应的缺点是氰化物为剧毒品，易对人体危害，操作困难，且“三废”处理困难。采用维生素 B_1(Thiamine)盐酸盐可代替氰化物辅酶催化安息香缩合反应，其优点是无毒，反应条件温和，产率较高。亦可用 *N*-烷基噻吩鎓盐作为催化剂。

2 ⟨ ⟩—CHO $\xrightleftharpoons[60 \sim 75\ ℃]{VB_1}$ ⟨ ⟩—CO—CH(OH)—⟨ ⟩

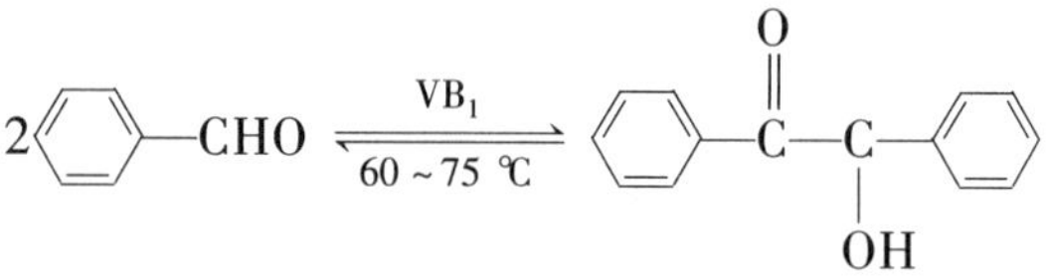

例题解析

例 1 写出下列反应的主要产物

1. 4-MeO-C$_6$H$_4$-CHO + 4-NO$_2$-C$_6$H$_4$-CHO \xrightarrow{NaCN} ☐ $\xrightarrow{PhNHNH_2(e)}$ 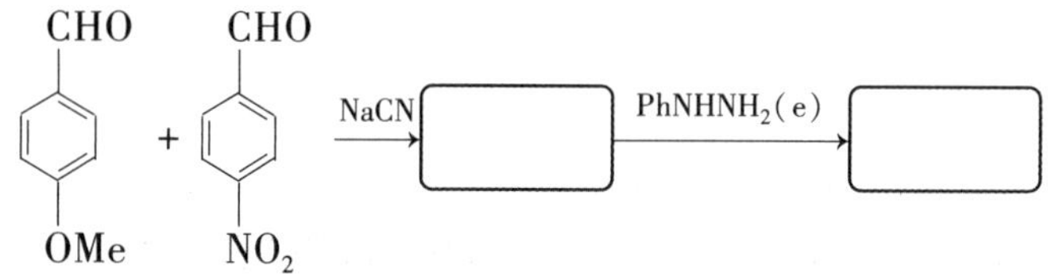 （南开大学，2009）

2. 4-CN-C$_6$H$_4$-CHO + 4-MeO-C$_6$H$_4$-CHO $\xrightarrow{CN^-}$ 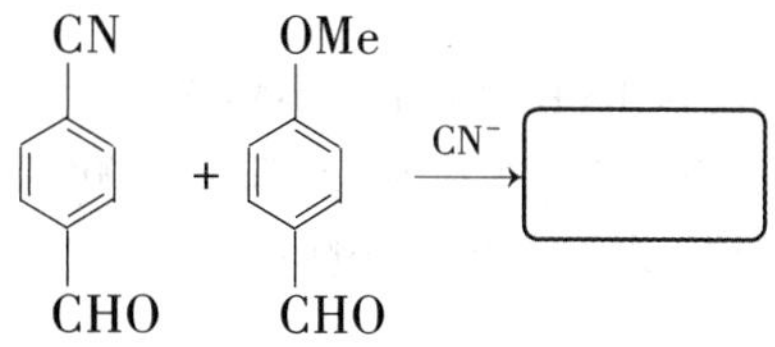 （吉林大学，2005）

［解答］

1. 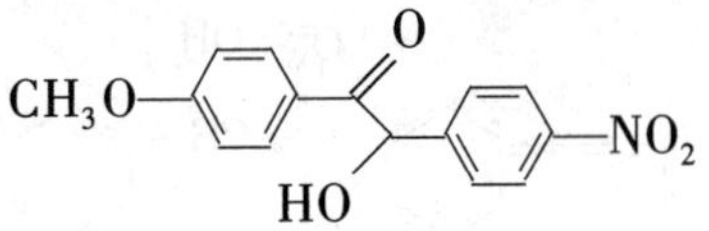

2. 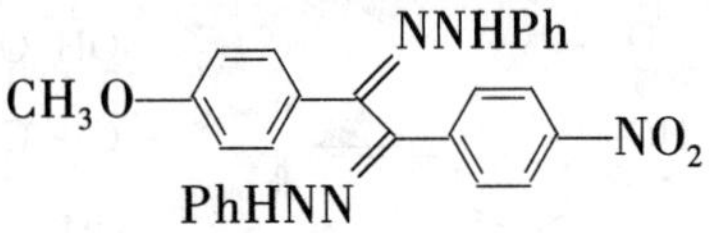

3. 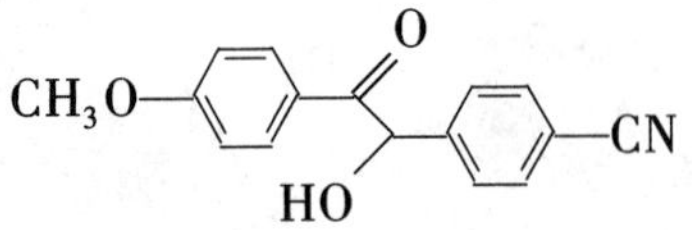

例 2 以适当的原料合成 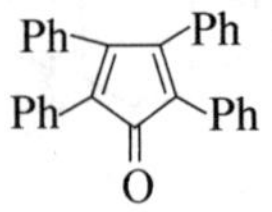 （广西师范大学，2010）

［解答］

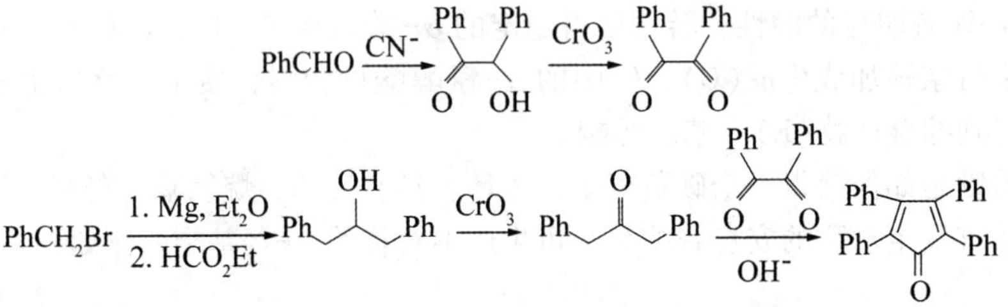

例 3 由苯甲醛、环己酮为原料，合成：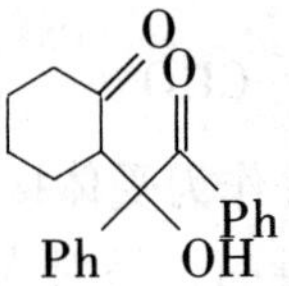 （苏州大学，2015）

［解答］

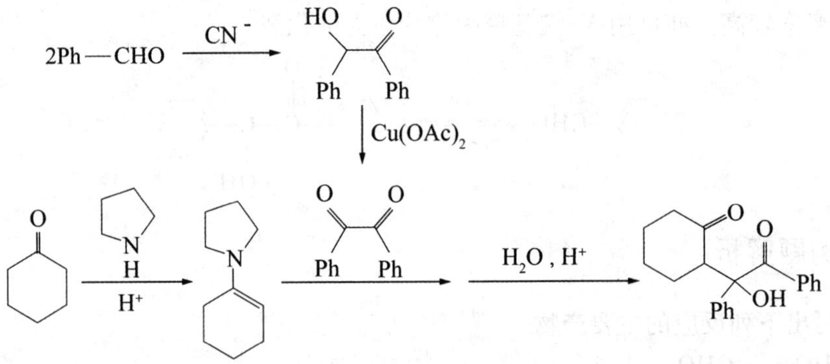

参考文献

［1］Lapworth，A. J. J. Chem. Soc. 1903，83：995-1005.

［2］［美］李杰（Jie Jack Li）著．荣国斌译，朱士正校．有机人名反应及机理［M］．上海：华东理工大学出版社，2003：32.

［3］Jie Jack Li. Name Reaction，4th ed.［M］. Springer-Verlag Berlin Heidelberg，2009：39.

［4］姜文凤，陈宏博．有机化学学习指导及考研试题精解（第三版）大连理工出版社，2005：246.

［5］吴范宏．有机化学学习与考研指津［M］．武汉：华中理工大学，2008：100.

6.3　Blaise 反应

问题引入

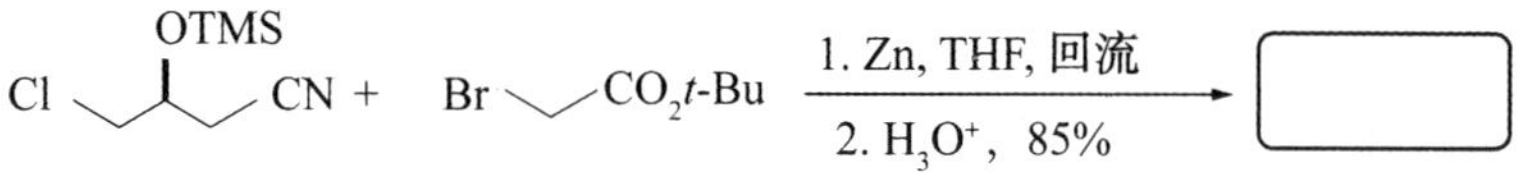
OTMS
Cl
CN +
Br
CO_2t-Bu
1. Zn, THF, 回流
2. H_3O^+，85%

上述反应产物为：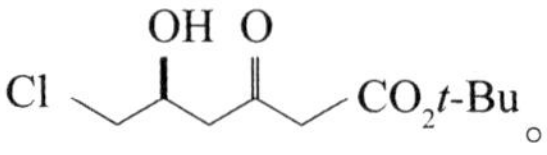
OH O
Cl
CO_2t-Bu
。

反应概述

α-卤代酸酯和腈在金属锌作用下反应生成β-酮酸酯的反应称为 Blaise 反应[1-3]。

反应通式

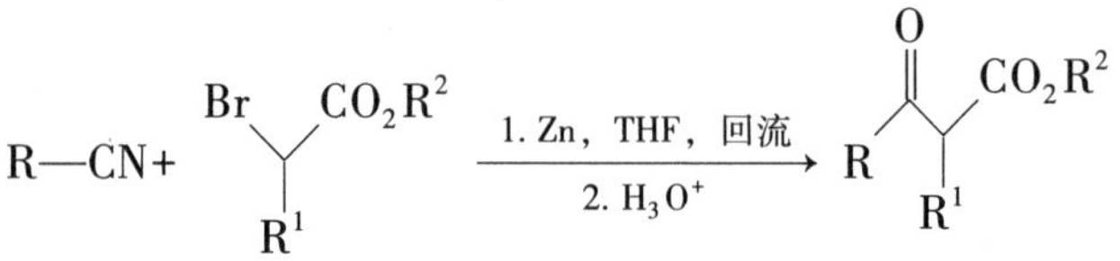
R—CN+
Br
CO_2R^2
R^1
1. Zn，THF，回流
2. H_3O^+
O
CO_2R^2
R
R^1

反应机理

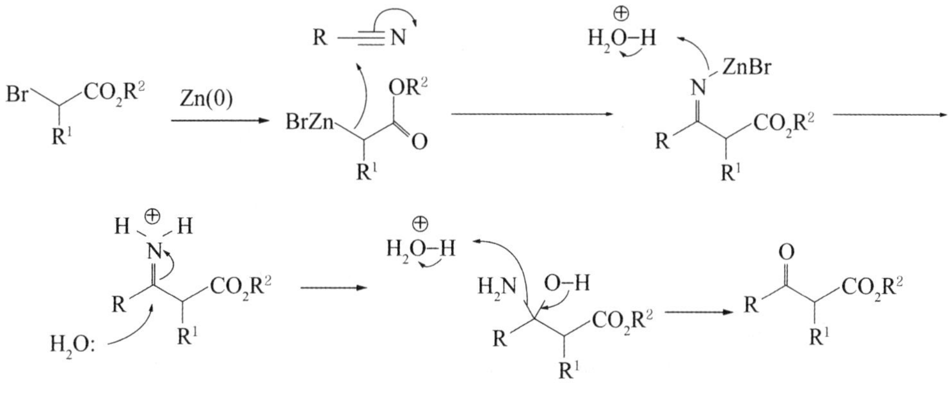
Br
CO_2R^2
R^1
Zn(0)
R
N
BrZn
OR^2
O
R^1
⊕
H_2O–H
ZnBr
N
R
CO_2R^2
R^1
H ⊕ H
N
R
CO_2R^2
H_2O:
R^1
⊕
H_2O–H
H_2N
O–H
R
CO_2R^2
R^1
O
R
CO_2R^2
R^1

参考文献

[1] Blaise，E. E. C. R. Hebd. Seances Acad. Sci. 1901. 132：478-480.
[2] Blaise，E. E. C. R. Hebd. Seances Acad. Sci. 1901. 132：978-980.
[3] Jie Jack Li. Name Reaction，4th ed.，[M]. Springer-Verlag Berlin Heidelberg，2009：50-51.

6.4　Claisen-Schmidt 反应

问题引入

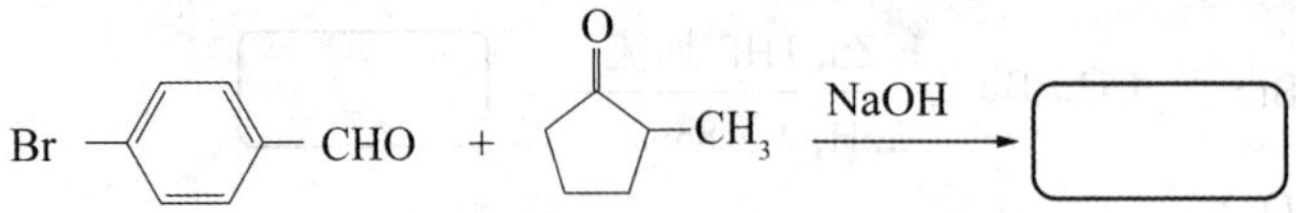

（暨南大学，2016）

4-溴苯甲醛与2-甲基环戊酮在氢氧化钠作用下发生缩合反应得到[1] 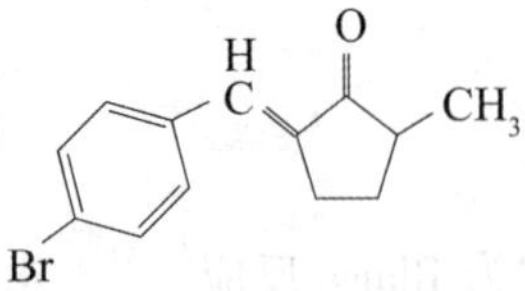。

反应概述

一个无 α-氢原子的芳香醛与一个带有 α-氢原子的脂肪族醛或酮在稀氢氧化钠水溶液或醇溶液存在下发生缩合、失水得到 α，β-不饱和醛或酮的反应称为 Claisen-Schmidt 反应[2~6]，该反应的产率很高。例如：

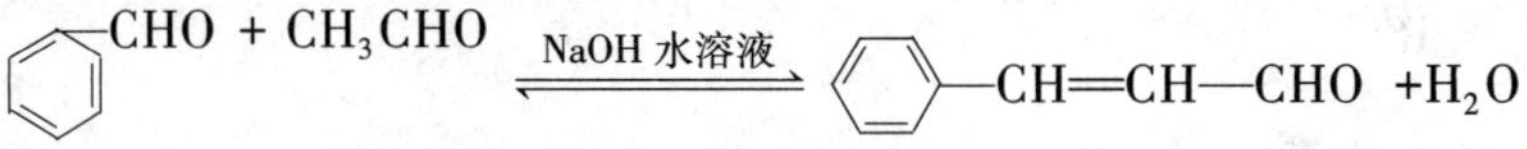

反应机理

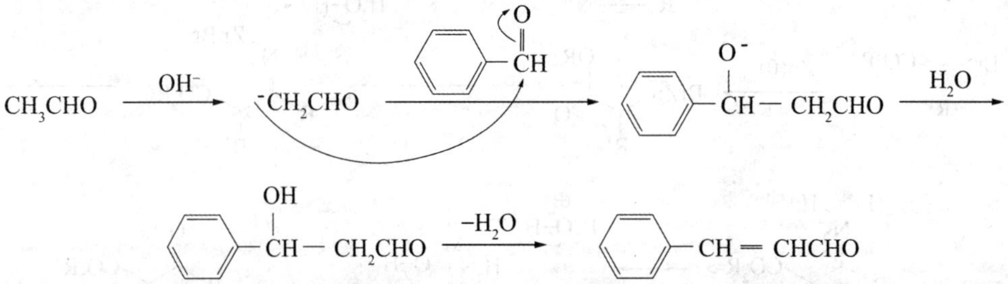

含有 α-氢原子的乙醛在碱作用下失去 α-H，形成的 α-碳负离子进攻苯甲醛的羰基碳原子发生亲核加成反应得到3-苯基丙醛的 β-醇氧负离子，用水处理得 β-羟基-3-苯基丙醛，最后脱水得到3-苯基-丙烯醛[7]。实际上在反应过程中乙醛自身也会缩合，但由于其热力学不如交叉缩合的产物(肉桂醛)稳定(因有共轭作用)，且反应过程是一个可逆平衡过程，最后的产物都是交叉缩合的产物[8]。

要注意，缩合生成的不饱和醛、酮有顺式、反式结构的两种可能，但在 Claisen-Schmidt 缩合反应中产物的构型一般都是反式的，即带羰基的大基团总是和另外的大基团成反式。这是由上述反应机理决定的，即反应过程中空间位阻应当尽量地小，例如：

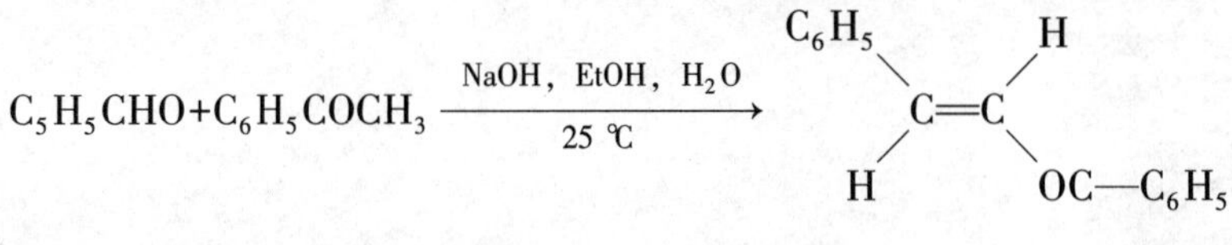

例题解析

例 1　写出反应的主要产物

1.

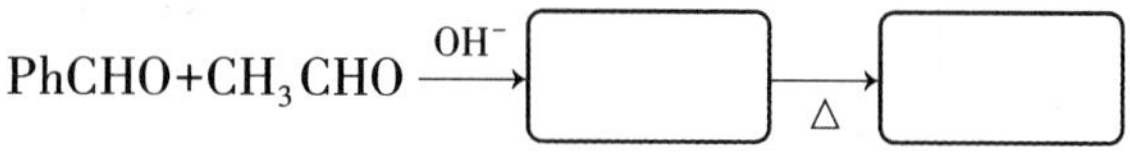

（湘潭大学，2016）

2.

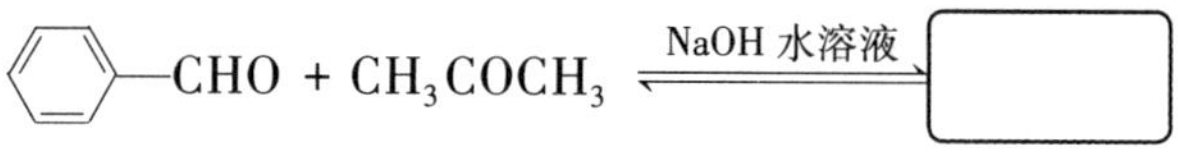

（南京大学，2014）

3. 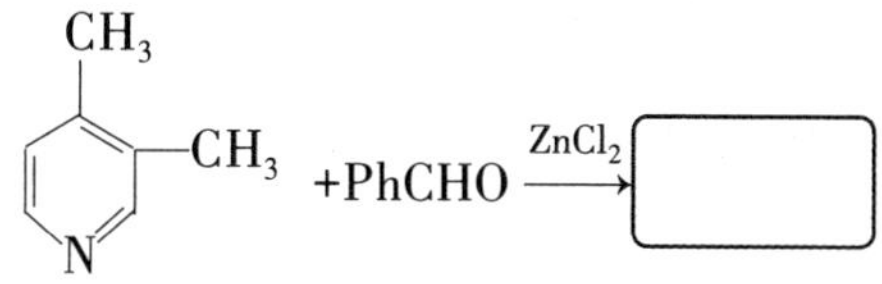

4. 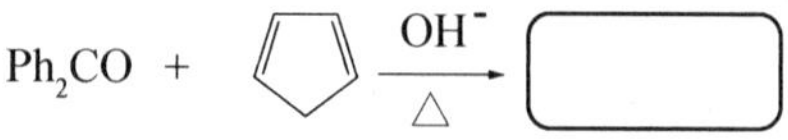

5. 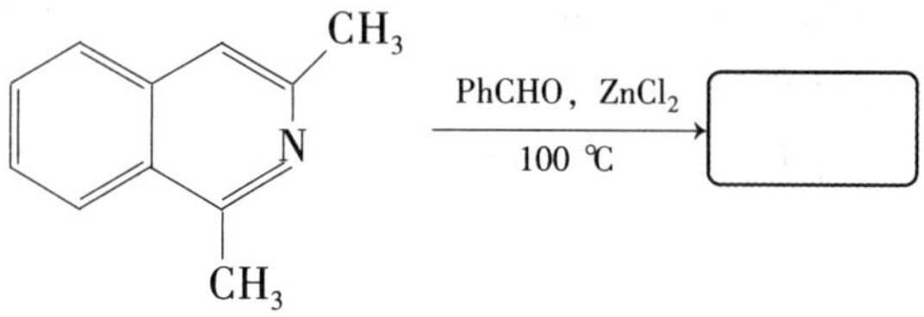

（北京大学，1990）

［解答］

1. 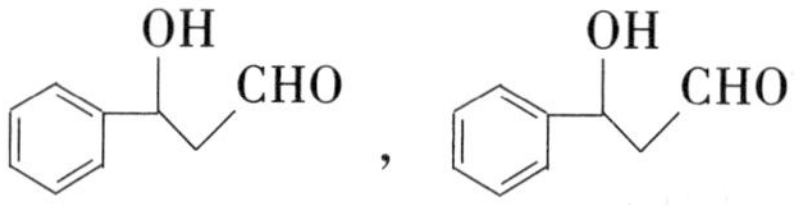

2. 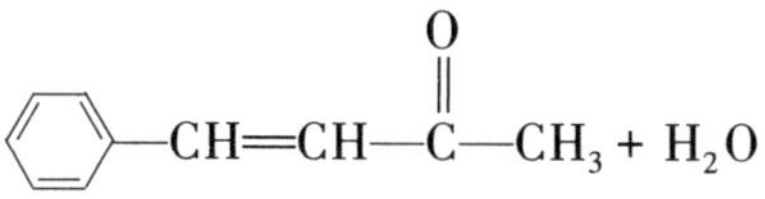

3. 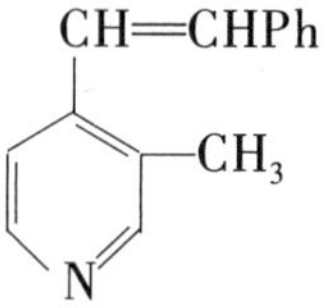 吡啶 2 和 4-位上的甲基氢酸性较强。

4. 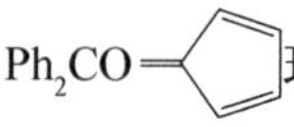环戊二烯的 α-H 也有一定的酸性，在碱的作用下生成的碳负离子与二苯基酮加成。

5. 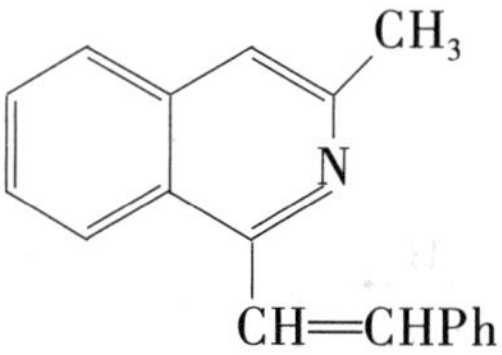

例 2　完成反应

(1) $PhCH(=O) + CH_3C(=O)CH_2CH_3 \xrightarrow{H^+}$ [ ]

(2) 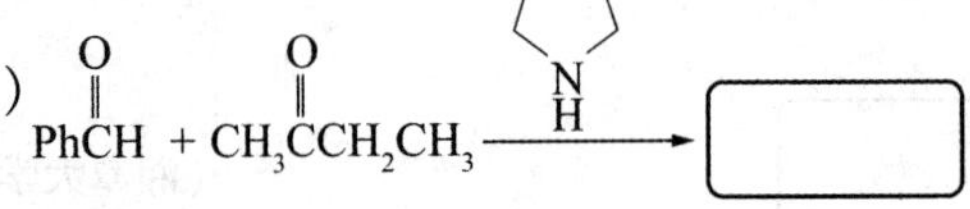

（南开大学，2015；广西师范大学，2010）

［解答］

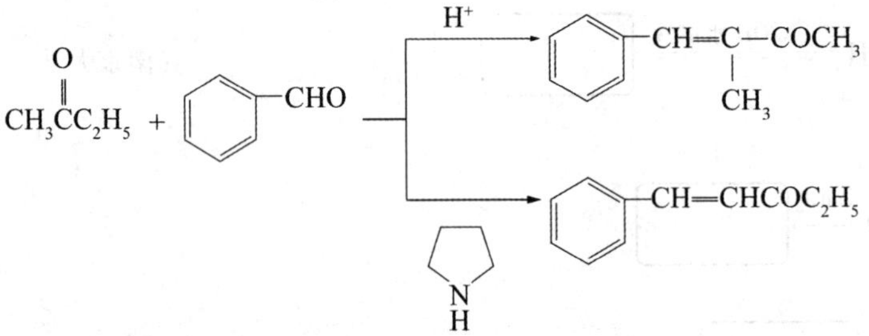

苯甲醛的羰基比较活泼，与酮的 α-C 发生缩合反应时，催化条件不同，缩合主产物也不同。在酸性介质中，酮的烯醇化主要生成热力学控制的较稳定的烯醇型；而在碱催化条件下，酮发生质子烯醇盐化，则 α-H 酸性强者即发生的碳负离子稳定性好的动力学控制的中间产物是主要的，并由此决定了交叉缩合的主产物[9]。在本题中，四氢吡咯与丁酮先反应烯胺，然后再与苯甲醛反应。

烯醇稳定性：$CH_3—C(OH)═CH—CH_3 > CH_2═C(OH)—C_2H_5$

碳负离子稳定性：$\bar{C}H_2—C(=O)—C_2H_5 > CH_3—C(=O)—\bar{C}HCH_3$

例 3　由溴代环戊烷合成

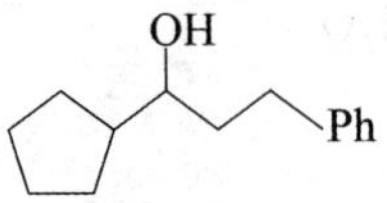

（华东理工大学，2014）

［解答］

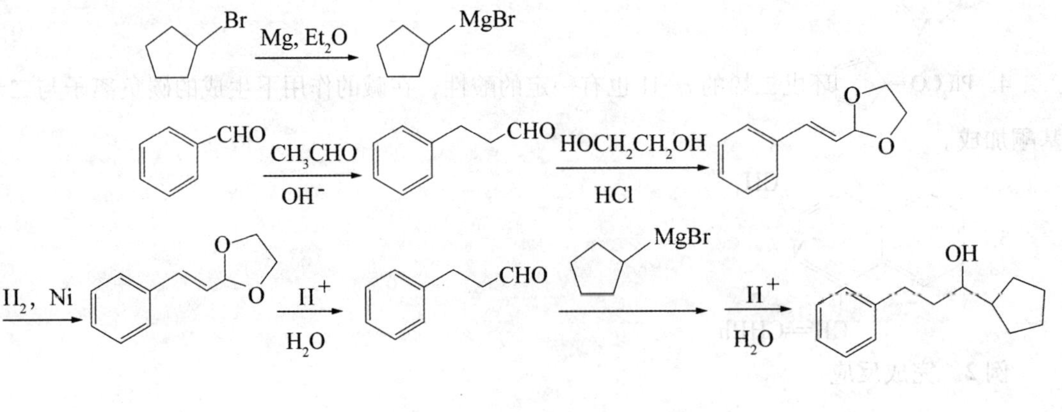

例 4　以 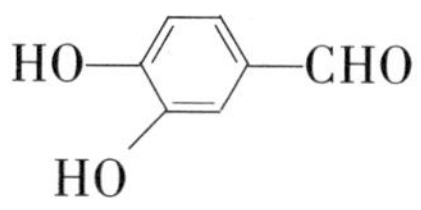 为基础原料，合成 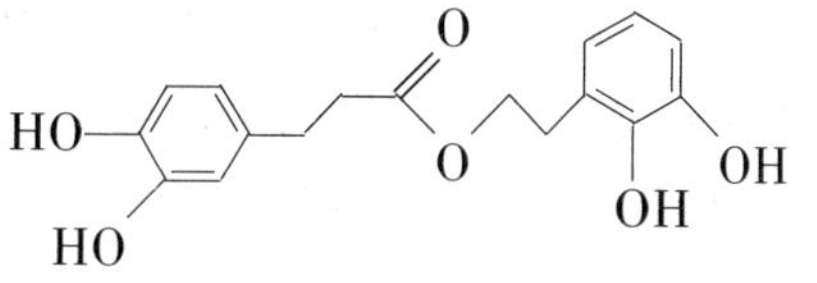。

（中山大学，2005）

［解答］

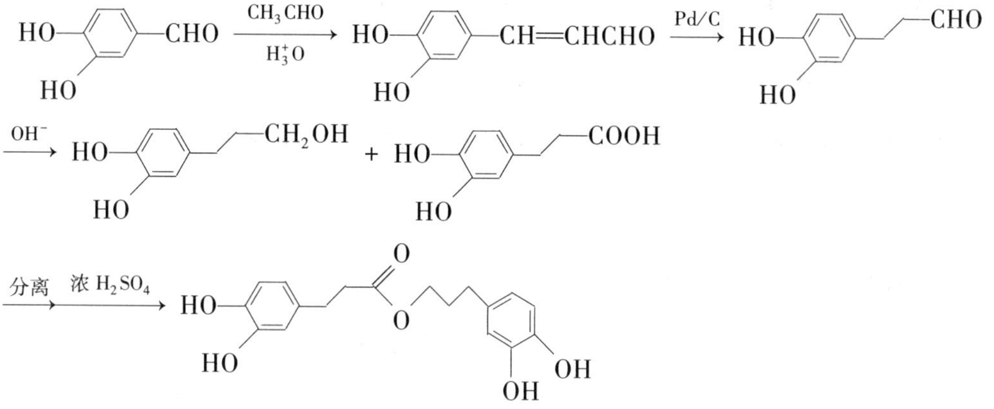

CH_3CHO
H_3^+O
Pd/C
OH^-
分离
浓 H_2SO_4

例 5　写出反应机理：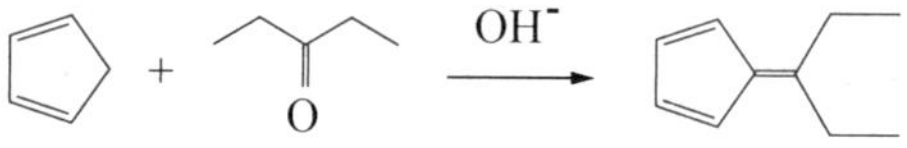

（复旦大学，2009）

［解答］

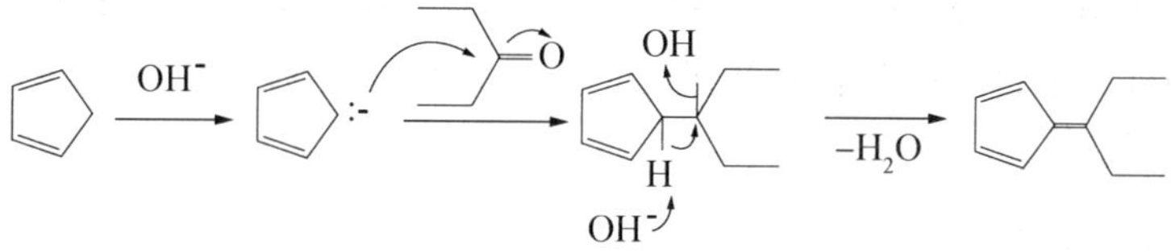

OH^-
$-H_2O$

参考文献

[1]徐莉英，唐哄，董金华，等．2-甲基-5-(E)-(邻甲氧基苯亚甲基)环戊酮 Mannich 碱类化合物的合成及其抗炎活性[J]．中国药物化学杂志，2002，12(1)：1-4.

[2] L. Claisen A. Claparede Ber. , 1881, 14：2460.

[3] L. Claisen A. C. Ponder Ann. , 1884, 233：137.

[4] J. G. Schmidt Ber. , 1881, 14：1459.

[5] E. P. Kohler H M Chadwell, Org. Syn. , I, 1941：71.

[6] H. Henecka. in Houben-Weyl-Müller, 1955, 4, II：28.

[7] 孔祥文．有机化学[M]．北京：化学工业出版社，2010.

[8] 张胜建．药物合成反应[M]．北京：化学工业出版社，2010：224.

[9]姜文凤，陈宏博．有机化学学习指导及考研试题精解(第三版) [M]．大连理工出版社 2005：221.

6.5　Claisen 缩合反应

问题引入

化合物 A 分子式 $C_4H_8O_2$，其 IR 的特征吸收峰(cm^{-1})为 1735，1260，1060，其^{1}HNMR

谱为 1.2(三重峰，3H)，2.0(单峰，3H)，4.1(四重峰，2H)，化合物 A 在 EtONa 催化下发生 Claisen 酯缩合反应生成化合物 B，化合物 B 分子式为 $C_6H_{10}O_3$，B 能发生碘仿反应。B 在 EtONa 作用下与 CH_3I 反应生成化合物 C，化合物 C 分子式为 $C_7H_{12}O_3$。请写出 A、B、C 的结构。

(北京化工大学，2011)

A、B、C 的结构式分别为：

$CH_3COOC_2H_5$，$CH_3COCH_2COOC_2H_5$，$CH_3COCH(CH_3)COOC_2H_5$。

反应概述

乙酸乙酯在乙醇钠作用下两分子间发生酯缩合反应生成 α-乙酰乙酸乙酯，该反应为 Claisen 缩合反应。

$$CH_3COOC_2H_5+CH_3COOC_2H_5 \xrightarrow[2.\ H^+]{1.\ C_2H_5ONa} CH_3\overset{O}{\overset{\|}{C}}CH_2COOC_2H_5 + C_2H_5OH$$

乙酰乙酸乙酯

(75%)

酯分子中的 α-氢由于受羰基影响(σ-π 超共轭和吸电诱导效应)极为活泼，在强碱(如醇钠、金属钠等)的催化下可与另一分子酯发生缩合反应，失去一分子醇，得到 β-酮基酯。这是合成 β-酮基酯的主要方法，称为 Claisen 酯缩合反应[1]。

酯缩合反应相当于一分子酯的 α-氢被另一分子酯的酰基所取代。凡含有 α-氢的酯都有类似的反应。另外，酯也可以与含有活泼亚甲基的其他化合物(醛、酮、腈)在碱的作用下进行类似的缩合反应[2]。

反应机理[3,4]

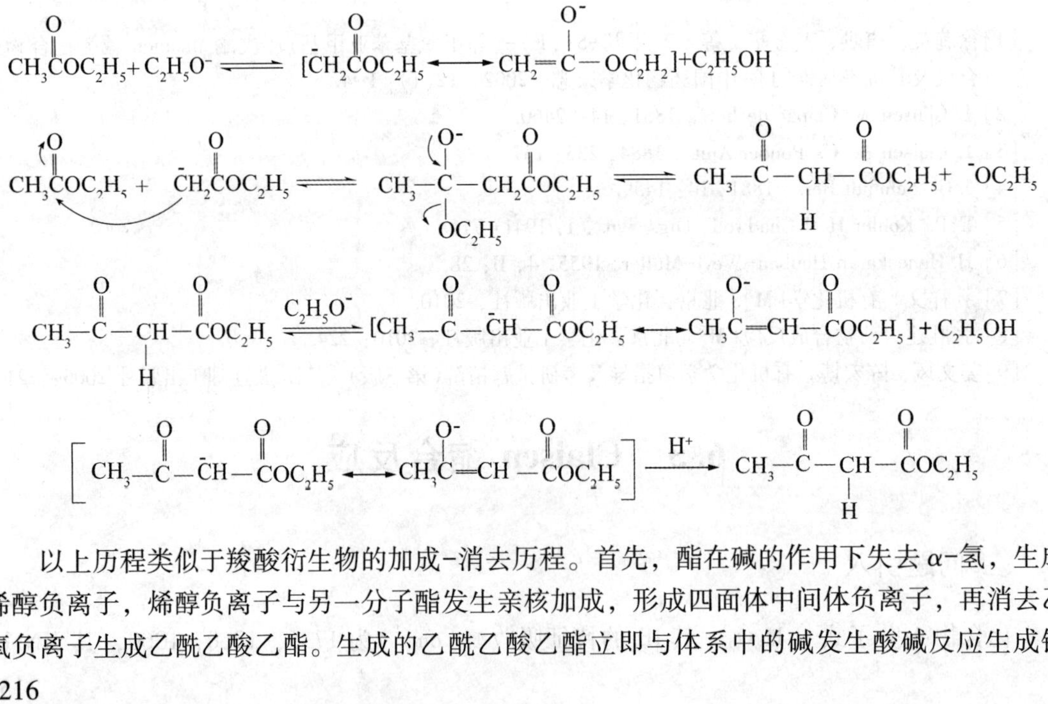

以上历程类似于羧酸衍生物的加成-消去历程。首先，酯在碱的作用下失去 α-氢，生成烯醇负离子，烯醇负离子与另一分子酯发生亲核加成，形成四面体中间体负离子，再消去乙氧负离子生成乙酰乙酸乙酯。生成的乙酰乙酸乙酯立即与体系中的碱发生酸碱反应生成钠

盐。将钠盐酸化即得到乙酰乙酸乙酯。

在上述一系列平衡反应中，只有最后一步平衡反应(乙酰乙酸乙酯立即与体系中的碱发生酸碱反应生成钠盐)对反应是有利的。原因是乙醇的酸性($pK_a \approx 16$)比乙酸乙酯的 α-氢的酸性($pK_a \approx 25$)强，乙醇钠要使酯形成烯醇负离子是比较困难的，反应体系中烯醇负离子的浓度也很低。但产物乙酰乙酸乙酯的 α-氢的酸性($pK_a \approx 11$)较强，乙醇钠能与乙酰乙酸乙酯很容易地发生酸碱反应生成钠盐，从而使上述反应平衡被打破，并使反应不断地向产物方向移动。正因如此，酯缩合反应需要较多的醇钠而不是催化量的。

由于酯的 α-氢酸性小于醛酮，也小于酰氯(但大于酰胺)，所以酯缩合用的碱是醇钠或其他碱性催化剂(如氨基钠)而不是氢氧化钠的水溶液。

一般只含有一个 α-氢的酯因 α-氢的酸性更加弱而较难进行酯缩合反应，需要比 C_2H_5ONa 更强的碱(如氢化钠，氨基钠或三苯甲基钠等)作用下才能进行。例如：

$$2(CH_3)_2CHCOC_2H_5 \xrightarrow{(C_6H_5)_3CNa} \xrightarrow{H_3O^+} (CH_3)_2CH-\overset{O}{\underset{}{C}}-\overset{CH_3}{\underset{CH_3}{C}}-\overset{}{\underset{}{C}}-OC_2H_5$$

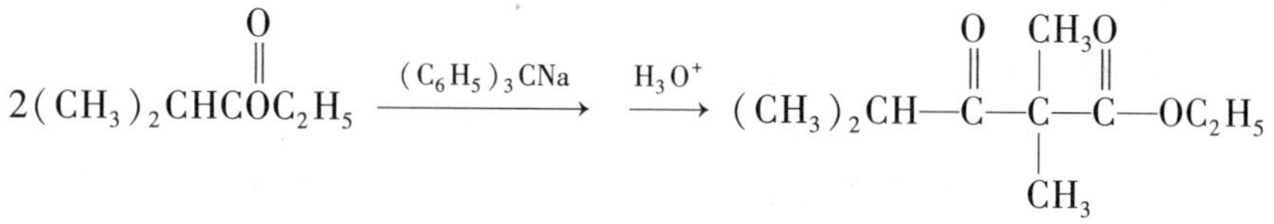

交叉 Claisen 酯缩合反应

当用两种不同的含有 α-氢的酯进行 Claisen 酯缩合时，除了两种酯本身缩合外，两种酯还将交叉地进行缩合，得到四种缩合产物，由于分离的困难，这样所得的产物没有多大用途。如果两个酯中有一种没有 α-氢，只能提供羰基，进行交叉 Claisen 酯缩合反应时，得到两种产物，由于它们的性质一般相差较大，易于分离而有应用价值。无 α-氢的酯如甲酸酯、草酸酯、苯甲酸酯、碳酸酯等。芳香酸酯的酯基一般不够活泼，缩合时需要较强的碱，有足够浓度的碳负离子，才能保证反应进行。例如：

$$C_6H_5-COOCH_3 + CH_3CH_2COOC_2H_5 \xrightarrow{NaH} C_6H_5-\overset{O}{C}-\overset{CH_3}{\underset{-}{C}}-COOC_2H_5 \xrightarrow{H^+} C_6H_5-\overset{O}{C}-\overset{CH_3}{\underset{H}{C}}-COOC_2H_5$$

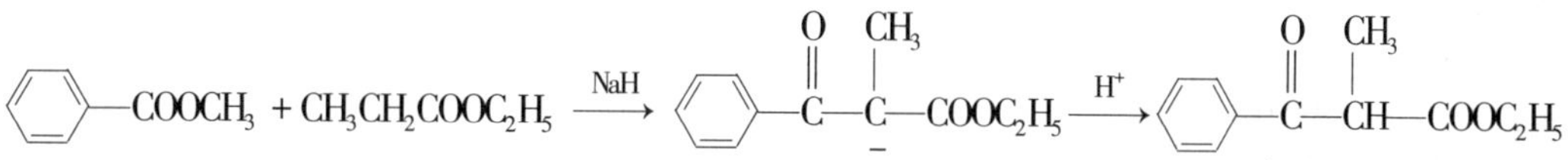

56%

草酸酯由于一个酯基的吸电子诱导作用，增加了另一羰基的亲电作用，所以比较容易和其他的酯发生缩合作用。

$$\begin{array}{c} COOC_2H_5 \\ | \\ COOC_2H_5 \end{array} + CH_3CH_2COOC_2H_5 \xrightarrow[60\sim 70\ ^\circ C]{C_2H_5ONa} CH_3\overset{}{\underset{COOC_2H_5}{CH}}-\overset{O}{\underset{}{C}}-COOC_2H_5$$

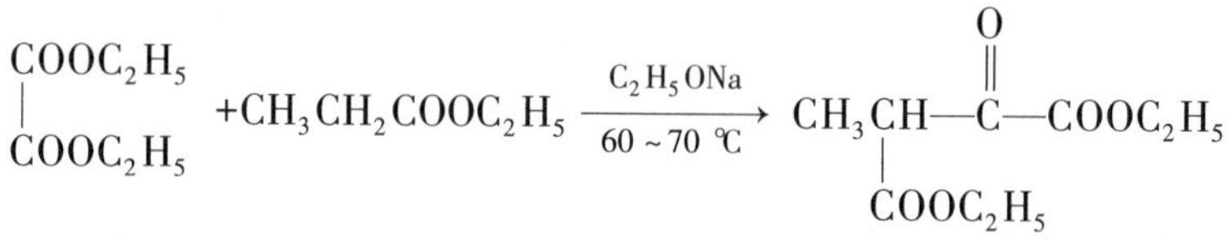

用等摩尔的酯起交叉酯缩合反应，可以使交叉缩合产物成为主要产物。例如：

$$H-\overset{O}{\underset{}{C}}-OC_2H_5 + CH_3-\overset{O}{\underset{}{C}}-OC_2H_5 \xrightarrow[2.\ H^+]{1.\ CH_3CH_2ONa,\ CH_3CH_2OH} H-\overset{O}{\underset{}{C}}-CH_2-\overset{O}{\underset{}{C}}-OC_2H_5$$

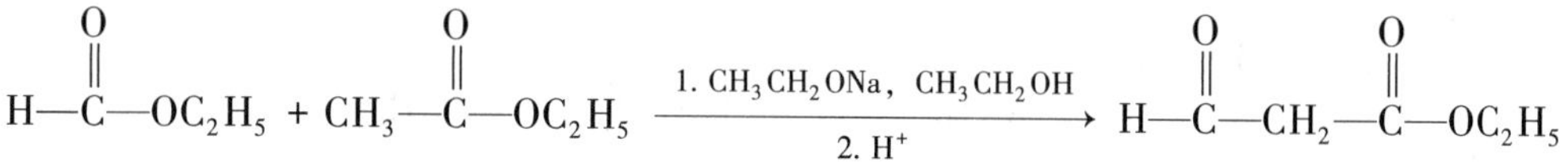

79%

(四川大学，2003)

例题解析

例1 选择题

1. 下列化合物中烯醇化趋势最大的是(　　)。　　　　(中山大学，2016)

A. $CH_3-\overset{\overset{O}{\|}}{C}-CH_2-\overset{\overset{O}{\|}}{C}-OCH_3$　　B. $CH_3-\overset{\overset{O}{\|}}{C}-\underset{\underset{CH_3}{|}}{CH}-\overset{\overset{O}{\|}}{C}-CH_3$

C. $CH_3-\overset{\overset{O}{\|}}{C}-\underset{\underset{Cl}{|}}{CH}-\overset{\overset{O}{\|}}{C}-CH_3$　　D. $CH_3-\overset{\overset{O}{\|}}{C}-CH_2-\overset{\overset{O}{\|}}{C}-CH_3$

2. β-二羰基化合物的烯醇式异构体具有较大稳定性的原因有二。其一，通过烯醇式羟基氧原子构成分子内氢键，形成一个稳定的__________状化合物；其二，烯醇式羟基氧原子上的未共用电子对与碳碳双键和碳氧双键是__________体系，发生了电子的离域，降低了分子的能量。　　　　(华侨大学，2016)

A. 六元环；共轭　　B. 五元环；共轭

3. 乙酰乙酸乙酯的制备方法之一称为__________。　　　　(华侨大学，2016)

A. Williamson 法　　B. Claisen 法

C. Reformatsky 法

4. 下列化合物中烯醇式含量最高的是(　　)。　　　　(苏州大学，2015)

A. 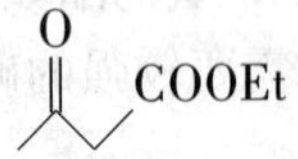
O
COOEt
B. 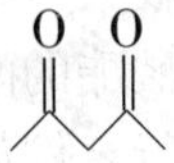
O O

C. 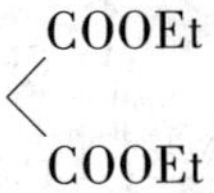
COOEt
COOEt
D. 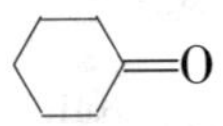
O

5. 下列哪个酯的水解反应速度最快(　　)。　　　　(吉林大学，2005)

A. $ClCH_2COOC_2H_5$　　B. $CH_3COOC_2H_5$

C. $CH_3CH_2COOC_2H_5$　　D. $CF_3COOC_2H_5$

6. 下列化合物发生水解反应活性最大的是(　　)。　　　　(大连理工大学，2004)

A. 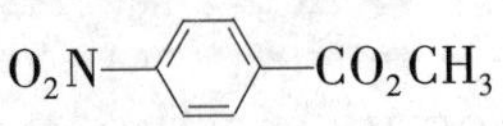
O2N
CO2CH3
B. 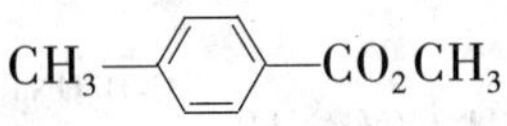
CH3
CO2CH3

C. 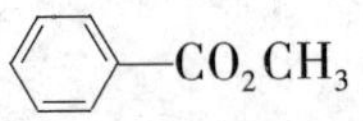
CO2CH3

7. 烯醇式含量最多的化合物是(　　)。　　　　(中山大学，2005)

A. 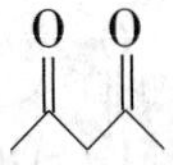
O O
B. 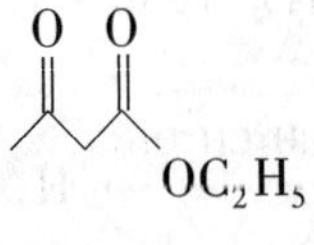
O O
OC2H5
C. 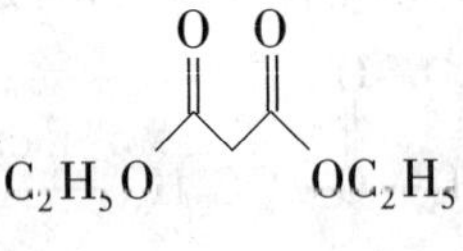
O O
C2H5O
OC2H5

D. 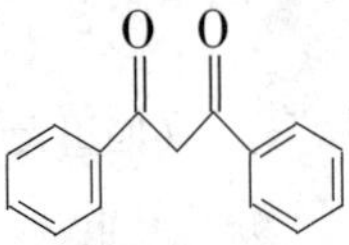
O O
E. 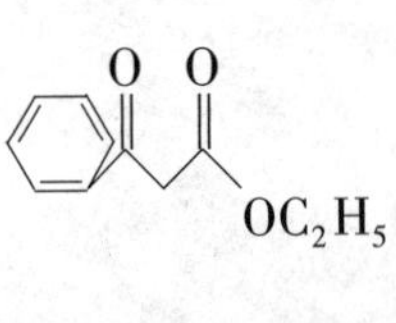
O O
OC2H5

［解答］1. C　2. A　3. B　4. B　5. D　酯水解反应的速度与空间位阻和电子效应有关，羰基上有吸电子基团、空间位阻小有利于水解反应。

6. A　羧酸酯水解反应时，吸电子基团的活性增加。

7. D

例 2　填空题

1. 将下列化合物按它们的烯醇式含量多少排列成序（　　）。（山东大学，2016）

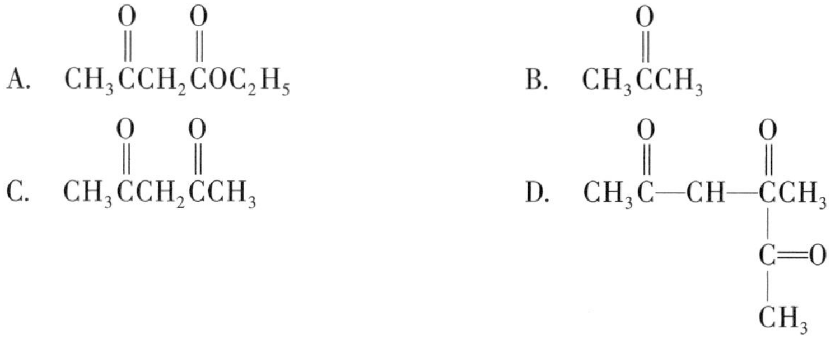

2. 将下列化合物按酸性大小排序（　　）。（浙江工业大学，2004）

A. $CH_3COCH_2COCH_3$　B. 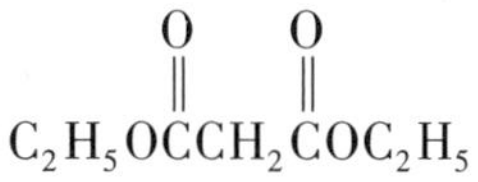

C. $CH_3COCH_2COOC_2H_5$

［解答］1. D>C>A>B　2. A>C>B

例 3　下列反应有无错误，若存在错误，请指出错误之处。

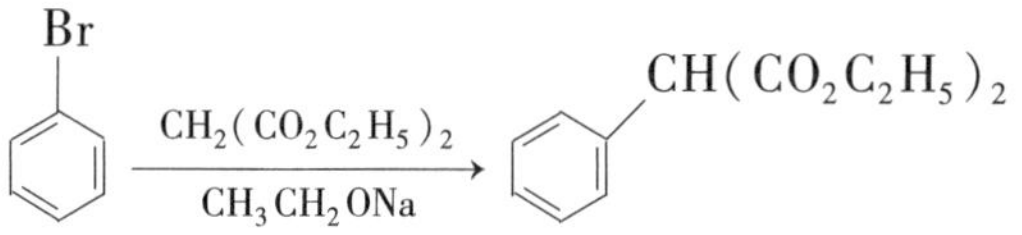

（中山大学，2003）

［解答］错误。由于溴与苯环发生 p-π 共轭，亲核试剂（丙二酸二乙酯负离子）难以取代溴，故反应难以发生。

例 4　某酯类化合物 A（$C_5H_{10}O_2$）。用乙醇钠的乙醇溶液处理，得到另一个酯 B（$C_8H_{14}O_3$）。B 能使溴水褪色，将 B 用乙醇钠的乙醇溶液反应后再与碘乙烷反应，又得到另一个酯 C（$C_{10}H_{18}O_3$）。C 和溴水在室温下发生反应，把 C 用稀碱水解后再酸化、加热，即得到一个酮 D（$C_7H_{14}O$）。D 不发生碘仿反应，用锌汞齐还原则生成 3-甲基己烷。试推测 A、B、C、D 的结构并写出各步反应式。（江南大学，2003）

［解答］

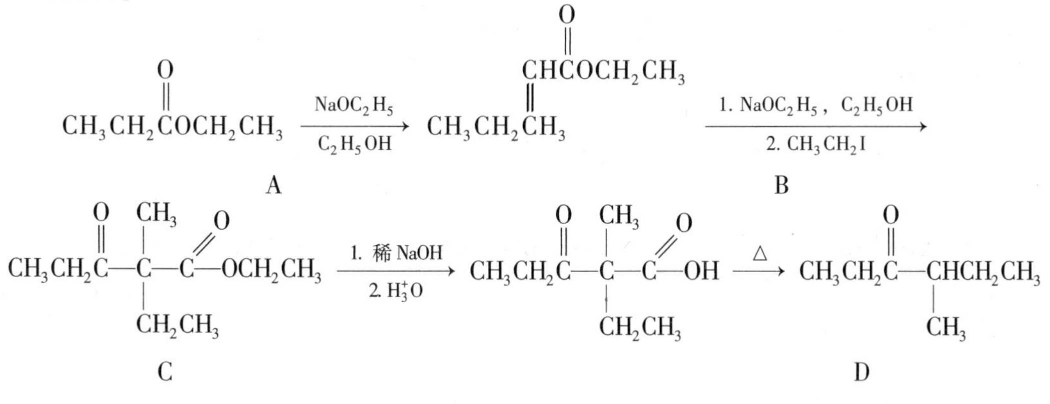

例 5 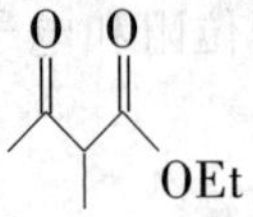 在 EtOH 中用 EtONa 处理后，加入环氧乙烷，得到一新的化合物 $C_7H_{10}O_3$，此化合物的光谱数据如下：IR 1745 cm^{-1}，1715 cm^{-1}；^{1}HNMR δ-1.3(单峰 3H)，1.7(三重峰 2H)，2.1(单峰 3H)，3.9(三峰 2H)，写出产物的结构式，并注明峰的归属。

（南开大学，2015）

[解答]

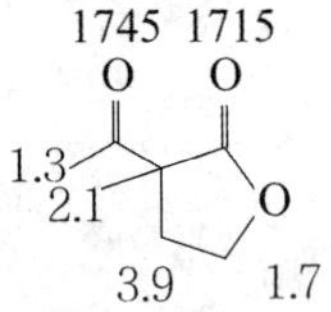
1745 1715
1.3
2.1
3.9
1.7

参考文献

[1] Claisen. R. L, Lowman O. Ber. 1887, 20: 651.

[2] 孔祥文. 有机化学[M]. 北京：化学工业出版社，2010：114.

[3]【美】李杰(Jie Jack Li)著. 荣国斌译，朱士正校. 有机人名反应及机理[M]. 上海：华东理工大学出版社，2003：73.

[4] Jie Jack Li. Name Reaction, 4th ed. [M]. Springer-Verlag Berlin Heidelberg, 2009: 113.

6.6 Darzens 缩水甘油酸酯缩合

问题引入

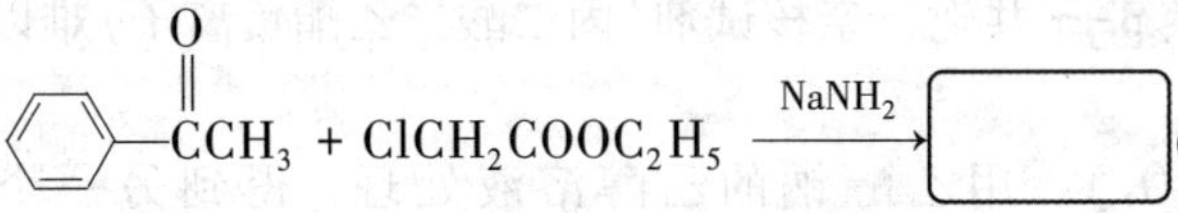
NaNH2

（华东理工大学，2014；复旦大学，2008）

在氨基钠作用下，苯乙酮与 α-氯代乙酸乙酯反应生成环氧羧酸酯 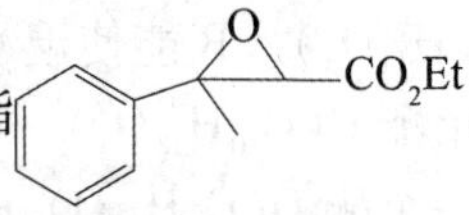。

反应概述

醛或酮在强碱(如醇钠、醇钾、氨基钠等)作用下与 α-卤代羧酸酯发生缩合生成 α，β-环氧羧酸酯(即缩水甘油酸酯)的反应称为 Darzens 反应[1]。例如：

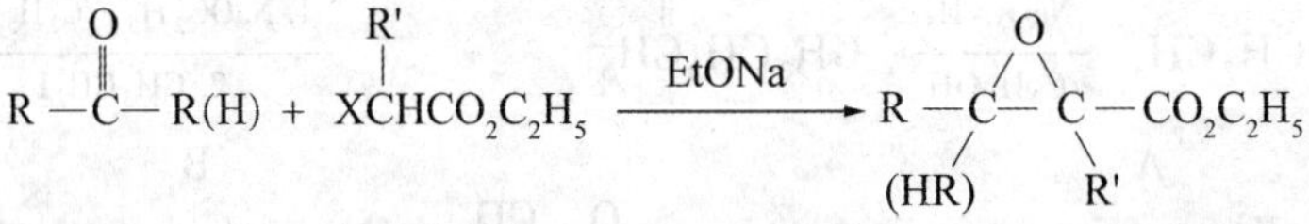
EtONa

该反应适用于脂肪族、脂环族、芳香族、杂环以及 α，β-不饱和醛或酮，但脂肪醛的反应产率较低。含 α-活泼氢的其他化合物，如 α-卤代醛、α-卤代酮、含 α-卤代酰胺等亦能与醛类或酮类发生类似的反应[2]。例如：

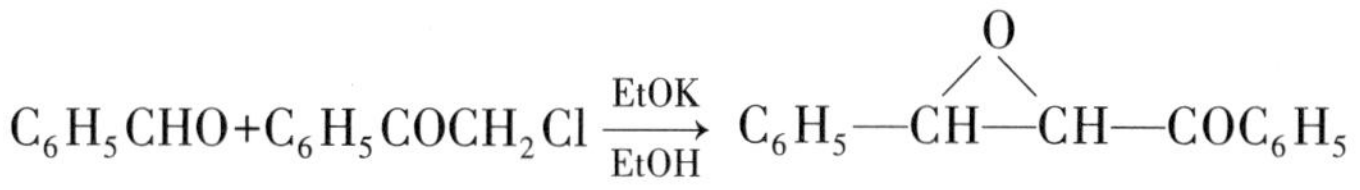

反应通式

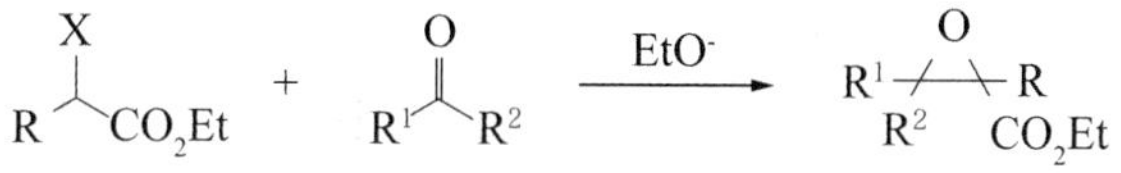

反应机理[3]

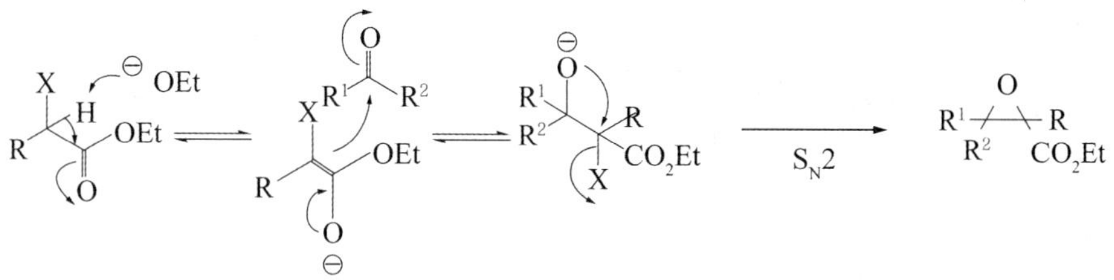

α-卤代羧酸酯在碱的作用下，形成α-碳负离子，随即与醛或酮的羰基碳原子进行亲核加成得烷氧负离子，接着发生分子内的亲核取代反应，烷氧负离子进攻 C—X 键的碳原子，卤原子离去，生成α，β-环氧羧酸酯。例如：

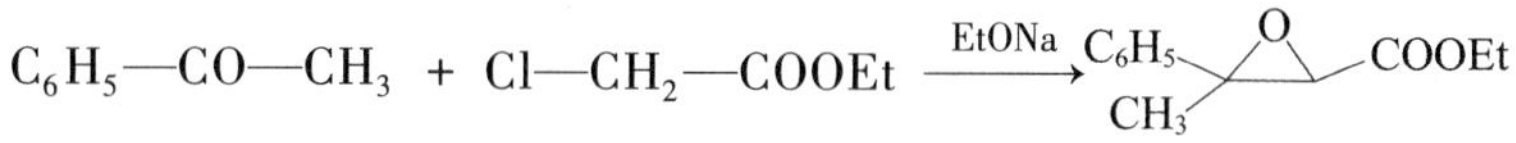

（兰州大学，2003）

生成的α，β-环氧羧酸酯性质比较活泼，经水解、加热脱羧可制的较原来多一个碳原子的醛或酮：

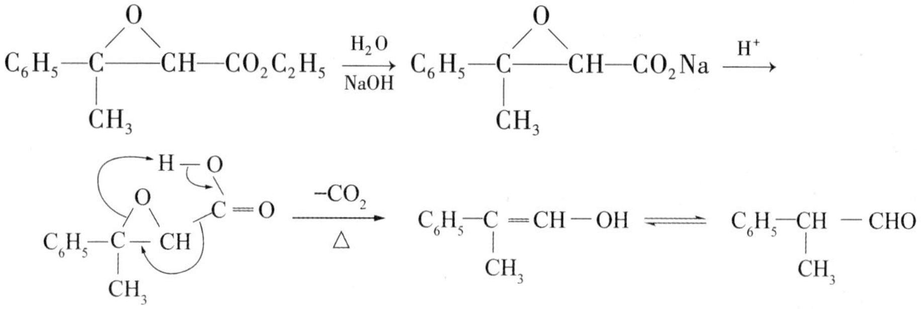

通常是将α，β-环氧酸酯用碱水解后，继续加热脱羧，也可以将碱水解物用酸中和，然后加热脱羧制得醛或酮，如维生素 A(retional)中间体十四碳醛制备[5]（南开大学，2013）。

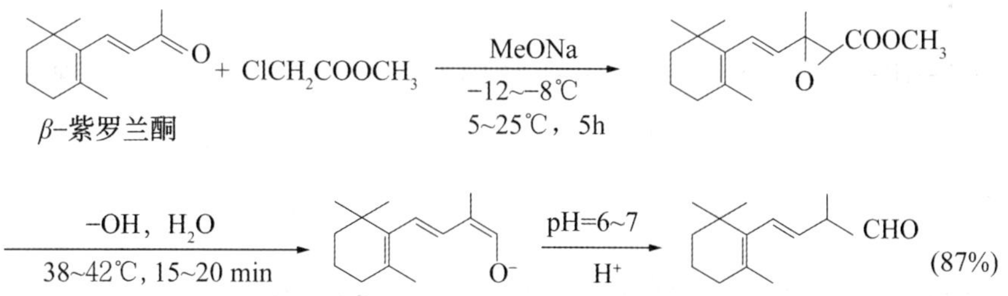

例题解析

例 1 选择题

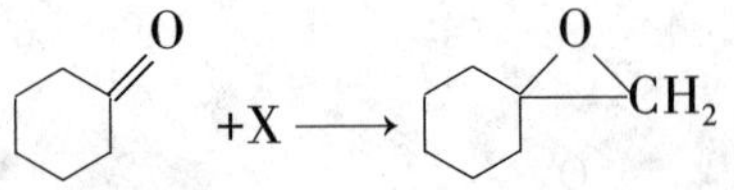

，其中 X =（ ）。 （中国科技大学，2010 年）

A. $Ph_3P=CH_2$　　　　B. $(CH_3)_3Si-\overset{-}{C}HCH_2R\overset{+}{Li}$

C. $Ph_3\overset{+}{P}-\overset{-}{C}H_2$　　　　D. $(CH_3)_2-\overset{+}{S}-\overset{-}{C}H_2$

[解答] D

例 2 填空题

1. 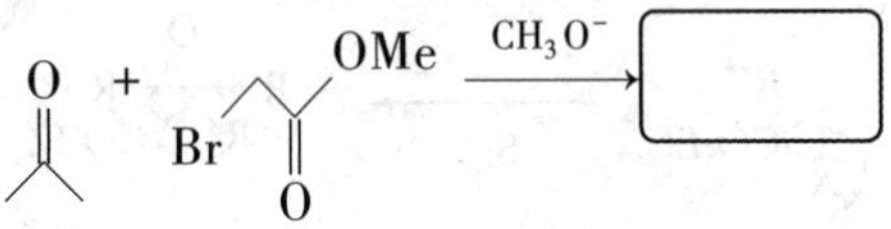 （吉林大学，2005）

2. 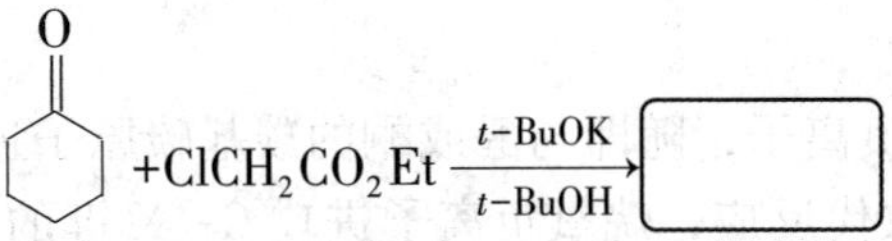 （复旦大学，2004）

[解答]

1. 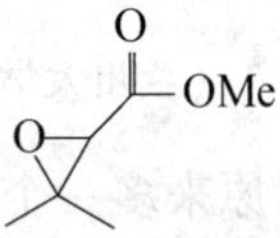 2. 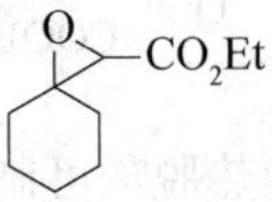

例 3 机理题

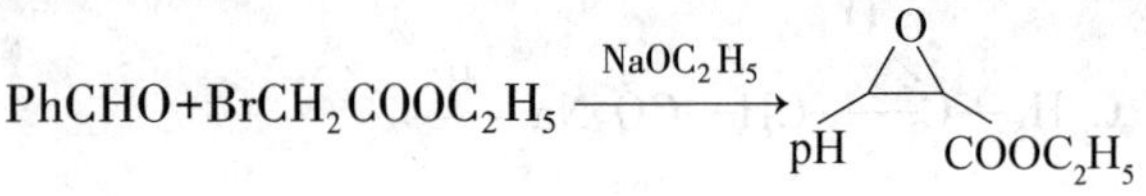 （中国科学技术大学，2016）

[解答]

$$Br-CH_2-COOEt \xrightarrow{EtONa} Br-\overset{-}{C}H-COOEt$$

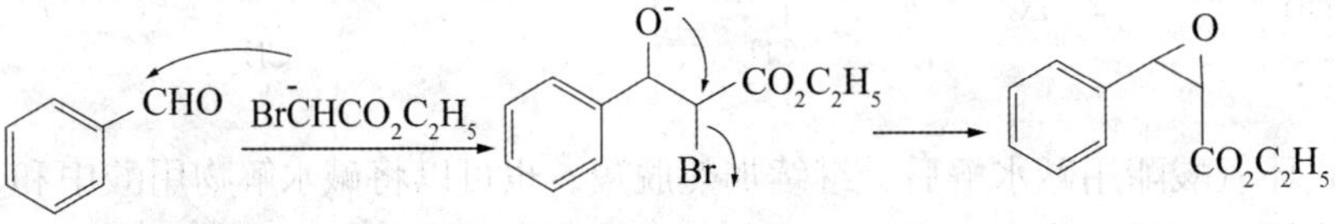

例 4 由指定原料和不多于两个碳的有机物合成[4]

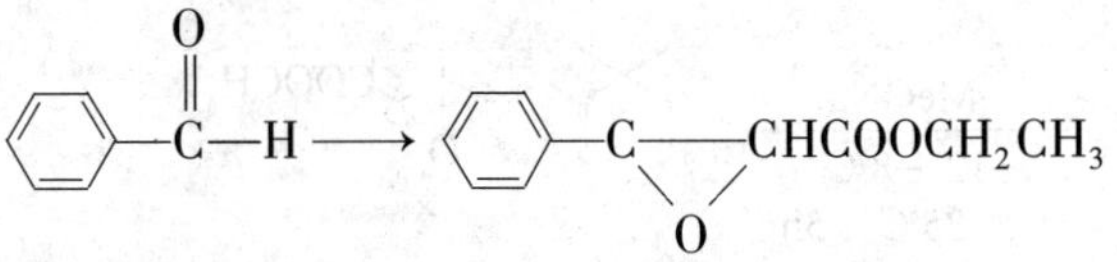 （浙江大学，2003）

[解答]

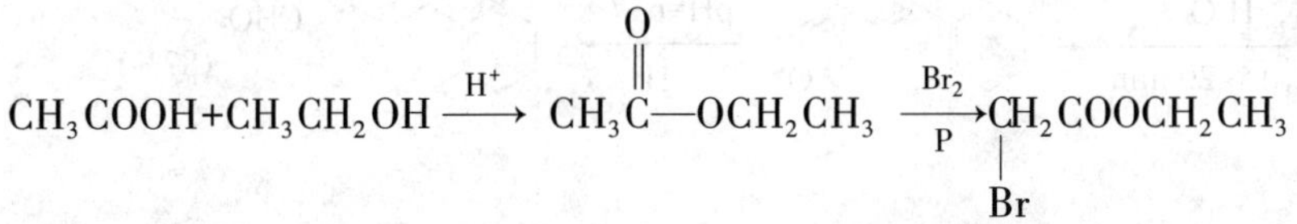

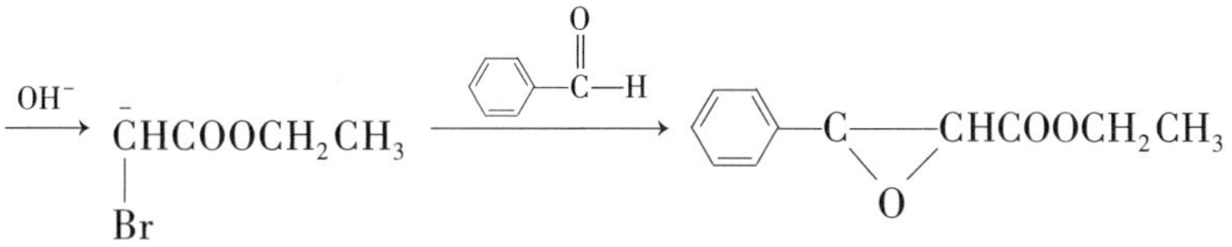

参考文献

[1] Darzens G. A. Compt. Rend. Acad. SCl. 1904, 139: 1214 - 1217.

[2] 孔祥文. 有机化学[M]. 北京：化学工业出版社，2010：114.

[3] Jie Jack Li. Name Reaction, 4th ed. [M]. Springer-Verlag Berlin Heidelberg, 2009: 169.

[4] 吴范宏. 有机化学学习与考研指津[M]. 北京：华东理工大学，2008.

[5] 张力学. 大学有机化学基础习题与考研解答[M]. 上海：华东理工大学出版社，2006：144.

6.7　Dieckmann 缩合反应

问题引入

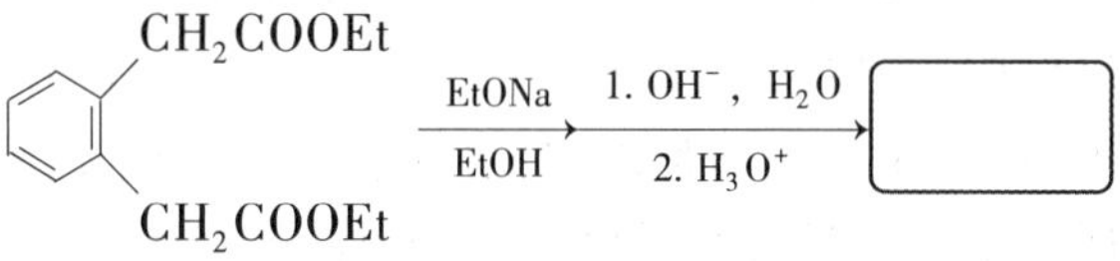

（西北大学，2011）

邻苯二乙酸乙酯在乙醇钠作用下发生分子内酯缩合反应，再经水解酸化得 2-茚满酮，其结构式分别为：

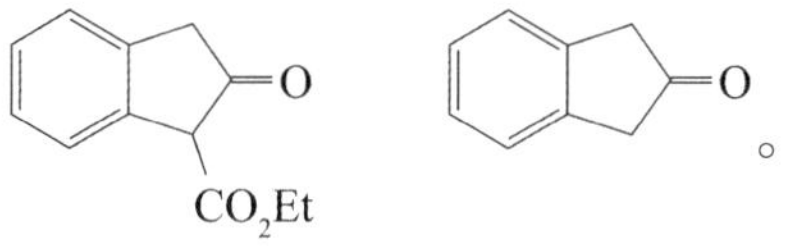

。

反应概述

这种二酸酯在醇钠作用下进行的分子内酯缩合反应，称为 Dieckmann 缩合反应[1]，也称 Dieckmann 闭环反应，生成五元和六元环状 β-酮酸酯[2]。例如：

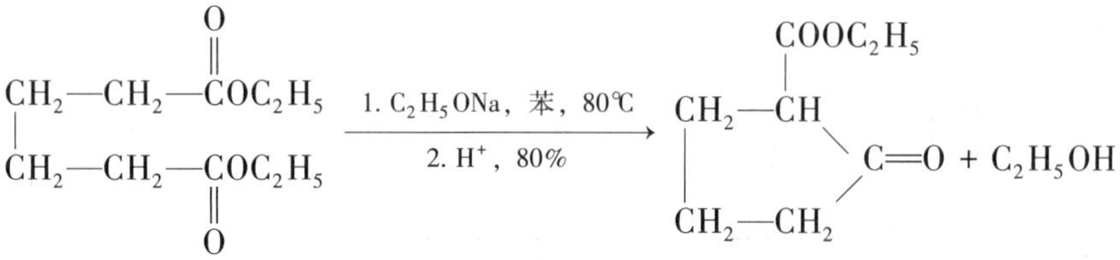

（中国科学技术大学，2016）

Dieckmann 缩合反应是二元羧酸酯类在金属钠、醇钠或氢化钠等碱性缩合剂作用下发生的酯缩合反应，生成 β-环状的酮酸酯。反应通常在苯、甲苯、乙醚、无水乙醇等溶剂中进行，缩合产物经水解，脱羧可得脂环酮。请写出下述反应机理。

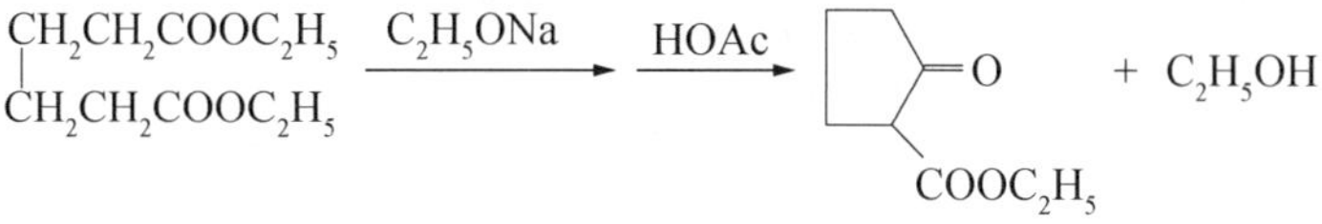

（山东大学，2016）

反应机理[3、4]

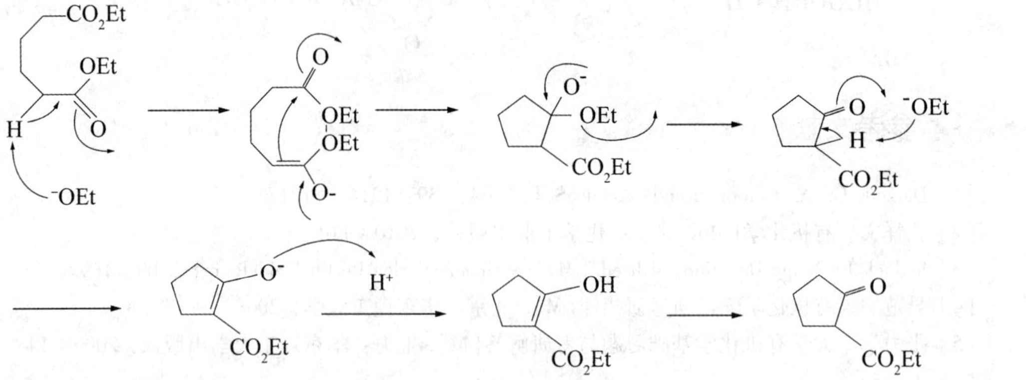

首先，己二酸二乙酯在乙氧负离子的作用下失去一个 α-氢形成烯醇负离子，烯醇负离子进攻分子中的另一个酯羰基碳原子发生亲核加成，形成四面体中间体烷氧负离子，再消去乙氧负离子生成2-环戊酮甲酸乙酯。生成的2-环戊酮甲酸乙酯立即与体系中的乙氧负离子进行质子转移生成钠盐，该钠盐经酸化处理即得到2-环戊酮甲酸乙酯。

假若分子中的两个酯基被四个或四个以上的碳原子隔开，便会通过 Dieckmann 缩合反应，形成五元环或更大环的内酯。在该反应中 α-位取代基能影响反应速率，含有不同取代基的化合物依下列次序递减：—H>—CH_3>—C_2H_5。不对称的二元羧酸酯发生分子内酯缩合时，理论上应得到两种不同的产物，但通常得到的是酸性较强的 α-碳原子与羰基缩合的产物，因为这个反应是可逆的，因此最后产物是受热力学控制的，得到的总是最稳定的烯醇负离子。

例题解析

例 1　写出下列反应产物

1. 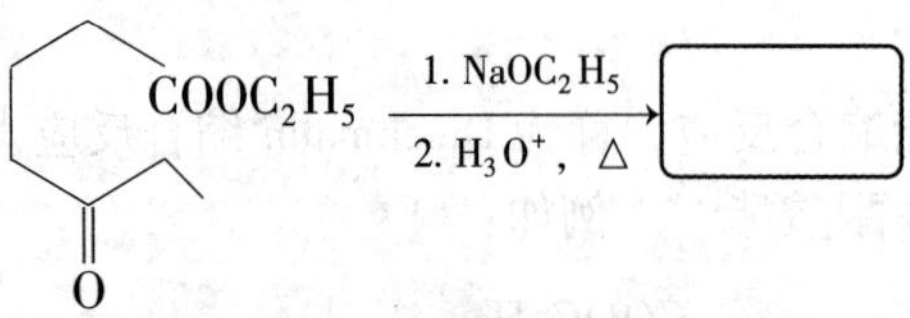
COOC2H5
1. NaOC2H5
2. H3O+, △
O
（北京理工大学，2006）

2. 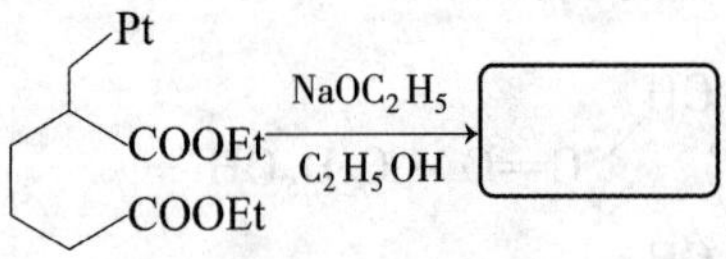
Pt
COOEt
COOEt
NaOC2H5
C2H5OH
（武汉大学，2006）

3. 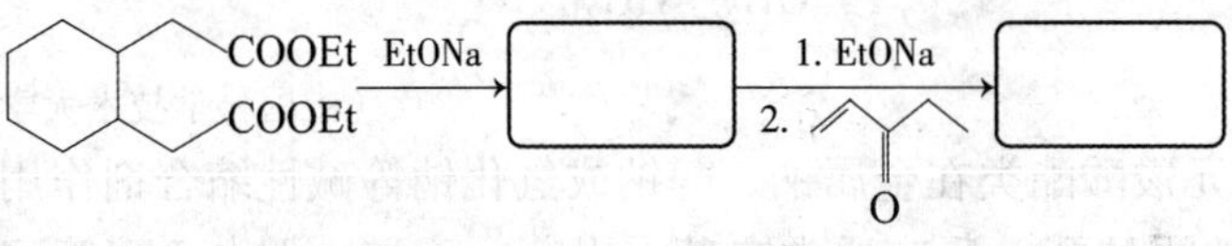
COOEt
COOEt
EtONa
1. EtONa
2.
O
（中山大学，2006）

[解答]

1. 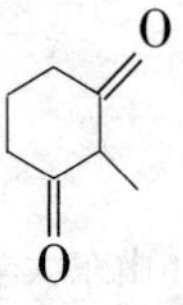　2. 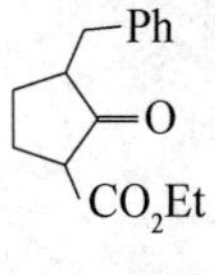　3. 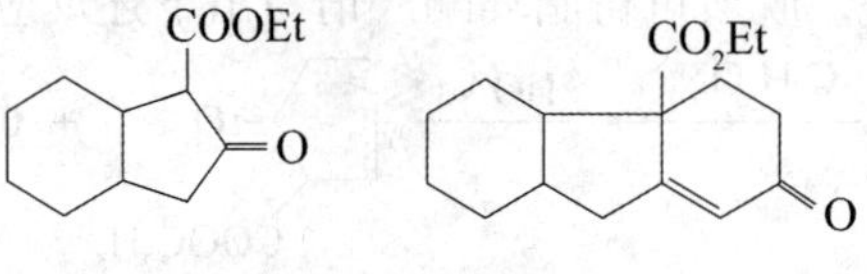

例 2 写出反应机理

1. 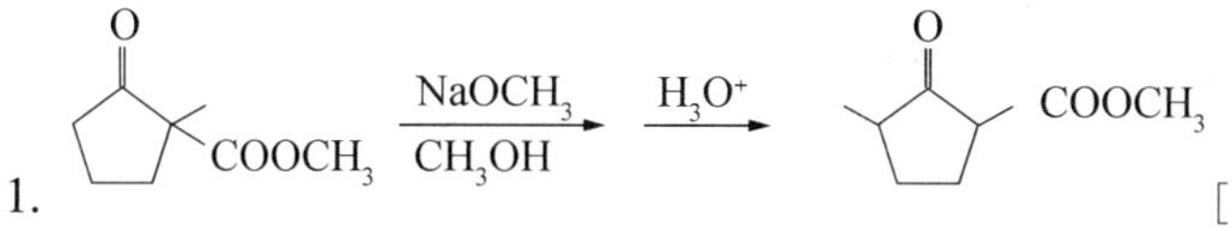

［浙江工业大学，2014；青岛科技大学，2012；复旦大学，2012；中国科学院，2009；石油大学(华东)，2004］

［**解答**］反应物是不含活泼氢的β-酮酸酯，不稳定，发生酯缩合的逆反应，再发生酯缩合生成较稳定的β-酮酸酯。

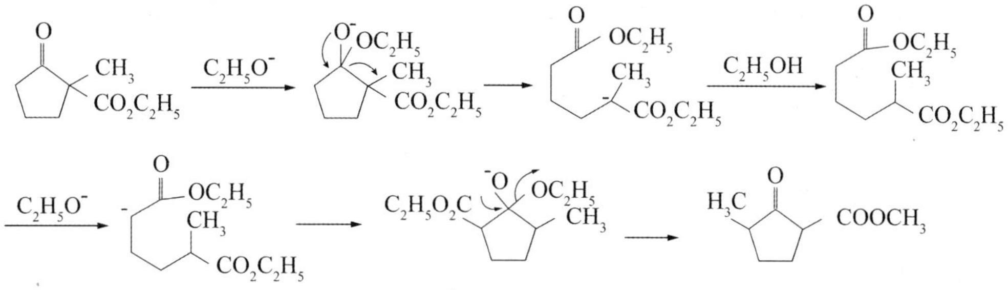

2. 由环已酮和甲苯出发合成：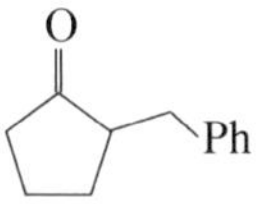 （陕西师范大学，2004）

［**解答**］环已酮变为相应的酮酸酯后烷基化，最后除去酯基。

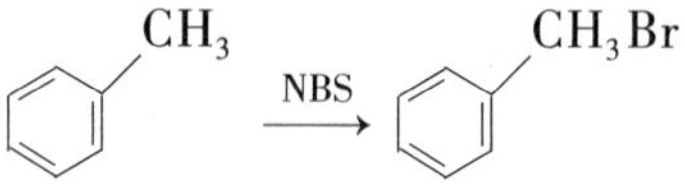

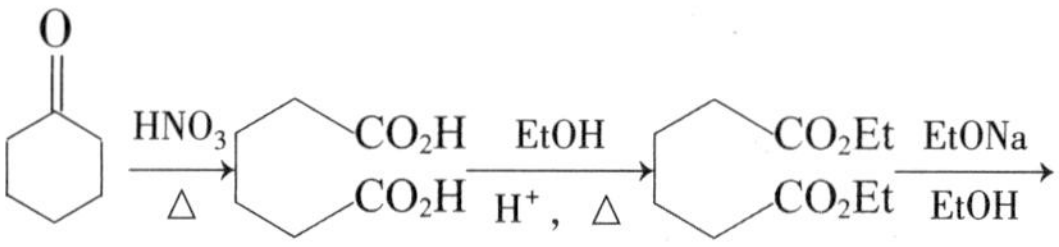

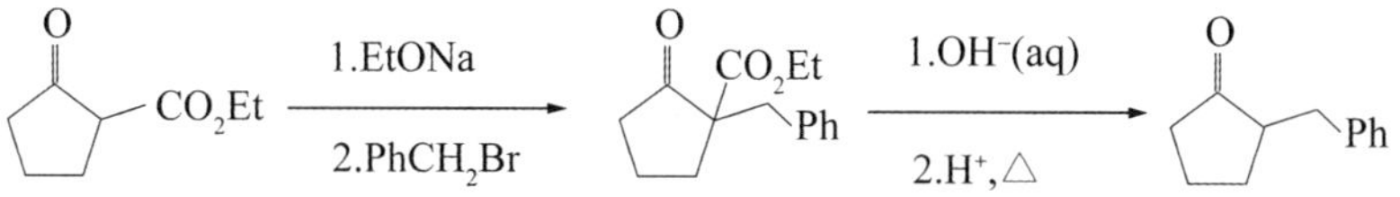

参考文献

［1］Dieckmann W. Ber. 1894，27：102.
［2］孔祥文. 有机化学［M］. 北京：化学工业出版社，2010：114.
［3］［美］李杰(Jie Jack Li)著. 荣国斌译，朱士正校. 有机人名反应及机理［M］. 上海：华东理工大学出版社，2003：110.
［4］Jie Jack Li. Name Reaction，4th ed.［M］. Springer-Verlag Berlin Heidelberg，2009：182.

6.8 Henry 硝醇反应

问题引入

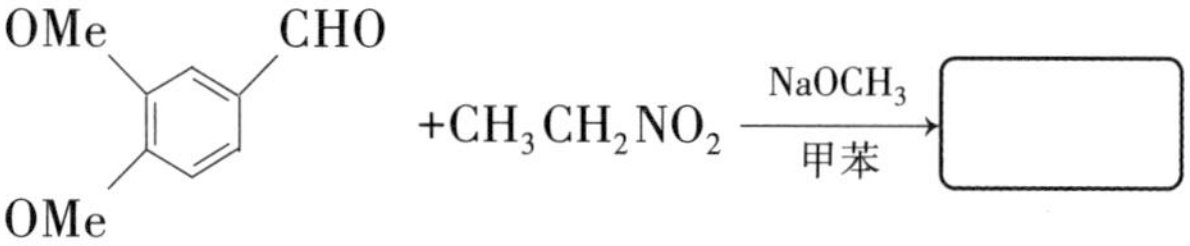

（复旦大学，2005）

上述反应产物的结构为：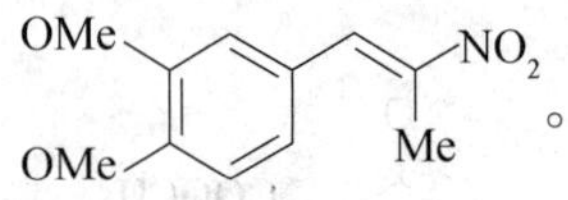。

反应概述

含 α-H 的硝基化合物在碱的作用下可脱去 α-H 形成碳负离子，因此含 α-H 的硝基化合物可以在碱性条件下与羰基化合物发生缩合反应生成 β-硝基醇，该反应称为 Henry 硝醇反应[1]。包括醛和由硝基烷烃在碱作用下去质子化产生的氮酸酯之间的硝醇缩合。

反应通式

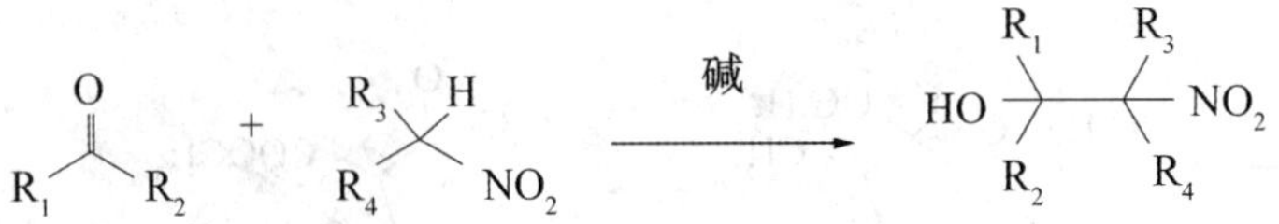

反应机理[2,3]

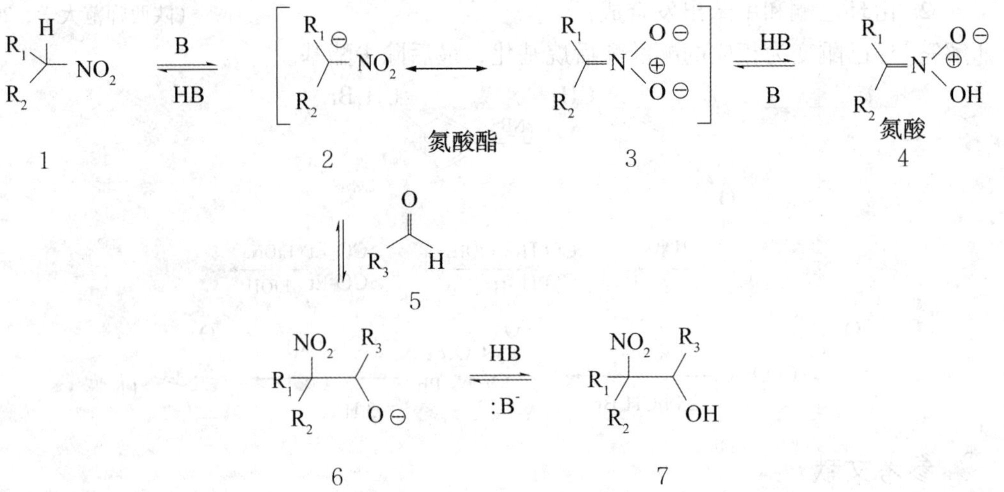

含 α-H 的硝基物(1)在碱作用下失去 α-H 形成（2)和(3)叠加的共振杂化体氮酸酯，氮酸酯经酸化可得氮酸(4)；氮酸酯与醛酮(5)的羰基发生 Aldol 反应形成 β-烷氧负离子(6)，酸化得到 β-羟基硝基物(β-硝基醇)（7)。

例题解析

例 1 选择题

1. 下列化合物中，（　　)能溶于氢氧化钠溶液中。

A. 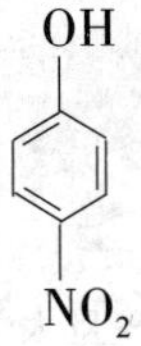

B. 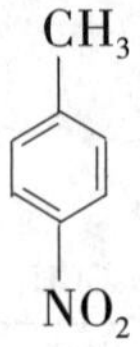

C. $(CH_3)_3CNO_2$

D. $CH_3CH_2CH_2NO_2$

E. $CH_3CH—NO_2$ （大连理工大学，2003）
　　 |
　　CH_3

[解答]A，D，E

2. 下列化合物哪些可溶于 HCl，哪些可溶于 NaOH 溶液？（河北工业大学，2002）

A. $CH_3CH_2CH_2NO_2$

B. 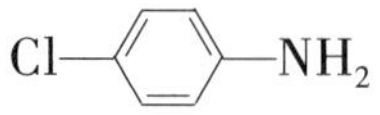

C. $CH_3—CH—NH_2$
　　　 |
　　　CH_3

D. $CH_3—CHNO_2$
　　　 |
　　　CH_3

[解答]可溶于 HCl 的碱性化合物：B、C。可溶于 NaOH 的酸性化合物：A、D。

在脂肪族硝基化合物中，含有 α-H 原子的（脂肪族伯或仲硝基化合物）能逐渐溶于氢氧化钠溶液而生成钠盐，说明它们具有一定的酸性。

$$R—\overset{\alpha}{C}H_2—NO_2+NaOH \longrightarrow [R—CH—NO_2]^-Na^++H_2O$$

这是因为具有 α-H 的硝基化合物存在 σ，π-超共轭效应，导致发生互变异构现象的结果：

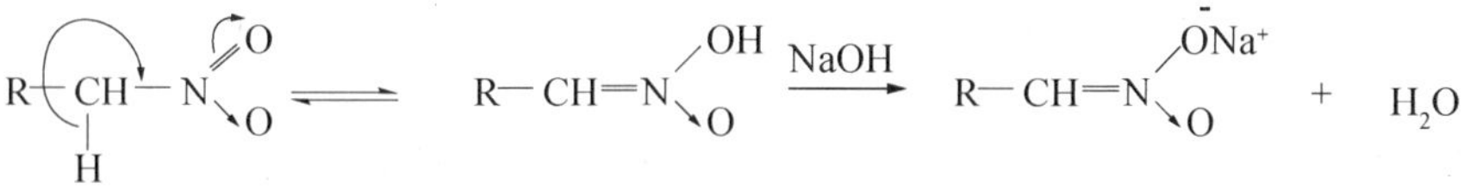

假酸式(也称为硝基式)　　　　酸式

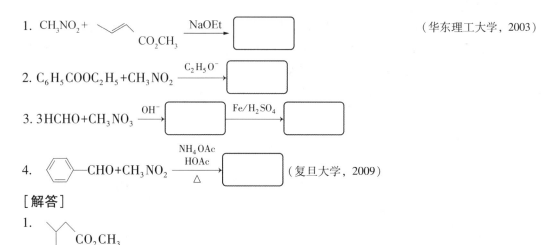

假酸式-酸式互变异构中，酸式可以逐渐异构成为假酸式，达到平衡时，就成为主要含有假酸式的硝基化合物。虽然酸式含量一般较低，但是加入碱可以破坏酸式和假酸式之间的平衡，假酸式不断转变为酸式直至全部转化为酸式的钠盐，如将该盐小心酸化则可以得到纯酸式结构的产物。酸式分子可与溴的四氯化碳溶液加成，与三氯化铁发生显色反应[4]。

例 2　分离与鉴别

A. $CH_3(CH_2)_4CH_2NO_2$

B. $CH_3(CH_2)_4CH_2NH_2$

C. $CH_3(CH_2)_4CH_3$ （浙江工业大学，2001）

[解答]加 $NaNO_2/HCl$ 有 N_2 放出的为 B，能溶于 NaOH 溶液的为 A。

例 3　写出下列反应的主要产物

1. 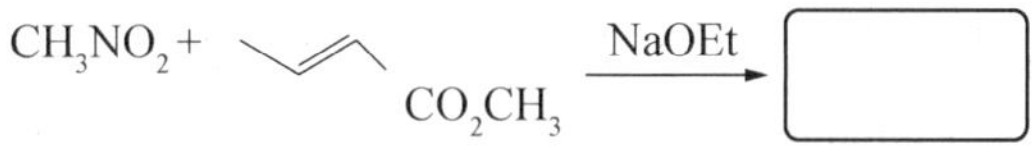 （华东理工大学，2003）

2. 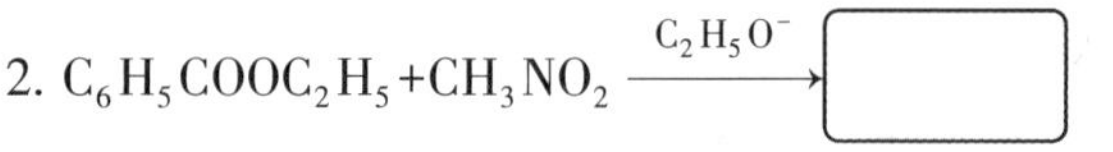

3. 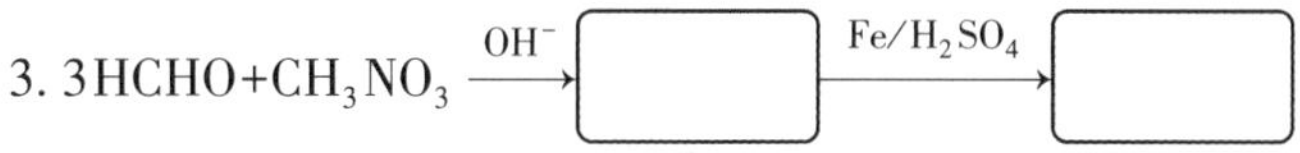

4. 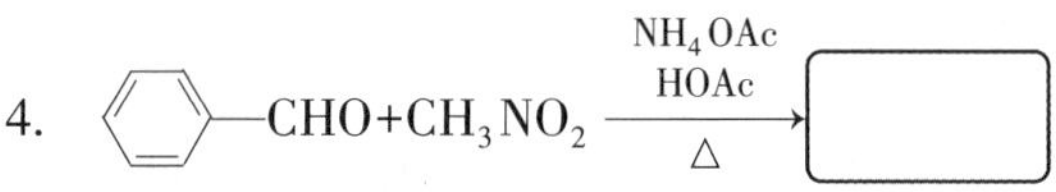 （复旦大学，2009）

[解答]

1. 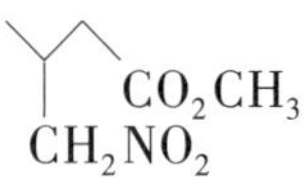

2. $C_6H_5COCH_2NO_2 + C_2H_5OH$

3. $HOCH_2-C(CH_2OH)_2-NO_2$，$HOCH_2-C(CH_2OH)_2-NH_2$ 4. 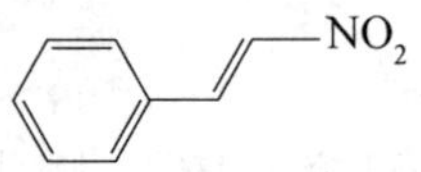
NO2

例 4 由指定原料合成 $(CH_3)_2CHI \longrightarrow (CH_3)_2C(NH_2)-CH_2OH$ （复旦大学，2008）

［解答］

$$(CH_3)_2CHI \xrightarrow{AgNO_2} (CH_3)_2CHNO_2 \xrightarrow{HCHO} (CH_3)_2C(NO_2)-CH_2OH \xrightarrow[\text{Raney Ni}]{H_2} (CH_3)_2C(NH_2)-CH_2OH$$

参考文献

[1] Henry. L. Compt. Rend. 1895, 120: 1265 - 1268.

[2]［美］李杰(Jie Jack Li)著．荣国斌译，朱士正校．有机人名反应及机理[M]．上海：华东理工大学出版社，2003：183.

[3] Jie Jack Li. Name Reaction, 4th ed. [M]. Springer-Verlag Berlin Heidelberg, 2009: 284.

[4]孔祥文．有机化学[M]．北京：化学工业出版社，2010．

6.9 Horner-Wadsworth-Emmons 反应

问题引入

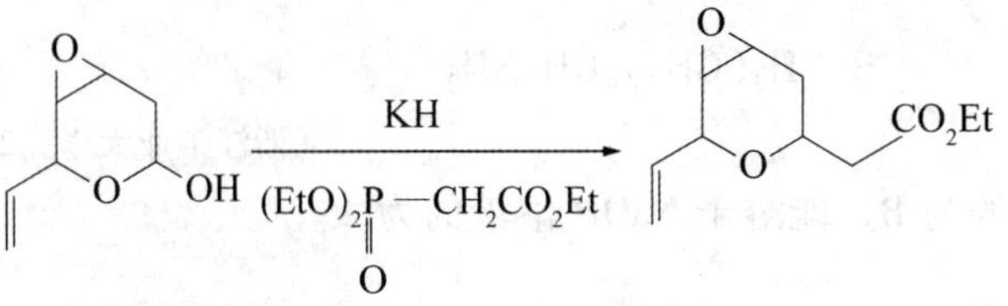
KH
(EtO)2P—CH2CO2Et
O
OH
O
CO2Et

（复旦大学，2012）

如何实现上述转变？

首先α-乙氧羰基甲基膦酸二乙酯在氢化钾作用下形成磷 Ylide，然后与3，4-环氧-5-羟基-6-庚烯醛发生 Horner - Wadsworth - Emmons(HWE)反应，最后分子内进行 Michael 加成反应得到目标产物。化学反应方程式如下：

$$(EtO)_2P(=O)-CH_2CO_2Et \xrightarrow{KH} (EtO)_2P(=O)-\bar{C}HCO_2Et$$

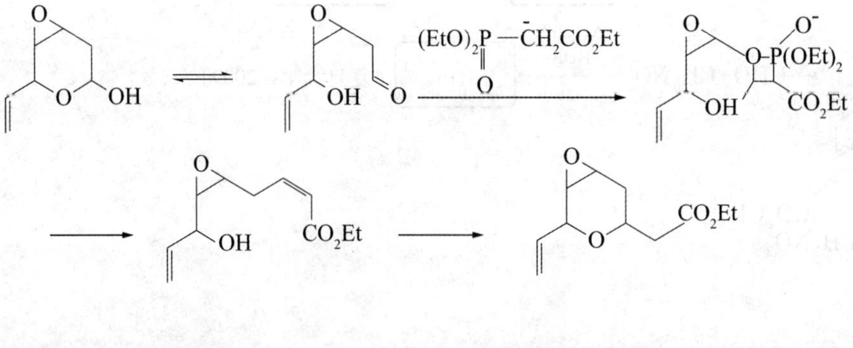
O
OH
(EtO)2P—CHCO2Et
O
O-
O-P(OEt)2
CO2Et
CO2Et

反应概述

醛或酮与 α-碳上连有吸电子基团的膦酸酯在碱作用下反应得到烯烃，该反应称为 Horner - Wadsworth - Emmons(HWE)反应[1~4]，副产物为水溶性 *O*，*O*-二烷基磷酸盐[5]，很容易通过水溶液萃取而与生成的不饱和酸酯分离，故后处理较相应的 Wittig 反应简单得多。

反应通式

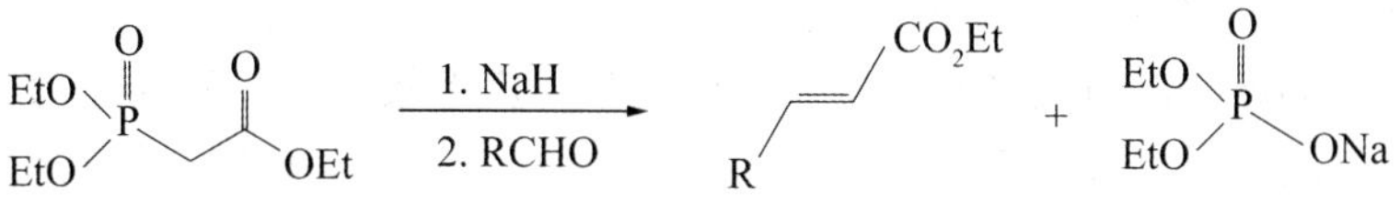

反应机理

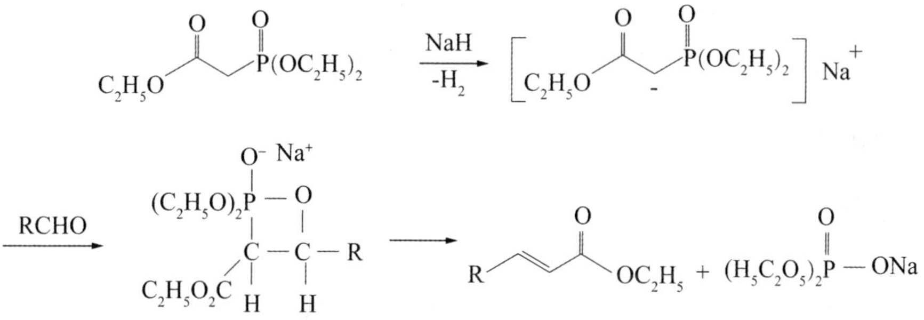

或

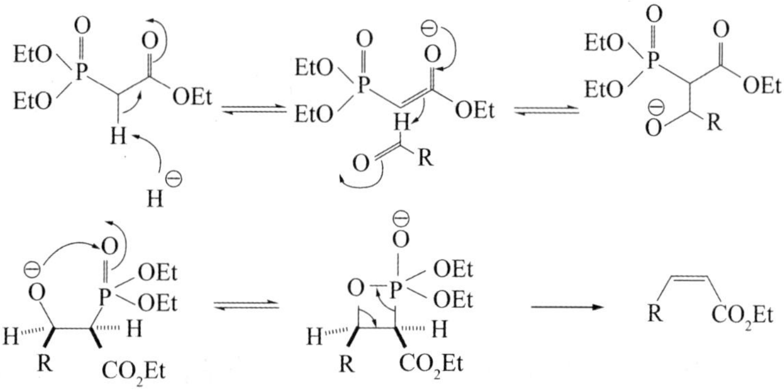

赤式，动力学产物

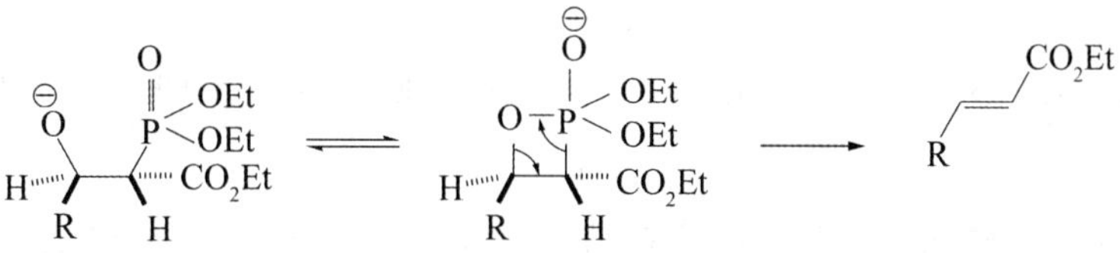

苏式，热力学产物

反应物膦酸酯分子中的亚甲基碳原子上连有两个强吸电子的基团，一个为膦酸酯基，另一个为羰基，二者影响它们共同的 α-氢原子，使得 α-碳上的氢原子变得很活泼，即为活泼亚甲基。这个亚甲基上的氢原子具有较大的酸性，在碱的作用下易去质子形成 α-碳负离子，它作为亲核试剂进攻醛羰基碳原子，形成烷氧负离子，带负电荷的氧原子进攻 P=O 的磷原子形成了一个四元环状结构。由于膦酸酯基空间结构较大，是一个较好的离去基团，进一步发生消除反应，离去水溶性磷酸盐，生成产物 α，β-不饱和酸酯(赤式、苏式)。

该反应中生成的中间体 $(EtO)_2\overset{\overset{O}{\|}}{P}\underset{Na^+}{\bar{C}H}COOEt$ 称为 Wittig-Horner 试剂。它是以亚磷酸三乙酯代替三苯基膦与溴代乙酸乙酯反应得到的膦酸酯在强碱作用下放出一分子氢而得。Wittig-Horner 试剂与醛酮反应生成烯烃的反应也称为 Wittig-Horner 反应。

Horner-Wadsworth-Emmons(HWE)反应条件温和，产率较高，产物易于纯化，常用于 α，β-不饱和酸酯的制备[6]。HWE 反应的产物构型选择性较好[7]。HWE 反应是 Witting 反应最广泛的改良。HWE 反应中生成的副产物磷酸盐可以用水洗去，避免了 Witting 反应中要将副产物氧化三苯基膦从产物中分离出去的不便。同时 HWE 反应中的磷酸酯 α-碳负离子具有较高的反应性，易与醛酮发生反应。而且该反应在比较缓和的条件下进行且具有良好的立体选择性，产物主要是 *E* 构型，能对产物的立体化学做到准确的预测。反应中常用的碱为醇钠、氨基钠、氢化钠和氢氧化钠等。常用的溶剂为 DME(乙二醇二甲醚)、THF。

例题解析

例 1　完成下列反应

1. 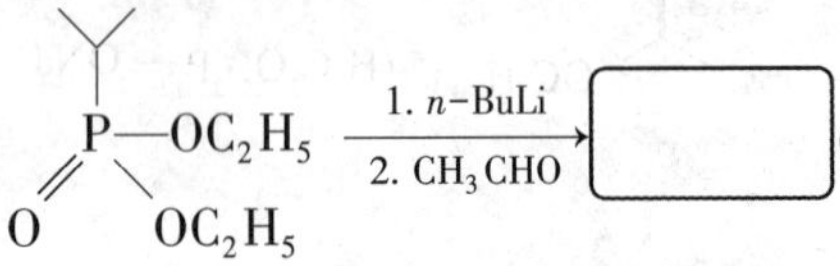（南开大学，2009）

2. 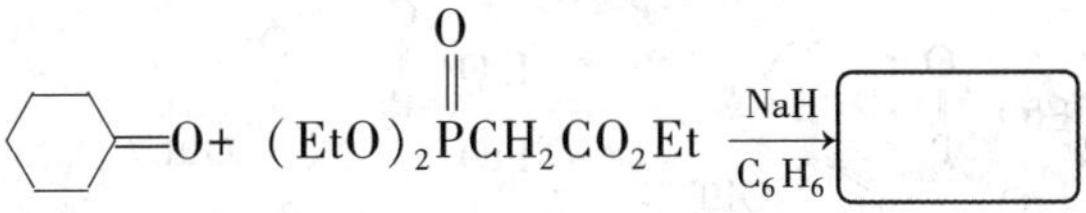（复旦大学，2006；2008）

[解答]

1. $CH_3CH=CMe_2$

2. 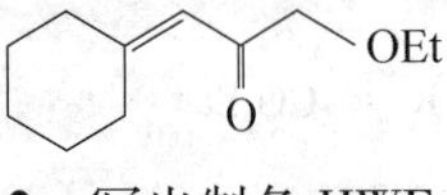

例 2　写出制备 HWE 反应中的反应物(α-乙氧羰基)甲基膦酸二乙酯的反应方程式。

[解答]

$$(EtO)_3P+ClCH_2COOEt \xrightarrow{120\ ℃} EtO-\underset{\underset{OEt}{|}}{\overset{\overset{O}{\|}}{P}}-CH_2COOEt\ +CH_3CH_2Cl$$

HWE 反应中的反应物膦酸酯一般用亚磷酸三烷基酯与 α-卤代酸酯或卤代酮反应来制备，该反应称为 Arbuzov 反应。反应中，亚磷酸三烷基酯作为亲核试剂与卤化物作用，生成取代的膦酸二烷基酯和一个新的卤代烷。

例 3　写出下述反应机理

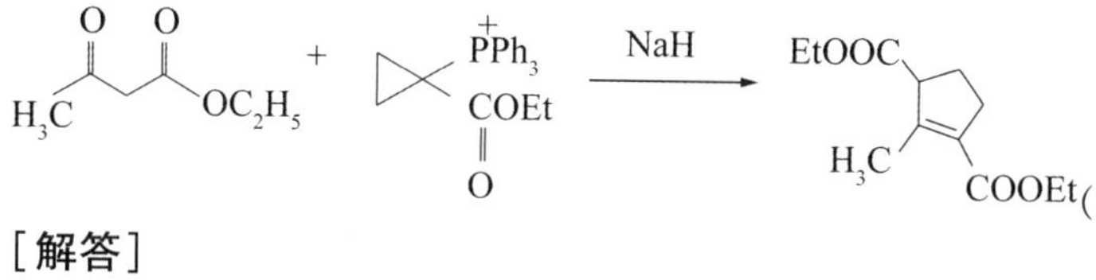
O O
H3C OC2H5
+
PPh3
COEt
O
NaH
EtOOC
H3C
COOEt
(南开大学，2015)

[解答]

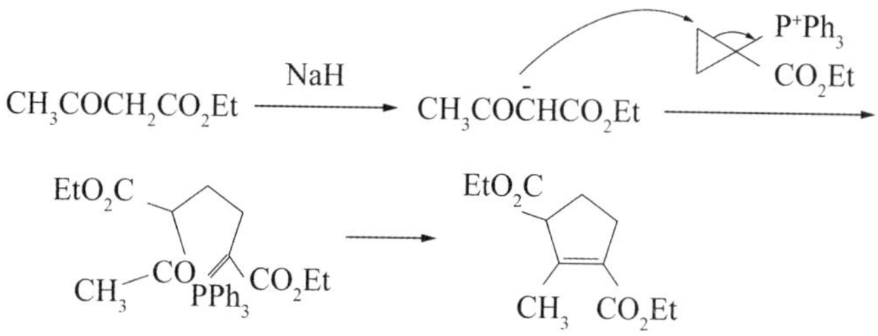
CH3COCH2CO2Et
NaH
CH3COCHCO2Et
P+Ph3
CO2Et
EtO2C
CH3
CO
PPh3
CO2Et
EtO2C
CH3
CO2Et

参考文献

[1] Jie Jack Li. Name Reaction, 4th ed. [M]. Springer-Verlag Berlin Heidelberg, 2009: 294.

[2] Horner, L, Hoffmann, H, Wippel H. G, Klahre G. Chem. Ber. 1959, 92: 2499-2505.

[3] Wadsworth W. S. Jr, Emmons W. D. J. Am. Chem. Soc. 1961, 83: 1733-1738.

[4] Wadsworth D. H, Schupp O. E, Seus E. J, Ford, J. A., Jr. J. Org. Chem. 1965, 30: 680-685.

[5] [美]李杰(Jie Jack Li)著. 荣国斌译，朱士正校. 有机人名反应及机理[M]. 上海：华东理工大学出版社，2003：198.

[6] 刘春玉，邓桂胜. α-卤代-α，β-不饱和酯的合成与α-重氮羰基化合物 O-H 插入反应的研究[D]. 湖南：湖南师范大学，2006.

[7] 陆国元. 有机反应与有机合成[M]. 北京：科学出版社，2009：185-186.

6.10　Knoevenagel 缩合

问题引入

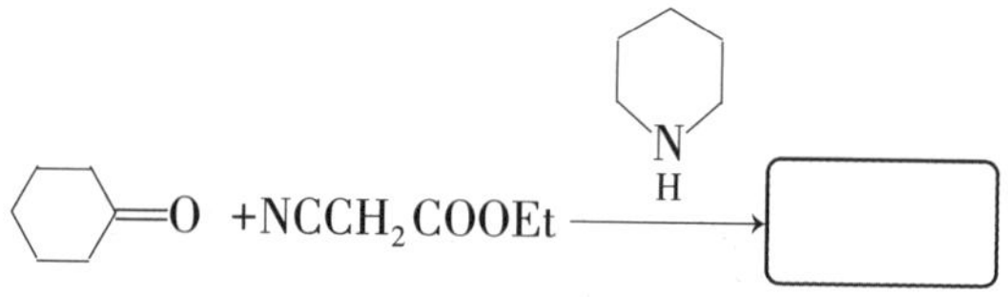
N
H
=O +NCCH2COOEt
(华南理工大学，2016)

环己酮与腈乙酸乙酯在哌啶催化下发生 Knoevenagel 缩合反应生成环己叉腈乙酸乙酯(不饱和羧酸酯)，其结构式为：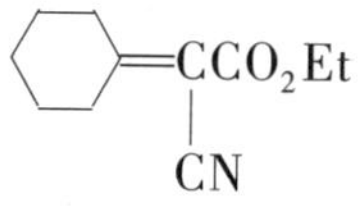
CCO2Et
CN
。

反应概述

含活泼亚甲基的化合物与醛或酮在弱碱性催化剂(氨、伯胺、仲胺、吡啶等有机碱)存下缩合得到不饱和化合物的反应[1]。

反应通式

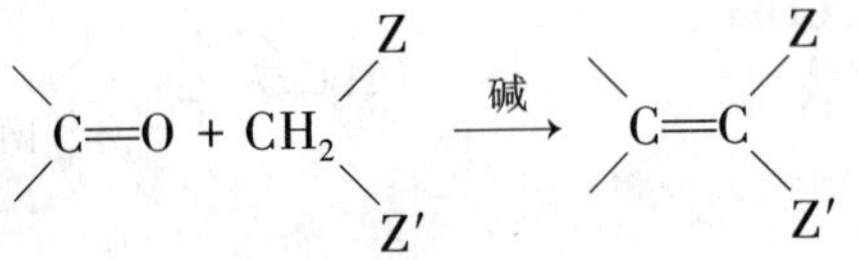

Z，Z′=—CHO，-COR，-COOR，-CN，$-NO_2$，—SOR，$-SO_2OR$

反应机理[2,3]

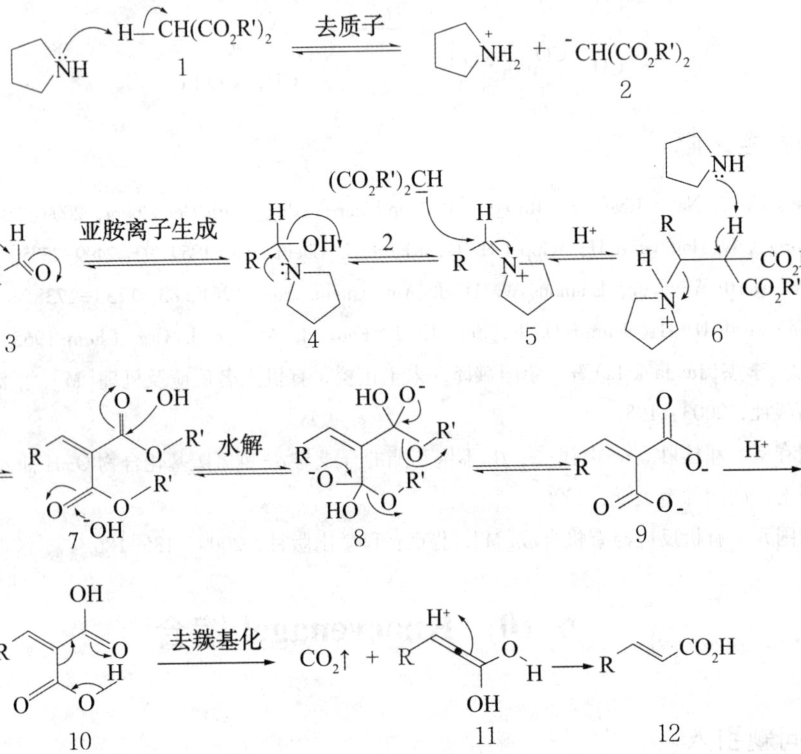

丙二酸酯(1)在四氢吡咯作用下失去 α-H 形成 α-碳负离子(2)；另一分子四氢吡咯与醛(3)反应先生成 α-醇胺(4)，4 消除 OH^-得亚胺离子(5)；2 亲核进攻 5 形成(6)；6 在四氢吡咯作用下进行消除反应得到 α，β-不饱和丙二酸酯(7)；7 的酯基在 OH^-作用下形成四面体中间体(8)，再消去 2 $R'O^-$得 α，β-不饱和丙二酸盐(9)；酸化得 α，β-不饱和丙二酸(10)；10 脱羧得丙二烯(11)；11 重排得目标产物不饱和羧酸(12)。

由上述反应过程可以看出，Knoevenagel 反应类似于羟醛缩合，产物是反应物醛(酮)去掉羰基氧原子，另一反应物活泼亚甲基化合物去掉两个 α-氢原子后相互以双键相结合[4]。例如：

$$C_6H_5CHO + CH_2(COOH)_2 \xrightarrow[-H_2O]{\text{哌啶，}95\sim100\ ℃} [C_6H_5CH=C(COOH)_2] \xrightarrow{-CO_2} C_6H_5CH=CHCOOH$$

(80% ~95%)

活泼亚甲基化合物，如丙二酸(酯)、β-酮酸酯、β-二酮、氰基乙酸酯、苯乙氰、硝基亚甲基化合物等的活泼性很大，能产生足够浓度的碳负离子。亚甲基上另一个氢也足够活泼，可以在碱作用下除去，形成双键并使反应朝有利于产物方向进行。Knoevenagel 反应的收率一般都比较高，在有机合成中有广泛的应用，芳香族和脂肪族醛酮均可反应。Knoevenagel 反应的催化剂为弱碱，如胺、吡啶、哌啶。由于活泼亚甲基化合物先与弱碱反应生成碳负离子，降低了醛或酮分子间发生羟醛缩合的可能性，因而该反应产率较高，常用于 α，β-不饱和化合物的合成。

例题解析

例 1　下列负离子最稳定的是(　　)。

1.

A. 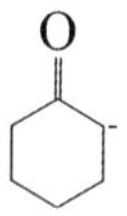　B. 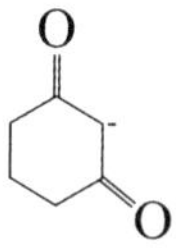　C. 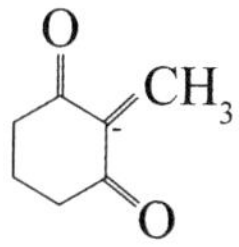

（大连理工大学，2004）

[解答] B

B 和 C 均为 β-二羰基化合物。在 β-二羰基化合物中有两个强吸电子基羰基影响它们共同的 α-氢原子，使得 α-碳上的氢原子变得很活泼。因此，β-二羰基化合物也常叫做活泼亚甲基化合物。这个亚甲基上的氢原子具有较大的酸性（$pK_a \approx 10 \sim 14$），在碱的作用下易形成碳负离子，而 C 中有供电子基甲基[5]。

2.

A. 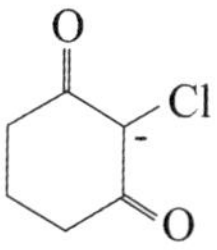　B. 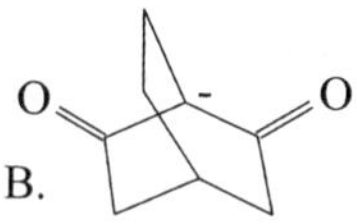　C. 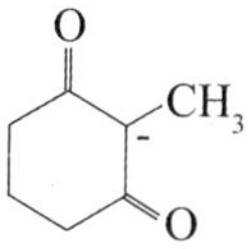　D. 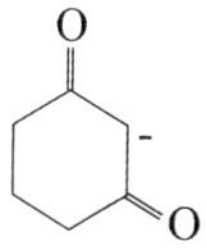

[解答] A

例 2　完成下列反应

1. $CH_3COCH_2CO_2C_2H_5 \xrightarrow[PhCHO]{C_2H_5ONa,\ C_2H_5OH}$ [　　]　（南开大学，2003）

2. 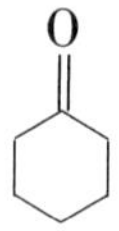 $+NCCH_2CO_2Et \xrightarrow{EtONa}$ [　　]　（兰州大学，2005）

3. $CH_3CHO \xrightarrow[2\text{ 当量}]{CH_2(CO_2Et)_2}$ [　　]　（复旦大学，2012）

[解答]

1. 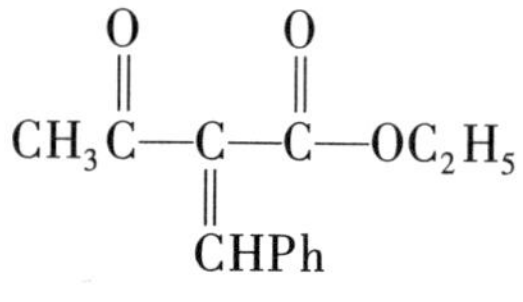　2. 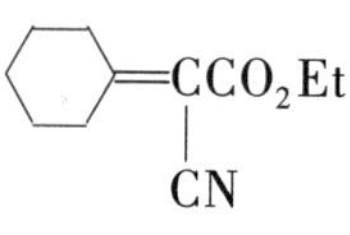　3. 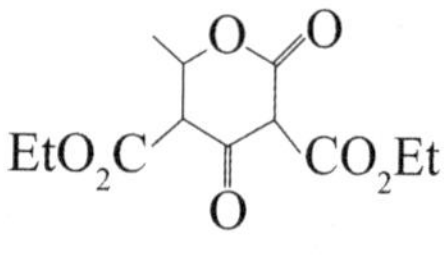

例 3　由肉桂醛（3-苯基丙烯醛）和必要的试剂合成

（中国科学技术大学，2006）

[解答]

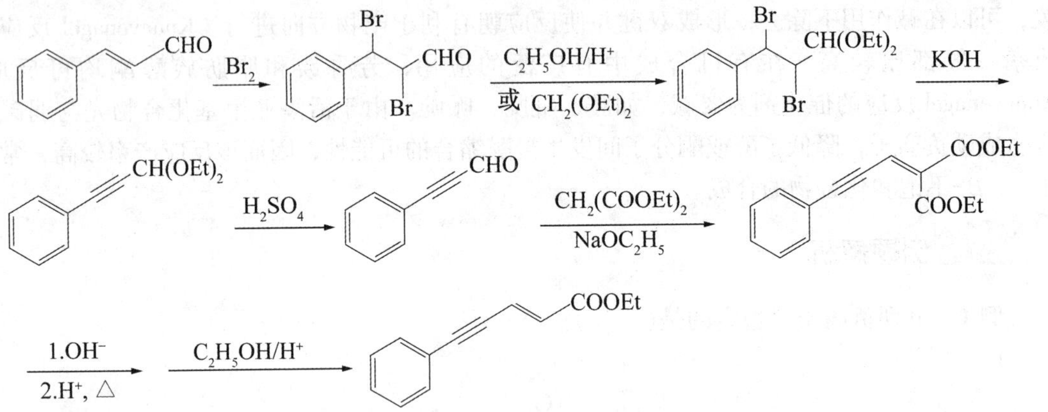

参考文献

[1]Knoevenagel E. Ber. 1898, 31: 2596-2619.

[2][美]李杰(Jie Jack Li)著. 荣国斌译, 朱士正校. 有机人名反应及机理[M]. 上海: 华东理工大学出版社, 2003. 220.

[3]Jie Jack Li. Name Reaction, 4th ed. [M]. Springer-Verlag Berlin Heidelberg, 2009: 315.

[4]孔祥文. 有机化学[M]. 北京: 化学工业出版社, 2010.

[5]吴范宏. 有机化学学习与考研指津[M]. 武汉: 华中理工大学, 2008: 105.

6.11 Mannich 反应

问题引入

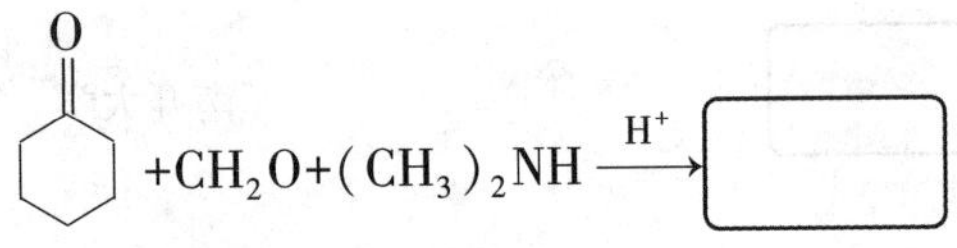

(厦门大学, 2012)

环己酮(含 α-H 的酮)在酸性条件下与甲醛和二甲胺反应得到 α-二甲氨基甲基环己酮，

其结构式为 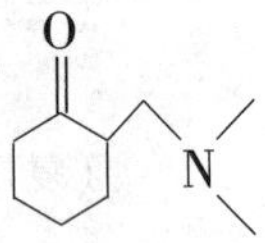 。

反应概述

含有 α-氢原子的醛、酮，与醛和氨(或伯、仲胺)之间发生缩合反应，生成 β-氨基酮(Mannich Base)盐酸盐的反应称为 Mannich 反应[1,2]。

反应通式

$$RCOCH_3+HCHO+HNR'_2\cdot HCl \longrightarrow RCOCH_2CH_2NR'_2\cdot HCl+H_2O$$

例如:

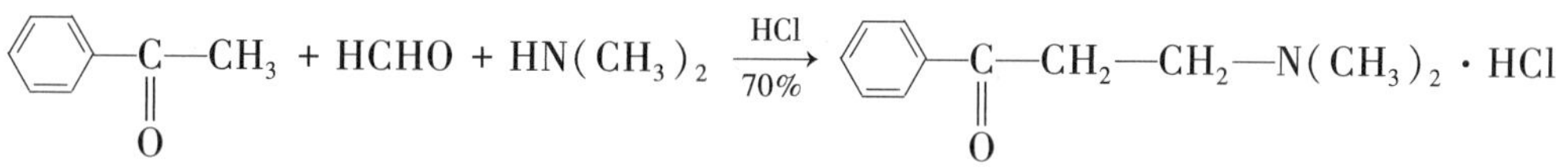

$$\underset{O}{\underset{\|}{C_6H_5-C}}-CH_3 + HCHO + HN(CH_3)_2 \xrightarrow[70\%]{HCl} \underset{O}{\underset{\|}{C_6H_5-C}}-CH_2-CH_2-N(CH_3)_2 \cdot HCl$$

苯乙酮(含 α-H 的酮)在酸性条件下与甲醛和二甲胺反应得到 α-二甲氨基甲基苯乙酮盐酸盐或 β-二甲氨基-1-苯基丙酮盐酸盐。

📖 反应机理

$$(CH_3)_2\ddot{N}H + \overset{H}{\underset{H}{C}}=O \Longleftrightarrow (CH_3)_2N-\overset{H}{\underset{H}{C}}-OH \xrightleftharpoons{H^+} (CH_3)_2\dot{N}-\overset{H}{\underset{H}{C}}-\overset{+}{O}H_2 \xrightleftharpoons{-H_2O} (CH_3)_2\overset{+}{N}=CH_2$$

$$C_6H_5-\underset{O}{\underset{\|}{C}}-CH_3 \xrightleftharpoons{H^+} C_6H_5-\underset{O-H}{\underset{|}{C}}=CH_2 \xrightarrow{CH_2=\overset{+}{N}(CH_3)_2} C_6H_5-\underset{O}{\underset{\|}{C}}-CH_2CH_2-\ddot{N}(CH_3)_2 + H^+$$

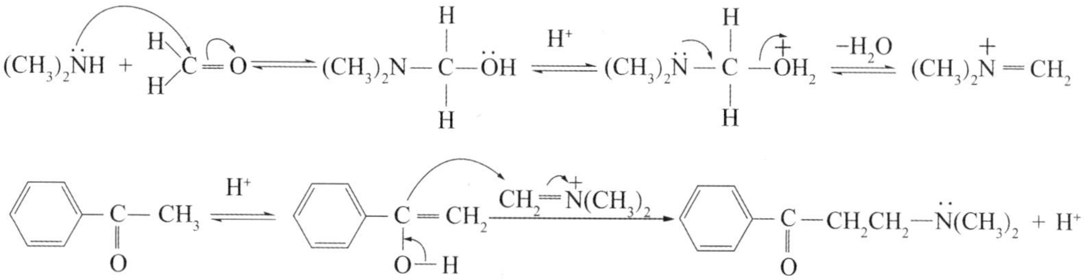

这是一种氨甲基化反应，例如上述的苯乙酮分子中甲基上的 α-氢原子被二甲氨基甲基取代。由于 Mannich 碱容易分解为氨(或胺)和 α,β-不饱和酮，所以 Mannich 反应提供了一个间接合成 α,β-不饱和酮的方法。

$$\underset{O}{\underset{\|}{RCCH_2CH_2NR'_2}} \xrightarrow[\text{或碱，}\triangle]{\text{蒸馏}} \underset{O}{\underset{\|}{RCCH}}=CH_2 + R'_2NH$$

Mannich 碱盐酸盐用碱中和得到的游离 β-氨基酮与 KCN 或 NaCN 水溶液加热可生成氰化物，再水解可制得 γ-酮酸。

$$C_6H_5-\underset{O}{\underset{\|}{C}}-CH_2-CH_2-N(CH_3)_2 \cdot HCl$$

$\swarrow \triangle$ $\qquad\qquad \downarrow OH^-$

$(CH_3)_2NH \cdot HCl + C_6H_5COCH=CH_2 \qquad C_6H_5COCH_2CH_2N(CH_3)_2$

$\qquad\qquad\qquad\qquad\qquad\qquad\qquad\qquad\qquad \downarrow KCN$

$C_6H_5COCH_2CH_2COOH \xleftarrow{H_3O^+} C_6H_5COCH_2CH_2CN$

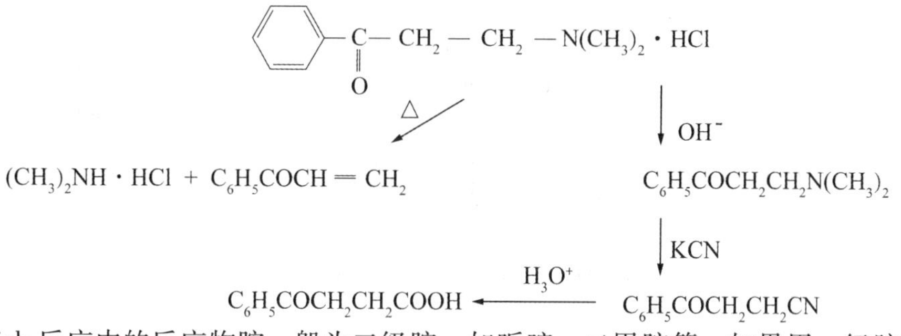

Mannich 反应中的反应物胺一般为二级胺，如哌啶、二甲胺等。如果用一级胺，缩合产物的氮原子上还有氢，可以继续发生反应，故有时也可根据需要使用一级胺。如果用三级胺或芳香胺，反应中无法生成亚胺离子，停留在季铵离子步骤；也可以是酰胺、氨基酸。

Mannich 反应中的反应物醛，甲醛是最常用的醛，一般用它的水溶液、三聚甲醛或多聚甲醛。除甲醛外，也可用其他单醛或双醛。反应一般在水、乙酸或醇中进行，加入少量盐酸以保证酸性。

Mannich 反应中的含 α-氢的化合物一般为羰基化合物(醛、酮、羧酸、酯)、腈、脂肪硝基化合物、末端炔烃、α-烷基吡啶或亚胺等。若用不对称的酮，则产物是混合物。呋喃、吡咯、噻吩等杂环化合物也可反应。

在苯环上引入甲基用一般的方法比较困难，采用 Mannich 碱氢解可以方便引入甲基。例如：

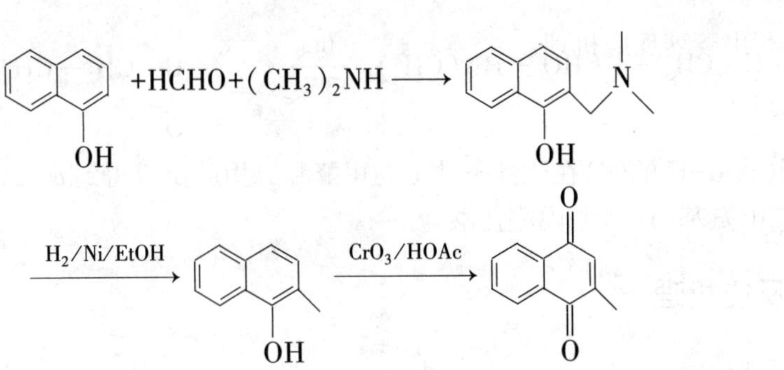

Mannich 碱或其盐酸盐 Raney Ni 的催化下可以进行氢解，从而制得比原有反应物多一个碳原子的同系物。

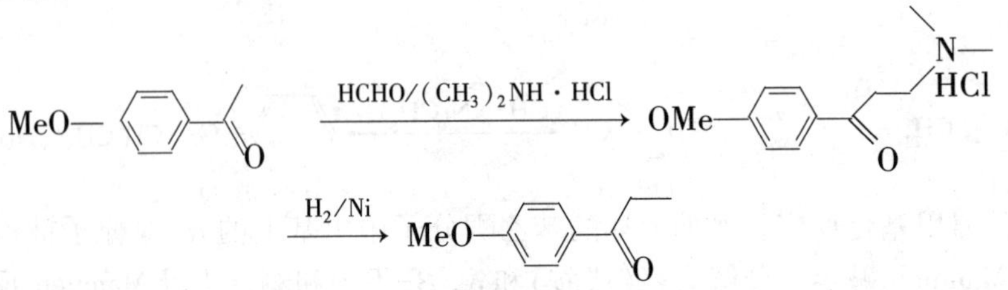

例题解析

例 1　写出反应的主要产物

1. 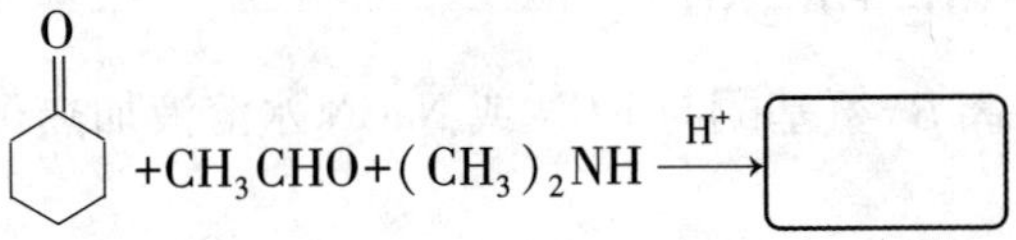（复旦大学，2012）

2. 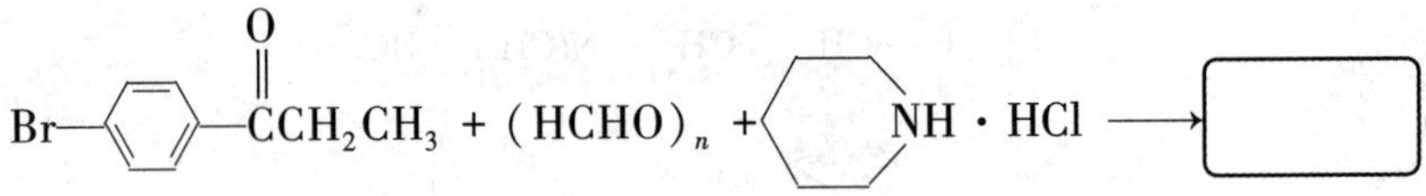（复旦大学，2007）

3. 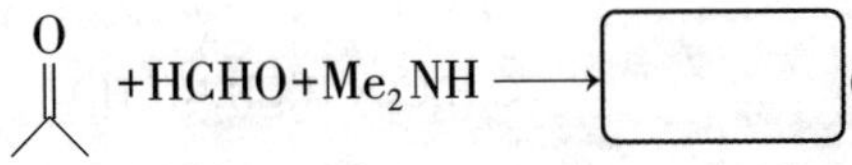（浙江大学，2004）

4. 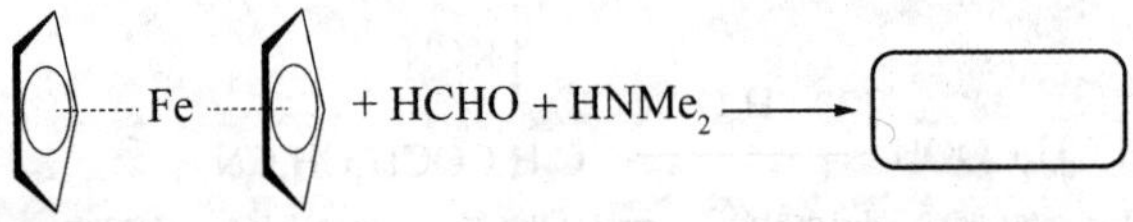（复旦大学，2008）

［解答］

1. 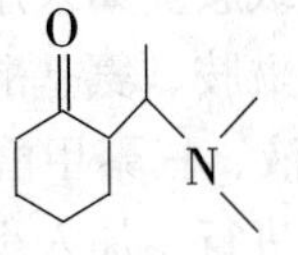　2. 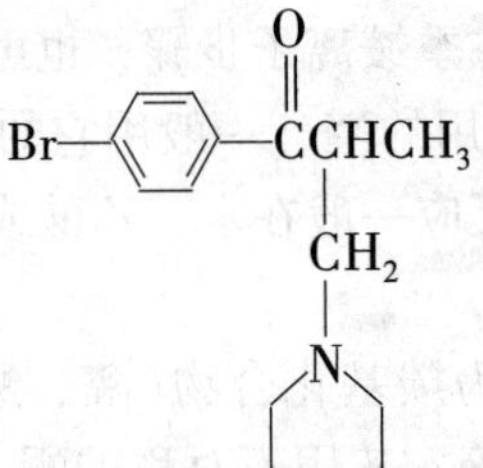　3. 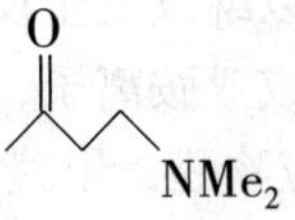

4. 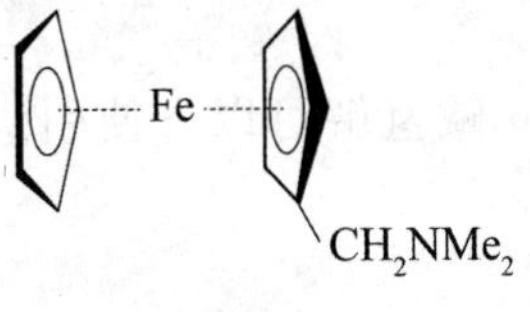

例3 写出下列反应机理

1. $CH_3-\underset{\underset{O}{\|}}{C}-CH_3 + HCHO + (CH_3)_2NH \xrightarrow{HCl} CH_3-\underset{\underset{O}{\|}}{C}-CH_2CH_2N(C_2H_5)_2$ 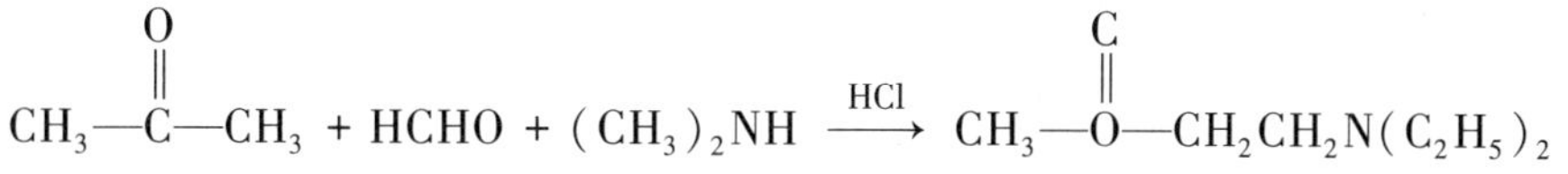（中国科学技术大学，2016）

[解答]

$(CH_3)_2\overset{..}{N}H + \underset{H}{\overset{H}{C}}=O \rightleftharpoons (CH_3)_2N-\underset{\underset{H}{|}}{\overset{H}{\overset{|}{C}}}-OH \xrightleftharpoons{H^+} (CH_3)_2\overset{..}{N}-\underset{\underset{H}{|}}{\overset{H}{\overset{|}{C}}}-\overset{+}{O}H_2 \xrightarrow{-H_2O} (CH_3)_2\overset{+}{N}=CH_2$

$H_3C-\underset{\underset{O}{\|}}{C}-CH_3 \xrightleftharpoons{H^+} H_3C-\underset{\underset{O-H}{|}}{C}=CH_2 \xrightarrow{\overset{+}{CH_2}=N(CH_3)_2} H_3C-\underset{\underset{O}{\|}}{C}-CH_2CH_2-\overset{..}{N}(CH_3)_2 + H^+$

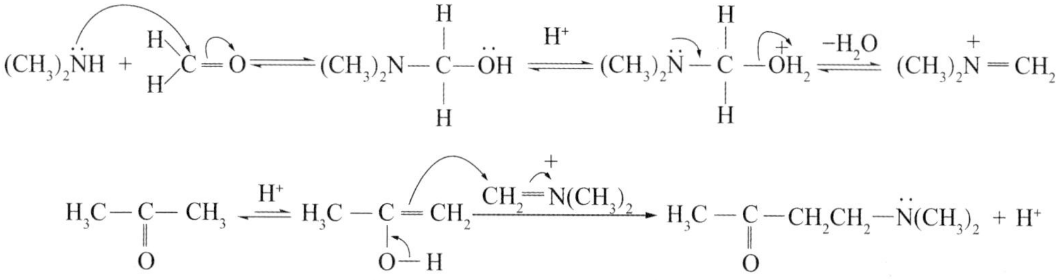

📚 参考文献

[1] 孔祥文. 有机化学[M]. 北京：化学工业出版社，2010.
[2] Mannich C, Krösche W. Arch. Pharm. 1912, 250: 647-667.
[3] 吴范宏. 有机化学学习与考研指津[M]. 武汉：华中理工大学，2008：217.

6.12 Michael 加成反应

🔍 问题引入

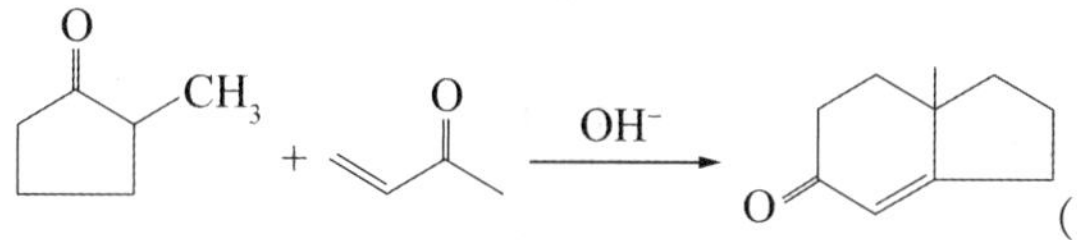

2-甲基环戊酮与丁烯酮在碱催化下反应得到 6-甲基二环[4.3.0]-1-壬烯-3-酮，写出反应机理。

（湖南师范大学，2013）

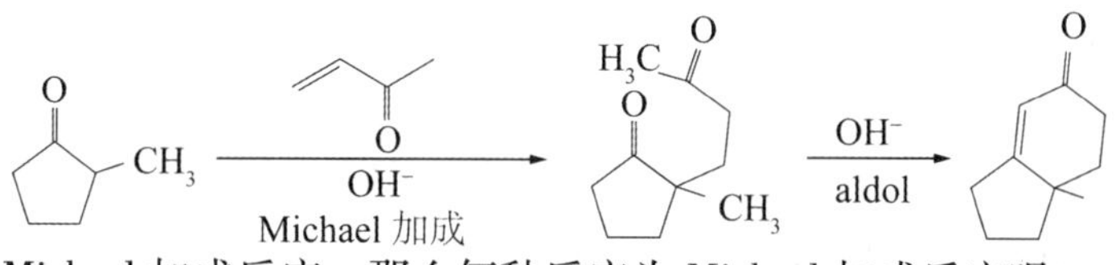

上述反应为 Michael 加成反应，那么何种反应为 Michael 加成反应呢？

📖 反应概述

活泼亚甲基化合物在碱催化下与 α, β-不饱和醛、酮、酯、腈、硝基化合物等可以进行 1, 4-共轭加成反应，该反应称为 Michael 加成反应[1]。反应的结果总是碳负离子加到 α, β-不饱和化合物的 β-碳原子上，而 α-碳原子上则加上一个氢。反应中常用的碱为醇钠、氢氧化钠、氢氧化钾、氢化钠、吡啶和季铵碱等[2]。

反应通式

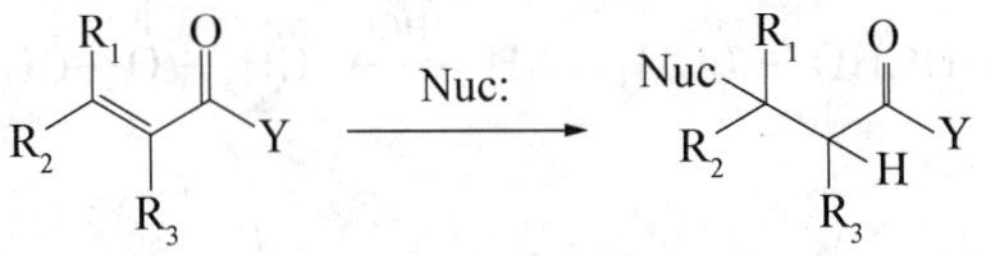

反应机理[3]

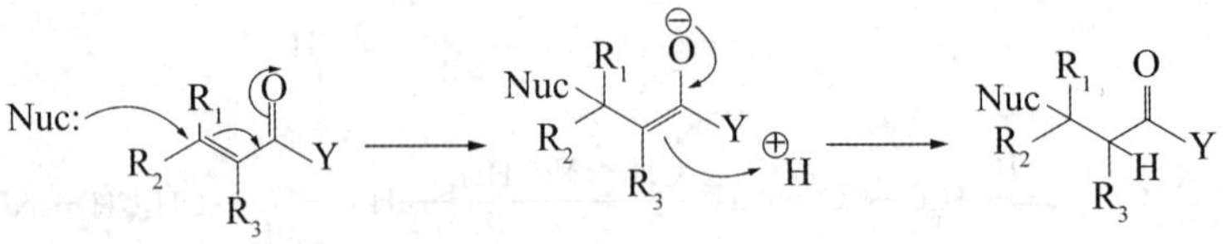

首先，亲核试剂(Nuc:)进攻α，β-不饱和羰基化合物发生1，4-共轭加成反应形成加成物烯醇氧负离子，然后夺取一个质子形成烯醇，经互变异构为目标产物。

乙酰乙酸乙酯或丙二酸二乙酯和α，β-不饱和羰基化合物进行Michael加成反应，加成产物经水解和加热脱羧，最后得到1，5-二羰基化合物。因此，Michael加成反应是合成1，5-二羰基化合物最好的方法。例如：

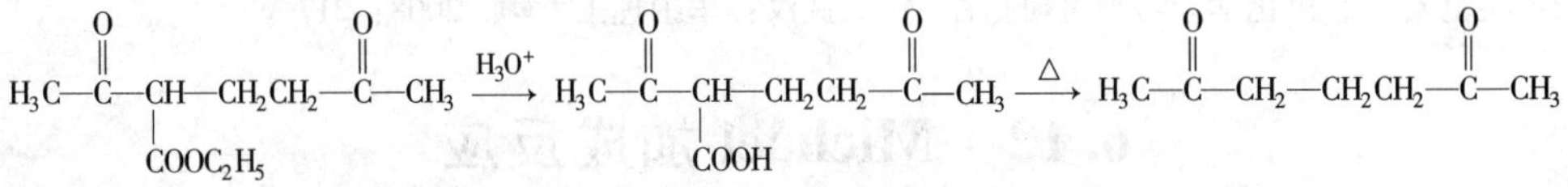

其他α，β-不饱和化合物也可以进行类似的Michael加成反应。例如：

$$HC\equiv C-COOC_2H_5+CH_3COCH_2COOC_2H_5 \xrightarrow{C_2H_5ONa} H-\underset{\underset{CH_3COCHCOOC_2H_5}{|}}{C}=CH-COOC_2H_5$$

$$CH_3COCH_2COCH_3+CH_2=CHCN \xrightarrow[25\ ℃]{(C_2H_5)_3N,\ 叔丁醇} \underset{\underset{\underset{71\%}{CH_2CH_2CN}}{|}}{CH_3COCHCOCH_3}$$

例题解析

例1 选择题

将$CH_3CH=CHCH_2COCH_3$转化为$CH_3CH=CH-CH_2-\overset{\overset{OH}{|}}{\underset{\underset{H}{|}}{C}}-CH_3$，不可使用的试剂为(　　)。

A. $NaBH_4$　　　　B. $Al[OCH(CH_3)_2]_3/(CH_3)_2CHOH$

C. H_2/Pd　　　　D. $LiAlH_4$

(郑州大学，2006)

[解答] C　Pd催化氢化，双键还原。

例2 填空题

1. 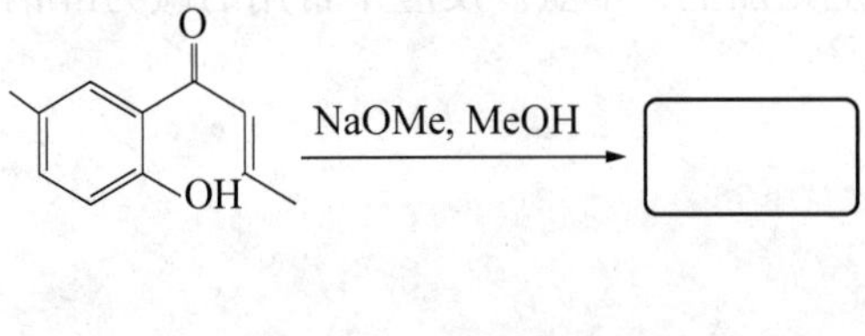

(暨南大学，2016)

2. 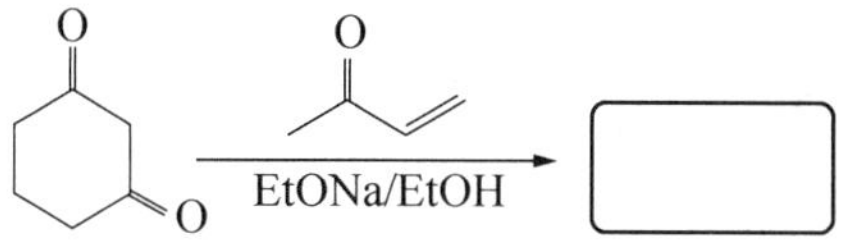

（南京大学，2014）

3. 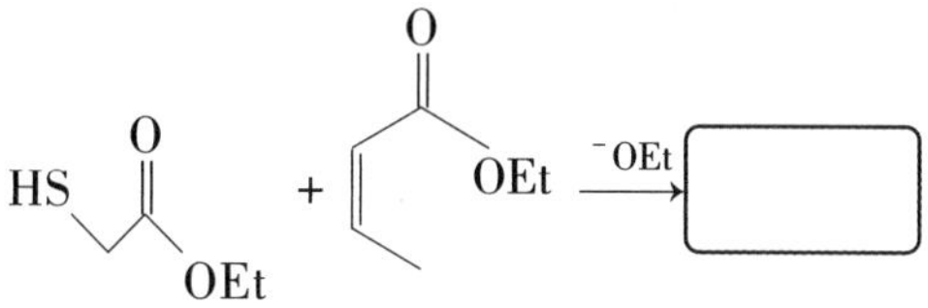

（南开大学，2013）

4. 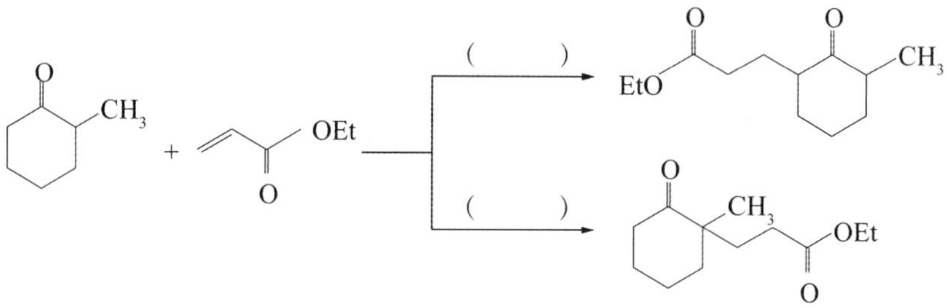

（中国科学技术大学，2009）

［解答］

1. 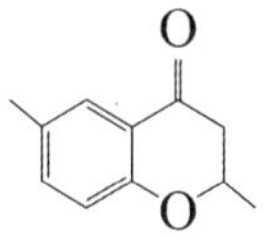

2. 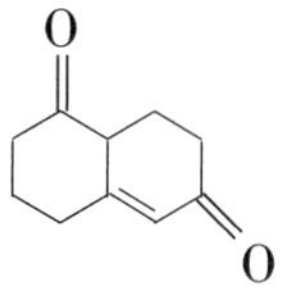

3. 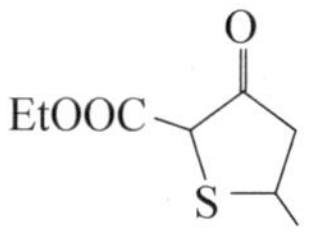

4. 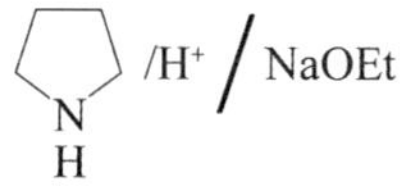

例 3　机理题

1. 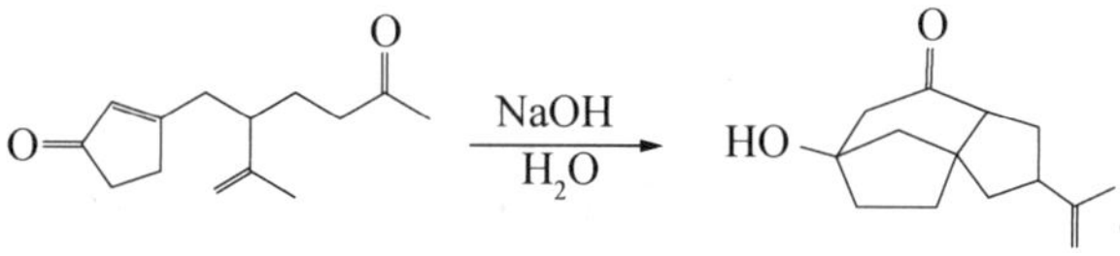

（苏州大学，2015）

［解答］

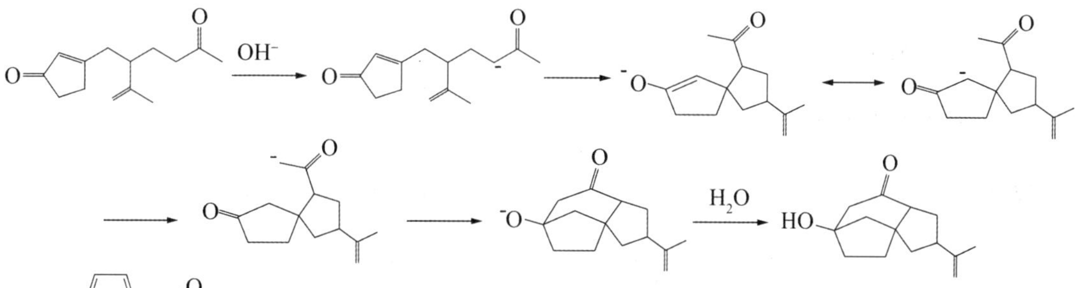

2. 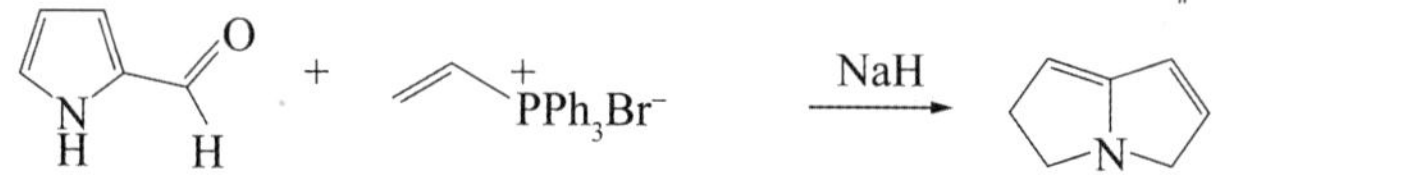

（复旦大学，2007）

［解答］

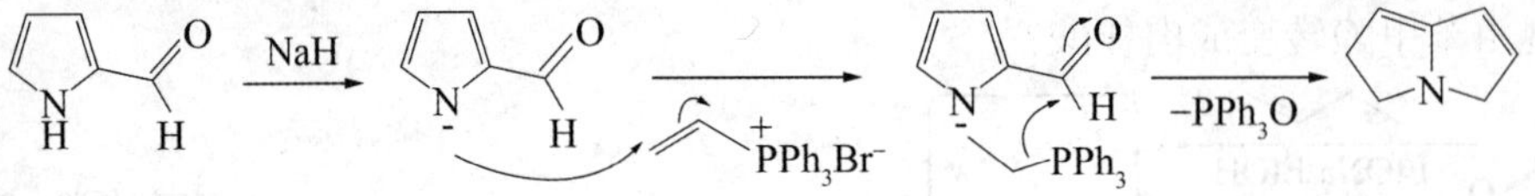

例 4 由不大于 4 个碳的有机化合物为原料合成 5，5-二甲基-1，3-环己二酮。

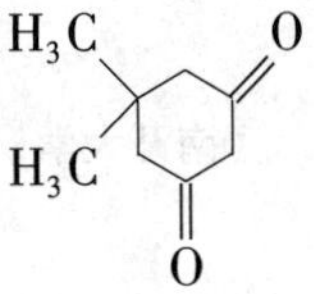

（暨南大学，2016；广西师范大学，2012；中国科学技术大学，2010；重庆大学，2005；陕西师范大学，2004；南开大学，1999）

［解答］

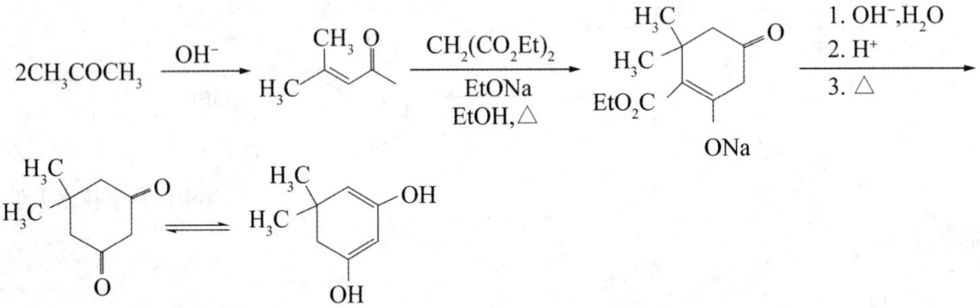

例 5 以乙酰乙酸乙酯和 3 碳以下（含 3 碳）有机物为原料合成

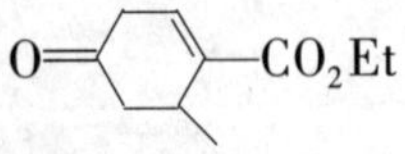

（湖南师范大学，2013）

［解答］

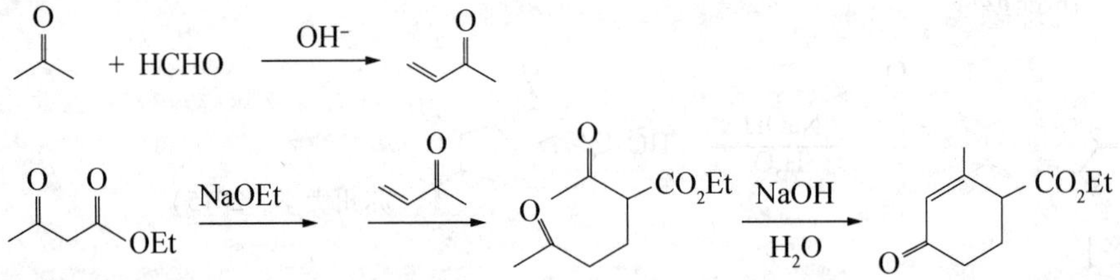

参考文献

[1] Michael. A. J. Prakt. Chem. 1887，35：349.
[2] 孔祥文．有机化学［M］．北京：化学工业出版社，2010.
[3] Jie Jack Li. Name Reaction，4th ed.，［M］. Springer-Verlag Berlin Heidelberg，2009：355.

6.13 Perkin 反应

问题引入

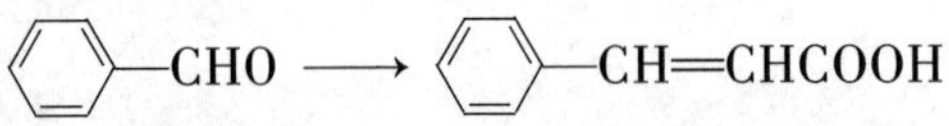

（山东大学，2016）

如何实现由苯甲醛转变成肉桂酸？

$$C_6H_5CHO + Ac_2O \xrightarrow[\triangle]{CH_3COONa} C_6H_5CH=CHCOONa \xrightarrow{H^+} C_6H_5CH{=}CHCOOH$$

在乙酸钠催化下，苯甲醛和乙酸酐反应生成3-苯基丙烯酸钠，经酸化后得到肉桂酸，

反应概述

芳醛与脂肪酸酐在相应羧酸的碱金属盐存在下共热发生的缩合反应称为 Perkin 反应[1]。当酸酐包含两个 α-氢原子时，通常生成 α，β-不饱和羧酸。这是制备 α，β-不饱和羧酸的一种方法[2]。此反应是碱催化的缩合反应。因羧酸的碱金属盐遇水分解，使其失去催化活性，所以反应需在无水条件下进行[3]。有时也可使用三乙胺或碳酸钾作为碱催化此反应。脂肪醛不易发生 Perkin 反应。

反应通式

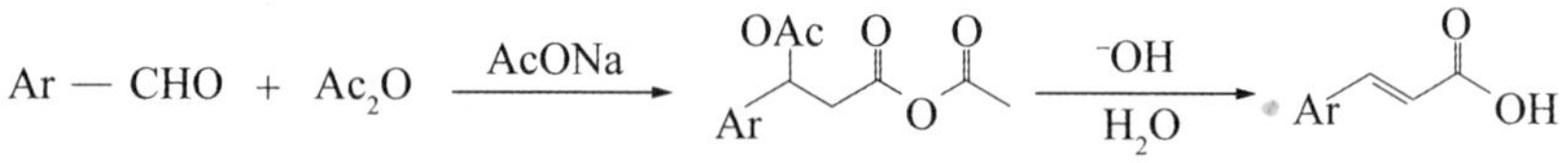
Ar — CHO + Ac2O
AcONa
OAc
Ar
-OH
H2O
Ar
OH

反应机理[4,5]

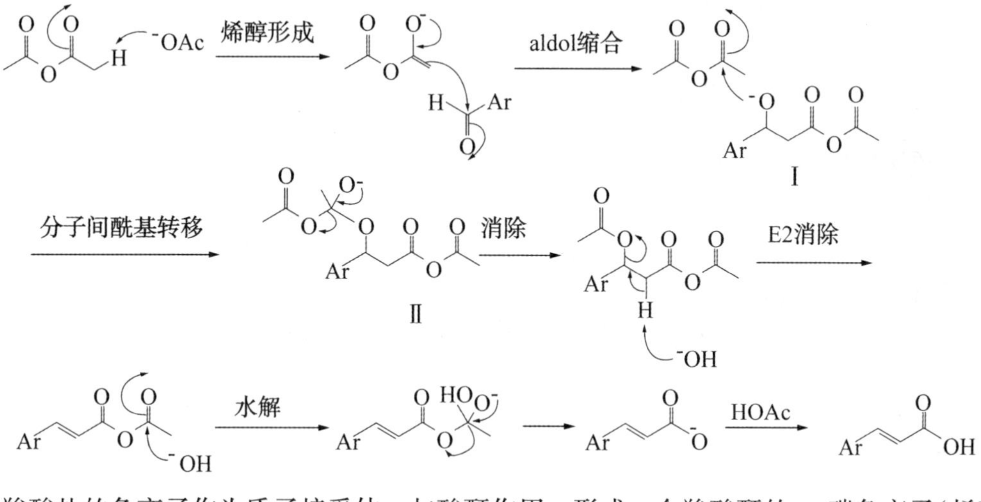
-OAc
烯醇形成
aldol缩合
H
Ar
I
分子间酰基转移
消除
II
E2消除
-OH
水解
HOAc
OH

羧酸盐的负离子作为质子接受体，与酸酐作用，形成一个羧酸酐的 α-碳负离子（烯醇负离子），该负离子与醛发生亲核加成产生烷氧负离子四面体中间体（Ⅰ），该中间体进攻另一分子乙酸酐的羰基，发生分子间酰基转移，形成新的烷氧负离子四面体中间体（Ⅱ），然后消去乙酸根负离子，形成中间体（Ⅰ）的乙酰化物，在碱作用下发生 E2 消除，失去质子及酰氧基，产生一个不饱和的酸酐，在碱作用下发生加成-消除，再经酸化，最后得到芳基不饱和羧酸，主要是反式羧酸。

例题解析

例 1　用 Perkin 反应在实验室合成 α-甲基苯基丙烯酸，主要反应原料及催化剂有____

____。（湖南师范大学，2013）

[解答]苯甲醛、丙酸酐、丙酸钾或碳酸钾。

例 2 写出下列反应的主要产物

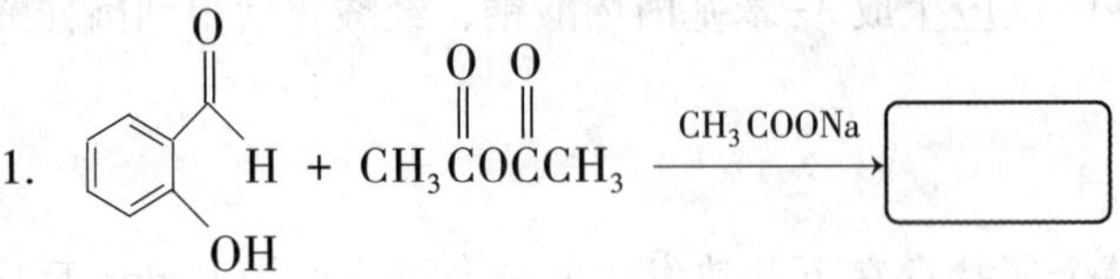

（南开大学，2015）

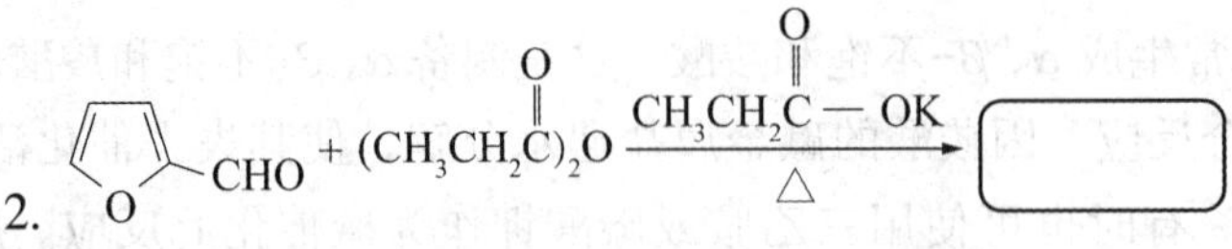

（兰州大学，2000）

3. $p\text{-}CH_3C_6H_4CHO + Ac_2O \xrightarrow[\triangle]{CH_3COONa}$ □ （复旦大学，2000）

4. $PhCHO + (PhCH_2CO)_2O \xrightarrow{PhCH_2COONa}$ □

[解答]

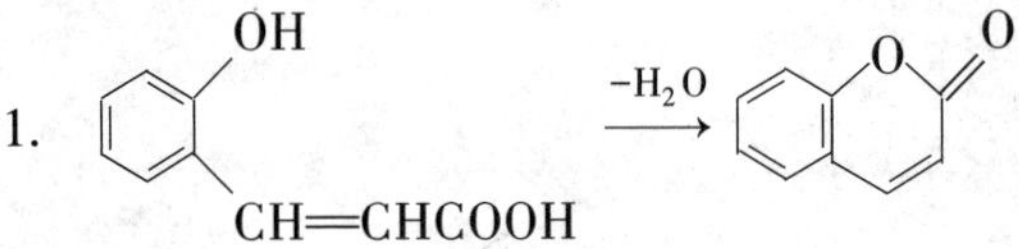

（香豆素）

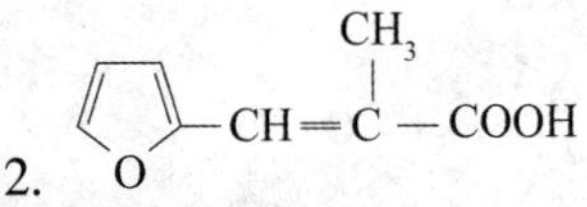

3. $p\text{-}CH_3C_6H_4CH{=}CHCOONa$

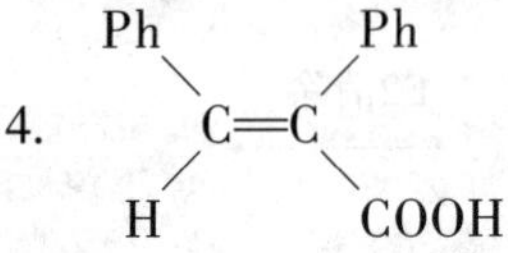

，优先生成β-大基团与羧基处于反式的产物。

例 3 用反应式表示如何由1-甲基-4-氯苯制备下列化合物：

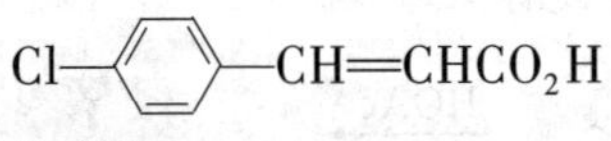

（厦门大学，2012）

[解答]

$$p\text{—}ClC_6H_4CH_3 \xrightarrow{SeO_2} p\text{—}ClC_6H_4CHO \xrightarrow[Ac_2O,\ \triangle]{CH_3COONa} p\text{—}ClC_6H_4CH{=}CHCOONa$$

$$\xrightarrow{H^+} p\text{—}ClC_6H_4CH{=}CHCOOH$$

参考文献

[1]Perkin W. H. J. Chem. Soc. 1868, 21：53.

[2]孔祥文．有机化学[M]．北京：化学工业出版社，2010.

[3]孔祥文．有机化学实验[M]．北京：化学工业出版社，2011.

[4][美]李杰(Jie Jack Li)著．荣国斌译，朱士正校．有机人名反应及机理[M]．上海：华东理工大学出版社，2003：305.

[5] Jie Jack Li. Name Reaction, 4th ed. [M]. Springer-Verlag Berlin Heidelberg, 2009: 424.

6.14　Prins 反应

问题引入

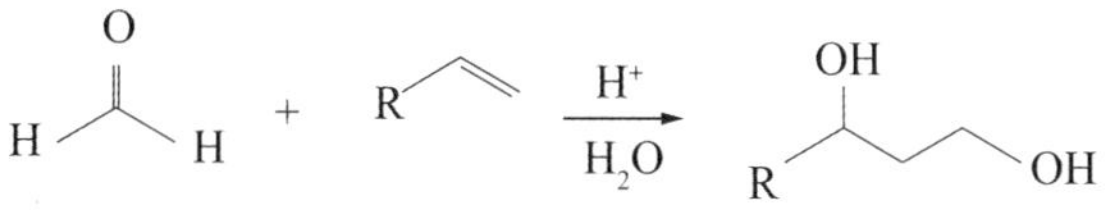

（复旦大学 2005）

写出上述反应机理。

在酸催化下，甲醛与末端烯烃发生 Prins 反应得到多一个碳原子的 1，3-二醇，反应机理如下：

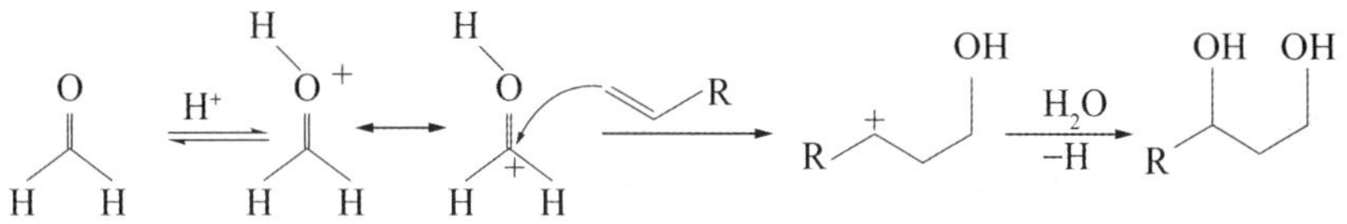

上述反应用到的 Prins 反应，系法国石油研究所以异丁烯、甲醛为原料，在强酸性催化剂存在下反应，主要得到 4，4-二甲基-1，3-二噁烷，再经分解得到异戊二烯[1]。

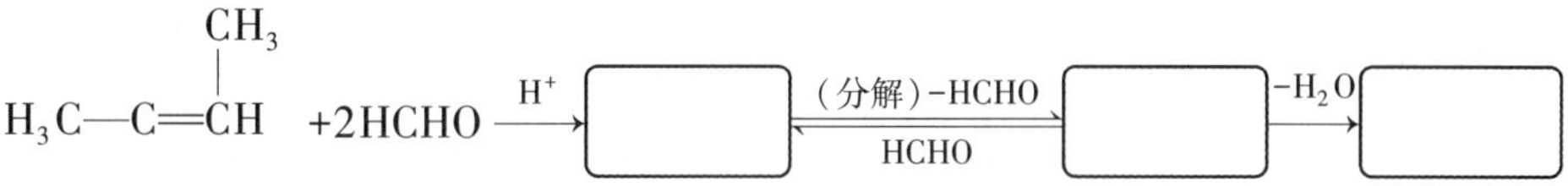

反应产物结构依次为：

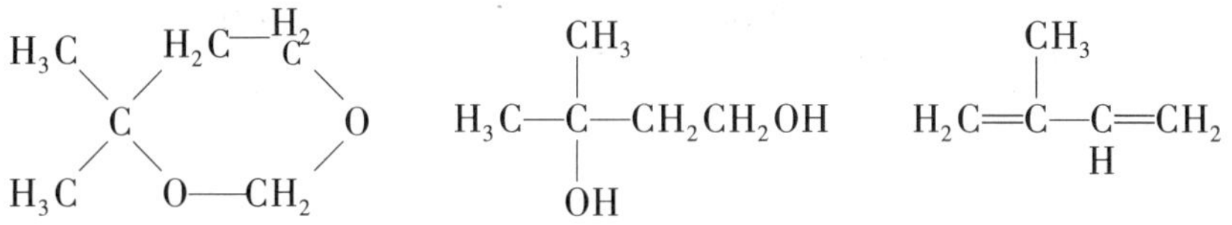

反应概述

Prins 于 1919 年对苯乙烯、萜烯等和甲醛的反应作了详细的报道，发现在无机酸催化剂存在下，烯烃和甲醛水溶液一起加热发生加成反应得到增加一个末端碳原子的 1，3-二醇，后者和甲醛进一步反应生成 1，3-二噁烷，亦可得到不饱和醇等，何者为主要产物取决于反应物烯烃的结构和反应条件。现在通常将烯烃和醛（如甲醛、三氯乙醛等）的缩合反应称为 Prins 反应[2]。

反应通式

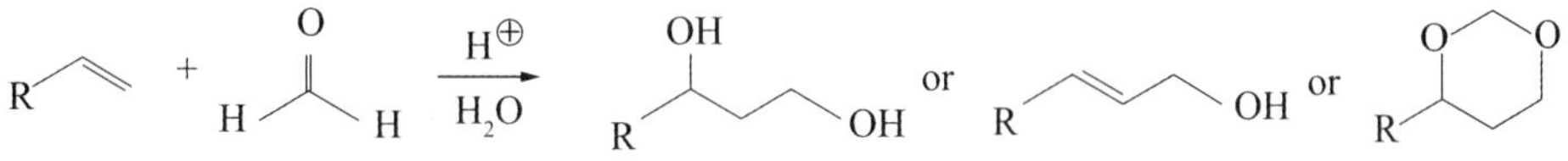

反应机理[4,5]

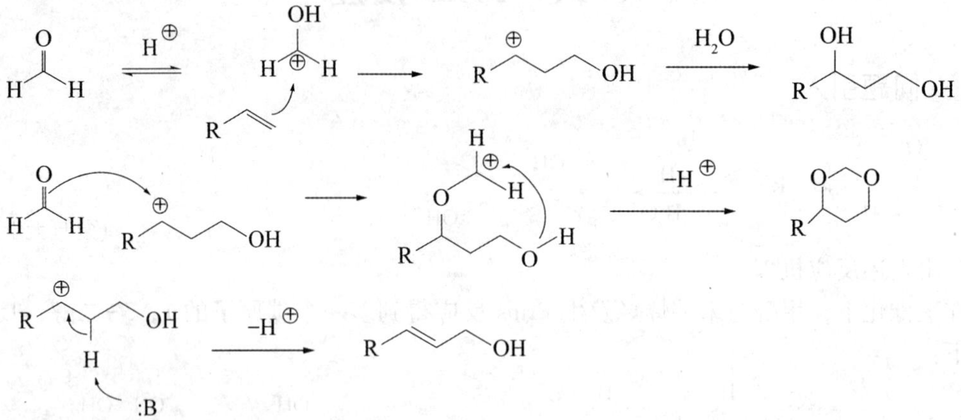

H^+首先和醛的C=O作用生成碳正离子(锌盐)，这个碳正离子再进攻C=C键得到β-羟基碳正离子，后者和水反应得到1，3-二醇、和甲醛进一步反应生成1，3-二噁烷、失去H^+得到烯烃。稀硫酸是很好的催化剂，磷酸及三氟化硼亦可用作催化剂。

在无机酸存在下，烯烃和醛加成生成1，3-二噁烷和1，3-二醇，二者的比例因酸的浓度和温度而异。通常在20%～65%的硫酸水溶液中低温(25～65℃)反应时，主要生成1，3-二噁烷和及少量二醇[3]。例如：

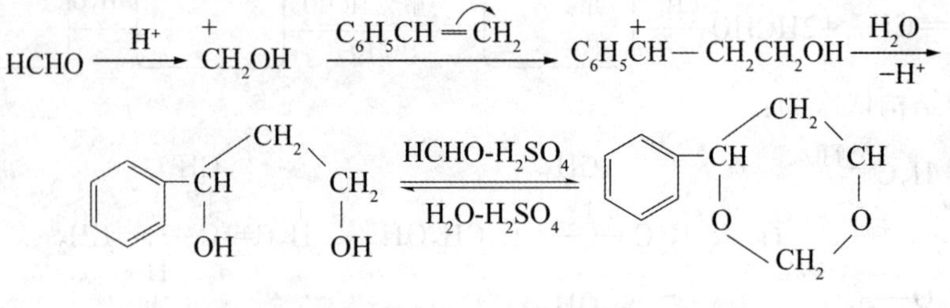

不对称取代的烯烃如丙烯或丁烯极易反应，由苯乙烯、α-甲基苯乙烯、烯丙基苯、对烯丙基苯甲醚得到1，3-二氧杂环己烷。芳香族烯烃和甲醛加成得到苯基-1，3-二氧杂环己烷。

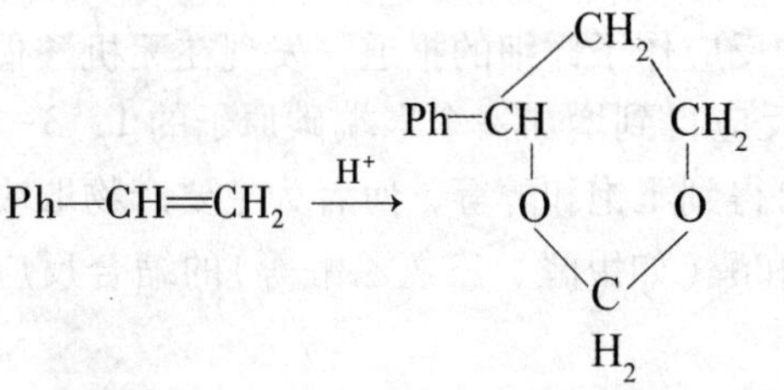

其他活泼的醛类及酮类，例如水合三氯乙醛及乙酰乙酸酯类和烯类共热(不需要催化剂)时亦能发生此反应。在这种情况下产物为β-羟基烯，其反应历程如下：

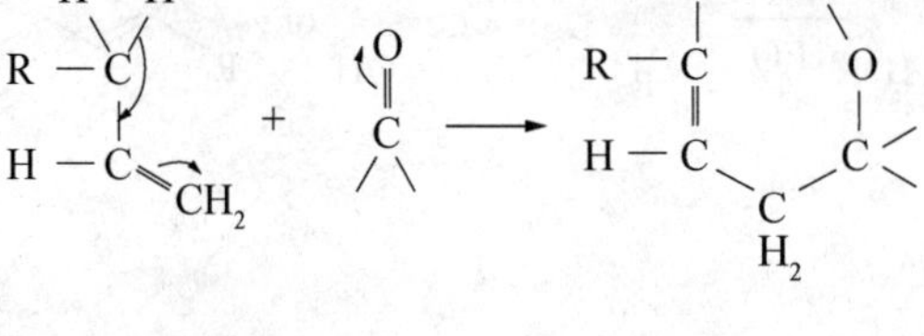

这个反应为可逆反应，即适当的β-羟基烯受热能裂解为烯烃和羰基化合物。

在金属卤化物存在下：烯烃和醛在无水条件下反应，生成不饱和醇或 1，3-二噁烷。其中以异丁烯和聚甲醛或三氯乙醛等在 $AlCl_3$，$SnCl_4$ 存在下的反应最为重要，得到不饱和醇。例如：

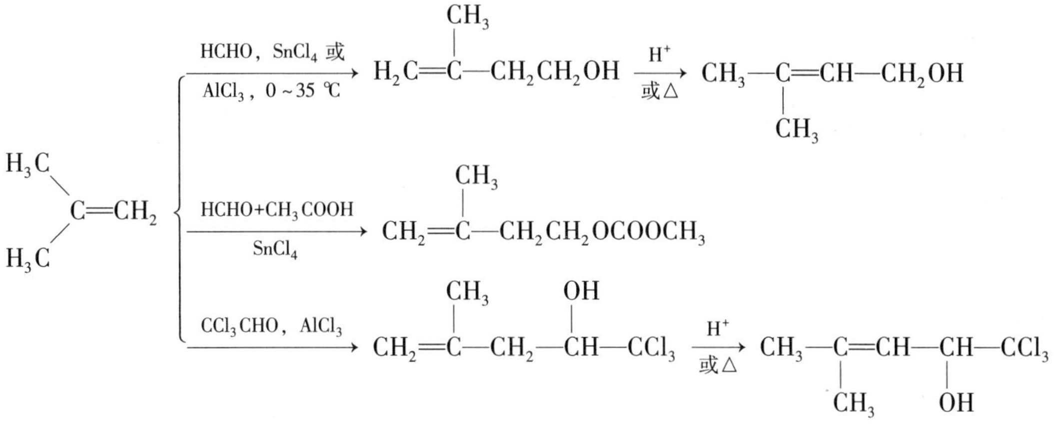

例题解析

例 1　写出下述反应机理

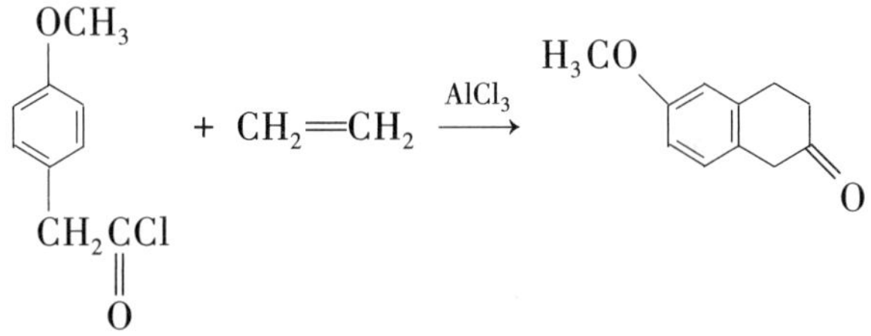

（中国科技大学，2002；中国石油大学，2004）

[解答]酰卤在无水 $AlCl_3$ 作用下生成酰基碳正离子，除可对苯环进行酰基化外，也可以先对烯烃进行亲电加成，生成的碳正离子再对苯环进行亲电取代。

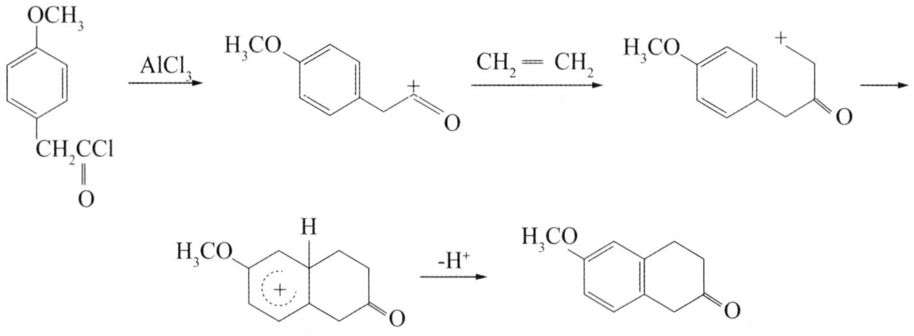

参考文献

[1] Prins H. J. Chem. Weekblad 1919，16：1072-1023.

[2] 俞凌翀．有机化学中的人名反应[M]．北京：科学技术出版社，1984：449-450.

[3] Jie Jack Li. Name Reaction，4th ed. [M]. Springer-Verlag Berlin Heidelberg，2009：251.

[4]【美】李杰(Jie Jack Li)著．荣国斌译，朱士正校．有机人名反应及机理[M]．上海：华东理工大学出版社，2003：324.

6.15 Reformatsky 反应

问题引入

$PhCHO+BrCH_2CO_2C_2H_5 \xrightarrow{Zn} \boxed{\quad}$ （中国科学技术大学，2016）

苯甲醛、α-溴代乙酸乙酯和金属锌反应再水解得到β-苯基-β-羟基丙酸乙酯，其结构式为：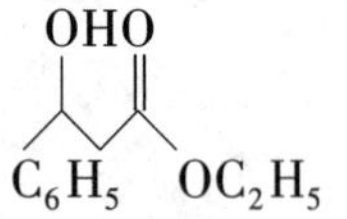。

OHO
C6H5
OC2H5

反应概述

α-卤代(氯或溴)羧酸酯与金属锌反应生成有机锌试剂。它的性质与 Grignard 试剂类似，但活性较 Grignard 试剂小，能与醛、酮进行加成反应，但不能与酯的羰基发生反应，反应产物为β-羟基酸酯，经水解、脱水等反应可得到α,β-不饱和羧酸，此反应称为 Reformatsky 反应[1]。

反应通式

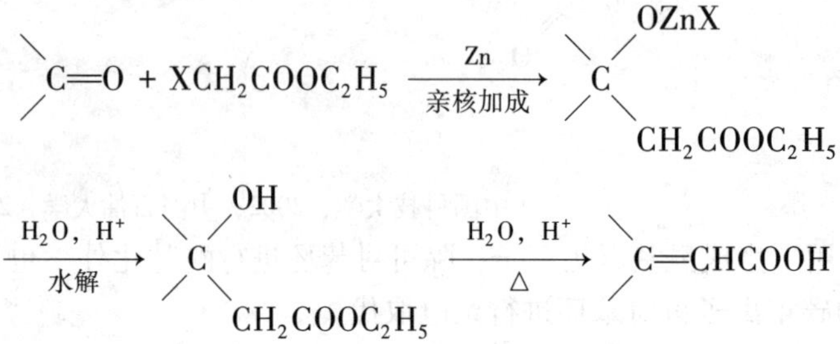

C=O + XCH2COOC2H5
Zn
亲核加成
OZnX
C
CH2COOC2H5
H2O，H+
水解
OH
C
CH2COOC2H5
H2O，H+
△
C=CHCOOH

反应机理[2~4]

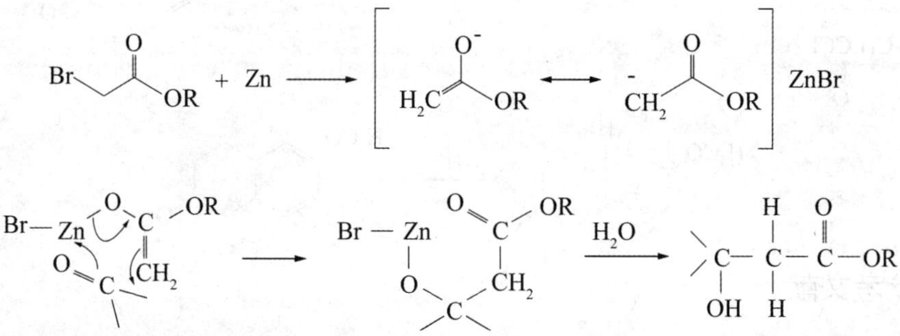

Br
O
OR
+ Zn
O-
H2C
OR
O
CH2
OR
ZnBr
Br—Zn
O
C
OR
CH2
O
C
Br — Zn
O
C
OR
O
CH2
C
H2O
H
O
C— C— C —OR
OH
H

α-溴代酸酯与锌经氧化加成反应得到中间体有机锌试剂(organozine reagent)，后者与羰基化合物进行亲核加成反应形成β-乙氧基羰基乙氧基溴化锌，再水解得产物β-羟基羧酸酯。

反应使用无水的有机溶剂，因为锌试剂易与水起反应，所以该反应一般在无水的有机溶剂中进行。最常用的有机溶剂是乙醚、四氢呋喃(THF)和苯。此外，二甲氧基甲烷、二甲基亚砜（DMSO）等也较常用。

Reformatsky 反应中常见的副反应是 α-溴代酸酯的自身缩合和羰基化合物的自身缩合反应等。α-溴代酸酯的自身缩合可以通过 α-溴代酸叔丁酯的使用而得到抑制。

α-卤代酸酯中以 α-溴代酸酯最为常用。因为 α-碘代酸酯的活性大且稳定性差，而 α-氯代酸酯的活性小，与锌的反应速度很慢或是难发生反应，所以一般较少用。α-溴代酸酯类试剂的活性顺序是：

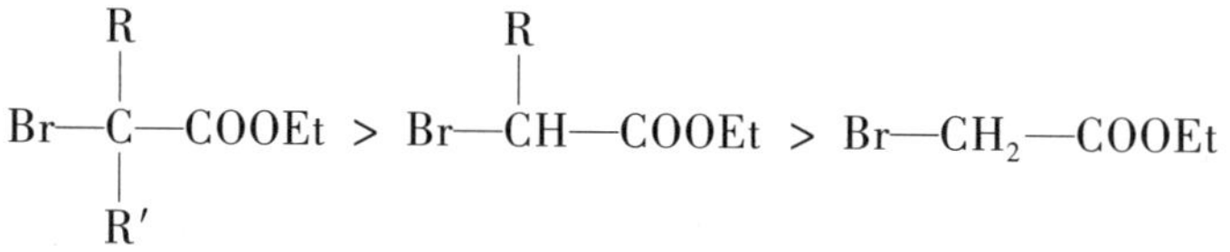

在醛和酮中，醛的活性较酮大，脂肪醛的活性又大于芳香醛，但脂肪醛在给定的条件下易发生自身缩合等副反应。酮能顺利地进行 Reformatsky 反应，但位阻较大的酮所生成的β-羟基酸酯易脱水生成 α，β-不饱和酸酯，而在碱性条件下它又能发生逆向的醇醛缩合反应。

例题解析

例 1　写出下列反应的主要产物

1. 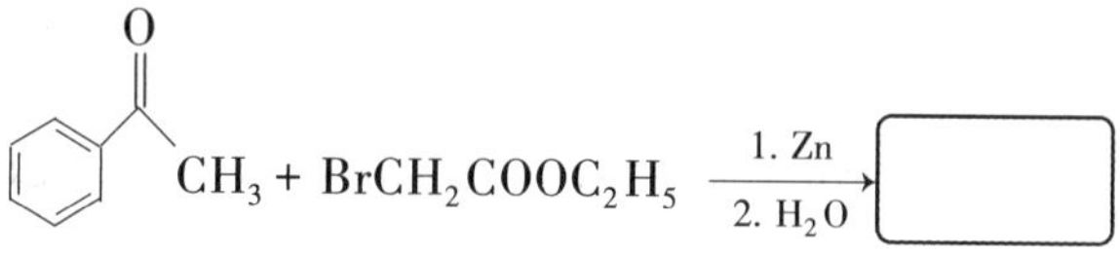　（郑州大学，2006）

2. $CH_3CH_2COOH \xrightarrow[2.\ C_2H_5OH/H^+]{1.\ Br_2/P(\text{少量})} (\quad) \xrightarrow{Zn} (\quad) \xrightarrow[2.\ H_3^+O]{1.\ CH_3COCH_3} (\quad)$

（北京理工大学，2006）

3. 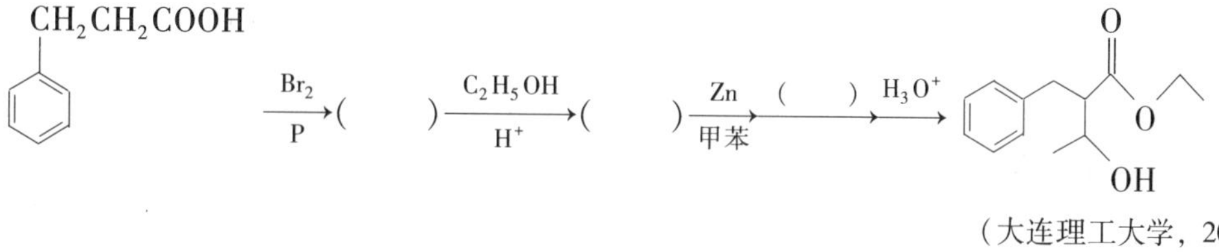

（大连理工大学，2005）

[解答]

1. 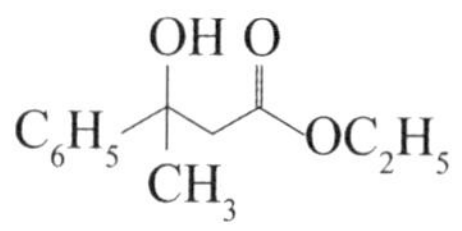　2. 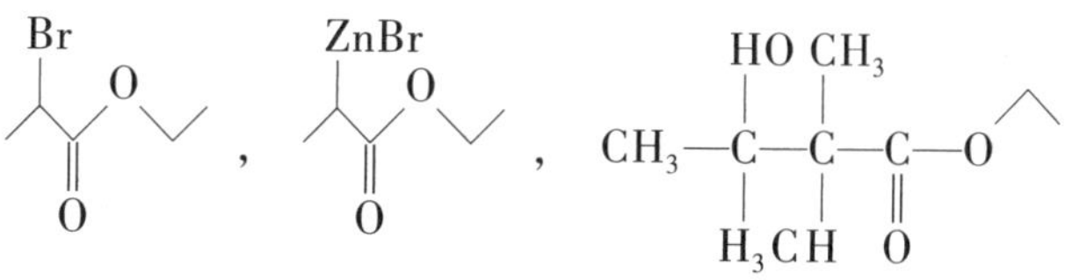

3. 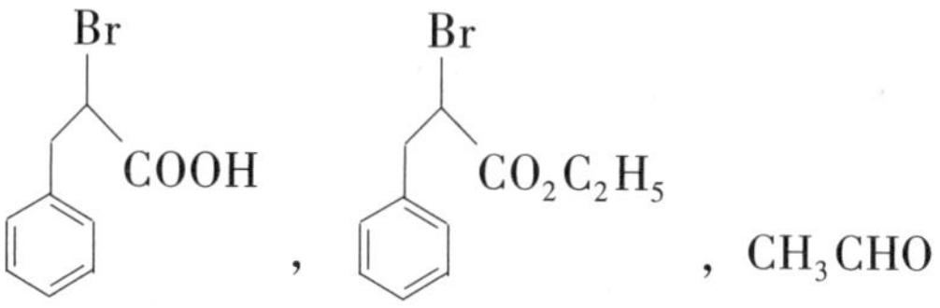

例 2　完成下列转化（除指定原料必用外，可任选其他原料和试剂）

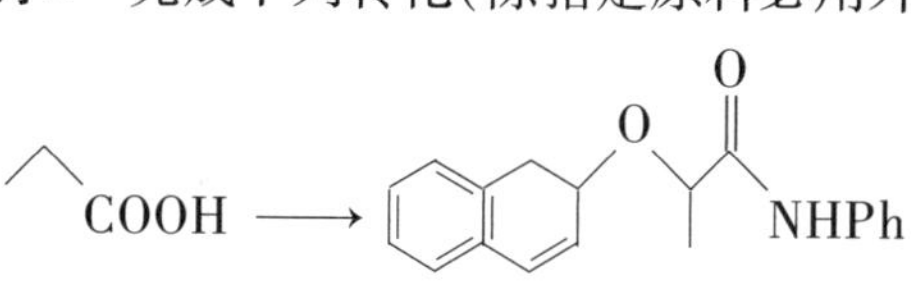　（南开大学，2007）

［解答］

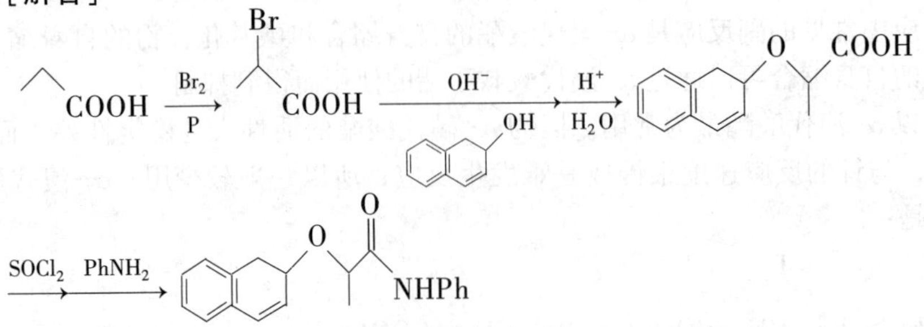

第一步为 Hell-Vollhard-Zelinsky 反应

例 4　某化合物 A，分子式为 $C_4H_7ClO_2$，其 ^1H NMR 中有 a、b、c 三组峰。a 在 δ 1.25 处有三重峰，b 在 δ 3.95 处有单峰，c 在 δ 4.21 处有一四重峰，其 IR 谱在 1730 cm^{-1} 处有强的吸收峰。化合物 B 的分子式为 $C_5H_{10}O$，其 ^1H NMR 中有 a′、b′两组峰，a′在 δ 1.05 处有三重峰，b′在 δ 2.47 处有一个四重峰，其 IR 谱在 1700 cm^{-1} 处有特征吸收峰。A 与 B 在 Zn 作用下，于苯中反应，然后水解得化合物 C（$C_9H_{18}O_3$）。C 在 H^+ 的催化作用下加热得到 D（$C_9H_{16}O_2$），C 先用 NaOH 水溶液处理，然后再酸化得化合物 E（$C_7H_{14}O_3$）。试推断 A、B、C、D、E 的结构，并写出推断过程及各步反应式。　（暨南大学，2016）

［解答］

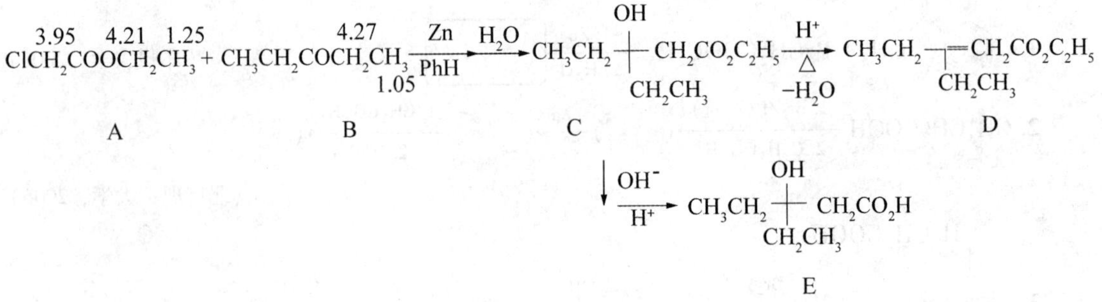

参考文献

［1］Reformatsky, S. Ber. 1887, 20：1210-1211.

［2］孔祥文．有机化学［M］．北京：化学工业出版社，2010：114.

［3］【美】李杰（Jie Jack Li）著．荣国斌译，朱士正校．有机人名反应及机理［M］．上海：华东理工大学出版社，2003：329.

［4］Jie Jack Li. Name Reaction, 4th ed.［M］. Springer-Verlag Berlin Heidelberg，2009：456.

6.16　Reimer-Tiemann 反应

问题引入

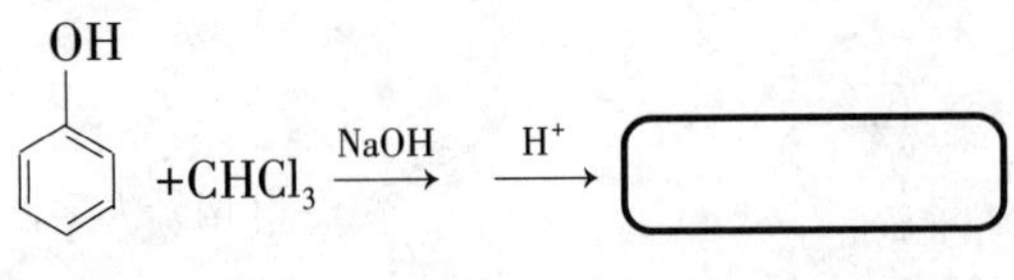

（中国石油大学，2004）

上述反应产物的结构式分别为：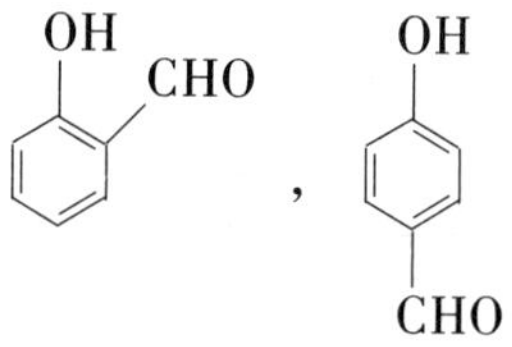

OH
CHO
OH
CHO

反应概述

由于甲酰氯和甲酸酐都不稳定，故用 Friedel-Crafts 酰化反应难以合成芳醛。苯酚与氯仿在碱性溶液中加热生成邻位及对位羟基苯甲醛[1]的反应称为 Reimer-Tiemann 反应，产物一般以邻位为主，常用的碱性溶液是氢氧化钠、碳酸钾、碳酸钠水溶液。

Reimer-Tiemann 反应[2]是酚类化合物和氯仿在强碱水溶液中反应，在酚羟基的邻位及对位引入一个醛基(—CHO)的过程。这个反应是一个典型的亲电芳香取代反应，亲电试剂是二氯卡宾(: CCl_2)，但仅有苯环上富电子的酚类(实际上是酚氧负离子)才可发生此类反应。含有羟基的喹啉、吡咯、茚等杂环化合物也能进行此反应[3,4]。

反应机理[5]

氯仿在碱溶液中首先产生三氯甲基碳负离子，然后发生 α-消去，氯离子离去，形成二氯碳烯(二氯卡宾)：

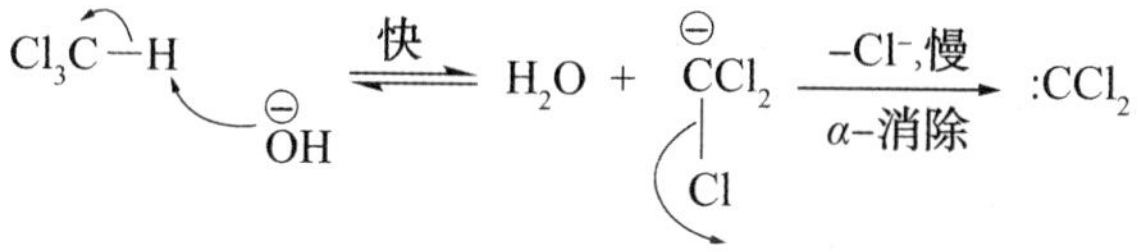

Cl3C—H
OH
快
H2O +
CCl2
Cl
-Cl-,慢
α-消除
:CCl2

酚在碱溶液中形成酚盐：

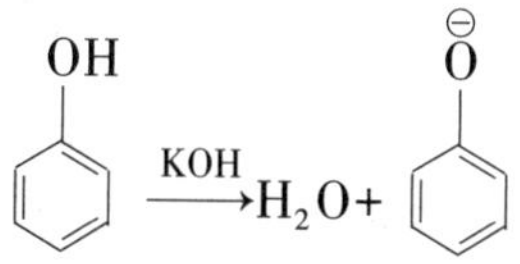

OH
KOH
H2O+
O

二氯碳烯是一个缺电子的亲电试剂，进攻苯氧负离子的邻位苯环碳原子发生加成反应形成 σ-络合物，然后氢质子转移至二氯甲基碳原子上得到邻二氯甲基苯氧负离子，接着消去一个氯离子得 6-烯基-2，4-环己二烯酮，后者在碱作用下得到 α-氯醇，再消去一个氯离子得到目标产物邻羟基苯甲醛。

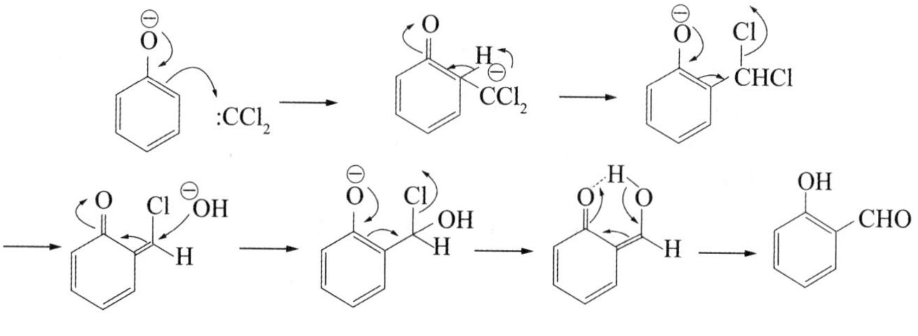

O
:CCl2
O
H
CCl2
O
Cl
CHCl
O
Cl
OH
H
O
Cl
OH
H
O
H
O
H
OH
CHO

例题解析

例 1　完成下列反应

1. 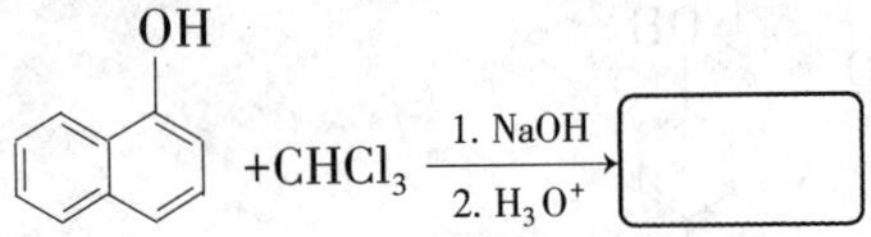
OH
+CHCl$_3$
1. NaOH
2. H$_3$O$^+$
（兰州大学，2005）

2. 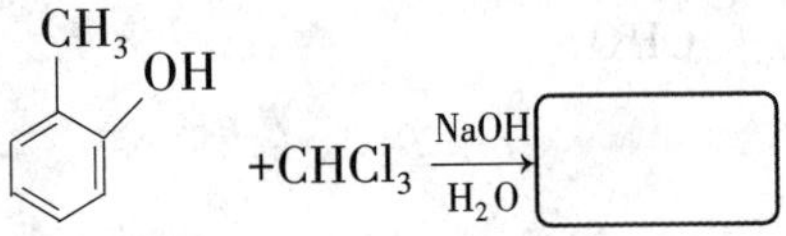
CH$_3$
OH
+CHCl$_3$
NaOH
H$_2$O

[解答]

1. 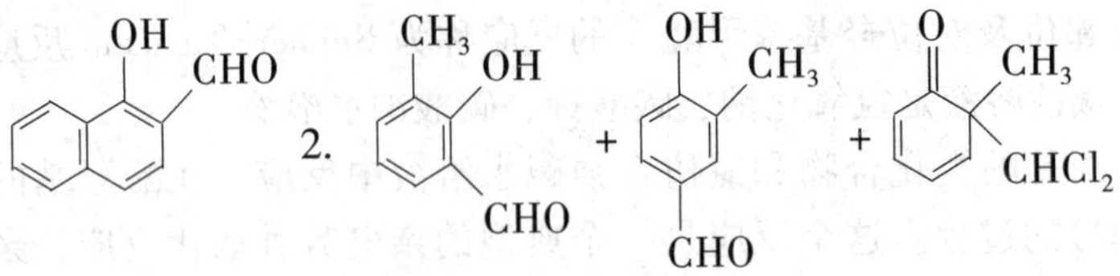
OH
CHO
2.
CH$_3$
OH
CHO
+
OH
CH$_3$
CHO
+
O
CH$_3$
CHCl$_2$

酚羟基的邻位或对位有取代基时，常有副产物 2，2-或 4，4-二取代的环己二烯酮产生。

例 2 写出反应机理

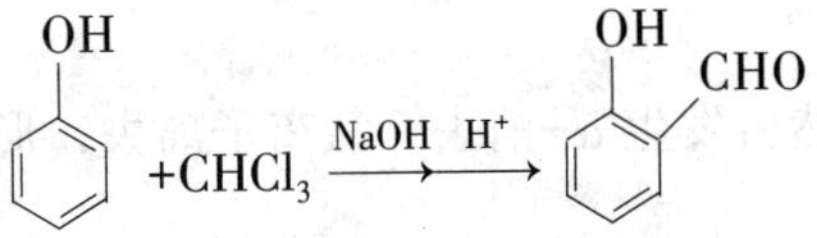
OH
+CHCl$_3$
NaOH H$^+$
OH
CHO
（湖南师范大学，2014）

[解答]

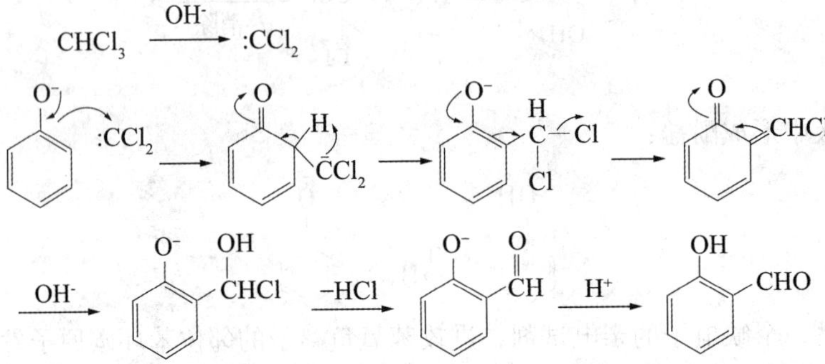
CHCl$_3$
OH$^-$
:CCl$_2$
O$^-$
:CCl$_2$
O
H
CCl$_2$
O$^-$
H
C
Cl
Cl
O
CHCl
OH$^-$
O$^-$
OH
CHCl
−HCl
O$^-$
O
CH
H$^+$
OH
CHO

参考文献

[1] 吴范宏．有机化学学习与考研指津[M]．武汉：华中理工大学，2008：103.

[2] Reimer K，Tiemann F．Ber．1876，9：824 - 828.

[3] 屈尔蒂，曹科．有机合成中命名反应的战略性应用[M]．北京：科学出版社，2007：379.

[4] 孔祥文．有机化学[M]．北京：化学工业出版社，2010：251.

[5] Jie Jack Li．Name Reaction，4th ed．[M]．Springer-Verlag Berlin Heidelberg，2009：460.

6.17 Ritter 反应

问题引入

写出下列反应机理。

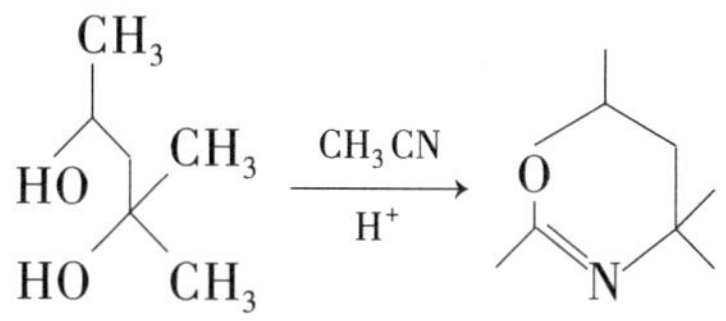

（南开大学，2015；云南大学，2004）

反应机理如下所示：

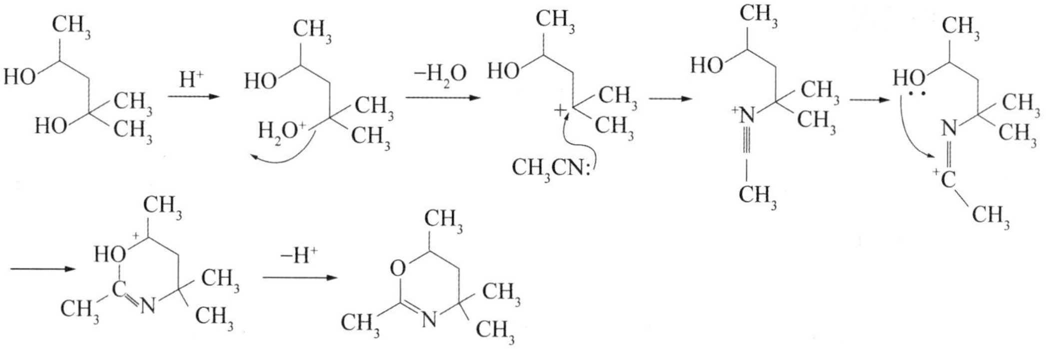

反应概述

叔醇在强酸性溶液中生成稳定的三级碳正离子，该碳正离子受到腈氮原子的亲核进攻，生成一个腈鎓离子(Nitrilium ion)。然后分子中的另一个羟基进攻叁键碳原子，再失去质子即得 *N*-取代亚胺。该反应为 Ritter 反应。

Ritter 反应(里特反应)是用烷基化试剂(如叔醇或烯与强酸)将腈转化为 *N*-烷基酰胺的一个反应[1~3]。该反应以美国化学家 John Joseph Ritter 的名字命名。

反应通式

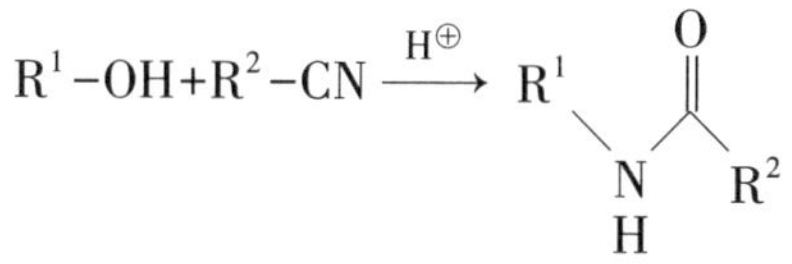

反应机理

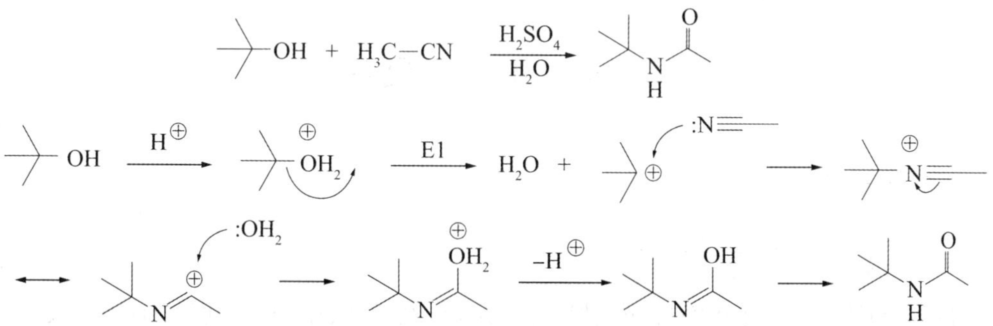

以叔醇为例，首先叔醇在强酸性溶液中生成稳定的三级碳正离子，该碳正离子受到腈氮原子的亲核进攻，生成一个腈鎓离子(Nitrilium ion)。然后第一步中生成的水进攻叁键碳原子，经过质子转移即得 *N*-取代酰胺，水解可以得伯胺。

类似的反应：

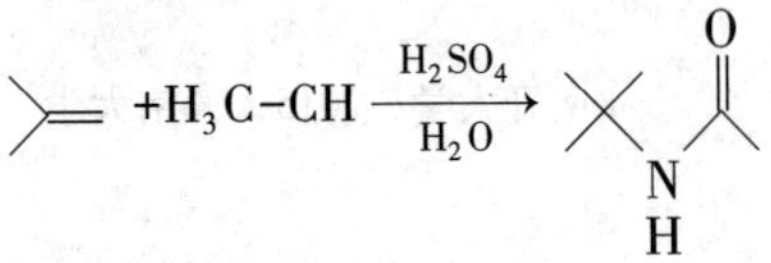

$+H_3C-CH$
H_2SO_4
H_2O
O
N
H

例题解析

例 1 由苯和不超过 3 个碳的原料及必要试剂合成

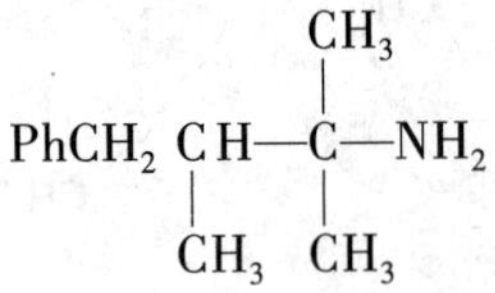

CH_3
PhCH₂ CH—C—NH₂
CH_3 CH_3

（南开大学，2015）

[解答]

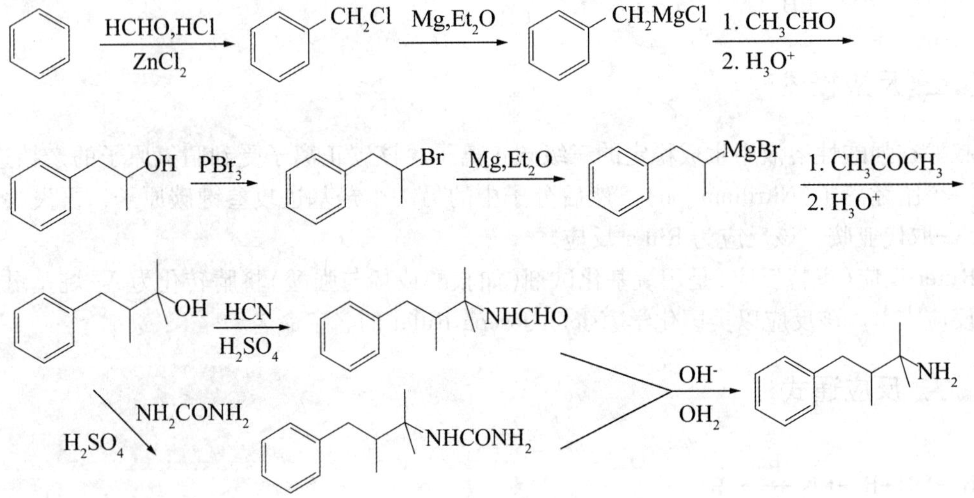

HCHO,HCl
$ZnCl_2$
CH_2Cl
Mg,Et_2O
CH_2MgCl
1. CH_3CHO
2. H_3O^+
OH
PBr_3
Br
Mg,Et_2O
MgBr
1. CH_3COCH_3
2. H_3O^+
OH
HCN
H_2SO_4
NHCHO
NH_2CONH_2
H_2SO_4
$NHCONH_2$
OH^-
OH_2
NH_2

参考文献

[1] Ritter J. J, Minieri, P. P. J. Am. Chem. Soc. 1948, 70: 4045-4048.
[2] Ritter J. J, Kalish, J. J. Am. Chem. Soc. 1948, 70: 4048-4050.
[3] Jie Jack Li. Name Reaction, 4th ed., [M]. Springer-Verlag Berlin Heidelberg, 2009: 468.

6.18 Stetter 反应

问题引入

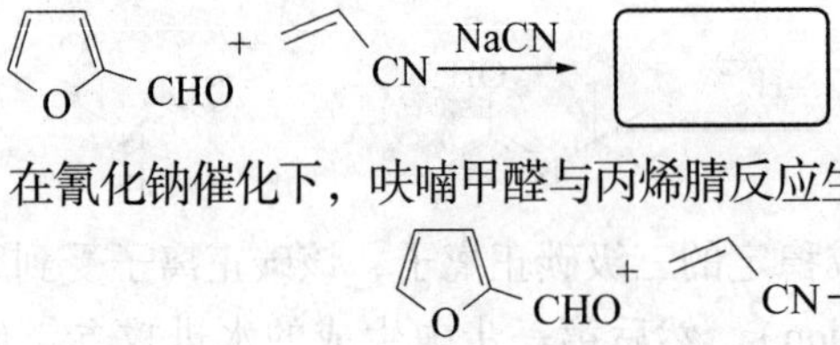

CHO
O
CN
NaCN

（复旦大学，2005）

在氰化钠催化下，呋喃甲醛与丙烯腈反应生成腈丙基-2-呋喃甲酮，化学反应方程式如下：

O
CHO
CN
NaCN
O
CN
O

反应机理

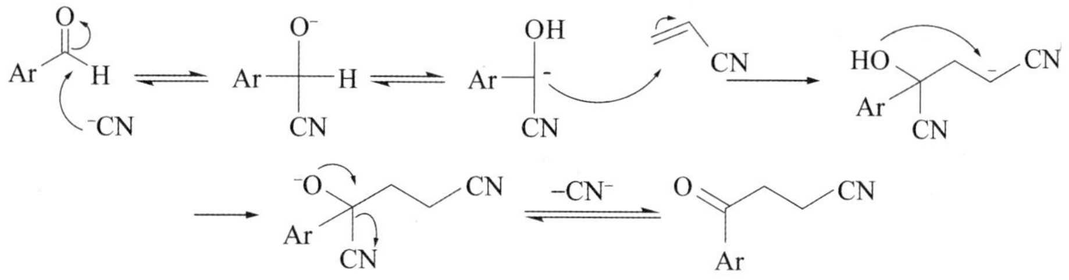

反应概述

醛和 α，β-不饱和酮(酯)作用得到 1，4-二羰基衍生物的反应称为 Stetter 反应[1~3]。用噻唑啉替代腈化物作催化剂时也称为 Michael-Stetter 反应。

反应通式

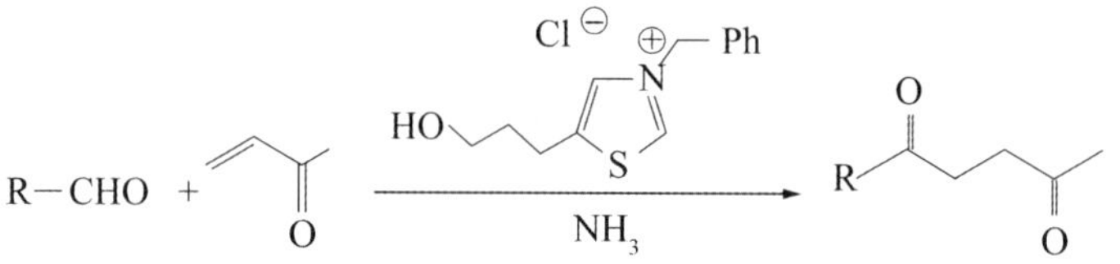

反应机理[4,5]

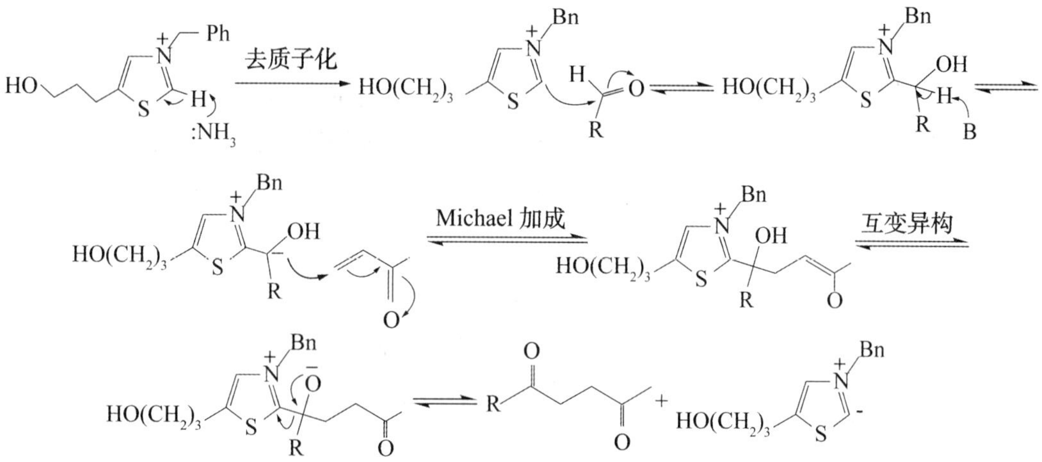
去质子化
Michael 加成
互变异构

首先是氰基负离子或噻唑负离子进攻醛羰基碳原子发生亲核加成反应形成 α-仲醇，该仲醇在碱作用下失去 α-H 得到 α-碳负离子，从而使亲电性的醛羰基碳转化为亲核性碳。然后是碳负离子对不饱和化合物的 Michael 加成，最后消除氰基负离子或噻唑负离子，得到 1，4-二羰基化合物，完成一个催化循环。

参考文献

[1] Stetter H，Schreckenberg H. Angew. Chem. 1973，85：89.

[2]Stetter H. Angew. Chem. 1976, 88: 695-704. (Review).
[3]Stetter H, Kuhlmann H, Haese W. Org. Synth. 1987, 65: 26.
[4]Jie Jack Li. Name Reaction, 4th ed.[M]. Springer-Verlag Berlin Heidelberg, 2009: 525.
[5]【美】李杰(Jie Jack Li)著．荣国斌译，朱士正校．有机人名反应及机理[M]．上海：华东理工大学出版社，2003：387.

6.19 Stobbe 缩合反应

问题引入

写出下列反应机理。

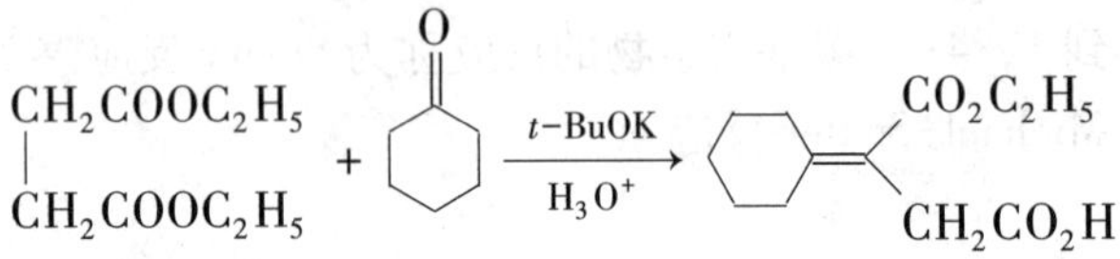

（南京工业大学，2004）

反应机理如下所示：

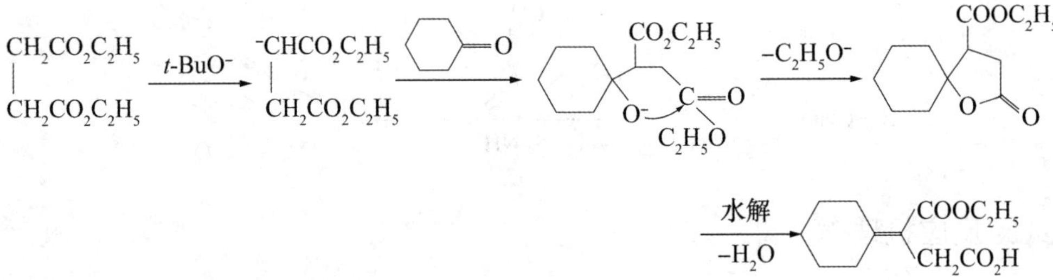

反应概述

环已酮和丁二酸二乙酯在乙醇钠作用下发生缩合反应生成α-环己叉基丁二酸单乙酯。这种在碱性条件下丁二酸二乙酯及其衍生物和羰基化合物的反应称为 Stobbe 缩合反应[1]。

反应通式

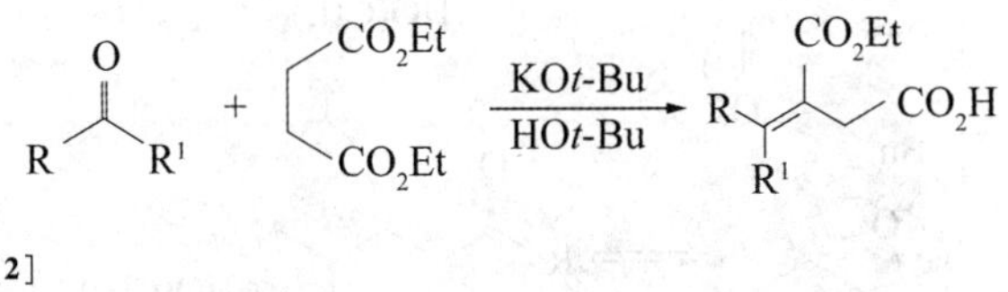

反应机理[2]

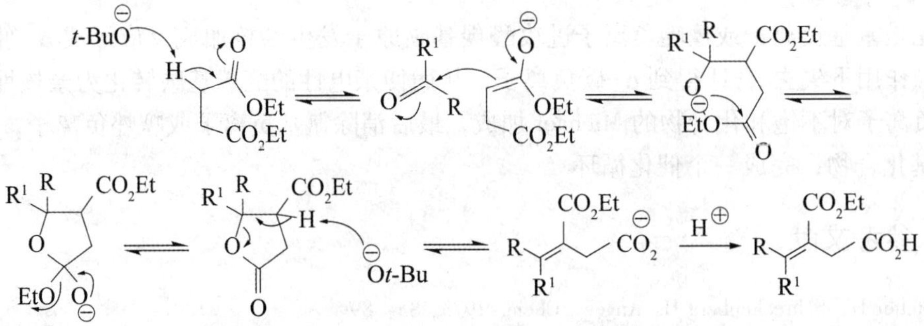

在 Stobbe 缩合反应中，叔丁醇钾首先夺取丁二酸二乙酯的一个 α-氢原子，形成烯醇负离子，然后该烯醇负离子进攻醛或酮的羰基碳原子发生 Aldol 亲核加成，得到的 β-醇氧负离子与分子内的酯羰基缩合反应形成内酯，内酯在叔丁醇钾的催化下开环、消除、酸化得目标产物 α-亚烃基丁二酸单酯衍生物，注意的是产物分子中双键 α-为酯，而 β-为羧酸。

Stobbe 缩合所用的碱性催化剂和反应条件与 Claisen 缩合基本上相似。Stobbe 缩合主要用于酮化合物，如果对称酮分子中不含有活泼 α-氢则只得到一种产物，收率很好，如果是不对称酮，则得到顺反异构体的混合物。例如，3，4-二氯二苯甲酮、丁二酸二乙酯和叔丁醇钾按 1∶1.6∶0.95 的摩尔比在叔丁醇中在氮气保护下，回流 16 h，经酸化，后处理的 α-(3，4-二氯二苯基)亚甲基丁二酸单乙酯粗品，收率 80%，作为医药中间体可直接用于下一步反应。

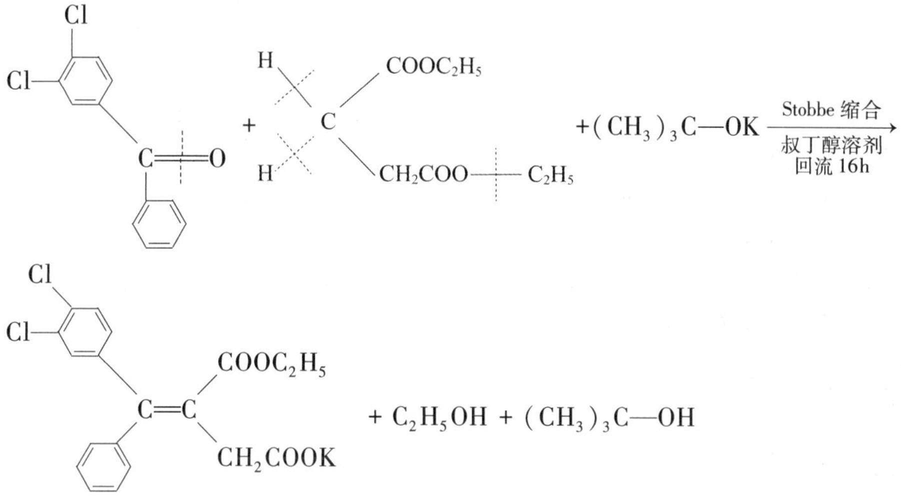

Cl
Cl
C
O
H
H
C
COOC2H5
CH2COO
C2H5
+(CH3)3C—OK
Stobbe 缩合
叔丁醇溶剂
回流 16h
Cl
Cl
C=C
COOC2H5
CH2COOK
+ C2H5OH + (CH3)3C—OH

参考文献

[1] Stobbe H. Ber. 1893, 26: 2312.

[2] Jie Jack Li. Name Reaction, 4th ed. [M]. Springer-Verlag Berlin Heidelberg, 2009: 532.

[3] 吴范宏. 有机化学学习与考研指津[M]. 武汉：华中理工大学，2008: 162

6.20　Stork 烯胺反应

问题引入

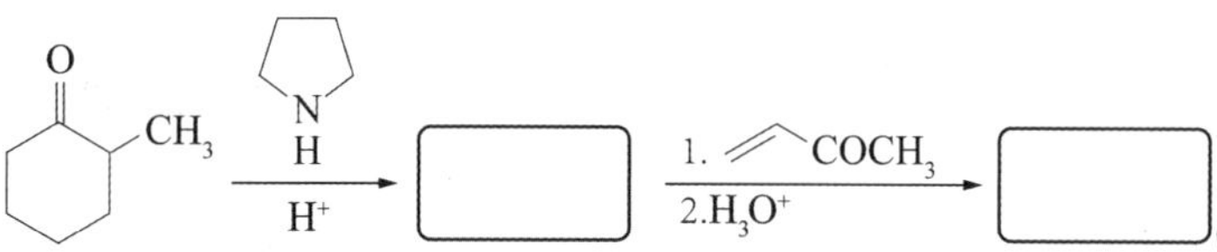

O
CH3
N
H
H+
1. COCH3
2.H3O+

(苏州大学，2015)

上述反应的中间体和产物的结构分别为：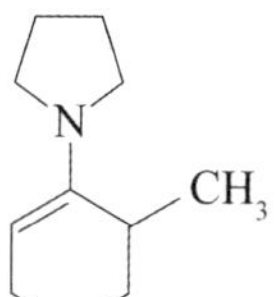，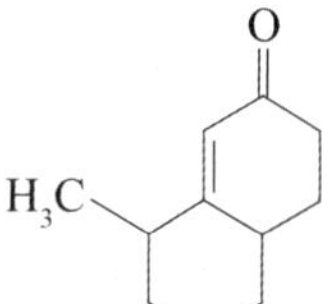。2-甲基环己酮与

四氢吡咯反应形成的烯胺与丁烯酮发生类似于 Michael 加成、再经 Aldol 加成环化得到产物。

反应概述

烯胺与α，β-不饱和羰基化合物发生的 Michael 加成的反应就是 Stork 烯胺反应[1~6]。反应中采用体积较大的胺如四氢吡咯、哌啶等，使对甲基乙烯酮的共轭加成在两个可能的烯胺中从位阻较小的一面进攻，实现关环反应。

反应机理[7]：

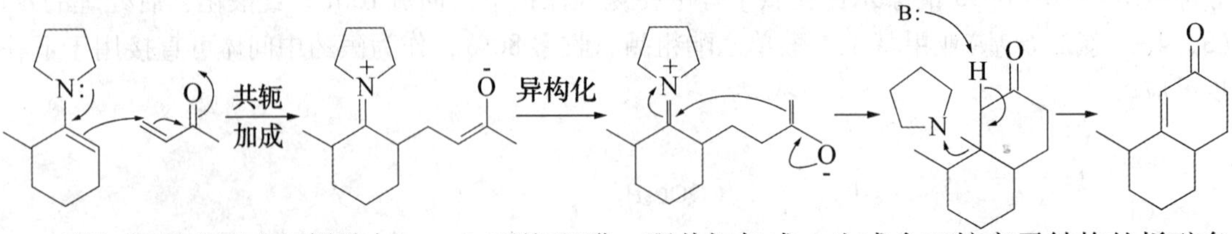

共轭
加成
异构化
B:

酮与胺反应形成的烯胺与α，β-不饱和醛、酮共轭加成，生成含亚铵离子结构的烯醇负离子，经异构化所得的新的烯醇负离子进攻分子内的亚铵离子的碳原子，形成β-氨基酮，最后在碱作用下消除四氢吡咯得到目标产物。

酮与胺反应形成烯胺，烯胺与α，β-不饱和醛、酮共轭加成，生成新的烯胺，烯胺水解得邻位取代的酮。当亲电试剂为酰卤时，则形成 1，3-二酮（称为 Stork 酰化）。当亲电试剂为卤代烷或反应性较低亲电试剂时，则可使酮或醛烷基化。

例题解析

例 1 完成下列反应

1. 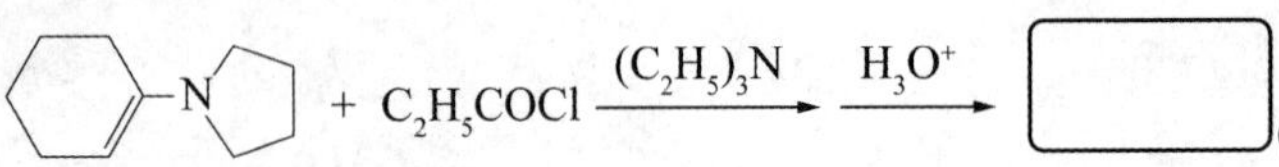

$+ C_2H_5COCl$
$(C_2H_5)_3N$
H_3O^+

（中国科学技术大学，2016）

2. 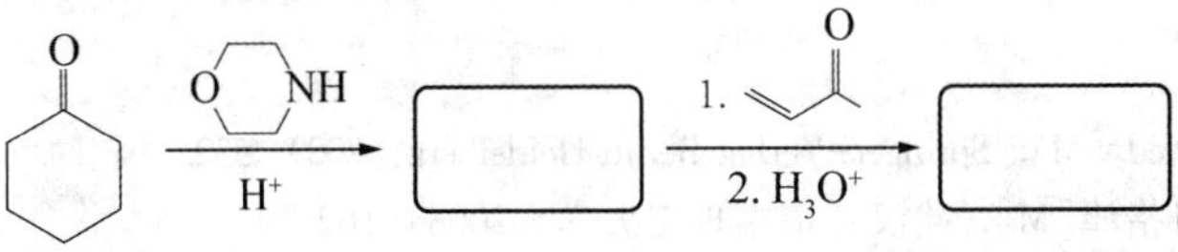

O NH
H^+
1.
2. H_3O^+

（华东理工大学，2014）

3. 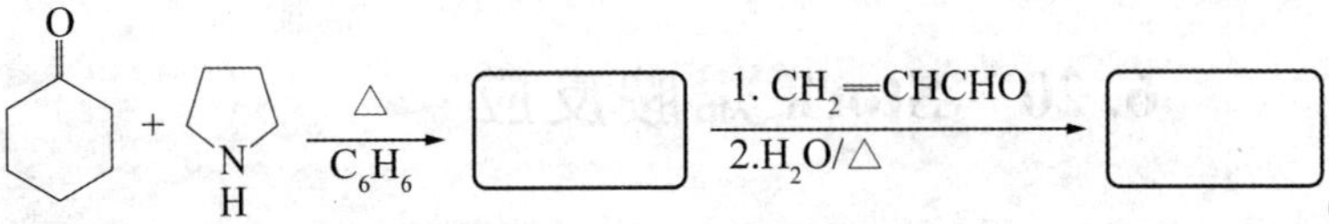

△
C_6H_6
1. CH_2=CHCHO
2.H_2O/△

（四川大学，2013）

4. 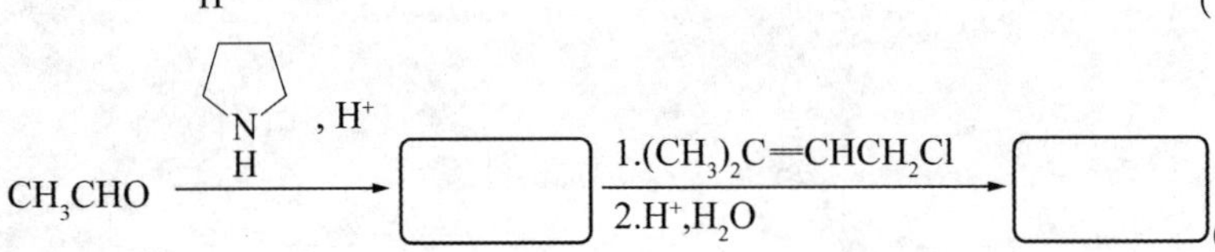

CH_3CHO
, H^+
1.$(CH_3)_2C$=$CHCH_2Cl$
2.H^+,H_2O

（西北大学，2011）

［解答］

1. 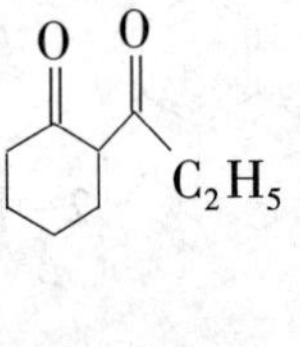

C_2H_5

2. 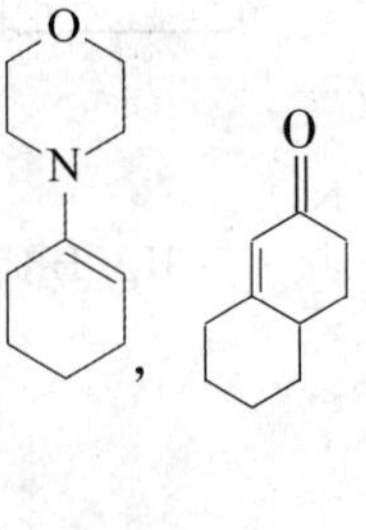
3. 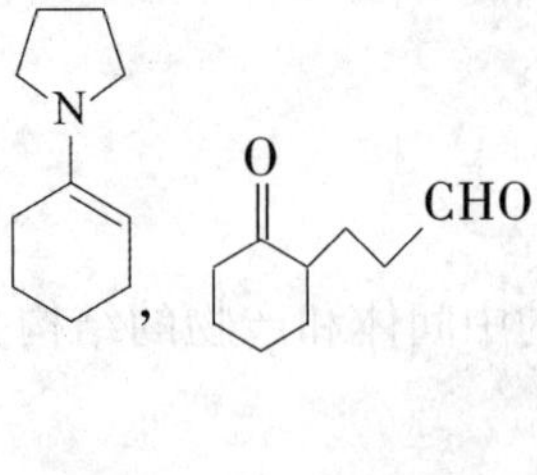

CHO

4. 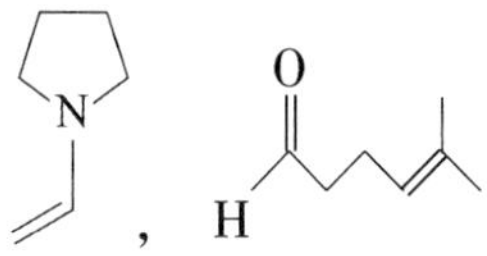

例 2　写出下列反应的主要产物

1. 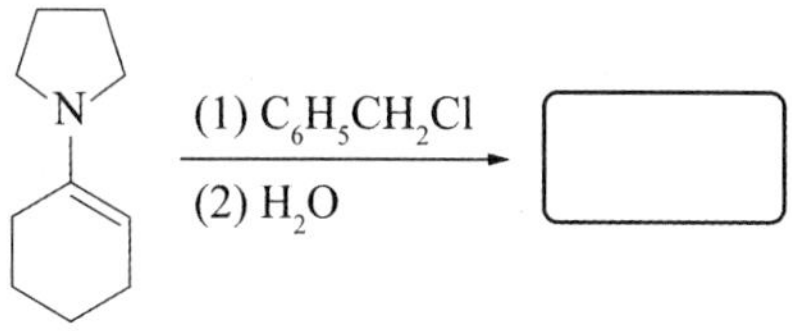

（郑州大学，2006）

［解答］

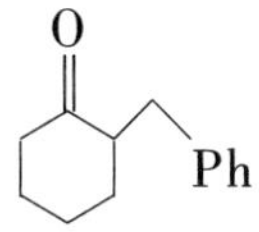。有 α-H 的醛、酮和仲胺在酸性条件下反应脱水，生成烯烃胺。烯胺的结构与烯胺负离子相似，可与卤代烃，α，β-不饱和羰基化合物等发生反应，产物水解得到 α-烃化的醛、酮，1，5-二羰基化合物等。

值得注意的是不对称酮与仲胺反应生成烯胺时，由于位阻的影响，主要生成双键在取代基较少一侧的烯胺[7]。

2. 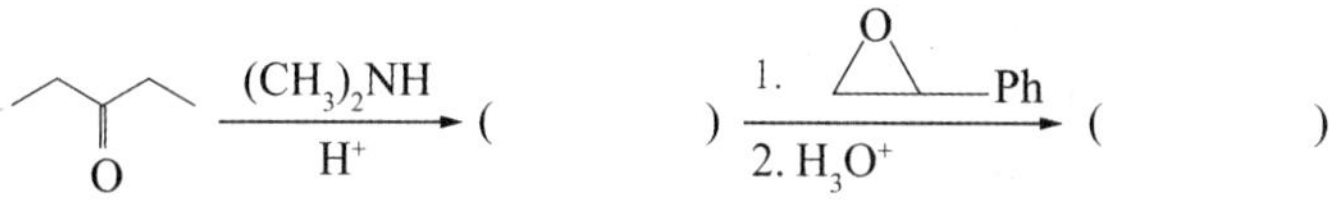

（中山大学，2003）

［解答］

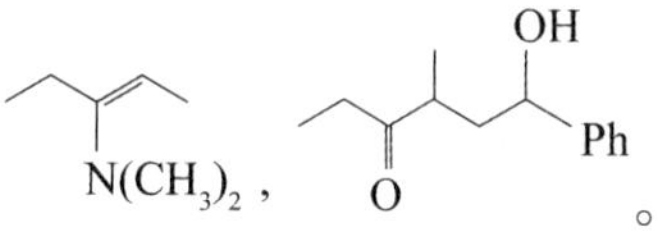。此题中第一步含 α-H 的醛、酮和二级胺在酸催化下反应脱去一分子水，生成烯胺。由于烯胺的结构与烯胺负离子相似，在第二步中与环氧化合物在碱性条件下开环，负离子进攻环醚空间位阻小的一侧。反应机理如下：

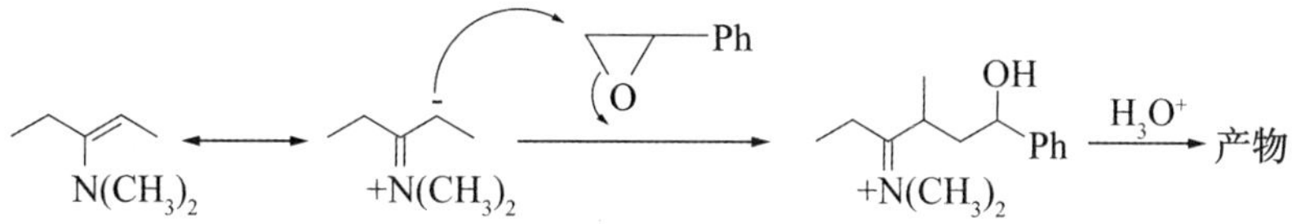

例 3　试利用指定的原料和小于等于 3 个碳的有机物及必要的无机试剂制备目标化合物。

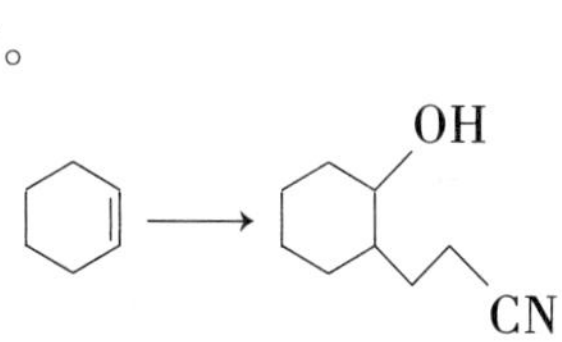

（浙江工业大学，2014）

［解答］

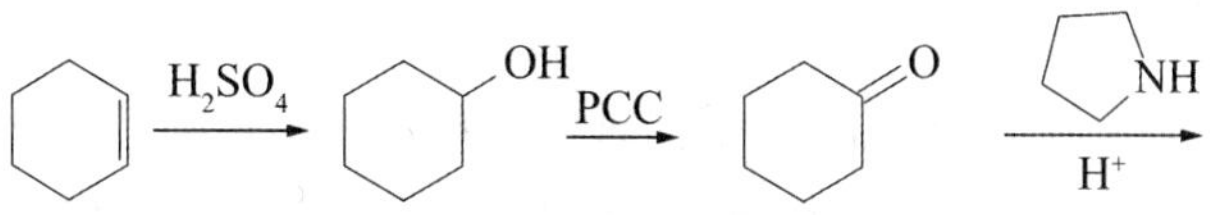

例 4　以环己酮和 4 碳以下（含 4 碳）有机物为原料合成

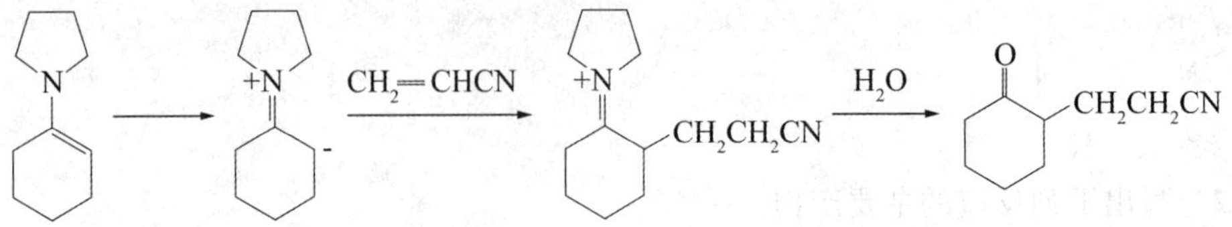

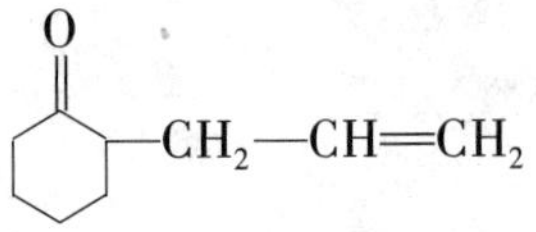

（湖南师范大学，2013）

［解答］

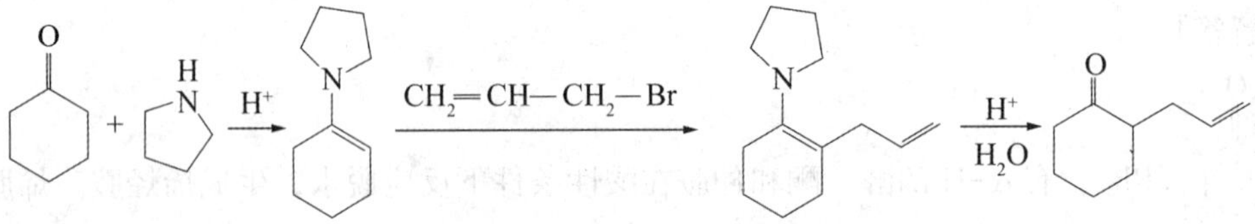

参考文献

［1］Stork G.；Terrell，R，Szmuszkovicz，J. J. Am. Chem. Soc. 1954，76：2029.

［2］Autrey R. L，Tahk，F. C. Tetrahedron1968，24：3337.

［3］Hickmott P. W. Tetrahedron1982，38：1975.

［4］Szablewski M. J. Org. Chem. 1994，59：954.

［5］Hammadi M，Villemin D. Synth. Commun. 1996，26：2901.

［6］［美］李杰(Jie Jack Li)著．荣国斌译，朱士正校．有机人名反应及机理［M］．上海：华东理工大学出版社，2003：398.

［7］吴范宏．有机化学学习与考研指津［M］．武汉：华中理工大学，2008：119.

6.21 Tollens 反应

问题引入

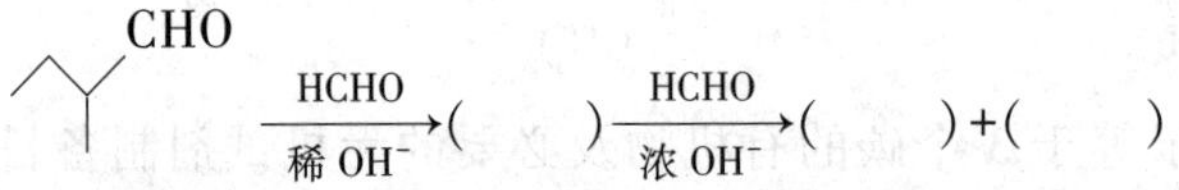

（北京理工大学，2005）

答案为：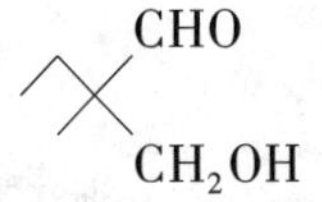，$HCOO^-$，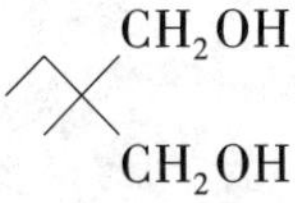。2-甲基丁醛和甲醛在碱催化下首先发生 Aldol 缩合生成 α-羟甲基-2-甲基丁醛，然后再进行 Cannizzaro 反应得到 2-甲基-2-乙基丙二醇和甲酸，总反应称为 Tollens 反应。

反应概述

Tollens 反应[1~6]是指含 α-H 的醛、酮在碱(Na_2CO_3 或 $Ca(OH)_2$)存在下和不含 α-H 的醛、酮(如甲醛)反应生成多元醇类化合物的反应。该反应其实是 Aldol 缩合反应与 Cannizzaro 反应的合并反应。

反应通式

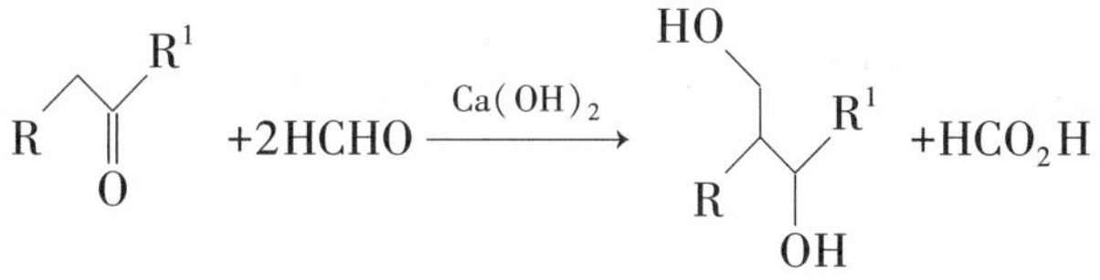

反应机理[7]

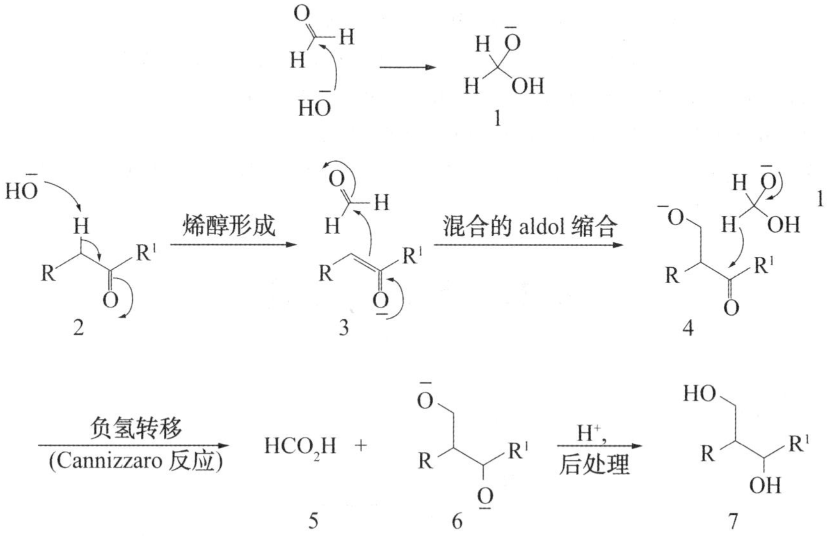

甲醛（无 α-活泼氢的醛）在 OH^-作用下形成同碳二元醇氧负离子（1）；含有 α-氢的醛或酮（2）在 OH^-作用下形成烯醇负离子（3），3 与甲醛发生混合的 Aldol 缩合反应得到 β-羟基醛或酮的醇氧负离子（4）；然后 4 与甲醛进行交叉的 Cannizzaro 反应，即 1 的 α-氢以负氢离子转移给 4 的羰基，1 被氧化成为甲酸（5），4 被还原成 1，3-二醇的双负离子（6），6 经酸化得 1，3-二醇（7）。

例题解析

例 1 填空

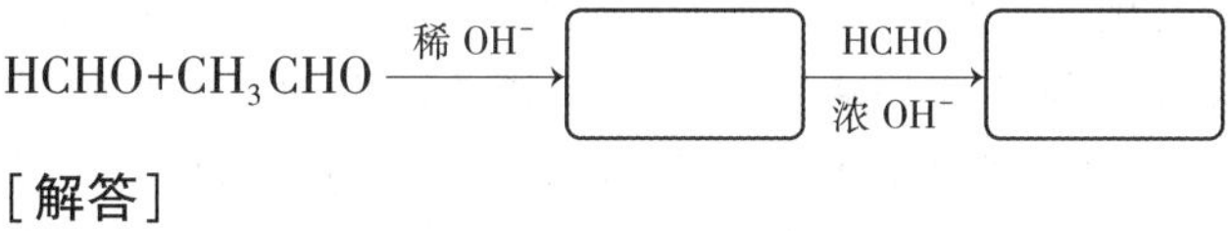

（浙江大学，2004）

[解答]

$(HOCH_2)_3CCHO$，$C(CH_2OH)_4$，$HCOO^-$

此题中第一步为 1mol 乙醛与 3molHCHO 发生 3 次羟醛缩合反应，第二步是无 α-H 醛的歧化反应。

例 2 以甲醛、乙醛和丙二酸二乙酯合成

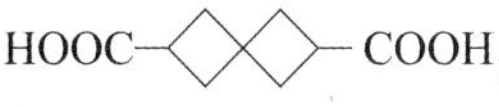

（西北大学，2005；陕西师范大学，2004）

[解答]

中间的螺碳来自季戊四醇，两边的羧基分别来自丙二酸酯：

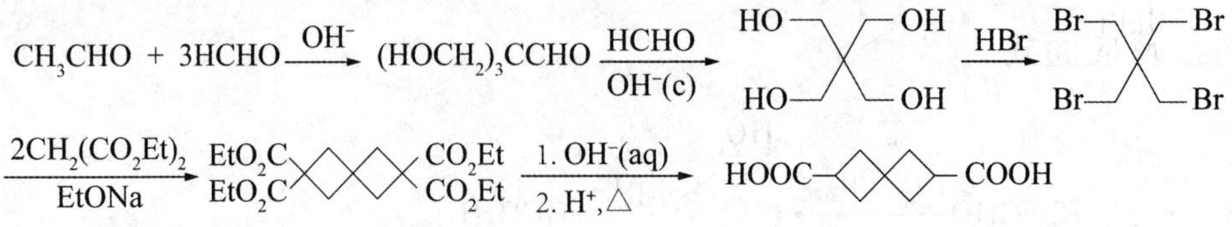

CH3CHO + 3HCHO
OH-
(HOCH2)3CCHO
HCHO
OH-(c)
HO
OH
HO
OH
HBr
Br
Br
Br
Br
2CH2(CO2Et)2
EtONa
EtO2C
EtO2C
CO2Et
CO2Et
1. OH-(aq)
2. H+,△
HOOC
COOH

参考文献

[1] Parry-Jones R, Kumar, J Educ Chem, 1985, 22; 114.

[2] Jenkins ID. J Chem Edue, 1987, 64; 164.

[3] Mumoz S, Gokel G W. J Am Chem, Soc, 1993, 115; 4899.

[4] Yin Y, Li Z Y, Zhong Z, Gates B, Xia Y, Venkateswaran S. J Materials Chem, 2002, 12; 522.

[5] Breedlove C H, Softy John J College Sei Teaching, 1983, 12; 281.

[6] Huang S, Mau A W H. J Phys Chem B, 2003, 107; 3455.

[7] [美]李杰(Jie Jack Li)著．荣国斌译，朱士正校．有机人名反应及机理[M]．上海：华东理工大学出版社，2003：412.

6.22 Wittig 反应

问题引入

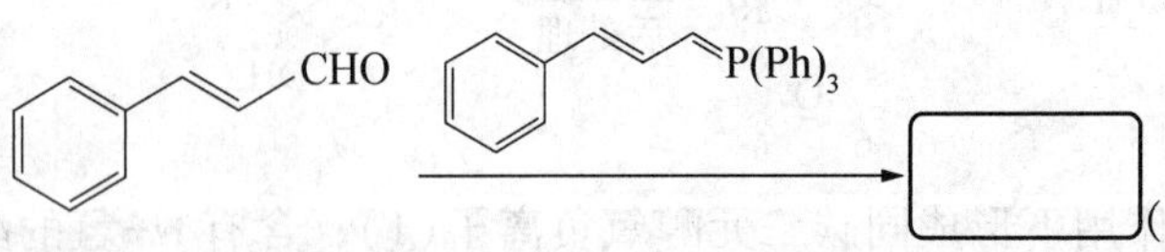

CHO
P(Ph)3

(南京大学，2014)

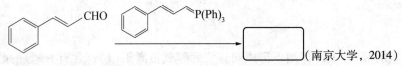

3-苯基丙烯醛与3-苯基-2-丙烯基三苯基鏻(Wittig 试剂)反应生成1，6-二苯基—1，3，5-己三烯，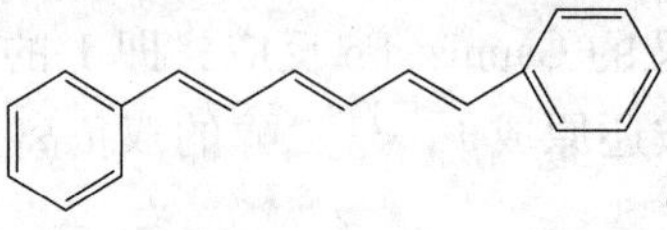。

反应概述

Wittig 试剂与醛、酮的羰基发生亲核加成反应，形成烯烃的反应称为 Wittig 反应[1]。Wittig 试剂是 Georg Wittig 于1954 年发现的，他因在此方面的突出贡献获得1979 年诺贝尔化学奖。Wittig 试剂的制备一般是用卤代烷与三苯基膦反应生成季鏻盐，因为三苯基膦是一个弱碱但是一种好的亲核试剂，多数一级和二级卤代烷可以得到较好产率的季鏻盐，然后在干燥乙醚中，强碱(如 n-BuLi、PhLi)作用下失去磷原子 α-H，形成稳定的磷 Ylide(或磷内鎓盐)。例如：

$$(C_6H_5)_3\ddot{P} + CH_3CH_2-Br \xrightarrow{\text{亲核取代}} (C_6H_5)_3\overset{+}{P}CH_2CH_3Br$$

季鏻盐：溴化乙基三苯基膦

$$(C_6H_5)_3\overset{+}{P}-\underset{H}{\underset{|}{C}}HCH_3 + \overset{\delta^-}{Ph}-\overset{\delta^+}{Li} \xrightarrow[-PhH]{} \left[(C_6H_5)_3\overset{+}{P}-\overset{-}{C}HCH_3 \longleftrightarrow (C_6H_5)_3P{=}CHCH_3\right]$$

三苯基膦是固体结晶，熔点 80 ℃，可由 Grignard 试剂与三氯化磷反应制得：

$3C_6H_5MgBr + PCl_3 \longrightarrow (C_6H_5)_3P + 3MgClBr$

Wittig 试剂与醛、酮的羰基发生亲核加成反应，形成烯烃的反应称为 Wittig 反应。

反应通式

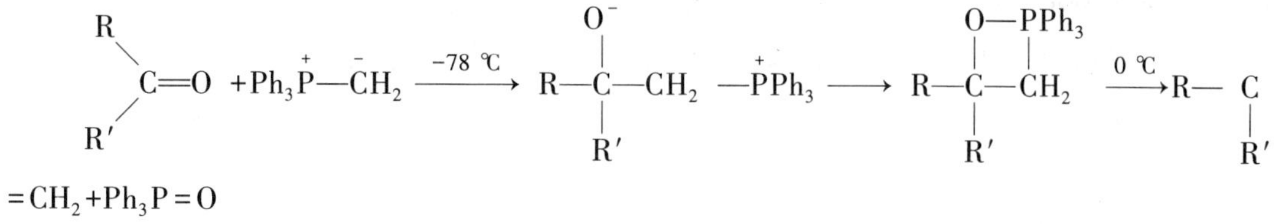

反应机理

醛或酮的羰基与 Wittig 试剂的反应过程一般认为是：Wittig 试剂作为亲核试剂进攻羰基碳原子，形成内鎓盐。这个内鎓盐在-78℃时比较稳定，当温度升至 0℃时，消除氧化三苯基膦[$(C_6H_5)_3PO$]，生成产物烯烃[2]。

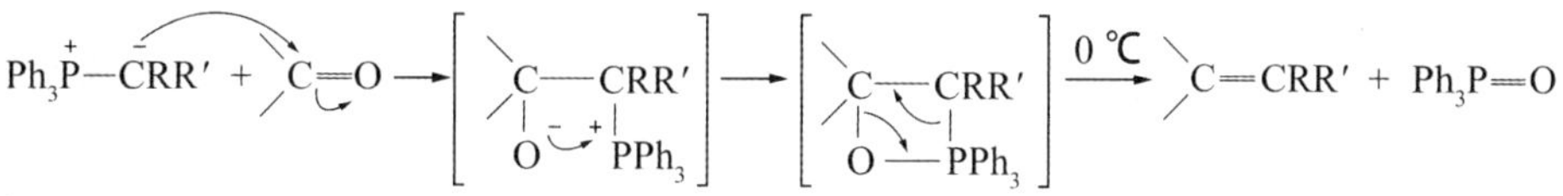

例如：

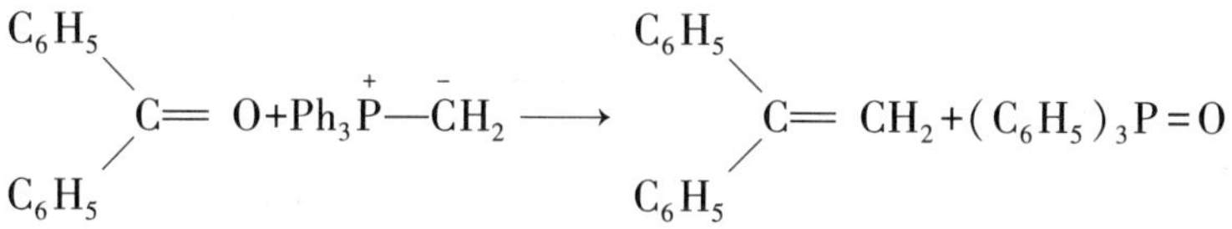

Wittig 反应条件温和，收率较高。除合成一般烯烃外，更适用于合成其他反应难以制备的烯烃，因而该反应具有广泛的用途。

例题解析

例 1　完成下列反应

1. 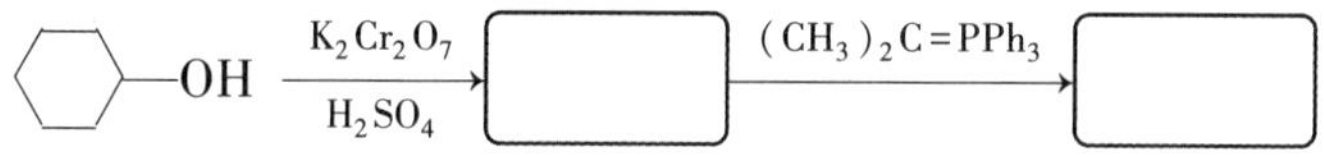　（苏州大学，2015）

2. 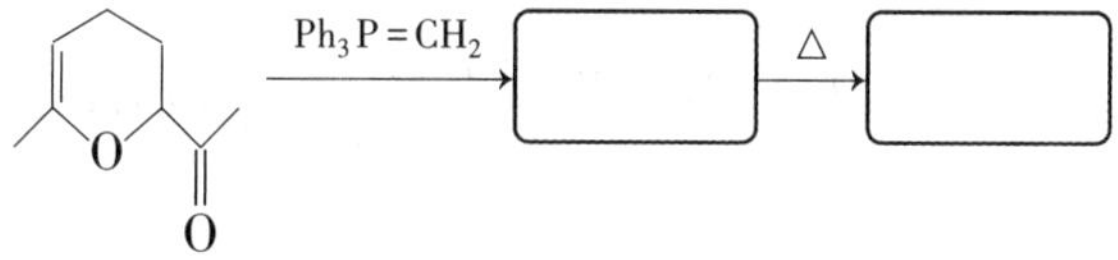　（南开大学，2015）

3. 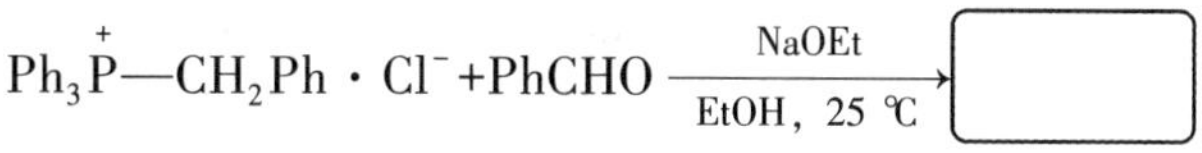

[**解答**]

1. 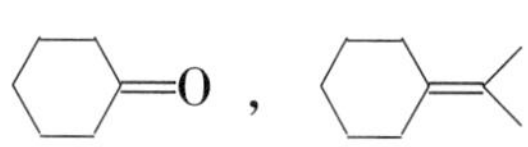　2. 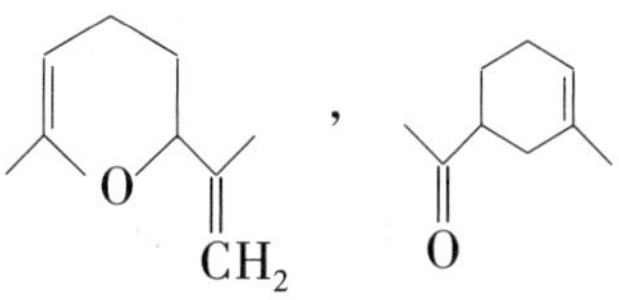

3. 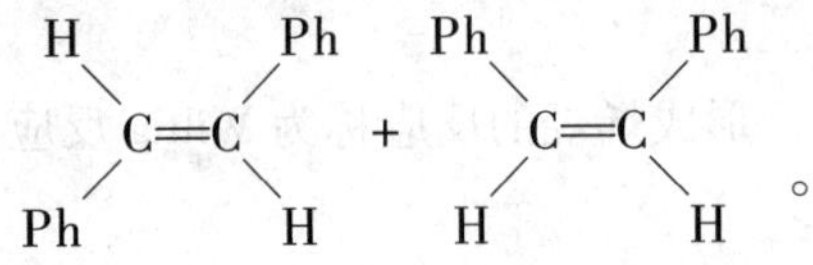 。一般来说，产物烯烃的构型取决于磷 Ylide 的活性，当其很活泼时，产生顺反异构体的混合物[3]。

35%　　41%

例 2　以乙醇、甲苯为原料油维获希(Wittig)反应合成(其他试剂任选)

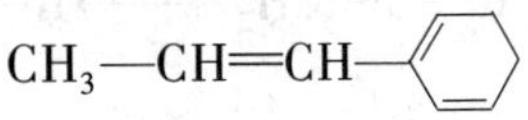

（四川大学，2013）

［解答］

$$CH_3CH_2OH \xrightarrow[\triangle]{Cu} CH_3CHO$$

$$PhCH_3 \xrightarrow[h\nu]{Cl_2} PhCH_2Cl \xrightarrow{PPh_3} PhCH_2\overset{+}{P}Ph_3Cl \xrightarrow{PhCi} PhCH{=}PPh_3 \xrightarrow{CH_3CHO} PhCH{=}CHCH_3$$

例 3　以乙醇、甲苯为原料由维获希(Witting)反应合成下列化合物(其他试剂任选)：

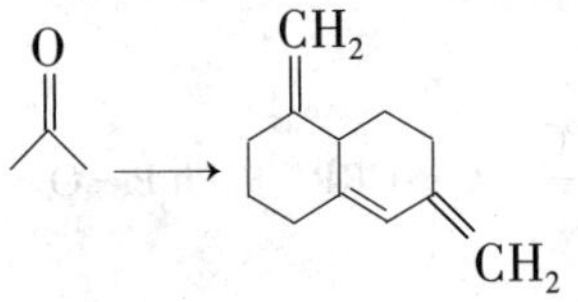

（暨南大学，2016）

［解答］

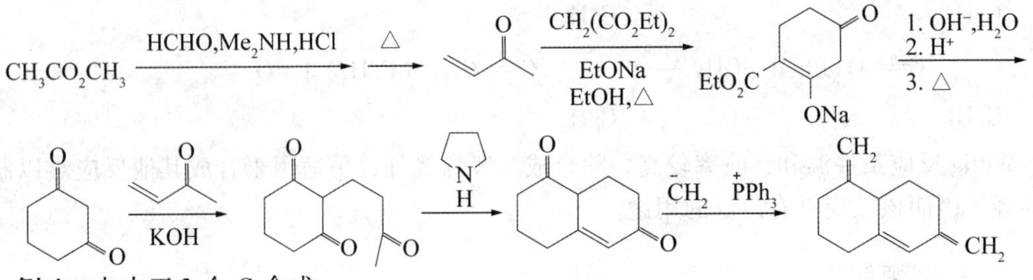

例 4　由小于 3 个 C 合成

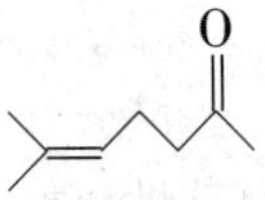

（华东理工大学，2014）

［解答］

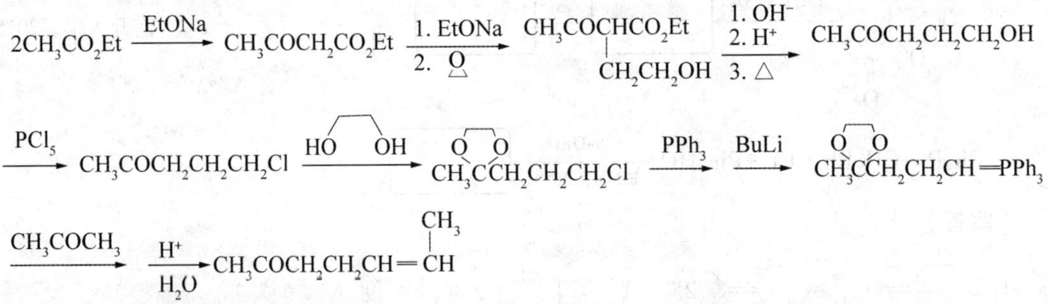

例 5　推测结构(中国科学技术大学，2010 年)

分子式为 $C_8H_{14}O$ 的化合物 A 与 $CH_2=P(C_6H_5)_3$ 反应，得到化合物 B(C_9H_{16})，用 $LiAlH_4$ 处理 A 得互为异构体的非等量的 C 和 D，分子式均为 $C_8H_{16}O$。C 和 D 在碱性条件下

加热均能得到 $E(C_8H_{14})$，E 用臭氧氧化后还原水解得 F，F 进一步用 $K_2Cr_2O_7$ 氧化得到如下结构的化合物。请推测 A～F 的结构式，并标出立体构型。

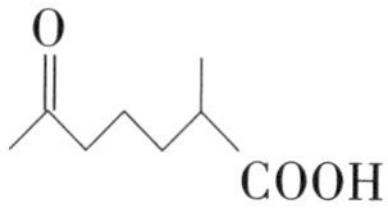
O
COOH

［解答］

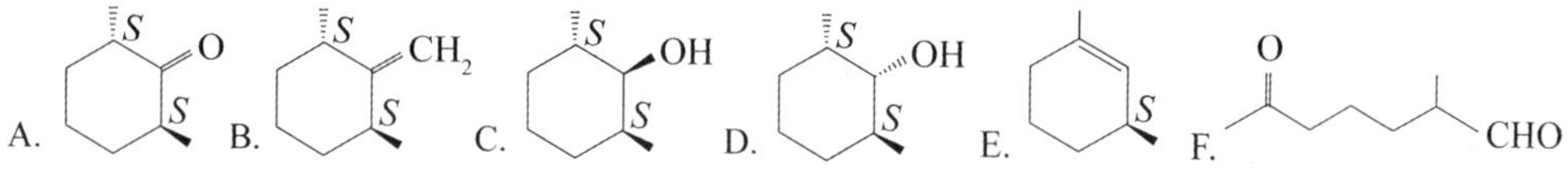
A.
S
O
S
B.
S
CH2
S
C.
S
OH
S
D.
S
OH
S
E.
S
F.
O
CHO

参考文献

［1］Wittig G, Schollkopf U. Ber. 1954, 87：1318-1330.

［2］孔祥文．有机化学［M］．北京：化学工业出版社，2010.

［3］邢其毅，裴伟伟，徐瑞秋，等．基础有机化学(第三版)．北京：高等教育出版社：2005.

［4］吴范宏．有机化学学习与考研指津［M］．武汉：华中理工大学，2008：120.

［5］姜文凤，陈宏博．有机化学学习指导及考研试题精解(第三版)［M］．大连：大连理工出版社，2005：354.

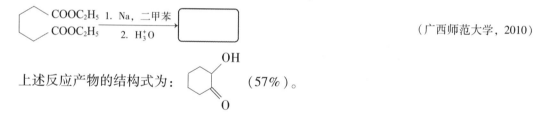

6.23　酮醇缩合反应

问题引入

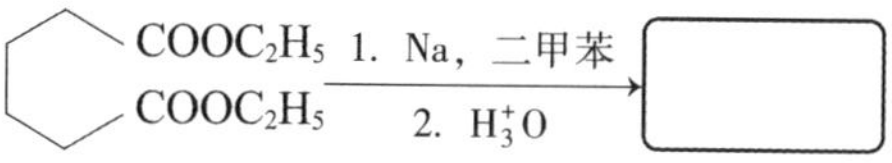
COOC2H5
COOC2H5
1. Na，二甲苯
2. H3+O

（广西师范大学，2010）

上述反应产物的结构式为：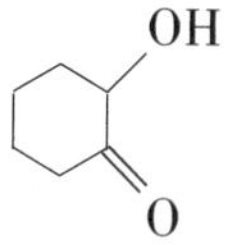 （57%）。
OH
O

反应概述

脂肪酸酯和金属钠，在乙醚、甲苯或二甲苯溶液中，纯氮气的保护下，通过搅拌和回流，发生双分子还原反应得到 α-羟基酮，该反应称为酯的双分子还原——酮醇缩合(偶姻反应，Acyloin Condensation)。例如：

$$2(CH_3)_2CHCOOCH_3 \xrightarrow[\text{甲苯，}\triangle]{Na,\ N_2} \xrightarrow{H_2O} (CH_3)_2CH—\overset{\substack{OH\\|}}{C}H—\overset{\substack{O\\\|}}{C}—CH(CH_3)_2$$

反应通式

$$\begin{matrix} RCOOR' \\ RCOOR' \end{matrix} \xrightarrow[\text{惰性溶液}]{Na} \begin{matrix} R—C—ONa \\ \| \\ R—C—ONa \end{matrix} \xrightarrow{H_2O} \begin{matrix} R—C{=}O \\ | \\ R—CH—OH \end{matrix}$$

反应机理

$$\begin{matrix}\text{RCOR}'\\\text{RCOR}'\end{matrix} + 2\text{Na} \longrightarrow \begin{matrix}\text{R}-\overset{O^-}{\underset{\cdot}{C}}-\text{OR}'\\\text{R}-\underset{O^-}{\overset{\cdot}{C}}-\text{OR}'\end{matrix} \xrightarrow{\text{偶联}} \begin{matrix}\text{R}-\overset{O^-}{\underset{|}{C}}-\text{OR}'\\\text{R}-\underset{O^-}{\overset{|}{C}}-\text{OR}'\end{matrix} \xrightarrow{-2\text{R}'\text{O}^-} \begin{matrix}\text{R}-\text{C}=\text{O}\\\text{R}-\text{C}=\text{O}\end{matrix} \xrightarrow{2\text{Na}}$$

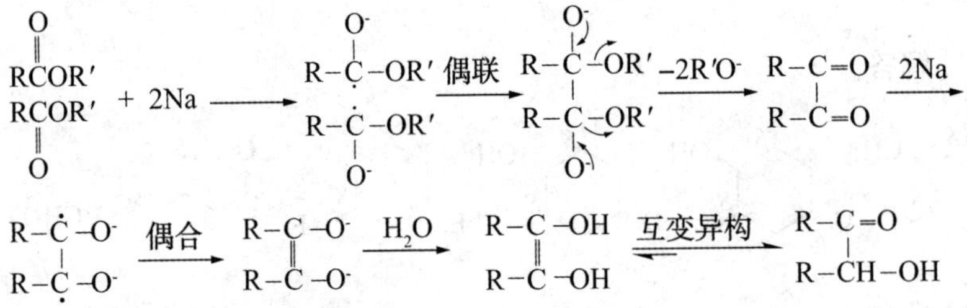

如以适当的链状二元羧酸酯为原料，通过该反应，使发生分子内偶姻缩合，能制得产率相当高的中环化合物或大环化合物。

参考文献

[1] S. M. McElvain. Acyloin Condensation [M]. Organic Reactions, 1948, 4 : 256.

[2] 孔祥文. 有机化学[M]. 北京：化学工业出版社，2010.

[3] Jie Jack Li. Name Reaction, 4th ed. [M]. Springer-Verlag Berlin Heidelberg, 2009: P468.

第 7 章　环合反应

7.1　卡宾

问题引入

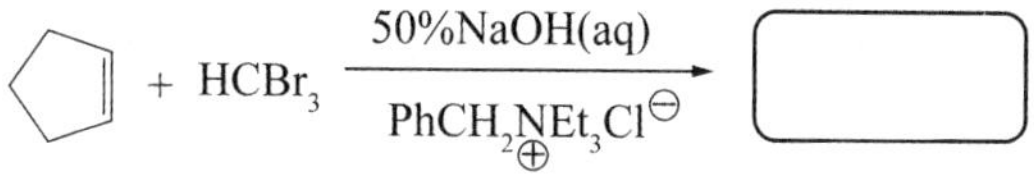

+ HCBr3
50%NaOH(aq)
PhCH2NEt3Cl

（复旦大学，2010）

环戊烯在碱性条件下与溴仿反应得到6，6-二溴二环[3.1.0]己烷，结构式为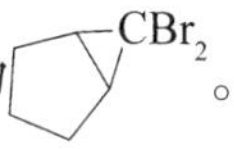。

卡宾的来源

主要有两种，一是重氮化合物光解或热分解，例如，重氮甲烷，$CH_3N(NO)CONH_2$等[1]。重氮烷类可由对应的氨基烷类与亚硝酸作用产生 N-亚硝基化合物，再解离而得到重氮烷类。制备时需特别注意，与重金属作用或加热时，可能会爆炸。二是通过 α-消去反应。多卤代烷在碱的作用下，消除 α-氢，得多卤代烷基负离子，此负离子不稳定，再消除一个卤离子，就得卡宾[2]。例如：

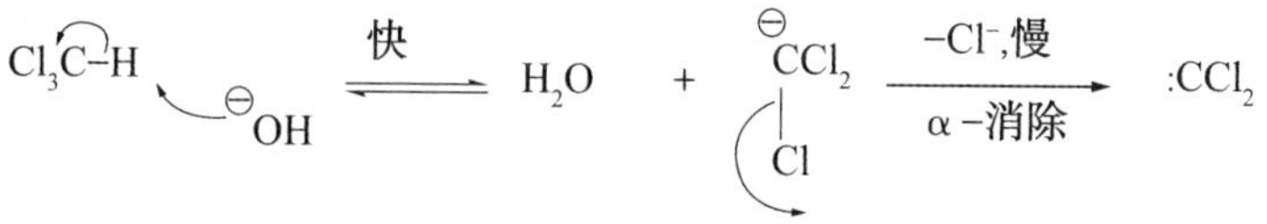

Cl3C-H
OH
快
H2O
+
CCl2
Cl
-Cl⁻,慢
α-消除
:CCl2

该反应需要较长时间并在无水条件下进行，但在是少量相转移催化剂存在下，可用氢氧化钠水溶液代替叔丁醇钾，且反应时间明显缩短，产率也较高。

卡宾的种类

最简单的卡宾是亚甲基卡宾，亚甲基卡宾很不稳定，从未分离出来，是比碳正离子、自由基更不稳定的活性中间体。其他卡宾可以看作是取代亚甲基卡宾，取代基可以是烷基、芳基、酰基、卤素等。这些卡宾的稳定性顺序排列如下：（H_2C：< ROOCCH：< PhCH：< BrCH：<ClCH：<Br_2C：<Cl_2C：）。

例题解析

例 1　写出反应机理

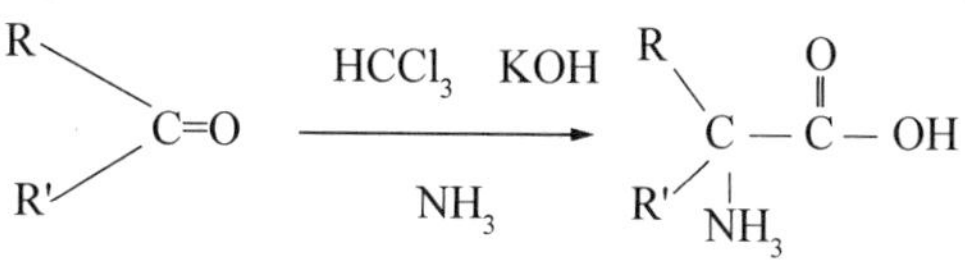

R
C=O
R'
HCCl3　KOH
NH3
R
O
C — C — OH
R'
NH3

[解答]

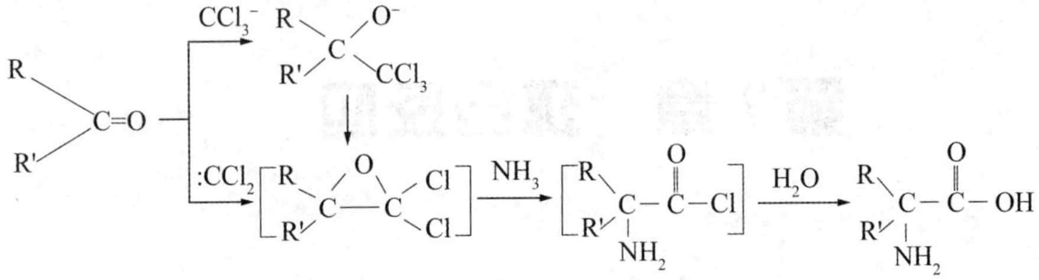
CCl_3^-
:CCl_2
NH_3
H_2O

参考文献

[1]孔祥文. 基础有机合成反应[M]. 北京：化学工业出版社，2014.

[2]Jie Jack Li. Name Reaction, 4th ed. [M]. Springer-Verlag Berlin Heidelberg，2009：460.

7.2　1，3-偶极环加成反应

问题引入

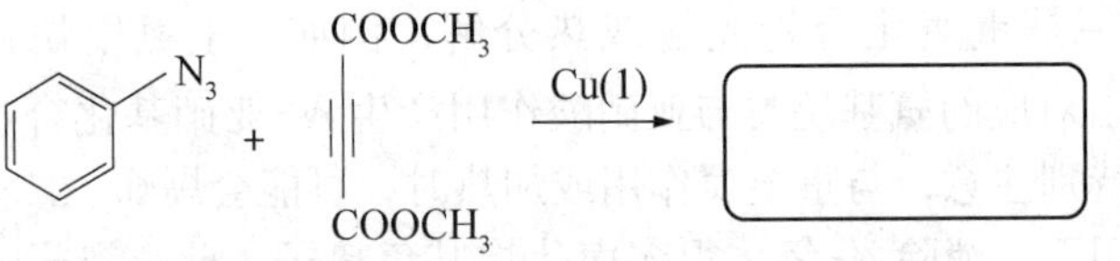
Cu(1)

（南开大学，2013）

叠氮苯与丁炔二酸二甲酯在亚铜盐催化下反应得到1-苯基-1，2，3-三氮-4，5-二羧酸二甲酯，其结构式为：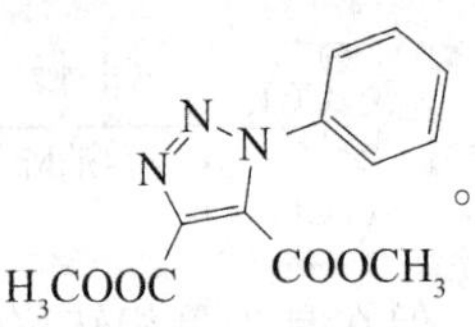。

反应概述

上述反应为1，3-偶极环加成反应[1]。

叠氮和炔烃的1，3-偶极环加成反应，是由美国科学家Arthur Michael于1893年发现并报道[2]。Rolf Huisgen教授则在1963年对该反应进行了系统性的研究，并将之发展为一类重要的反应[3~5]。Huisgen 1，3-偶极环加成是1，3-偶极体和烯烃、炔烃或其衍生物之间的一个协同周环的环加成反应。它本身不用金属催化剂，是一种放热反应。在反应体系中，叠氮提供了三电子二中心的偶极结构，而三键作为亲偶极体。这一反应产率较高，对水和氧气不敏感，具有较少的副反应，而且叠氮和炔烃对亲核和亲电试剂和一般溶剂表现惰性，方便高效地将其他特定结构接入新的分子中去。这就不难解释，虽然有机叠氮化合物具有一定的危险性，反应的立构选择性也不是特别好(容易生成大约1：1的两种立构产物)，而且速度也较为缓慢，但仍然是目前1，3-偶极环加成反应中，应用最为广泛的一类反应。

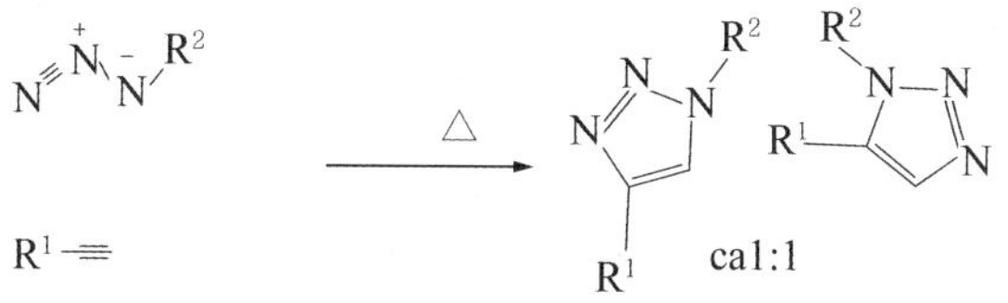
R²
R¹
ca1:1

例题解析

例 1　完成下述反应

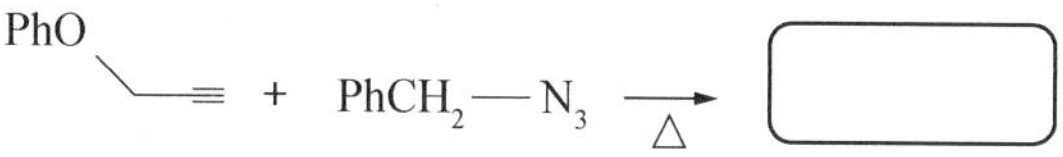
PhO
PhCH₂—N₃
△

（复旦大学，2009）

[解答]

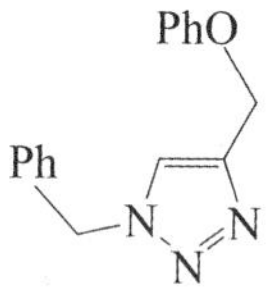
PhO
Ph

参考文献

[1]魏强. 活性炔与叠氮单体的无金属催化聚合反应分析[D]. 浙江大学，2012.

[2]Michael A. J. Prakt. Chem. 1893：48.

[3]Huisgen R. Angew. Chem. Int. Ed. 1963，2：565.

[4]Huisgen R. Angew. Chem. Int. Ed. 1963，2：633.

[5]Huisgen R. In 1，3-Dipolar Cycloaddition Chemistry (Ed. Padwa A). New York：Wiley，1984，vol. 1：1-176.

7.3　Diels-Alder 反应

问题引入

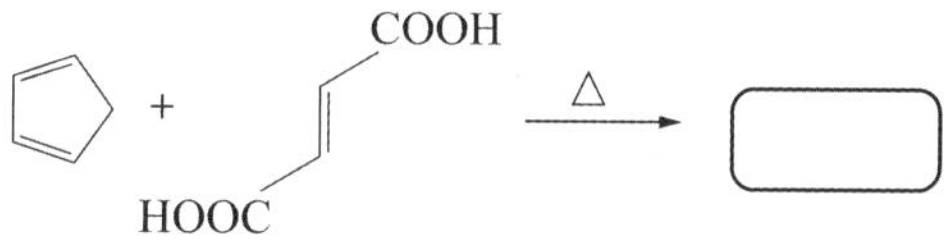
COOH
HOOC
△

（四川大学，2013）

环戊二烯与反丁烯二酸在加热时发生 Diels-Alder 反应，其产物结构式为：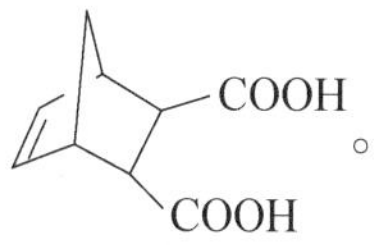。

反应概述

1928 年，德国化学家 O. Diels 和他的学生 K. Alder 在研究 1，3-丁二烯和顺丁烯二酸酐的互相作用时发现了一类反应——共轭二烯烃和某些具有碳碳双键、三键的不饱和化合物进行 1，4-加成，生成六元环状化合物的反应，这类反应称为 Diels-Alder 反应[1~3]，又称双烯合成反应(diene synthesis)。反应中即使新形成的环之中的一些原子不是碳原子，这个反应也可以继续进行。一些 Diels-Alder 反应是可逆的，这样的环分解反应叫作逆 Alder-Diels 反应或逆 Diels-Alder 反应。例如：

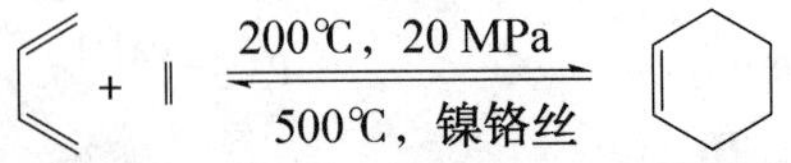
200℃，20 MPa
500℃，镍铬丝

Diels-Alder 反应的反应物分成两部分，一部分提供共轭双烯，称为双烯体，另一部分提供不饱和键，称为亲双烯体。改变共轭双烯和亲双烯体的结构，可以得到多种类型的化合物，并且许多反应在室温或在溶剂中加热即可进行，产率也比较高，是合成六元环化物的重要方法。例如：

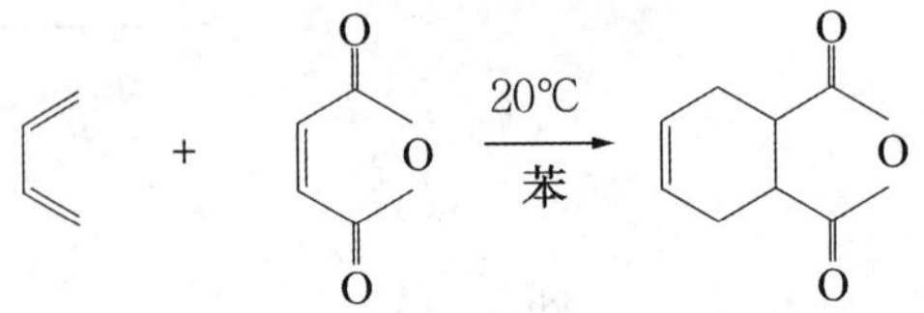
O
O
O
20℃
苯
O
O
O

1,3-丁二烯　　顺丁烯二酸酐
（双烯体）　　（亲双烯体）

1，3 -丁二烯和顺丁烯二酸酐反应生成白色固体，该反应可用于鉴别共轭二烯烃。

Diels-Alder 反应的应用范围非常广泛，在有机合成中有非常重要的作用[5]。Diels-Alder 获得 1950 年的诺贝尔化学奖。

反应通式

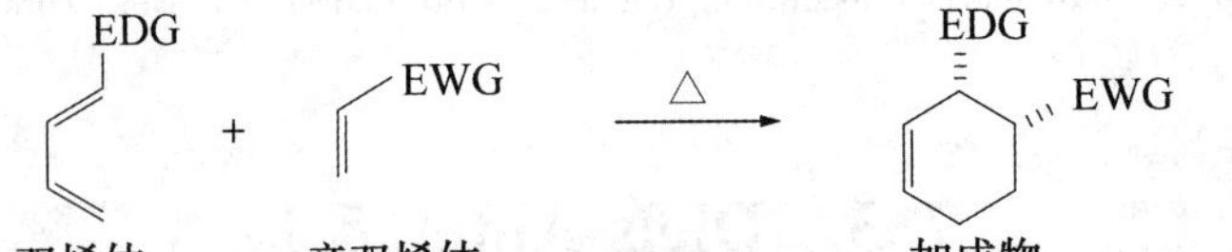
EDG
EWG
△
EDG
EWG

双烯体　　亲双烯体　　加成物

EDG=供电子基团；EWG=吸电子基团

反应机理[4]

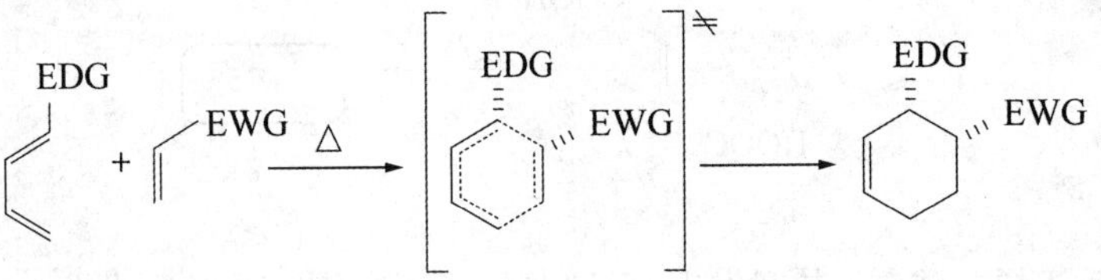
EDG
EWG
△
EDG
EWG
≠
EDG
EWG

Diels-Alder 反应是一步完成的，新的 σ 键和 π 键的生成和旧的 π 键的断裂是同步进行的。反应时，反应物分子彼此靠近互相作用，形成一个环状过渡态，然后逐渐转化为产物分子。也即旧键的断裂和新键的形成是相互协调地在同一步骤中完成的。具有这种特点的反应称为协同反应(synergistic reaction)。在协同反应中，没有活性中间体如碳正离子、碳负离子、自由基等产生。协同反应的机理要求双烯体的两个双键必须取 *s*-顺式构象，如下面的(Ⅰ)~(Ⅳ)。*s*-反式的双烯体不能发生该类反应，如(Ⅴ)、(Ⅵ)。空间位阻因素对 Diels-Alder 反应的影响较大，有些双烯体的两个双键虽然是 *s*-顺式构象，但由于 1，4-位取代基的位阻较大，如(viii)，也不能发生该类反应。2，3 位有取代基的共轭体系对 Diels-Alder 反应不形成位阻，合适的取代基还能促使双烯体取 *s*-顺式构象，此时对反应有利。

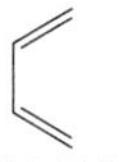
(i) 开链共轭双烯

(ii) 同环共轭双烯

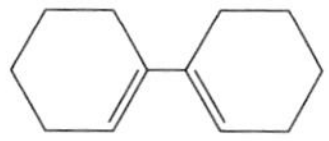
(iii) 异环共轭双烯

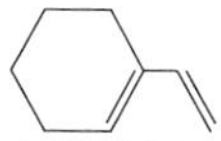
(iv) 环内外共轭双烯

s-顺式构象

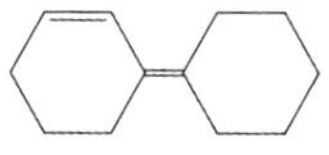
(v)

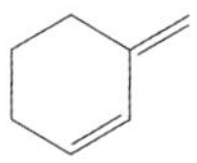
(vi)

s-反式构象

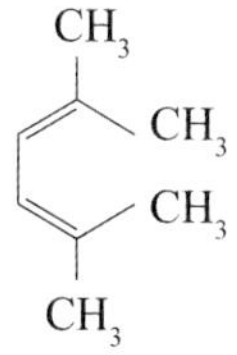
CH3
CH3
CH3
CH3
(vii)

s-顺式构象（位阻大）

正常的 Diels-Alder 反应主要是由双烯体的 HOMO 与亲双烯体的 LUMO 发生作用。反应过程中，电子从双烯体的 HOMO 流入亲双烯体的 LUMO，因此，带有供电子基的双烯体(ⅷ～x)和带有吸电子基的亲双烯体(xi－ⅹⅷ)对反应有利。

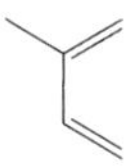
(viii)

(ix)

NH
(x)

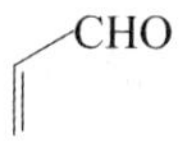
CHO
(xii)

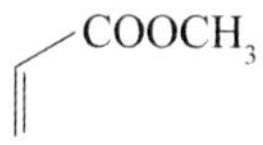
COOCH3
(xi)

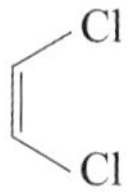
Cl
Cl
(xiii)

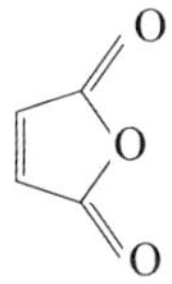
O
O
O
(xiv)

CN
(xv)

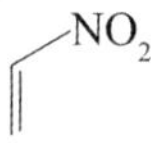
NO2
(xvi)

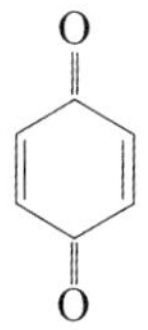
O
O
(xvii)

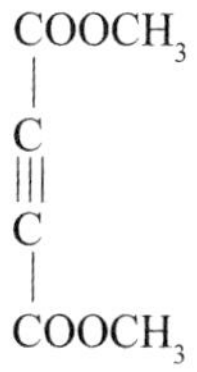
COOCH3
C
C
COOCH3
(xviii)

Diels-Alder 反应是立体专一的顺式加成反应，加成产物仍保持双烯体和亲双烯体原来的构型。例如：

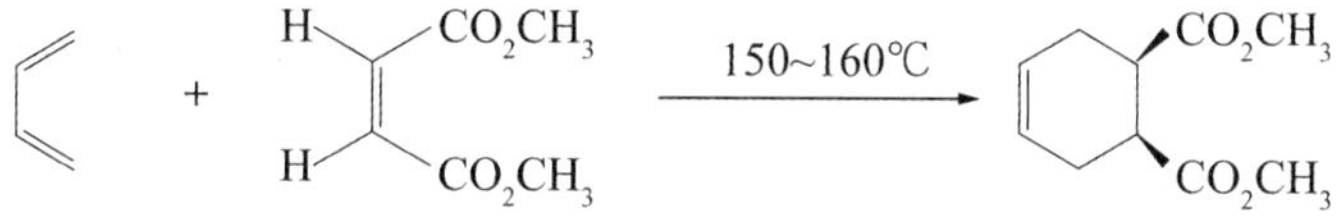
H
CO2CH3
H
CO2CH3
150~160℃
CO2CH3
CO2CH3

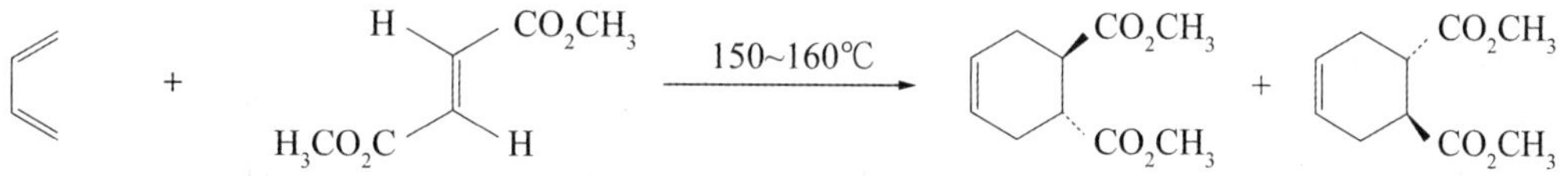
H
CO2CH3
H3CO2C
H
150~160℃
CO2CH3
CO2CH3
CO2CH3
CO2CH3

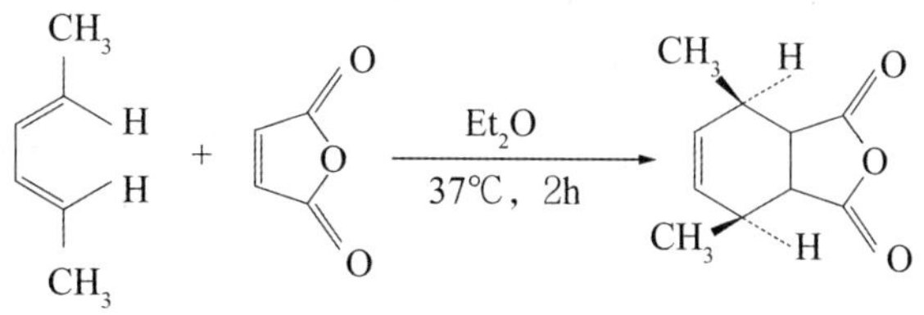
CH3
H
H
CH3
O
O
O
Et2O
37℃，2h
CH3
H
O
O
CH3
H
O

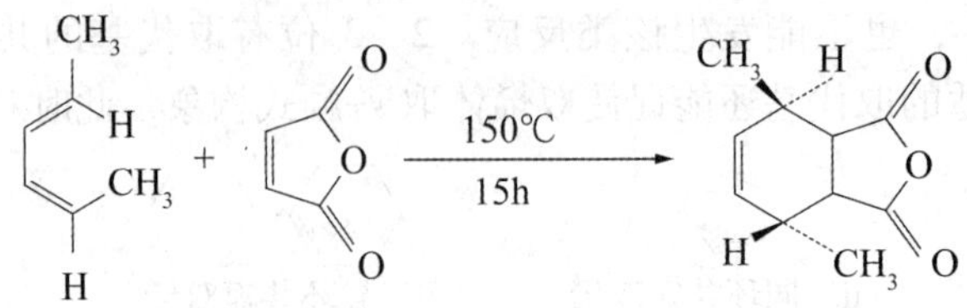
CH3
H
CH3
H
O
O
O
150℃
15h
CH3
H
O
O
H
CH3
O

例题解析

例 1 填空题

1. 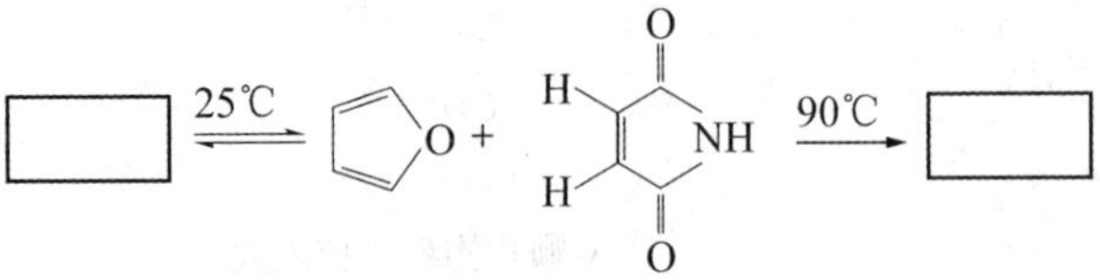
25℃
O
H
H
O
NH
O
90℃
（山东大学，2016）

［解答］

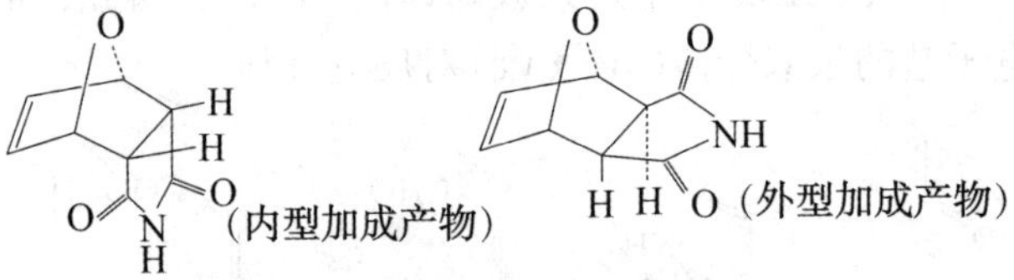
O
H
H
O
O
N
H
（内型加成产物）
O
O
NH
H
H
O
（外型加成产物）

当双烯体上有给电子取代基、而亲双烯体上有不饱和基团（如 >=O ，—COOH，—COOR， —C≡N ，—NO_2）与烯键（或炔键）共轭时，优先生成内型加成产物。内型加成产物是指双烯体中的 C(2)—C(3) 键和亲双烯体中与烯键（或炔键）共轭的不饱和基团处于平面同侧时的生成物。两者处于异侧时的生成物则为外型产物。实验证明：内型加成产物是动力学控制的，而外型加成产物是热力学控制的。内型产物在一定条件下放置若干时间，或通过加热等条件，可能转化为外型产物。

2. 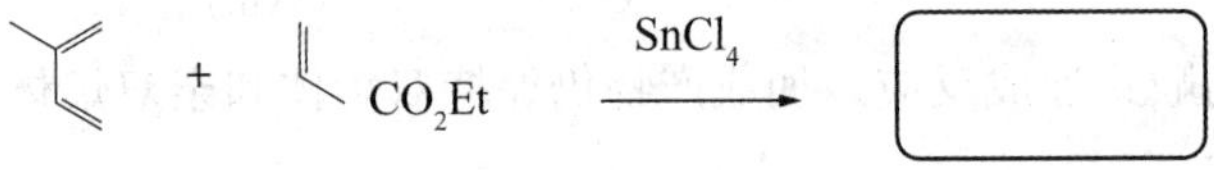
+
CO2Et
SnCl4
（复旦大学，2012）

［解答］ 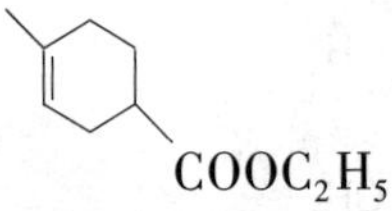
COOC2H5
。在 Diels-Alder 反应中，反应物分子构型在反应过程中保持不变。当反应物分子都带有取代基时，Diels-Alder 反应可生成一种以上产物，此时 1-取代二烯将优先得到邻位异构体，而 2-取代二烯将优先得到对位异构体[6]。

例 3 预测下列反应的主要产物，如果存在区域或立体异构体，写出所有可能的结构，并指出其中哪一个是优势产物，利用参与反应的化学键部分极化的形式，详细地写出反应形成新键的步骤。

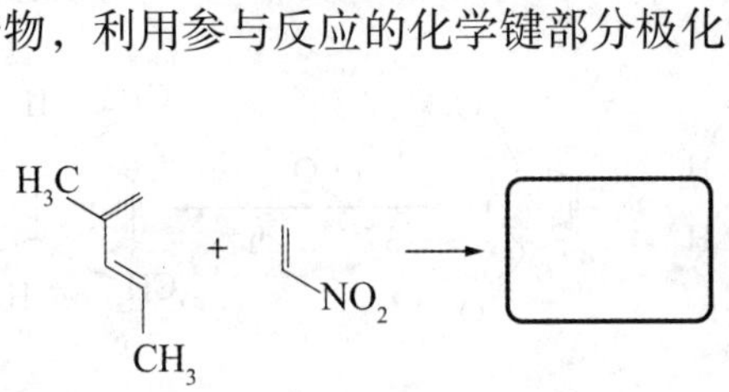
H3C
+
NO2
CH3
（南京大学，2013）

［解答］

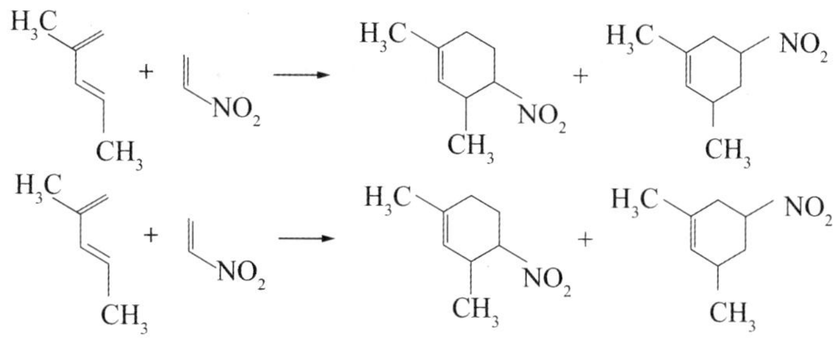

优势产物

Diels-Alder 反应具有很强的区域选择性。当双烯体与亲双烯体上均有取代基时，从反应式看，有可能产生两种不同的反应产物。实验证明：两个取代基处于邻位或对位的产物占优势。

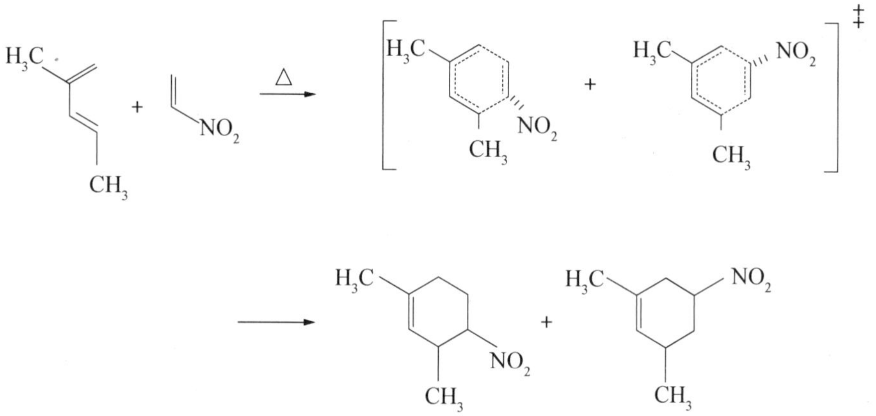

例 4 由不超过四个碳原子的有机试剂合成

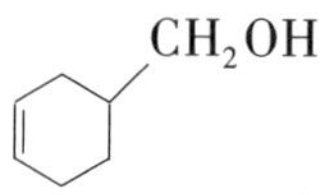

（湘潭大学，2016）

[解答]

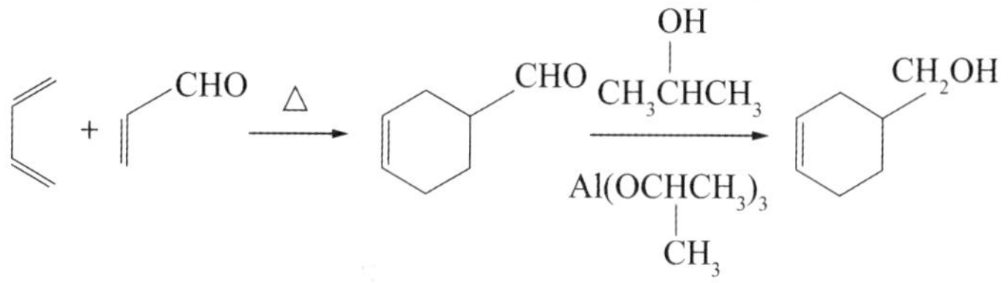

参考文献

[1] Diels O, Alder K. Synthesen in der hydroaromatischen Reihe. J. Justus Liebig's Annalen der Chemie. 1928, 460: 98-122.

[2] Diels, O, Alder, K. Synthesis in the hydroaromatic series, IV. Announcement: The rearrangement of malein acid anhydride on arylated diene, triene and fulvene. Ber. 1929, 62: 2081 & 2087.

[3] Synthesis of the hydro aromatic sequence. Ann. 1929, 470: 62.

[4] Jie Jack Li. Name Reaction, 4th ed., [M]. Springer-Verlag Berlin Heidelberg, 2009: 184.

[5] 孔祥文. 有机化学[M]. 北京：化学工业出版社，2010：114.

[6] 荣国斌. 高等有机化学基础[M]. 上海：华东理工出版社，1994：153.

[7] Satyavan S. Thiophosgene in Organic synthesis. Synthesis[M]. Georg Thieme Publishers, 1978: 817.

7.4 Fischer 吲哚合成

问题引入

由苯合成

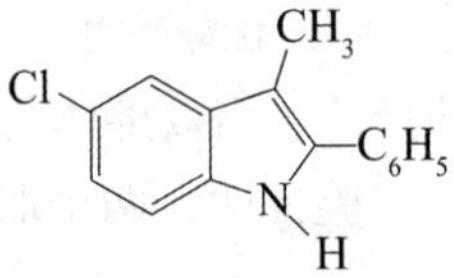

（浙江大学，2011）

苯为原料合成吲哚衍生物的反应方程式如下：

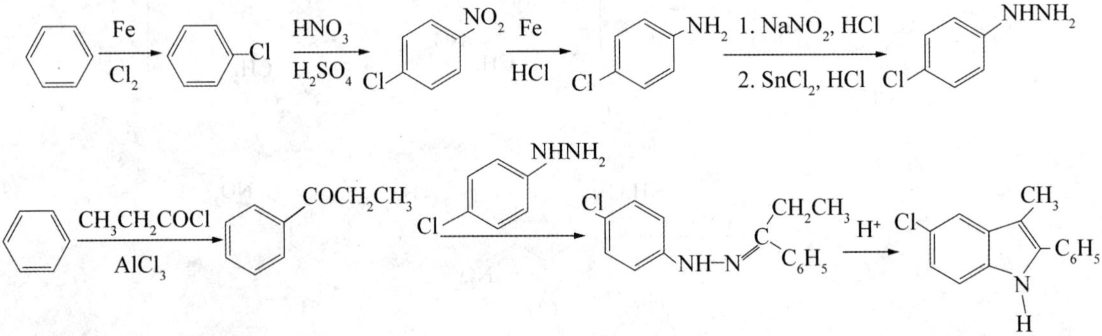
Fe
Cl_2
Cl
HNO_3
H_2SO_4
NO_2
Fe
HCl
NH_2
1. $NaNO_2$, HCl
2. $SnCl_2$, HCl
$NHNH_2$
CH_3CH_2COCl
$AlCl_3$
$COCH_2CH_3$
CH_2CH_3
NH−N=C
C_6H_5
H^+
CH_3
N
H

反应概述

Fischer 吲哚合成是苯肼衍生物、脂肪族醛、酮类化合物首先缩合成相应的苯腙衍生物，再在酸催化作用下重排环化，最后生成吲哚衍生物的反应[1]。

反应通式

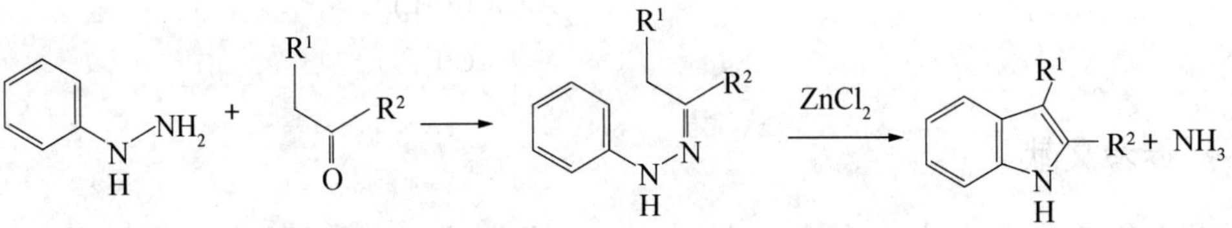
R^1
R^2
NH_2
N
H
O
$ZnCl_2$
N
R^2 + NH_3

反应机理[2]

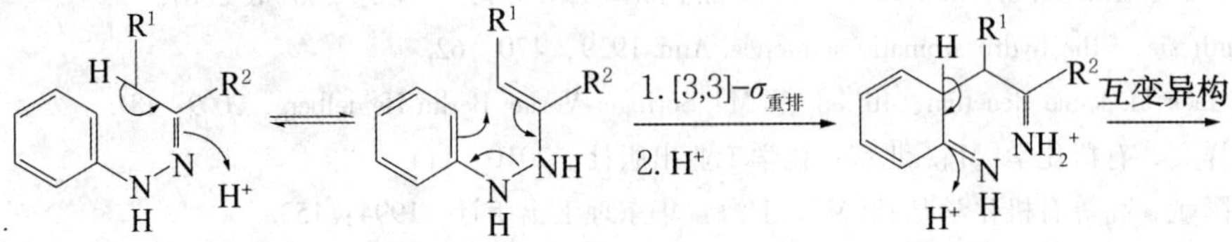
R^1
R^2
H
N
H
H^+
NH
1. [3,3]−σ重排
2. H^+
NH_2^+
互变异构

双亚胺

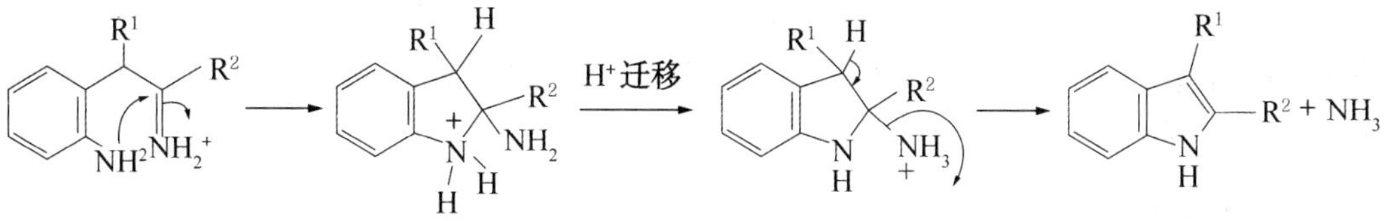

参考文献

[1] Fischer, E, Jourdan, F. Ber. Disch. Chem. Ges. 1883, 16: 2241.

[2] [美] 李杰(Jie Jack Li)著. 荣国斌译, 朱士正校. 有机人名反应及机理[M]. 上海: 华东理工大学出版社, 2003: 138.

7.5　Friedländer 喹啉合成

问题引入

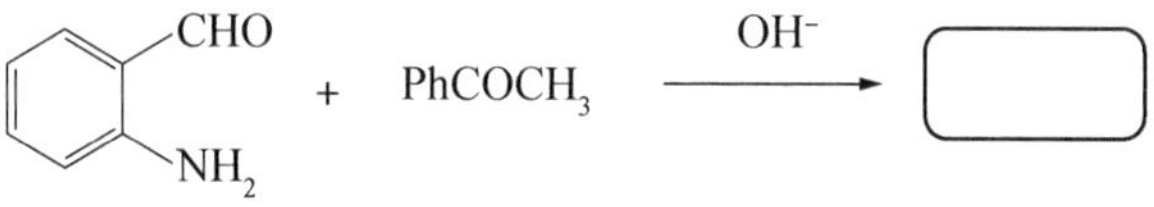

（南开大学，2013）

邻氨基苯甲醛与苯乙酮进行 Friedlander 合成反应得到 2-苯基喹啉 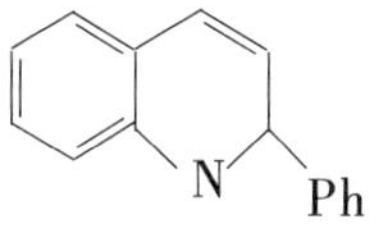 。

反应概述

Friedlander 喹啉合成法是在酸、碱或加热条件下，α-氨基芳醛(酮)与另一分子醛(酮)缩合得到喹啉衍生物的反应[1,2]。参加反应的两种醛(酮)至少有一种分子中含有 α-亚甲基氢。

反应通式

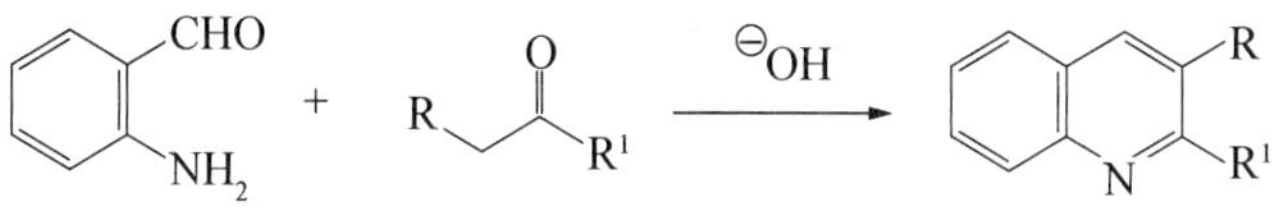

反应机理[3]

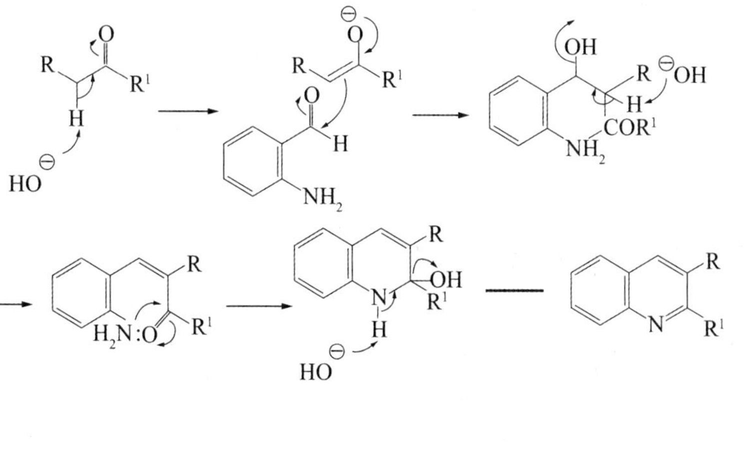

含有α-H的醛(酮)首先在碱作用下形成烯醇负离子，然后进攻邻氨基芳醛(酮)的羰基经Aldol缩合生成β-羟基醛(酮)(1)，1再在碱催化下脱水得到α，β-不饱和醛(酮)(2)，2分子中的氨基进攻分子内的羰基发生亲核加成生成α-醇胺(3)，3在碱催化下脱水得到目标产物喹啉衍生物。

例题解析

例1 写出下列反应产物

1. 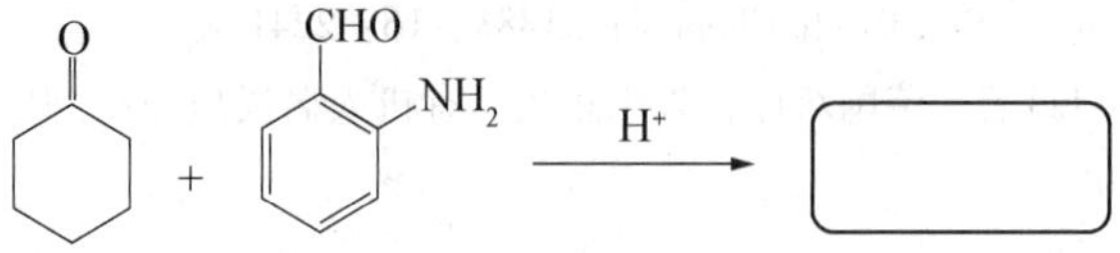
O
CHO
NH2
H+
（南开大学，2015）

[解答] 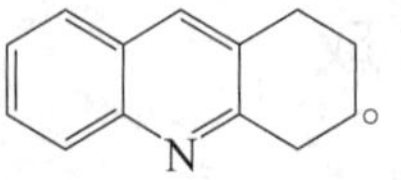
N
。Friedländer缩合反应所必须的原料之一——活泼亚甲基化合物不仅仅是指开链醛酮，环酮也可以参与缩合，但相对于开链醛酮来说，环酮作为原料时反应时间较长，需要的条件也相对苛刻[4,5]。

2. 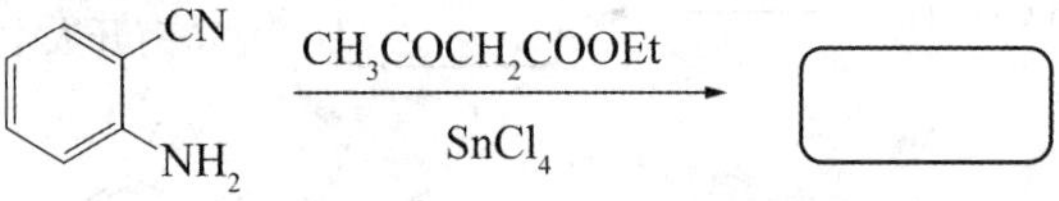
CN
NH2
CH3COCH2COOEt
SnCl4

[解答] 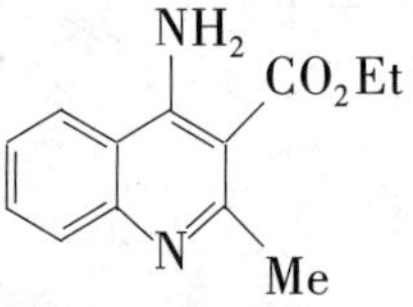
NH2
CO2Et
N
Me
。据文献[6、7]报道，以2-氨基苯氰为原料，以无水四氯化锡为催化剂，用无水甲苯作溶剂，与乙酰乙酸甲酯缩合，可得到2-甲基-4-氨基喹啉-3-甲酸甲酯，淡黄色粉末，产率36.1%，m. p. 159～160 ℃。

例2 写出下述反应机理

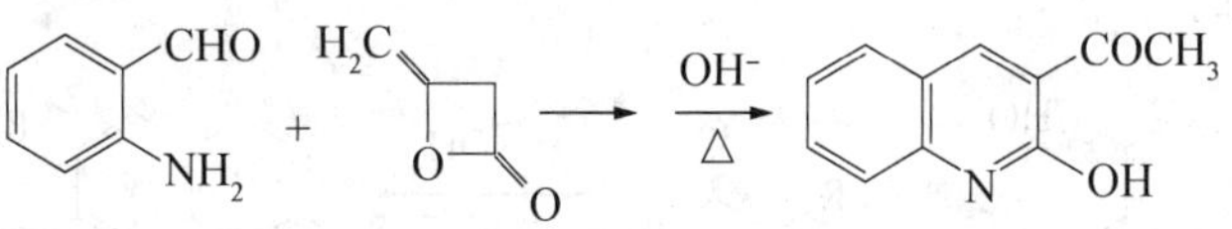
CHO
NH2
H2C
O
O
OH−
△
COCH3
N
OH

（中国科学技术大学，2011；南开大学，2009）

[解答]

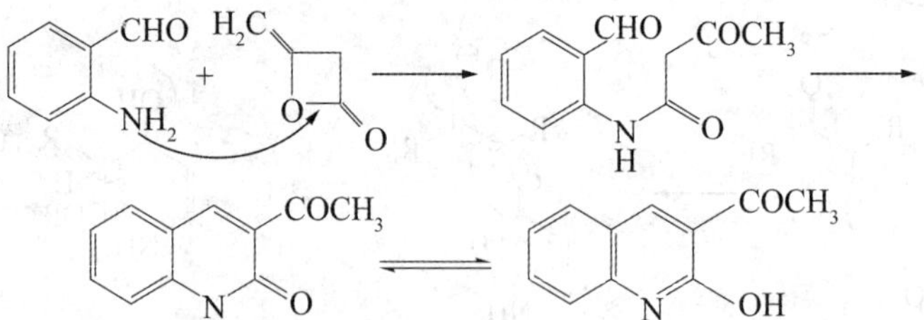
CHO
NH2
H2C
O
O
CHO
COCH3
N
H
O
COCH3
N
H
O
COCH3
N
OH

例3 写出下述反应产物和反应机理

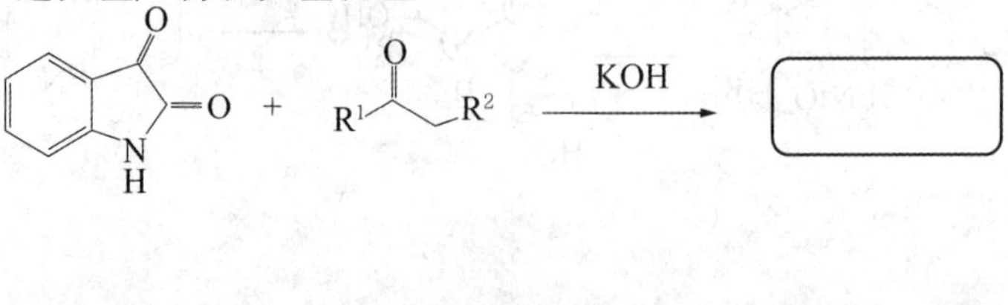
O
O
N
H
R1
O
R2
KOH

［解答］　碱性条件下邻氨基苯基乙酮酸(靛红酸)和 α-亚甲基羰基化合物缩合生成喹啉-4-羧酸，该反应称为 Pfitzinger 喹啉合成法[8]。

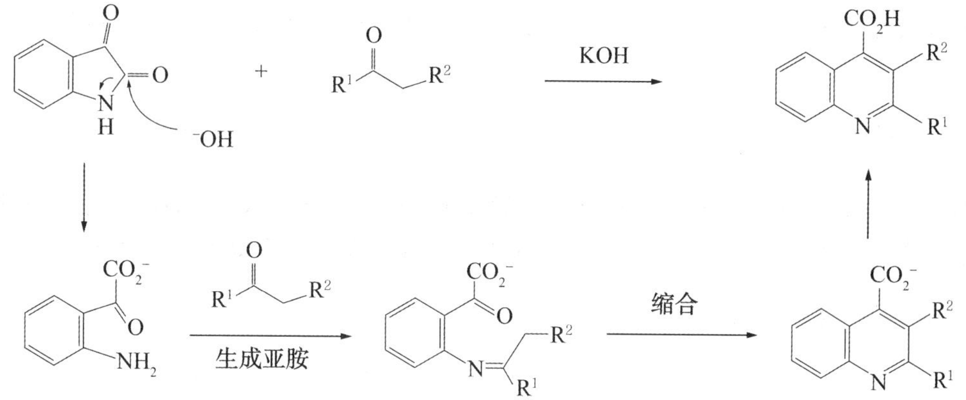

O
=O
N
H
+
O
R1
R2
-OH
KOH
CO2H
R2
N
R1
CO_2^-
O
NH2
生成亚胺
CO_2^-
O
N
R2
R1
缩合
CO_2^-
R2
N
R1

参考文献

[1] Friedlander P. Ber. 1882, 15, 2572—2575.

[2] Elderfield R. C. In *Heterocyclic Compotmds*, Elderfield, R. C., ed.; Wiley & Sons,: New York, 1952, 4, Quinoline, Isoquinoline and Their Benzo Derivatives, 45—47. (Review).

[3] Jie Jack Li. Name Reaction, 4th ed. [M]. Springer-Verlag Berlin Heidelberg, 2009: 238.

[4] Antkowiadk R, Antkowiak W Z, Czerwinski G. Hindered n-Oxides of Cavity Shaped Molecules[J] Tetrahedron, 1990, 46(7): 2445-2452.

[5] Thummel R P, Jahng Y D. Polyaza Cavity Shaped Molecules 4 Annelated Derivatives of 2, 2′: 6′, 2″-Terpyridine[J]. The Journal of Organic Chemistry, 1985, 50.

[6] Veronese A. C, Callegari R, Morelli C. F. Tetrahedron 1995, 51: 12277.

[7] 陈玉，柏舜，艾勇，等．新型嘧啶并喹啉衍生物的合成及体外抑菌活性评价[J]．有机化学，2013，33(5)：1074-1079.

[8] [美]李杰(Jie Jack Li)著．荣国斌译，朱士正校．有机人名反应及机理[M]．上海：华东理工大学出版社，2003：311.

7.6　Haworth 反应

问题引入

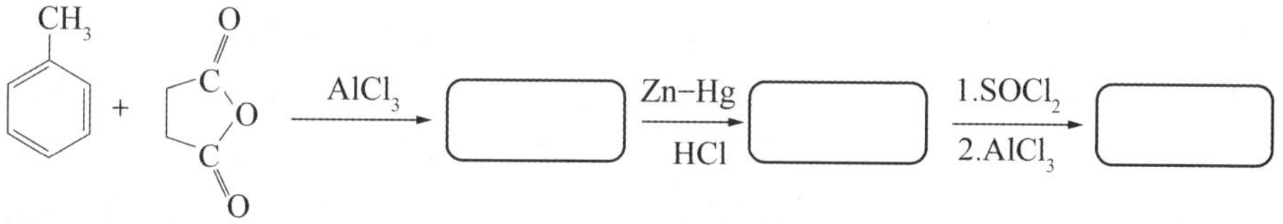

CH3
+
O
C
O
C
O
AlCl3
Zn-Hg
HCl
1.SOCl2
2.AlCl3

（四川大学，2005）

答案为：

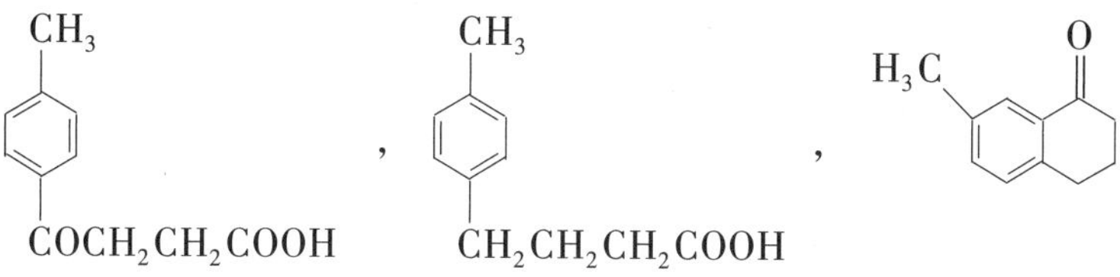

CH3
COCH2CH2COOH
CH3
CH2CH2CH2COOH
H3C
O

甲苯和丁二酸酐在三氯化铝

催化下发生 Friedel-Crafts 酰基化反应得 4-(对甲基苯基)-4-丁酮酸，后者与锌汞齐在浓盐酸溶液中回流发生 Clemmensen 反应，分子中羰基被还原成亚甲基得到 4-(对甲基苯基)丁酸；再用氯化亚砜氯化、三氯化铝催化分子内 Friedel-Crafts 酰基化反应得 7-甲基-1-四氢萘酮(7-甲基-1-萘满酮)。

反应概述

芳烃和丁二酸酐发生 Friedel-Crafts 反应、羰基还原和分子内的 Friedel-Crafts 酰基化反应制备四氢萘酮(1-萘满酮)的反应为 Haworth 反应。Haworth 反应是合成 1-四氢萘酮的一个传统方法[1]。

反应通式

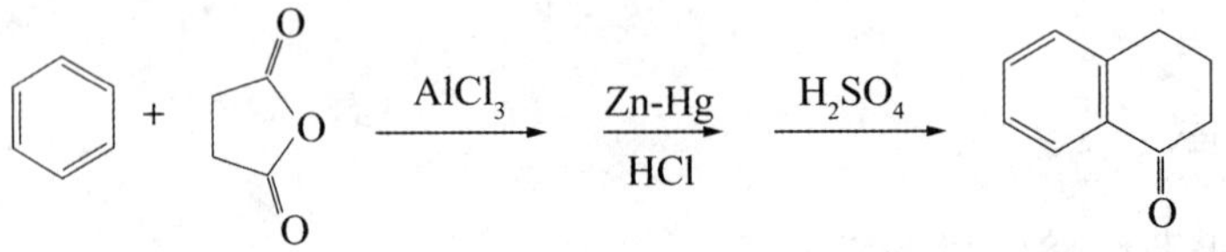
AlCl3
Zn-Hg
HCl
H2SO4

反应机理[2]

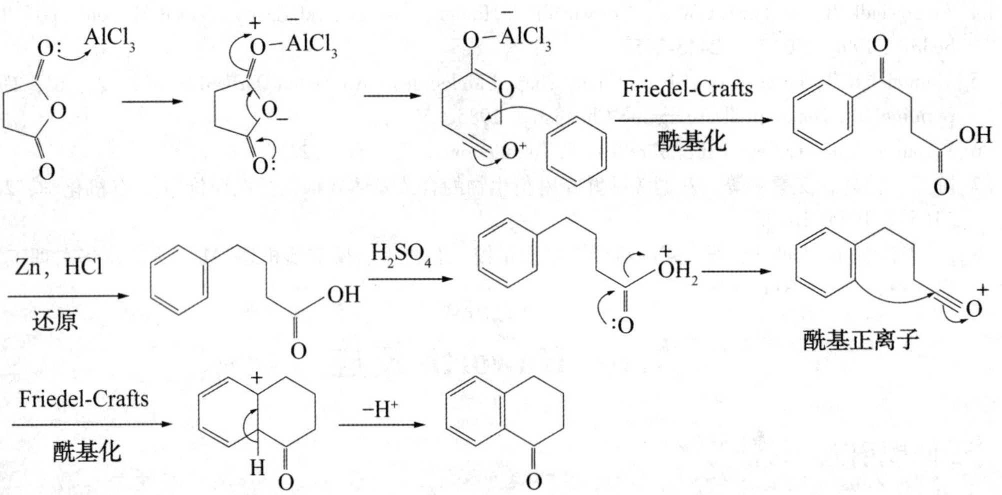
AlCl3
Friedel-Crafts
酰基化
OH
Zn，HCl
还原
H2SO4
OH2
酰基正离子
Friedel-Crafts
酰基化
−H+

首先丁二酐与催化剂三氯化铝作用形成络合物，然后另一个酰氧键断裂得到酰基正离子；酰基正离子与苯环发生亲电取代反应(Friedel-Crafts 酰基化)得到 4-苯基-4-丁酮酸；4-苯基-4-丁酮酸经 Clemmensen 反应，分子中的酮羰基被还原为亚甲基，得到 4-苯基丁酸；4-苯基丁酸在硫酸作用下首先形成锌盐，再消去一分子水得到酰基正离子，酰基正离子进攻邻位的苯环碳原子形成 σ-络合物，接着失去一个氢质子，完成第二次 Friedel-Crafts 酰基化反应，环合成环酮。环化步骤除硫酸外，磷酸、多聚磷酸、氢氟酸、三氟乙酸酐等可用作催化剂。

例题解析

例 1　写出反应是主要产物

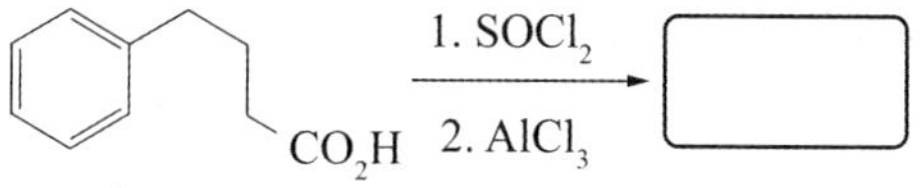

（复旦大学，2010）

［解答］

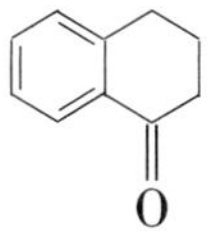

例2 由苯和丁二酸酐合成萘[3,4]

［解答］

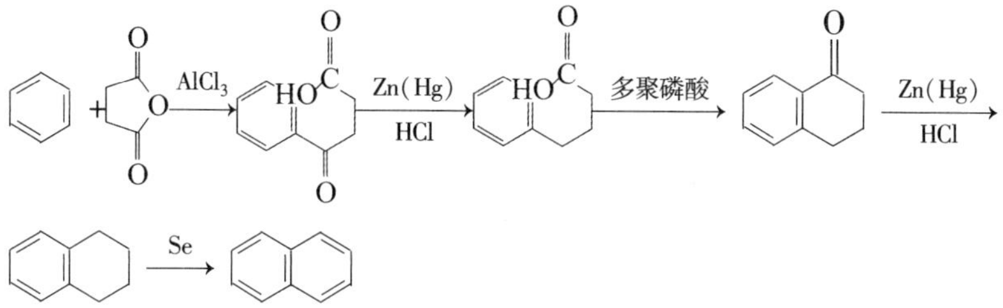

最后一步芳构化反应也可用DDQ。例如：

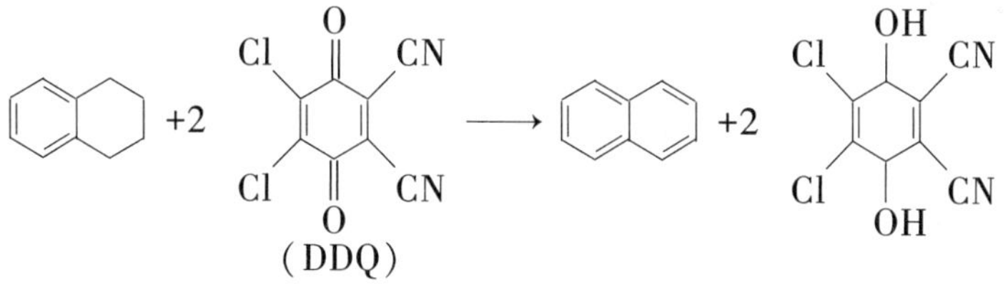

参考文献

［1］Robert Downs Haworth. Syntheses of alkylphenanthrenes. Part I. 1-, 2-, 3-, and 4-Methylphenanthrenes. J. Chem. Soc.. 1932：1125.

［2］［美］李杰（Jie Jack Li）著．荣国斌译，朱士正校．有机人名反应及机理［M］．上海：华东理工大学出版社，2003：175.

［3］March J. Advanced Organic Chemistry. 3rd ed. New York：John Wiley & Sons Inc，1985：486-488.

［4］孔祥文．有机化学［M］．北京：化学工业出版社，2010：255.

7.7 Pictet-Gams 异喹啉合成

问题引入

以 $C_6H_5CH_2CH_2NH_2$ 和 CH_3COCl 为原料（无机试剂任选）合成1-甲基异喹啉。（华中科技大学，2003；大连理工大学，2011）

β-苯乙胺与羧酐或酰氯反应形成N-乙酰-β-苯乙胺，然后在脱水剂如五氧化二磷、三氯氧磷、五氯化磷等作用下，脱水关环得1-甲基-3，4-二氢异喹啉，再脱氢（在Pd、硫或二苯基二硫化物的作用下[1]）得1-甲基异喹啉。

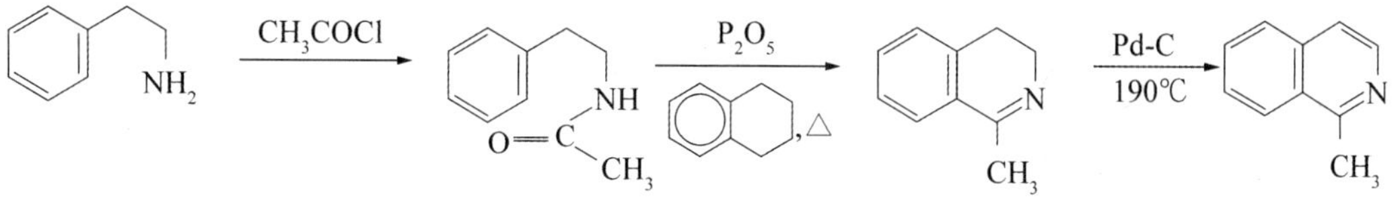

该反应为 Bischler-Napieralski 二氢异喹啉合成法，是合成 1-取代异喹啉化合物最常用的方法。Pictet-Gams 反应是 Bischler-Napieralski 反应的改进法，用β-甲氧基或β-羟基芳乙胺为反应物，可不经氧化或脱氢，直接得到异喹啉类化合物。

反应概述

N-酰基-β-羟基-β-苯乙胺与五氧化二磷（脱水剂）在惰性溶剂中共沸，环化脱水生成异喹啉的反应称为 Pictet-Gams 异喹啉合成[2]。

反应通式

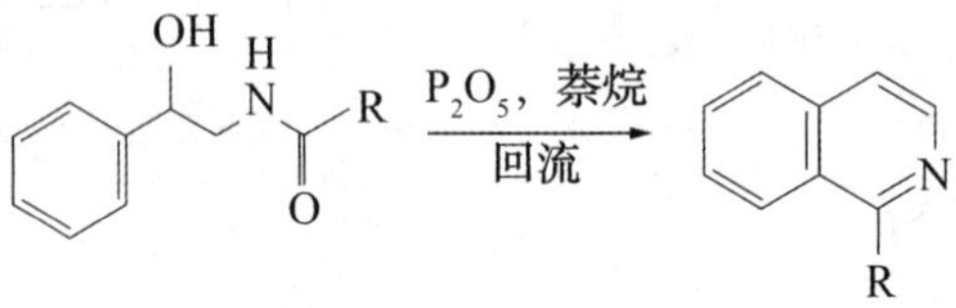
OH
H
N
R
O
P_2O_5，萘烷
回流
N
R

反应机理[3]

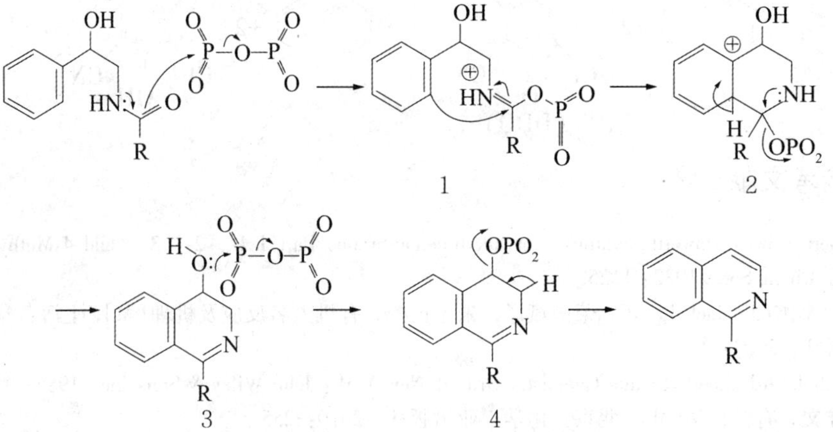
OH
HN
O
R
P
O
O
HN
OPO₂
H
R
H
N
R
OPO₂
H
N
R

N-酰基-β-羟基-β-苯乙胺与五氧化二磷反应形成化合物(1)，分子关环形成(2)，2 消去一分子亚磷酸得(3)，3 与五氧化二磷反应得(4)，再消去一分子亚磷酸得目标产物异喹啉。

例题解析

例　以苯乙酮为主要原料合成 1-取代异喹啉

[解答]

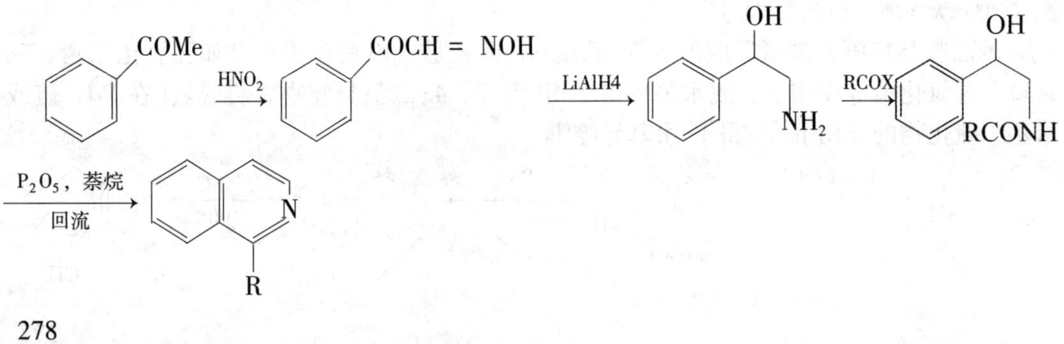
COMe
HNO_2
COCH = NOH
LiAlH4
OH
NH_2
RCOX
OH
RCONH
P_2O_5，萘烷
回流
N
R

参考文献

[1] J. A. 焦耳，K. 米尔斯著．由业诚，高大彬 译．杂环化学[M]．北京：科学出版社，2004：152.
[2] (a) Pictet，A，Kay F. W. Ber. 1909，42：1973－1979.（b）Pictet，A.；Gams，A. Ber. 1909，42：2943-2952.
[3] Jie Jack Li. Name Reaction，4th ed. [M]. Springer-Verlag Berlin Heidelberg，2009：432.

7.8　Robinson-Schöph 反应

问题引入

预测下述反应的产物。

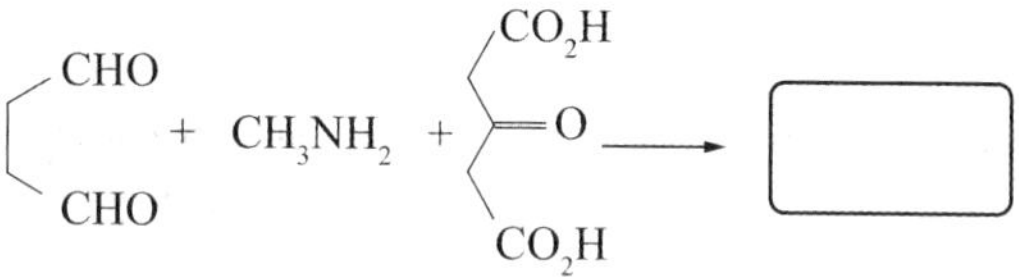
CHO
CHO
CH_3NH_2
CO_2H
O
CO_2H

（中国科学技术大学，2011）

丁二醛、甲胺和 3-氧代戊二酸反应生成称为托品酮(颠茄酮)的产物。化学反应方程式如下。

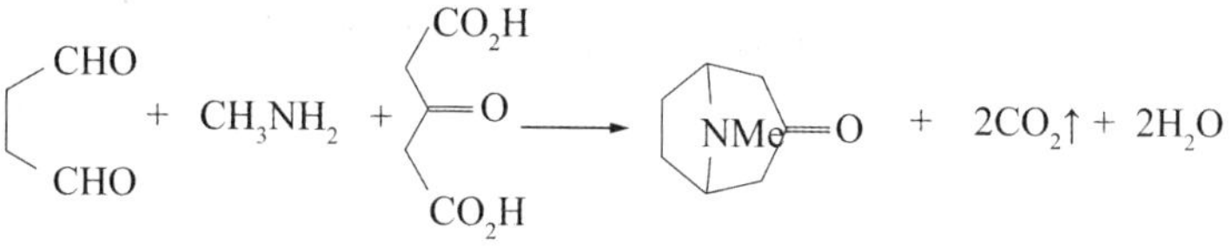
CHO
CHO
CH_3NH_2
CO_2H
O
CO_2H
NMe
O
$2CO_2$↑ + $2H_2O$

反应概述

1917 年，Robinson[1] 以丁二醛、甲胺和 3-氧代戊二酸为原料，在仿生条件下(即模仿生物体内的条件)，通过 Mannich 反应一锅法合成了托品酮，产率达 17%，该反应称为 Robinson-Schöph 反应。后经改进产率可以超过 90%[2]。

反应机理[3]

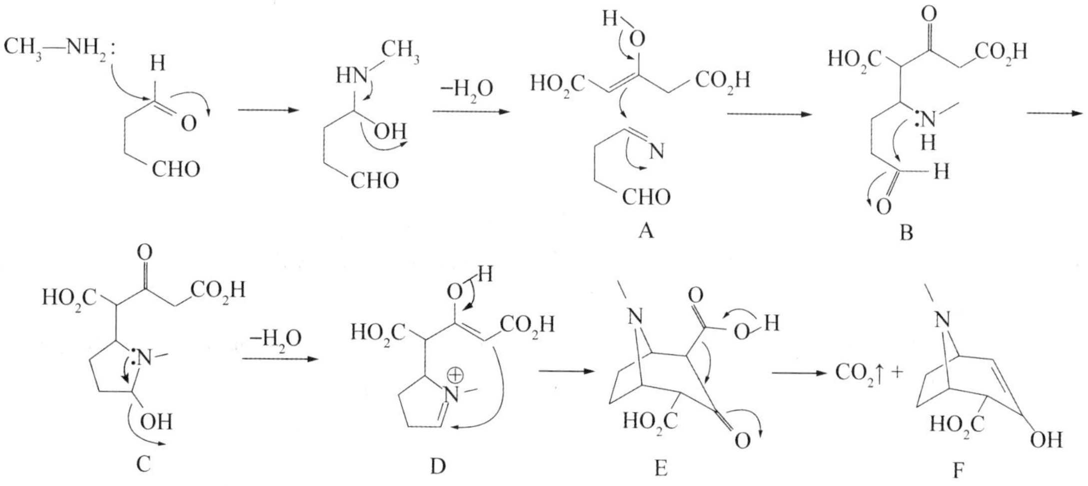
CH_3—NH_2:
H
O
CHO
HN
CH_3
OH
CHO
$-H_2O$
HO_2C
CO_2H
H
O
N
CHO
A
HO_2C
O
CO_2H
:N
H
H
O
B
HO_2C
O
CO_2H
:N
OH
C
$-H_2O$
HO_2C
O
H
CO_2H
N
D
N
O
O
H
HO_2C
O
E
CO_2↑ +
N
HO_2C
OH
F

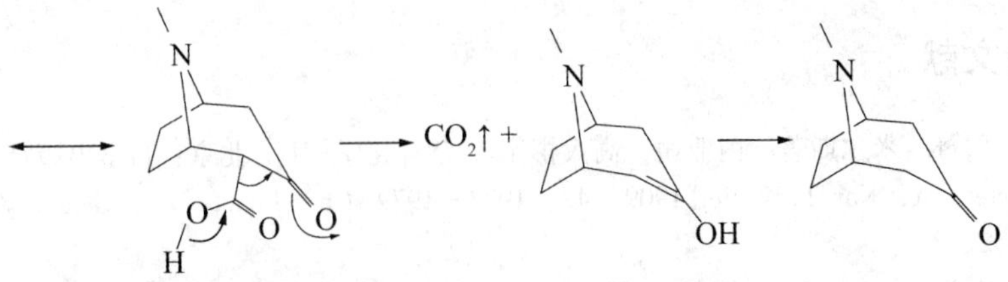

F

甲基胺与丁二醛先进行亲核加成反应，而后失水生成亚胺(A)；烯醇化的3-氧代戊二酸与A反应生成(B)，B进行分子内亲核加成反应构建出第一个环(C)，C失水成(D)，D分子中的新的烯醇负离子与亚胺离子发生加成反应得(E)，E脱羧得(F)，F再脱羧得目标产物托品酮。

参考文献

[1] Robinson R. J. Chem. Soc. 1917, 111: 762-768.

[2] Arthur J. Birch. Investigating a Scientific Legend: The Tropinone Synthesis, of Sir Robert Robinson, F. R. S. Notes and Records of the Royal Society of London, 1993, 47: 277-296.

[3] Jie Jack Li. Name Reaction, 4th ed., [M]. Springer-Verlag Berlin Heidelberg. 2009: 474.

7.9 Robinson 关环反应

问题引入

以适当的原料合成

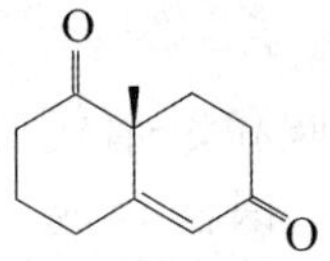

（中国科学院研究生院，2010；上海医药工业研究院，2009；北京理工大学，2006）

合成反应方程式如下所示：

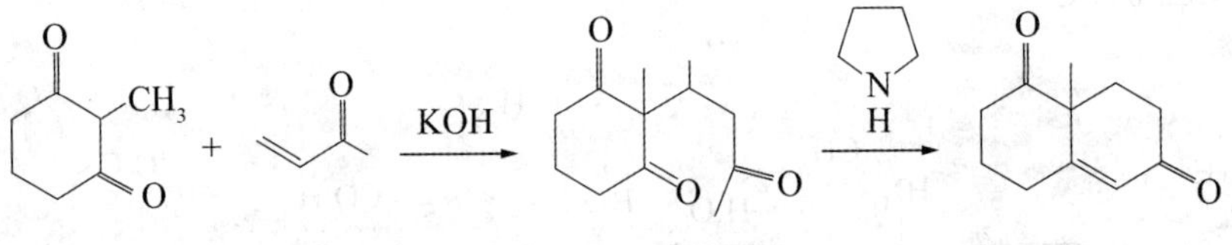
CH3
KOH
N
H

反应概述

由上式可知，α-甲基-1，3-环已二酮在碱存在下与丁烯酮首先发生Michael加成反应生成1，5-二羰基化合物，然后再在四氢吡咯催化下进行分子内的Aldol缩合反应，环合形成α，β-不饱和环已酮衍生物，该步反应即为Robinson关环反应。

Robinson关环反应是指环已酮衍生物与甲基乙烯基酮进行Michael加成反应，接着进行分子内的Aldol缩合反应得到六元环的α，β-不饱和酮衍生物的反应[1]。

反应通式

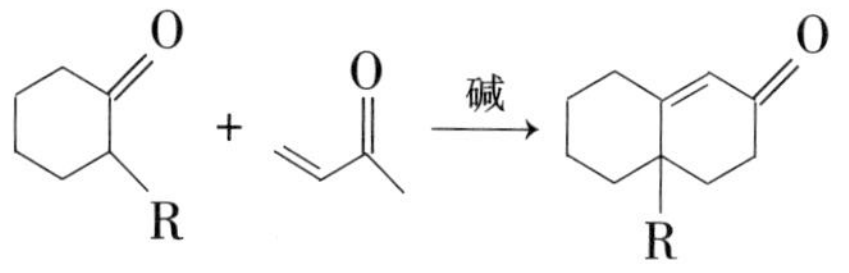
O
O
碱
O
R
R

反应机理[2]

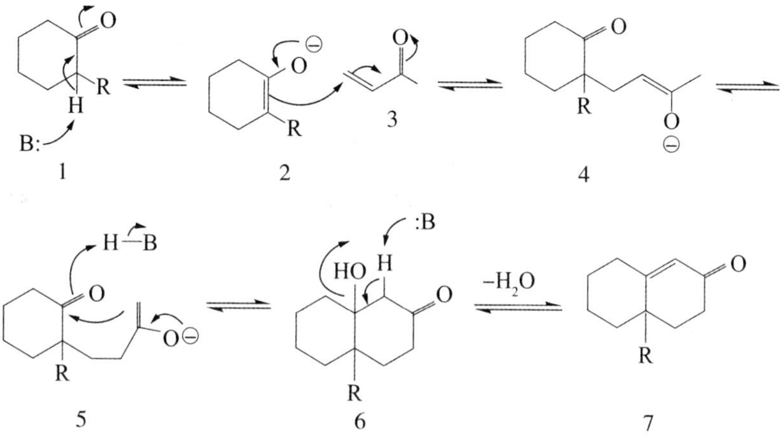
O
O
O
O
R
R
R
H
B:
1
2
3
4
H—B
:B
HO H
O
O
O
−H₂O
O⊖
R
R
R
5
6
7

不对称环己酮(1)在碱作用下形成较稳定的烯醇负离子(2)，2 与丁烯酮(3)发生 Michael 加成反应生成 1，5-二羰基化合物的烯醇负离子(4)，4 经互变异构形成新的烯醇负离子(5)，5 进行分子内的 Aldol 缩合反应得到(6)，6 脱水得六元环的 α，β-不饱和酮衍生物(7)[3]。

例题解析

例 1　完成下述反应

1. 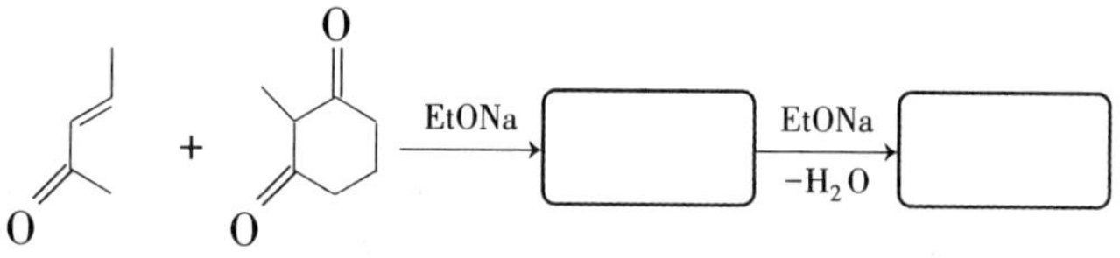
O
O
O
EtONa
EtONa
−H₂O

（中山大学，2016）

2. 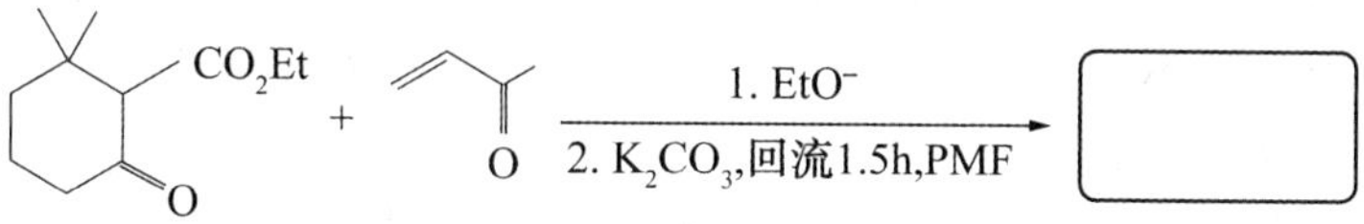
CO₂Et
O
O
1. EtO⁻
2. K₂CO₃,回流1.5h,PMF

（复旦大学，2012）

3. 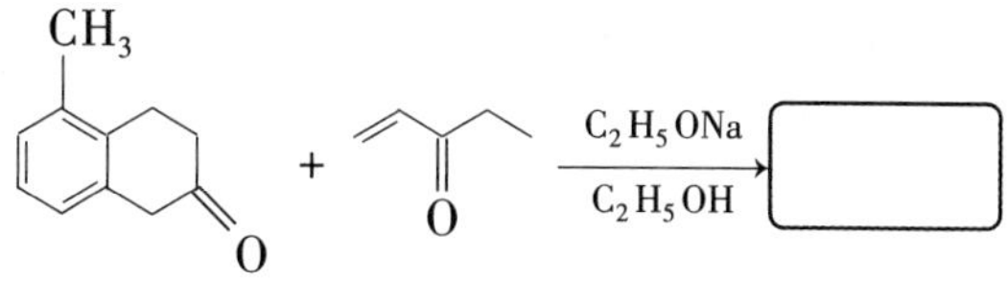
CH₃
O
O
C₂H₅ONa
C₂H₅OH

（中山大学，2005）

4. 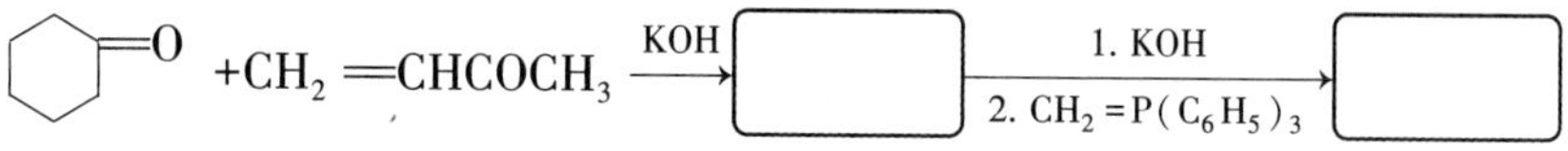
O
+CH₂ ═CHCOCH₃
KOH
1. KOH
2. CH₂ =P(C₆H₅)₃

（兰州大学，2003）

5. 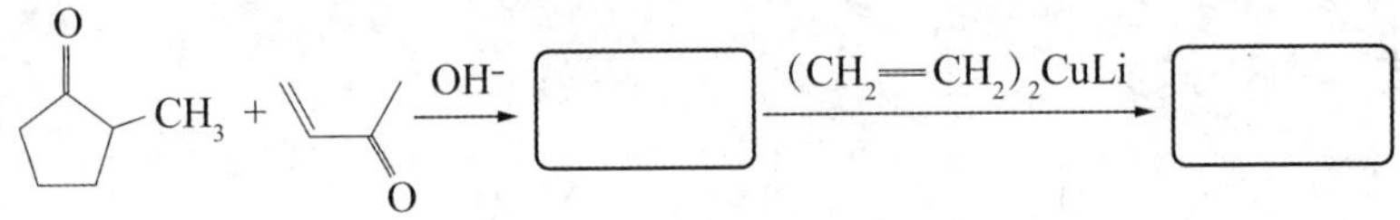 （吉林大学，2005）

［解答］

1. 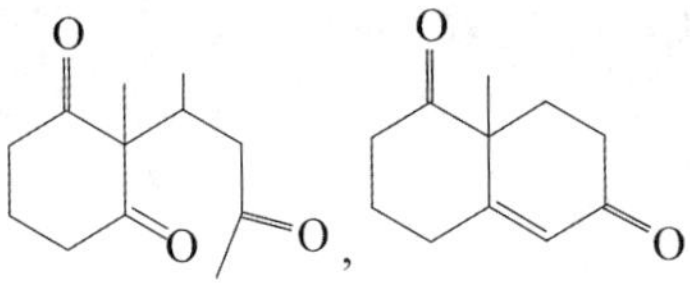 2. 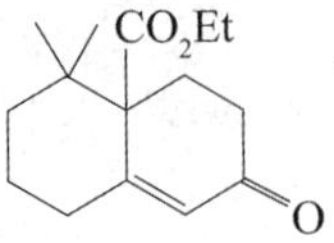 3. 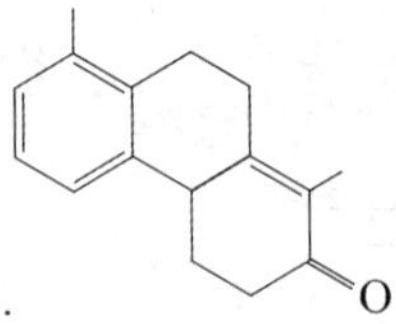

4. 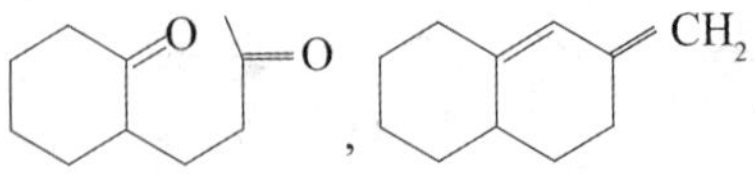 5. 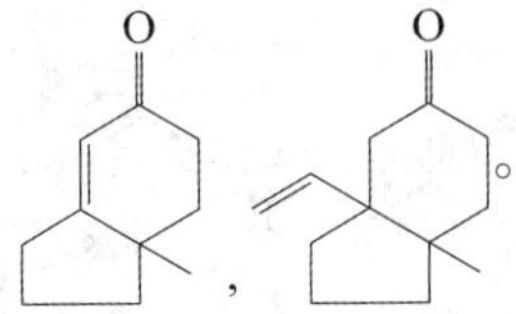

第一步经两次酮的亲核加成得到。第二步为有机酮锂试剂与 α，β-不饱和酮的 1，4-加成反应，而有机锂试剂和格氏试剂与 α，β-不饱和酮的反应主要生成 1，2-加成产物。

例 2　写出反应产物

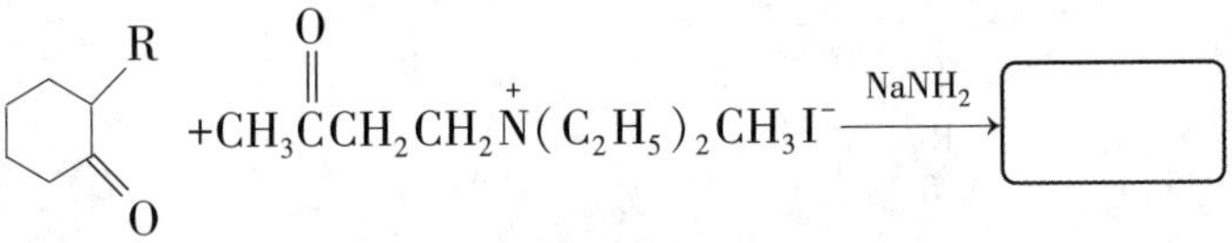

［解答］[4]

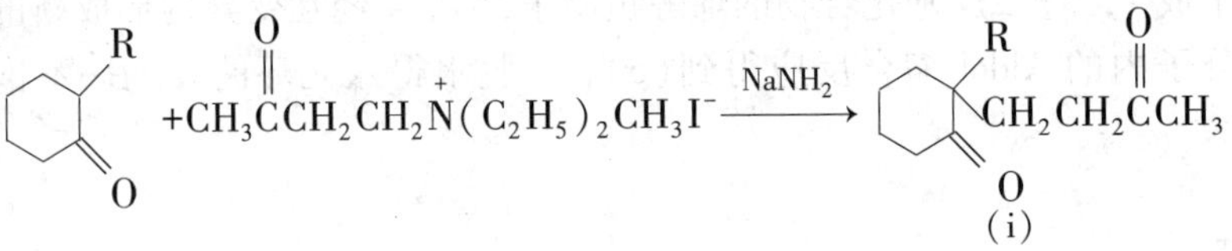

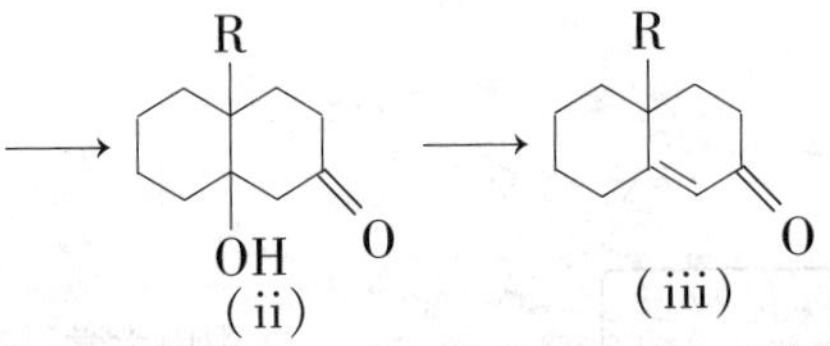 $R=$烷基、C_6H_5、$COOC_2H_5$、$OCCH_3$ 等

在很多情况下可以分离出未关环前的共轭加成物，然后再用催化量的氢氧化钠的乙醇溶液，即发生关环作用。所用 α，β-不饱和酮可以通过曼氏碱的四级铵盐制备，后来发现，就用曼氏碱本身，经加热后得出的不饱和酮无需分离出来，马上就和碳负离子发生麦克尔反应，得(i)，(i)再发生要子内羟醛缩合反应得(ii)，(ii)失水得(iii)。

上述反应的特点除在一个环上再加一个环外，还可在两个环相稠合的碳原子上引入角甲基(两个环共用碳上的甲基)，这个甲基很难用其他方法引入，很多药物如激素等有角甲基的结构，可通过此法引入。

例 3　以环己酮为主要原料合成 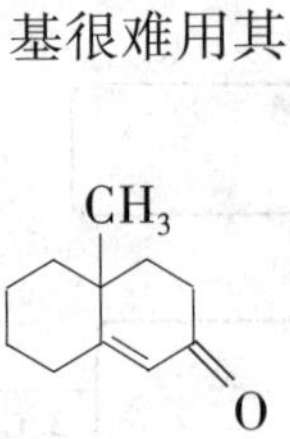 （武汉大学，2005）

［解答］环己酮在酸性条件下与哌啶缩合生成烯胺。然后烯胺与碘甲烷进行甲基化、再水

解得到 α-甲基环己酮。α-甲基环己酮在碱存在下与丁烯酮首先发生 Michael 加成反应生成 1，5-二羰基化合物，然后再进行分子内的 Aldol 缩合反应形成 α，β-不饱和环己酮衍生物。

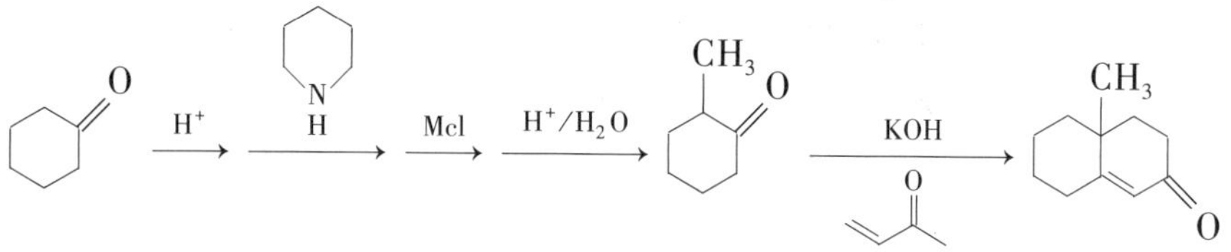
O
H+
N
H
Mcl
H+/H2O
CH3
O
KOH
O
CH3
O

第一步为环己酮的 α-位甲基化(注，含有 α-氢的醛、酮和仲胺在酸性条件下加成脱水生成烯胺。烯胺的结构与烯醇负离子相似，可以与卤代烃、α，β-不饱和羰基化合物等发生反应，产物水解得到 α-烷基化的醛、酮，1，5-二羰基化合物)。

参考文献

[1]Rapson W. S，Robinson R. J. Chem. Soc. 1935：1285-1288.
[2]Jie Jack Li. Name Reaction，4th ed.，[M]. Springer-Verlag Berlin Heidelberg，2009：470.
[3]孔祥文. 有机化学[M]. 北京：化学工业出版社，2010.
[4]邢其毅，徐瑞秋，周政，等. 基础有机化学(第二版)[M]. 北京：高等教育出版社，1993：682.

7.10　Simmons-Smith 反应

问题引入

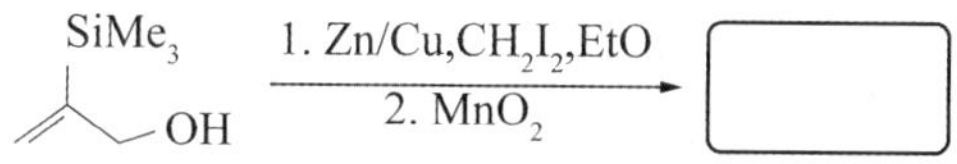
SiMe3
OH
1. Zn/Cu,CH2I2,EtO
2. MnO2

(复旦大学，2012)

3-羟基-2-丙烯基三甲基硅烷与二碘甲烷和 Zn/Cu(锌铜合金，由金属锌和硫酸铜溶液反应而得)在乙醚的悬浮液中加热回流反应经环丙烷化得到 1-羟甲基环丙基三甲基硅烷，再经二氧化锰氧化得到 1-甲酰基环丙基三甲基硅烷，
SiMe3
CHO
。

反应概述

用 CH_2I_2 和 Zn/Cu 对烯烃或炔烃进行的环丙烷化的反应称为 Simmons-Smith 反应[1,2]。

反应通式

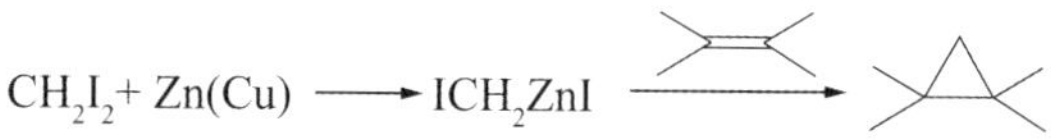
CH2I2+ Zn(Cu)
ICH2ZnI

反应机理[3]

$$I—CH_2—I \xrightarrow{Zn} ICH_2ZnI$$

CH_2I_2 和 Zn 进行氧化加成反应生成类卡宾的有机锌试剂 ICH_2ZnI，即为 Simmons-Smith 试剂。Simmons-Smith 试剂也存在如下平衡：

$$2ICH_2ZnI \rightleftharpoons (ICH_2)_2Zn+ZnI_2$$

Simmons-Smith 试剂虽然不是卡宾，但能在十分温和的条件下与烯烃反应生成环丙烷衍生物，产率良好。烯烃中的其他基团如卤素、羧基、氨基、羰基、酯基均不受影响。

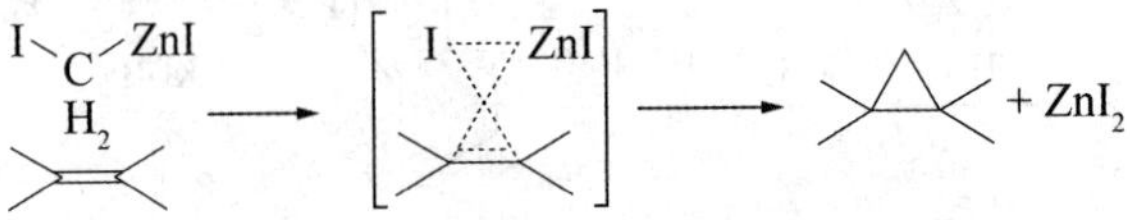

例题解析

例 1 写出反应主要产物

1. 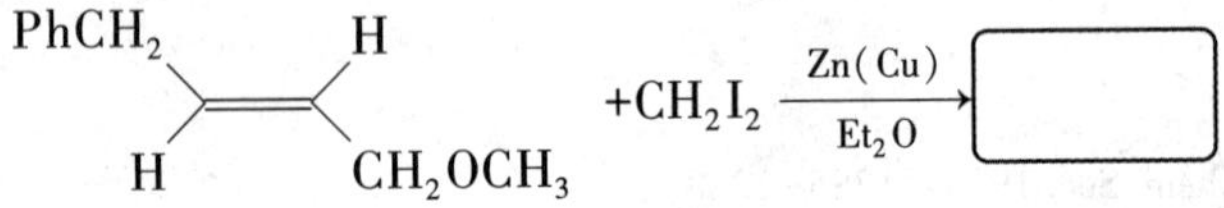 （中国科学院，2009）

2. 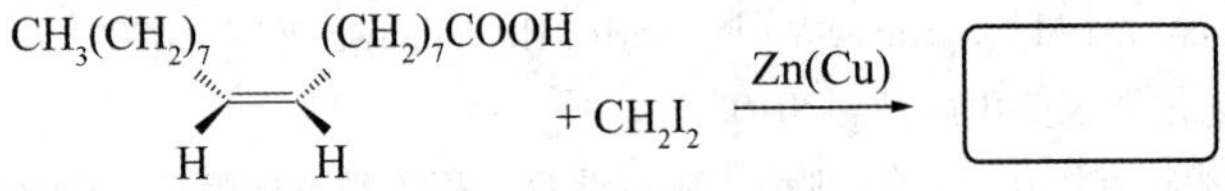 （陕西师范大学，2004）

3. 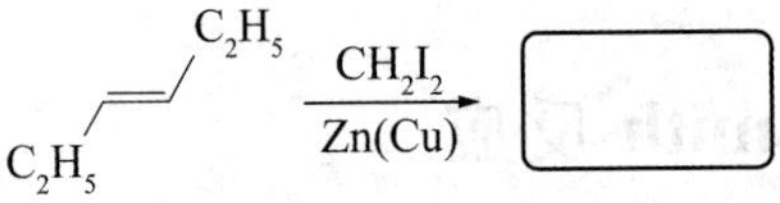 （复旦大学，2008）

4. 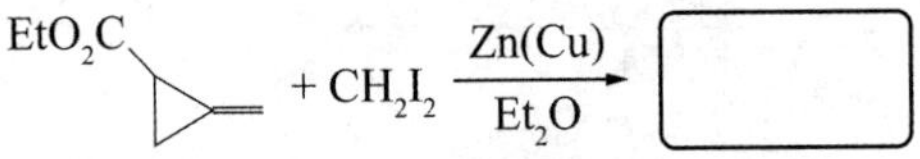 （复旦大学，2007）

5. 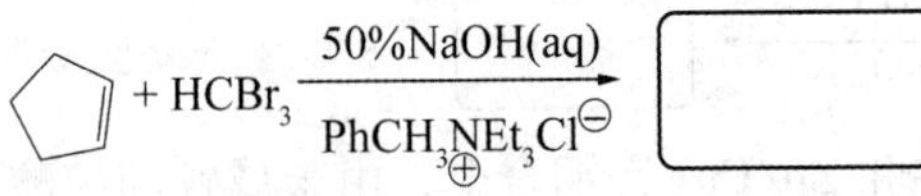 （复旦大学，2010）

6. 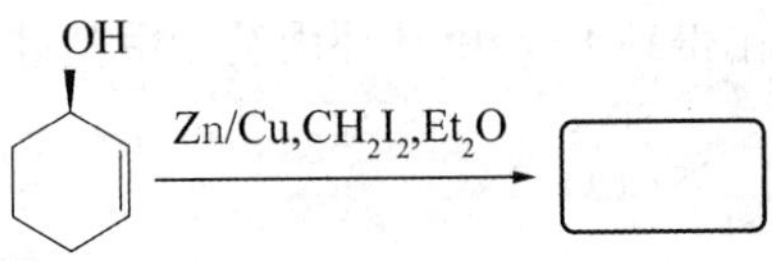

［解答］

1.  2. 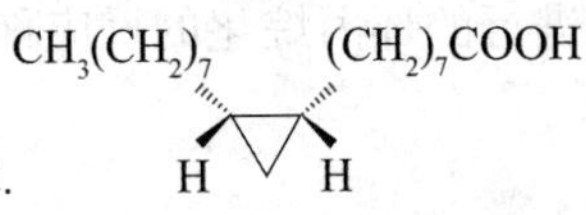 3. 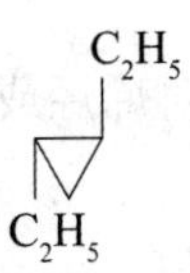 4. 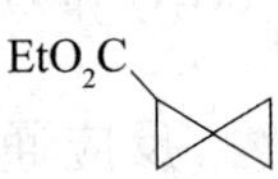

5. 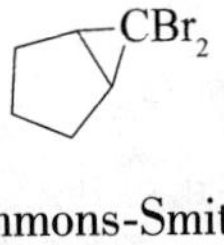 6. 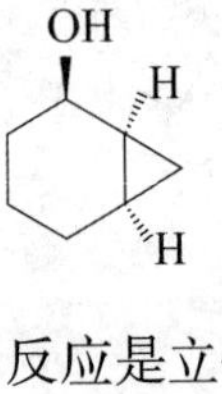

Simmons-Smith 反应是立体专一的顺式加成。通常受位阻效应的影响，反应在双键位阻较小的一侧发生[4,5]。当双键上连有一个手性碳，该手性碳上又连有羟基时，由于羟基可以与锌配位，反应往往在羟基的同侧发生，尽管这时的空阻可能较大[6]。

例 2 用苯和不超过 2 个碳的化合物及必要试剂合成

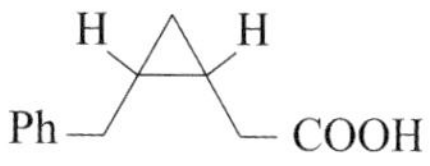

（南开大学，2013）

［解答］

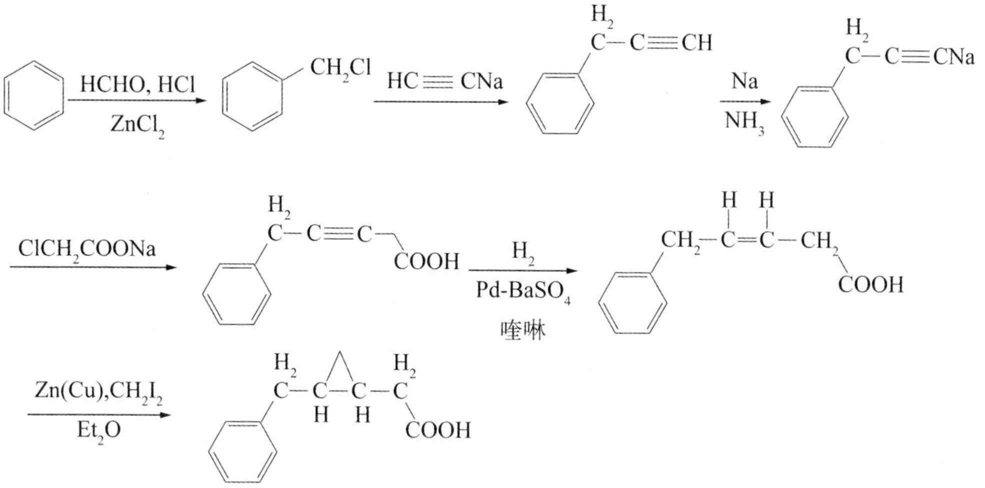

例 3

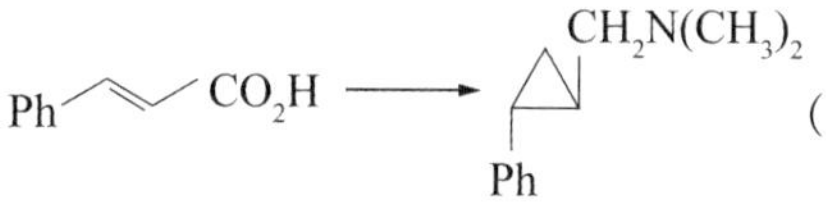

（复旦大学，2009）

［解答］

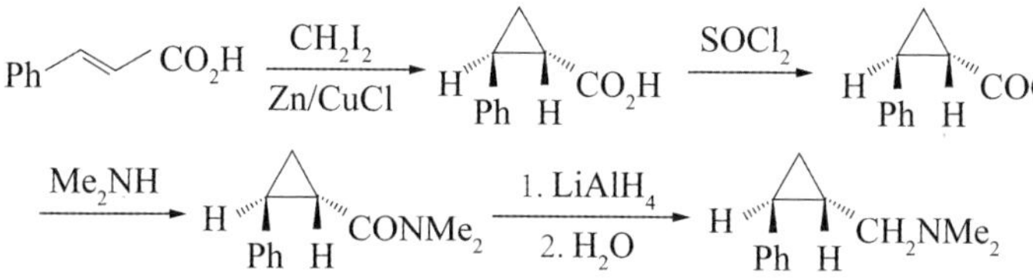

参考文献

［1］Simmons H. E，Smith R. D.，J. Am. Chem. Soc. 1958，80：5323-5324.

［2］Simmons H. E，Smith R. D.，J. Am. Chem. Soc. 1959，81：4256-4257.

［3］Jie Jack Li. Name Reaction，4th ed.，［M］. Springer-Verlag Berlin Heidelberg，2009：507.

［4］Simmons H. E. et al.（Review）Org. React.. 1973，20：1.

［5］Girard C，Conia J. M. J. Chem. Res.（S）（Review）. 1978：182.

［6］Paul A. Grieco，Tomei Oguri，Chia-Lin J. Wang，and Eric Williams. Stereochemistry and total synthesis of (±)-ivangulin. J. Org. Chem. 1977，42：4113.

7.11　Skraup 喹啉合成

问题引入

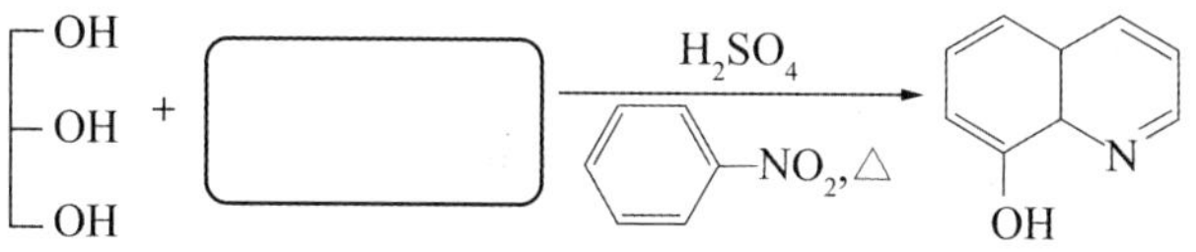

（浙江工业大学，2014）

上述反应的完整反应方程式如下所示：

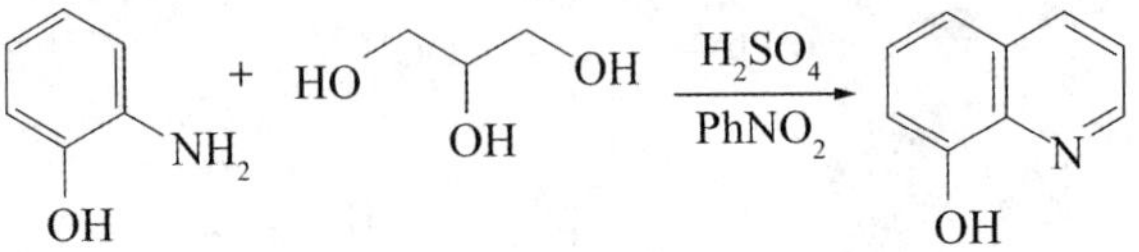

反应概述

苯胺（或其他芳胺）、甘油、硫酸和硝基苯（相应于所用芳胺）、五氧化二砷（As_2O_5）或三氯化铁等氧化剂一起反应，生成喹啉的反应即为 Skraup 喹啉合成[1]。本合成法是合成喹啉及其衍生物最重要的合成法。

反应通式

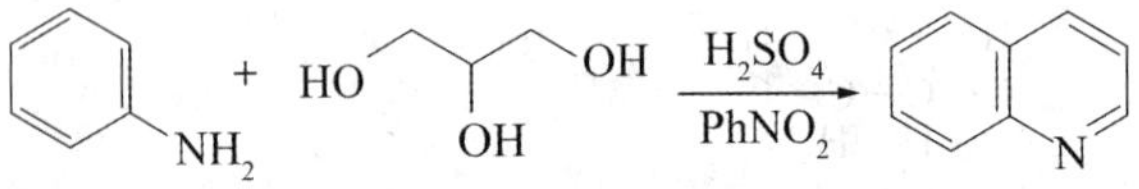

苯胺环上间位有供电子取代基时，主要在给电子取代基的对位关环，得 7-取代喹啉；当苯胺环上间位有吸电子取代基团时，则主要在吸电子取代基团的邻位关环，得 5-取代喹啉。

反应机理[2]

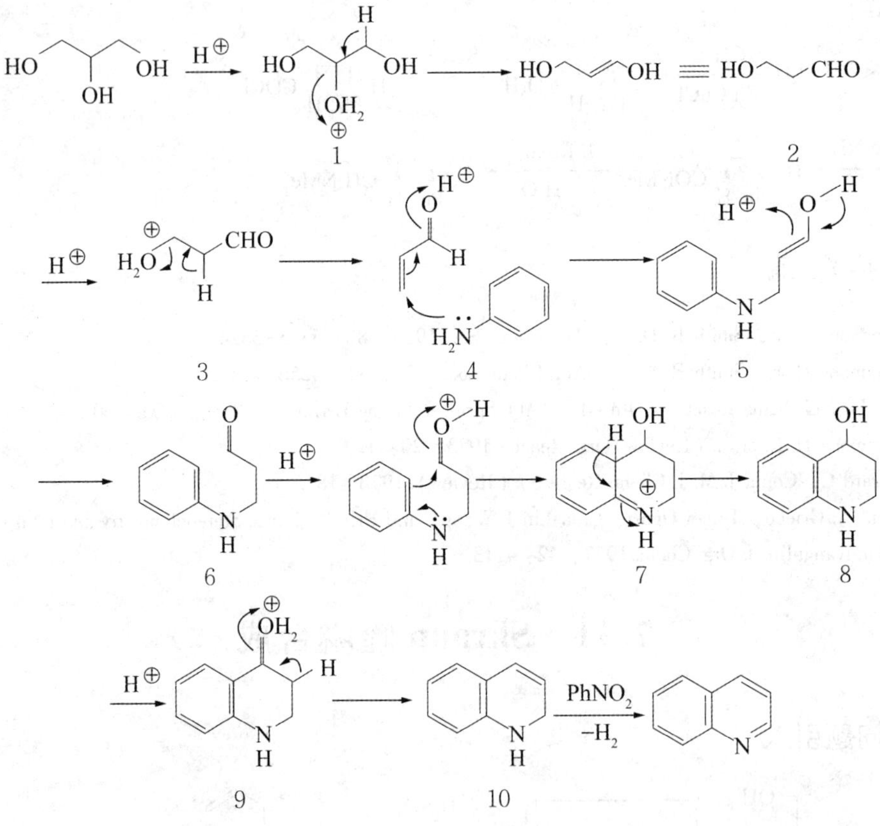

在酸催化下，丙三醇的羟基形成锌盐（1），1 脱水得 β-羟基丙醛（2），2 再次形成锌盐

(3)后脱水得到丙烯醛(4)，苯胺的氨基进攻丙烯醛(4)的末端双键碳原子发生 1，4-共轭加成反应生成β-苯基氨基丙烯醇(5)，5 异构得β-苯基氨基丙醛(6)，6 在酸催化下分子中的羰基被质子化后，与分子内氨基邻位的苯环碳原子进行关环反应形成四面体(7)，7 消去一个质子后形成闭环共轭体系苯环结构(8)，8 在酸催化下分子中的羟基被质子化后得锌盐(9)，9 脱水得 1，2-二氢喹啉(10)，10 经硝基苯氧化后得到目标产物喹啉。最后一步在氧化剂作用下脱氢。尽管在少量的碘化钠存在下，硫酸也可以作为氧化剂，但通常使用硝基苯或砷酸。最好使用有选择性的氧化剂氯代对苯醌[3]。

例题解析

例 1　完成反应的主要产物

1. 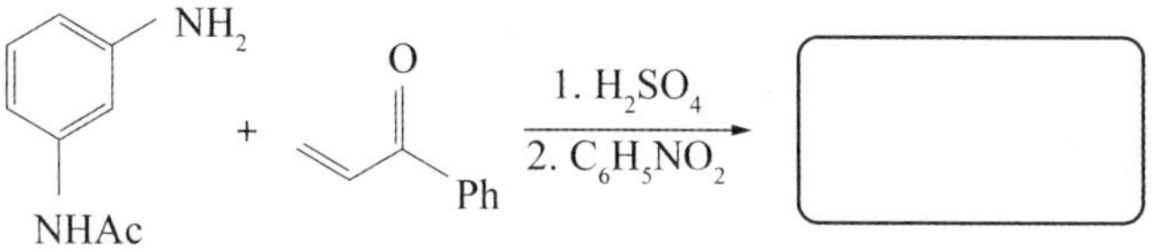
NH2
NHAc
O
Ph
1. H2SO4
2. C6H5NO2
（南开大学，2013）

2. 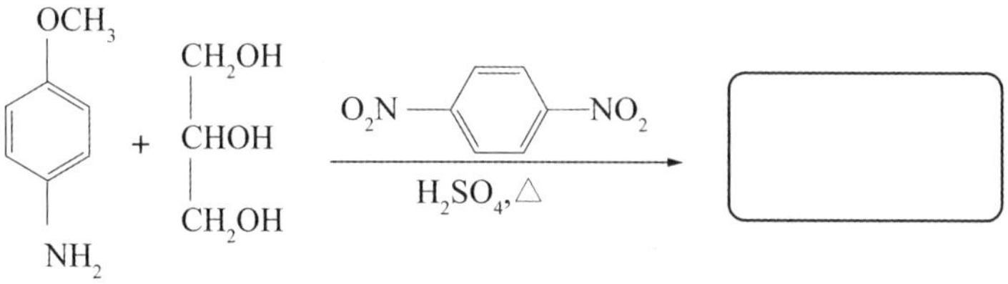
OCH3
NH2
CH2OH
CHOH
CH2OH
O2N
NO2
H2SO4,△
（武汉化工学院，2003）

［解答］

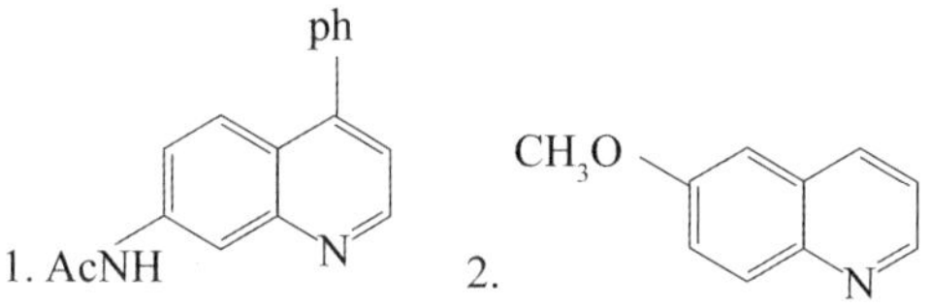
ph
1. AcNH
N
CH3O
2.
N

例 2　由苯和不超过三个碳的原料合成

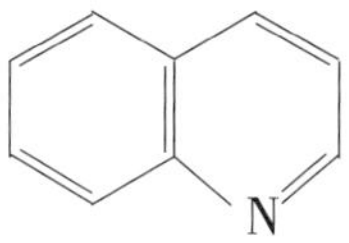
N
（南开大学，2013）

［解答］

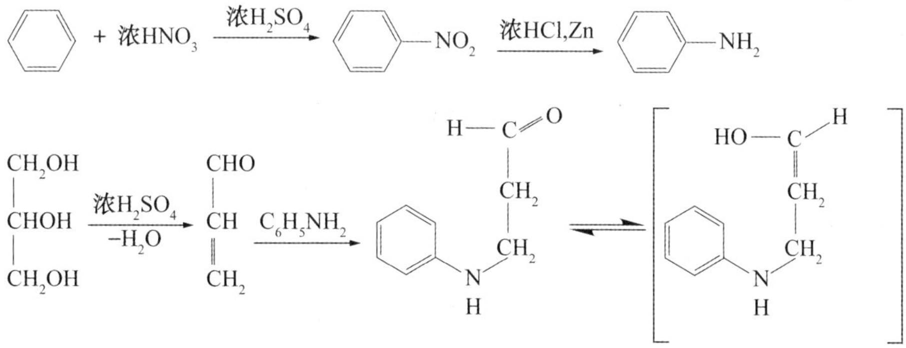
+ 浓HNO3
浓H2SO4
NO2
浓HCl,Zn
NH2
CH2OH
CHOH
CH2OH
浓H2SO4
−H2O
CHO
CH
CH2
C6H5NH2
H
C
O
CH2
CH2
N
H
HO
C
H
CH2
CH2
N
H

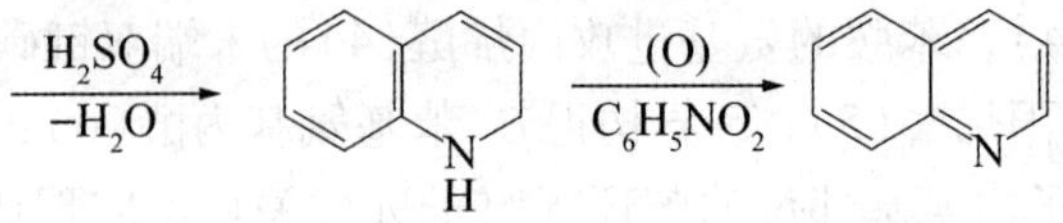
H2SO4
-H2O
N
H
(O)
C6H5NO2
N

二氢喹啉　　　　喹啉

例 3　由苯酚和不超过 3 个碳的原料和必要试剂合成 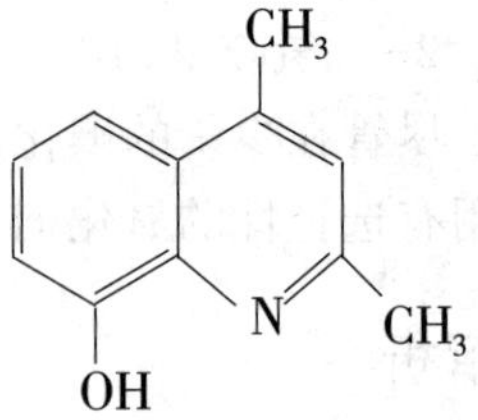　（南京大学，2002）
CH3
N
CH3
OH

［解答］

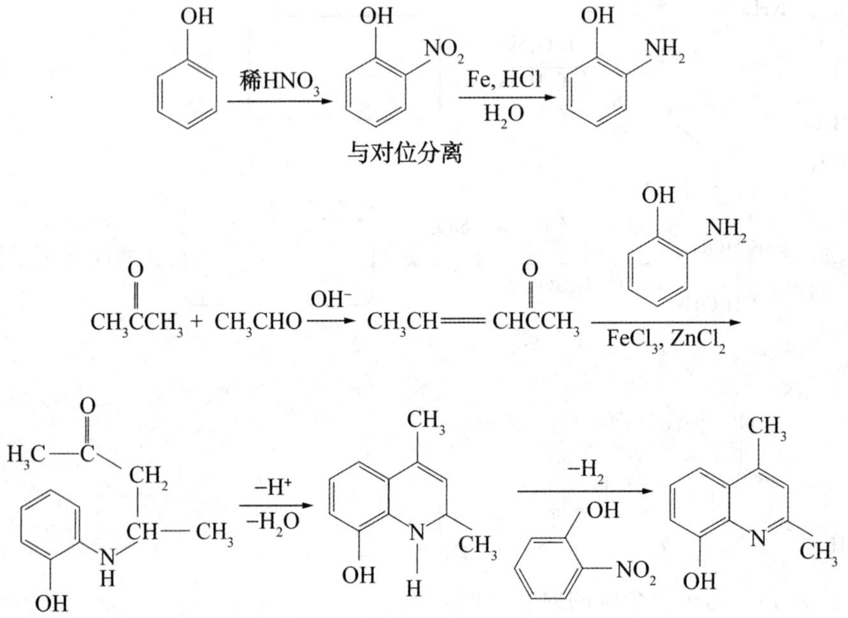
OH
稀HNO3
NO2
Fe, HCl
H2O
NH2
与对位分离
CH3CCH3 + CH3CHO
OH⁻
CH3CH═CHCCH3
FeCl3, ZnCl2
H3C—C
CH2
CH—CH3
N
H
-H⁺
-H2O
-H2
NO2

参考文献

［1］Skraup Z. H. Monatsh. Chem. 1880，1，316.（b）Skraup，Z. H. Ber. 1880，13：2086.

［2］Jie Jack Li，Name Reaction，4th ed.［M］. Springer-Verlag Berlin Heidelberg，2009：509.

［3］Song Z，Mertzman M，and Hughes D. L. J. Heterocycl. Chem.，1993，30：17.

7.12　电环化反应

问题引入

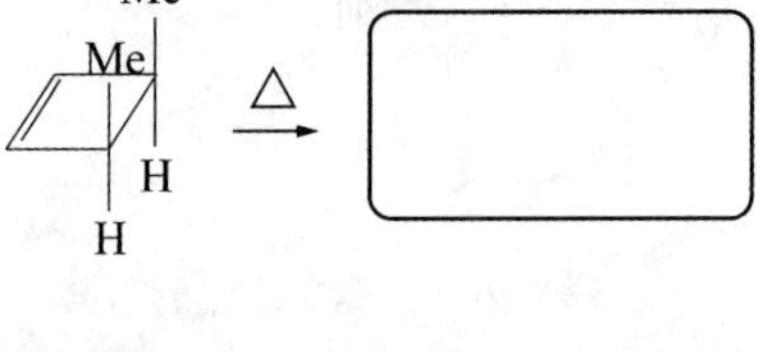
Me
Me
H
H
△

（中国科学技术大学，2016）

上述反应的主要产物为：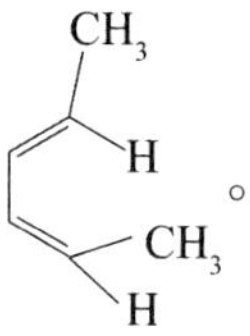。

反应概述

在光或热的作用下，共轭烯烃转变为环烯烃或它的逆反应——环烯烃开环变为共轭烯烃，这类反应统称为电环化反应[1]。电环化反应是可逆的，有时也将共轭烯烃转变为环烯烃的反应称为电环合反应，而逆反应称为电开环反应。反应朝哪个方向进行主要取决于链形共轭多烯与环烯烃的热力学稳定性。例如：

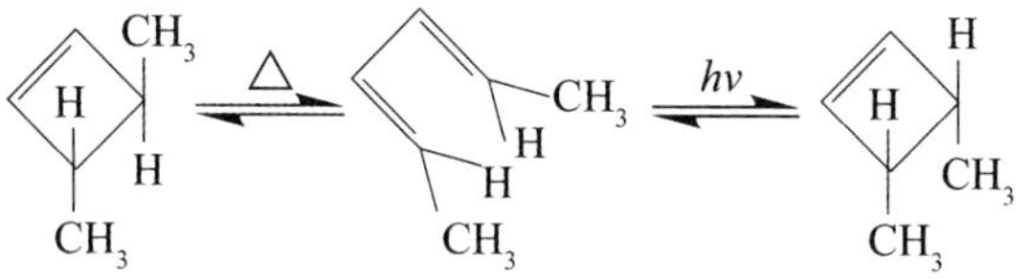

反应规则

电环化反应常用顺旋和对旋来描述不同的立体化学过程。顺旋是指两个键朝同一方向旋转，可分为顺时针顺旋和反时针顺旋两种。对旋是指两个键朝相反的方向旋转，对旋又分为内向对旋和外向对旋两种（见表 7-1）。

表 7-1　电环化反应的顺旋和对旋

π 电子数	4*n*		4*n*+2	
顺旋	△	*hν*	△	*hν*
	允许	禁阻	禁阻	允许
对旋	△	*hν*	△	*hν*
	禁阻	允许	允许	禁阻

表 7-1 中无论是链形共轭烯烃转变为环烯烃还是环烯烃转化为链形共轭烯烃，表中的 π 电子数均指链形共轭烯烃的 π 电子数。

例题解析

例 1　完成反应

1. 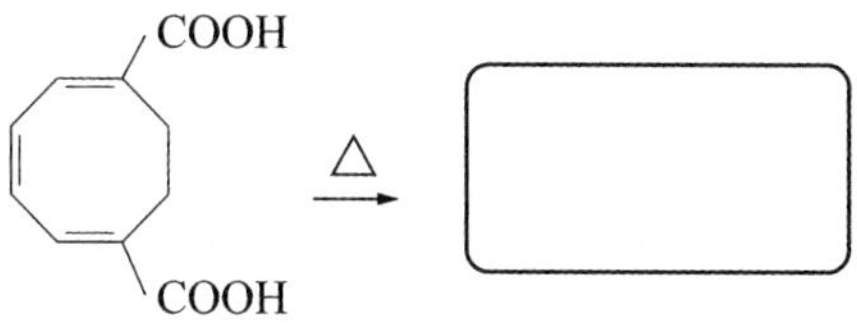

（暨南大学，2016）

2. 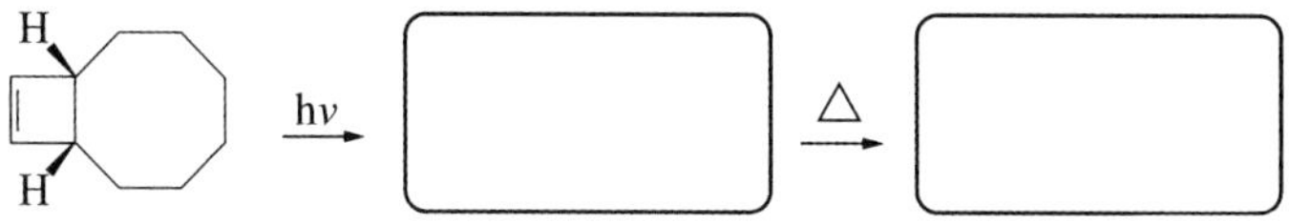

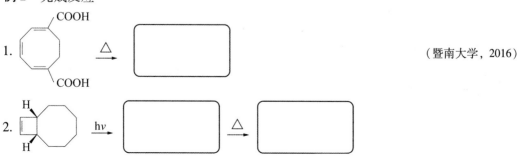

（中国科学院，2009；湖南师范大学，2008）

3. 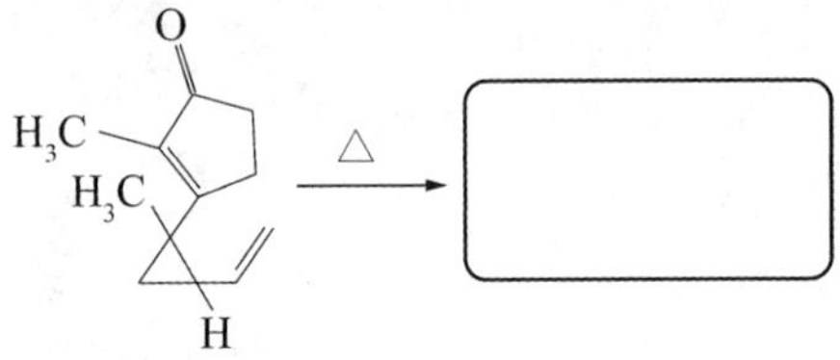
O
H_3C
H_3C
H
△

（南开大学，2013）

4. 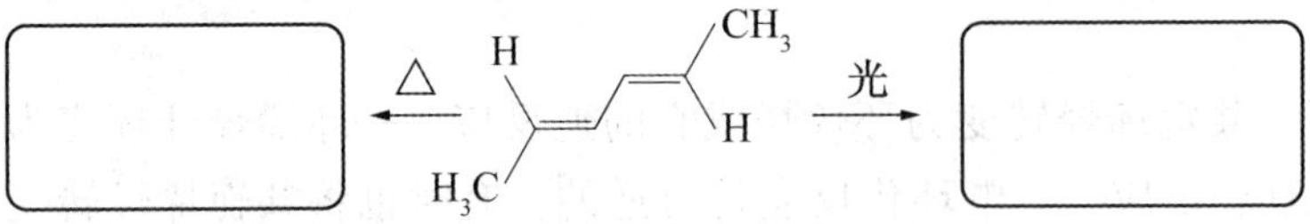
△
H
CH_3
光
H
H_3C

（浙江工业大学，2014）

5. 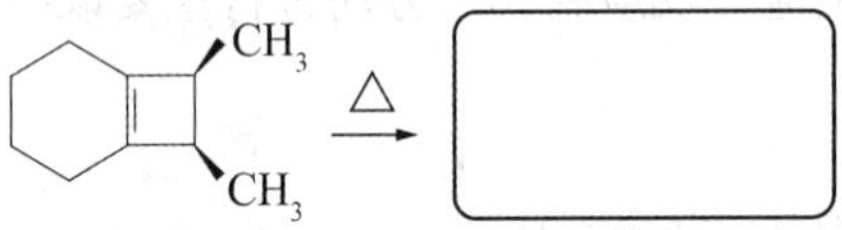
CH_3
CH_3
△

（陕西师范大学，2004）

6. 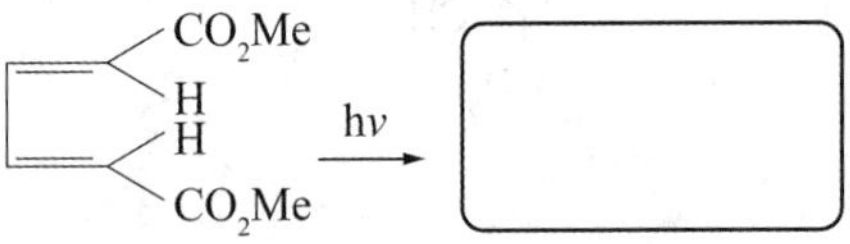
CO_2Me
H
H
CO_2Me
hν

（福建师范大学，2008）

［解答］

1. 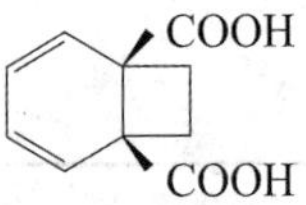
COOH
COOH

2. 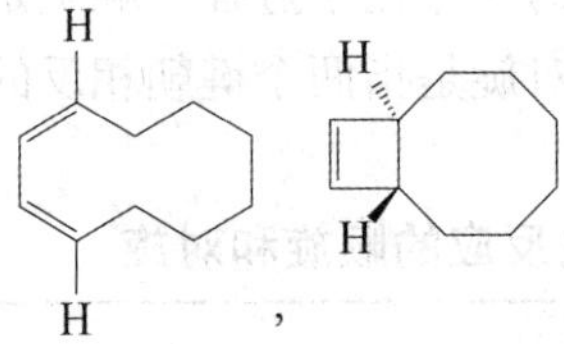
H
H
H
H

3. 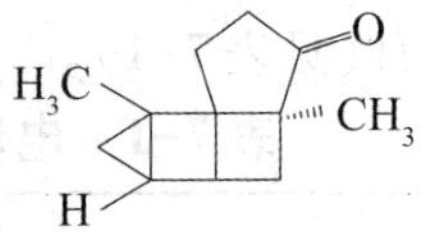
H_3C
O
CH_3
H

4. 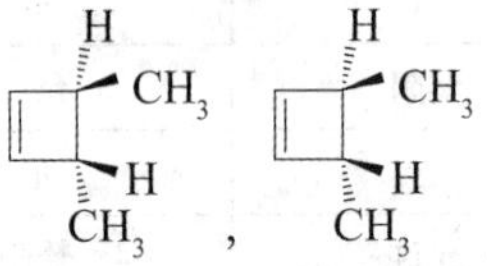
H
CH_3
H
CH_3
H
CH_3
H
CH_3

5. 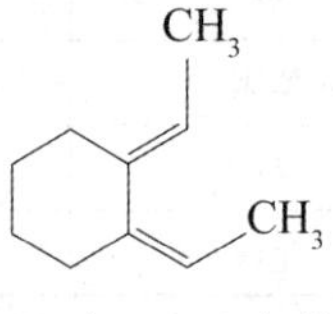
CH_3
CH_3

6. 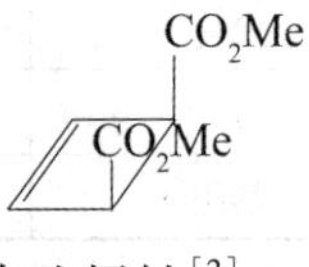
CO_2Me
CO_2Me

例 2 请用分子轨道理论解释如下反应的立体选择性[2]。

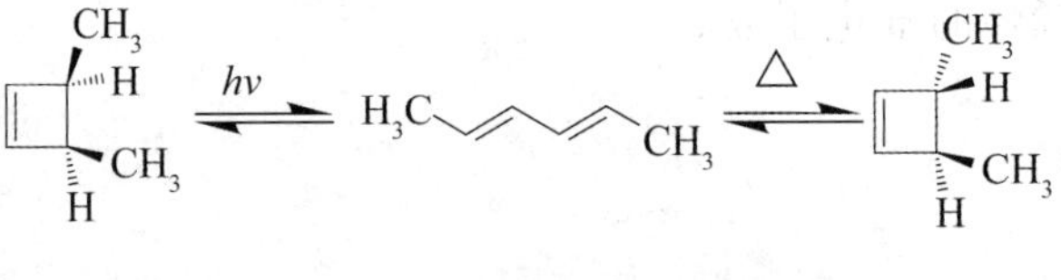
CH_3
H
hν
H_3C
CH_3
CH_3
H
△
CH_3
H
CH_3
H

（南开大学，2013）

前线轨道理论认为：一个共轭多烯分子在发生电环化反应时，起决定作用的分子轨道是共轭多烯的 HOMMO，为了使共轭多烯两端的碳原子的 p 轨道旋转关环生成 σ 键时经过一个能量最低的过渡态，这两个 p 轨道必须发生同位相的重叠（即重叠轨道的波相相同），因此，电环化反应的立体选择性主要取决于 HOMO 的对称性。现在应用前线轨道理论来分析(2*Z*，4*E*)-2，4-已二烯的关环反应。(2*Z*，4*E*)-2，4-已二烯关环反应的实验结果如下面的反应式所示。

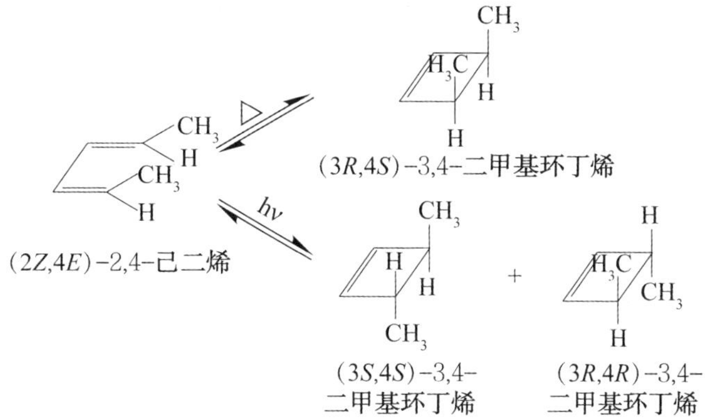

CH_3
H_3C
H
H
CH_3
H
CH_3
H
▷
hν
(3R,4S)-3,4-二甲基环丁烯
(2Z,4E)-2,4-己二烯
CH_3
H
H
CH_3
+
H
H_3C
CH_3
H
(3S,4S)-3,4-二甲基环丁烯
(3R,4R)-3,4-二甲基环丁烯

从上面的反应式可以看出，在加热条件下得到的产物与在光照条件下得到的产物有不同的立体选择性。前线轨道理论对该关环反应结果的分析如图 7-1、图 7-2 所示。

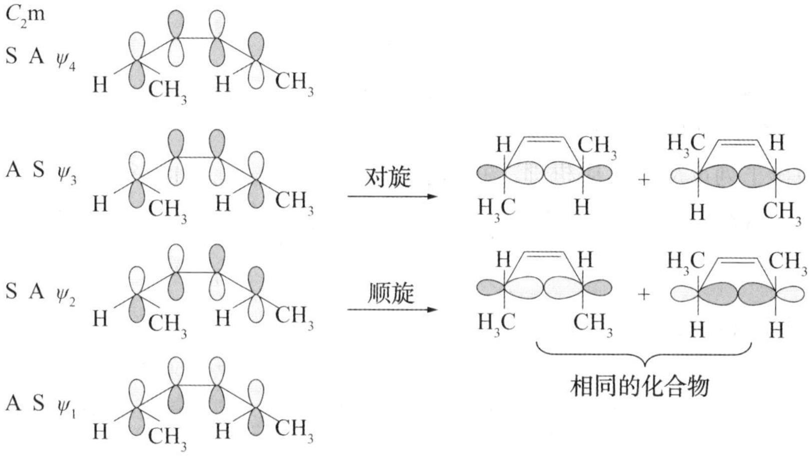

C_2 m
S A ψ_4
A S ψ_3
S A ψ_2
A S ψ_1
H CH_3 H CH_3
对旋
顺旋
H CH_3 H_3C H
H_3C H H CH_3
H H H_3C CH_3
H_3C CH_3 H H
相同的化合物

图 7-1　(2Z，4E)-2，4-己二烯的分子轨道对称性及其与旋转关环方式的关系

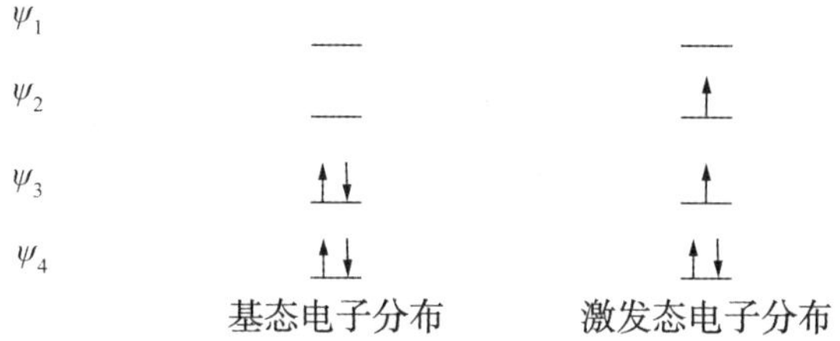

ψ_1
ψ_2
ψ_3
ψ_4
基态电子分布
激发态电子分布

图 7-2　(2Z，4E)-2，4-己二烯基态和激发态的电子分布

图 7-1 和图 7-2 表明：(2Z，4E)-2，4-己二烯有 4 个 π 分子轨道和 4 个 π 电子，基态(ground state)时 4 个 π 电子占据 ψ_1，ψ_2，所以 ψ_2 是 HOMO，从 ψ_2 的对称性可知，要使关环时发生同位相重叠，必须采取顺旋关环的方式，结果只得到一种关环产物(3R，4S)-3，4-二甲基环丁烯，与实验结果相符。光照时，ψ_2 上的一个电子跃迁到 ψ_3，此时 ψ_3 是 HOMO，从 ψ_3 的对称性可知，为了使关环时发生同位相重叠，必须采取对旋关环，结果得到两个产物(3S，4S)-3，4-二甲基环丁烯和(3R，4R)-3，4-二甲基环丁烯，这也与实验结果相符。

例 3　写出如下反应的机理。

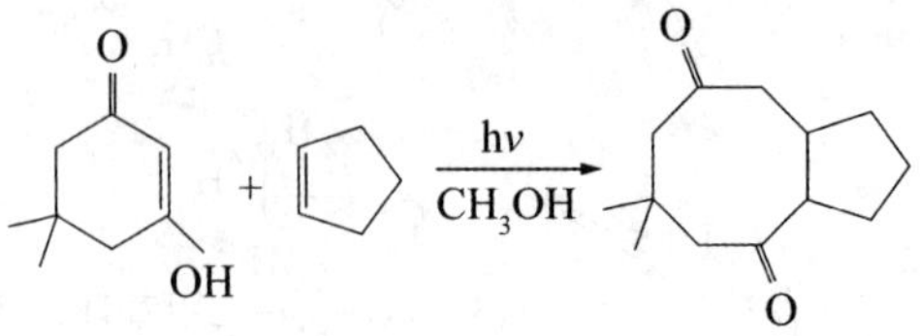

（南京大学，2014）

［解答］

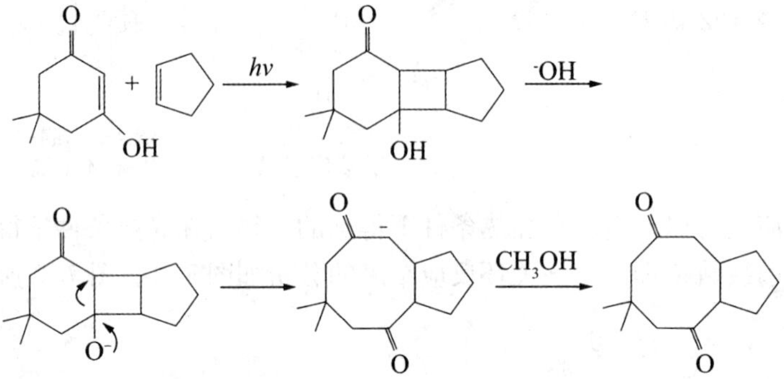

激发态的烯酮化1，3-二酮与烯烃进行光诱导［2+2］环加成得四元环中间体，该环丁烷即发生逆向羟醛缩合得到1，5-二酮[3]。

例4 写出下列反应的反应机理，并用前线轨道理论解释为什么得到这些产物[4]。

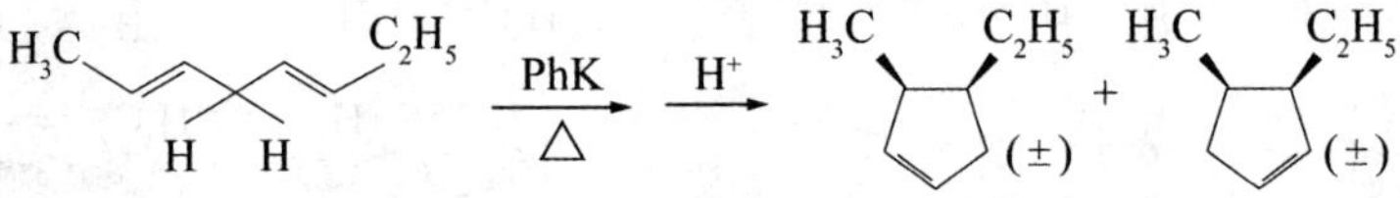

［解答］反应机理：

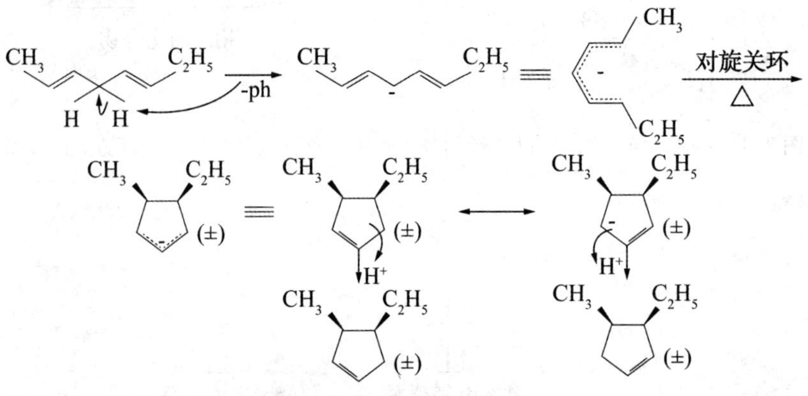

在加热条件下，戊二烯基负离子的前线轨道是ψ_3。

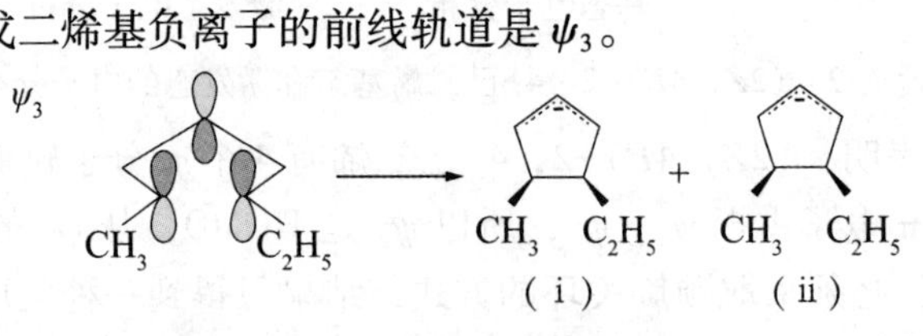

从分子轨道的对称性可以看出，对旋关环是对称性允许的。内向对旋关环得（Ⅰ），外向对旋关环和（Ⅱ），（Ⅰ）和（Ⅱ）是一对对映体。

例5 周环反应不被催化剂催化，但下列反应却能被Lewis酸如Et_2AlCl催化，请写出其产物，并简要说明为什么能被Et_2AlCl催化？

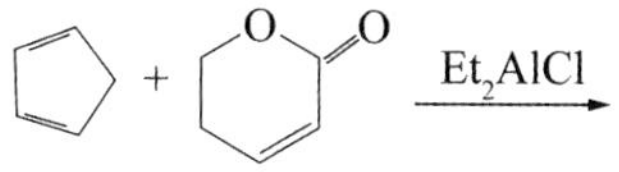
O
O
Et_2AlCl

（陕西师范大学，2004）

［解答］ 含有羰基的亲双烯体很容易受到 Lewis 酸的催化，催化形式如下所示。其结果是增强了羰基的吸电子能力：

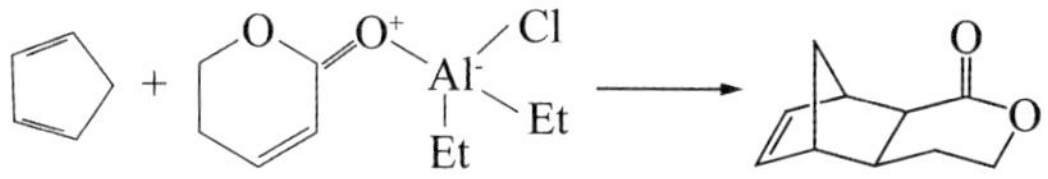
O
O^+
Cl
Al^-
Et
Et
O
O

催化形式

参考文献

［1］邢其毅，徐瑞秋，周政，等．基础有机化学(第二版)［M］．北京：高等教育出版社，1993：836.

［2］邢其毅，裴伟伟，徐瑞秋，等．基础有机化学（第三版）［M］．北京：高等教育出版社，2005：715.

［3］吴碧琪，吴国生．光诱导［2+2］环加成在有机合成中的应用［J］．有机化学，1990，10(2)：106—116.

［4］裴伟伟．基础有机化学习题解析［M］．北京：高等教育出版社，2006：419.

第8章 重排反应

8.1 Arndt-Eistert 反应

问题引入

$$\text{H}_3\text{C}\underset{\text{Ph}}{\overset{\text{H}}{\text{C}}}-\underset{\text{O}}{\overset{\text{}}{\text{C}}}-\text{Cl} + \text{CH}_2\text{N}_2 \longrightarrow \boxed{} \xrightarrow{\text{C}_2\text{H}_5\text{OH}} \boxed{}$$

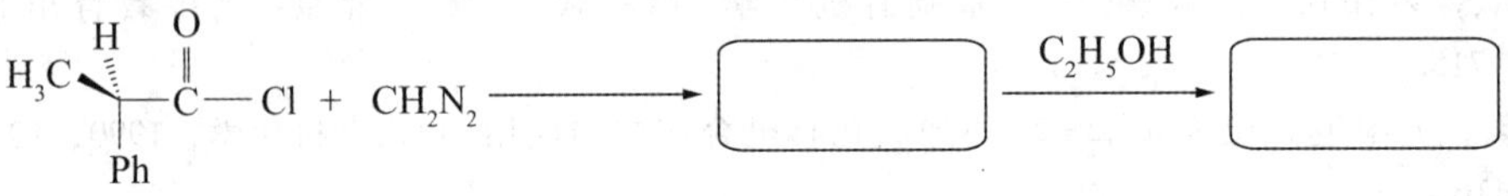

（南开大学，2015）

(R)-2-苯基丙酰氯与重氮甲烷反应得到烯酮 $\text{H}_3\text{C}\underset{\text{Ph}}{\overset{\text{H}}{\text{C}}}-\underset{\text{}}{\overset{\text{O}}{\text{C}}}-\text{CH}_2\text{N}_2$， 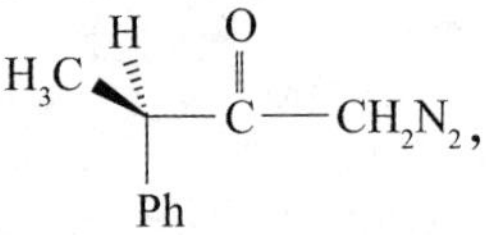

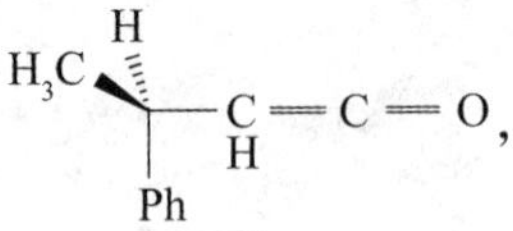

$\text{H}_3\text{C}\underset{\text{Ph}}{\overset{\text{H}}{\text{C}}}=\text{C}=\text{O}$，然后与甲醇反应生成(S)-3-苯基丁酸甲酯 $\text{H}_3\text{C}\underset{\text{Ph}}{\overset{\text{H}}{\text{C}}}-\underset{\text{H}_2}{\overset{\text{}}{\text{C}}}-\text{COOCH}_3$。 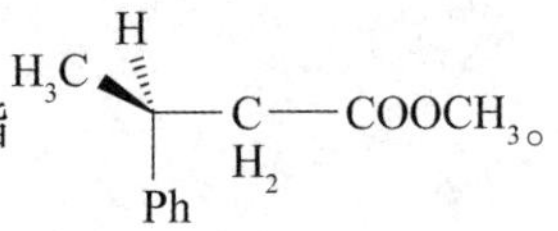

反应概述

酰氯与重氮甲烷反应，然后在氧化银催化下与水共热得到酸的反应称为 Arndt-Eister 反应[1]。该反应用于合成原羧酸基础上增加一个碳原子的羧酸。

反应通式

$$\text{R}-\underset{\text{OH}}{\overset{\text{O}}{\text{C}}} \xrightarrow{\text{SOCl}_2} \text{R}-\underset{\text{Cl}}{\overset{\text{O}}{\text{C}}} \xrightarrow[\text{Ag}^+,\ \text{H}_2\text{O},\ h\nu]{\text{CH}_2\text{N}_2} \text{R}\sim\underset{\text{OH}}{\overset{\text{O}}{\text{C}}}$$

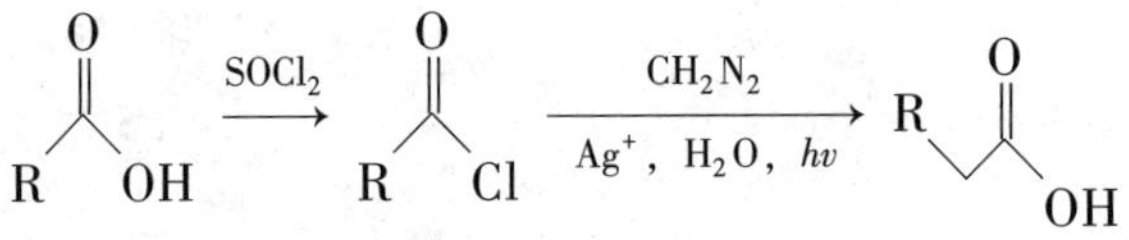

反应机理[2]

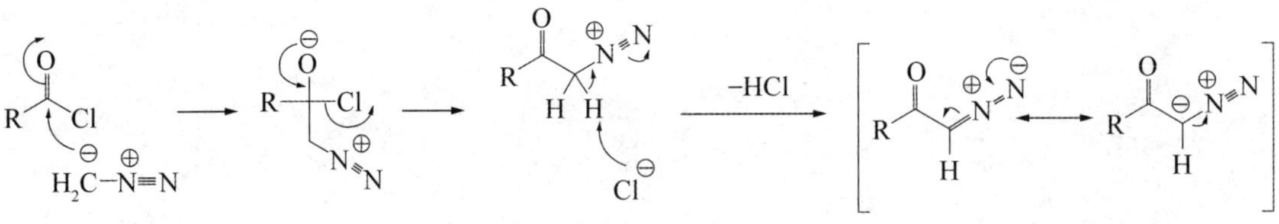

1

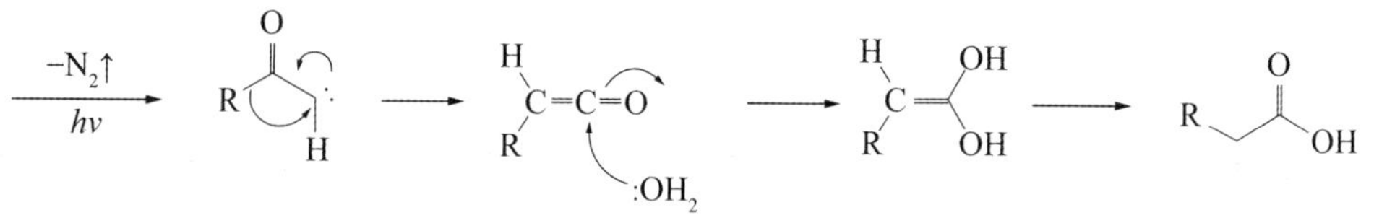

2　　　3

重氮甲烷与酰氯反应首先形成重氮酮(1)，1 在氧化银催化下与水共热，得到酰基卡宾(2)并放出氮气，2 发生重排得烯酮(3)，3 与水反应生成酸，若与醇或氨(胺)反应，则得酯或酰胺。

例题解析

例 1　写出下列反应的主要产物

1. 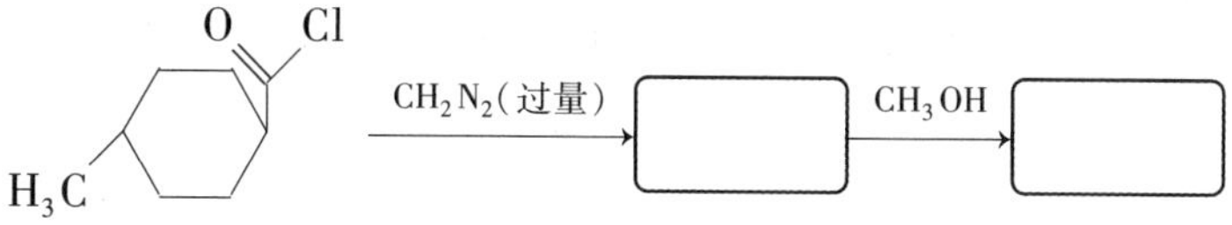

（南开大学，2009）

2. 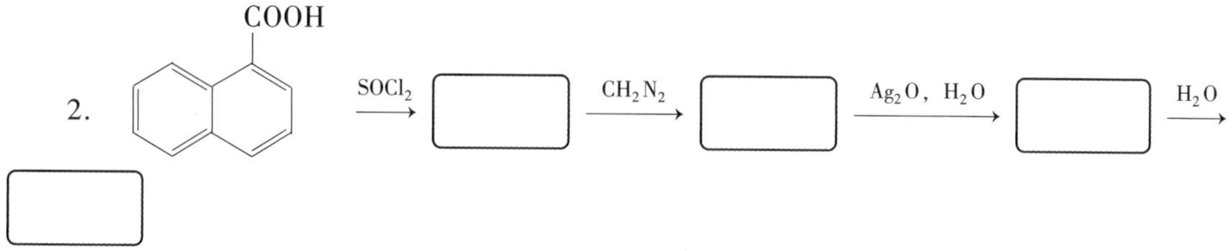

［解答］

1. 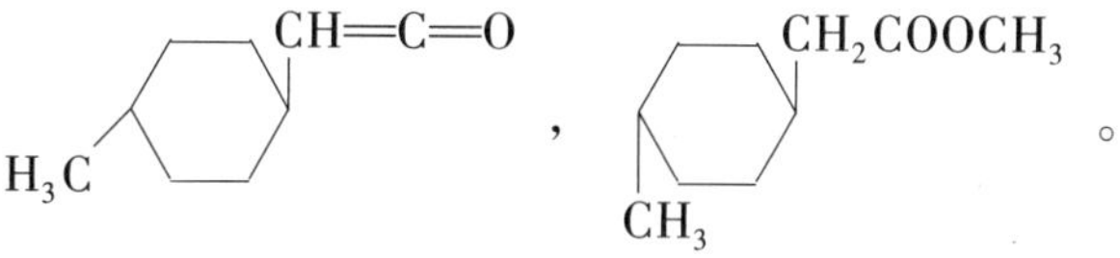

2. 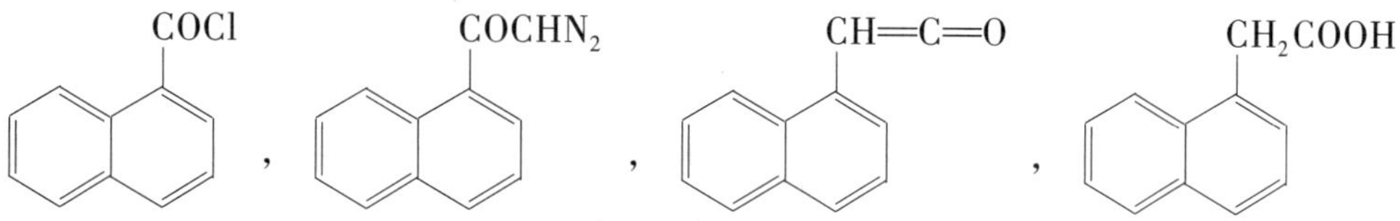

参考文献

[1] Arndt F Eistert B. Ber. 1935, 68：200-208.
[2] Jie Jack Li. Name Reaction, 4th ed. [M]. Springer-Verlag Berlin Heidelberg, 2009：10.

8.2　Beckmann 重排反应

问题引入

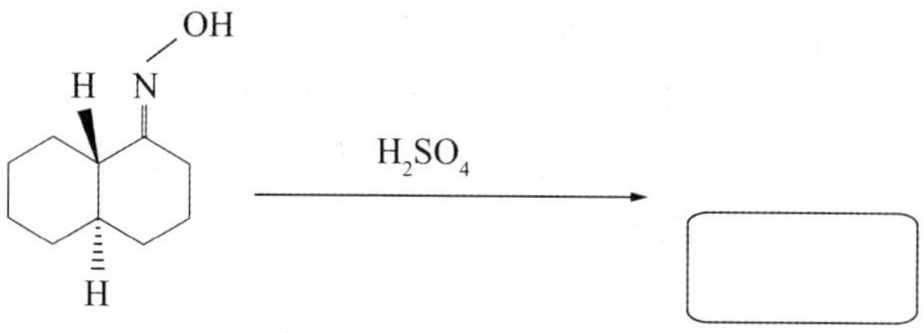

（苏州大学，2015；中国科学技术大学，2008；兰州大学，2005）

二环[4.4.0]癸-2-酮肟在 PCl_5 作用下发生重排生成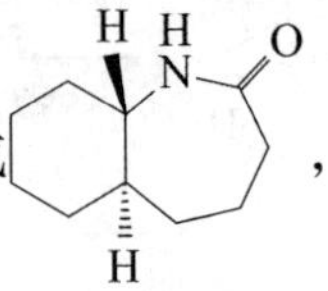，分子中的不对称碳原子构型在反应前后不变。

反应概述

酮与羟胺反应生成的产物酮肟(ketoxime)，在酸性催化剂(如硫酸、多聚磷酸以及可以产生强酸的五氯化磷、三氯化磷、苯磺酰氯和亚硫酰氯等)作用下，酮肟重排成酰胺的反应称为 Beckmann 重排[1]。其特点是不对称的酮肟分子中与羟基处于反位的基团重排到氮原子上。

反应通式

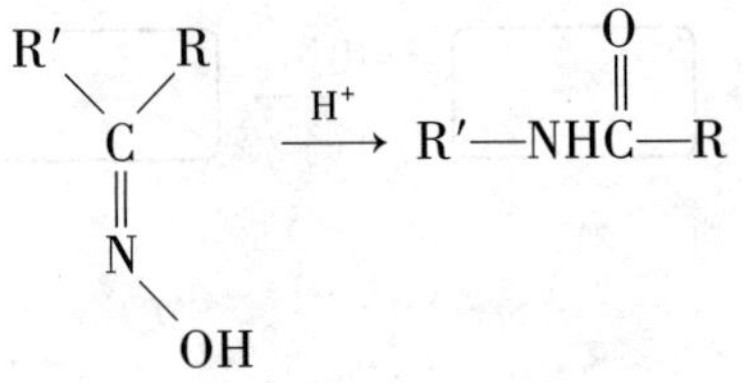

反应机理[2,3]

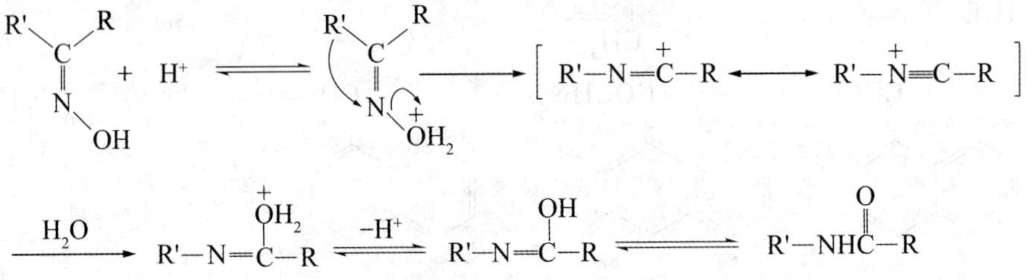

酮肟在酸性催化剂作用下形成锌盐，然后失去一分子水，同时羟基反位的 R′基团带着一对电子转移到氮原子上，形成一个碳正离子，再与水结合成锌盐，失去质子得 α-羟基亚胺，最后异构化为取代酰胺[4]。

Beckmann 重排反应的特点是：①是酸催化的，帮助—OH 离去；②离去基团与迁移基团处于反式，这是根据产物推断的；③基团的离去与基团的迁移是同步的，如果不是同步，羟基以水的形式先离开，形成氮正离子，这时相邻碳上两个基团均可迁移，得到混合物，但实际结果只有一种产物，因此反应是同步的；④迁移基团在迁移前后构型不变。

通过 Beckmann 重排反应，可以由环己酮肟重排生成己内酰胺(caprolactam)。内酰胺(lactam)是分子内的羧基和胺(氨)基失水的产物。己内酰胺在硫酸或三氯化磷等作用下可开环聚合得到尼龙-6(Nylon 6)，又称锦纶，这是一种优良的合成纤维。

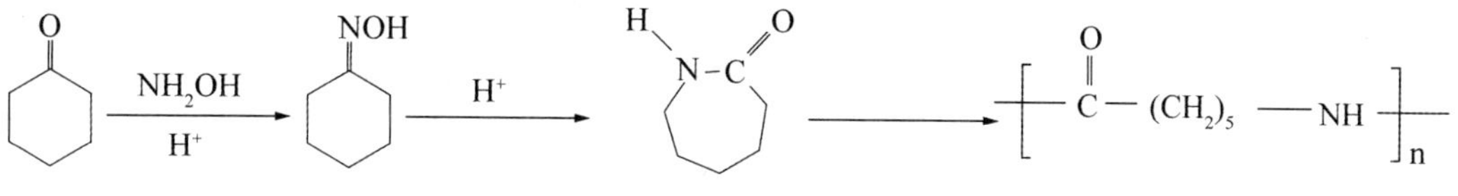
NH2OH
H+
NOH
H+
己内酰胺
尼龙-6

传统上用 Brϕnsted 酸，如 H_2SO_4，PPA(多聚磷酸)，需要苛刻条件(如在 120 ℃下)。近年发现，Lewis 酸(如 $AlCl_3$，$InCl_3$)或 TCT(2，4，6-三氯-1，3，5-三嗪)等可提高烃基离去能力的试剂均可使反应在非常温和的条件下进行(如下式)。在微波促进下，蒙脱土 K10，有机铑试剂也可催化贝克曼重排反应。

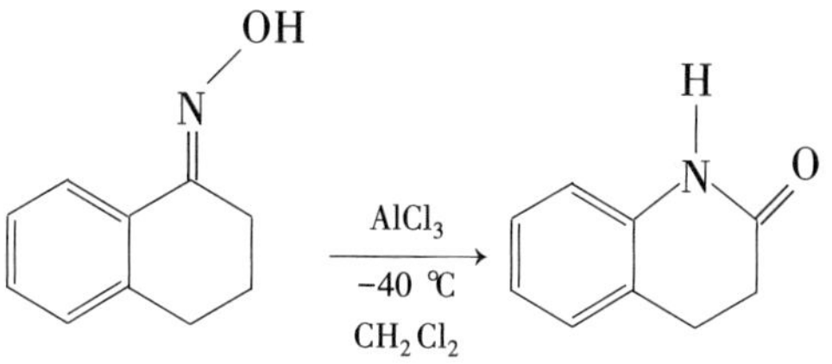
AlCl3
-40 ℃
CH2Cl2

例题解析

例 1 写出下列反应产物

1. 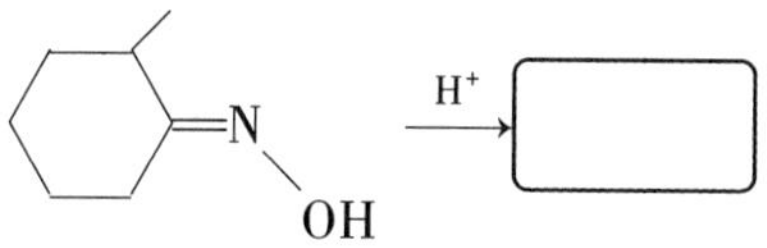 （华东理工大学，2014）

2. 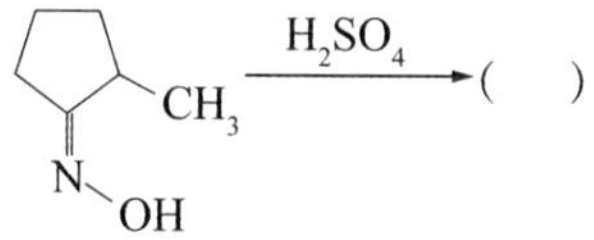 （湖南师范大学，2013）

3. 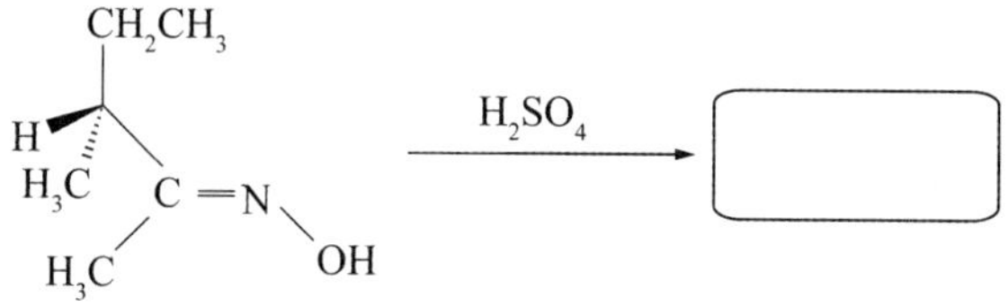 （兰州理工大学，2010）

4. 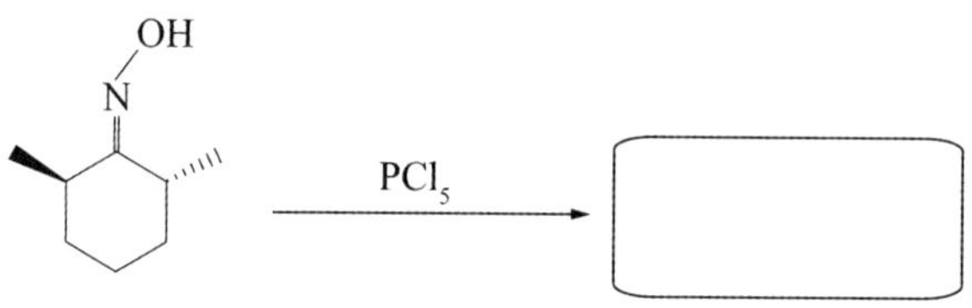 （南开大学，2009）

5. 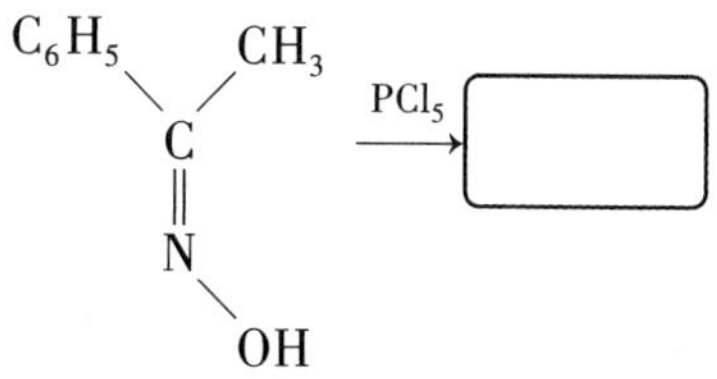 （大连理工大学，2005）

6. 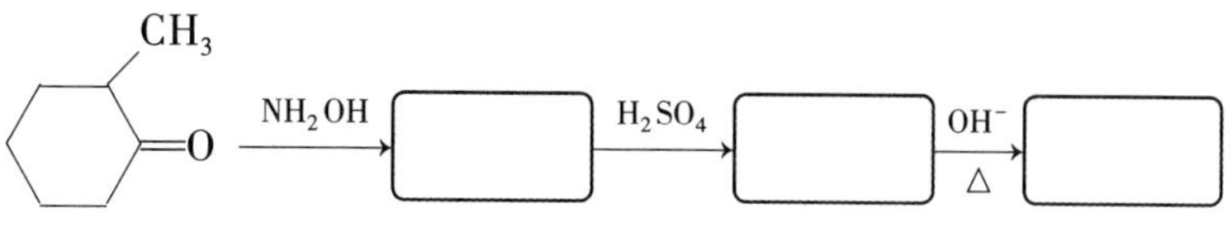 （四川大学，2003）

[解答]

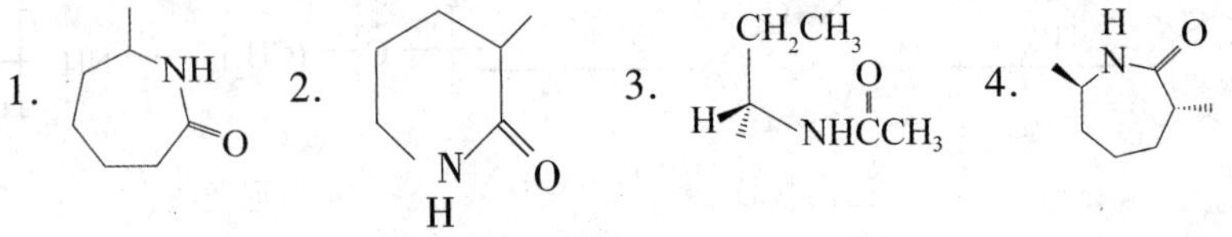

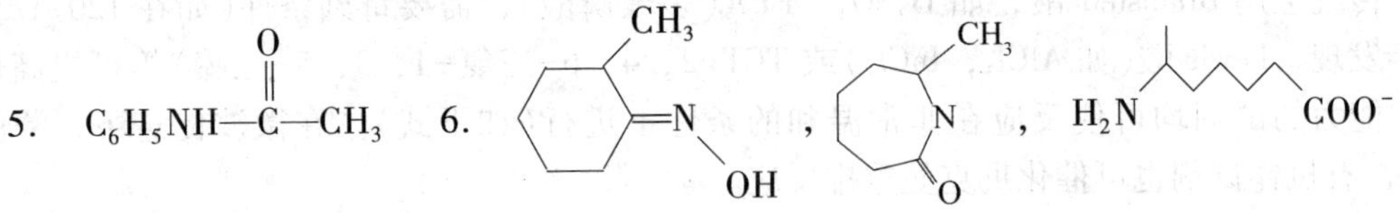

例 2 写出下列反应机理。

1. $\underset{C_2H_5}{\overset{H_3C}{>}}C=N-OH \xrightarrow{H^+} CH_3\overset{O}{\underset{\|}{C}}NHC_2H_5$

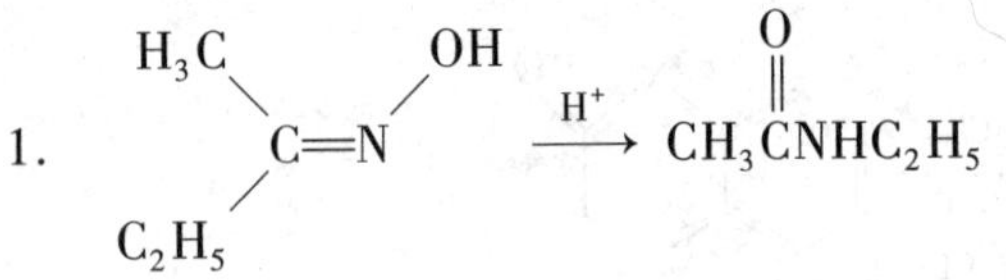

（山东大学，2016）

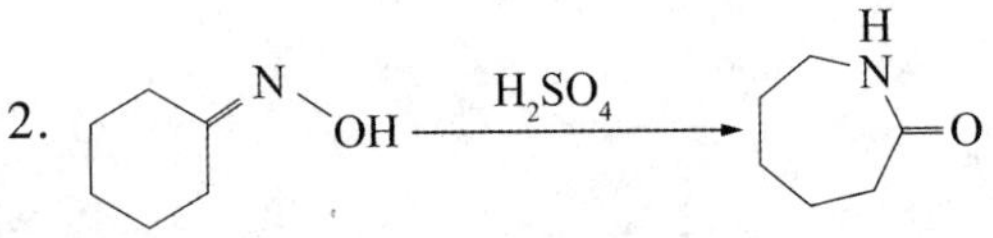

（中国科学技术大学，2016）

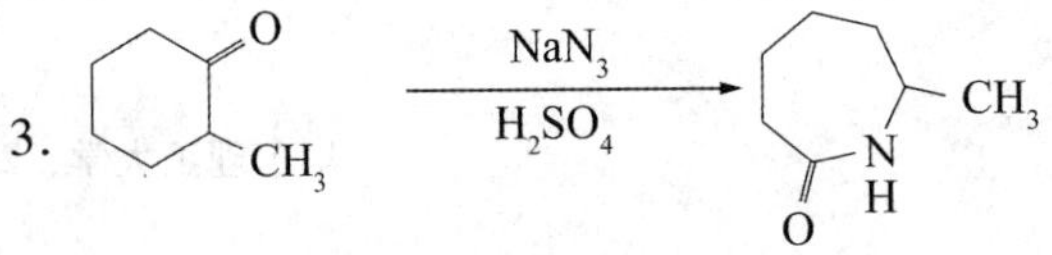

（湖南师范大学，2013）

[解答]

1. $\underset{OH}{\overset{C_2H_5\ \ CH_3}{>C=N}} + H^+ \rightleftharpoons \underset{\overset{+}{O}H_2}{\overset{C_2H_5\ \ CH_3}{>C=N}} \longrightarrow [C_2H_5-N=\overset{+}{C}-CH_3 \longleftrightarrow C_2H_5-\overset{+}{N}\equiv C-CH_3]$

$\xrightarrow{H_2O} C_2H_5-N=\underset{\overset{+}{O}H_2}{\overset{|}{C}}-CH_3 \xrightleftharpoons{-H^+} C_2H_5-N=\underset{OH}{\overset{|}{C}}-CH_3 \rightleftharpoons C_2H_5-NH\overset{O}{\underset{\|}{C}}-CH_3$

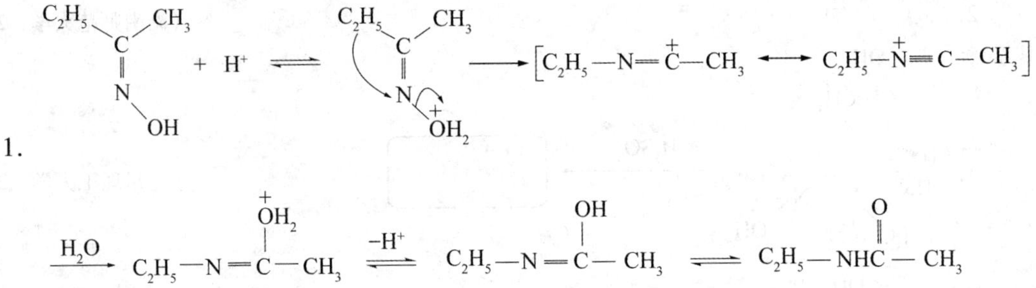

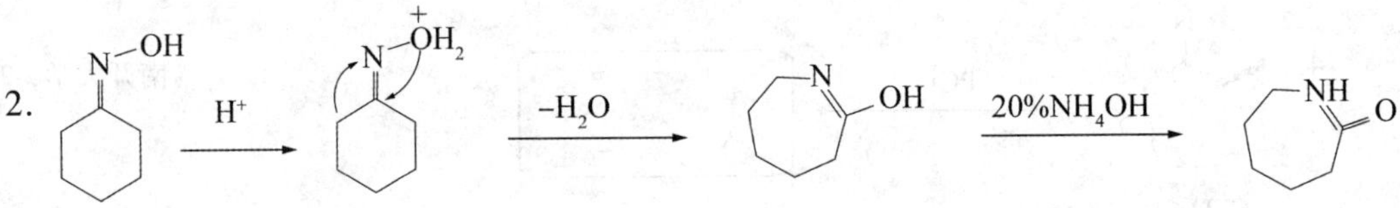

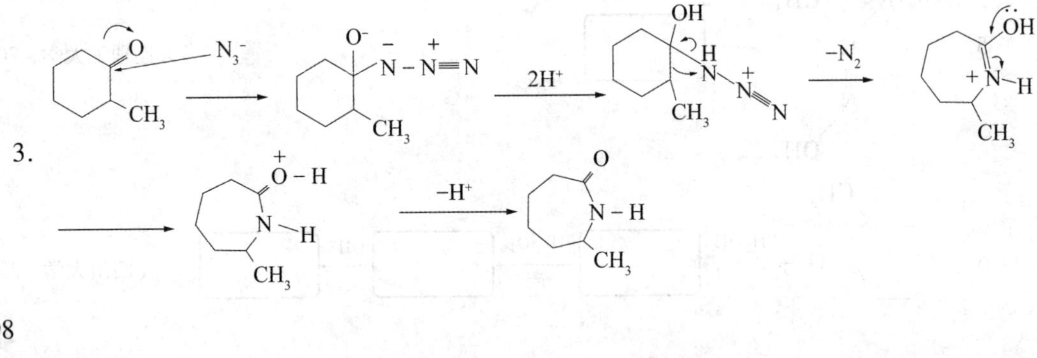

参考文献

[1] Beckmann E. Chem. Ber. 1886, 89: 988.
[2] Jie Jack Li. Name Reaction, 4th ed. [M]. Springer-Verlag Berlin Heidelberg, 2009: 33.
[3] [美]李杰(Jie Jack Li)著. 荣国斌译，朱士正校. 有机人名反应及机理[M]. 上海：华东理工大学出版社，2003：28.
[4] 孔祥文. 有机化学[M]. 北京：化学工业出版社，2010.

8.3　Benzil-Benzilic Acid 重排（二苯乙醇酸重排）

问题引入

在浓碱作用下，苯乙酮醛将生成什么产物？

$$PhCOCHO \xrightarrow[H_2O]{浓 NaOH} \boxed{\quad}$$

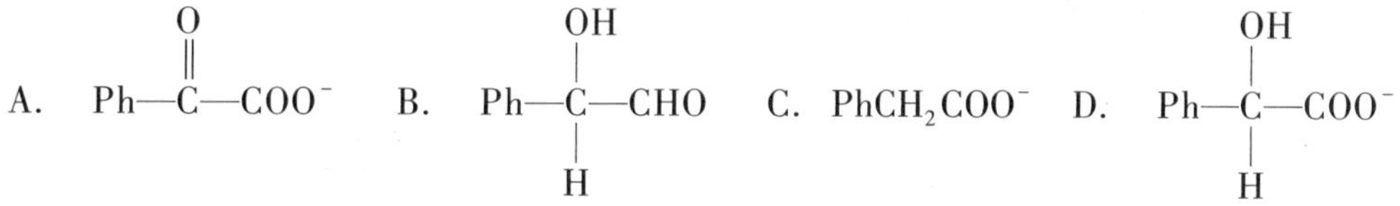
A.
Ph—C—COO⁻
O
B.
OH
Ph—C—CHO
H
C. PhCH₂COO⁻
D.
OH
Ph—C—COO⁻
H

（复旦大学 2000，吉林大学 2005）

苯乙酮醛是一种无 α-H 的二羰基化合物，在碱的作用下发生歧化反应，分子中的醛羰基被氧化成酸，酮羰基被还原为醇羟基，其反应产物为：$PhCHOHCO_2^-$(D)。

反应概述

Benzil-Benzilic Acid 重排[1]，即二苯乙醇酸重排，反应中二苯乙二酮迁移重排为二苯乙醇酸。

反应通式

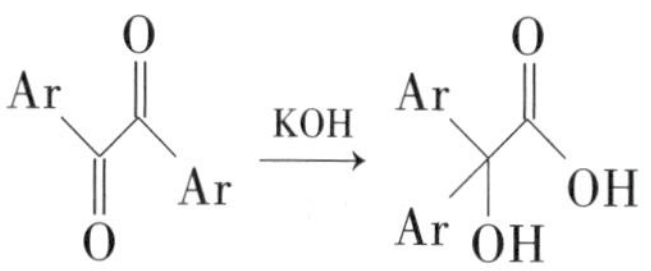
Ar
O
O
Ar
KOH
Ar
O
OH
Ar
OH

反应机理[2]

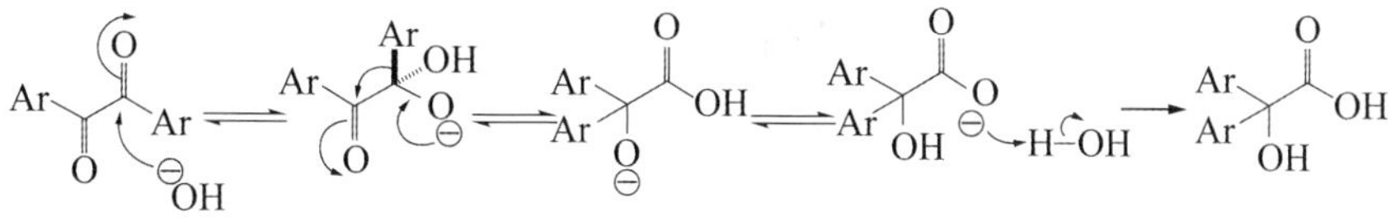
Ar
O
O
Ar
OH
Ar
Ar
OH
O
O
OH
H
OH

1　　2　　3　　4　　5

首先氢氧根离子进攻二芳基乙二酮(1)的羰基碳原子，发生亲核加成反应形成(2)，然后2分子中醇羟基所在的碳原子连接的芳基带着一对电子迁移到邻位羰基碳原子上形成(3)，3分子内质子转移形成(4)，该步是驱动整个反应的步骤，最后4与水分子进行质子交换形成目标产物二芳基乙醇酸(5)。

例题解析

例1 填空

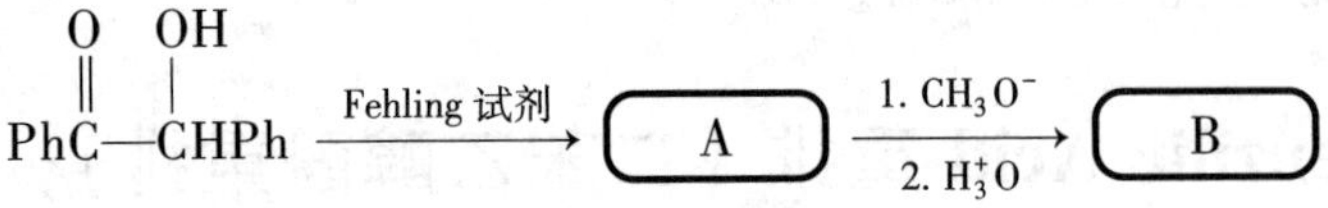

[解答]

A. 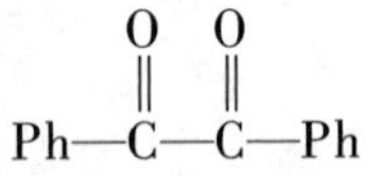　　B. 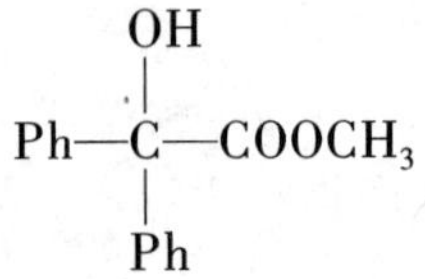

安息香可在氧化剂(如 $Cu(OAc)_2$，$CuSO_4$-C_5H_5N，CrO_3-HOAc，菲林试剂，等)作用下氧化为而苯乙二酮(A)(或称偶苯酰)。

例2 填空

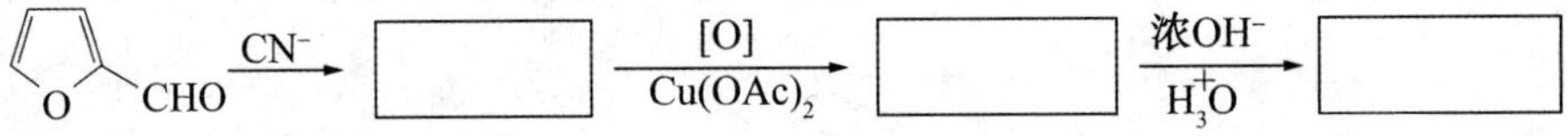

[解答]

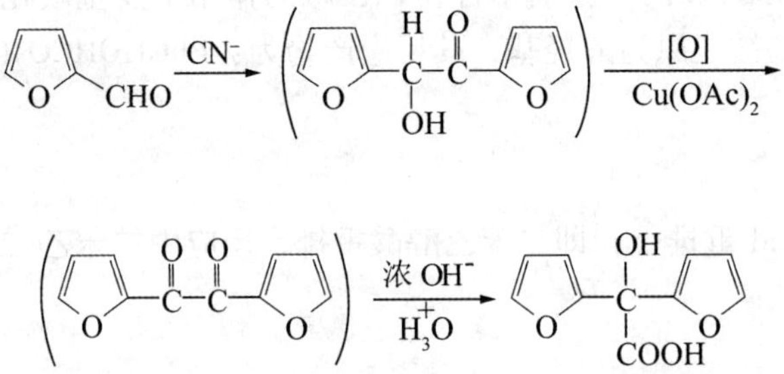

此题第一步反应为安息香缩合反应，最后一步为二苯乙醇酸重排反应。

例3 以甲苯为原料合成

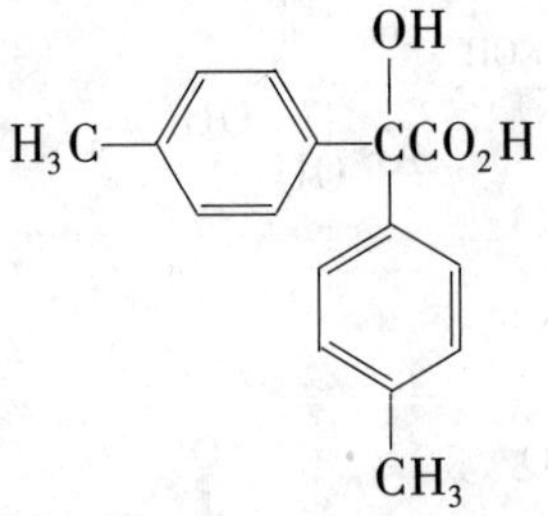

(兰州大学，2002)

[解答]

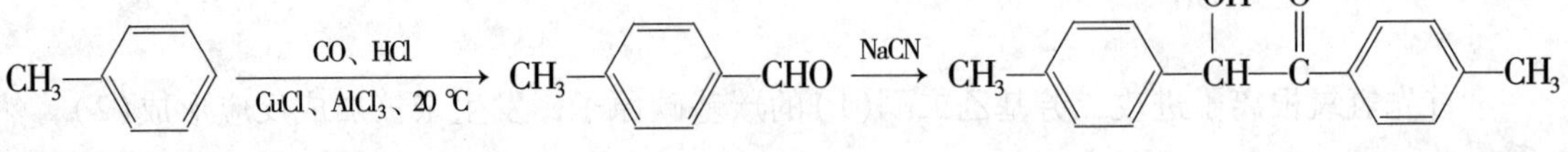

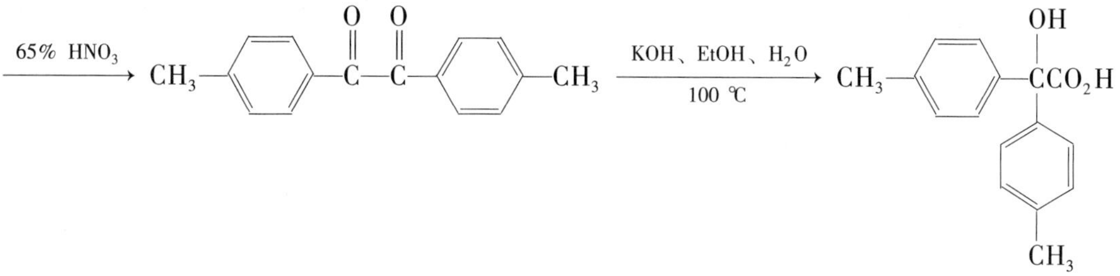
65% HNO$_3$
CH$_3$
C
C
O
O
CH$_3$
KOH、EtOH、H$_2$O
100 ℃
CH$_3$
OH
CCO$_2$H
CH$_3$

例 4　完成反应并写出反应机理

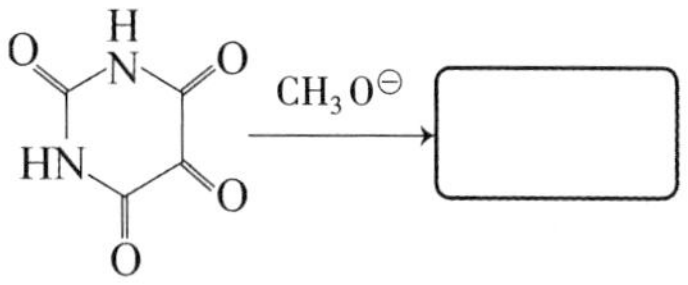
H
N
O
O
HN
O
O
CH$_3$O$^{\ominus}$

[解答]

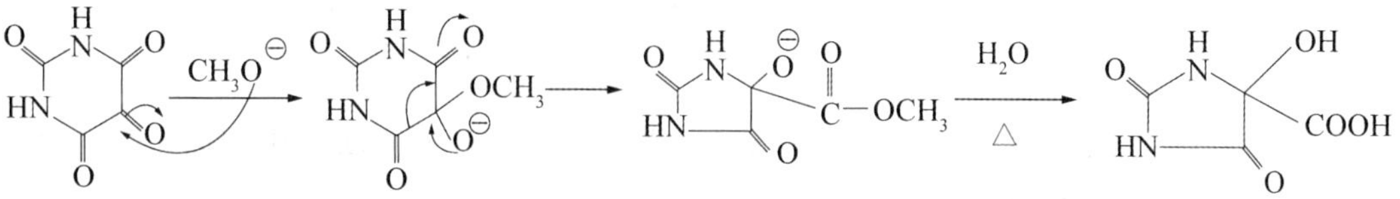
CH$_3$O$^{\ominus}$
OCH$_3$
C—OCH$_3$
H$_2$O
△
HN
OH
COOH

参考文献

[1] Liebig J. Justus Liebigs Ann. Chem. 1838: 27.

[2] Jie Jack Li. Name Reaction, 4th ed. [M]. Springer-Verlag Berlin Heidelberg, 2009: 36.

[3] 邢其毅，徐瑞秋，周政，等. 基础有机化学(第二版) [M]. 北京：高等教育出版社，1993: 716.

8.4　Buchner-Curtius-Schlotterbeck 反应

问题引入

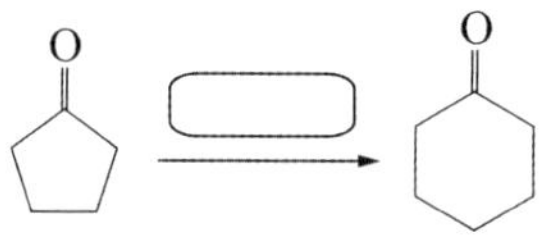
O
O

（中国科学技术大学、中国科学院合肥物质科学研究院，2009）

环戊酮与重氮甲烷（CH_2N_2）反应得到多一个碳原子的环己酮，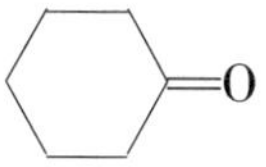
O
。

反应概述

重氮甲烷与醛酮反应生成多一个亚甲基的酮的反应称为 Buchner-Curtius-Schlotterbeck 反应[1]，可用于环酮的扩环，副产物是环氧化合物。

反应通式

脂肪族重氮化物与醛的反应：

$$RCH_2N_2 + R'CHO \longrightarrow RCH_2COR' + N_2$$

脂肪族重氮化物与酮的反应：

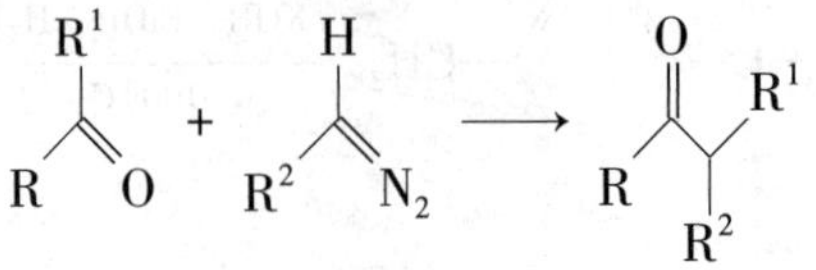

反应机理[2]

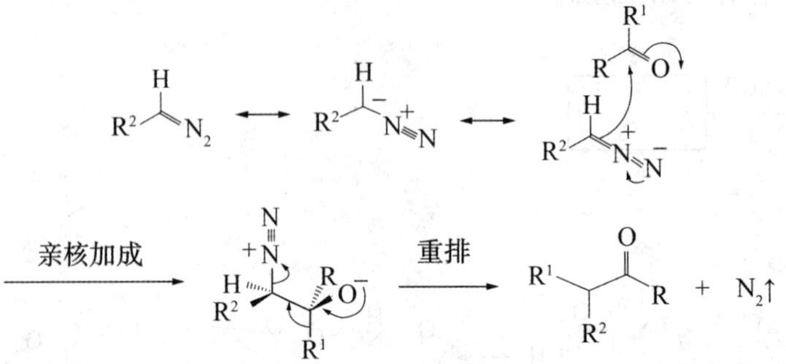

脂肪族重氮化物进攻酮的羰基碳原子发生亲核加成生成烷氧负离子中间体（不稳定的四面体中间体），然后烷基（R^1）以负离子的形式迁移到与氮原子相连的碳原子上，消去一分子氮后得到 α-碳原子上连有两个烷基（R^1 和 R^2）的酮。

例题解析

例 1　写出反应的主要产物

1. 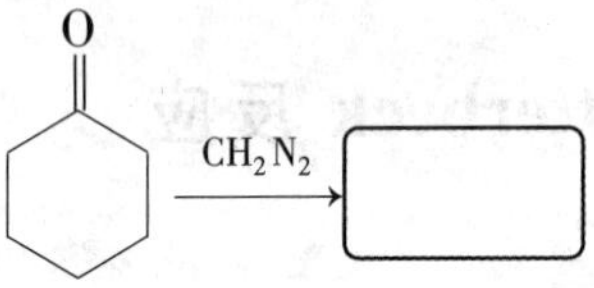

（浙江大学，2004）

2. 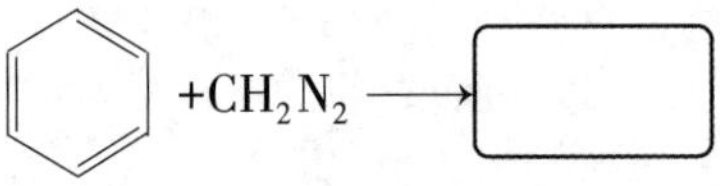

3. 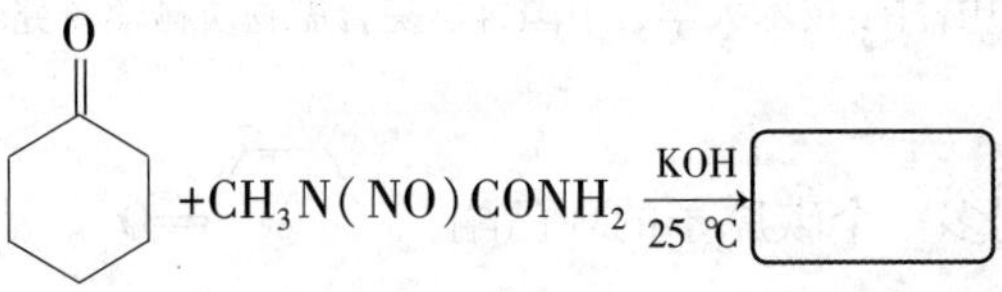

［解答］

1. 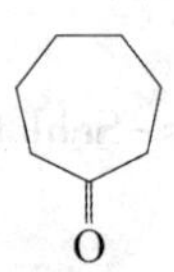 2. 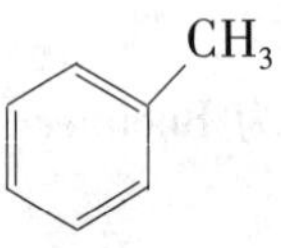 3. 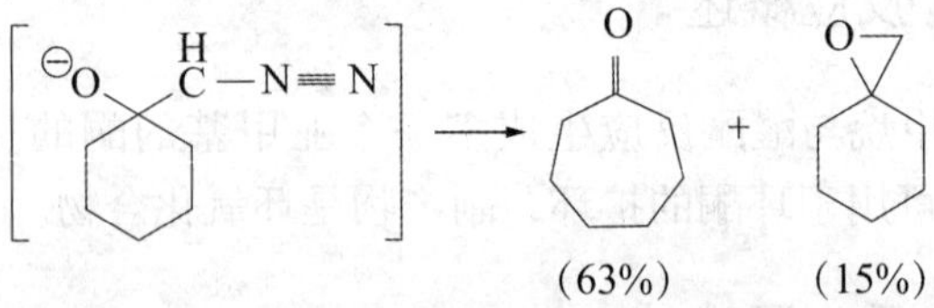

$CH_3N(NO)CONH_2$ 是产生重氮烷类衍生物的试剂[3]。重氮烷类可由对应的氨基烷类与亚硝酸作用产生 *N*-亚硝基化合物，再解离而得到重氮烷类。制备时需特别注意，与重金属作用或加热时，可能会爆炸。在光照下，重氮烷转变成性质活泼的激发态亚烷 R_2C：，即端烯。

例 2　由环戊酮合成

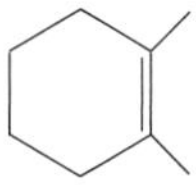

（中国科学院研究生院，1995）

［解答］

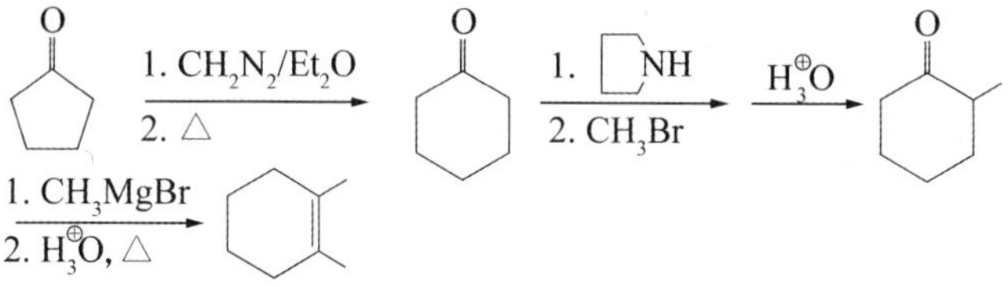
1. CH_2N_2/Et_2O
2. △
1. NH
2. CH_3Br
$H_3^{\oplus}O$
1. CH_3MgBr
2. $H_3^{\oplus}O$, △

参考文献

［1］E. Buchner and T. Curtius. Ber. 18 2371（1885）.
［2］［美］李杰(Jie Jack Li)著. 荣国斌译，朱士正校. 有机人名反应及机理［M］. 上海：华东理工大学出版社，2003：58.
［3］巨勇，赵国辉，席婵娟. 有机合成化学与路线设计(第一版)［M］. 北京，清华大学，2002：189.

8.5　Carroll 重排

问题引入

试为下列反应建议合理、可能分步的反应机理。有立体化学及稳定构象需要说明。

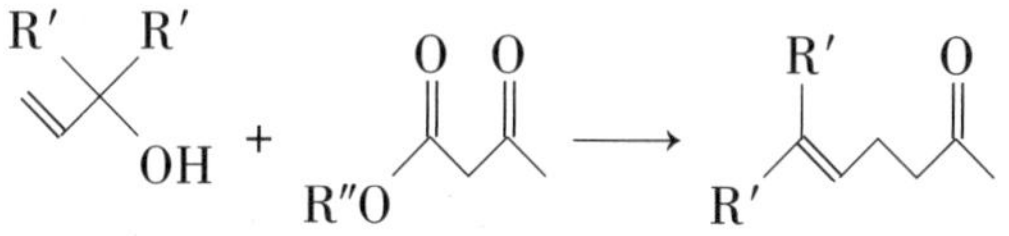
R′
R′
OH
O
O
R″O
R′
O
R′

+R″OH+CO_2↑（中国科学院，2009）

上述反应机理

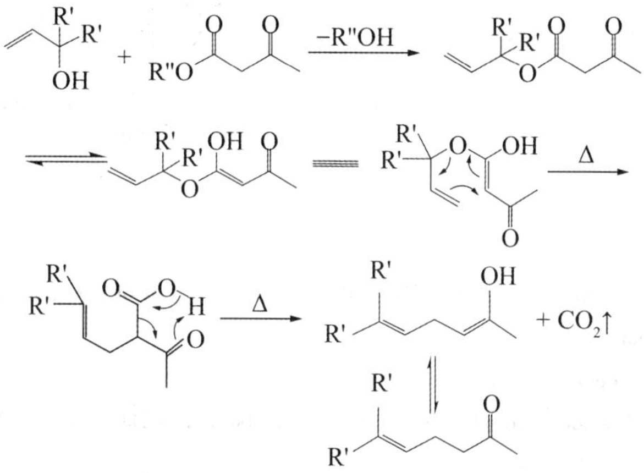
R'
R'
OH
O
O
R"O
−R"OH
OH
Δ
H
+ CO_2↑

反应概述

烯丙基醇和β–酮酸酯反应，经酯化反应形成酯，然后酯羰基异构为烯醇，再在加热条件下，经重排得γ–烯键的β–酮酸酯，最后脱羧得到γ–酮烯烃 。该反应为 Carroll 重排反应[1,2]。

反应通式

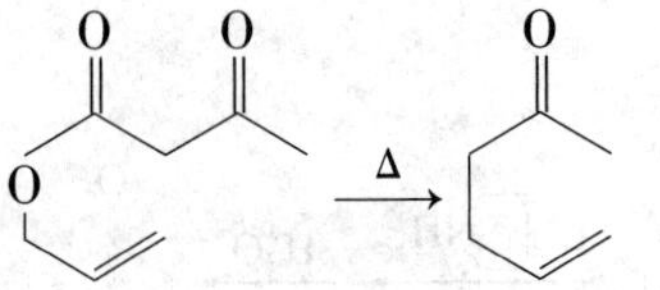

反应机理[3]

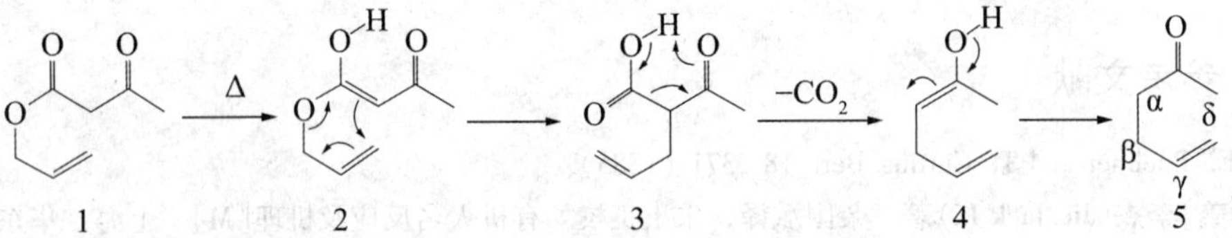

乙酰乙酸烯丙酯(1)在加热情况下，首先分子中酯羰基异构为烯醇(2)，然后进行[3，3] σ-重排形成(3)，3 经脱羧得(4)，再经酮-烯醇互变异构得 γ-烯酮(5)。

例题解析

例 1　写出反应机理

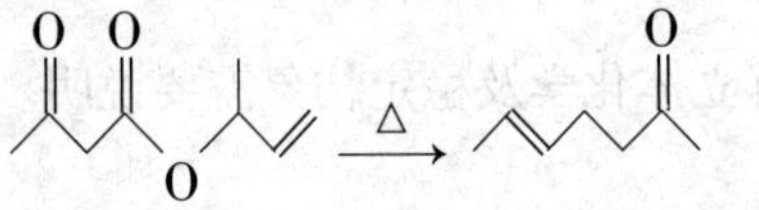

（复旦大学，2000）

[解答]

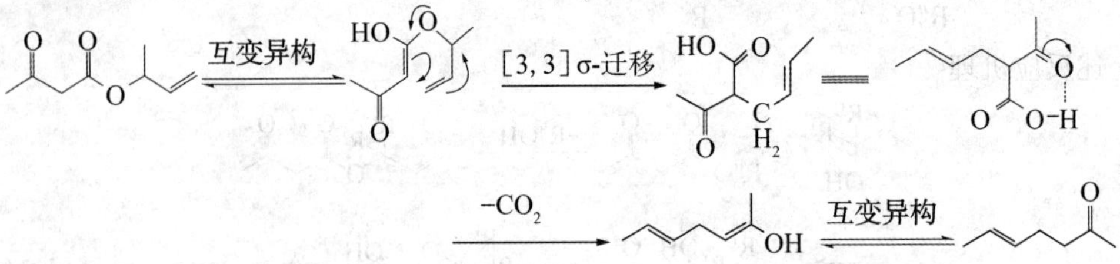

参考文献

[1] Carroll, M. F. J. Chem. Soc. 1940, 704-706. Michael F. Carroll worked at A. Boake, Roberts and Co. Ltd., in London, UK.

[2] Carroll, M. F. J. Chem. Soc. 1941: 507-511.

[3] Jie Jack Li, Name Reaction, 4th ed. [M]. Springer-Verlag Berlin Heidelberg, 2009: 96.

8.6　Ciamician-Dennsted 重排

问题引入

写出下列反应产物并解释其机理。

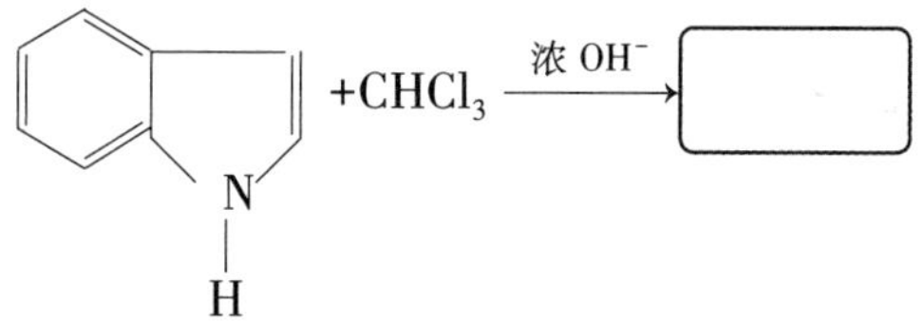

（兰州大学，2000，复旦大学，1995）

上述反应机理如下：

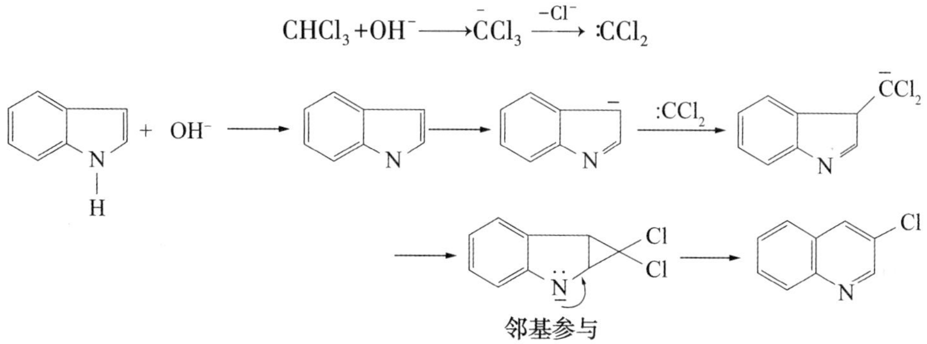

反应概述

氯仿和氢氧化钠反应所得的二氯卡宾进攻吡咯分子的双键发生二氯环丙烷化，然后在碱催化下重排生成 3-氯吡啶[1,2]。

反应方程式：

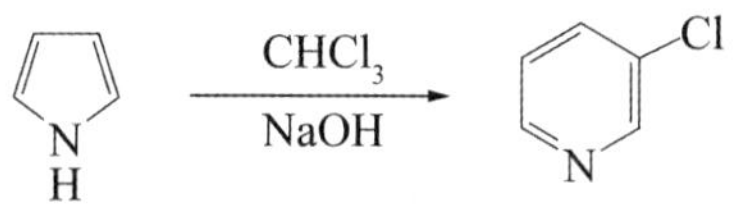

反应机理[3]

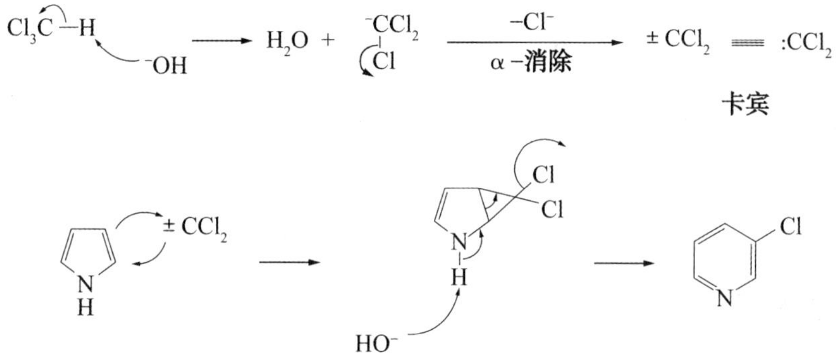

参考文献

[1] Ciamician, G. L, Dennsted M. Ber. 1881, 14: 1153.

[2] [美]李杰(Jie Jack Li)著. 荣国斌译，朱士正校. 有机人名反应及机理[M]. 上海：华东理工大学出版社，2003：72.

[3] Jie Jack Li. Name Reaction, 4th ed. , [M]. Springer-Verlag Berlin Heidelberg, 2009: 112.

8.7 Claisen 重排

问题引入

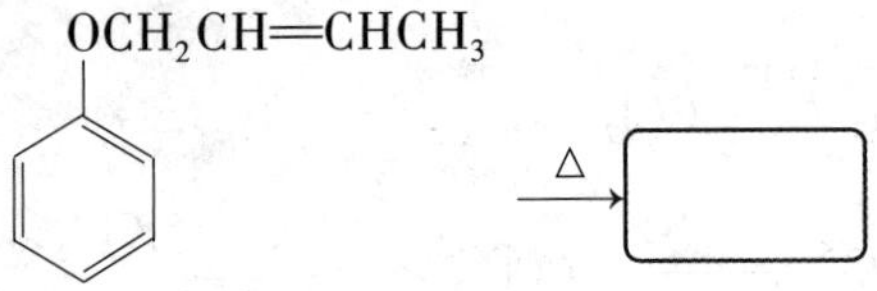

（中山大学，2016；暨南大学，2016；北京大学，1990）

2-丁烯基苯基醚加热经 Claisen 重排得 2-(2-丁烯基)苯酚 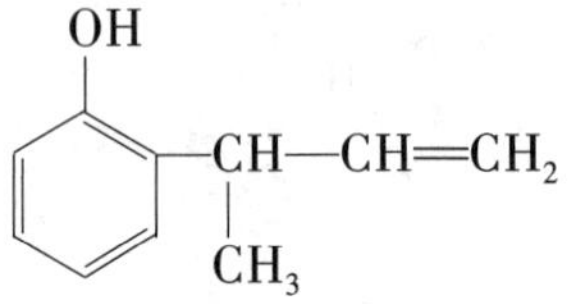 。

反应概述

芳基烯丙基醚在高温(200℃)的条件下可重排成邻烯丙基酚，这个反应称为 Claisen 重排[1~7]。

反应方程式

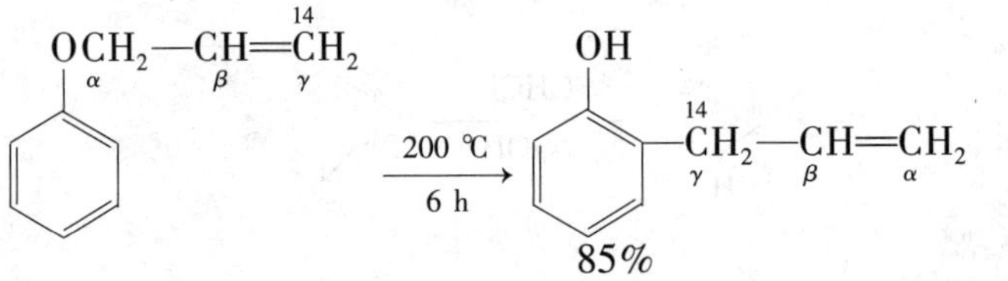

由于芳基烯丙基醚很容易从 Ar-ONa+$BrCH_2CH=CH_2$ 得到，因此该反应是在酚的苯环上导入烯丙基的好方法[8]。

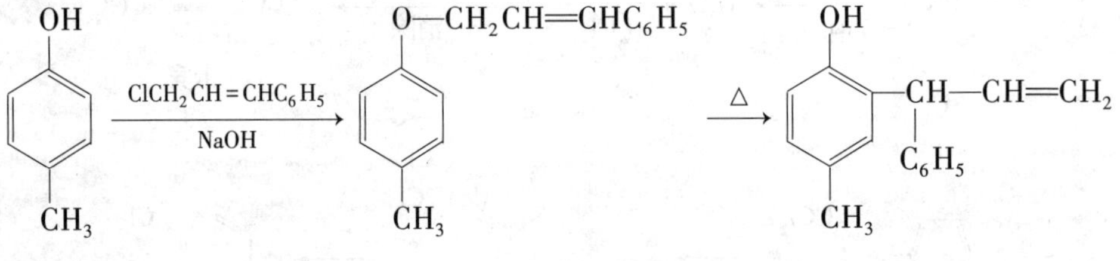

反应机理

Claisen 重排反应是一个协同反应，在反应过程中通过电子迁移形成环状过渡态。

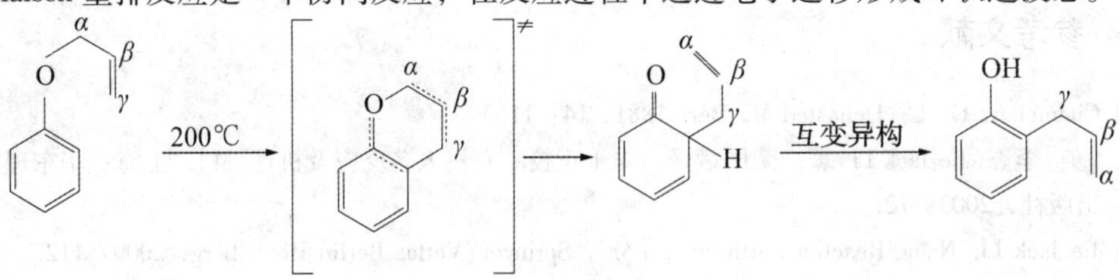

若芳基烯丙基醚的两个邻位已有取代基，则重排发生在对位。例如：

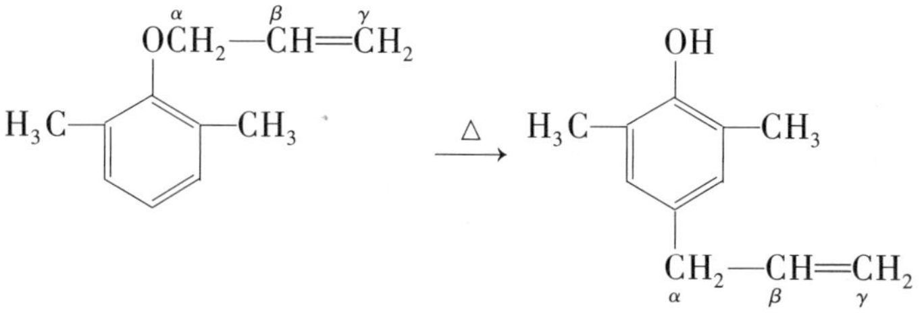

（北京化工大学，2013）

反应机理如下：

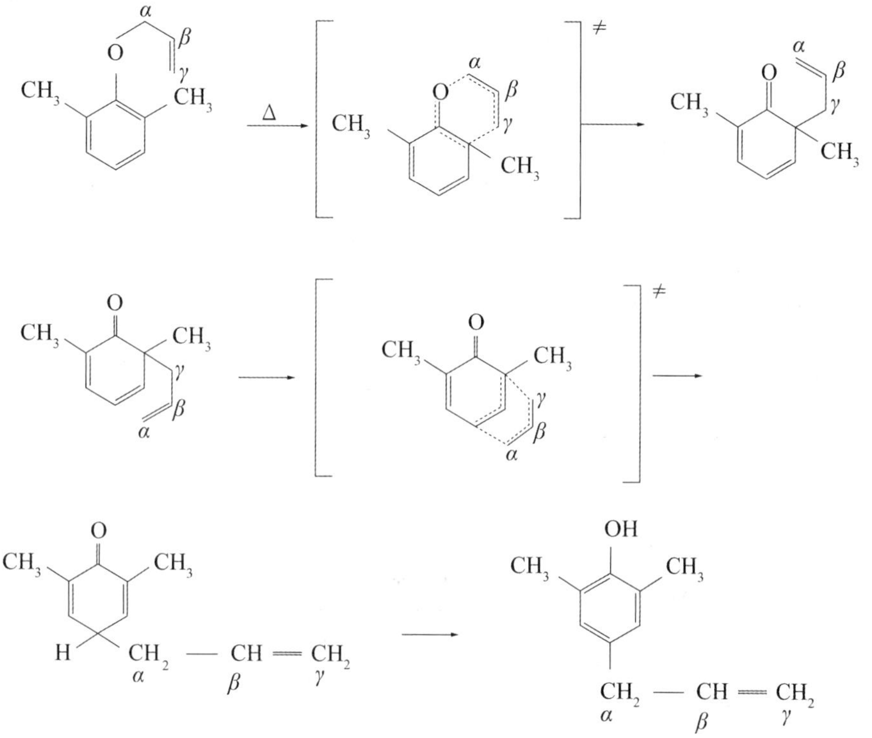

当芳基烯丙基醚的两个邻位和一个对位都有取代基时，不发生 Claisen 重排。

取代的烯丙基芳基醚重排时，无论原来的烯丙基的双键是 E 构型还是 Z 构型的，重排后的双键总是 E 构型的，这是因为此重排反应经过的六元环状过渡态具有稳定椅型构象的缘故[9]。

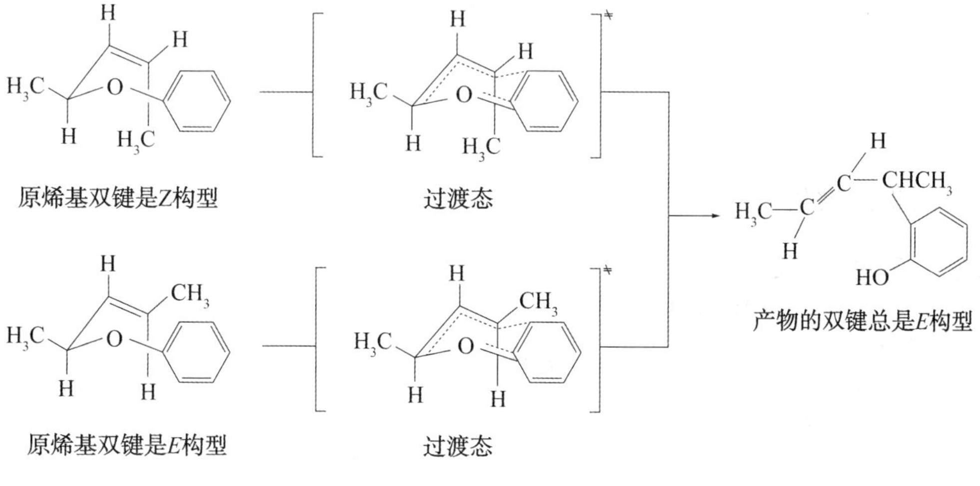
原烯基双键是Z构型
过渡态
原烯基双键是E构型
过渡态
产物的双键总是E构型

Claisen 重排、Eschenmoser-Claisen 重排、Johnson-Claisen 重排、Ireland-Claisen 重排都属于[3，3]-σ 重排的同一类协同效应。

Claisen 重排：

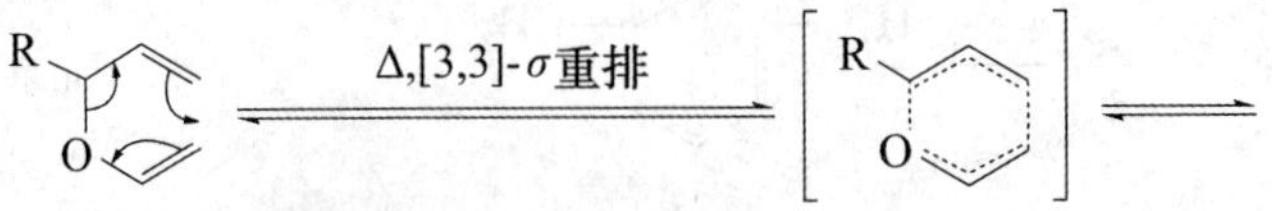

Eschenmoser-Claisen（酰胺缩醛）重排：

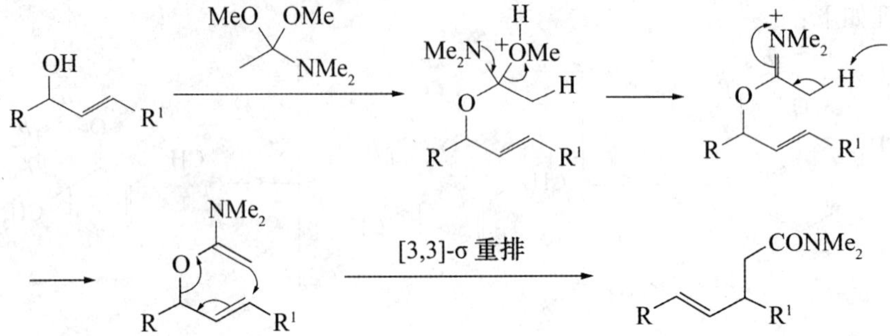

Johnson-Claisen（原酸酯）重排：

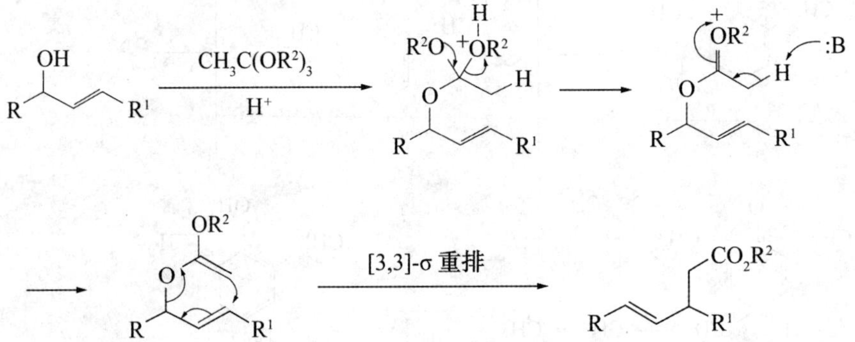

Ireland-Claisen 重排：

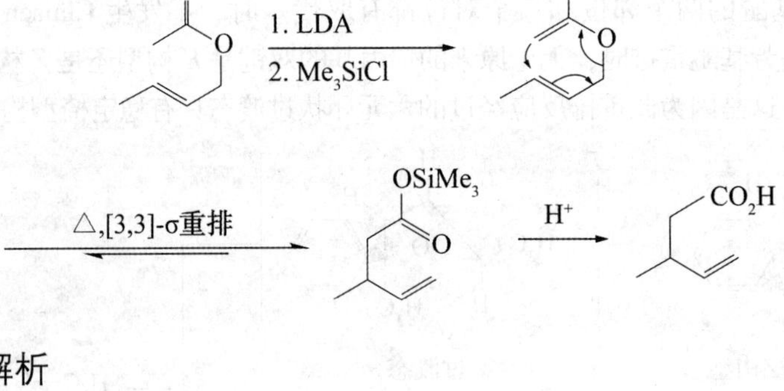

例题解析

例 1 写出下列反应的主要产物

1. 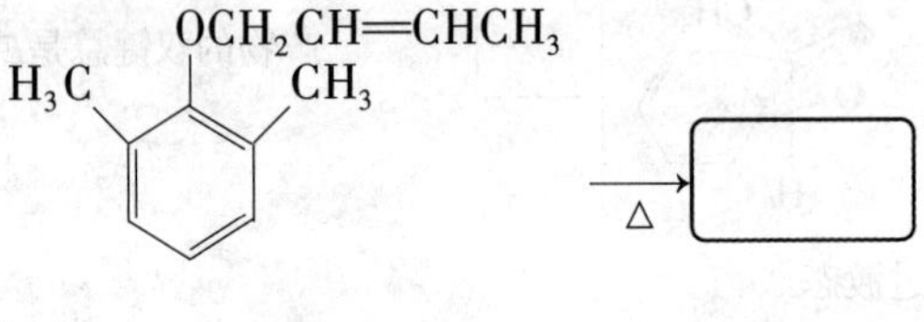

（苏州大学，2015）

2. 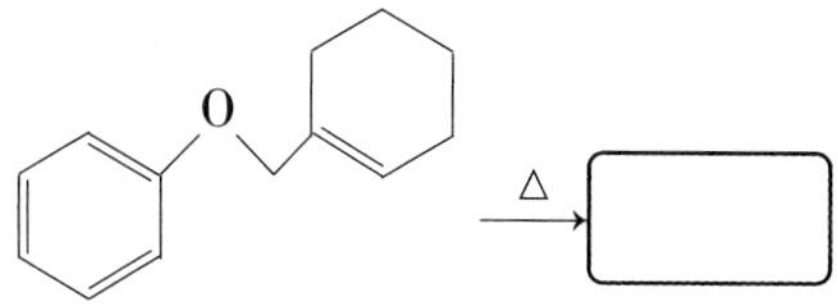　　（浙江工业大学，2014）

3. 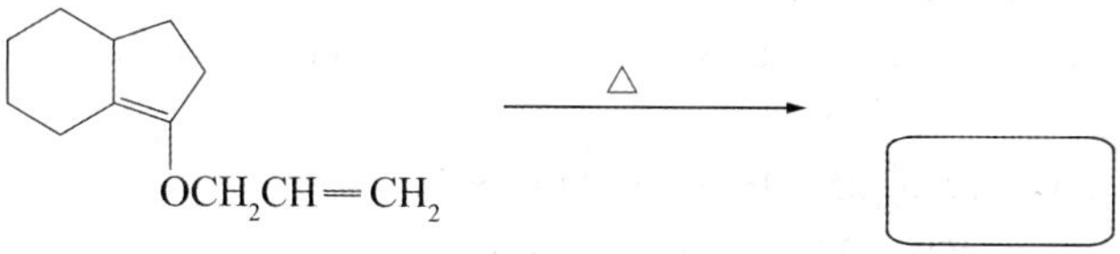　　（南开大学，2013）

4. 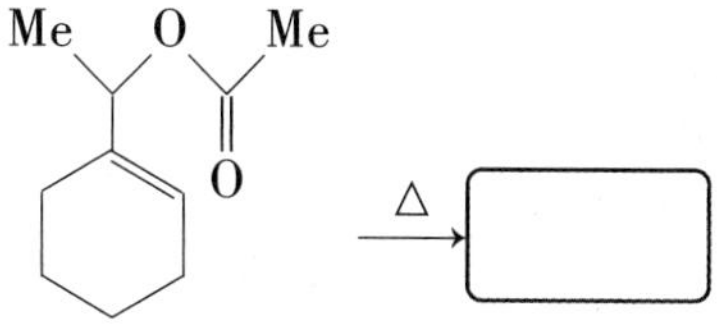　　（中国科学技术大学，2011）

［解答］

1. 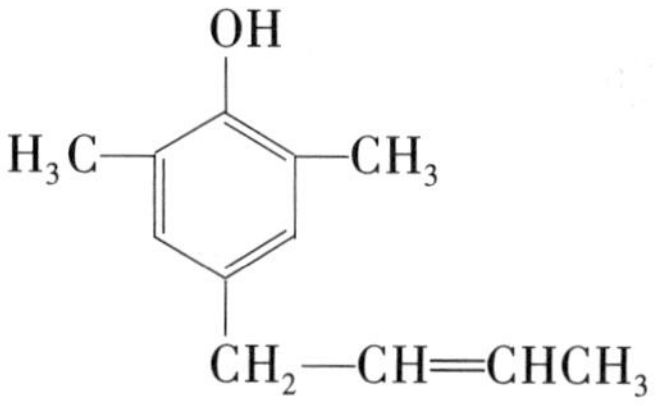　2. 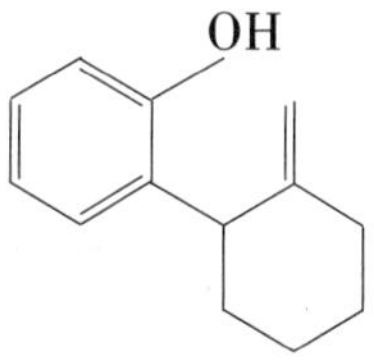　3. 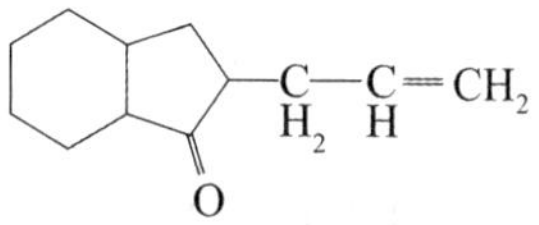

4. 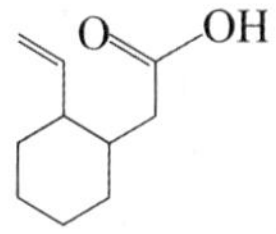

例 2　由苯酚、乙酸以及不超过三个碳的有机试剂合成 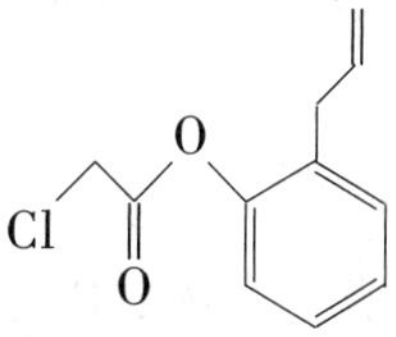

（华南理工大学，2016）

［解答］

$$CH_3COOH \xrightarrow{Cl_2,\ P} ClCH_2COOH \xrightarrow{SOCl_2} ClCH_2COCl$$

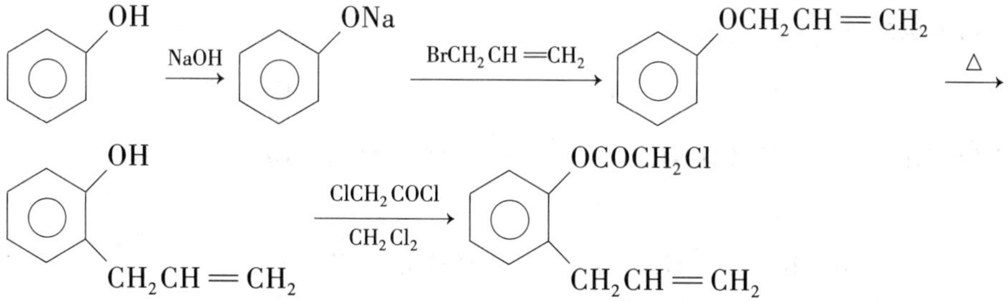

参考文献

[1] Claisen L. Ber. 1912, 45: 3157-3166.

[2] Rhoads S. J, Raulins N. R. Org. React. 1975, 22: 1-252. (Review).

[3] Wipf P. In Comprehensive Organic Synthesis; Trost, B. M.; Fleming, I., Eds.; Pergamon, 1991, Vol. 5: 827-873. (Review).

[4] Ganem B. Angew. Chem., Int. Ed. 1996, 35: 937-945. (Review).

[5] Ito H, Taguchi T. Chem. Soc. Rev. 1999, 28: 43-50. (Review).

[6] Castro A. M. M. Chem. Rev. 2004, 104: 2939-3002. (Review).

[7] Jürs S, Thiem, J. Tetrahedron: Asymmetry 2005, 16: 1631-1638.

[8] 孔祥文. 有机化学[M]. 北京：化学工业出版社，2010：114.

[9] 邢其毅，裴伟伟，徐瑞秋，等. 基础有机化学(第三版) [M]. 北京：高等教育出版社，2005：832.

8.8 Cope 重排

问题引入

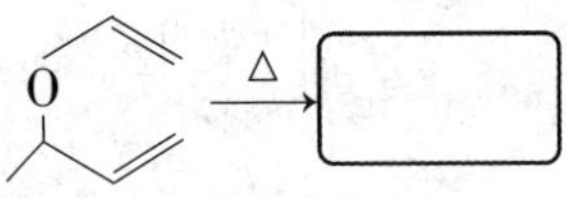

O
△

（中山大学，2015）

3-(1-丁烯基)乙烯醚加热重排形成烯醇，再异构成生成4-己烯醛 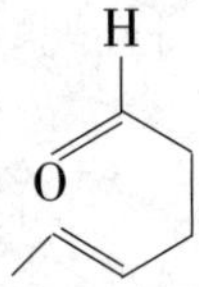

H
O

。

反应概述

1，5-二烯类化合物受热时可重排成新的1，5-二烯类化合物，类似于 *O*-烯丙基重排(Claisen 重排)，为 *C*-烯丙基的重排反应，称为 Cope 重排[1,2]。

Cope 重排、含氧 Cope 重排和负离子含氧 Cope 重排都属于 σ 重排一类协同反应。1，5-二烯在 150～200℃单独加热短时间就容易发生重排，并且产率非常好。

反应通式

$$RCH{=}CH{-}CH_2{-}\underset{Z}{\overset{Y}{C}}{-}CH{=}C\begin{matrix}R'\\R''\end{matrix} \xrightarrow{\sim 200\ ℃} H_2C{=}CH{-}\overset{R}{CH}{-}\underset{R''}{\overset{R'}{C}}{-}CH{=}C\begin{matrix}Y\\Z\end{matrix}$$

R，R′，R″=H，Alk；Y，Z=CO_2Et，CN，C_6H_5

例如：

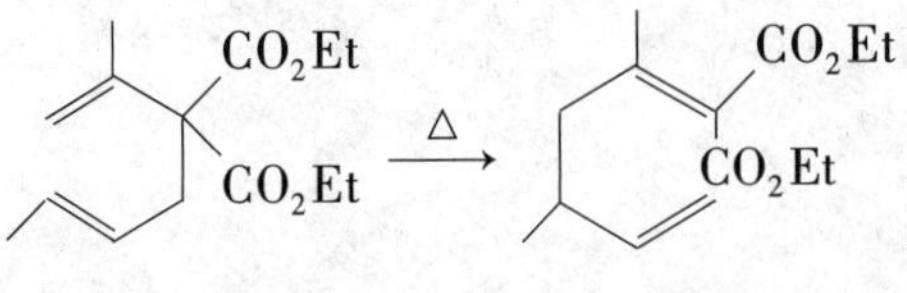

CO2Et
CO2Et
△
CO2Et
CO2Et

100%

反应机理[3]

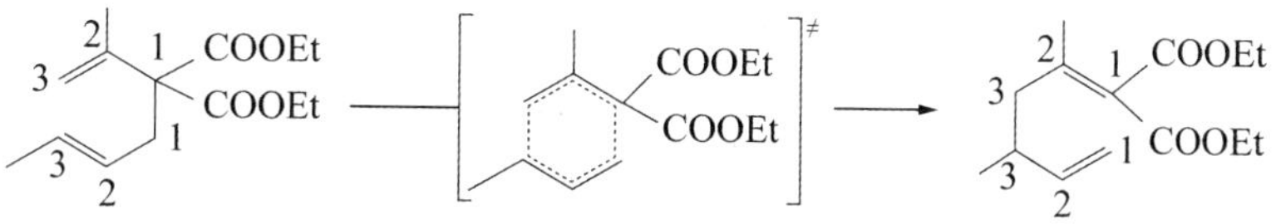

可以看出，Cope 重排是[3，3]σ-迁移反应，反应过程是经过一个环状过渡态进行的协同反应。在立体化学上，表现为经过椅式环状过渡态：

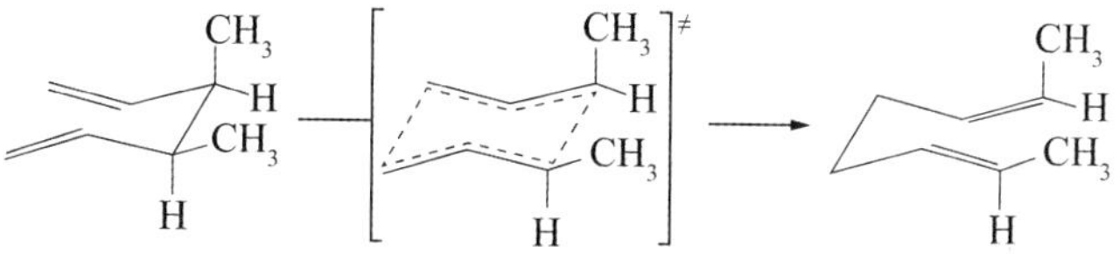

Cope 重排和其他周环反应的特点一样，也具有高度的立体选择性。例如：内消旋-3，4-二甲基-1，5-己二烯重排后，几乎全部是(*Z*，*E*)-2，6-辛二烯。

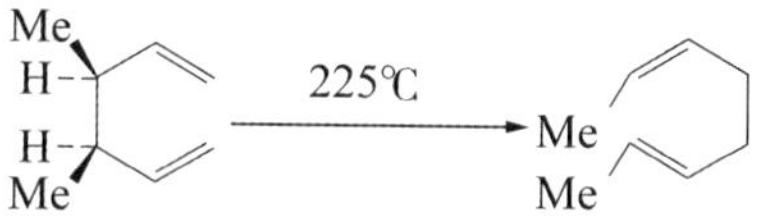

例题解析

例 1　完成下列反应

1. 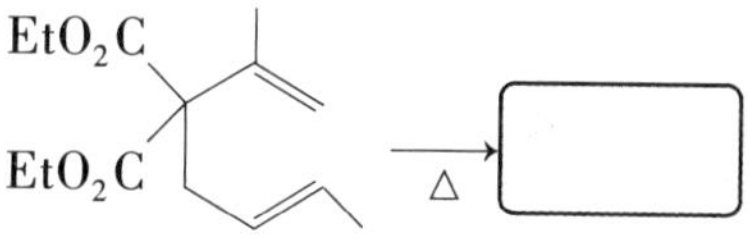　　（复旦大学，2007）

2. 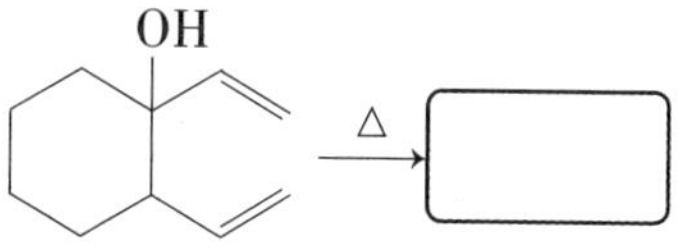　　（复旦大学，2002）

3. 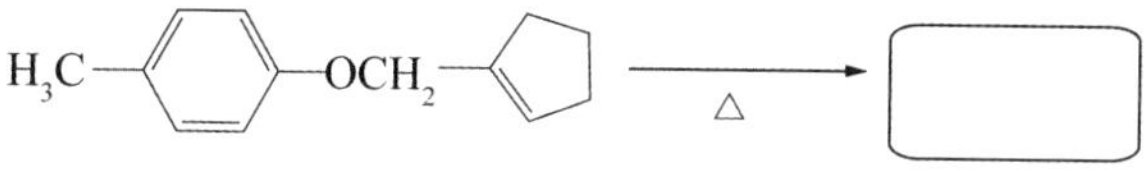　　（天津大学，1999）

4. 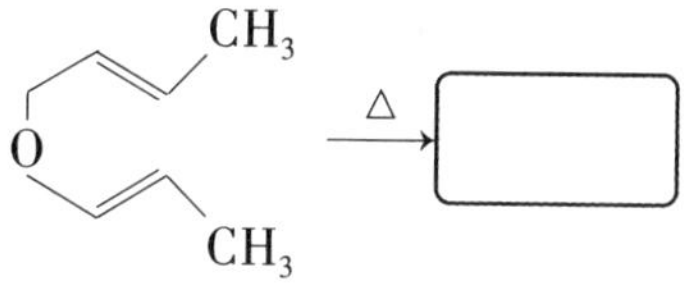　　（复旦大学，2006）

[解答]

1. 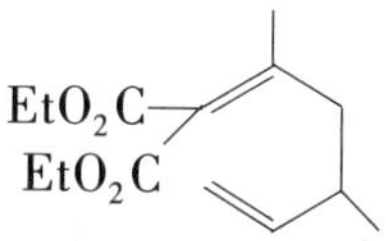　2. 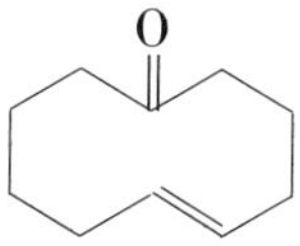　3. 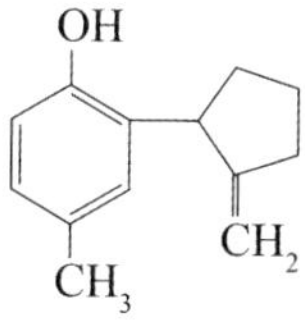　4. 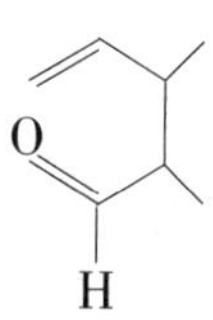

例 2　完成下列反应并写出反应机理。

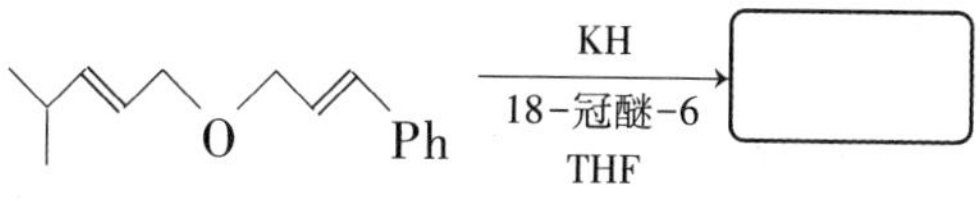

（复旦大学，2006）

[解答]

4-甲基-2-戊烯基-3-苯基-2-丙烯基醚在18-冠醚-6和四氢呋喃中与氢化钾反应得到7-甲基-3-苯基-5-辛烯醛 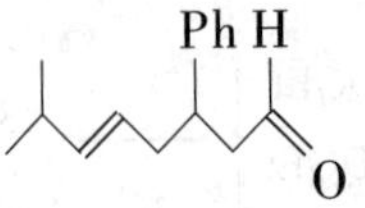 。反应机理[4]为

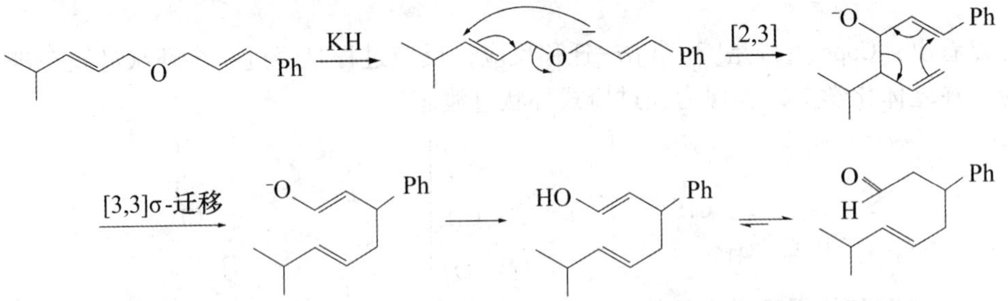

由上述反应机理可见，第二步反应产物属于1，5-二烯类化合物，在第三步发生[3，3] σ-迁移后经过烯醇化得到最后产物。其中［3，3］σ-迁移即为Cope重排反应。

参考文献

[1]Cope A. C，Hardy E. M. J. Am. Chem. Soc. 1940，62：441-444.

[2]Jie Jack Li. Name Reaction，4th ed.，［M］. Springer-Verlag Berlin Heidelberg，2009：137.

[3]荣国斌. 有机人名反应——机理及应用(第四版)[M]. 北京：科学出版社，2011：84

[4]吴范宏. 有机化学学习与考研指津[M]. 北京：华东理工大学，2008：67.

8.9 Demjanov 重排

问题引入

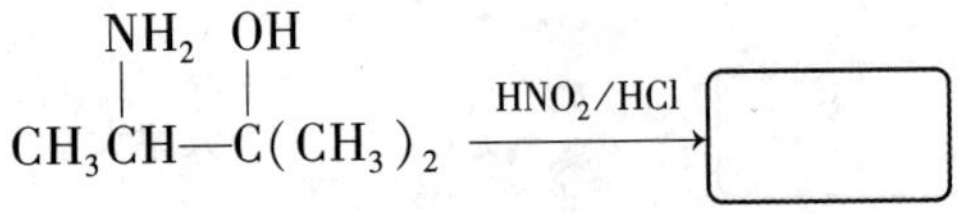

（四川大学，2013）

3-氨基-2-甲基丁醇在盐酸存在下与亚硝酸反应得到3-甲基-2-丁酮 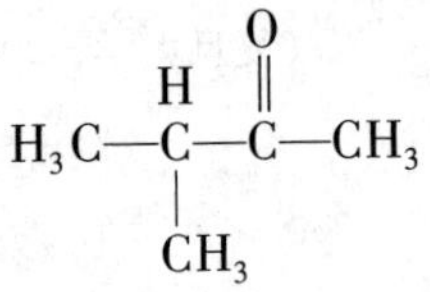 。

反应概述

伯氨基脂环化合物重氮化后，失去氮而形成相应的碳正离子，而后发生重排，得到扩环或缩环的醇，该反应称为Demjanov重排[1]。

反应方程式

脂肪环碳上形成的碳正离子可发生缩环重排，例如：

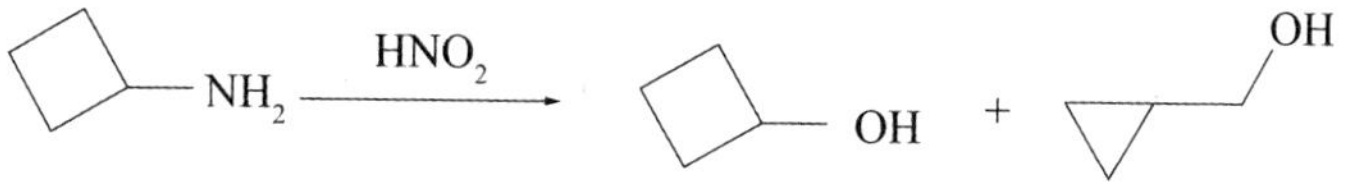

伯碳正离子可发生扩环重排，例如。

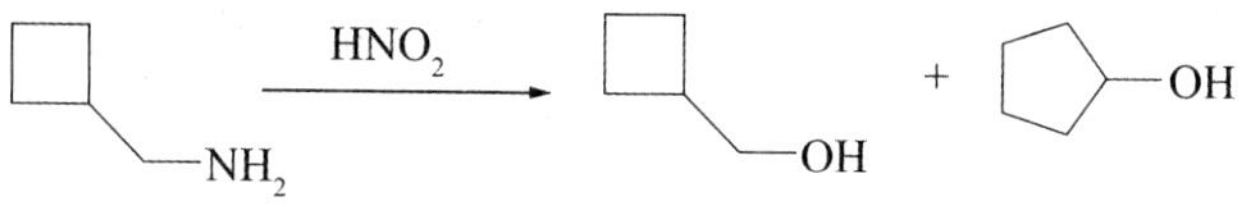

反应机理[2,3]

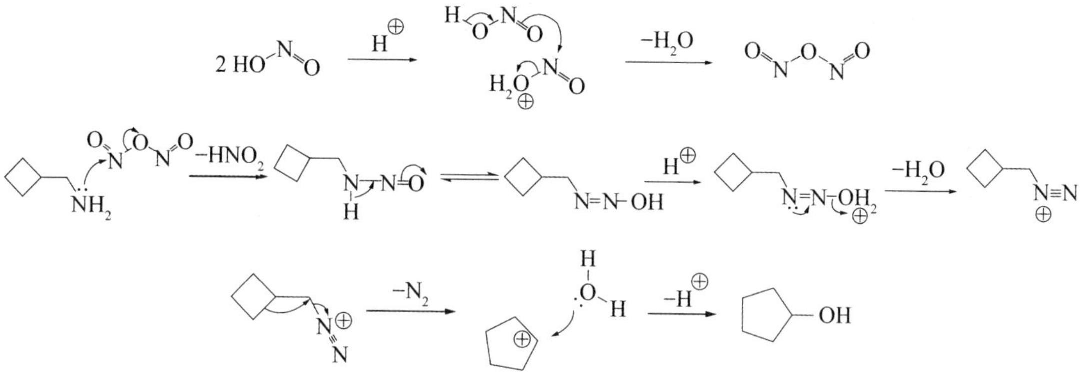

或

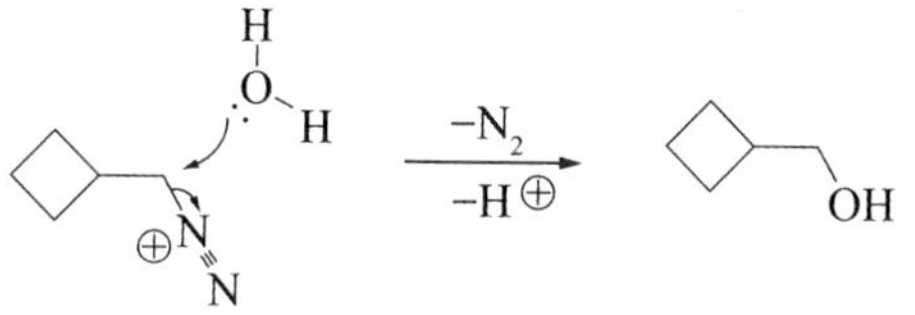

环丁基甲胺与三氧化二氮(亚硝酸的酸酐)反应形成 *N*-亚硝基环丁基甲胺，同时消去一分子亚硝酸；*N*-亚硝基环丁基甲胺异构为环丁基甲基重氮酸，经质子化、脱水形成环丁基甲胺重氮盐；重氮盐放出氮气、扩环生成环戊基碳正离子，再与水反应、脱去质子得到环戊醇。

若水分子进攻重氮盐 α-碳原子、放出氮气、脱质子则得到环丁基甲醇。

脂肪族伯胺与亚硝酸钠、盐酸作用，通常得到醇、烯、卤代烃的多种产物的混合物，合成上无实用价值。但 β-氨基醇与亚硝酸作用可主要得到酮[4]。例如：

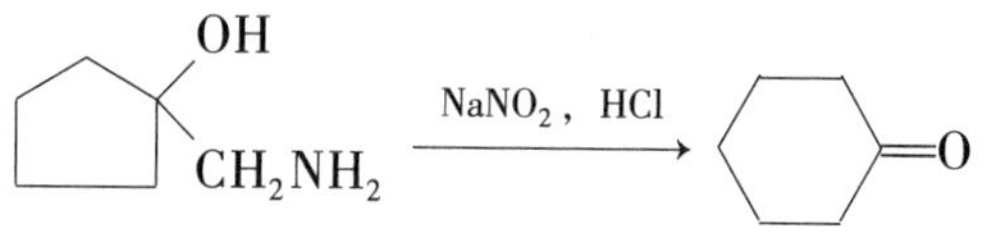

（南开大学，2013；大连理工大学，2005）

这种扩环反应在合成 7 ~ 9 元环状化合物时，特别有用。思考：(1)这种扩环反应与何种重排反应相似？(2)试由环己酮合成环庚酮。

该扩环反应与频哪醇重排相似。重排后的产物更稳定。由环己酮合成环庚酮的反应如下：

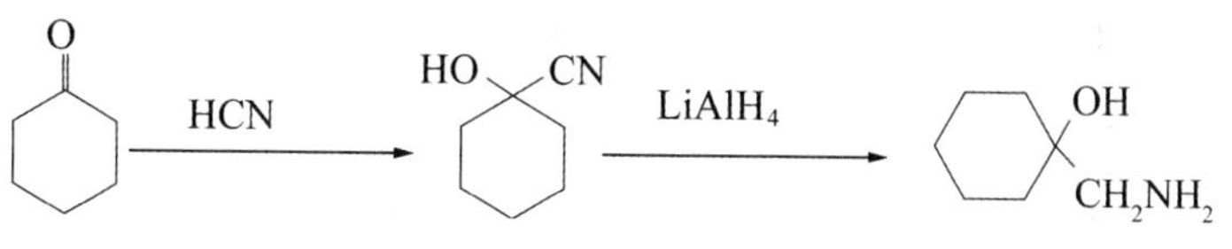

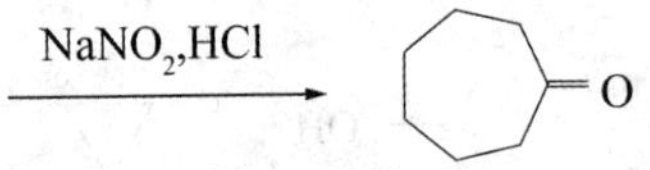

β-氨基醇类化合物重氮化后发生扩环重排得到环酮，该反应称为 Tiffeneau-Demjanov 扩环，类似与 Demjanov 重排，用于 4 ~ 8 元环的扩环，收率较单纯的 Demjanov 扩环好[5]。

例题解析

例 1　写出反应机理

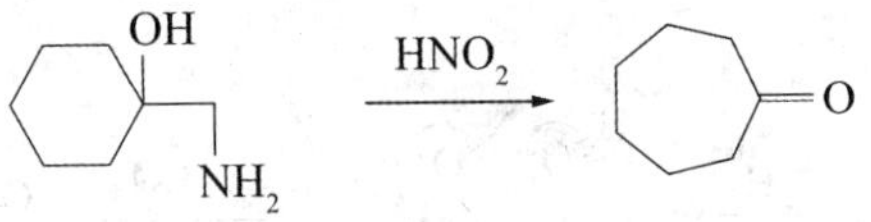

（复旦大学，2009）

［解答］

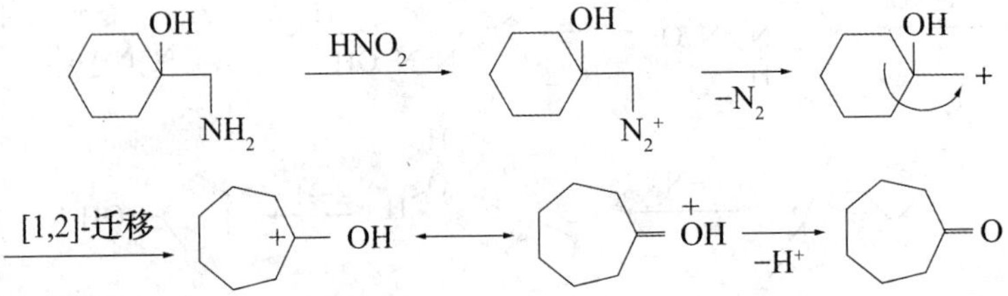

例 2　写出反应机理

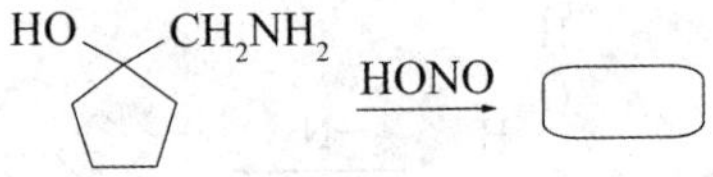

（浙江大学，2005）

［解答］

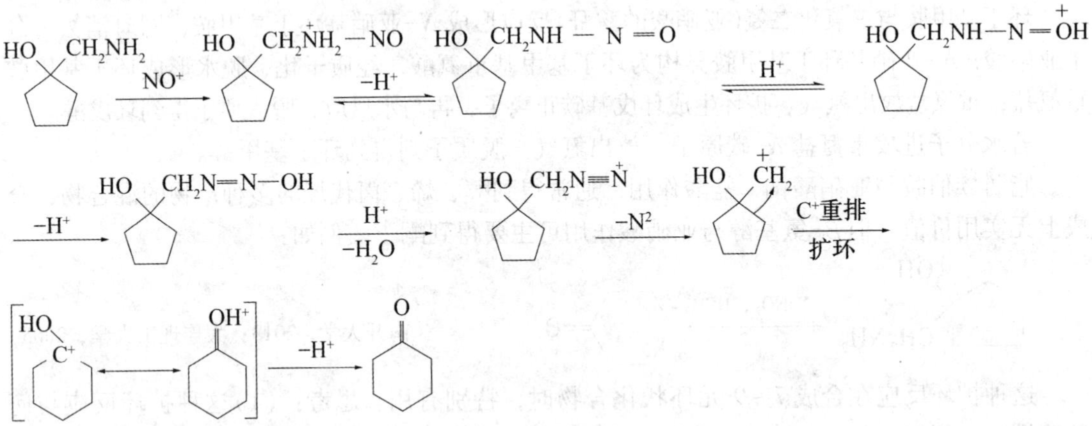

3. 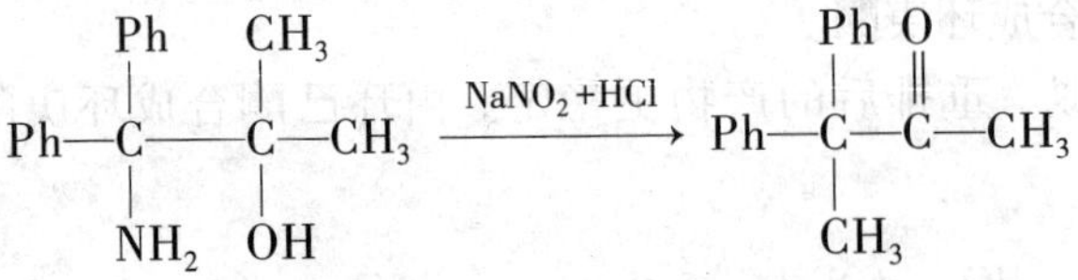

（广西师范大学，2010）

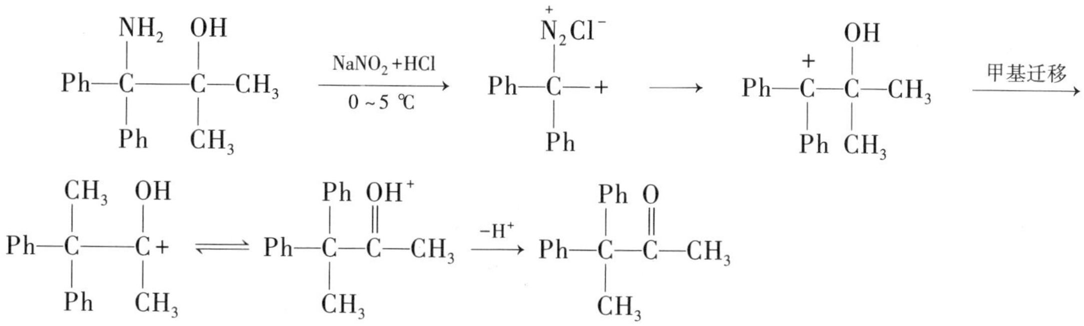

参考文献

[1] Demjanov N. J, Lushnikov M. J. Russ. Phys. Chem. Soc. 1903, 35: 26-42.
[2][美]Jie Jack Li. 有机人名反应、机理及应用(第四版)[M]. 北京：科学出版社，2011：175.
[3]Jie Jack Li. Name Reaction, 4th ed. [M]. Springer-Verlag Berlin Heidelberg, 2009: 175.
[4] 孔祥文. 有机化学[M]. 北京：化学工业出版社，2010：114.
[5] 黄培强. 有机人名反应、试剂与规则[M]. 北京：化学工业出版社，2008：348.
[6] Diamond J, Bruce W. F, Tyson F. T. J. Org. Chem. 1965, 30: 1840-184.

8.10　Dienone-Phenol(二烯酮-酚)重排反应

问题引入

下述反应是怎样进行的？

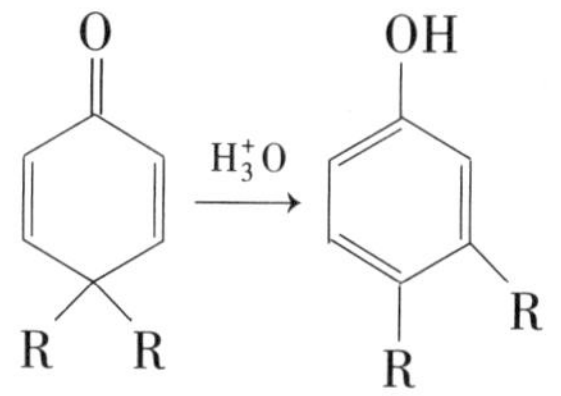

（浙江大学，2004）

该反应是 4，4-双取代环己二烯酮衍生物，在酸催化下重排为 3，4-二取代酚[1,2]。

反应概述

在酸的作用下 4，4-二取代环己二烯酮发生烷基的 1，2 迁移，重排为 3，4-二取代酚的反应称为 Dienone-Phenol(二烯酮-酚)重排反应[3~5]。

反应通式

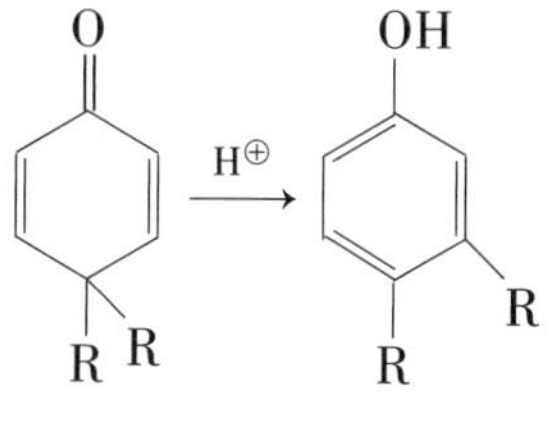

反应机理

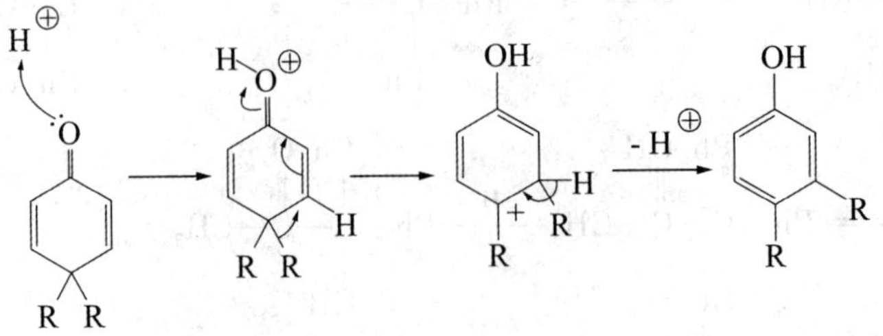

4 位连有两个烷基的环己二烯酮，用酸处理时发生烷基的 1，2-迁移，重排成酚的反应，为一种制酚的方法。

环己二烯酮-苯酚重排中取代基迁移倾向的大小，能更好的理解正碳离子反应中的 1，2-迁移。当前普遍接受的观点是，环己二烯酮上的吸电子取代基比供电子取代基更容易发生迁移。

例题解析

例 1 写出下述反应机理

1. 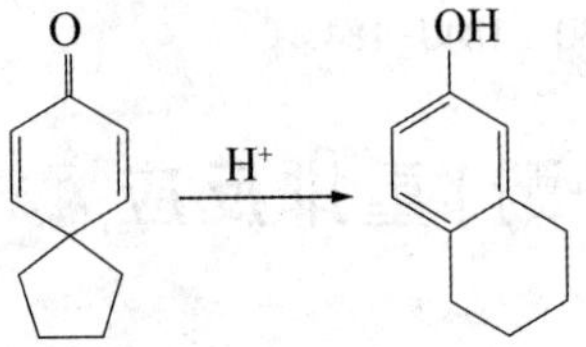 （福建师范大学，2008）

[解答]

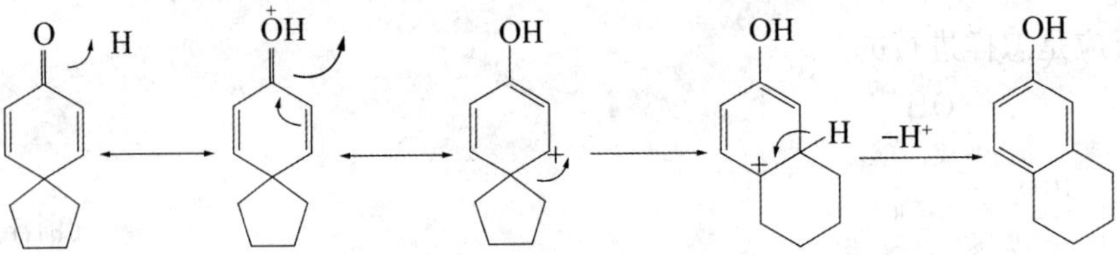

2. 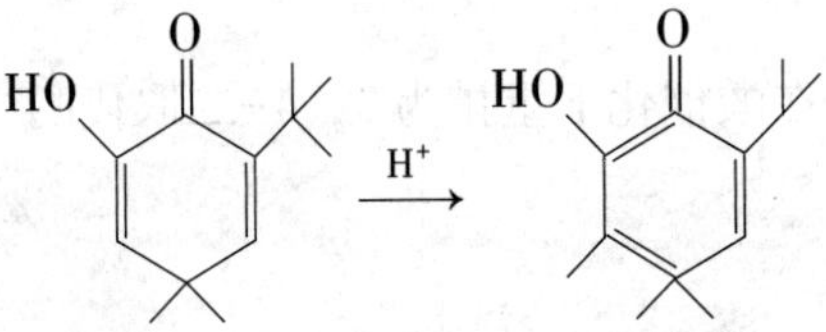 （南京大学，2014）

[解答]

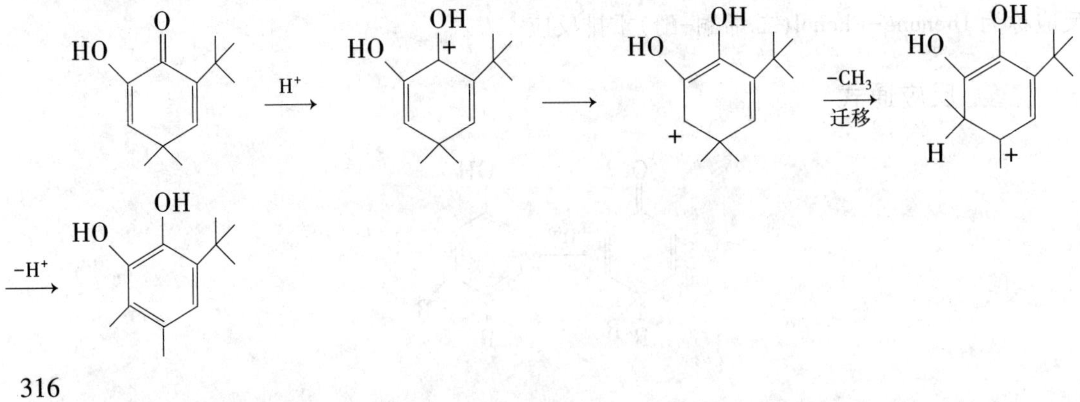
H^+
$-CH_3$
迁移
$-H^+$

参考文献

[1] Hart D. J, Kim A, Krishnamurthy R, Merriman G. H, Waltos A. -M. Tetrahedron. 1992, 48: 8179-8188.

[2] Shine H. J. In Aromatic Rearrangements; Elsevier: New York, 1967: 55-68. (Review).

[3] Schultz A. G, Hardinger S. A. J. Org. Chem. 1991, 56: 1105-1111.

[4] Schultz A. G, Green N. J. J. Am. Chem. Soc. 1992, 114: 1824-1829.

[5] Jie Jack Li. Name Reaction, 4th ed., [M]. Springer-Verlag Berlin Heidelberg, 2009: 190.

8.11　Favorskii 重排反应

问题引入

完成下述反应并写出反应机理

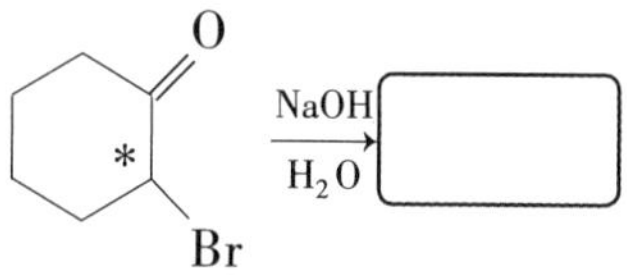

O
NaOH
H_2O
*
Br

（南开大学，2013；华东师范大学，2006）

* 为同位素标记原子

上述反应机理如下所示：

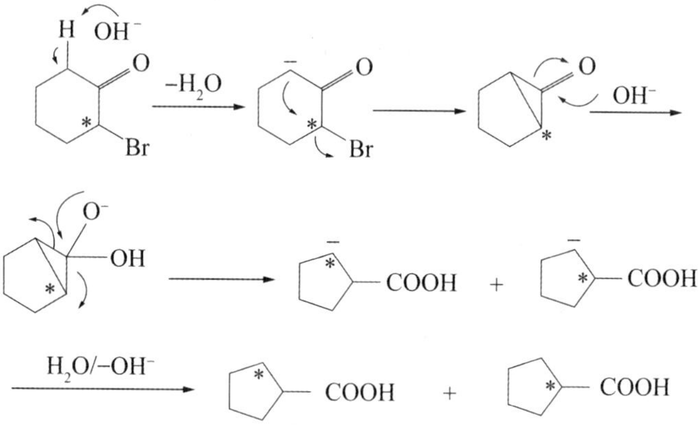

H
OH^-
O
$-H_2O$
*
Br
OH^-
O^-
OH
COOH
+
$H_2O/-OH^-$

反应概述

从上述反应可知，2-溴环己酮在氢氧化钠的水溶液中加热得到环戊基甲酸钠，由六元环重排为五元环[1]，该反应即为 Favorskii 重排反应[2,3]。

反应通式

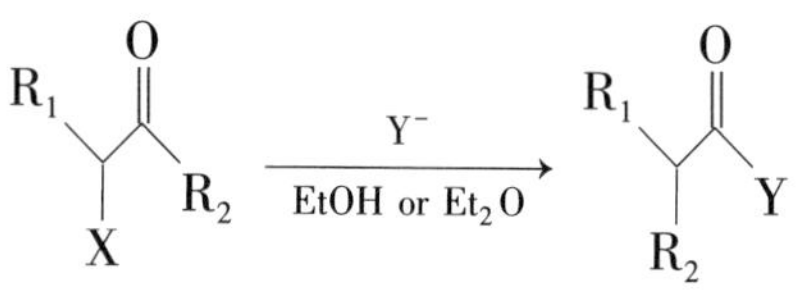

O
R_1
R_2
X
Y^-
EtOH or Et_2O
Y

Y = OH, OR, NR_2

从反应结果可以看出，反应物中与羰基相连的 R_2，在产物中替代 X 与 R_1 共同连接在羰基的 α-碳原子上，亲核试剂部分 Y 则连接在羰基的另一侧。

在 Favorskii 重排反应中，α-卤代酮在氢氧化钠水溶液中加热重排生成含相同碳原子数的羧酸；如为环状 α-卤代酮，则导致环缩小。环酮的反应常用于合成张力较大的四元环体系。

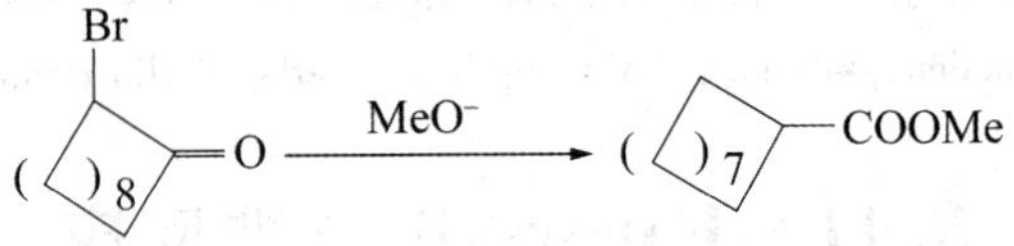

例如：

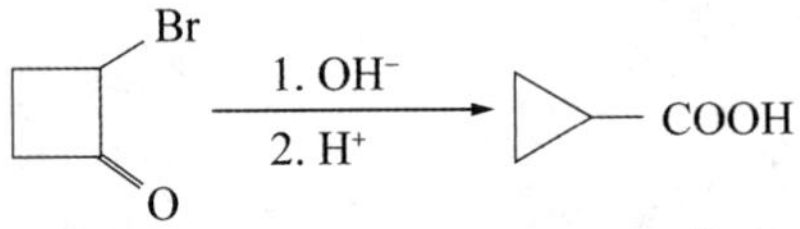

如用醇钠的醇溶液，则得羧酸酯：

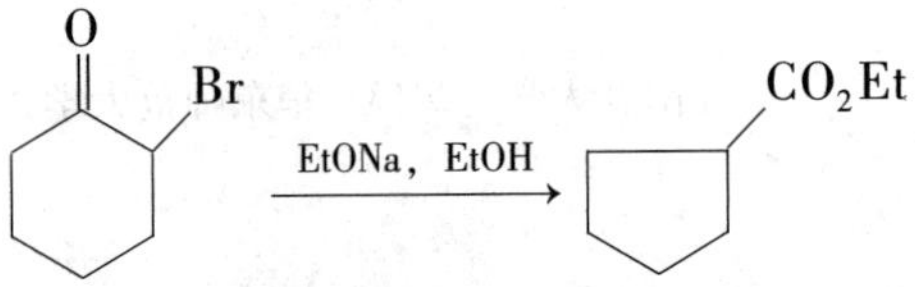

如果使用的碱是氨基钠，则得酰胺。

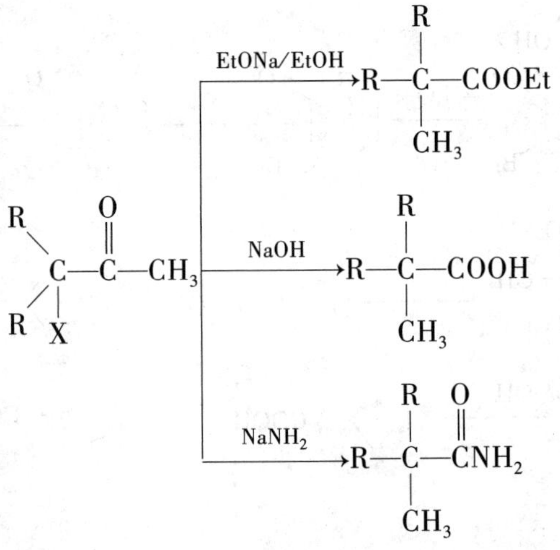

反应机理

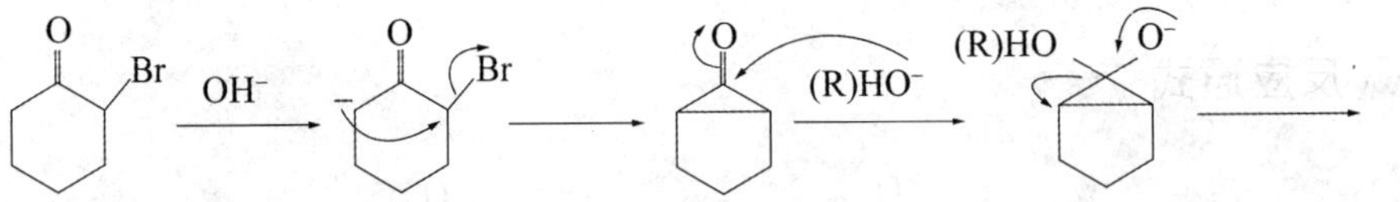

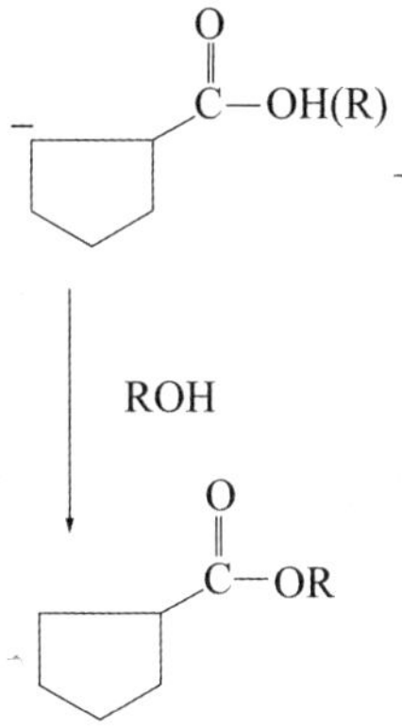

O
C—OH(R)
O
C—O⁻
H⁺
O
C—OH
ROH
O
C—OR

由反应机理可见，α-卤代酮用碱处理时骨架发生重排。反应过程有两步，一是 α-卤代酮在碱的作用下首先在卤原子另一侧形成烯醇负离子，烯醇负离子进攻溴原子连接的碳原子，溴离子离去，形成环丙酮中间体；二是碱进攻环丙酮羰基碳原子发生亲核加成，形成四面体中间体氧负离子，结果推动一个基团迁移到相邻的碳原子上(三元环开环)，得到羧酸的 β-碳负离子，最后获得一个质子得到产物羧酸。

若反应物分子为非烯醇化的酮，则发生 Quasi-Favorskii 重排反应，例如：

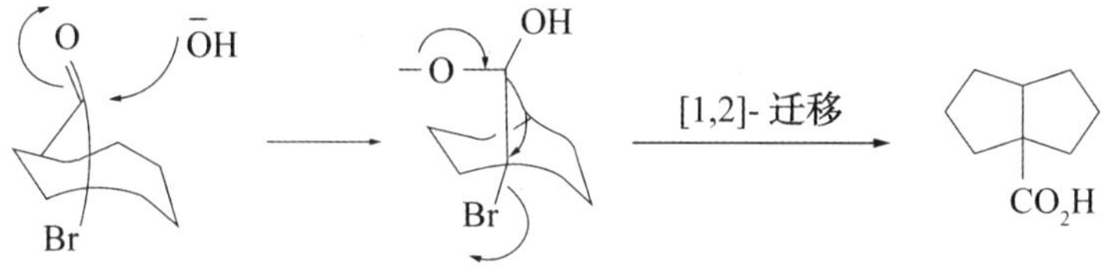

O
OH
Br
OH
—O
Br
[1,2]- 迁移
CO2H

非烯醇化的酮

例题解析

例 1　下列经过环状过渡态的是：

A. Schmidt 重排 B. Favorski 重排 C. Cope 重排 D. Beckman 重排(华东理工大学，2014)

[解答]　C

例 2　对下述反应建议合理的反应机理。

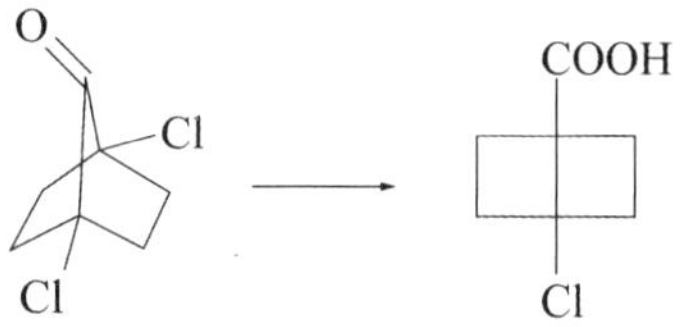

O
Cl
Cl
COOH
Cl

(中山大学，2016)

[解答]

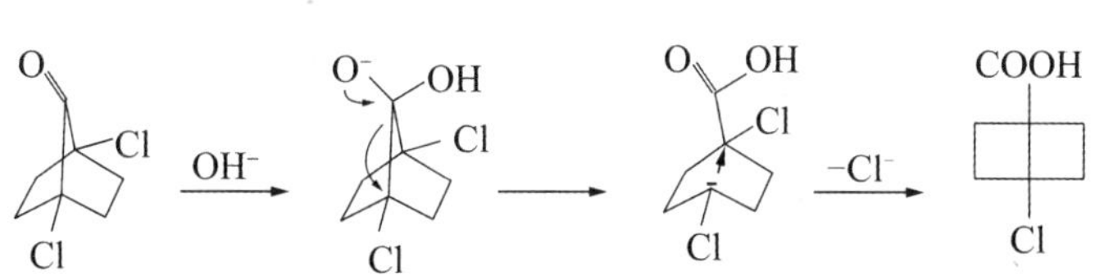

O
Cl
Cl
OH⁻
O⁻
OH
Cl
Cl
O
OH
Cl
Cl
−Cl⁻
COOH
Cl

例 3　写出下述反应机理

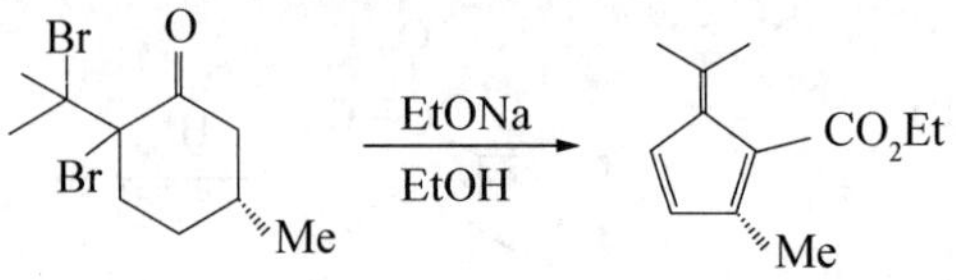
Br
O
Br
Me
EtONa
EtOH
CO2Et
Me

（中国科学院大学，2015）

[解答]

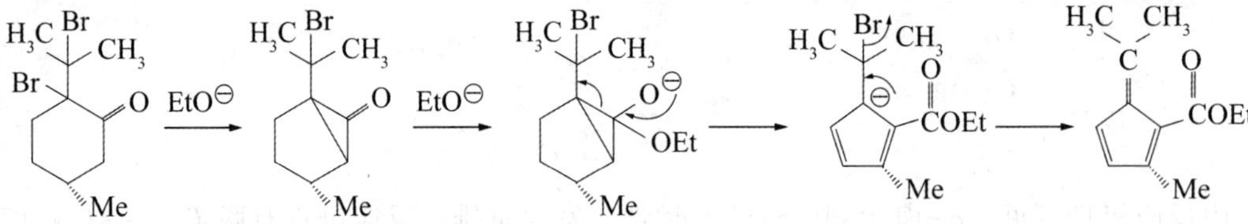
H3C
Br
CH3
Br
O
EtO⊖
Me
EtO⊖
O⊖
OEt
COEt
C

参考文献

[1] 孔祥文. 基础有机合成反应[M]. 北京：化学工业出版社，2014：284.
[2] Favorskii A. E. J. Prakt. Chem. 1895, 51：533-563.
[3] Favorskii A. E. J. Prakt. Chem. 1913, 88：658.

8.12 Fries 重排反应

问题引入

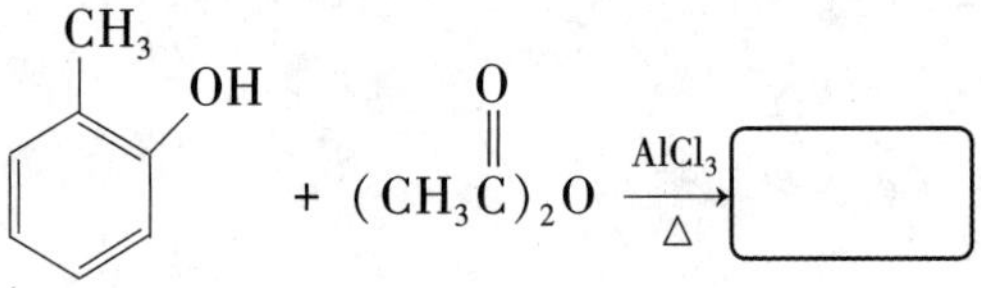
CH3
OH
O
+ (CH3C)2O
AlCl3
△

（暨南大学，2016）

邻甲苯酚与乙酸酐反应生成乙酸邻甲苯酚酯 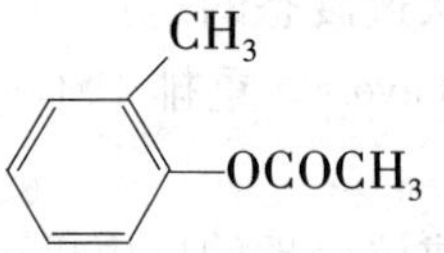 ，该酚酯在 $AlCl_3$ 催化下重排得到邻羟基苯乙酮 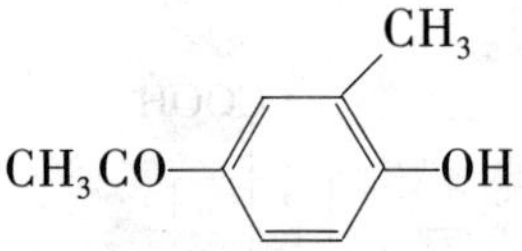 。

反应概述

酚酯与 Lewis Acid(如 $AlCl_3$、$ZnCl_2$、$FeCl_3$ 等)一起加热，可以发生 Fries 重排反应[1]，将酰基移至酚羟基的邻位或对位。该反应常用来制备酚酮。在较低的温度下，主要得到对位异构体；而在较高的温度下，主要得到邻位异构体[2]。

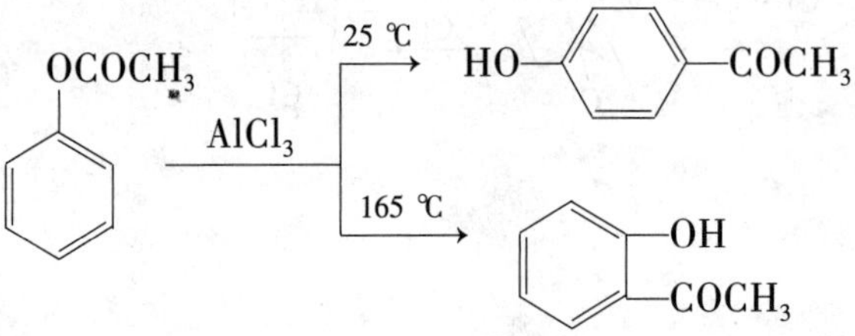
OCOCH3
AlCl3
25 ℃
HO
COCH3
165 ℃
OH
COCH3

反应通式

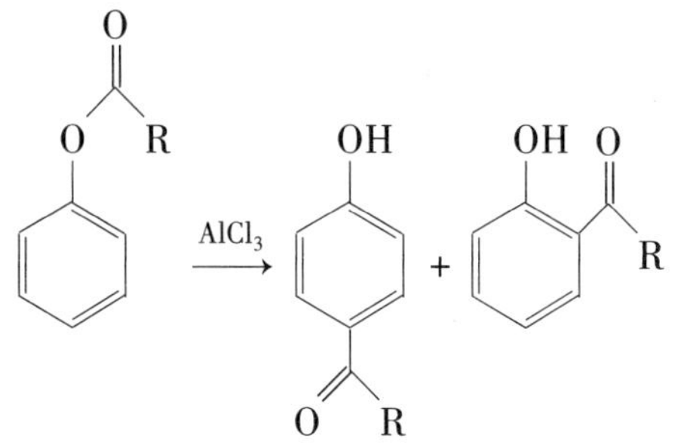

反应机理[3]

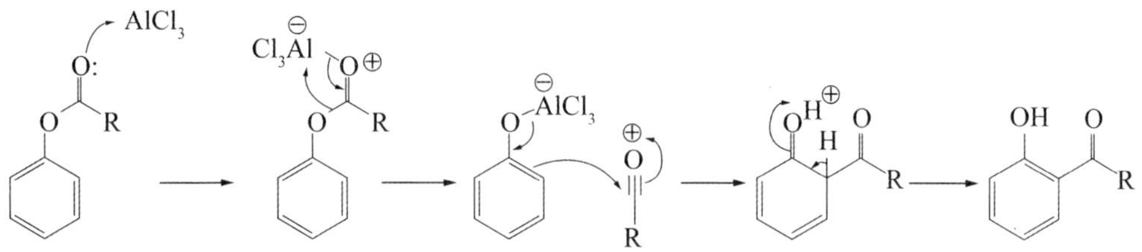

首先是酚酯的羰基与催化剂 $AlCl_3$ 按 1∶1 物质的量的比生成络合物，然后 Al—O 键断裂，铝基重排到酚氧上，RCO—O 键断裂，产生酚基铝化物和酰基正离子，酰基正离子做为亲电试剂进攻芳环上的 π 电子云，形成 σ 络合物后，再失去一个质子得到产物羟基芳酮。进攻邻位芳环碳原子，则得邻酰基酚。进攻对位芳环碳原子，则得对酰基酚。

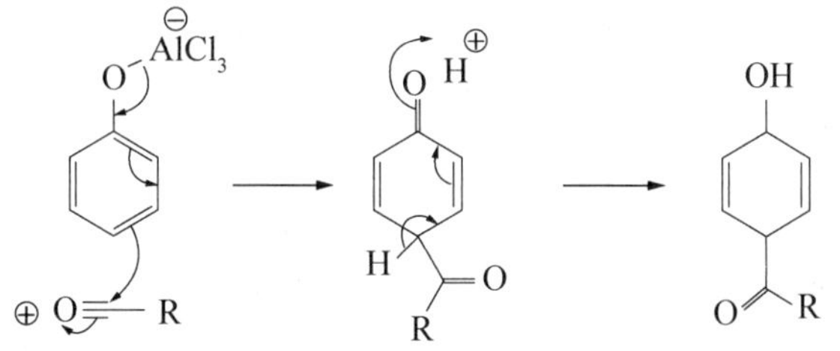

学习 Fries 重排反应还应了解如下几点：

(1)这个方法是在酚的芳环上引入酰基的重要方法，该反应常用来制备酚酮。脂肪或芳香羧酸的酚酯都可以发生重排。因取代基影响反应，底物不能含有位阻大的基团。当酚组分的芳香环上有间位定位基存在时，重排一般不能发生。

(2)反应常用的 Lewis Acid 催化剂有三氯化铝、三氟化硼、氯化锌、氯化铁、四氯化钛、四氯化锡和三氟甲磺酸盐。也可以用氟化氢或甲磺酸等质子酸催化。邻、对位产物的比例取决于原料酚酯的结构、反应条件和催化剂的种类等。一般来说，对位产物是动力学控制产物，邻位产物是热力学控制产物。反应在低温(100°C 以下)下进行时主要生成对位产物，而在较高温度时一般得到邻位产物。可利用邻、对位性质上的差异来分离这两者。一般邻位异构体可以生成分子内氢键，可随水蒸气蒸出。

(3)Fries 重排也可以在没有催化剂的情况下进行，但需要有紫外光的存在。产物仍然是邻或对羟基芳酮。这种类型的 Fries 重排称为“光 Fries 重排”。光 Fries 重排产率很低，很少用于合成。不过苯环上连有间位定位基时仍然可以进行光 Fries 重排。

(4)一般而言，采用较高的温度和过量的催化剂，均可提高邻位异构体的产率，酯本身的结构对反应的进行，亦有一定的影响。反应速率依下列次序递减：

$CH_3(CH_2)_nCO(n=0\sim4)>C_6H_5CH_2CO>C_6H_5CH_2CH_2CO>C_6H_5CH=CHCO>C_6H_5CO$

芳环上的供电子取代基使反应活化，吸电子基团使反应钝化。

例题解析

例 1 完成下列反应

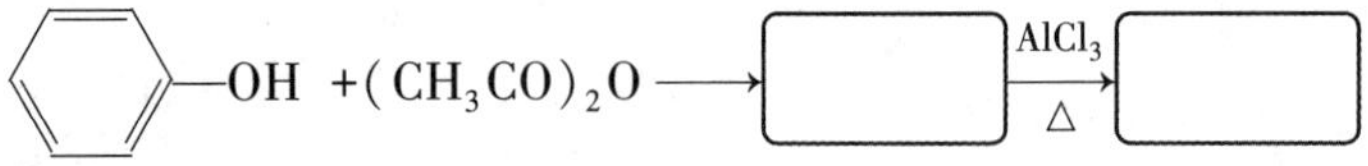

—OH
+(CH3CO)2O
AlCl3
△

（南京航空航天大学，2008）

[解答]

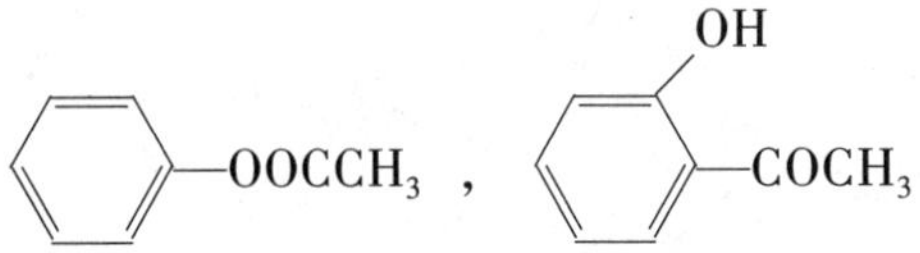

—OOCCH3
,
OH
—COCH3

例 2 写出反应的产物

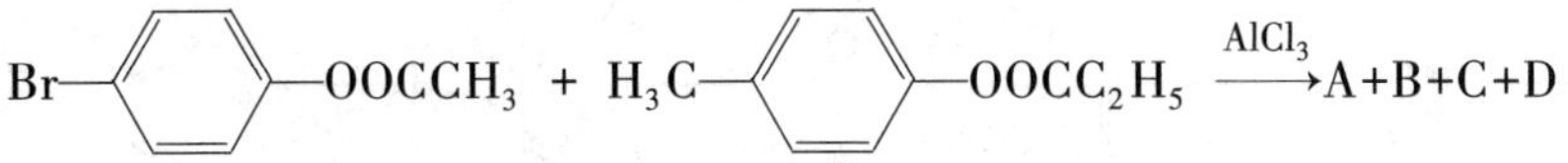

Br—
—OOCCH3
+ H3C—
—OOCC2H5
AlCl3
A+B+C+D

（武汉大学，2005）

[解答] 两种酯在 $AlCl_3$ 作用下得到如下四种产物：

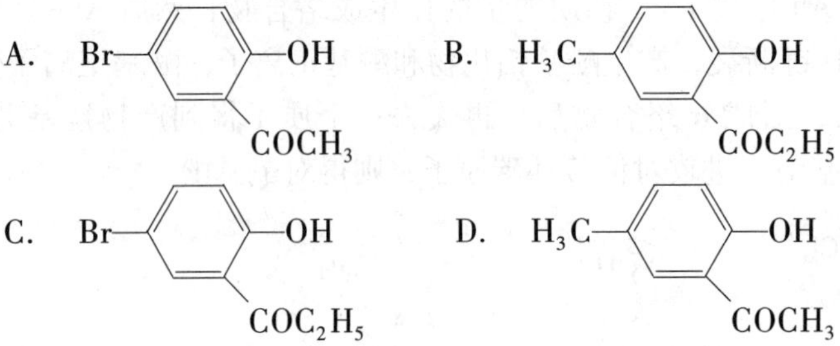

A. Br—
—OH
COCH3
B. H3C—
—OH
COC2H5
C. Br—
—OH
COC2H5
D. H3C—
—OH
COCH3

例 3 以苯酚为原料合成

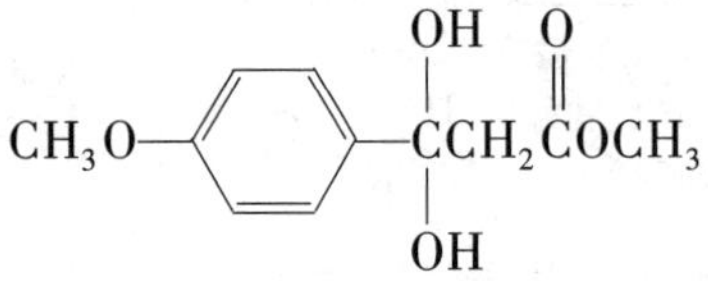

CH3O—
OH O
—CCH2COCH3
OH

（西北大学，2011）

[解答]

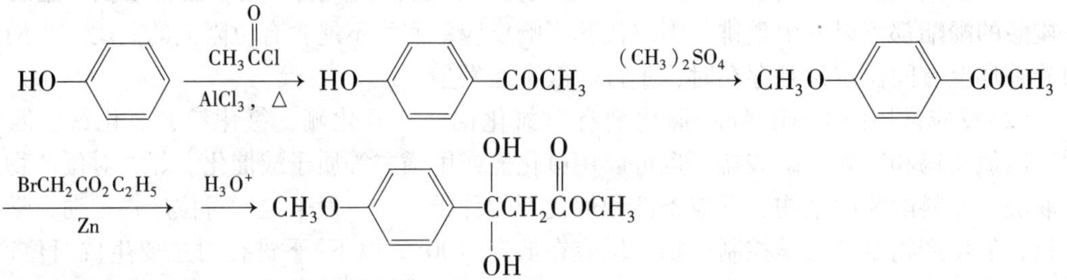

HO—
CH3CCl
AlCl3，△
HO—
—COCH3
(CH3)2SO4
CH3O—
—COCH3
BrCH2CO2C2H5
Zn
H3O+
CH3O—
OH O
—CCH2COCH3
OH

例 4　以苯酚、苯甲醛以及其他试剂合成 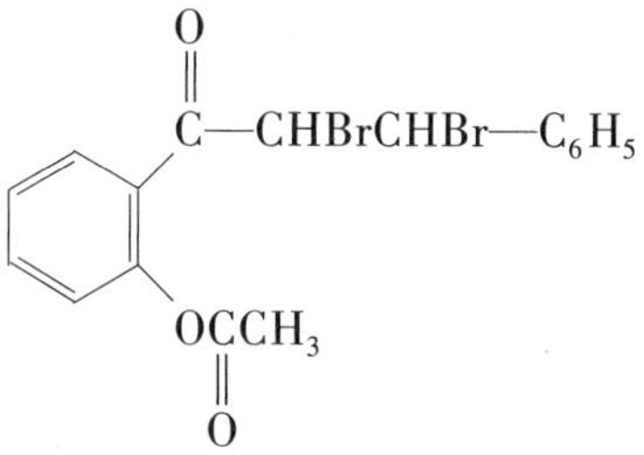

（华东理工大学，2009）

［解答］

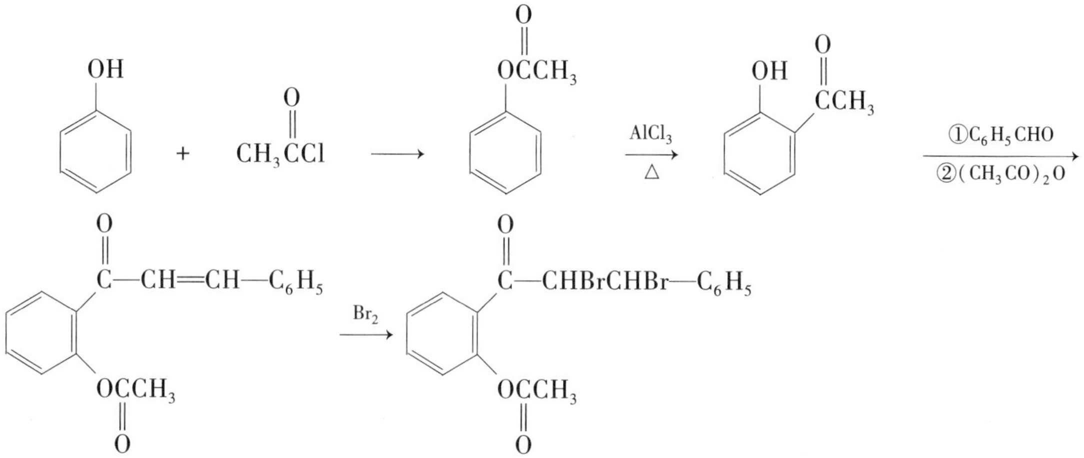

参考文献

［1］Fries K，Finck G. Ber. 1908，41：4271-4284.

［2］孔祥文. 有机化学［M］. 北京：化学工业出版社，2010.

［3］Jie Jack Li. Name Reaction，4th ed. ［M］. Springer-Verlag Berlin Heidelberg，2009：240.

8.13　Hofmann 重排反应

问题引入

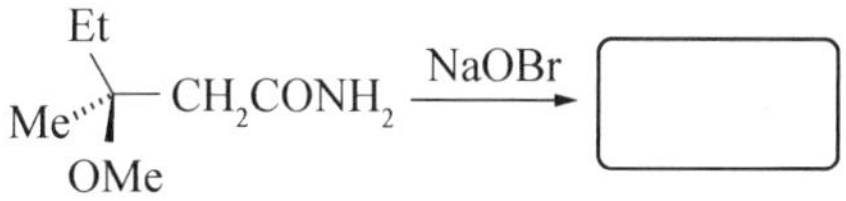

（暨南大学，2016）

（*S*）-3-甲基-3-甲氧基戊酰胺在次溴酸钠作用下得到少一个碳原子的（*S*）-2-甲基-2-甲氧基丁胺 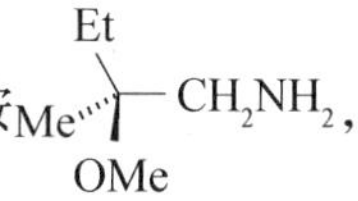，反应过程中不涉及手性碳原子构型。

反应概述

酰胺与次氯酸钠或次溴酸钠的碱溶液作用时，脱去羰基生成伯胺，在反应中使碳链减少一个碳原子，这是由 A. W. Hofmann 首先发现制备伯胺的重要方法，称为 Hofmann 反应[1,2]，又称 Hoffmann 降解反应。

反应通式

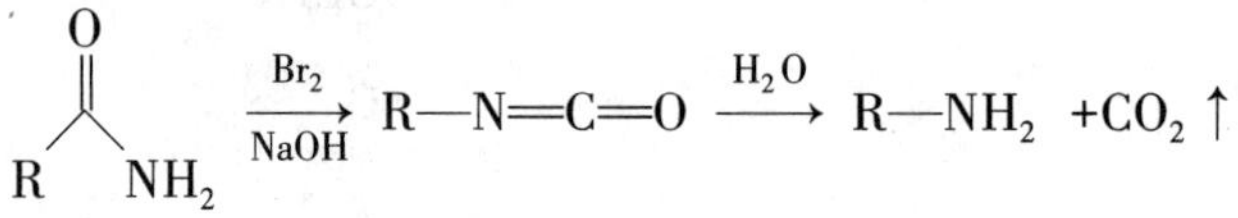

反应机理

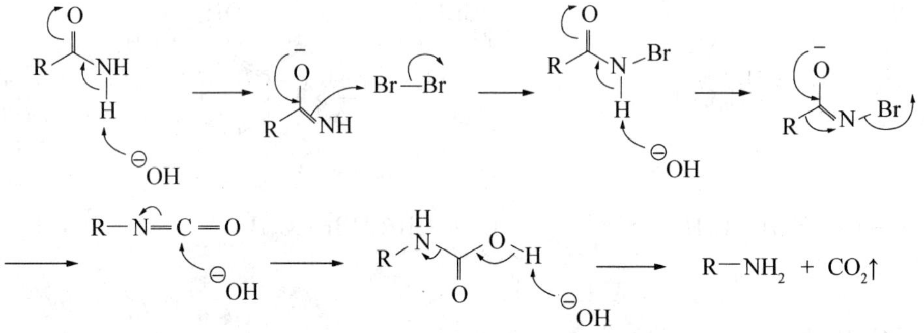

在碱的催化下，酰胺分子的氨基氮原子的氢原子被消除，形成酰胺的烯醇负离子，发生溴代反应，得到 *N*-溴代酰胺的中间体。该中间体在碱的作用下，酰胺分子氨基氮原子上剩余的氢原子再次被消除，生成 *N*-溴代酰胺的烯醇负离子，然后与碳基碳原子相连的烷基带着一对电子重排到氮原子上，同时脱去溴负离子，生成异氰酸酯。异氰酸酯分子中含有累积双键，在碱性条件下水解，脱去二氧化碳生成少一个碳原子的伯胺。

在反应过程中由于发生了重排，所以又称为 Hofmann 重排反应。该反应过程虽然很复杂，但其反应产率较高，产品较纯。

重排产物是异氰酸酯，它在碱性条件下迅速水解得到伯胺。中间体 *N*-溴代酰胺和异氰酸酯均可从反应介质中分离，重排的最终产物取决于烃基的结构、介质中亲核试剂的种类。Hoffmann 重排与 Beckmann 重排的差别，只是后者的中间体是一个正离子，而前者的中间体是一个不稳定的氮烯。异氰酸酯在碱性溶液中很容易水解成胺[3]。

例如：

$$(CH_3)_3CCH_2-\overset{\overset{\large O}{\|}}{C}-NH_2 + Br_2 + 4NaOH \xrightarrow[94\%]{} (CH_3)_3CCH_2-NH_2 + 2NaBr + Na_2CO_3$$
$$+2H_2O$$

Hoffmann 重排是制备不能直接通过亲核取代反应合成的伯胺的重要方法，是由酰胺制取少一个碳原子的伯胺的方法，适用范围很广。反应物可以是脂肪族、脂环族及芳香族的酰胺。其中，由低级脂肪酰胺制备胺的产率较高。光化学的酰胺进行反应时，不发生消旋作用（构型保持）。

例题解析

例 1 写出下列反应的主要产物

1. 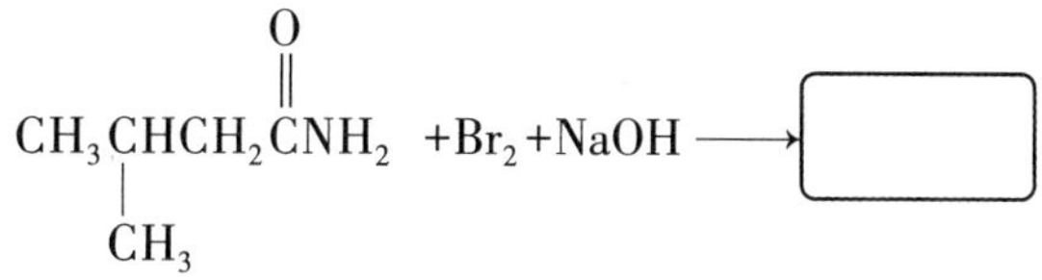
O
CH3CHCH2CNH2 +Br2+NaOH
CH3

（华侨大学，2016）

2. 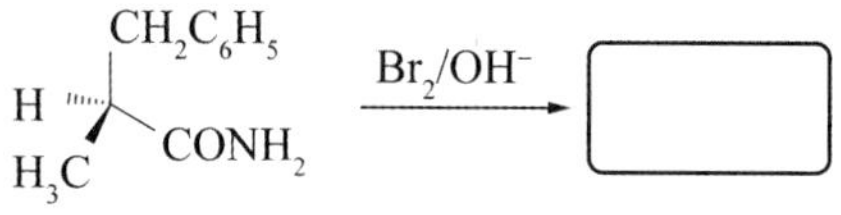
CH2C6H5
H
H3C
CONH2
Br2/OH-

（复旦大学，2008）

3. 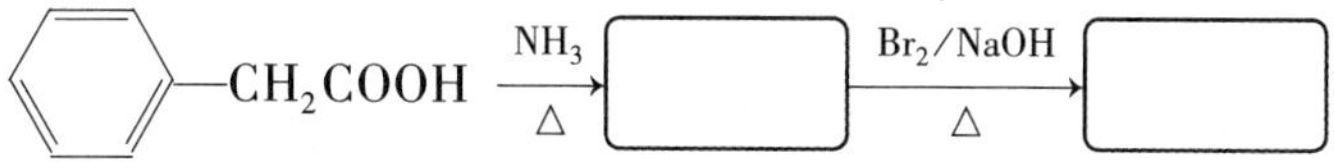
CH2COOH
NH3
△
Br2/NaOH
△

（兰州理工大学，2011）

［解答］

1. 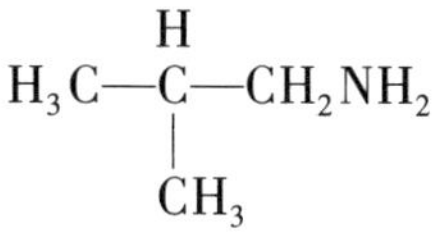
H
H3C—C—CH2NH2
CH3
2. 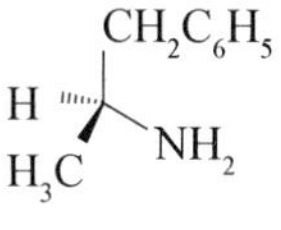
CH2C6H5
H
NH2
H3C
3. 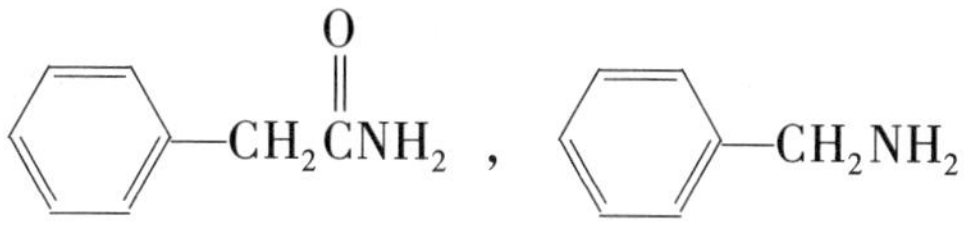
O
CH2CNH2 ,
CH2NH2

例 2　环己基甲酰胺在甲醇中用溴和甲醇钠处理时，得到的产物是 *N*-环己基氨基甲酸甲酯，试提出反应历程，并加以说明。

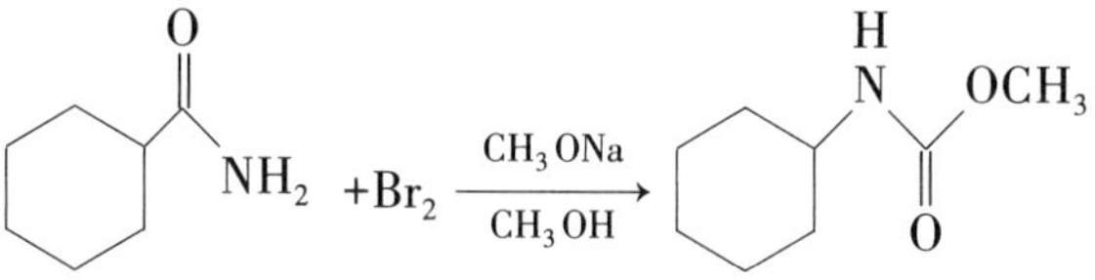
O
NH2 +Br2
CH3ONa
CH3OH
H
N
OCH3
O

（暨南大学，2016；华东师范大学大学，2006；
中国科学院、中国科学技术大学，2004；兰州大学，2002）

［解答］Hofmann 降解：醇为溶剂时得到氨基甲酸酯。

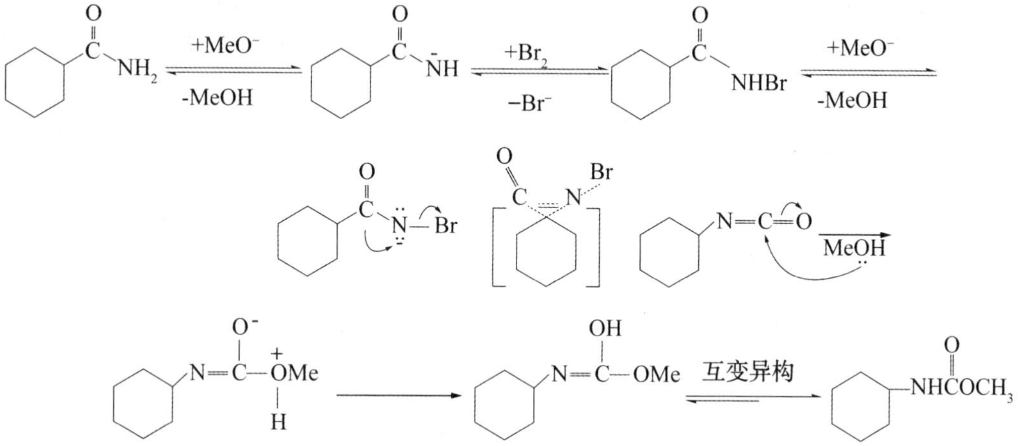
+MeO-
-MeOH
+Br2
−Br-
NHBr
+MeO-
-MeOH
Br
N=C=O
MeOH
OMe
OH
N=C−OMe
互变异构
NHCOCH3

例 3　写出下列反应机理

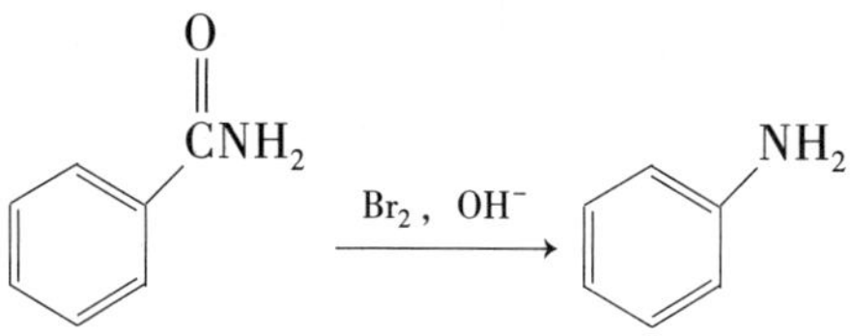
O
CNH2
Br2，OH-
NH2

（暨南大学，2014；中国科学技术大学，2016）

［解答］

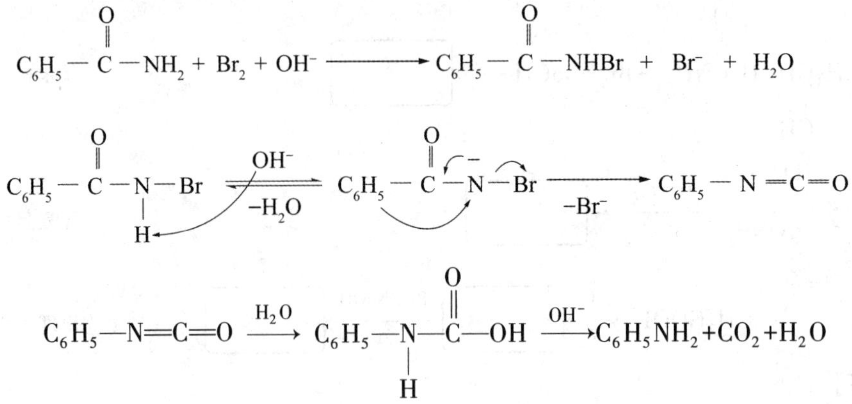

例 4 以 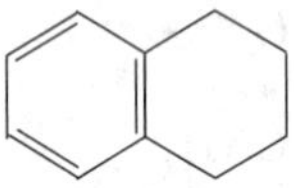 为原料与其他试剂合成邻氨基苯甲酸　　（山东大学，2016）

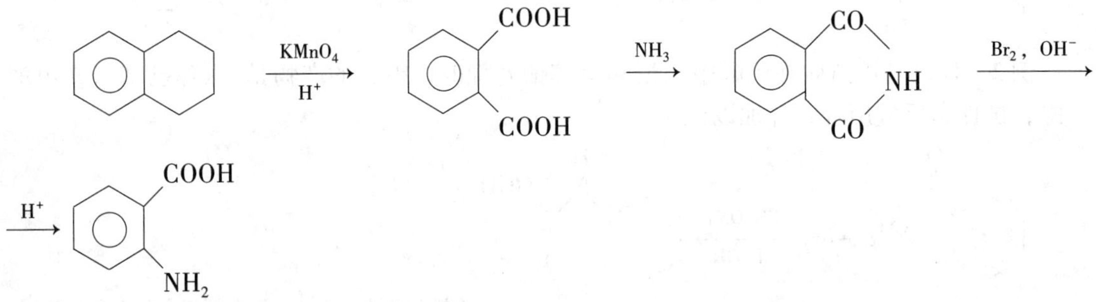

例 5 某碱性化合物 A(C_4H_9N)经臭氧化再水解，得到的产物中有一种是甲醛。A 经催化加氢得 B($C_4H_{11}N$)。B 也可由戊酰胺和溴的氢氧化钠溶液反应得到。A 和过量的碘甲烷作用，能生成盐 C($C_7H_{16}IN$)。该盐和湿的氧化银反应并加热分解得到 D(C_4H_6)。D 和丁炔二酸二甲酯加热反应得 E($C_{10}H_{12}O_4$)。E 脱氢生成邻苯二甲酸二甲酯。试推测 A ~ E 的结构，并写出各步反应式。

（青岛科技大学，2012）

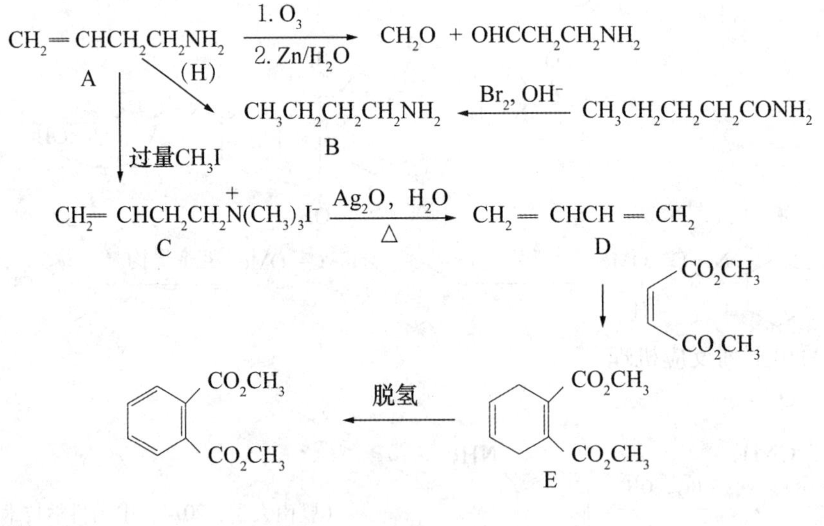

参考文献

[1] Hofmann A. W. Ber. 1881, 14: 2725 - 2736.

[2] Jie Jack Li. Name Reaction, 4th ed., [M]. Springer-Verlag Berlin Heidelberg, 2009: 290.
[3] 孔祥文. 有机化学[M]. 北京：化学工业出版社，2010：114.

8.14　Lossen 重排

问题引入

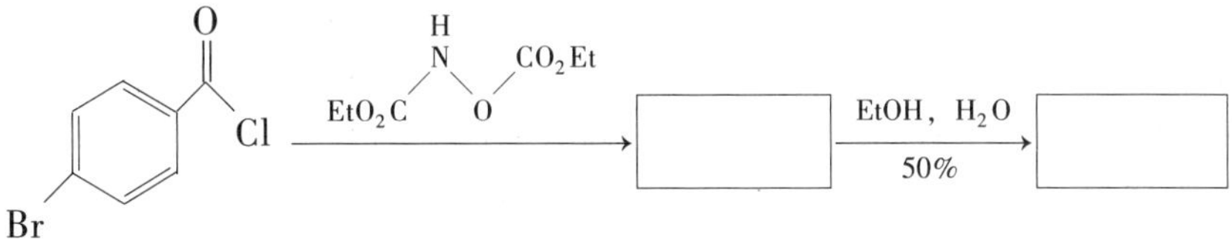
O
Cl
Br
H
N
CO_2Et
EtO_2C
O
EtOH，H_2O
50%

（兰州大学，2002）

上述反应的中间体和产物结构式分别是：

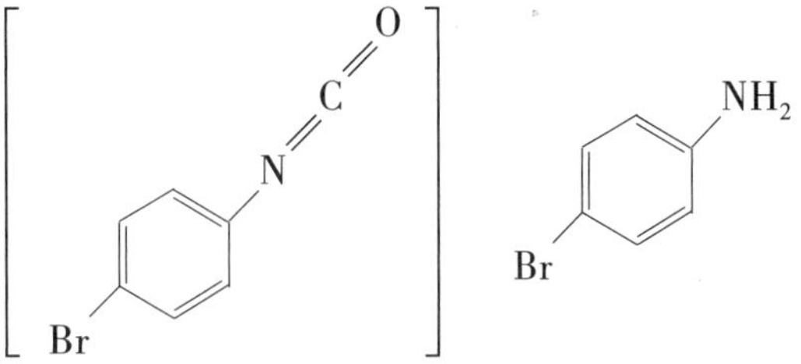
O
C
N
Br
NH_2
Br

。

反应概述

活化的异羟肟酸酯在热或碱性环境下重排生成异氰酸酯[1,2]的反应称为 Lossen 重排反应[3]，该反应产物异氰酸酯可进一步转换为脲或胺等。异羟肟酸的活化可用 *O*-酰基化、*O*-芳基化、*O*-磺酸化和氯化来实现。还有一些异羟肟酸可以由聚磷酸、碳二亚胺、硅基化和 Mitsunobu 反应条件来活化。

反应通式

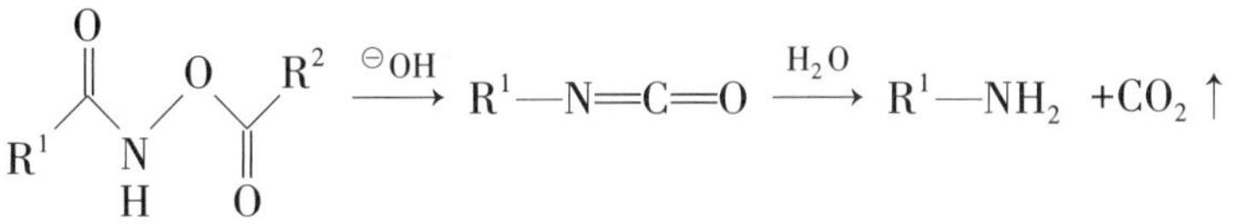
O
O
R^2
R^1
N
H
O
$^{\ominus}OH$
R^1—N=C=O
H_2O
R^1—NH_2 +CO_2↑

反应机理[4]

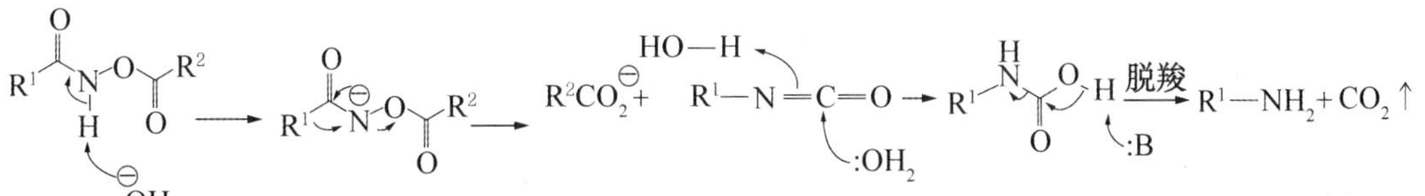
O
R^1
N
O
R^2
H
O
OH
$R^2CO_2^{\ominus}$+
HO—H
R^1—N=C=O
:OH_2
H
N
O
H
:B
脱羧
R^1—NH_2+CO_2↑

异氰酸酯中间体

Lossen 重排反应的主要缺点是首先要制备羧肟酸前体，若用多聚磷酸(PPA)为催化剂，那么重排反应就大为简化，不需先制成羧肟酸，只需将羧酸与羟胺在多聚磷酸中加热，即可将羧基变成氨基。该反应可应用到许多芳胺的制备，如 2-萘胺，4-硝基苯胺，3-氨基香豆素的合成[5,6]。

参考文献

[1] Anilkumar R, Chandrasekhar S, Sridhar M. Tetrahedron Lett. 2000, 41: 5291-5293.

[2] Abbady M. S, Kandeel M. M, Youssef M. S. K. Phosphorous, Sulfur and Silicon 2000, 163: 55 - 64.

[3] Lossen W. Ann. 1872, 161: 347.

[4] Jie Jack Li. Name Reaction, 4th ed. [M]. Springer-Verlag Berlin Heidelberg, 2009: 333.

[5] Snydbr H R. Elston C T, Kellom D B. Polyphospho ric acid as a reagenl in organiechemistry Ⅳ. Coversion of aro matic acids and their derivatives to amines [J]. J Am Chem Soc, 1953, 75: 2014-2015.

[6] 孙一峰，宋化灿，许晓航，等. 3-氨基香豆素及其衍生物的合成[J]. 中山大学学报(自然科学版), 2002, 41(6): 42-45.

8.15 Payne 重排

问题引入

写出反应机理

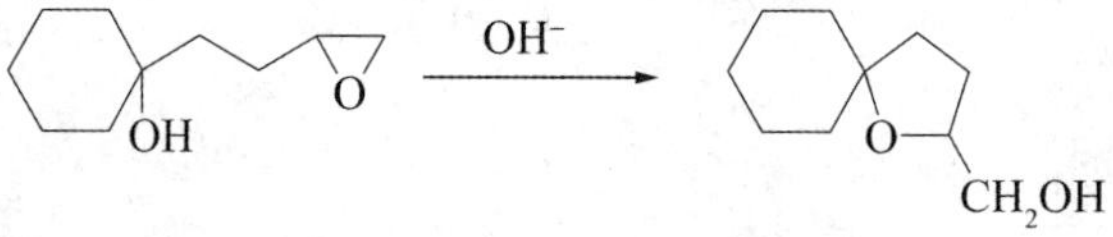

OH⁻
OH
O
O
CH2OH

（四川大学，2003）

上述反应机理如下所示：

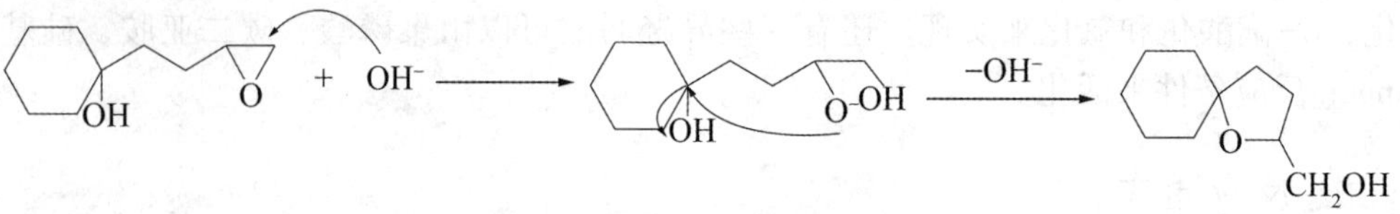

OH
O
+ OH⁻
OH
O⁻OH
−OH⁻
O
CH2OH

此反应包括两次亲核取代的过程。首先环氧乙烷的碱性开环是 S_N2 历程，接着氧负离子作为强亲核试剂进行分子内 S_N2 反应，闭环得到稳定的五元环结构。

反应概述

反应物为2，3-环氧醇类衍生物，在碱的存在下异构化为1，2-环氧-3-醇类衍生物，该反应称为 Payne 重排反应[1]。

反应通式

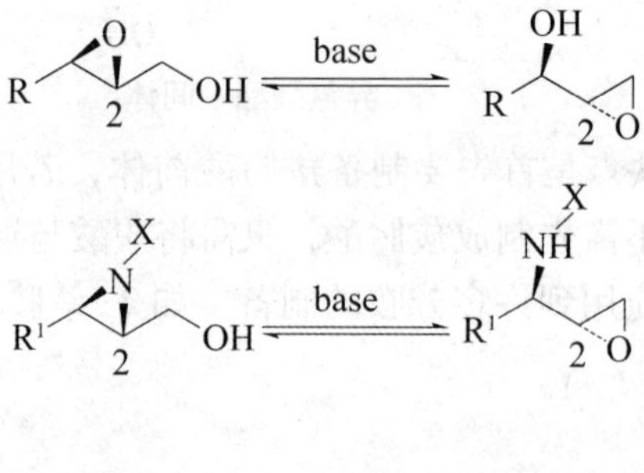

O
R
2
OH
base
OH
R
2
O
X
N
R1
2
OH
base
X
NH
R1
2
O

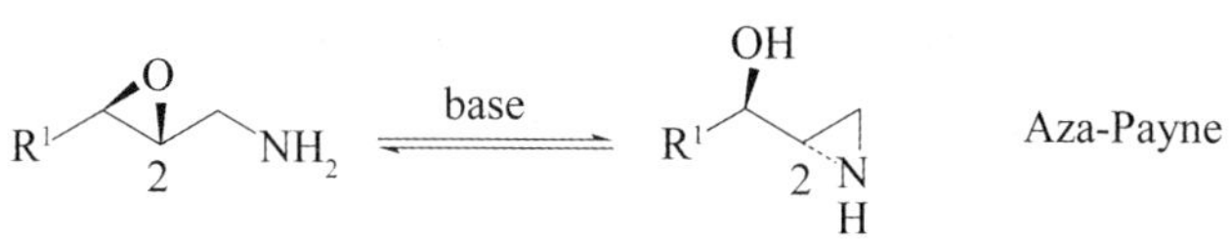

R^1 = 烷基或芳基，X = H，甲磺酰基，对甲苯磺酰基，等。

反应机理[2]

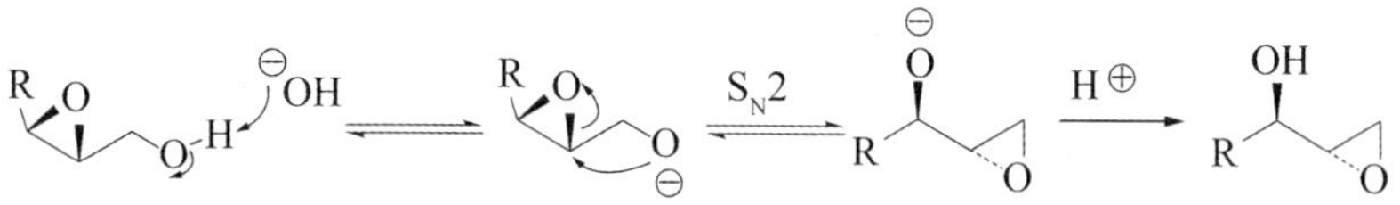

2，3-环氧醇在碱作用下失去醇羟基质子形成 2，3-环氧醇氧负离子，然后该氧负离子亲核进攻 2 位的环氧基碳原子得 1，2-环氧醇氧负离子，最后经酸化得到目标产物 1，2-环氧醇类衍生物。

例题解析

例 1　写出反应机理

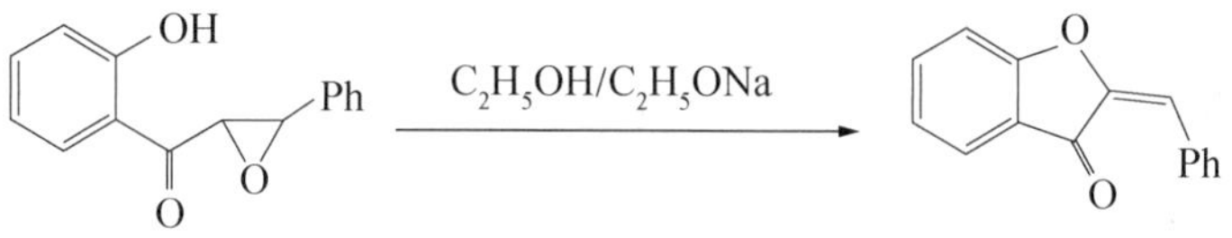

（南京大学，2014）

[解答]

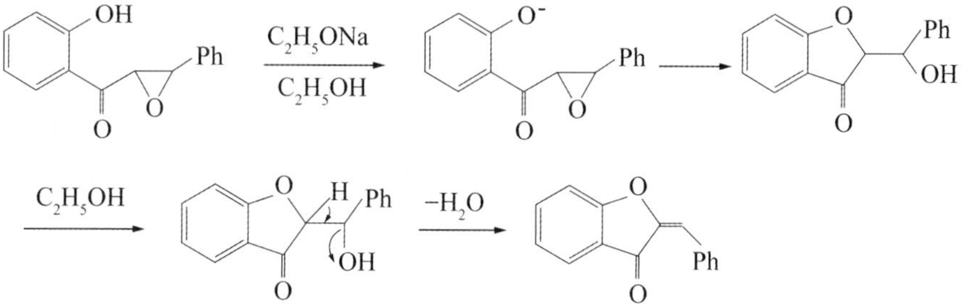

参考文献

[1] Payne G. B. J. Org. Chem. 1962, 27: 3819-3822.
[2] Jie Jack Li. Name Reaction, 4th ed. [M]. Springer-Verlag Berlin Heidelberg, 2009: 421.

8.16　Pinacol（频哪醇）重排

问题引入

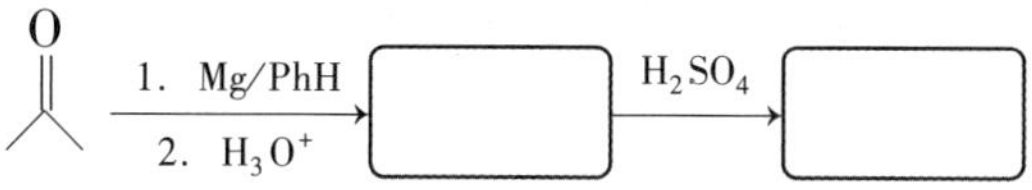

（暨南大学，2016）

丙酮在溶剂苯中经 Mg/Hg 双分子还原偶联、水解得到四甲基乙二醇，再在硫酸作用下经频哪醇重排得到甲基叔丁基酮，其结构式分别为：

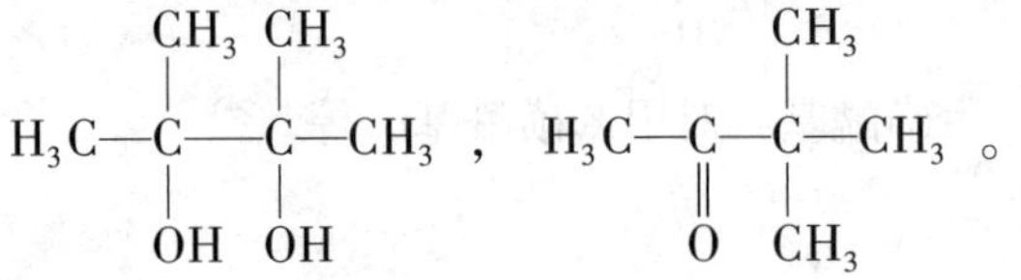

反应概述

两个羟基均连接在叔碳原子的 α-二醇称为频哪醇(pinacol)。频哪醇在酸的催化下脱去一分子水，并且碳架发生重排，生成产物俗称频哪酮(pinacolone)，这个重排反应叫做频哪醇重排[1~3](pinacol rearrangement)，该重排也即 Wagner—Meerwein 重排。

反应方程式

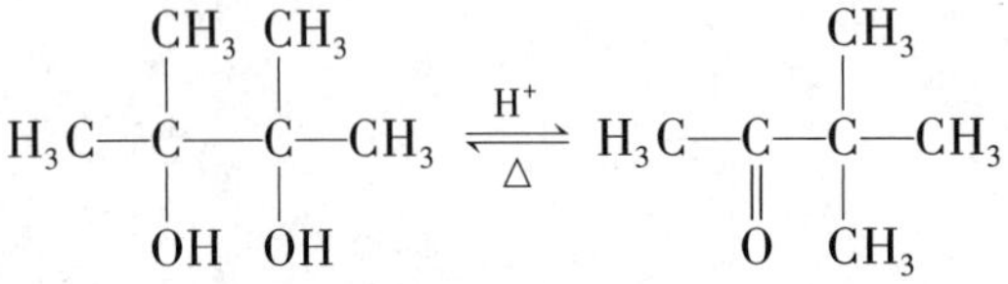

（湘潭大学，2016）

2，3 - 二甲基 - 2，3 - 丁二醇　　3，3 - 二甲基 - 2 - 丁酮

（频哪醇）　　（频哪酮）

反应机理[4]

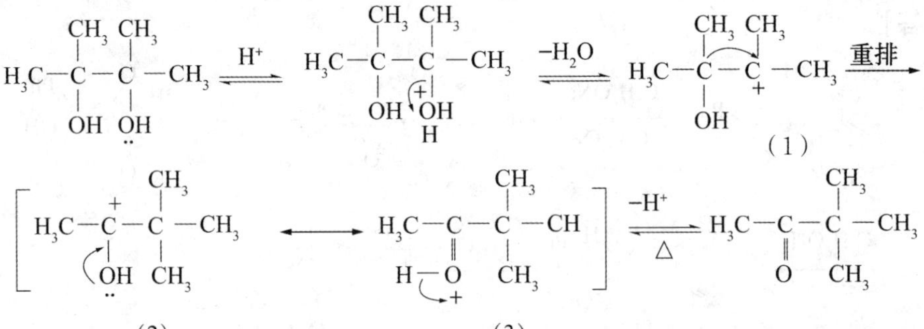
重排
(1)
(2)
(3)

在酸的作用下，频哪醇分子中的一个羟基质子化后形成鉡盐，然后脱水生成碳正离子(1)，1 立即重排生成(2)，2 中氧原子一对电子转移到 C—O 间，形成共振结构(3)，重排的动力是重排后生成的 2 由于共振获得了额外的稳定作用，能量比 1 还低，虽然 1 是一个叔碳正离子。有证据表明，水分子的离去与烃基的迁移可能是同时进行的。

在不对称取代的 α-二醇中，可以生成两种碳正离子，哪一个羟基被质子化后离去，这与离去后形成的碳正离子的稳定性有关，一般形成比较稳定的碳正离子的碳原子上的羟基被质子化。若重排时有两种不同的基团可供选择时，通常能提供电子、稳定正电荷较多的基团优先迁移，因此芳基比烷基更易迁移，例如：

负电子烷基(多取代烷基)更易迁移，迁移能力大小一般为：

叔烷基>环己基>仲烷基>苄基>苯基>伯烷基>甲基>H

取代芳基的迁移能力大小一般为：

p-MeOAr>p-MeAr>p-ClAr>p-BrAr>p-NO_2Ar

但通常得到两种重排产物。迁移基团与离去基团处于反式位置时重排速率较快。例如：

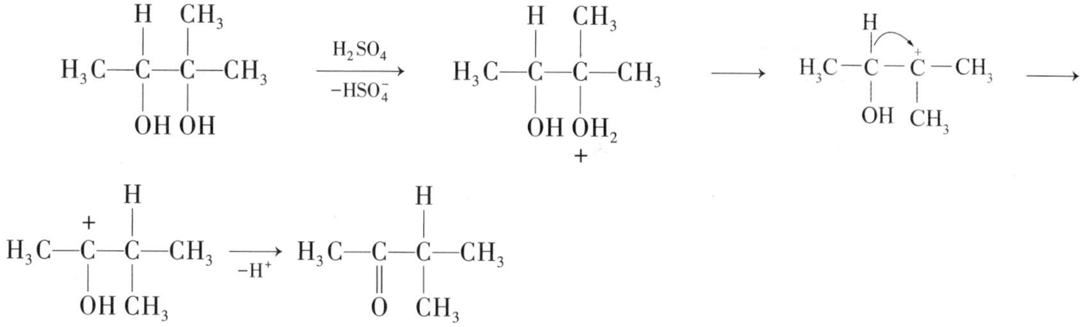

又如：

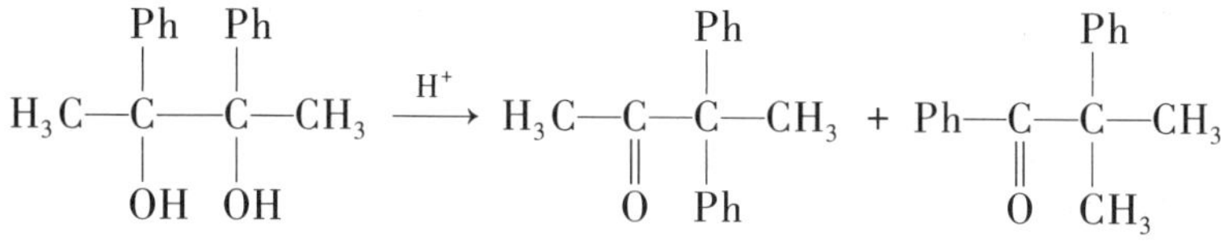

（主要产物）　（次要产物）

（南京大学，2014）

例题解析

例 1　写出下列反应的主要产物

1. 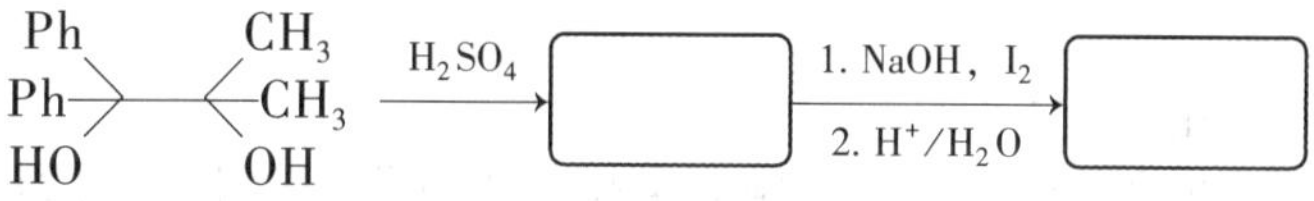

（兰州大学，2005）

2. 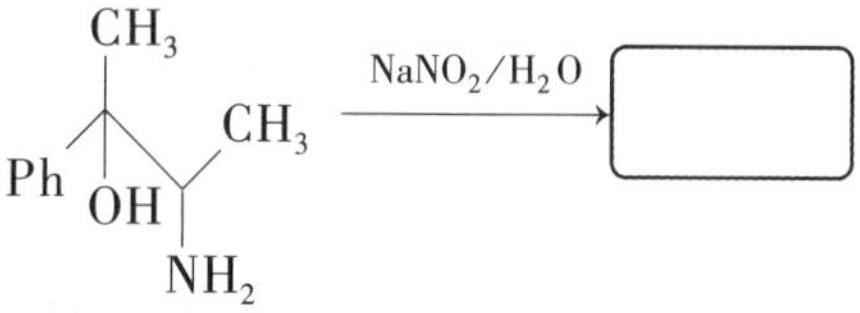

（南开大学，2013）

3. 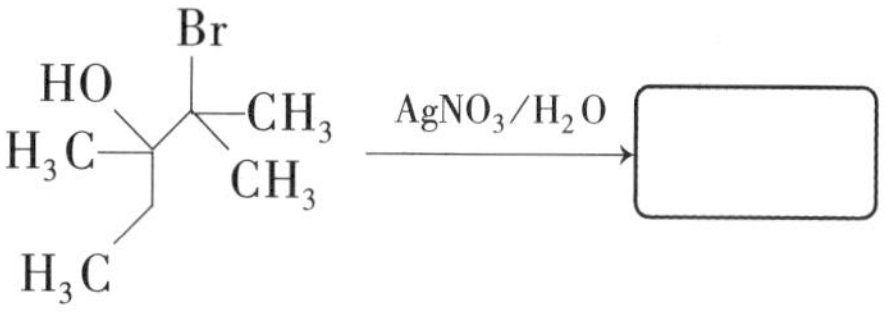

（南开大学，2013）

4. 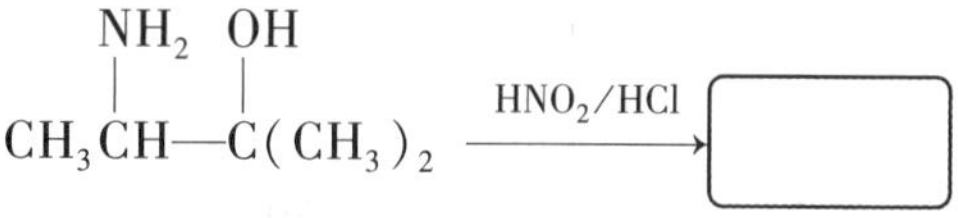

（四川大学，2013）

5. 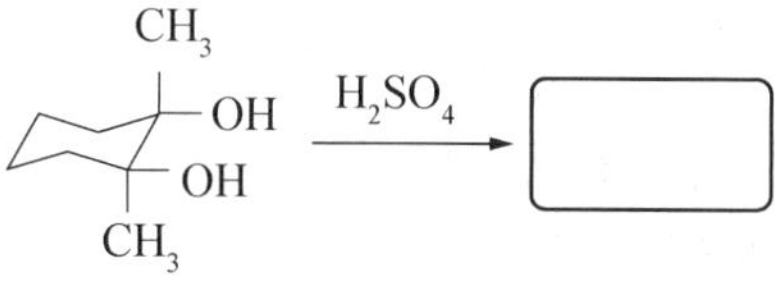

（湖南师范大学，2013；广西师范大学，2010）

6. 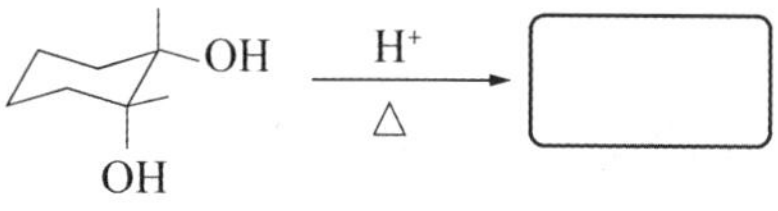

（兰州理工大学，2011；中国石油大学，2004；浙江工业大学，2003）

7. 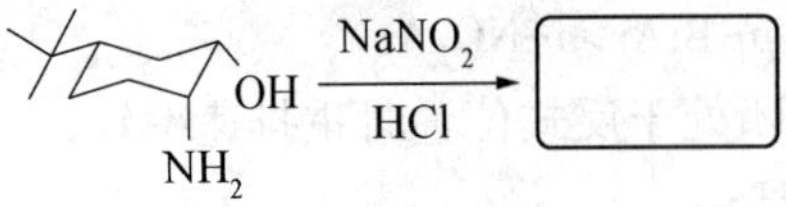 （中国科学院，2009）

8. 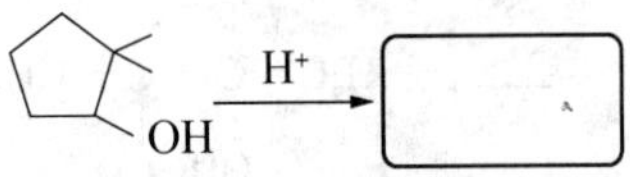 （中国科学技术大学，2011）

9. 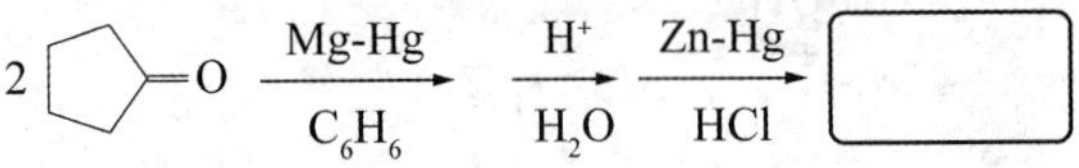 （中国科学技术大学，2011）

10. 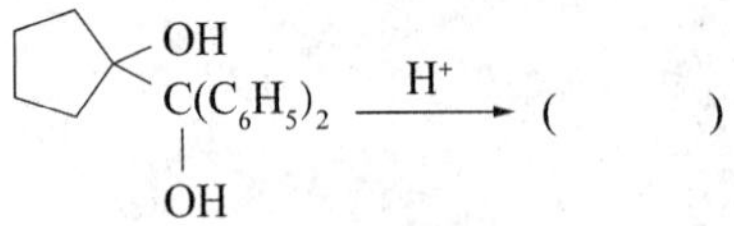 （郑州大学，2006）

11. $C_6H_5COCH_3 \xrightarrow[2.\ H_3^+O]{1.\ Mg(Hg)} (A) \xrightarrow{H_2SO_4} (B)$ （清华大学，1998；南京大学，2003）

12. 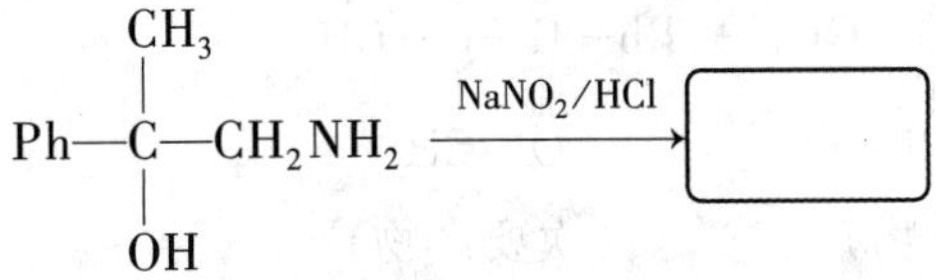 （中国科学技术大学，1999）

13. 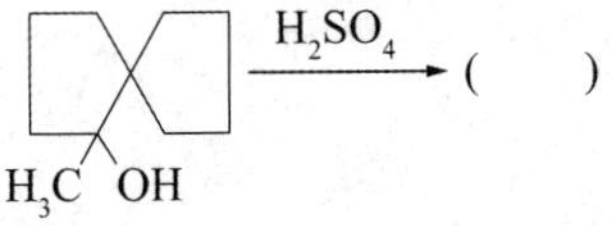

［解答］

1. 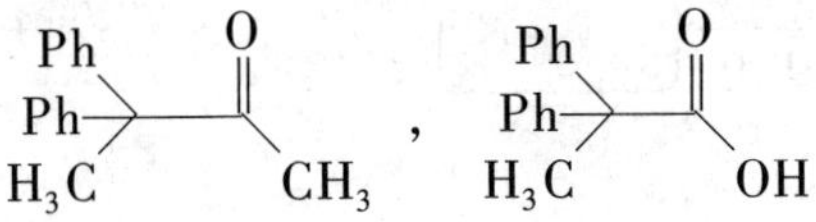 。频哪醇重排，甲基发生迁移，得到的甲基酮发生碘仿反应。

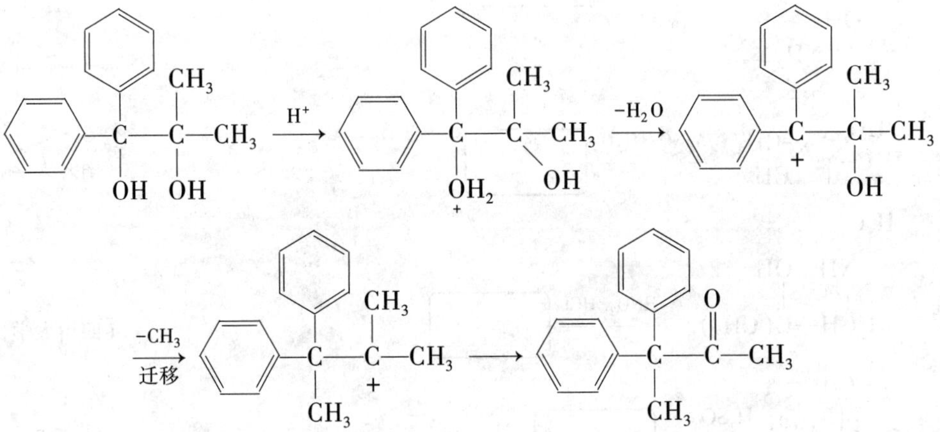

在不对称取代的乙二醇中，哪一个羟基被质子化后离去，这与离去后形成碳正离子的稳定性有关，一般形成比较稳定的碳正离子的碳上的羟基被质子化。

2. 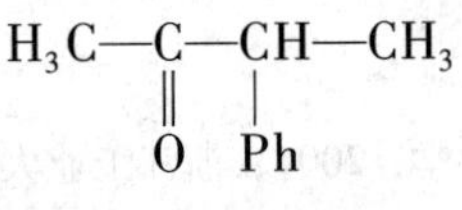 3. 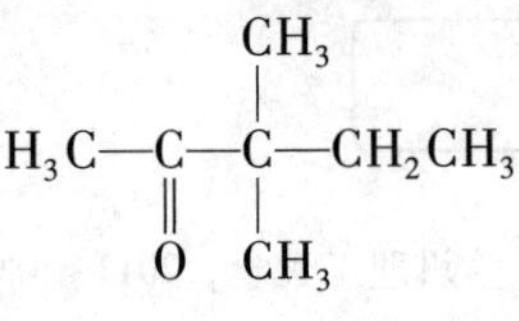 4. 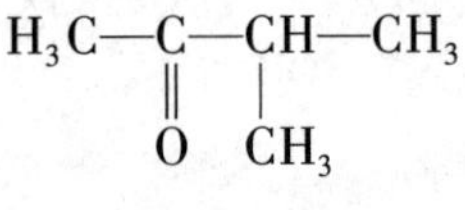

5. 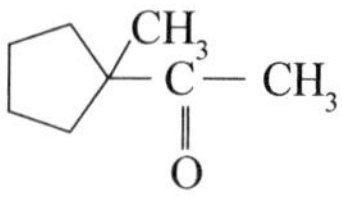 6. 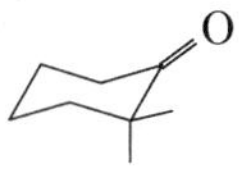 7.  8. 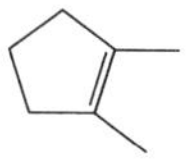

9. 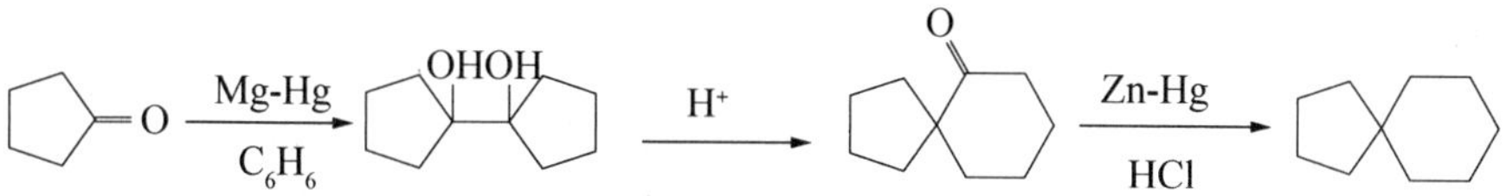

10. 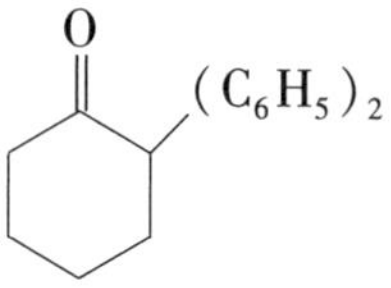

11. 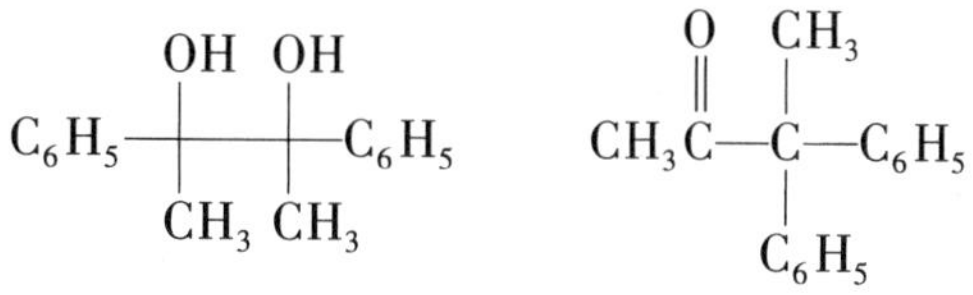

12. $CH_3\overset{O}{\overset{\|}{C}}CH_2Ph$

13. 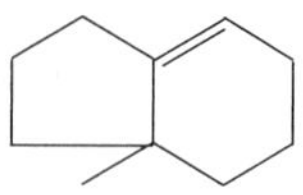 。碳正离子重排，发生扩环反应，得到更为稳定的消除产物，而不是以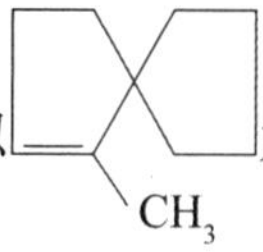为主。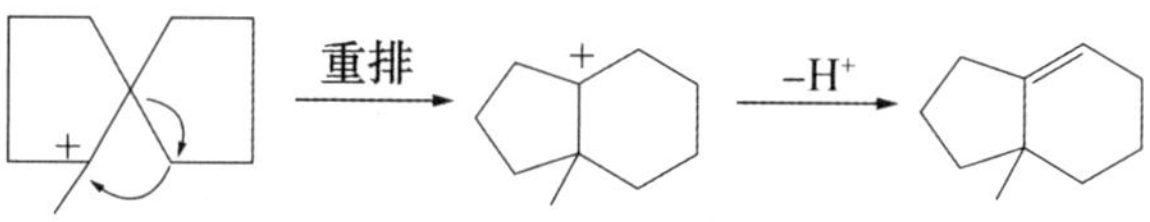

例 2　写出下列反应历程：

1. 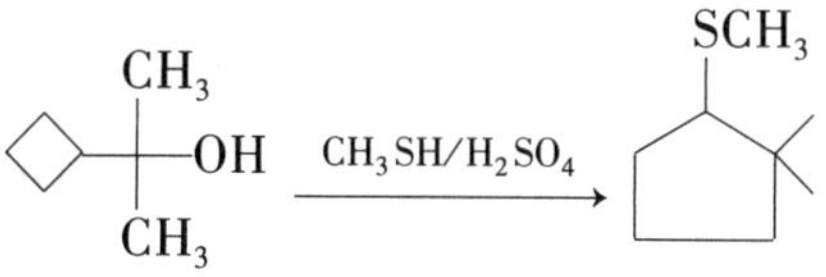

（南开大学，2003）

［**解答**］

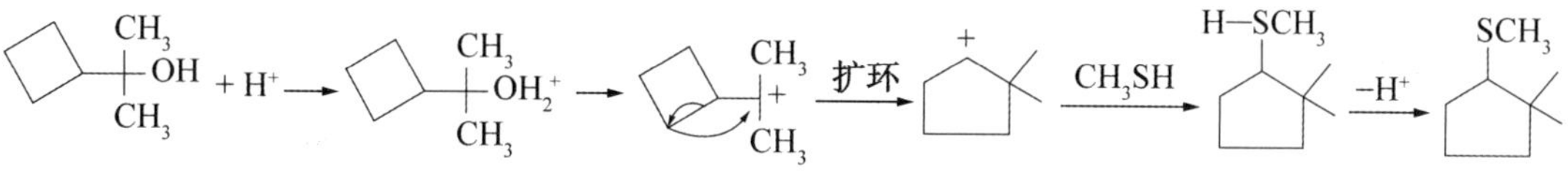

醇在 H^+催化下羟基质子化变成更易离去的 H_2O，生成活性中间体——碳正离子，由于离子中有不稳定的四元环，所以碳正离子发生扩环重排成稳定的五元环结构。

2. 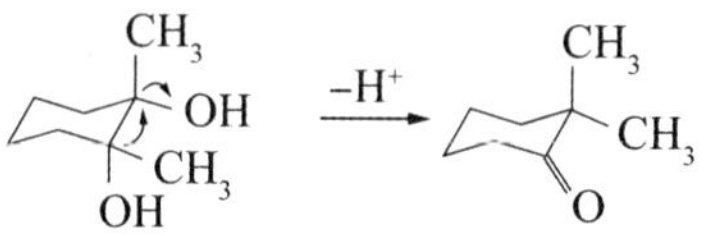

（中国石油大学，2004；浙江工业大学，2003）

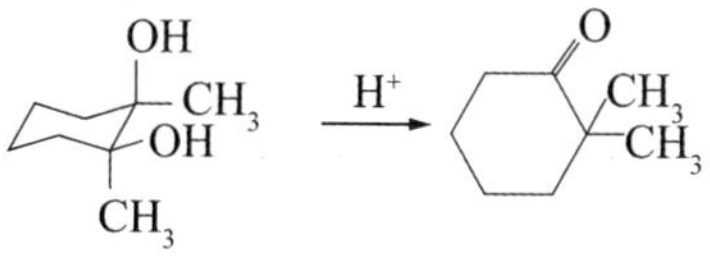

（湖南师范大学，2014）

［**解答**］离去基团与迁移基处于反式，重排迅速，甲基迁移得环己酮。

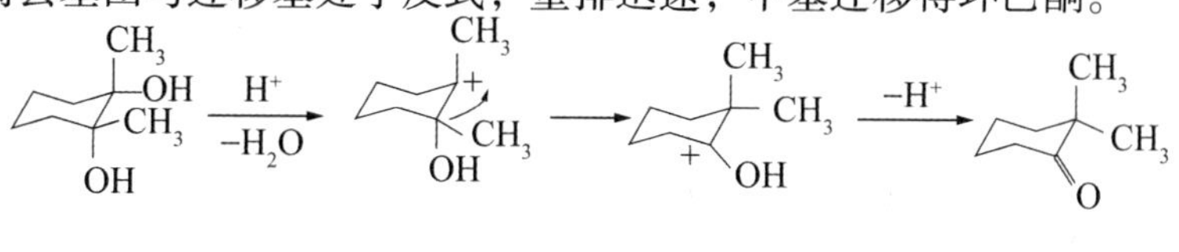

（兰州理工大学，2011；中国石油大学，2004；浙江工业大学，2003）

而 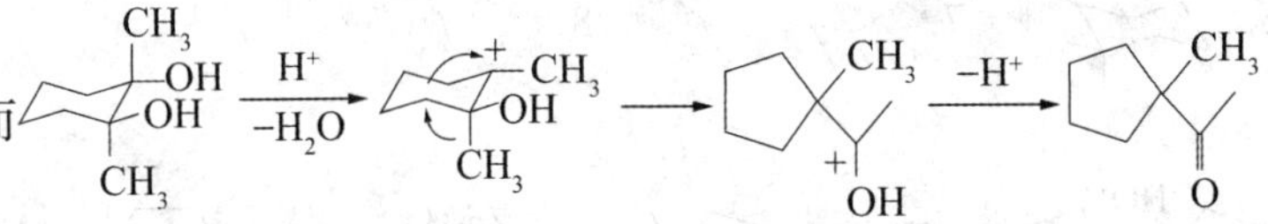

（湖南师范大学，2013；广西师范大学，2010）

由于迁移基团与离去基团不处于反应位置，反应很慢，并导致环缩小反应。

3. 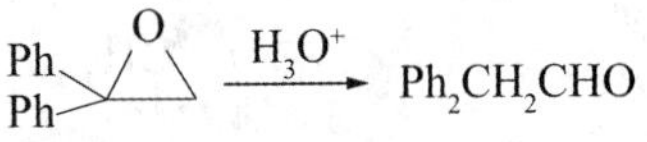

（四川大学，2005）

［解答］

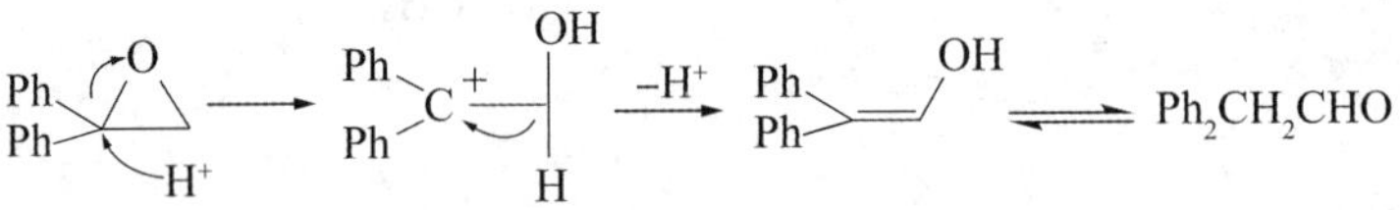

4. 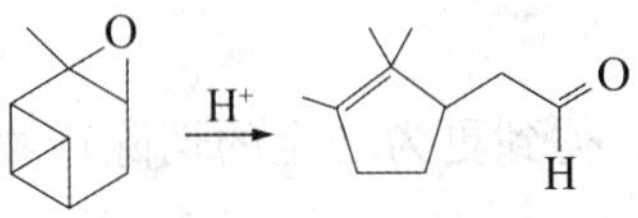

（复旦大学，2004）

［解答］

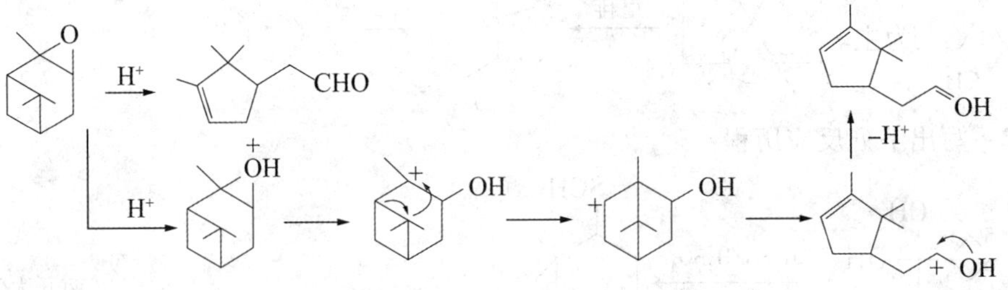

5. 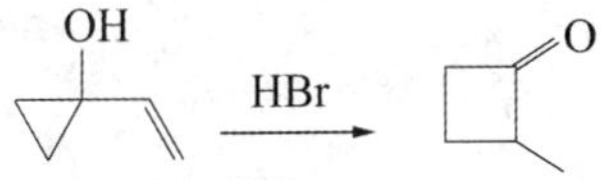

（南京工业大学，2006）

［解答］

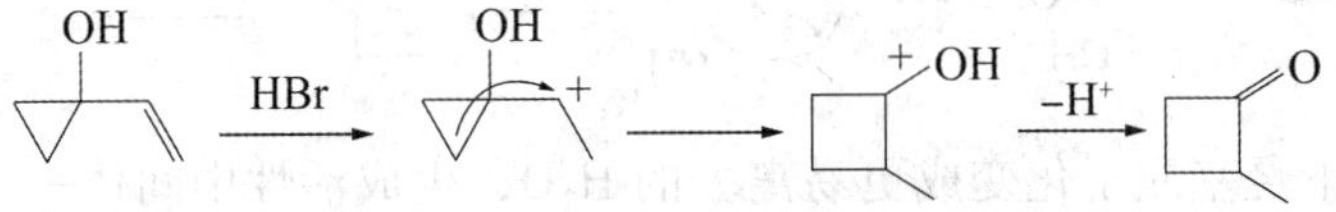

6. 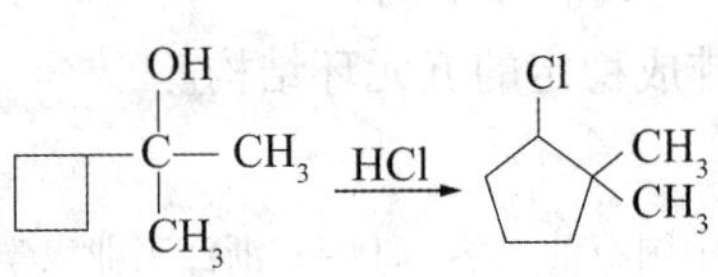

（兰州理工大学，2010）

［解答］

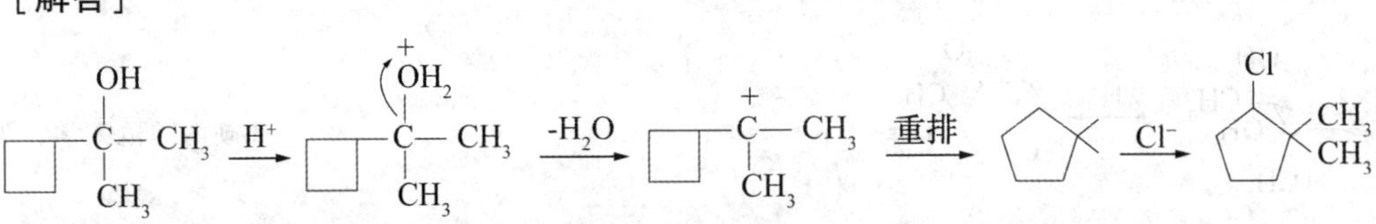

例 3　由环戊酮和不超过两个碳原子的有机试剂合成：

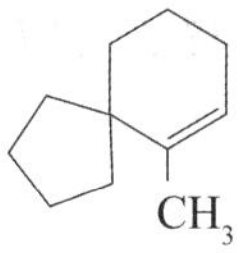

（中国科学技术大学，2016）

[解答]

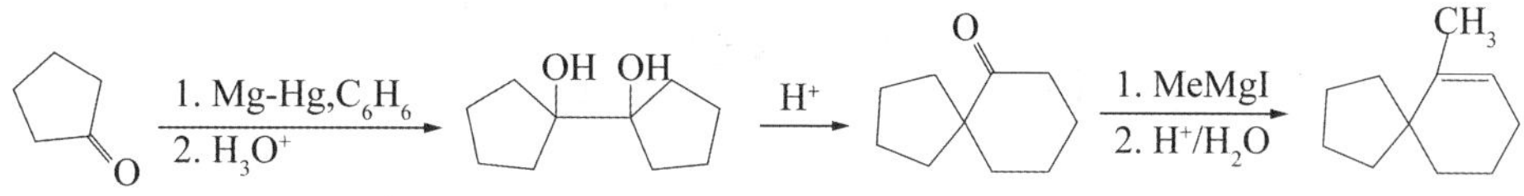

例 4 请用不多于 4 个碳原子的有机化合物合成

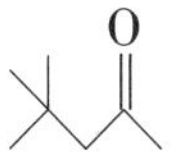

（南京大学，2014；兰州大学，2003）

[解答]

$$CH_3COCH_3 \xrightarrow{Ba(OH)_2} CH_3C=CHCOCH_3 \xrightarrow[1.\,4\text{-加成}]{(CH_3)_2CuLi} CH_3-\underset{\underset{CH_3}{|}}{\overset{\overset{CH_3}{|}}{C}}-CH_2-\overset{O}{\overset{\|}{C}}-CH_3$$

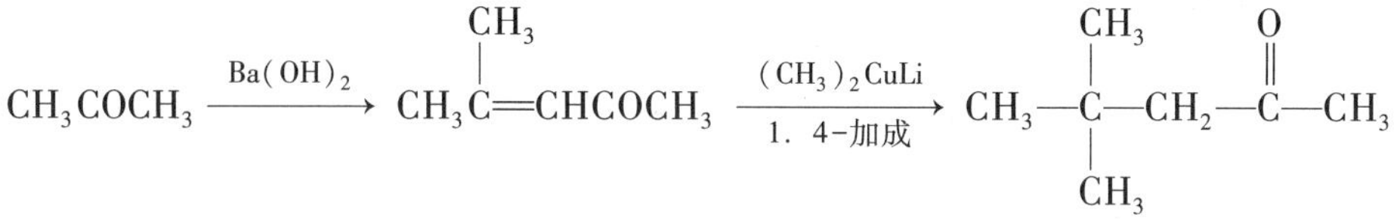

参考文献

[1] Fittig R. Ann. 1860, 114: 54-63.

[2] Magnus P, Diorazio L, Donohoe T. J, Giles M, Pye P, Tarrant J, Thom S. Tetrahedron 1996, 52: 14147-14176.

[3] Razavi H, Polt R. J. Org. Chem. 2000, 65: 5693-5706.

[4] 孔祥文. 有机化学[M]. 北京：化学工业出版社，2010.

8.17 Stevens 重排

问题引入

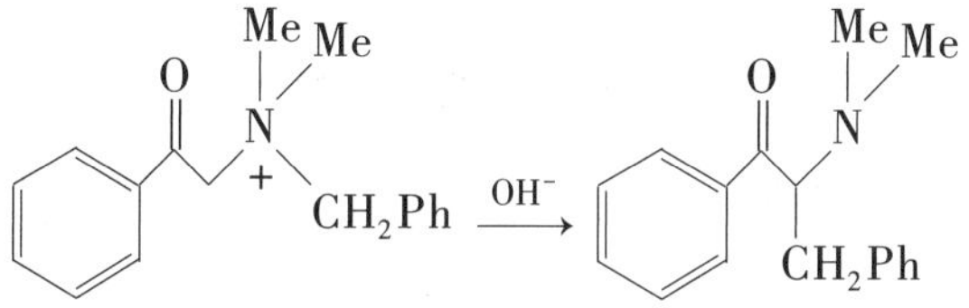

（陕西师范大学，2003）

二甲基苄基苯甲酰甲基季铵盐分子中酮羰基的 α-碳原子上的 α-氢在强碱作用下脱去生成氮 Ylide，然后季氮上的苄基进行分子内 1，2-迁移，得到一个重排的三级胺——二甲基-(2-苯基-1-苯甲酰基)乙基胺，反应机理如下所示。

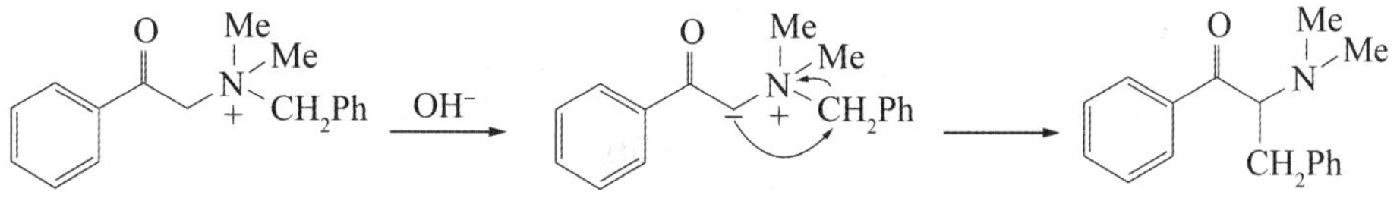

反应概述

季铵盐分子中 α-碳原子上具有吸电子取代基 Y 时，在强碱作用下，脱去一个 α-活泼氢生成氮 Ylide，然后季氮上烃基进行分子内 1，2-迁移，得到一个重排的三级胺的反应，称为 Stevens 重排反应[1,2]。

反应通式

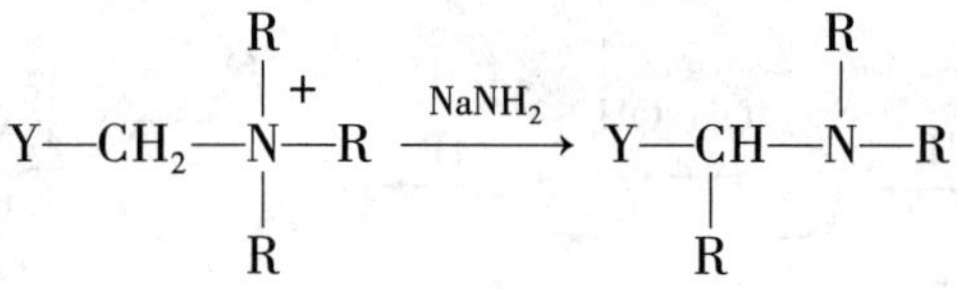

Y = RCO— ，ROCO— ，Ar—，—C = C—，等。

常用的碱是 $NaNH_2$、NaOR、NaOH、CH_3SOCH_2Na 等。

最常见的迁移基团为烯丙基、苯甲基、二苯甲基、3-苯基丙炔基、苯甲酰甲基等。

反应机理

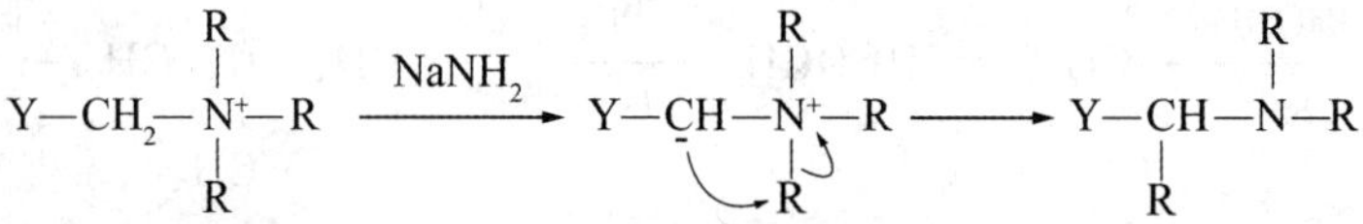

反应的第一步是碱夺取酸性的氢原子形成内鎓盐，然后重排得三级胺。反应为分子内重排，迁移基团的构型保持不变，C—N 键断裂与 C—C 键生成协同进行。

参考文献

[1]Stevens T. S，Creighton E. M，Gordon A，B，MacNicol M. J. Chem. Soc. 1928：3193

[2][美]李杰(Jie Jack Li)著. 荣国斌译，朱士正校. 有机人名反应及机理[M]. 上海：华东理工大学出版社，2003：389.

8.18 Wagner-Meerwein 重排

问题引入

写出下面反应的产物以及可能的副产物，并写出你认为合理的反应机理。

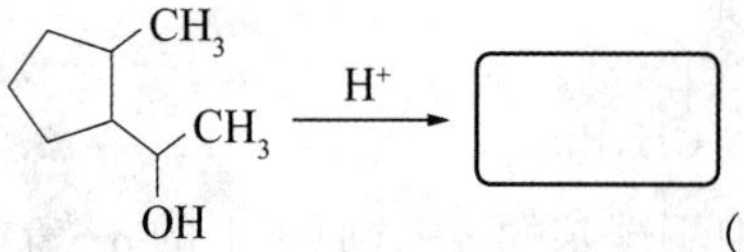

（华东理工大学，2006）

在酸性条件下，醇羟基先质子化形成鎓盐，H_2O 离去，产生碳正离子，碳正离子发生重排形成更为稳定的碳正离子，得到不同产物，具体如下：

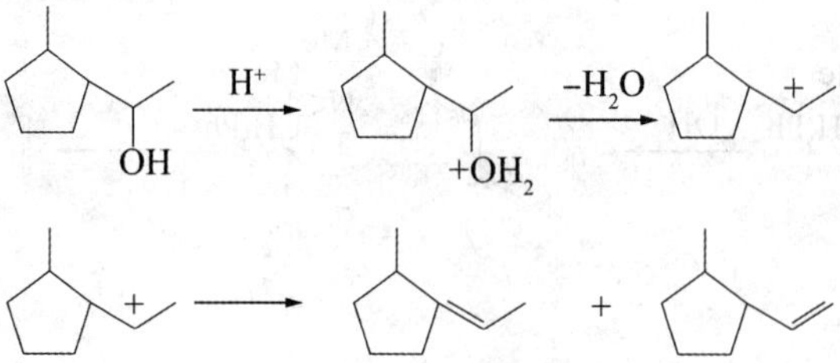

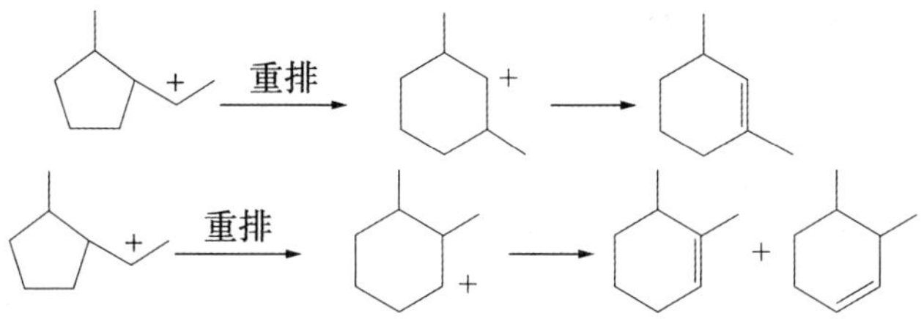
重排
重排

反应概述

在酸催化下醇消除时，分子中的烷基迁移生成更多取代的烯烃，这种重排反应称为 Wagner-Meerwein 重排[1,2]。反应中，中间体碳正离子发生 1，2-重排反应，并伴随有氢、烷基或芳基迁移[3]。例如：

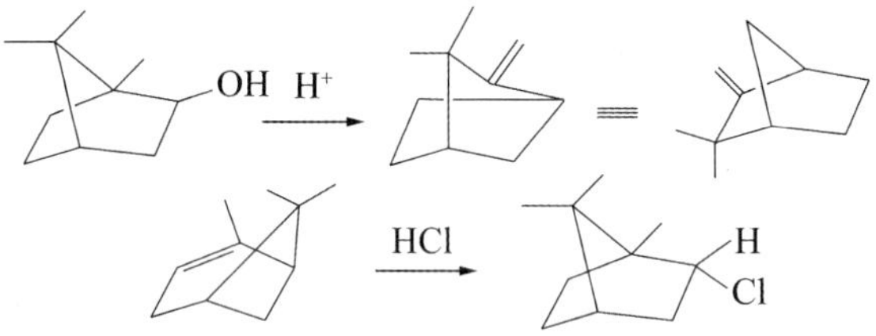
OH
H⁺
HCl
H
Cl

反应的推动力是由较不稳定的碳正离子重排为较稳定的碳正离子。碳正离子的稳定性顺序为：3°>2°>1°。

反应机理[4,5]

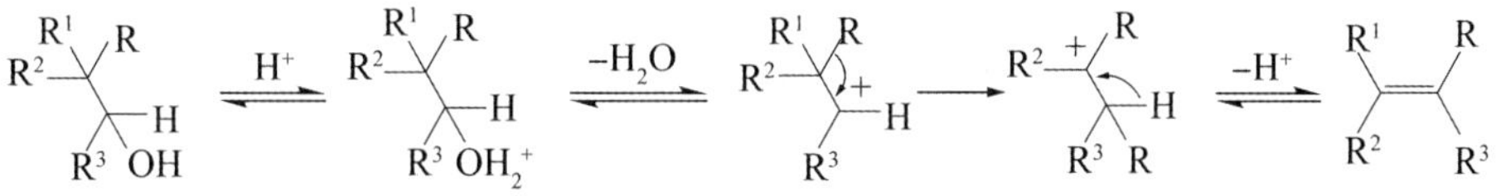
H⁺
−H₂O
−H⁺

1,2-迁移

例题解析

例 1　选择题

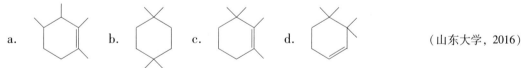

1. 当 2，2，6，6-四甲基环己醇用酸处理时，下列化合物(　　　)将是产物之一。

a. 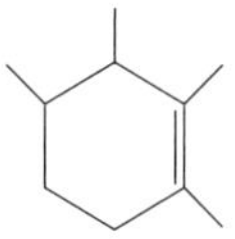 b. 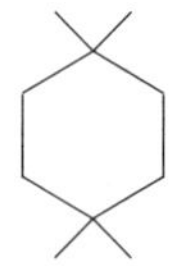 c. 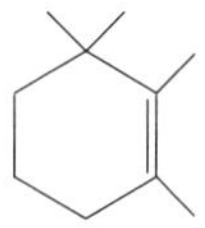 d. 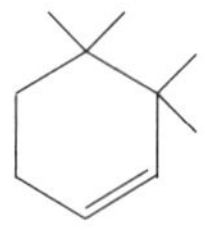

（山东大学，2016）

2. 比较下列物质稳定性顺序(　　)。

a.  b. 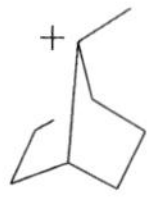 c. 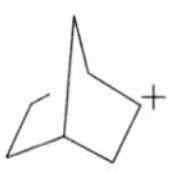 d. 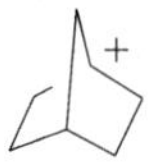

A. a>b>c>d　　B. d>c>b>a　　C. a>c>b>d　　D. a>d>c>b　　（南京大学，2014）

3. 下列化合物或离子最稳定的是(　　)。

A.  B.  C.  D. 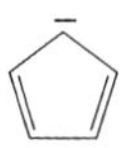

（四川大学，2013）

4．下列碳正离子的稳定性顺序是：（　　）。

① 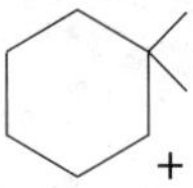 ② 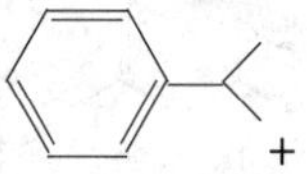 ③ 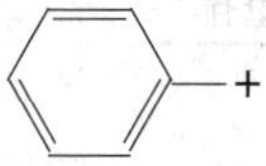 ④ 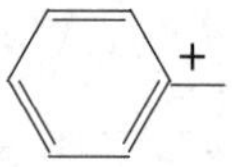

A．③>④>②>①　　B．③>④>①>②

C．④>③>②>①　　C．②>④>③>①　　（湖南师范大学，2013）

［解答］1．C　2．D　3．D　4．A

例 2　完成下列反应

1． 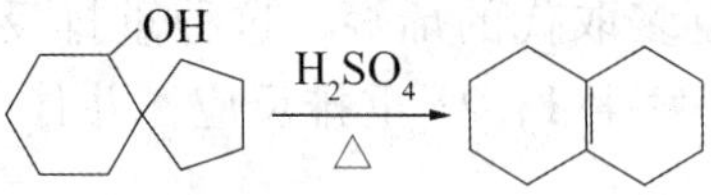　（郑州大学，2006）

2． 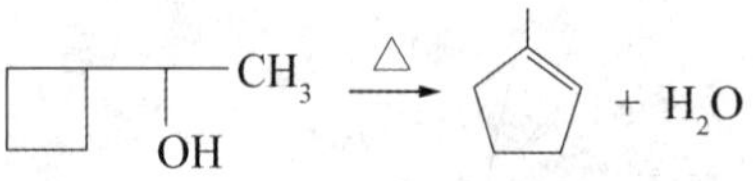　（南京工业大学，2005）

3． 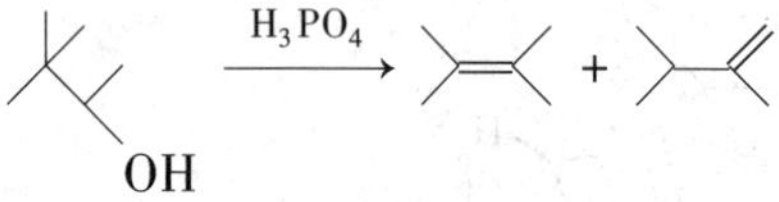　（湖南大学，2004）

4． 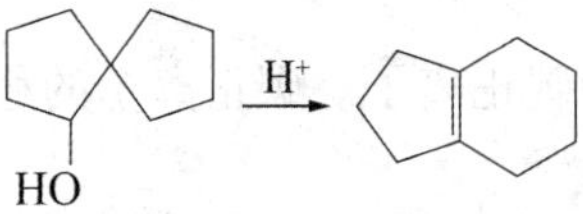　（中国石油大学，2004）

5． 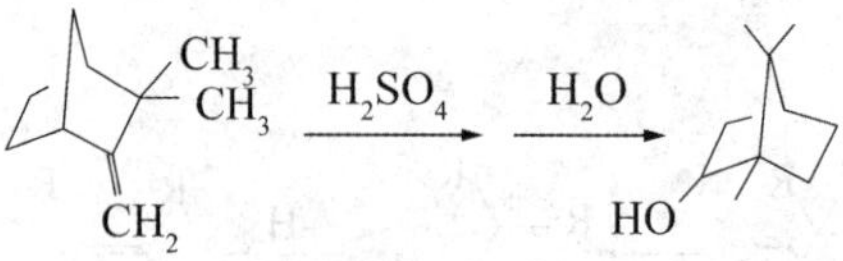　（上海交通大学，2004）

6． 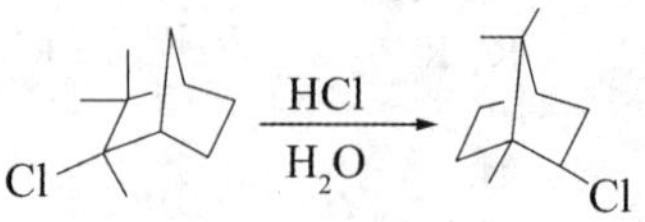　（中国科学技术大学，2002）

7． 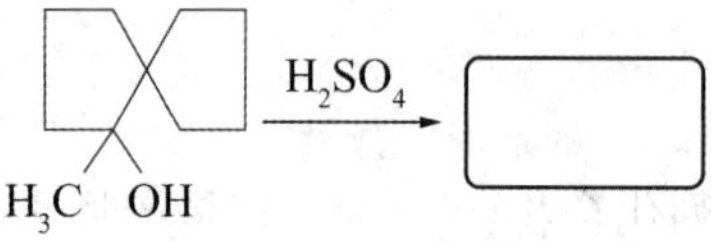　（南开大学，2002）

8． 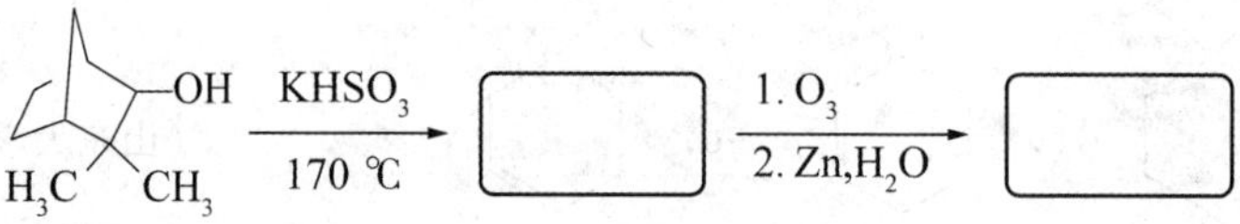　（兰州大学，2001）

［解答］

1． 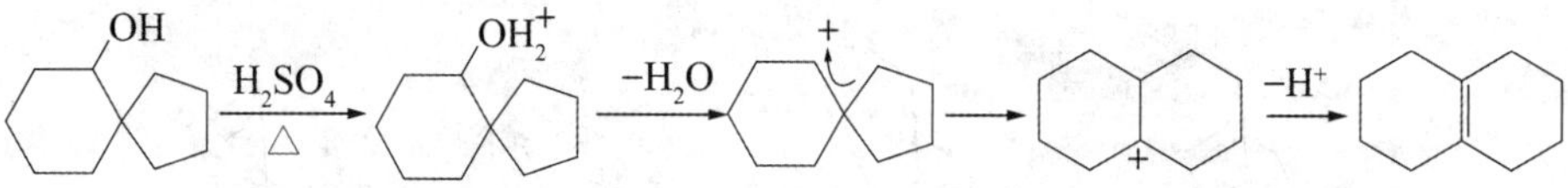

2． 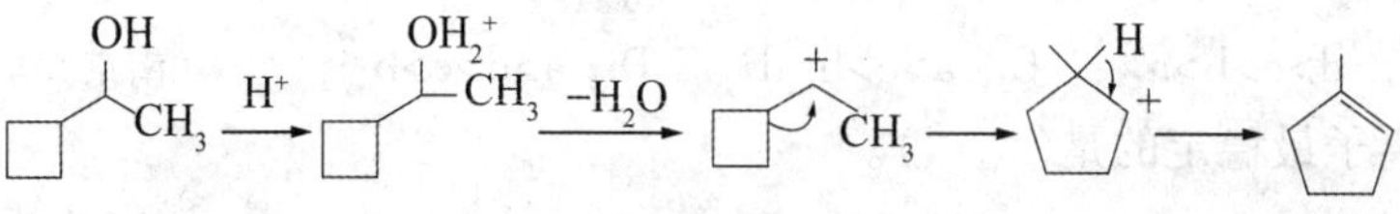

3． 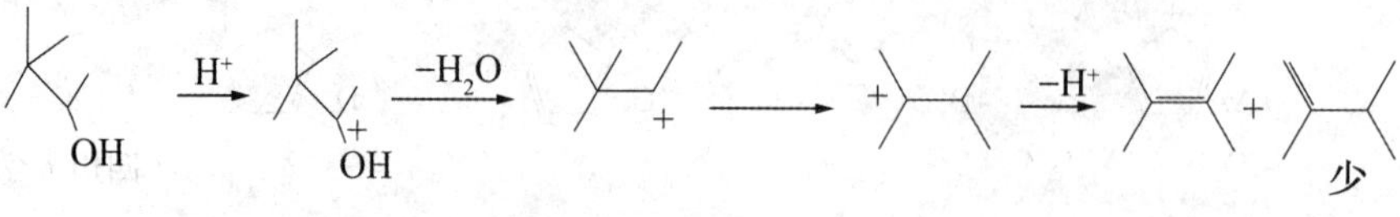 (EI)

少

4. 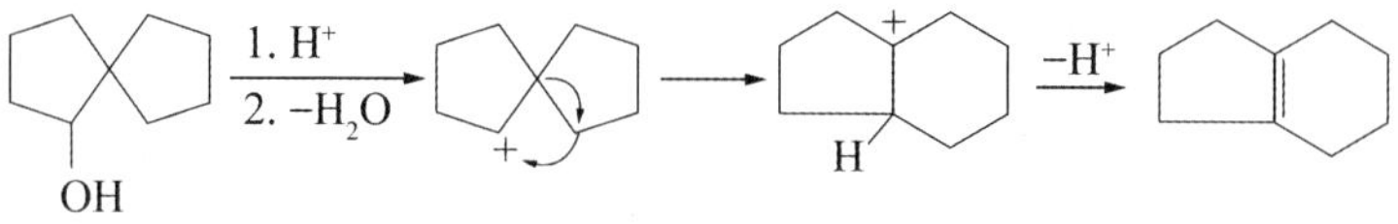
1. H⁺
2. −H₂O
−H⁺
OH
H

5. 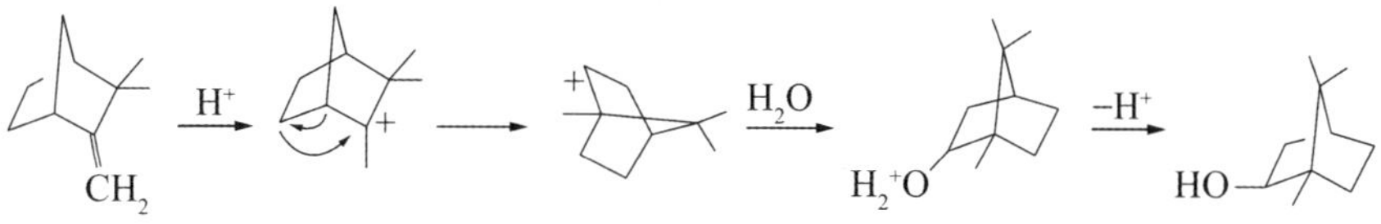
H⁺
H₂O
−H⁺
CH₂
H₂⁺O
HO

6. 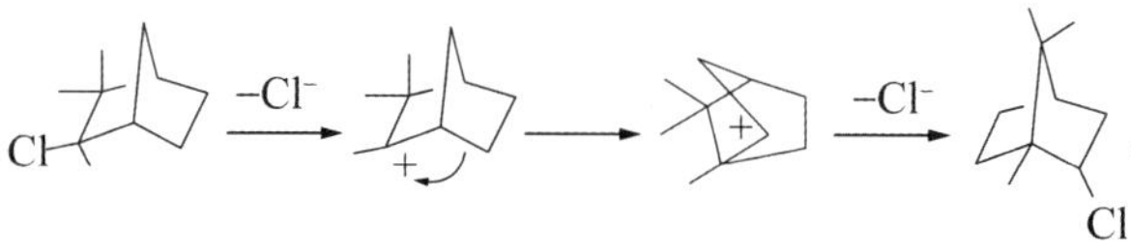
−Cl⁻
Cl

。此反应为 S_N1，单分子亲核取代反应，涉及碳正离子的重排。

7. 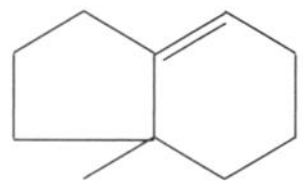　8. A. 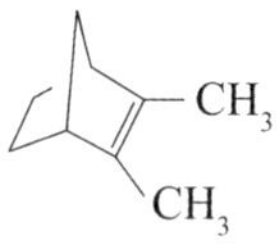
CH₃
CH₃

B. 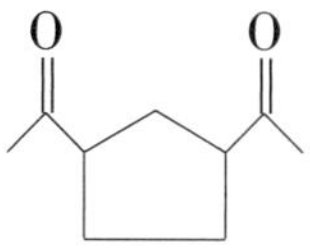
O
O

第一步为 E1 反应历程，反应过程中发生碳正离子重排生成较为稳定的消除产物。

例 3　写出反应机理

1. 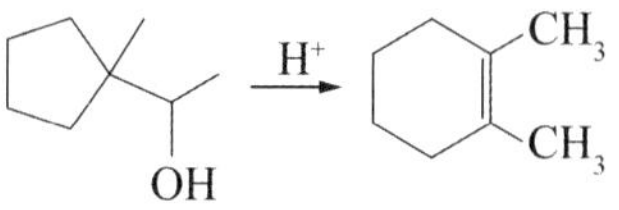
H⁺
OH
CH₃
CH₃

（暨南大学，2016）

［解答］

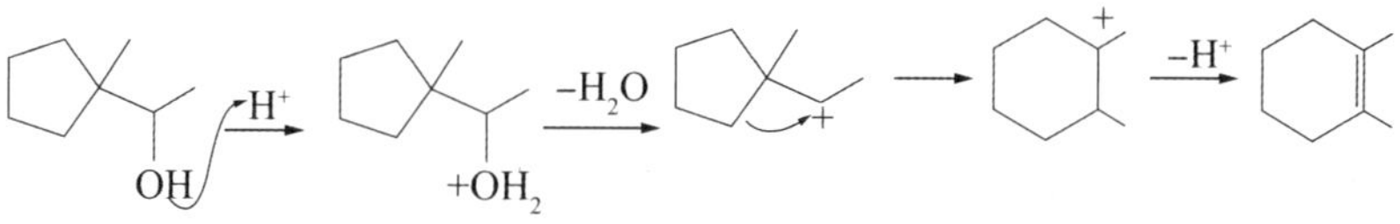
H⁺
OH
−H₂O
+OH₂
−H⁺

2. 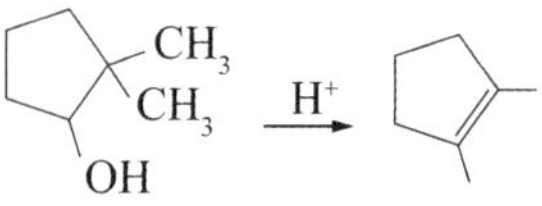
CH₃
CH₃
H⁺
OH

（中山大学，2016）

［解答］

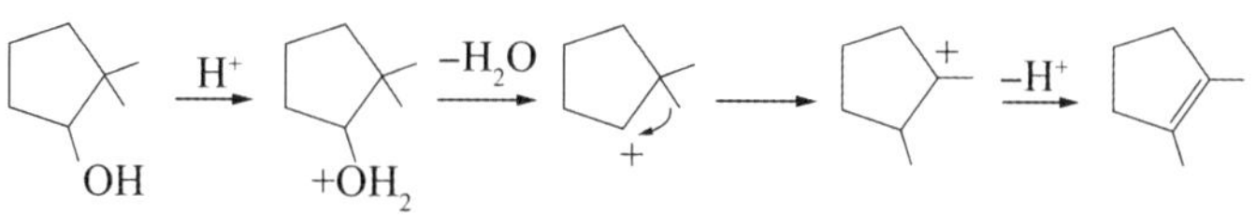
H⁺
−H₂O
−H⁺
OH
+OH₂

3. 仲醇Ⅰ在酸性条件下可转化 1，1，2-三甲基-1，2，3，4-四氢萘(Ⅱ)，试写出转化的反应原理。

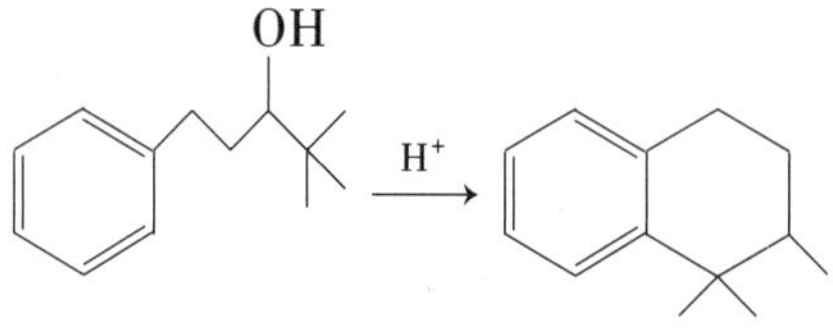
OH
H⁺

Ⅰ　　Ⅱ

（浙江工业大学，2014）

［解答］

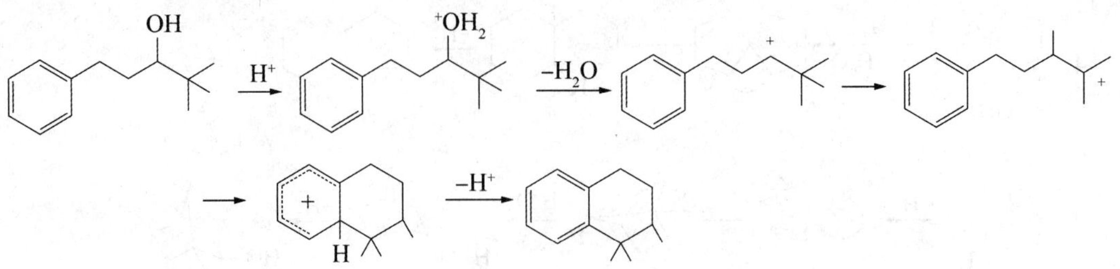

4. 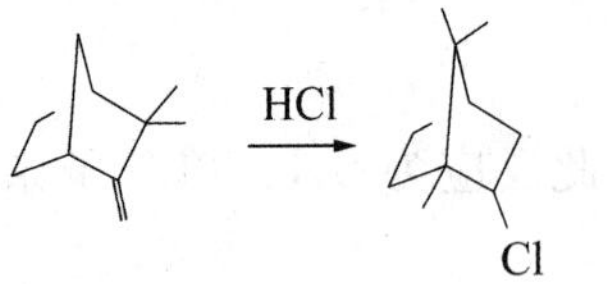（湖南师范大学，2013）

［解答］

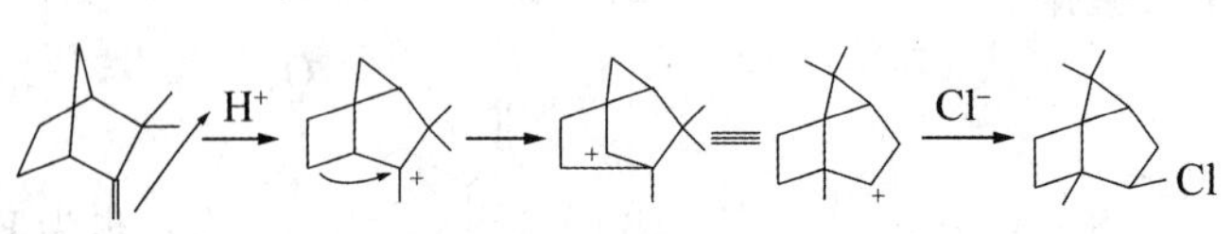

5. 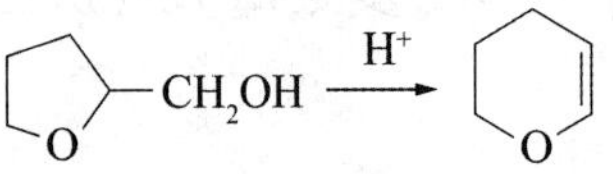（南开大学，2009）

［解答］

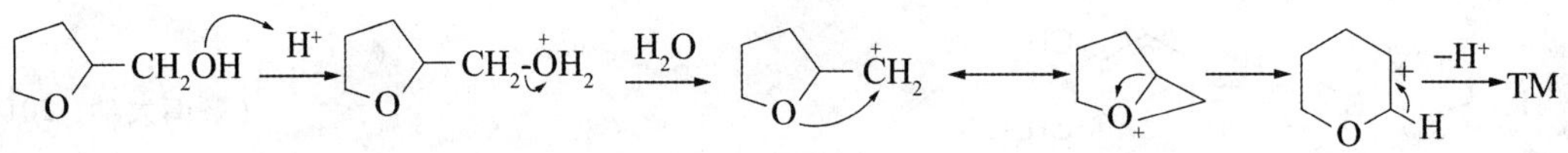

6. 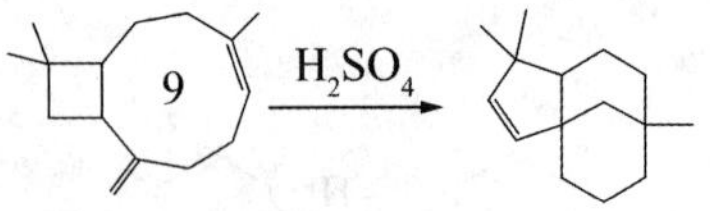（陕西师范大学，2004）

［解答］

反应物为石竹烯，一个倍半萜，产物是其与酸作用的产物之一：

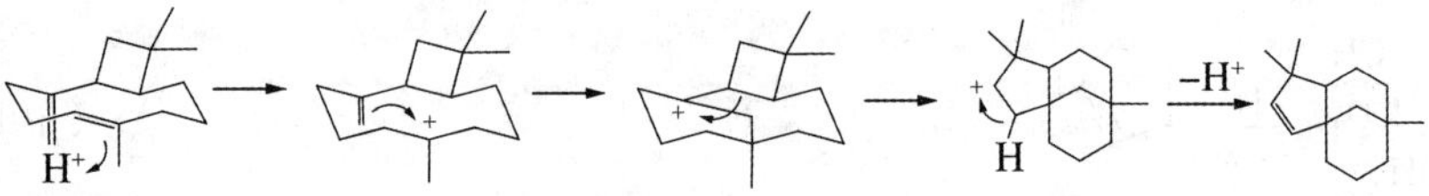

6. 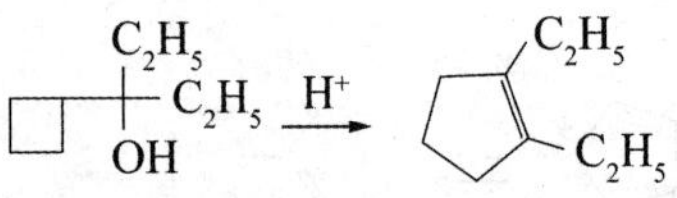（复旦大学，2007）

［解答］

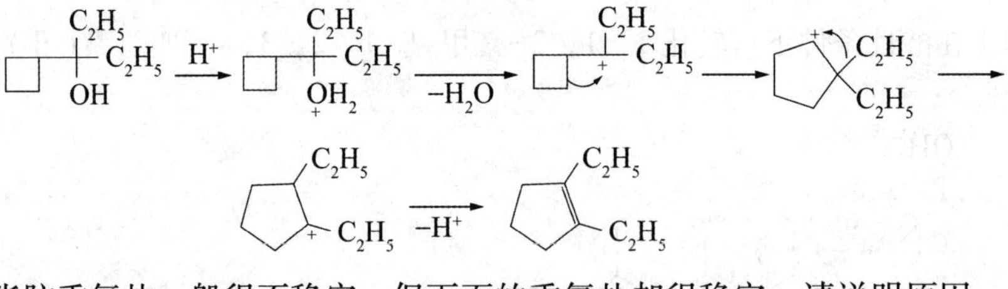

例 4 脂肪重氮盐一般很不稳定，但下面的重氮盐却很稳定，请说明原因。

（陕西师范大学，2004）

［解答］

该重氮盐若分解，则将产生一个桥头的碳正离子，后者是极不稳定的，因此，它很不易分解。

参考文献

[1] Wagner G. J. Russ. Phys. Chem. Soc. 1899, 31: 690.

[2] Hogeveen H, Van Kruchten E. M. G. A. Top. Curr. Chem. 1979, 80: 89 - 124. (Review).

[3] 孔祥文. 有机化学[M]. 北京：化学工业出版社，2010.

[4] Jie Jack Li. Name Reaction, 4th ed. [M]. Springer-Verlag Berlin Heidelberg, 2009: 566.

[5] [美]李杰(Jie Jack Li)著. 荣国斌译，朱士正校. 有机人名反应及机理[M]. 上海：华东理工大学出版社，2003: 426.

8.19　Zinin 联苯胺重排(半联苯胺重排)

问题引入

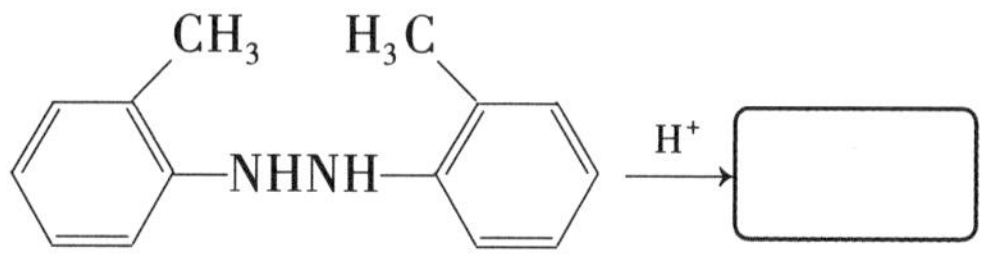

CH3
H3C
NHNH
H+

（暨南大学，2016）

2，2′-二甲基二苯肼在酸催化下经联苯胺重排反应将得到 3，3′-二甲基-4，4′-联苯胺 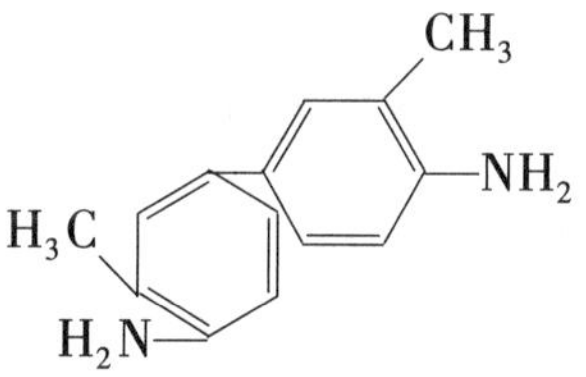

CH3
NH2
H3C
H2N

。

反应概述

联苯胺重排是 1，2-二芳基肼类(氢化偶氮芳基化合物)在强酸性条件下经[5，5]σ-迁移反应重排为 4，4′-二氨基联苯的反应[1,2]。

联苯胺重排属于分子内过程，不会出现交叉重排产物。所以，联苯胺上分别带一个甲基和一个乙基的化合物不会出现。

反应机理

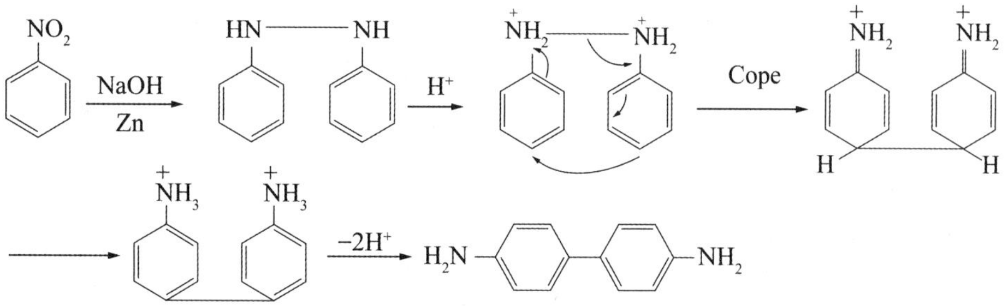

NO2
NaOH
Zn
HN
NH
H+
NH2
NH2
Cope
NH2
NH2
H
H
NH3
NH3
−2H+
H2N
NH2

例题解析

例 1 下列反应中 A、B、C 三种产物不能全部得到，请判断哪一些化合物不能得到，并写出合适的反应机理说明此实验结果。（中国科学院，2009）

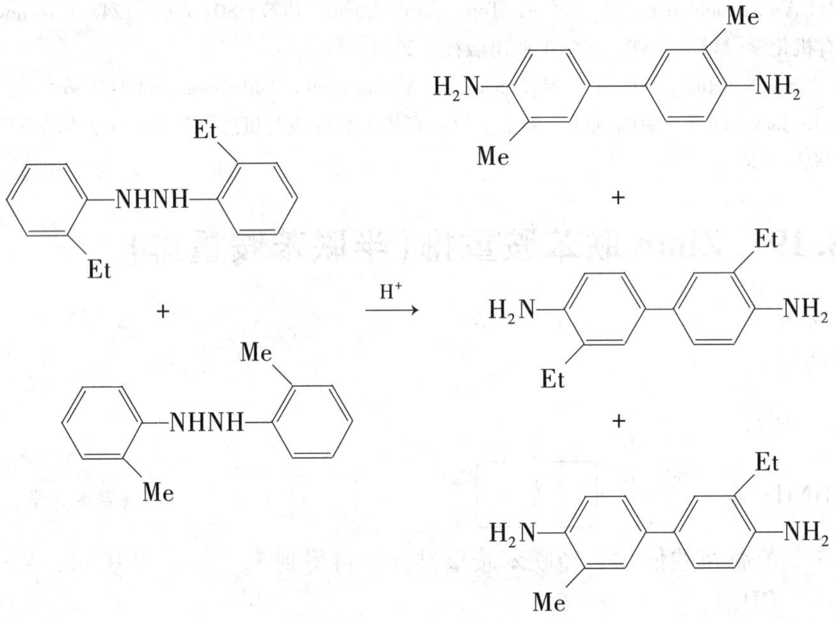

A　B　C

[**解答**]2，2′-二甲基二苯肼和 2，2′-二乙基二苯肼混合物在酸催化下经联苯胺重排反应将得到产物 A 和 B，不能得到 C。

例 2 写出反应的主要产物。

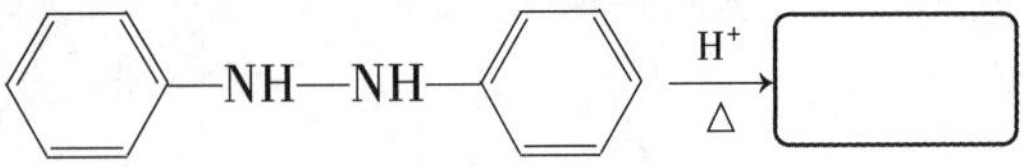

[**解答**]

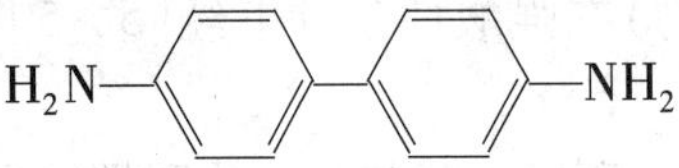

（≈70%），联苯胺，m. p. 127℃ 。

反应中也产生 2，2′和 2，4′-二氨基联苯(a 和 b)，还有半联胺(c 和 d)等副产物[3]。

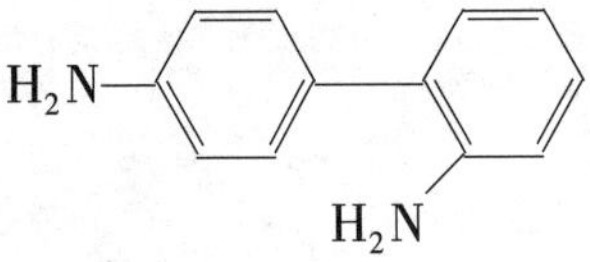

(a)

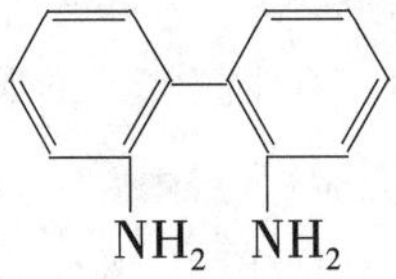

(b)

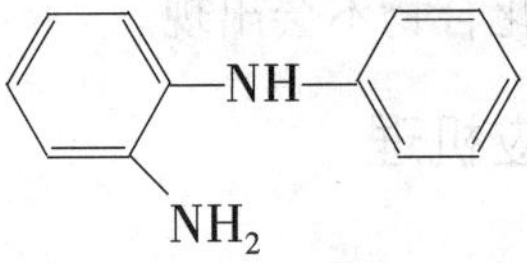

(c)

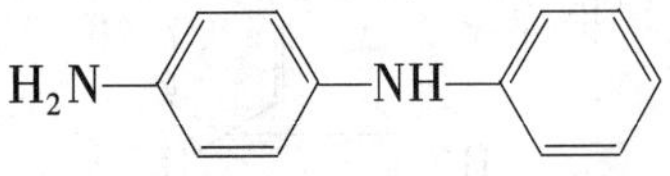

(d)

例 3 写出反应的主要产物。

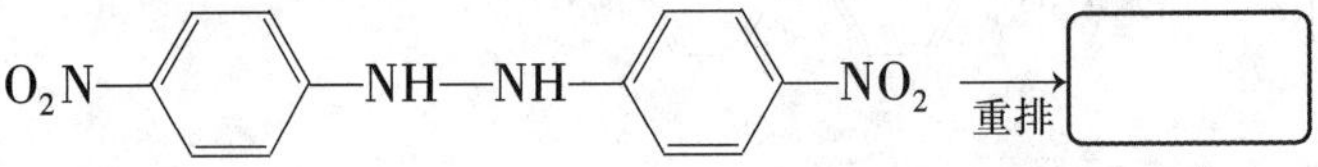

[**解答**]对位取代的氢化偶氮苯也能发生此重排，一般情况下，重排在邻位发生。但若

对位被磺酸基、羧基占领时，重排仍在对位发生，这也可能与磺化反应是可逆的，苯环上的羧基较易脱羧有关[3]。

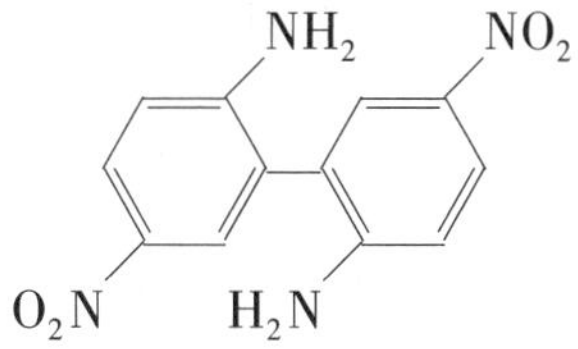

例 4　写出反应的主要产物。

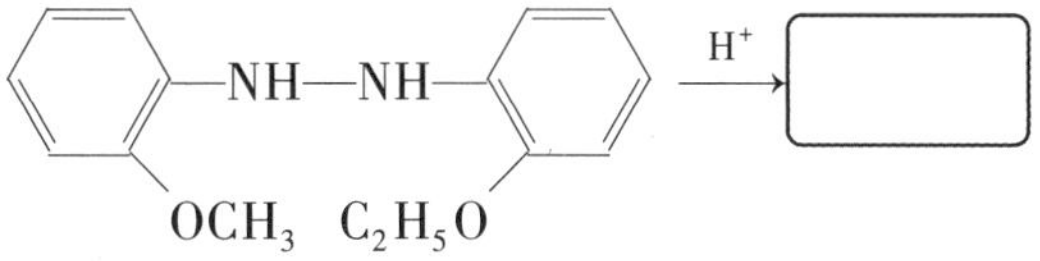

（中山大学，2003）

［解答］

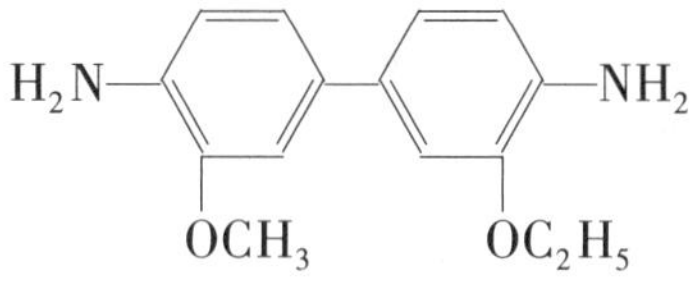

例 5　写出反应的主要产物。

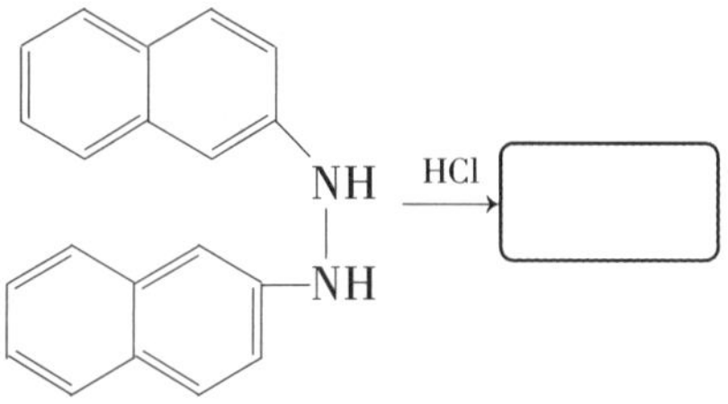

（南开大学，2013）

［解答］[5]

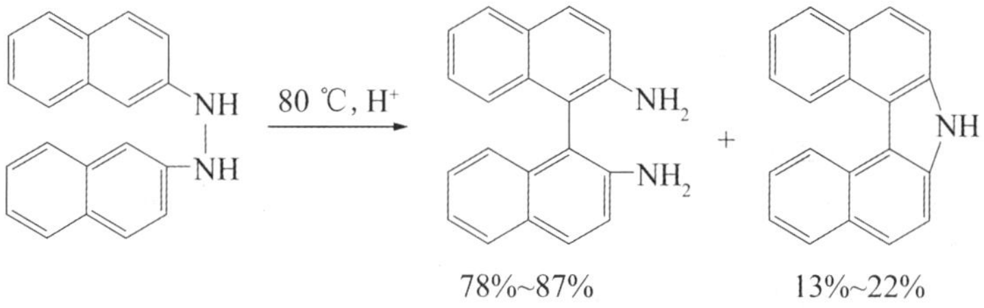

例 6　由指定原料合成

1. 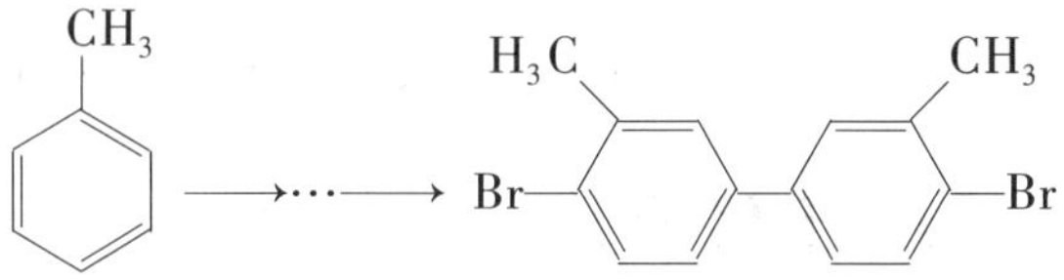

（兰州大学，2005）

［解答］

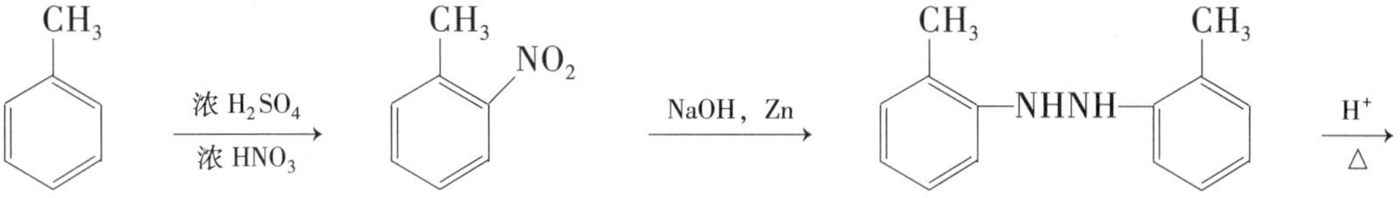

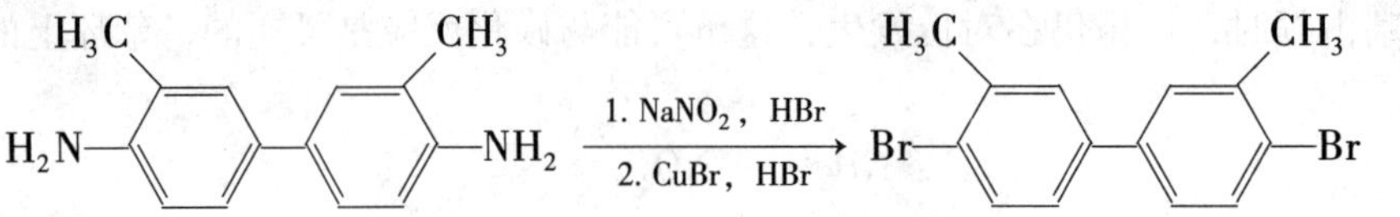

2. 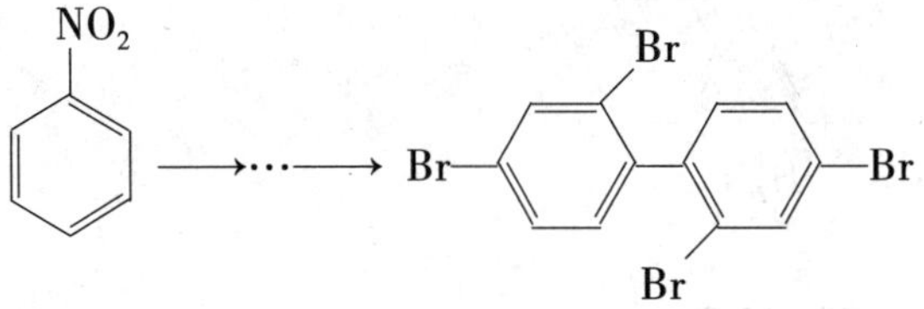

（兰州大学，2002）

[解答]

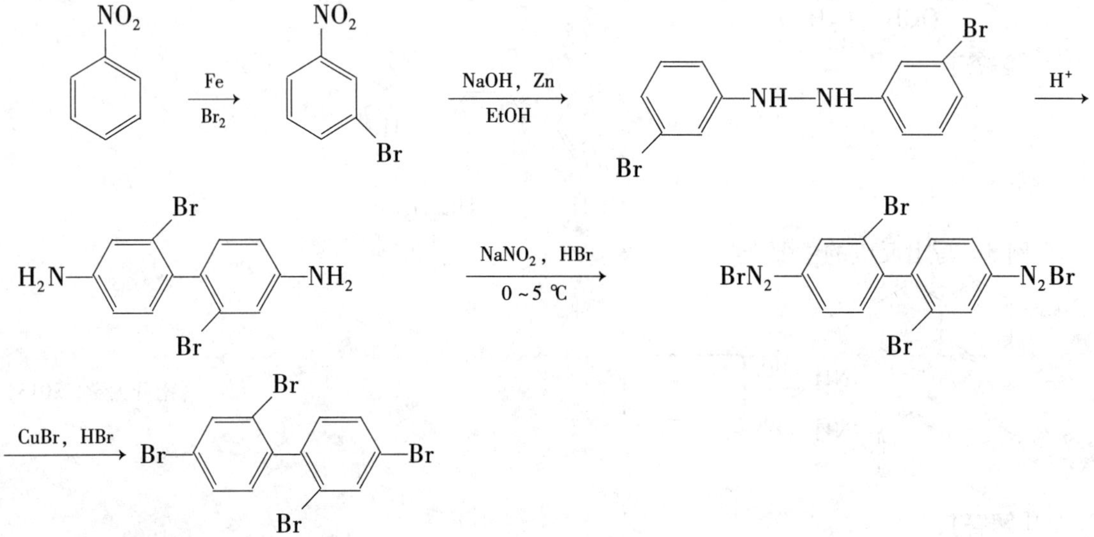

参考文献

[1] Zinin N . J . Prakt. Chem. 1845, 36: 93.

[2] [美]李杰(Jie Jack Li)著. 荣国斌译，朱士正校. 有机人名反应及机理[M]. 上海：华东理工大学出版社，2003：453.

[3] 邢其毅，裴伟伟，徐瑞秋，等. 基础有机化学(第三版)[M]. 北京：高等教育出版社，2005：798.

[4] 孔祥文. 有机化学[M]. 北京：化学工业出版社，2010.

[5] 王秋文，张站斌，自国甫. 2-萘胺的一种简易制备方法[J]. 化学试剂，2013，8(9)：1033-1034.

8.20 σ-迁移反应

问题引入

写出如下反应机理。

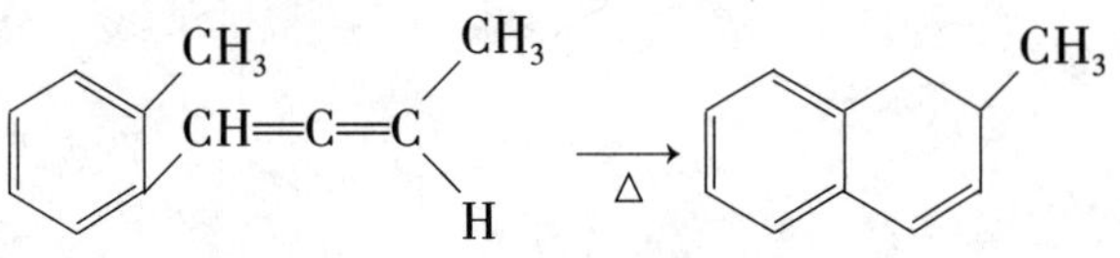

（复旦大学，2009）

1-(2-甲基苯基)-1，2-丁二烯受热经重排反应得到 2-甲基-1，2-二氢化萘。在反应中，首先是反应物 1-(2-甲基苯基)-1，2-丁二烯经 H[1，5]σ-迁移反应、再经环合等反应完成，反应机理如下：

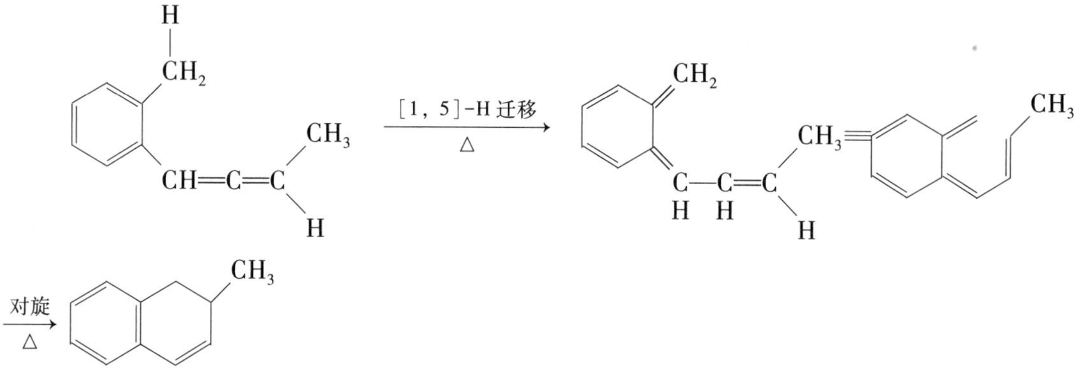
[1，5]-H 迁移
△
对旋
△

反应概述

反应的第一步为 Hσ-迁移反应，苯环邻位甲基上的一个 H(1 位)沿着共轭体系转移到 5 位碳原子上，同时伴随着 π 键转移[1]，这种迁移反应即为 H[i，j]σ-迁移反应。

反应机理

迁移反应中，原有 σ 键的断裂，新的 σ 键的形成以及迁移都是经过环状过渡态协同一步完成的。

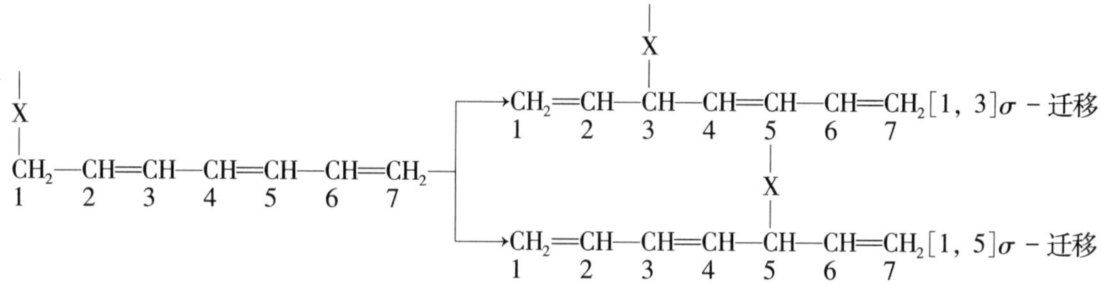
[1，3]σ－迁移
[1，5]σ－迁移

但要注意的是，H[1，3]σ-同面迁移是对称禁阻的，而 H[1，5]σ-迁移是对称性允许的，如上式所示。

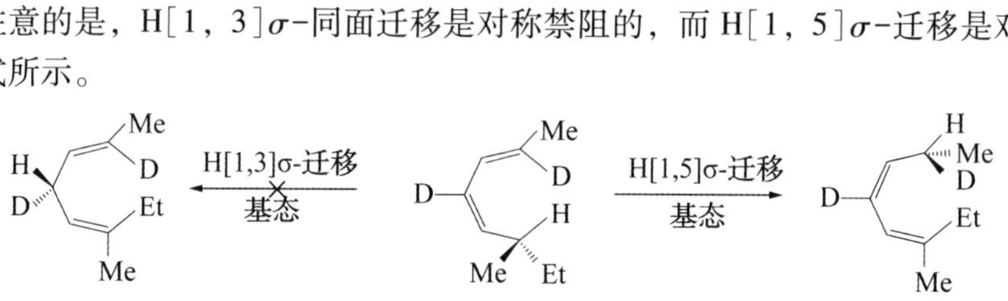
H[1,3]σ-迁移
基态
H[1,5]σ-迁移
基态

一个烷基(自由基)在一个奇数碳共轭体系自由基上进行同样的 σ-迁移反应。例如：

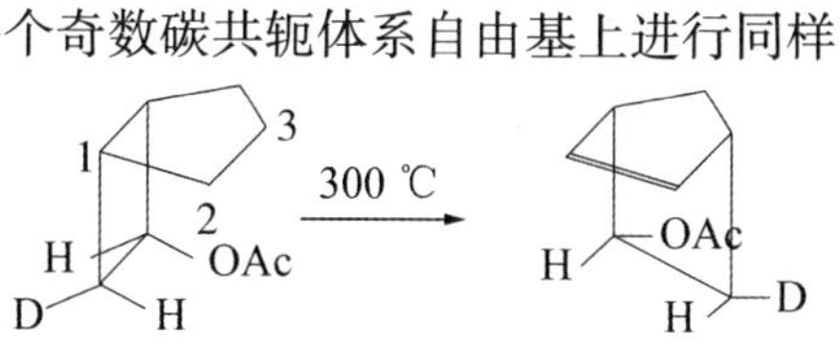
300 ℃

但要注意的是，C[1，3]σ-迁移是同面构型反转，而 C[1，5]σ-迁移是同面构型保持、异面反转，C[1, 7]σ-迁移是同面构型反转、异面保持，如下式所示。

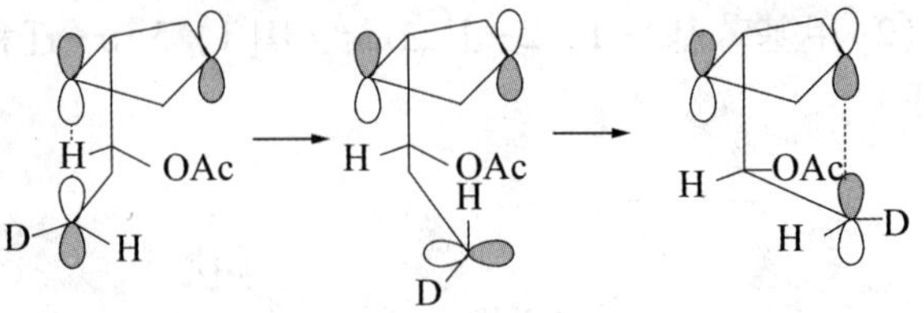
H
OAc
D
H
H
OAc
H
D
H
OAc
H
D

参考文献

[1] 邢其毅，徐瑞秋，周政，等. 基础有机化学(第二版) [M]. 北京：高等教育出版社，1993：854.